普通高等教育土建类"十三五"规划教材

西安交通大学 XI'AN JIAOTONG UNIVERSITY 本科"十三五"规划教材

混凝土力学与构件设计原理（第2版）

杨 政 编著

西安交通大学出版社
XI'AN JIAOTONG UNIVERSITY PRESS

图书在版编目(CIP)数据

混凝土力学与构件设计原理/杨政编著.—2版.—西安：西安交通大学出版社，2017.9
西安交通大学“十三五”规划教材
ISBN 978-7-5605-9957-1

Ⅰ.①混… Ⅱ.①杨… Ⅲ.①混凝土结构-结构设计-高等学校-教材 Ⅳ.①TU370.4

中国版本图书馆CIP数据核字(2017)第194478号

书　　名　混凝土力学与构件设计原理(第2版)
编　　著　杨　政
责任编辑　李慧娜

出版发行　西安交通大学出版社
　　　　　(西安市兴庆南路10号　邮政编码710049)
网　　址　http://www.xjtupress.com
电　　话　(029)82668357　82667874(发行中心)
　　　　　(029)82668315(总编办)
传　　真　(029)82668280
印　　刷　虎彩印艺股份有限公司

开　　本　787mm×1092mm　1/16　**印张** 26.5　**字数** 643千字
版次印次　2018年3月第2版　2018年3月第1次印刷
书　　号　ISBN 978-7-5605-9957-1
定　　价　55.00元

读者购书、书店添货、如发现印装质量问题，请与本社发行中心联系、调换。
订购热线：(029)82665248　(029)82665249
投稿热线：(029)82668315
读者信箱：64424057@qq.com

前言 Foreword

第2版除了将第1版内容更新外，还做了部分内容的补充，仍保持了原有的编写思路和方法。本教材首先介绍构成钢筋混凝土结构材料的力学性能和结构设计方法，使读者对混凝土、钢筋以及它们之间粘结的性能和钢筋混凝土结构的设计方法有一个确切的理解，以分析混凝土构件在不同作用下反映的力学机理为主，将《混凝土结构设计规范》作为混凝土力学的应用来阐述钢筋混凝土构件的设计原理。

土木工程专业涉及工程领域广泛，混凝土结构的类型很多，但其基本受力构件的受力特点具有共性。本教材精选内容，加强基础理论介绍，突出受力性能分析，而不仅仅拘泥于规范的具体规定。教材内容和体系注重学生从数学、力学基础课程学习过渡到专业课程学习的认知规律，以混凝土构件的力学机理为基础，从材料性能、截面受力特征到构件破坏机理、承载力及变形的计算方法，形成完整体系。在本教材中安排了混凝土结构材料的基本性能，钢筋混凝土轴心受力构件正截面承载力计算，钢筋混凝土受弯构件正截面承载力计算，钢筋混凝土受弯构件斜截面承载力计算，钢筋混凝土受扭构件承载力计算，钢筋混凝土偏心受力构件承载力计算，钢筋混凝土构件的裂缝、变形和耐久性分析以及预应力混凝土构件计算等内容。

学习混凝土力学与构件设计原理的最终目的还是为工程服务，由于混凝土结构构成和受力性能的复杂性，至今没有完善的、统一的理论方法来概括和解决普遍的工程问题。为了指导混凝土结构设计，世界各国均制定了专门的技术标准和设计规范，它们是带有一定约束性和立法性的文件。其目的是贯彻国家的技术经济政策，保证设计的质量，是设计、校核、审批结构工程设计的依据，工程技术人员进行设计必须遵守。考虑到我国建筑、公路、铁道、桥梁等工程的混凝土结构设计规范尚未统一，但各类工程有关混凝土结构的设计原理大同小异，为了节省篇幅，在介绍混凝土力学原理应用和设计方法时，本教材只将建筑工程的有关规范内容作了介绍，特别对我国最新版《混凝土结构设计规范》(GB 50010—2010)的相关条款进行了重点介绍和分析。读者在掌握了构件破坏机理、承载力和变形的计算方法及建筑工程混凝土结构的设计原理后，不难掌握其他工程的混凝土结构设计原理。

为了便于本课程及下一步混凝土结构设计专业课程的学习，本教材配套的电子课件可通过 http://ligong.xjtupress.com 网站免费下载，与本教材相关的电子资源也可通过编者个人主页 http://gr.xjtu.edu.cn/web/zyang 免费获得。

本书在编写过程中，还参考了国内外一些优秀教材，在此也向这些教材的编著者们表示感谢。

由于编者知识所限，书中不妥或错误之处在所难免，欢迎读者批评指正。

编者

2017 年 10 月

目录 Contents

Contents

目录 Contents

目录 Contents

第①章

绪　论

混凝土，一般是指由水泥掺入一定级配的石子和砂子加水拌和，经水泥水化结硬而成的具有所需形体、强度和耐久性的人造石材，是土木工程中应用极为广泛的一种建筑材料。它力学性能与天然石材相似，也被形象地称为“砼”，意为人造石材，其抗压强度较高，而抗拉强度很低。素混凝土指不配置任何钢筋的混凝土，它的应用范围很小，主要用于承受压力的结构（如基础、支墩、挡土墙、堤坝、地坪路面等）和一些非承重结构。素混凝土受弯构件在不大的荷载作用下，由于受拉部位混凝土的断裂而破坏，此时受压部位混凝土的应力远远小于其抗压强度，混凝土材料未得到充分利用。如果在构件中沿拉应力方向配置抗拉能力很强的钢筋，形成钢筋混凝土构件，虽然当构件承受的荷载增大到一定程度后，受拉部位的混凝土还会开裂而退出工作，这些部位配置的钢筋可以承受原由混凝土承担的拉力，使构件的承载能力得到很大提高。如果配筋适当，构件可以在较大的荷载作用下才发生破坏，破坏时钢筋应力达到屈服强度，而受压区混凝土达到其抗压强度，混凝土和钢筋材料均能得到充分利用。我们的住房、工厂、商业大楼、大坝、输水设施、道路、桥梁、隧道以及其他基础设施的建造都离不开混凝土。混凝土已成为当今世界上应用最广泛的建筑材料，在日常生活中，几乎各方面都直接或间接地涉及到混凝土，按体积计算，混凝土是当今世界中数量最大的人造产品。

1.1　混凝土结构的一般概念及特点

以混凝土为主制成的结构称为混凝土结构。混凝土结构包括素混凝土结构、钢筋混凝土结构、预应力混凝土结构及配置各种纤维筋的混凝土结构。钢筋混凝土结构是混凝土结构中最具代表性的一类结构，它是由配置受力的普通钢筋、钢筋网或钢筋骨架的混凝土制成的结构，适用于各种受压和受弯构件，有时也用于受拉构件，如各种桁架、梁、板、柱、拱、壳等；预应力混凝土结构指结构构件制作时，在其受拉部位人为地预先施加压力的混凝土结构，由于抗裂性好、刚度大且强度高，较适宜建造跨度大、荷载重以及有抗裂抗渗要求的结构，如大跨屋架、桥梁、储水池、核电站反应堆安全壳等。混凝土材料抗压强度较高，而抗拉能力很低。钢筋的抗拉、抗压强度均很高，但细长的钢筋，受压易压屈，几乎不能形成实际的承重结构。利用混凝土的抗压能力较强而钢筋的抗拉能力很强的特点，在钢筋混凝土结构中混凝土主要承受压应力，钢筋主要承受拉应力。另外，在混凝土结构中由于混凝土和箍筋的约束作用，在混凝土受压区钢筋也能发挥很好的作用。钢筋混凝土结构中钢筋和混凝土组合共同工作，可以充分发挥两者的作用，满足工程结构的使用要求。

钢筋混凝土是由钢筋和混凝土两种材料组成，在钢筋混凝土结构中钢筋与混凝土有机结合共同工作。钢筋和混凝土这两种物理、力学性能很不相同的材料之所以能有效地结合在一起共同工作是基于混凝土硬化后与钢筋(尤其是带肋的钢筋)之间有良好的粘结力,在外荷载作用下,共同变形、共同受力。此外,钢筋的温度线膨胀系数为 1.2×10^{-5}/℃,混凝土的温度线膨胀系数为($1.0\times10^{-5}\sim1.5\times10^{-5}$) /℃,两者十分接近,当温度变化时,它们之间不会产生过大的相对变形而使其间的粘结发生破坏。

配有钢筋的混凝土构件因有钢筋协同工作,较素混凝土构件承载能力大为提高,而且破坏也不像素混凝土构件那样突然。钢筋混凝土结构,特别是现浇钢筋混凝土结构,整体性好,结构的各个部分是以一个力学上的整体状态结合在一起。通过合理配筋,可以获得较好的延性,对于结构抵抗地震作用或强烈爆炸时的冲击波作用具有较好的性能。

钢筋混凝土结构合理地发挥了钢筋和混凝土两种材料的性能,在某些情况下可以代替钢结构,从而节约钢材降低造价。近年来,利用工业废料制造人工骨料,或作为水泥的外加成分,以改善混凝土性能,该研究和应用得到了大力发展。

钢筋混凝土结构在土木工程中得到广泛应用,是因为它有许多优点,主要包括:①强(度)价(格)比高。在相同的建造费用条件下,砖、木、钢结构等受力构件的承载力远比钢筋混凝土制成的构件小。②耐久性好。一般环境条件下,混凝土的强度随着时间的增长还会有所增长,而钢筋受混凝土保护不易生锈,维修维护费用少。③耐火性好。混凝土是热的不良导体,遭火灾时,钢筋因有混凝土包裹,不致很快达到因升温而失去承载力的程度,其耐火性比钢结构和木结构好。④可模性。结构造型灵活,混凝土可根据设计需要浇筑成各种形状和尺寸的结构,适用于形状复杂的结构。⑤整体性好。整体浇筑的钢筋混凝土结构整体性好,又具备必要的延性,对结构抗震、抗爆有利;同时,它的防振性和防辐射性亦好,亦适于用作防护结构。⑥易于就地取材,经济性好。混凝土原材料中占很大比例的是石子和砂子,产地广泛,便于就地取材。钢筋混凝土工程是人类迄今所发现的最具适应性、最大量采用和最完善的施工方法。另外,钢筋混凝土是由两种材料组合而成,它作为一种整体材料,又可以通过不同构造方式与其他结构材料构成多种组合结构,如钢筋混凝土-型钢组合结构,钢筋混凝土-砖墙混合结构等,更扩大了它的适应性和应用范围,增加了结构方案的多样性。目前,钢筋混凝土结构已成为土木工程中最具代表性的结构形式,在国内外的工程建设中得到了广泛的应用。

钢筋混凝土结构也有许多缺点,不过在实际工程应用中,往往可以采取不同的技术和措施来减弱或消除这些缺点对结构的不利影响,混凝土结构的主要缺点及其减弱或消除对结构不利影响的技术和措施如下。

(1)自重大

在承受同样载荷的情况下,混凝土构件的自重往往比钢结构构件大很多,不适用于建造大跨度结构和高层建筑。混凝土结构的较大自重对结构的抗震也不利,也给运输和施工吊装带来困难。目前,在实际工程中,减轻混凝土结构的自重可以采取许多措施,例如:采用受力性能好且能减轻自重的构件型式,如空心板、槽形板、薄腹梁、空间薄壁结构等;采用轻质高强混凝土,缩小构件截面尺寸,可以减轻结构自重,并改善隔热隔声性能。

(2)抗裂性能差

由于混凝土抗拉强度低,普通钢筋混凝土结构在正常使用阶段往往带裂缝工作,在工作条件较差的环境下会影响结构的耐久性,对防渗、防漏要求较高的结构也不适用。同时,由于混凝土开裂,限制了其在大跨度结构中的应用,也限制了高强度钢筋在混凝土结构中的应用。采用预应力混凝土可以有效地提高混凝土构件的抗裂性，使得高强混凝土和高强钢筋在混凝土结构中得到广泛的应用，同时也大大扩展了混凝土结构的应用范围；利用树脂涂层钢筋可防止在恶劣工作环境下，因混凝土开裂而导致的钢筋锈蚀。

(3)施工的季节性

混凝土施工受到气候的限制。在严寒地区冬季施工，需要采取保温措施，可在混凝土中掺加化学拌和剂加速凝结、增加热量、防止冻结。在酷热地区夏季或雨季施工，需采用防护措施，控制水灰比，加强养护。

(4)施工复杂

现浇混凝土施工工序多、工期长，需大量模板和支撑，施工受季节、天气的影响较大。利用可重复使用的钢模板、滑模等先进施工技术，采用泵送混凝土、早强混凝土、商品混凝土、高性能混凝土、免振自密实混凝土等，可大大提高施工效率。采用预制装配式结构，可以减少现场操作工序，克服气候条件限制，加快施工进度等。

(5)混凝土修复和加固困难

混凝土结构一旦破坏，其修复、加固和补强都比较困难。但新型混凝土结构的加固技术不断得到发展，如最近研究开发的采用粘贴碳纤维布加固混凝土结构技术，不仅快速简便，而且几乎不增加原结构重量。

1.2 混凝土结构的形式

混凝土结构按其构成形式分为实体结构和组合结构两大类。大坝、桥墩、基础等通常为实体，结构中混凝土的体积很大，称为实体结构；房屋、桥梁、码头、地下建筑等通常由若干基本构件连接组合而成，称为组合结构。

一般的混凝土结构由许多构件组合而成，主要受力构件有楼板、梁、柱、墙、基础等基本构件，如图 1.1 所示。①楼板：将活荷载和恒载通过梁或直接传递到竖向支承结构(柱、墙)的主要水平构件，其形式可以是实心板、空心板、带肋板等。②梁：将楼板上或屋面上的荷载传递到

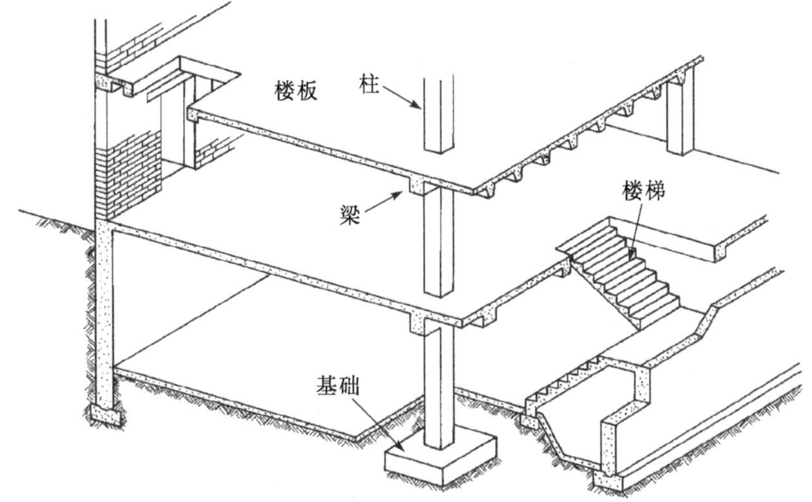

图 1.1 钢筋混凝土结构及结构构件

柱或承重墙上,前者为楼盖梁,后者为屋面梁,其截面形式多为矩形、花篮形、T形、倒L形等,如梁与板整体浇筑在一起,中间梁形成T形截面梁,边梁形成倒L形截面梁。③柱:作用是支承楼(屋)面体系,属于受压构件,荷载偏心作用时,柱受压的同时还受弯,其截面形式有矩形、工字形等。④墙:与柱作用相似,是受压构件,承重的混凝土墙常用作基础墙、楼梯间墙,或在高层建筑中用于同时承受水平风载和地震作用的剪力墙,它受压的同时也受弯。⑤基础:将上部结构荷载传递到地基(土层)的混凝土承重构件,其形式多样,有独立基础、桩基础、条形基础、平板式片筏基础和箱形基础等。有时,一个混凝土构件还会由受力不同的小构件组合而成,如屋架就是由一系列受压和受拉的杆组成,进行受力分析时,这些受压和受拉的杆可简化成轴心受压和轴心受拉构件。

1.3 混凝土结构的发展及工程应用概况

历史上混凝土最早是在希腊和罗马采用火山灰制造的。现代意义的混凝土始于硅酸盐水泥发明以后(1824年英国人阿斯普汀(Joseph Aspdin)取得硅酸盐水泥发明专利,美国波特兰水泥则迟至1872年才由舍勒(David O. Saylor)制成,而价格低廉、用现代化方法生产的波特兰水泥更迟至1892年才出现)的约四分之一个世纪,1848年法国人朗波特(J. L. Lambot)制造了第一只钢筋混凝土小船,1861年法国人莫尼埃(Joseph Monier)获得了制造钢筋混凝土板、管道和拱桥等的专利,美国第一个钢筋混凝土工程是由沃德(W. E. Ward)于1875年在纽约建成的,其中墙、楼板(梁和屋面)用混凝土建造,并用金属加强。而后又建造了一些钢筋混凝土建筑,其中的加州科学院建筑(1888年或1889年)很好地抗御了1906年的地震。从实际意义的钢筋混凝土结构在土木工程中应用至今也仅仅130多年,与砖石砌体结构、钢结构和木结构相比,其发展历史并不长,但由于钢筋混凝土结构在物理力学性能及材料来源等方面的优点,发展非常迅速。目前,混凝土已成为土木工程结构中最主要的结构材料,而且高性能混凝土和新型混凝土结构形式还在不断发展。纵观历史,现代混凝土结构是随着水泥和钢铁工业的发展而发展起来的,其发展大体可分为三个历史阶段。

第一阶段:从混凝土发明至20世纪初。硅酸盐水泥的发明和转炉炼钢的成功,为钢筋混凝土的广泛应用提供了充分而坚实的物质基础。欧美一些学者对钢筋混凝土构件进行了试验研究,发表了试验结果并提出了混凝土结构的计算理论和计算方法,初步奠定钢筋混凝土在建筑工程中应用的科学基础。这一阶段,所采用的钢筋和混凝土的强度都比较低,主要用于建造中小型楼板、梁、柱、拱和基础等构件。计算理论套用弹性理论;设计则采用容许应力的方法。

第二阶段:从20世纪初到第二次世界大战前后。这一阶段混凝土和钢筋的强度有所提高,在计算理论上开始考虑材料的塑性,钢筋混凝土截面开始按破损阶段计算结构的破坏承载力。这一阶段的重要成就是预应力混凝土的发明和应用,混凝土被用来建造大跨度空间结构。

第三阶段:从第二次世界大战以后到现在。第二次世界大战后,由于钢材短缺,混凝土结构建筑得到大规模发展。这一阶段的特点是,随着高强混凝土和高强钢筋的出现,预制装配式混凝土结构、高效预应力混凝土结构、泵送商品混凝土以及各种新的施工技术等广泛地应用于各类土木工程结构中。在计算理论上,已过渡到充分考虑混凝土和钢筋塑性的极限状态设计理论;在设计方法上,采用以概率论为基础的多系数表达的设计公式。

从19世纪中期到20世纪初期的第一阶段,可以说是钢筋混凝土发展的初步阶段。从20

世纪30年代开始,在材料性能改善、结构形式多样化、施工方法革新、计算理论和设计方法完善等多方面开展了大量研究工作,工程应用十分普遍,使钢筋混凝土结构进入了现代化的阶段。现代混凝土结构的应用范围也在不断扩大,从工业与民用建筑、交通设施、水利水电建筑和基础工程扩大到了近海工程、海底建筑、地下建筑、核电站建设等领域,甚至已开始构思和实验用于月面建筑。随着轻质高强材料的使用,大跨度、高层建筑中的混凝土结构也越来越多。

在房屋建筑中,工厂、住宅、办公楼等单层、多层建筑广泛采用混凝土结构。自20世纪50年代以来,钢筋混凝土在高层建筑中的应用有了迅猛发展。高强混凝土的发展,促进了混凝土在超高层建筑中的应用。著名的混凝土超高层建筑有:中国台北的金融大厦(101层,高508米)、美国芝加哥的西尔斯大厦(110层,高443米)、马来西亚吉隆坡的石油双塔大厦(95层,高390米,连同桅杆总高492米)、上海金茂大厦(88层,高420.5米)、广州中天广场的中信大厦(80层,高322.5米,连同桅杆总高382.5米)。2009年建成的迪拜的哈利法塔为目前世界上最高的建筑,它采用高强混凝土结构,高度达到828米。此外,在大跨度的公共建筑和工业建筑中,钢筋混凝土桁架、门式刚架、拱、薄壳等结构形式也有广泛应用。法国巴黎国家工业与技术展览中心大厅的钢筋混凝土薄壳结构,平面呈三角形,边长219米(即跨度),壳顶离地面46米,是双层波形拱壳,支承在3个角部墩座上,墩座与预应力拉杆相连。澳大利亚悉尼歌剧院,由3组、10对钢筋混凝土壳片组成,以环境优美和建筑造型独特闻名于世。

在桥梁建筑方面,钢筋混凝土桥梁随处可见,结构形式有梁、拱、桁架等。预应力简支梁桥已广为应用,1976年我国建成的洛阳黄河桥共67孔,由跨度为50米简支梁组成。1987年开工,1989年建成的厦门高集跨海大桥,跨过高崎—集美海峡,是我国第一座跨越海峡的公路大桥,大桥全长6695米,主桥长2070米,桥面宽23.5米,主跨46米,桥体结构由平行的两个带翼箱形梁组成。钢筋混凝土刚架桥在铁路、公路中也广为应用。如广东洛溪跨越珠江的洛溪大桥,采用刚架结构,桥面与墩身整体刚接,主跨达180米。我国西南交通重要干线南昆铁路上,有许多桥梁采用混凝土结构。其中清水河大桥,主桥三跨分别为72米、128米和72米,为预应力连续刚架结构。由钢筋混凝土建造拱桥有较大优势,一些大跨度的桥梁也采用拱桥的结构形式用钢筋混凝土建造。1960年葡萄牙建成的波尔图拱桥,跨度达270米,拱顶厚3.0米,拱脚处厚4.0米。1965年建成的巴西和巴拉圭两国间通过巴拉那河的混凝土拱桥,跨度达290米,拱顶厚3.2米,拱脚处厚4.8米。1964年建成的格拉载斯威尔桥,拱跨达304.8米,拱顶厚4.28米,拱脚处厚7.0米。克罗地亚的克尔克Ⅱ号桥,主跨390米。1989年我国建成的四川涪陵乌江拱桥,全长351.83米,主跨200米,矢跨比为1∶4。1997年我国建成的箱形截面的万县长江拱桥,主跨420米,是当今世界最大跨度的钢筋混凝土拱桥。预应力混凝土箱形截面斜拉桥或钢与混凝土组合梁斜拉桥是当前大跨桥梁的主要结构形式之一,超过500米跨度的大桥往往采用悬索桥或斜拉桥,目前也常与混凝土结构混合使用。如香港特别行政区的青马大桥,跨度1377米,桥体为悬索结构,其中支承悬索的两端立塔高203米,为混凝土结构。又如我国1993年10月建成通车的上海杨浦大桥,主跨602米,是钢与混凝土结合梁斜拉桥,桥全长1172米,"A"字型桥塔高220米,采用了256根斜拉索。1995年建成的重庆丰都长江二桥,主跨444米,采用预应力混凝土梁斜拉桥。我国2008年建成通车的杭州湾跨海大桥全长36千米,大桥设南、北两个航道,其中北航道桥为主跨448米的钻石型双塔双索面钢箱梁斜拉桥,南航道桥为主跨318米的"A"字型单塔双索面钢箱梁斜拉桥,其余引桥采用跨度为30～80米不等的预应力混凝土连续箱梁结构,它是目前世界上最长的跨海大桥。即将建成的港珠澳大桥,连接香港大屿山、澳门半岛和广东省珠海市,全长为 49.968 千米,主体工程“海中桥隧”长 35.578 千米。

由于施工技术的发展,许多高耸建筑也采用混凝土结构。1967 年建成的莫斯科奥斯坦金电视塔,高 533.3 米。1975 年建成的加拿大多伦多电视塔,塔高 553.3 米,其截面主体中间为圆筒,塔楼以下为 Y 形肢翼相连的预应力钢筋混凝土结构。我国混凝土电视塔中,塔高超过 400 米的有:天津电视塔,高 415.2 米;北京中央电视塔,高 405 米;上海预应力钢筋混凝土电视塔(东方明珠),高达 468 米。

水利工程中,因混凝土自重大,其中砂石比例大,易于就地取材,常用来修建大坝。如瑞士狄克桑斯坝为高 285 米,顶宽 15 米,底宽 225 米,长 695 米的混凝土重力坝。美国胡佛坝为 1936 年建成的混凝土重力坝,高 221 米,顶长 379 米,顶厚 14 米,底宽 202 米。巴西和巴拉圭共有的伊泰普水电站大坝为主坝高 196 米,长 1060 米的混凝土坝。我国 1989 年全部竣工的龙羊峡水电站,是青海省内黄河上游的第一座水电站,拦河大坝为混凝土重力坝,高 178 米,顶长 393.34 米,顶宽 15 米,底宽 80 米。我国长江三峡水利枢纽工程,是目前世界上最大的水利工程,其混凝土大坝高 186 米,坝顶总长 3035 米,坝体混凝土用量达 2715 万立方米。

以上仅列出主要土木工程中的一些常见项目,由于工程建设项目数量巨大,全部列出也是困难的,同时,由于编者水平所限,挂一漏万,未能全部列出。另外,混凝土结构在道路、港口工程以及其他特殊的结构中也有广泛应用。如高速公路、地下铁道工程、核发电站的安全壳、飞机场跑道、填海造地工程、海上采油平台等。

组成混凝土结构主体材料的混凝土,主要发展方向是高强、轻质、耐久、提高抗裂性和易于成型。混凝土强度高可减小构件断面尺寸,减轻自重,提高空间利用率。目前,国内常用混凝土的强度等级为 C20～C40,国外常用的强度等级在 C60 以上。在实验室内,我国已制成 C100 以上的混凝土,美国已制成 C200 混凝土。目前的高强混凝土的塑性不如普通强度混凝土,研制出塑性好的高强混凝土仍然是当今混凝土研究的主要课题。随着高强度钢筋、高性能混凝土以及高性能外加剂和添加材料的研制使用,高性能混凝土的应用范围不断扩大,钢纤维混凝土和聚合物混凝土的研究和应用有了很大发展。此外,轻质混凝土、加气混凝土、陶粒混凝土以及利用工业废渣的“绿色混凝土”不但能改善混凝土的性能,而且对节能和保护环境具有重要意义。防射线、耐磨、耐腐蚀、防渗透、保温等特殊需要的混凝土以及智能型混凝土及其结构也在研究中。

总之,混凝土已成为现代最主要的工程结构材料之一,可以预见,在今后相当长时期内,混凝土仍将是一种重要的工程材料,并在材料、结构、施工技术和计算理论等各个方面得到进一步发展。

1.4 本课程的特点及学习方法

混凝土力学与构件设计原理讨论钢筋混凝土构件的受力性能,设计计算方法及配筋构造,相当于“钢筋混凝土材料力学”。材料力学主要是研究单一、匀质、连续、弹性(或理想弹塑性)材料的构件,众所周知,钢筋混凝土构件是由钢筋和混凝土两种材料组成,而混凝土又是非匀质、非线性人工混合形成的材料,力学性能复杂,且随时间而变化,性能指标的离散性大。因此,材料力学的公式可以直接加以应用的情况不多,而材料力学解决问题的一般方法,如通过几何、物理和平衡关系建立基本方程的途径，对于钢筋混凝土构件是适用的，但在每一种关系的具体内容上都需要考虑钢筋混凝土性能上的特点。同时，由于钢筋混凝土构件是由钢筋和混凝土这两种性能很不相同的材料组成的，因此两者间在受力和变形上就存在着相互协调，相互制约的问题。钢筋混凝土构件中钢筋和混凝土材料的强度及数量的配比将会影响构件的受力性能及破坏方式，这是单一材料构件所没有的。钢筋和混凝土的配合又呈多样性，更使得钢筋混凝土构件的性能复杂多变，在计算方面很大程度上还是依赖由大量试验资料的统计分析给出的经验关系。

混凝土结构作为结构工程的一个学科分支，必然服从结构工程学科的一般规律：从工程实践中提出要求或问题，通过调查统计、试验研究、理论分析、计算对比等多种手段予以解决。总结其一般变化规律，揭示作用机理，建立物理模型和数学表达，确定计算方法和构造措施，再回到工程实践中进行验证，并加以改进和补充。一般需要经过实践——研究——实践的多次反复，渐臻完善，才能最终为工程服务。由于混凝土结构构成和受力性能的复杂性，至今，还缺乏完善的、统一的理论方法，概括和解决普遍的工程问题。混凝土材料的力学性能以及钢筋混凝土构件的性能反应，一般只能在精确的实验中确定。钢筋混凝土结构理论是以实验为基础的，因此，除课堂学习外，还要加强实验的教学环节，以进一步理解学习内容和训练实验的基本技能。

为了指导混凝土结构的设计工作，各国都制定了专门的技术标准和设计规范，它们是带有一定约束性和立法性的文件。其目的是贯彻国家的技术经济政策，保证设计的质量，是设计、校核和审批结构工程设计的依据，工程技术人员进行设计必须遵守。这些标准和规范都是各国在一定时期内理论研究成果和工程实践经验的总结，代表了该学科在一个时期的技术水平。由于科学技术水平的提高和生产实践经验不断积累，标准和规范必然需要不断修订和补充。混凝土结构是一门发展很快的学科，钢筋混凝土材料和结构不断发展，工程中会不断积累新的经验并提出新课题，相关的试验和理论研究也日新月异。因此，要用发展的观点看待设计规范，在学习和掌握钢筋混凝土结构理论和设计方法的同时，要多注意混凝土结构发展的新动向和新成果。

如前所述，钢筋混凝土材料的力学性能和构件的设计原则、计算方法和计算公式都是根据钢筋混凝土构件在不同受力状态和环境条件下性能的试验和理论研究成果建立的。然而，一些影响因素，如：混凝土的收缩、温度影响及地基不均匀沉降等，难以用具体的计算公式表达。往往根据长期的工程实践经验，总结出一些构造措施来考虑这些因素的影响。因此，在学习本课程时，除了要对各种计算公式了解和掌握外，对于构造措施也必须给予足够的重视。

本课程内容多、计算公式多、符号多、构造规定也多。学习本课程时应该注意各计算公式与力学公式的联系与区别，重视构件的试验研究，通过了解构件的受力性能，掌握受力分析所采用基本假设的试验依据。运用计算方法、计算公式时，要注意其适用范围和具体条件。在设计时，混凝土结构除了要满足各种计算要求外，还必须使各项构造措施得到满足。

混凝土结构设计包括：结构方案设计，包括结构选型、构件布置及传力途径；作用及作用效应分析；结构的极限状态设计；结构及构件的构造、连接措施；耐久性及施工的要求；满足特殊要求结构的专门性能设计。混凝土结构设计还应考虑施工技术水平以及实际工程条件的可行性，有特殊要求的混凝土结构，应提出相应的施工要求。显然，混凝土结构设计是一个综合性的问题，所以在学习过程中，要注意培养对多种因素进行综合分析的能力。在进行结构布置、处理构造问题时,不仅要考虑结构受力的合理性,还要考虑使用要求、材料、造价、施工、制造等方面的问题。混凝土结构设计既要做到安全、适用、耐久,又要做到技术先进、经济合理,符合节省材料、方便施工、降低能耗与保护环境的要求。设计过程中,同一问题往往有多种解决办法,答案也往往不是唯一的,应根据具体情况进行综合分析比较,确定最佳方案,以获得最佳的技术、经济效果。

思考题

1.1 简述混凝土的构成及制作过程。

1.2 什么是混凝土结构? 混凝土结构包括哪些内容?

1.3 什么是钢筋混凝土结构? 钢筋混凝土结构中,钢筋和混凝土共同工作的基础是什么?

1.4 钢筋混凝土结构有哪些优点? 在实际工程中,如何合理利用这些优点?

1.5 钢筋混凝土结构有哪些缺点? 在实际工程中,如何克服这些缺点?

1.6 本课程有哪些主要的特点? 学习本课程要注意哪些问题?

第②章 混凝土结构材料的物理力学性能

混凝土结构是由钢筋和混凝土这两种性质不同的材料组成的，由它们共同承担和传递结构的荷载。因此，钢筋与混凝土的物理力学性能以及共同工作的特性直接影响混凝土结构和构件的性能，这些性能也是混凝土结构计算理论和设计方法的基础。在工程中，适当地选用材料，合理地利用这两种材料的力学性能，不仅可以改善钢筋混凝土结构和构件的受力性能，也可以取得良好的经济效益。为了正确合理地进行钢筋混凝土结构设计，必须深入了解钢筋混凝土结构及其构件的受力性能和特点，而对钢筋和混凝土材料的力学性能（强度和变形规律等）及其共同工作性能的了解，则是掌握钢筋混凝土结构构件性能，及分析、设计钢筋混凝土结构构件的基础，因此，了解钢筋和混凝土这两种材料的力学性能是非常重要的。本章主要介绍钢筋与混凝土的物理和力学性能、共同工作的原理及这两种材料在工程中的选用原则。

2.1 混凝土

普通混凝土是以水泥为主要胶结材料，拌合一定比例的砂、石和水，有时还根据不同的目的加入不同种类的添加剂，经过搅拌、注模、振捣、养护等工序后，逐渐凝固硬化而成的人工混合材料。混凝土是一种多相复合材料，肉眼就可以看出混凝土内部的非匀质构造。从混凝土结构中锯切出一块混凝土，可以明显区分开来的相是具有不同尺寸和形状的骨料颗粒，以及不连续的起胶结作用的水化水泥浆体固化物，如图 2.1 所示。各组成材料的成分、性质和相互比例，以及制备和硬化过程中的各种条件和环境因素，都对混凝土的力学性能有不同程度的影响。混凝土的强度和变形性能显著地区别于其他单一结构材料，其拉、压强度相差悬殊，性能随时间和环境因素的变异大。所以，混凝土比其他单一性结构材料具有更为复杂多变的力学性能。

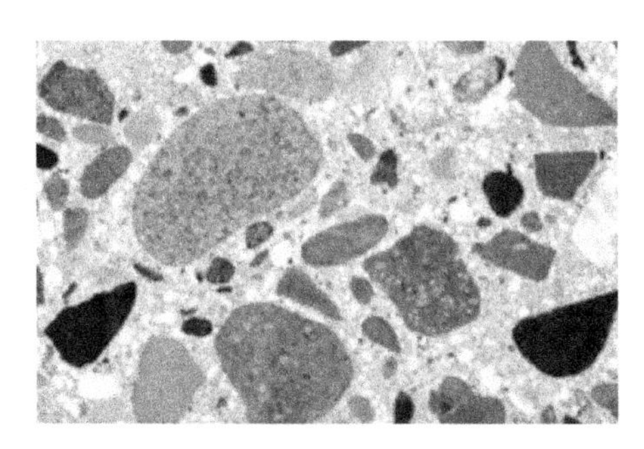
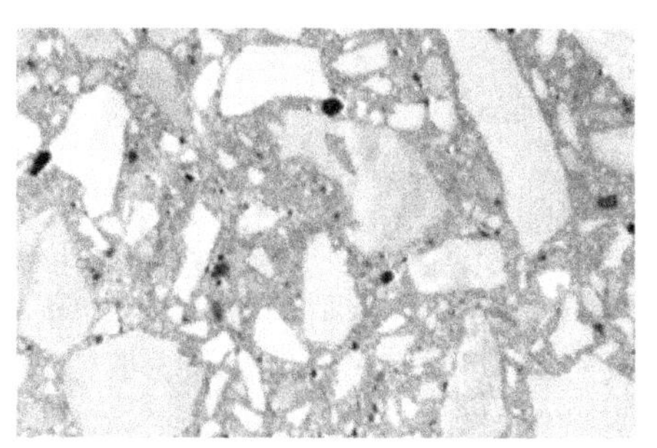

图 2.1　由卵石（左图）和碎石（右图）制成的混凝土内部非均质构造

2.1.1 混凝土的组成结构

混凝土力学性能复杂多变的根本原因在于其复杂的组成结构,它是一种非匀质、不等向,且随时间和环境条件而变化的多相混合材料。混凝土组成结构是一个广泛的综合概念,包括从组成混凝土不同组分的原子、分子结构到混凝土宏观结构在内的不同层次的材料结构。通常把混凝土的结构分为三种基本类型:微观结构即水泥石结构;亚微观结构即混凝土中的水泥砂浆结构;宏观结构即砂浆和粗骨料两组分体系。微观结构(水泥石结构)由水泥凝胶、晶体骨架、未水化完成的水泥颗粒和凝胶孔组成,如图2.2所示。混凝土的宏观结构与亚微观结构有许多共同点,可以把水泥砂浆看作基相,粗骨料分布在砂浆中,砂浆与粗骨料的界面是结合的薄弱面。在混凝土的凝固过程中,水泥的水化作用在表面形成凝胶体,水泥浆逐渐变稠、硬化,并和粗细骨料粘结成一整体。在此过程中,水泥凝胶体收缩变形远大于粗骨料的收缩变形。此收缩变形差使粗骨料受压,水泥凝胶体受拉。这些应力场在截面上的合力为零,但局部应力可能很大,以至在骨料界面产生微裂缝。混凝土在承受荷载(应力)之前,就已经存在复杂的微观应力、应变和裂缝,这些在混凝土受力后会有更剧烈的变化。混凝土中的孔隙、界面微裂缝等缺陷往往是混凝土受力破坏的起源,在荷载作用下,微裂缝的扩展对混凝土的力学性能有着极为重要的影响。

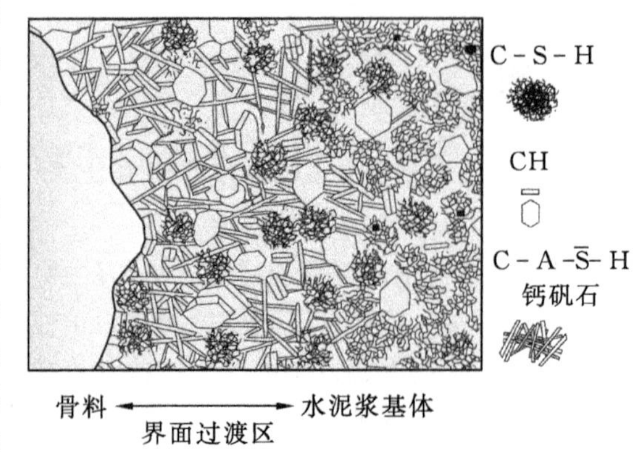

图2.2 混凝土骨料与水泥浆基体界面过渡区微观结构示意图

混凝土中占体积绝大部分的石子和砂,本身的强度和弹性模量值均比混凝土中其他组分的强度和弹性模量高出许多。即使混凝土达到极限强度值时,骨料并不破碎,变形仍在弹性范围以内,即变形与应力成正比,卸载后变形可完全恢复,不留残余变形。水泥经水化作用后生成的凝胶体,在应力作用下除了即时产生的变形外,还将随时间的延续而发生缓慢的粘性流(移)动,使混凝土的变形不断地增长,形成塑性变形。当卸载(应力)后,这部分变形一般不能恢复,出现残余变形。

混凝土在承受应力作用或环境条件改变时都将发生相应的变形。当混凝土的应力较低时,骨料的弹性变形占主要部分,总变形很小;随着应力的增大,水泥凝胶体的粘性流动变形逐渐加速增长;接近混凝土极限强度时,裂缝的引起变形才明显显露,但其量级大,很快就超过其他变形成分。在应力峰值之后,随着应力的下降,骨料弹性变形开始恢复,而裂缝引起的变形却继续加大。

混凝土的单轴抗拉和抗压强度的比值约为1∶10,相应的峰值应变之比约为1∶20,都相差一个数量级,当然是其材料特性和内部微结构所决定的。这种在基本受力状态下的力学性能的巨大差别,使得混凝土因应力状态和途径的不同引起力学性能的巨大差异。另一方面,混凝土随水泥水化作用的发展而渐趋成熟,水泥颗粒的水化作用由表及里逐渐深入,水泥胶体的硬化过程需要多年才能完成,所以混凝土的强度和变形也是随时间而变化的,在此过程中混凝土的物理力学性能受周围环境条件影响巨大。

混凝土组成结构以及组成材料性能的复杂性，决定了其力学性能的复杂性。因此，完全从微观的定量分析来确定混凝土的力学性能是非常困难的。不过，从结构工程的观点出发，将一定尺度混凝土(例如尺度大于 70mm 或 3～4 倍粗骨料粒径)的宏观结构体，看成连续、匀质和各向同性的材料，取其平均的强度、变形值和宏观的破坏形态等作为研究的标准，可以得到相对稳定的力学性能。并且用同样尺度的标准试件测定各项性能指标，经过总结、统计和分析后建立的强度准则和本构关系，在实际工程中应用对就具有足够的准确性。因此，了解和掌握混凝土的材料性能特点，对于深入理解和应用混凝土的各种力学性能以及研究钢筋混凝土构件和结构的力学反应至关重要。

2.1.2　混凝土单轴应力状态下的变形和强度

复杂复合材料体的性能并不是各相材料性能的简单总和。从骨料、硬化水泥浆体和混凝土在单轴荷载作用下的典型应力-应变曲线(见图 2.3)可明显看出，尽管硬化水泥浆体和骨料呈现线弹性性能，但由它们形成的复合体——混凝土的性能却与它们明显不同，即混凝土并不是弹性材料。混凝土试件在瞬时荷载作用下的应变并不与施加的应力成比例，卸载时也不能完全恢复。变形也是混凝土的一个重要力学性能，混凝土的变形一般可分为两种类型：一种是受力变形，是混凝土在一次短期加载、荷载长期作用或多次重复荷载作用下产生的变形；另一种是非受力变形，是由于混凝土硬化过程中的收缩以及温度和湿度变化产生的变形。

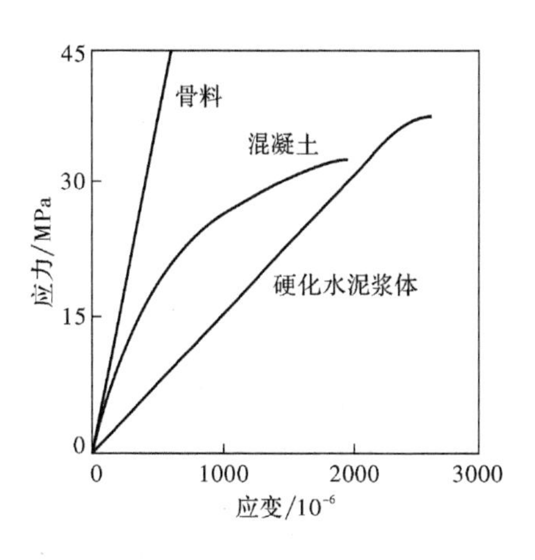

图 2.3　混凝土及其各组分的典型力学行为

1. 混凝土单轴应力状态下的变形

(1)单轴受压时混凝土应力-应变关系

混凝土单轴受压时的应力-应变关系是混凝土最基本的力学性能之一，它包括上升段和下降段，是混凝土力学性能的宏观反映。混凝土单轴受压的应力-应变关系是研究钢筋混凝土结构的强度和变形的重要依据，又是多轴混凝土力学性能研究的基础。特别是应力-应变曲线的下降段对于构件的弹塑性全过程分析、极限状态下的截面应力分布、抗震结构的延性和恢复力特性等有较大影响。

①一次短期加载下混凝土的变形性能。

一次短期加载是指荷载从零开始单调增加至试件破坏，也称单调加载。在普通试验机上可毫无困难地获得混凝土应力-应变曲线的上升段。但是，试件在达到最大承载力后急速破裂，很难量测到有效的下降段曲线。混凝土试件突然破坏的原因是，试验机的刚度不足，试验机本身在加载过程中发生变形，储存了很大的弹性应变能。试件承载力开始下降时，试验机储存的弹性应变能将试件急速压坏。若采用有伺服装置，能控制下降段应变速度的特殊试验机，或者在试件旁附加弹性元件协同受压，并以等应变加载，就可以测量出具有真实下降段的应力-应变全曲线。

图 2.4 为一次典型实测的短期加载下混凝土棱柱体受压应力-应变全曲线，包括上升段

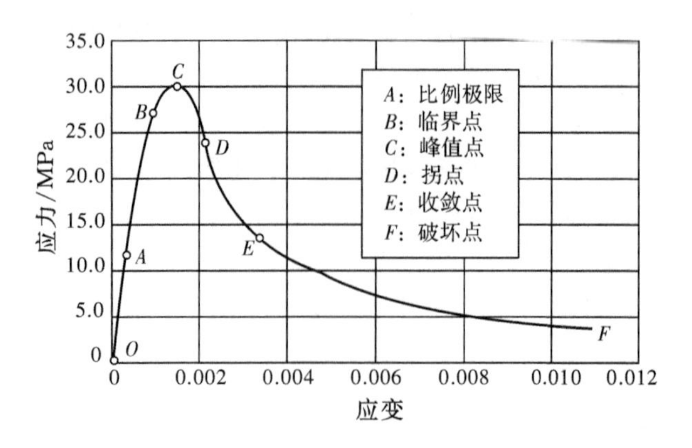

图 2.4 混凝土棱柱体受压应力-应变曲线

OC 和下降段 CF 两部分。上升段 OC 可分为三段：第Ⅰ阶段 OA，应力-应变关系接近直线，称为弹性阶段，A 点为比例极限点($0.3f_c \sim 0.4f_c$)。由于应力较小，这时混凝土的变形主要是骨料和水泥结晶体受力产生的弹性变形。混凝土变形主要取决于骨料和水泥石的弹性变形，而水泥胶体的粘性流动以及初始微裂缝变化的影响一般很小。第Ⅱ阶段 AB，随着应力增大，由于水泥凝胶体的塑性变形、初始微裂缝的扩展以及新裂缝的出现，混凝土表现出明显的塑性性能。但是，当荷载不再增大，微裂缝的发展亦将停滞，裂缝形态保持基本稳定。故荷载长期作用下，混凝土的变形将增大，但不会提前破坏。该阶段临界点 B($\sigma \approx 0.8f_c$)可作为混凝土长期荷载作用下抗压强度的依据。第Ⅲ阶段 BC，试件中所积蓄的弹性应变能保持大于裂缝发展所需要的能量，从而形成裂缝快速发展的不稳定状态直至峰点 C。这一阶段的应力增量不大，而裂缝发展迅速，变形增长大。这时的峰值应力 σ_{max} 通常作为混凝土棱柱体的抗压强度 f_c，相应的应变称为峰值应变 ε_p，其值在大约在 0.0015～0.0025 之间，通常取为 0.002。下降段 CE 是混凝土到达峰值应力后混凝土内骨料和砂浆的界面粘结裂缝，以及砂浆内的裂缝不断地延伸、扩展和相连。内部结构的整体性受到愈来愈严重的破坏，沿最薄弱面形成宏观斜裂缝，并逐渐贯通全截面，赖以传递荷载的传力路径不断减少。这一阶段随着应变增加，混凝土的承载力迅速下降，试件的应力-应变曲线向下弯曲，直到凹向发生改变，曲线出现“拐点”(D 点)。超过“拐点”，曲线开始凸向应变轴，这时，只靠骨料间的咬合力及摩擦力与残余承压面来承受荷载。随着变形的增加，应力-应变曲线逐渐凸向水平轴方向发展，此段曲线中曲率最大的一点 E 称为“收敛点”。从收敛点 E 开始以后的曲线称为收敛段，斜裂缝在正应力和剪应力的挤压和搓碾下不断发展加宽，成为一破损带，而试件其他部位上的裂缝一般不再发展。试件上的荷载由斜面上的摩阻力和残存的粘结力抵抗，剩余承载力缓慢下降。在很大的应变下，混凝土的残余强度仍未完全丧失，不过，这时贯通的主裂缝已很宽，内聚力几乎耗尽，对无侧向约束的混凝土，收敛段 EF 已失去结构意义。

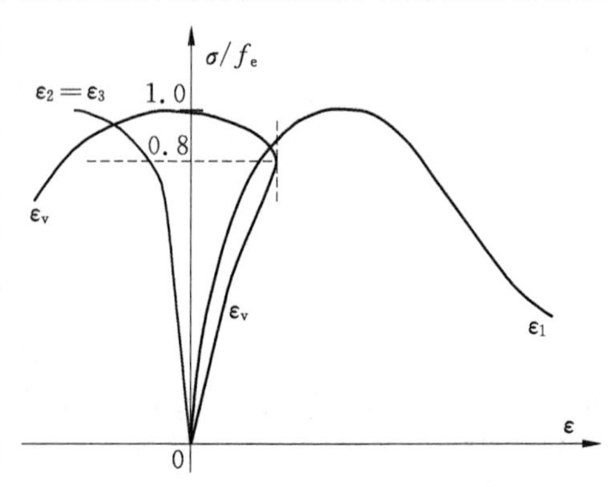

图 2.5 ε_1、ε_2、ε_3 和 ε_v 与应力的关系

上述破坏过程可以分别从横向应变(ε_2 和 ε_3)，纵向应变(ε_1)，体积应变 $\varepsilon_v=\varepsilon_1+\varepsilon_2+\varepsilon_3$ 与应力的关系得到反映，如图 2.5 所示。从图中明显看出，当 σ

$\approx 0.8f_c$左右时，不稳定裂纹扩展开始，体积应变从压缩转向膨胀，横向和纵向应变都有相应的突变。

以上对破坏机理的分析，说明了混凝土受压破坏是由于混凝土内裂缝的扩展所致。如果对混凝土的横向变形加以约束，限制裂缝的开展，就可以提高混凝土的纵向抗压强度。

混凝土应力-应变曲线的形状和特征是混凝土内部结构发生变化的力学标志。不同强度的混凝土应力-应变曲线有着相似的形状，但反映混凝土内部开裂、裂缝发展和破坏过程等现象的几何特征点位置有明显的变化。图 2.6 的不同强度等级混凝土的应力-应变曲线表明，随着混凝土强度的提高，尽管上升段和峰值应变的变化不很显著，但是下降段的形状有较大差异，混凝土强度越高，下降段的坡度越陡，应力-应变全曲线的峰部越尖锐。另外，混凝土受压应力-应变曲线的形状与加载速度也有着密切关系。

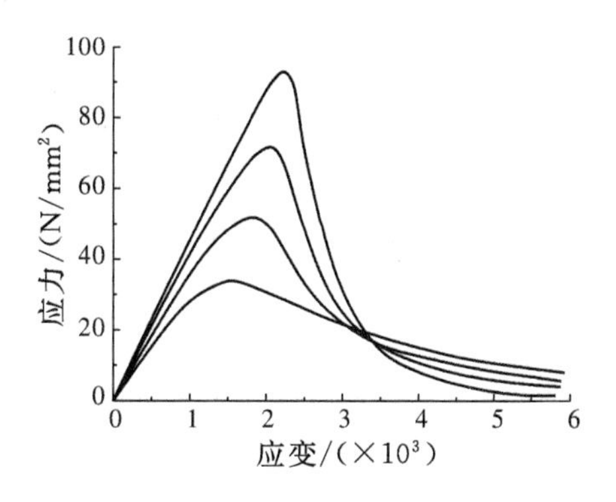

图 2.6　不同强度混凝土应力-应变关系示意图

②混凝土受压应力-应变曲线表达式。

混凝土结构理论分析需要准确的混凝土受压应力-应变曲线，许多研究人员为了准确地拟合混凝土受压应力-应变试验曲线，提出了不同数学表达式的曲线方程。其中比较简单实用，也是目前较常用的有美国 Hognestad 建议的方程和德国 Rüsch 建议的方程(如图 2.7 所示)。

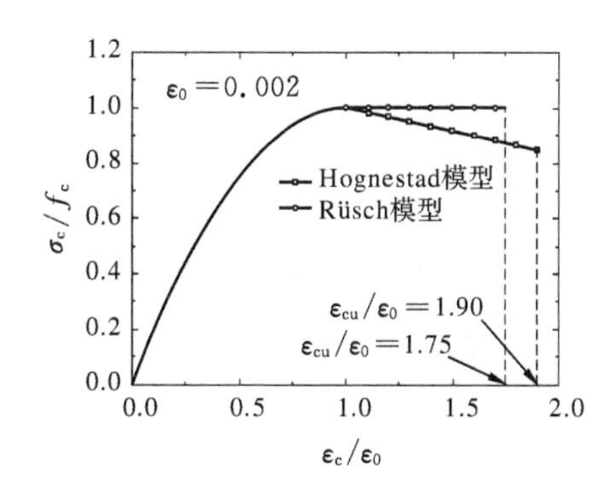

图 2.7　Hognestad 和 Rüsch 建议的应力-应变曲线

Hognestad 模型应力-应变曲线上升段为二次抛物线，下降段为斜直线。

上升段：$\varepsilon_c \leqslant \varepsilon_0$

$$\sigma_c = f_c\left[2\frac{\varepsilon_c}{\varepsilon_0} - \left(\frac{\varepsilon_c}{\varepsilon_0}\right)^2\right] \tag{2-1}$$

下降段：$\varepsilon_0 < \varepsilon_c \leqslant \varepsilon_{cu}$　　$\sigma_c = f_c\left[1 - 0.15\dfrac{\varepsilon_c - \varepsilon_0}{\varepsilon_{cu} - \varepsilon_0}\right]$　　(2-2)

式中：

f_c——峰值应力(轴心抗压强度)；

ε_0——相应于峰值应力的应变，取 $\varepsilon_0 = 0.002$；

ε_{cu}——极限压应变，取 $\varepsilon_{cu} = 0.0038$。

Rüsch 模型应力-应变曲线上升段为二次抛物线，下降段为水平直线。

上升段：$\varepsilon_c \leqslant \varepsilon_0$　　$\sigma_c = f_c\left[2\dfrac{\varepsilon_c}{\varepsilon_0} - \left(\dfrac{\varepsilon_c}{\varepsilon_0}\right)^2\right]$　　(2-3)

下降段：$\varepsilon_0 < \varepsilon_c \leqslant \varepsilon_{cu}$　　$\sigma_c = f_c$　　(2-4)

式中符号意义与 Hognestad 应力-应变曲线符号相同，相应于峰值应力的应变 ε_0 同样取 0.002，但极限压应变 ε_{cu}取 0.0035。

我国《混凝土结构设计规范》(GB 50010—2010)中正截面承载力计算公式中的受压区混凝土的应力分布，是根据下面的应力-应变关系曲线等效得来的，详见第 5 章 5.3 节。

当 $\varepsilon_c \leqslant \varepsilon_0$ 时(上升段)　　$\sigma_c = f_c\left[1 - \left(1 - \dfrac{\varepsilon_c}{\varepsilon_0}\right)^n\right]$　　(2-5)

当 $\varepsilon_0 < \varepsilon_c \leqslant \varepsilon_{cu}$ 时(水平段)　　$\sigma_c = f_c$　　(2-6)

式中，参数 n、ε_0 和 ε_{cu}的取值如下：

$$n = 2 - \frac{1}{60}(f_{cu,k} - 50) \tag{2-7}$$

$$\varepsilon_0 = 0.002 + 0.5 \times (f_{cu,k} - 50) \times 10^{-5} \tag{2-8}$$

$$\varepsilon_{cu} = 0.0033 - 0.5 \times (f_{cu,k} - 50) \times 10^{-5} \tag{2-9}$$

式中：

σ_c——混凝土压应变为 ε_c 时的混凝土压应力；

f_c——混凝土轴心抗压强度设计值(取值参考表 2-5)；

ε_0——混凝土压应力刚达到 f_c时的混凝土压应变，当计算的 ε_0 值小于 0.002 时，取为 0.002；

ε_{cu}——正截面的混凝土极限压应变，当处于非均匀受压时，按式(2-9)计算，如计算的 ε_{cu} 值大于 0.0033，取为 0.0033；当处于轴心受压时取为 ε_0；

$f_{cu,k}$——与 f_c对应的混凝土立方体抗压强度标准值(取值参考表 2-5)；

n——系数，当计算的 n 值大于 2.0 时，取为 2.0。

不同强度等级混凝土《混凝土结构设计规范》(GB 50010—2010)正截面分析采用的应力-应变曲线如图 2.8 所示，由图和式(2-5)至式(2-9)可以看出，当混凝土强度等级低于或等于 C50 时，该应力-应变曲线与 Rüsch 模型应力-应变曲线相同。

另外，在《混凝土结构设计规范》(GB 50010—2010)的附录 C 中还给出了混凝土单轴应力-应变关系曲线的另一种关系式。将混凝土应力-应变曲线分为上升段和下降段，分别采用两个方程来描述。方程中采用不同的系数来考虑混凝土强度等级对混凝土应力-应变曲线的影响，如图 2.9 和 2.10 所示。其应力-应变关系曲线可按下列公式确定：

$$\sigma = (1 - d_c)E_c\varepsilon \tag{2-10}$$

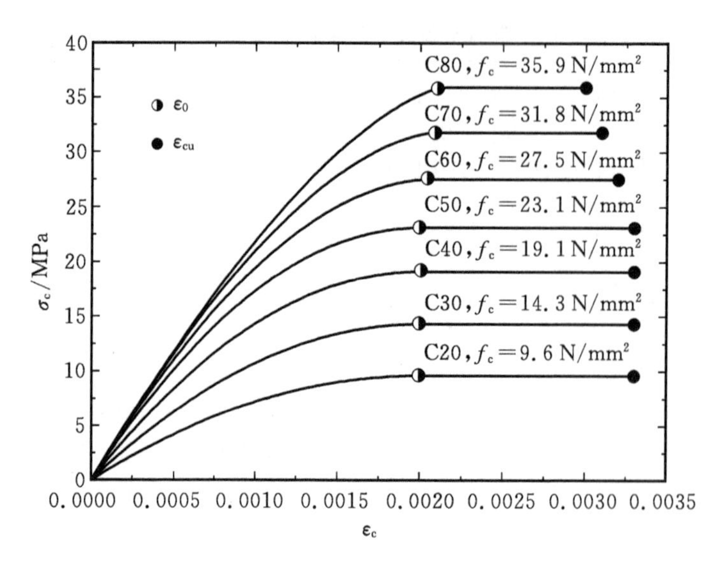

图 2.8 《混凝土结构设计规范》的混凝土应力-应变曲线(正截面分析)

上升段：$x \leqslant 1$ 时

$$d_c = 1 - \frac{\rho_c n}{n - 1 + x^n} \tag{2-11}$$

下降段：$x > 1$ 时

$$d_c = 1 - \frac{x}{\alpha_c (x-1)^2 + x} \tag{2-11a}$$

$$\rho_c = \frac{f_{c,r}}{E_c \varepsilon_{c,r}}$$

$$n = \frac{E_c \varepsilon_{c,r}}{E_c \varepsilon_{c,r} - f_{c,r}}$$

$$x = \frac{\varepsilon}{\varepsilon_{c,r}}$$

式中：

α_c——单轴受压应力-应变曲线下降段参数值；

$f_{c,r}$——混凝土的单轴抗压强度的标准值、设计值或平均值(即 f_{ck}、f_c 或 f_{cm})；

$\varepsilon_{c,r}$——与 $f_{c,r}$ 相应的混凝土峰值压应变。α_c 和 $\varepsilon_{c,r}$ 与混凝土的强度有关(取值参考表 2-1)。

d_c——混凝土单轴抗压损伤演化参数。

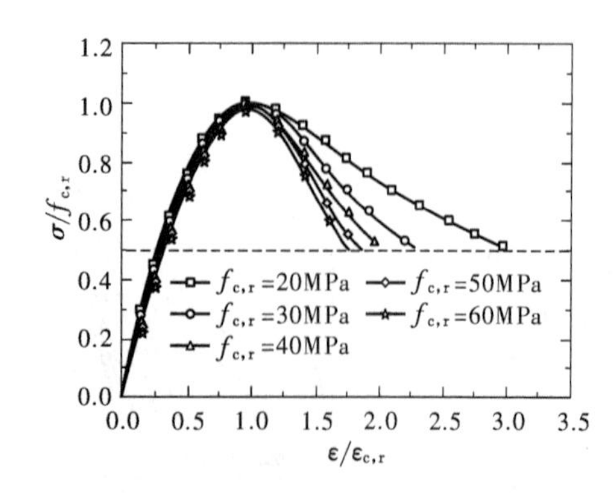

图 2.9　单轴受压应力-应变曲线(相对量)

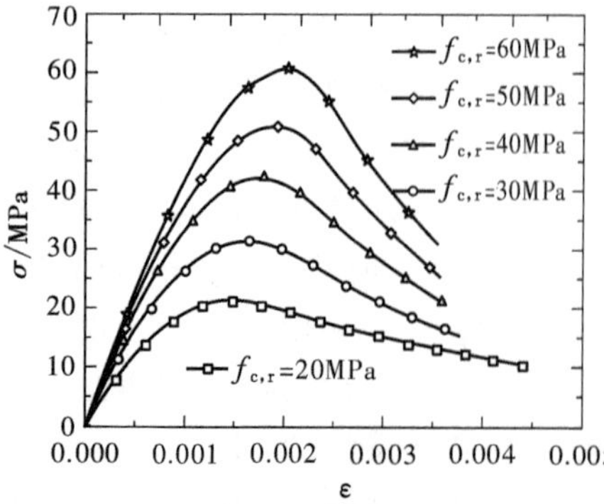

图 2.10　单轴受压应力-应变曲线(绝对量)

表 2-1 混凝土单轴受压应力-应变曲线的参数

$f_{c,r}$/(N/mm²)	20	25	30	35	40	45	50	55	60	65	70	75	80
$\varepsilon_{c,r}$/($\times10^{-6}$)	1470	1560	1640	1720	1790	1850	1920	1980	2030	2080	2130	2190	2240
α_c	0.74	1.06	1.36	1.65	1.94	2.21	2.48	2.74	3.00	3.25	3.50	3.75	3.99
$\varepsilon_{cu}/\varepsilon_{c,r}$	3.0	2.6	2.3	2.1	2.0	1.9	1.9	1.8	1.8	1.8	1.7	1.7	1.6

注:ε_{cu}为应力-应变曲线下降段上等于 $0.5f_{c,r}$时的混凝土压应变。

(2)混凝土的变形模量

变形模量是计算混凝土结构中应力分布及预应力混凝土结构中预应力损失时的重要参数。由于混凝土是非线性材料,其受压应力-应变关系是一条非线性的曲线。在不同的应力阶段,应力与应变之比的变形模量不是一个常数。混凝土的变形模量有如下三种表示方法,如图 2.11 所示。

①混凝土的弹性模量 E_c(原点模量)。

对于混凝土棱柱体的受压应力-应变曲线,取其原点处的切线斜率即得混凝土的原点切线模量,如图 2.11 中直线 L_1所示,称为混凝土的弹性模量,用 E_c表示。

$$E_c = \tan\alpha_0 \tag{2-12}$$

式中,α_0为混凝土应力-应变曲线在原点处的切线与横坐标的夹角。

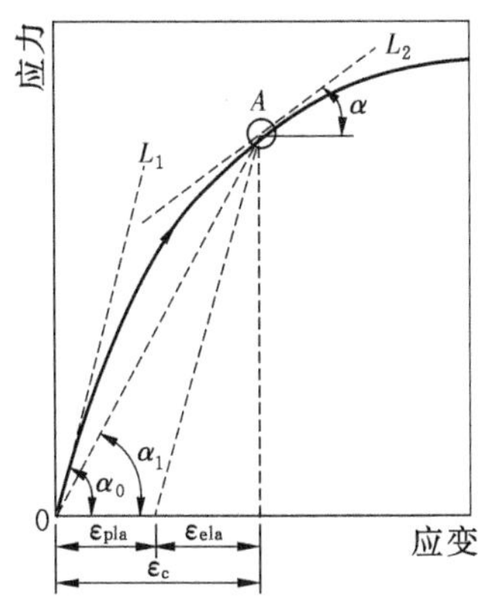

图 2.11 混凝土弹性模量与立方体抗压强度之间的关系

由于混凝土不是弹性材料,在混凝土一次加载应力-应变曲线上做原点的切线,不容易准确确定 a_0值。混凝土加载到一定的应力水平后卸载,卸载至应力为零时,存在残余变形。随着加载卸载次数增加,基本可以去掉混凝土非弹性变形的影响,应力-应变曲线渐趋稳定并基本上趋于直线,如图 2.12 所示。因此,可以将这时的应力和相应的弹性应变之比作为混凝土的弹性模量。我国混凝土弹性模量的测定就是采用的这种方法,试验的具体规定见《普通混凝土力学性能试验方法标准》(GB/T 50081—2002)。

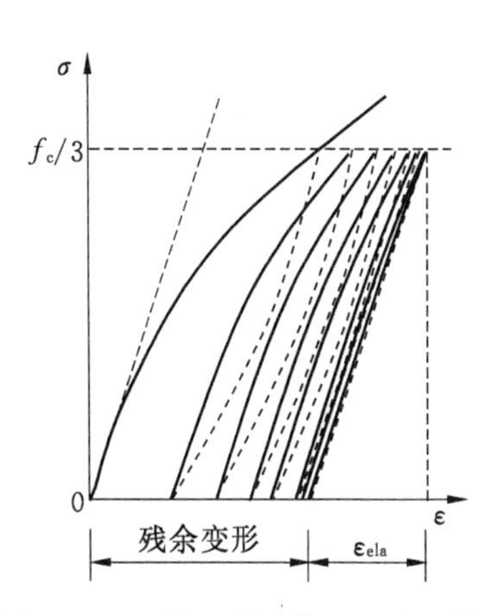

图 2.12 混凝土弹性模量 E_c 的测定

因测定混凝土弹性模量麻烦,工程中一般由混凝土的抗压强度来推测其弹性模量,如图 2.13 所示。由试验结果统计

得出混凝土弹性模量与相应的立方体抗压强度标准值 $f_{cu,k}$（即混凝土强度等级）之间的关系为

$$E_c = \frac{10^2}{2.2 + \frac{34.7}{f_{cu,k}}} \quad (\mathrm{kN/mm^2}) \tag{2-13}$$

《混凝土结构设计规范》(GB 50010—2010)根据上式的计算结果，表 2-2 以表格的形式给出了混凝土强度等级与混凝土弹性模量的关系。

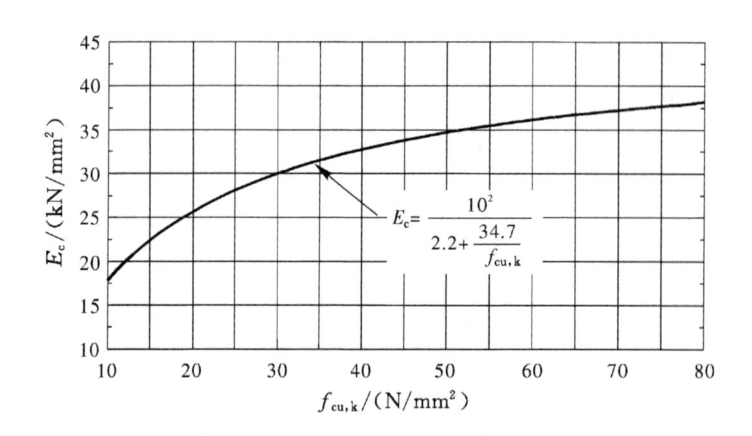

图 2.13　混凝土弹性模量与立方体抗压强度之间的关系

表 2-2　混凝土弹性模量($\times 10^4$ N/mm²)

混凝土强度等级	C15	C20	C25	C30	C35	C40	C45
E_c	2.20	2.55	2.80	3.00	3.15	3.25	3.35
混凝土强度等级	C50	C55	C60	C65	C70	C75	C80
E_c	3.45	3.55	3.60	3.65	3.70	3.75	3.80

注：1. 当有可靠试验依据时，弹性模量可根据实测数据确定；

2. 当混凝土中掺有大量矿物掺合料时，弹性模量可按规定龄期根据实测数据确定。

混凝土的剪切变形模量 G_c 可按相应弹性模量值的 40% 采用；混凝土泊松比 υ_c 可按 0.2 采用。

混凝土不是弹性材料，当应力较高，混凝土进入塑性阶段后，初始的弹性模量 E_c 已不能反映此时混凝土的应力-应变性能，因此不能用已知的混凝土应变乘以规范中所给的弹性模量值求混凝土的应力，而需用变形模量或切线模量描述混凝土的应力-应变关系。

②混凝土的割线模量 E_c'。

图 2.11 中原点至曲线任一点 A 处割线的斜率，称为任意点 A 的割线模量或变形模量。它的表达式为

$$E_c' = \tan\alpha_1 \tag{2-14}$$

若 A 点的应力和应变分别为 σ_c 和 ε_c，由于总变形 ε_c 中包含弹性变形 ε_{ela} 和塑性变形 ε_{pla} 两

部分,因此,由割线所确定的模量也称为弹塑性模量或割线模量。混凝土的变形模量是个变值,随着应力增加而减小,它与原点模量的关系如下:

$$E_c' = \tan\alpha_1 = \frac{\sigma_c}{\varepsilon_c} = \frac{\varepsilon_{ela}}{\varepsilon_c} \cdot \frac{\sigma_c}{\varepsilon_{ela}} = \lambda E_c \tag{2-14a}$$

式中,λ 为混凝土的受压变形塑性系数,定义为任一应变(力)时的割线模量(λE_0)与初始弹性模量的比值,也是弹性应变($\lambda\varepsilon$)与总应变的比值。$\lambda = \frac{\varepsilon_{ela}}{\varepsilon_c} = \frac{E_c'}{E_c}$,$\lambda$ 与混凝土所受应力的大小有关,其值可由应力-应变曲线方程计算确定,它随应变的增大而单调减小。当 $\sigma = 0.5f_c$ 时,$\lambda = 0.8 \sim 0.9$;当 $\sigma = 0.9f_c$ 时,$\lambda = 0.4 \sim 0.8$。混凝土强度越高,λ 越大,混凝土变形的塑性特征越不明显。对于《混凝土结构设计规范》(GB 50010—2010)附录 C 给出的混凝土应力-应变曲线,当 $\varepsilon = 0$,$\sigma = 0$ 时,$\lambda = 1.0$;当 $\varepsilon = \varepsilon_p$,$\sigma = f_c$ 时,$\lambda = E_p/E_0 = 1/\alpha_a$;当 $\varepsilon > \varepsilon_p$ 时,即应力-应变曲线的下降段),$\lambda < 1/\alpha_a$;而当 $\varepsilon \to \infty$,$\lambda \to 0$。Hognestad、Rüsch 以及《混凝土结构设计规范》(GB 50010—2010)附录 C 混凝土受压应力-应变曲线的变形塑性系数与应变的关系分别示于图 2.14 和 2.15 中。

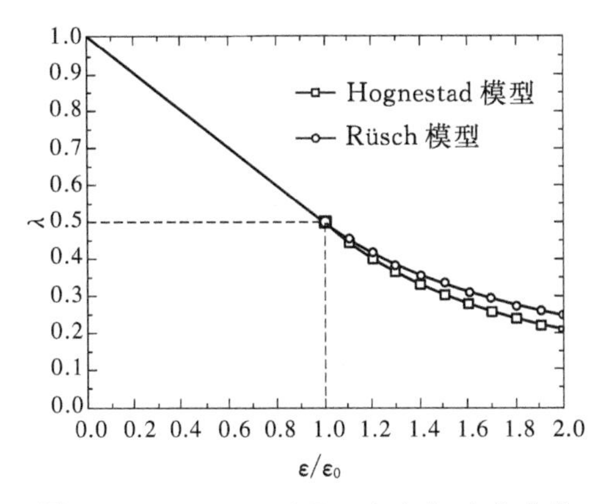

图 2-14 Hognestad、Rüsch 应力-应变曲线的 $\lambda-\varepsilon$ 关系

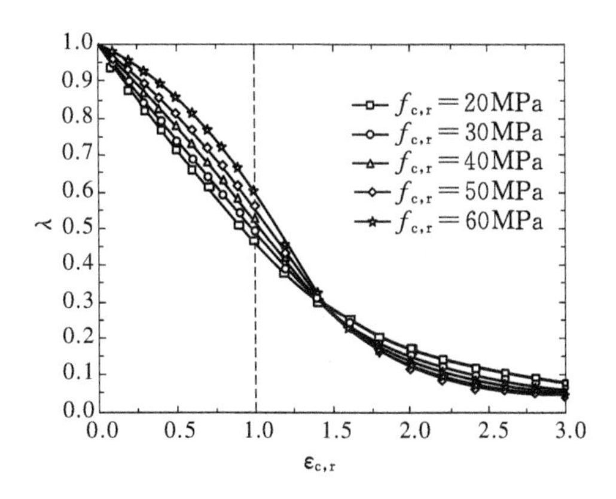

图 2-15 《混凝土结构设计规范》附录 C 混凝土受压应力-应变曲线的 $\lambda-\varepsilon$ 关系

③混凝土的切线模量 E_c''。

在混凝土应力-应变曲线上任一点处作一切线,如图 2.11 中直线 L_2 所示,该切线的斜率即为混凝土在该应力状态下的切线模量,可以由该应力状态下应力增量与应变增量之比值得到。

$$E_c'' = \tan\alpha \tag{2-15}$$

从式(2-15)可以看出,混凝土的切线模量也是一个变值,它随着混凝土应力增大而减小。应力很小时,其值与混凝土的弹性模量近似相等;而在应力-应变曲线的峰值点,其值为零。在混凝土应力-应变关系曲线的上升段,切线模量为正值,而在其下降段切线模量为负值。

(3)重复荷载下混凝土应力-应变关系(疲劳变形)

所有工程结构使用期间,都承受各种随机荷载或有规律重复加卸载荷的作用,结构中的混凝土必然承受重复应力作用。混凝土的疲劳是在重复荷载作用下产生的,由此引起的结构破坏称为疲劳破坏。重复荷载作用下的混凝土受力状态和破坏过程显然不同于一次单调加载直

至破坏的受力状态和破坏过程。

重复或循环加载大于 50% f_c时，会对混凝土的强度产生不利影响。例如，5000 次重复荷载下，混凝土在 70% f_c 时破坏。界面过渡区和基体微裂缝逐渐开展是此现象发生的原因。

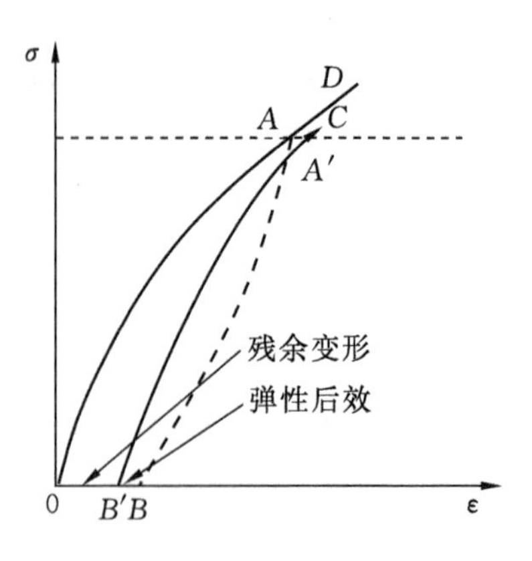

图 2.16　混凝土加卸载应力-应变曲线

图 2.16 为混凝土棱柱体试件在短期加载过程中，加载和卸载变形示意图。混凝土棱柱体试件一次短期加荷，应力达到 A 点时，应力-应变曲线为 $0A$。然后卸载至零，其卸载的应力-应变曲线为 AB。如果应力为零时停留一段时间，变形还会恢复一部分，其恢复变形量为 BB'，恢复变形 BB'称为弹性后效，不能恢复的变形 $B'0$ 称为残余变形。荷载由零再次按同样方法增加，应力-应变即循 $B'C$ 曲线上升，与卸载曲线 AB 相交于A'点，A'点称为公共点。应力大于卸载点 A 值以后，应力-应变关系即逐渐再按原加载曲线 $0AD$ 变化继续发展。不论在应力-应变全曲线中上升段或下降段内何处卸载，卸载后重新加载，都会与前一卸载曲线相交形成一封闭的滞回环。

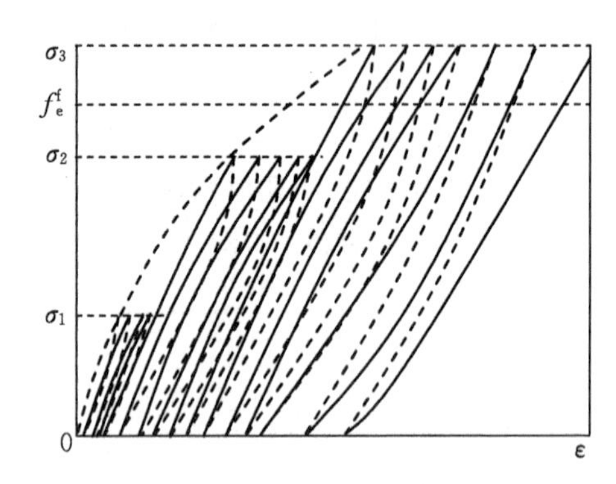

图 2.17　混凝土在重复荷载作用下的应力-应变曲线

图 2.17 报增是混凝土棱柱体试件在多次重复荷载作用下的应力-应变曲线。当应力($\sigma=\sigma_1$ 或 $\sigma=\sigma_2$)小于疲劳强度 f_c^f时，卸载和随后加载的应力-应变曲线形成一封闭的滞回环。随着载荷重复的次数增加，滞回环包围的面积不断缩小。载荷重复次数增加到一定数值后，加载、卸载应力-应变曲线，趋于一条直线。继续循环加载、卸载，混凝土将处于弹性工作状态。如果选择一个高于疲劳强度的加载应力($\sigma=\sigma_3$)，循环重复加载初期，与加载应力小于疲劳强度的应力-应变关系相似，应力-应变曲线凸向应力轴，在荷载重复加载过程中逐渐变为直线。因为应力值较大，继续加载将在混凝土内部引起新的微裂缝并使其不断扩展。所以，随着荷载重复次数增加，加载应力-应变曲线由凸向应力轴转变为凹向应力轴，加载、卸载不能形成封闭的滞回环，应力-应变曲线倾角不断减小，荷载重复到一定次数时，混凝土因开裂严重或变形过大而破坏。

混凝土的疲劳试验通常采用 100mm×100mm×300mm 或 150mm×150mm×450mm 的棱柱体试件，把能使棱柱体试件承受 200 万次或以上循环而不发生破坏压应力的上限值作为疲劳抗压强度。当应力值在疲劳强度值以下时，重复荷载的作用，不会使混凝土内局部裂缝扩展而引起破坏。当应力高于疲劳强度值时，重复加载不仅会使已有微裂缝进一步扩展，还可出现新的局部破裂，随着重复荷载次数增多，内部开裂发展逐步加剧，导致疲劳破坏。

另外，混凝土的疲劳强度还与重复作用时应力变化幅度，即疲劳应力比值 ρ_c^f有关。

$$\rho_c^f = \frac{\sigma_{c,\min}^f}{\sigma_{c,\max}^f} \tag{2-16}$$

式中，$\sigma_{c,min}^{f}$、$\sigma_{c,max}^{f}$ 分别表示构件截面同一部位的混凝土最小应力及最大应力。相同的重复次数下，疲劳强度随着疲劳应力比的增大而增大。当试件截面应变为不均匀分布时，应变或应力梯度对疲劳强度也会有影响。偏心受压试件的疲劳强度比中心受压试件的高，而且偏心距愈大，即应变或应力梯度愈大时，疲劳强度提高幅度亦愈大。

(4)单轴受拉时混凝土应力-应变关系

要量测混凝土受拉应力-应变曲线，必须采用轴心受拉试验方法，试件截面上有明确而均匀分布的拉应力。采用等应变加载，可以测得混凝土受拉应力-应变全曲线，如图 2.18 所示。混凝土受拉时的应力-应变曲线形状与受压时的曲线相似，只是其峰值应力和应变均比受压时小很多。受拉应力-应变曲线的原点切线斜率与受压时基本一致，因此，受拉弹性模量可取与受压弹性模量相同的值。

当拉应力 $\sigma \leqslant 0.5f_t$ 时，应力-应变关系曲线接近于直线。随着应力增大，曲线逐渐偏离直线。当 σ 约为 $0.8f_t$时，曲线出现临界点(即裂缝不稳定扩展的起点)，应力-应变关系曲线明显偏离直线，反映了混凝土受拉时塑性变形的发展。达到峰值应力时，对应的应变只有 $75\times10^{-6}\sim115\times10^{-6}$。曲线下降段比受压应力-应变关系曲线下降段陡，与混凝土受压相似，曲线下降段的坡度随混凝土强度的提高而更加陡峭。混凝土受拉时的极限拉应变很小，通常在 $0.5\times10^{-4}\sim2.7\times10^{-4}$范围内，与混凝土的强度等级、配合比、养护条件有关。计算中一般取 $\varepsilon_{tu}=1.5\times10^{-4}$。

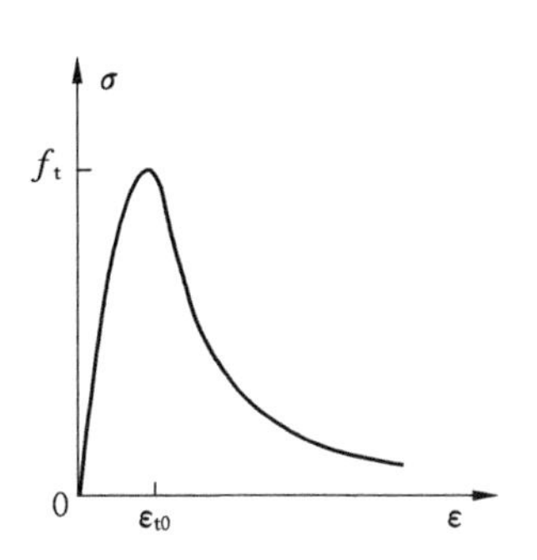

图 2.18　混凝土轴心受拉应力-应变曲线

《混凝土结构设计规范》(GB 50010—2010)附录 C 给出的单轴受拉应力-应变曲线(如图 2.19(a)和图 2.19(b)所示)的表达式为

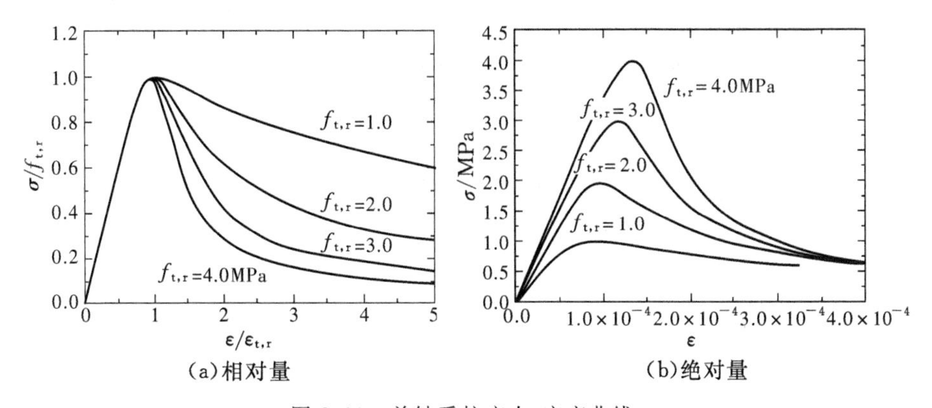

(a)相对量　　(b)绝对量

图 2.19　单轴受拉应力-应变曲线

$$\sigma=(1-d_t)E_c\varepsilon \tag{2-17}$$

当 $x\leqslant1$ 时
$$d_t=1-\rho_t(1.2-0.2x^5) \tag{2-18}$$

当 $x>1$ 时
$$d_t=1-\frac{\rho_t}{\alpha_t(x-1)^{1.7}+x} \tag{2-18a}$$

$$x=\frac{\varepsilon}{\varepsilon_{t,r}} \tag{2-19}$$

$$\rho_t = \frac{f_{t,r}}{E_c \varepsilon_{t,r}} \tag{2-20}$$

式中：

α_t——单轴受拉应力-应变曲线下降段的参数值(取值参考表 2-3)；

$f_{t,r}$——混凝土的单轴抗拉强度的标准值、设计值或平均值(f_{tk}、f_t或f_{tm})；

$\varepsilon_{t,r}$——与$f_{t,r}$相应的混凝土峰值拉应变(取值参考表 2-3)。

表 2-3　混凝土单轴受拉应力-应变曲线参数

$f_{t,r}$/(N/mm²)	1.0	1.5	2.0	2.5	3.0	3.5	4.0
$\varepsilon_{t,r}$/(×10⁻⁶)	65	81	95	107	118	128	137
α_t	0.31	0.70	1.25	1.95	2.81	3.82	5.00

2. 混凝土单轴应力状态下的强度

混凝土的强度是指混凝土抵抗外力所产生应力的能力，即混凝土材料达到破坏或破裂极限状态时所能承受的应力。混凝土的强度是其受力性能的基本指标，混凝土所受荷载的性质及受力条件不同，其力学反应不同，强度值也不同。虽然实际工程中的混凝土构件和结构一般处于复合应力状态，但是单轴受力状态下混凝土的强度是确定混凝土的强度等级、评定和比较混凝土强度和质量的最主要指标，又是分析复合应力状态下强度的基础和重要参数，因而有着重要的技术意义。工程中常用的混凝土单轴应力状态下的强度有：立方体抗压强度、棱柱体轴心抗压强度、轴心抗拉强度等。

混凝土的强度与水泥强度等级、水灰比有很大关系，骨料的性质及其级配、试件的成型方法、养护条件及混凝土的龄期等也不同程度地影响混凝土的强度。而试件的大小和形状、试验方法和加载速率则影响混凝土强度的试验结果，因此，各国对各种单轴受力下的混凝土强度都规定了统一的标准试验方法。

(1)混凝土的抗压强度

①混凝土的立方体抗压强度和强度等级。

混凝土立方体试件的强度比较稳定，所以，我国把立方体强度值作为混凝土强度的基本指标，并把立方体抗压强度作为评定混凝土强度等级的标准。以标准试件，在标准条件下养护 28 天，按照标准试验方法测得的抗压强度作为混凝土的立方体抗压强度。立方体(cube)抗压强度用符号 f_{cu}表示，其单位为 N/mm^2。对混凝土立方体抗压强度测试方法的具体规定见我国国家标准《普通混凝土力学性能试验方法标准》(GB/T 50081—2002)。我国国家标准《混凝土结构设计规范》(GB 50010—2010)规定：混凝土强度等级应按立方体抗压强度标准值确定，即用上述标准试验方法测得的具有 95%保证率的立方体抗压强度作为混凝土的强度等级，用符号$f_{cu,k}$(N/mm^2)表示。该规范规定的混凝土强度等级有 C15、C20、C25、C30、C35、C40、C45、C50、C55、C60、C65、C70、C75 和 C80，共 14 个等级，对应的立方体抗压强度标准值分别为 15、20、25、30、35、40、45、50、55、60、65、70、75 和 80N/mm^2。

试验方法对混凝土的立方体抗压强度有较大影响。试件在试验机上单向受压时，竖向缩短，横向扩张，由于混凝土与压力机垫板力学性能不同，压力机垫板的横向变形明显小于混凝土的横向变形。垫板通过其接触面上的摩擦力约束混凝土试件的横向变形，致使垫板附近混凝土处于非单轴受压状态，离垫板越近横向约束越大，混凝土破坏时形成两个对顶的角锥形破坏面,抗压强度的试验值比没有约束的情况高。如果在试件上下表面涂一些润滑剂,这时试件与压力机垫板间的摩擦力大大减小,其横向变形几乎不受约束,整个试件近似处于单向受压状态,将沿平行于压力的作用方向产生几条裂缝而破坏,测得的抗压强度较上下表面不涂润滑剂的试件低。图 2.20(a)和图 2.20 (b)分别为两种混凝土立方体试件的破坏情况,《普通混凝土力学性能试验方法标准》(GB/T 50081—2002)规定的标准试验方法是试件上下表面不涂润滑剂,立方体试件的破坏形态如图 2.20(b)所示。

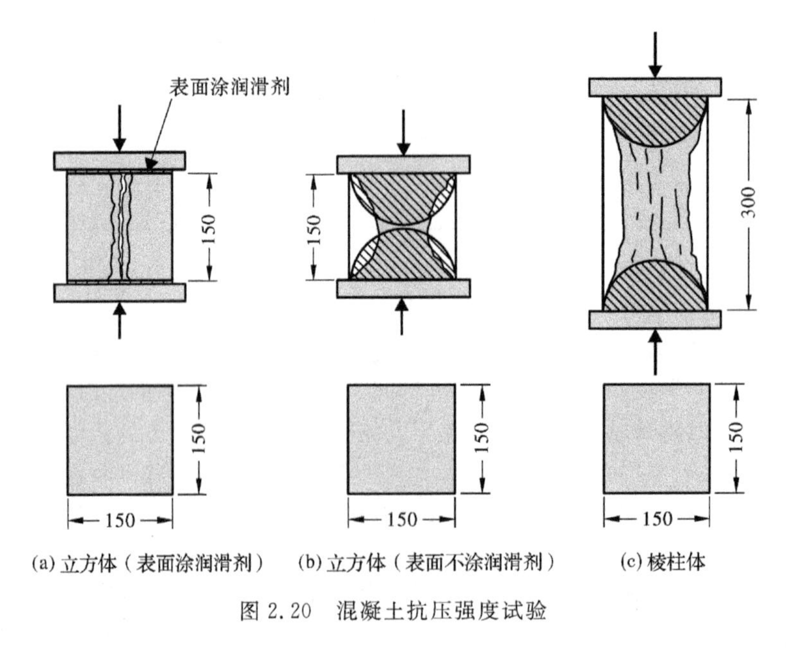

(a) 立方体(表面涂润滑剂)　(b) 立方体(表面不涂润滑剂)　(c) 棱柱体

图 2.20　混凝土抗压强度试验

《普通混凝土力学性能试验方法标准》(GB/T 50081—2002)规定,边长为 150mm 的立方体试件是标准试件,边长为 100mm 和 200mm 的立方体试件是非标准试件,在特殊情况下可采用ϕ 150mm×300mm 的圆柱体标准试件或ϕ 100mm×200mm 和ϕ 200mm×400mm 的圆柱体非标准试件①。混凝土的抗压强度测试值还受试件形状和尺寸的影响。试验表明,对于同一种混凝土材料,采用不同形状的试件所测得的强度不同,混凝土圆柱体强度不等于立方体强度。对普通强度等级混凝土来说,圆柱体强度小于立方体强度,约为立方体强度的 0.8 倍。当采用的试件形状和尺寸不同时,混凝土的破坏过程和形态虽然相同,但得到的抗压强度值因试件受力条件不同和尺寸效应而有所差别。尺寸越大,测得的强度值越低。混凝土强度等级小于 C60 时,用非标准试件测得的强度值均应乘以相应的尺寸换算系数,如表 2-4 所示。当混凝土强度等级大于等于 C60 时,宜采用标准试件;使用非标准试件时,尺寸换算系数应由试验确定。

表 2-4　混凝土抗压强度尺寸换算系数

试件类型	立方体			圆柱体		
试件尺寸/mm	200×200×200	150×150×150	100×100×100	ϕ 200×400	ϕ 150×300	ϕ 100×200
尺寸换算系数	1.05	1	0.95	1.05	1	0.95

① 有些国家(如美国、日本等)和国际学术组织规定以圆柱体为标准抗压试件,试件直径 6 英寸(约 15.24 厘米)、高度 12 英寸(约 30.48 厘米),测定的强度称为圆柱体抗压强度,用 f_c' 表示。

加载速度对立方体强度值也有影响，加载速度越快，测得的强度值越高，如图2.21所示。但是，常规的测试加载速度对强度值的影响并不是特别大。例如，ASTM C469标准试验要求单轴加载速度为0.25MPa/s，与其测试值相比，加载速度为0.007MPa/s时，混凝土圆柱体抗压强度值降低12%左右；另一方面，加载速度为6.9MPa/s时，强度提高的幅度也接近12%。然而，混凝土的冲击强度随施加冲击速度的增大而大幅度提高。

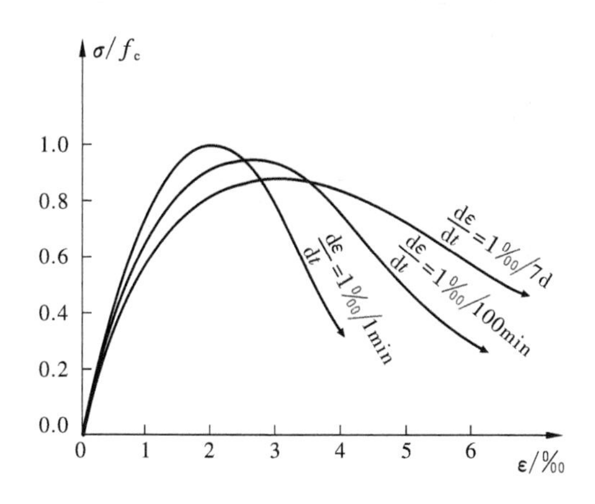

图2.21　加载速度对混凝土抗压性能的影响

混凝土的立方体强度还与成型后的龄期及混凝土所处的环境有关。混凝土的立方体抗压强度随着混凝土的龄期而逐渐增长，增长速度开始较快，后来逐渐缓慢，强度增长过程往往要延续数年，在潮湿环境中延续时间更长。

②棱柱体轴心抗压强度。

混凝土的抗压强度与试件的形状和尺寸有关，而实际工程中的混凝土构件高度通常比截面边长大很多，采用棱柱体比立方体能更好地反映混凝土结构的实际抗压能力。根据Saint-Venant原理，加载面上垂直压应力的不均匀分布和垫板的水平约束应力，只影响试件端部的局部范围(高度约等于试件宽度)，棱柱体的抗压试验及试件破坏情况如图2.20(c)所示。中间部分已接近于均匀的单轴受压应力状态。棱柱体试件的受压试验也表明，破坏发生在棱柱体试件的高度中部。棱柱体试件的高度越大，试验机压板与试件之间摩擦力对试件高度中部横向变形的约束越小，所以棱柱体试件的抗压强度值比立方体的强度值小，棱柱体试件高宽比越大，强度值越小，但当高宽比达到一定值后棱柱体抗压强度值变化很小。根据资料，一般认为试件的高宽比为2～3时，可以基本消除上述因素的影响。同时为避免试件过高，混凝土破坏前试件失稳而降低抗压强度。《普通混凝土力学性能试验方法标准》(GB/T 50081—2002)规定，以150mm×150mm×300mm的棱柱体作为混凝土轴心抗压强度试验的标准试件，试件制作、养护和加载试验方法同立方体试件。试件上下表面不涂润滑剂，试件的破坏荷载除以其截面积，即为混凝土的棱柱体抗压强度，或称轴心抗压强度，用符号 f_c 表示，其单位为 N/mm^2。根据需要也可以采用非标准试件，但其测试值应乘以相应的尺寸换算系数。

混凝土棱柱体试验是国内外进行最多的混凝土基本材料性能试验，由试验结果可知，混凝土的棱柱体抗压强度随立方体强度单调增长。由于混凝土的原材料和组成，以及试验量测方法的差异，试验结果有一定的离散度，如图2.22所示。从图中可以看到，试验值 f_{ck} 与 $f_{cu,k}$ 的统计平均值大致呈一条直线，它们的比值大致为0.7～0.92，强度等级($f_{cu,k}$)高者的比值偏大。

出于结构安全度的考虑,各国设计规范中,一般取用偏低的值。例如,我国的《混凝土结构设计规范》(GB 50010—2010)考虑到结构中与试件的混凝土强度之间的差异以及强度等级的影响,混凝土轴心抗压强度(棱柱体抗压强度)标准值与立方体抗压强度(强度等级)标准值之间的关系采用下式:

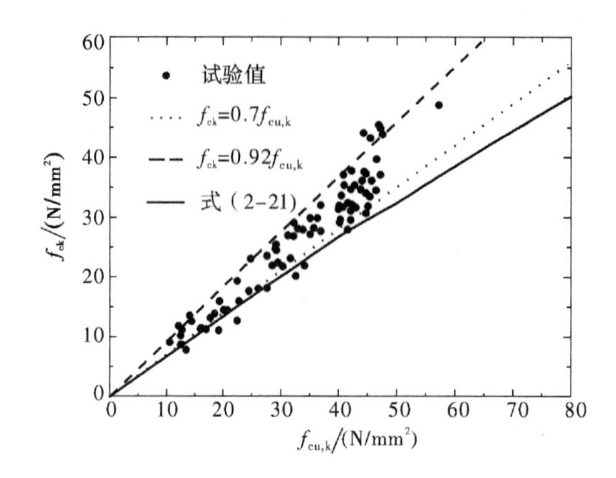

图 2.22 混凝土轴心抗压强度与立方体抗压强度的关系

$$f_{ck} = 0.88\alpha_{c1}\alpha_{c2} f_{cu,k} \tag{2-21}$$

式中:

f_{ck}、$f_{cu,k}$——分别为混凝土轴心抗压强度标准值和立方体抗压强度标准值;

α_{c1}——棱柱体强度与立方体强度的比值,当混凝土的强度等级不大于 C50 时,$\alpha_{c1}=0.76$;当混凝土的强度等级为 C80 时,$\alpha_{c1}=0.82$;当混凝土的强度等级在 C50 和 C80 之间时,在 0.76 和 0.82 之间按线性插值取值;

α_{c2}——混凝土的脆性系数,当混凝土的强度等级不大于 C40 时,$\alpha_{c2}=1.0$;当混凝土的强度等级为 C80 时,$\alpha_{c2}=0.87$;当混凝土的强度等级在 C40 和 C80 之间时,在 1.0 和 0.87 之间按线性插值取值;

0.88——考虑结构中的混凝土强度与试件混凝土强度之间的差异等因素的修正系数。

由式(2-21)可知,当混凝土强度等级较低(低于 C40)时,混凝土轴心抗压强度随立方体抗压强度增加而线性增加;而混凝土强度等级较高时,混凝土轴心抗压强度的增长率小于立方体抗压强度的增长率。因此,式(2-21)表示的并不是一条直线。

(2)混凝土的轴心抗拉强度

抗拉强度也是混凝土的基本力学指标之一,它既是研究混凝土的破坏机理和强度理论的一个主要依据,又直接影响钢筋混凝土结构的抗裂能力,也可间接地衡量混凝土的冲切强度等其他力学性能。混凝土的轴心抗拉强度可以采用直接拉伸试验的方法来测定。混凝土的轴心抗拉强度随其立方体强度单调增加,但增长幅度渐减。对试验结果(如图 2.23 所示),经回归分析后得经验公式为

$$f_t = 0.26 f_{cu}^{2/3} \tag{2-22}$$

在设计时,可近似取

$$f_t = 0.23 f_{cu}^{2/3} \tag{2-22a}$$

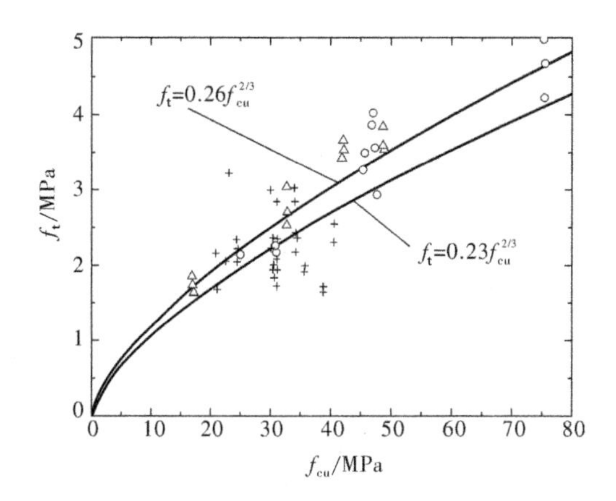

图 2.23　轴心抗拉强度与立方体抗拉强度的关系

一些国外的学者建议可采用如下形式

$$f_t = k\sqrt{f_c}\quad (k=0.25\sim0.5) \tag{2-23}$$

由于混凝土内部的不均匀性、安装试件的偏差等，加上混凝土轴心抗拉强度很低，用直接拉伸试验准确测定抗拉强度困难。国内外常采用间接方法来测定混凝土的抗拉强度，劈裂试验就是常采用的间接方法之一。劈裂试验是将圆柱体试件或立方体试件放在压力机上，试件上、下置以钢条（钢条宽度应不大于试件直径或边长的 1/10），在压力作用下，试件劈裂破坏。根据弹性理论，试件在上述受力条件下，其中部很大范围内形成几乎均匀分布的拉应力，只有在垫条附近形成压应力，如图 2.24 所示，图中 D 为试件的高度。试件在拉应力作用下破坏，根据其破坏荷载可以推断混凝土的抗拉强度。在破坏载荷时，试件内部的水平拉应力即为混凝土的劈裂抗拉强度 $f_{t,s}$，其值可按式(2-24)计算：

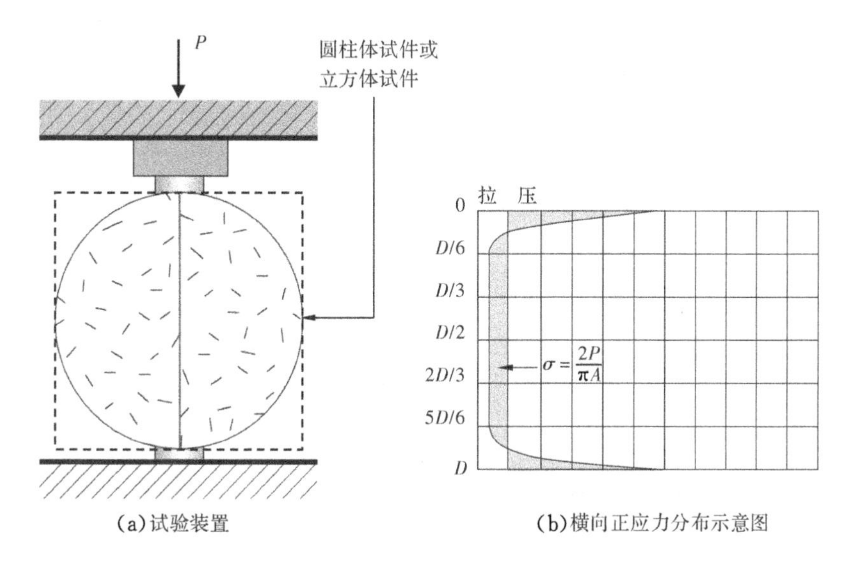

图 2.24　劈裂试验

$$f_{t,s}=\frac{2P_u}{\pi A} \tag{2-24}$$

式中：

P_u——试件破坏荷载；

A——试件劈裂面面积。

由于劈裂试验简单易行，许多国家也采用劈裂试验来间接测定混凝土的抗拉强度。劈裂试件可以采用圆柱体或立方体，我国对混凝土劈裂试验的具体规定见《普通混凝土力学性能试验方法标准》(GB/T 50081—2002)。试验表明，混凝土的劈裂抗拉强度与轴心抗拉强度类似，也随其立方体抗压强度单调增长，但增长幅度渐减，但两种试验方法给出的抗拉强度值不同。劈裂抗拉试件大小对试验结果有一定影响，标准试件尺寸为 150mm×150mm×150mm。若采用 100mm×100mm×100mm 非标准试件时，所得结果应乘以尺寸换算系数 0.85。经对试验结果分析，混凝土劈裂抗拉强度与立方体抗压强度折算关系的经验回归公式为

$$f_{t,s}=0.19f_{cu}^{3/4} \tag{2-25}$$

需注意的是，根据我国的试验结果和计算式的比较，混凝土的轴心抗拉强度值稍高于劈拉强度值：$f_t/f_{t,s}=1.09\sim1.0$(当 $f_{cu}=15\sim43\ N/mm^2$)，如图 2.25 所示。国外的同类试验却给出了相反的结论：$f_t/f_{t,s}=0.9$。两者的差异可能是由于试验方法的不同，如我国采用立方体试件，而国外采用圆柱体试件，试验所采用的垫条也不同。

混凝土的抗拉强度只有立方抗压强度的 1/17～1/8，混凝土强度等级愈高，这个比值愈小。试验结果还表明，试件尺寸较小者，实测抗拉强度偏高，尺寸较大者强度低，一般称为尺寸效应。例如：根据采用两种尺寸的棱柱体试件(450mm×450mm×1400mm，骨料最大粒径为 80～120mm；100mm×100mm×550mm，最大粒径为 20～40mm)的试验结果，大试件的轴心抗拉强度只及小试件的 50%～64%，平均为 57%。其主要原因是大试件内部的裂缝和缺陷概率大，初始应力严重，大骨料界面的粘结状况较差等。混凝土抗拉强度对这些影响因素非常敏感。

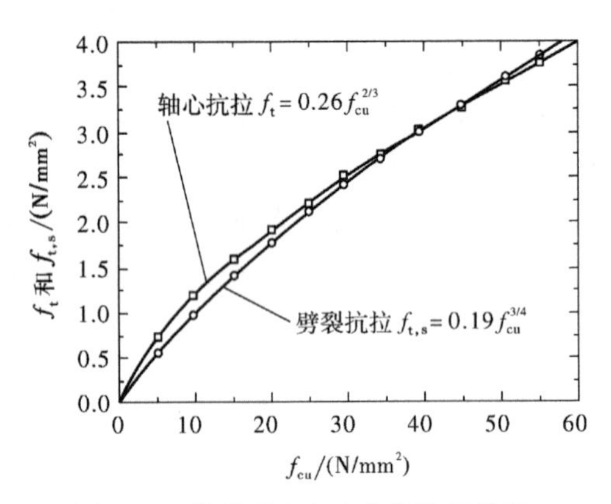

图 2.25 抗拉强度与立方体抗压强度的关系

考虑到构件与试件强度的差异、尺寸效应、加载速度等因素的影响，《混凝土结构设计规范》(GB 50010—2010)考虑了从普通混凝土到高强度混凝土的变化规律，取轴心抗拉强度标准值与立方体抗压强度标准值的关系为

$$f_{tk}=0.88\times0.395f_{cu,k}^{0.55}\ (1-1.645\delta)^{0.45}\times\alpha_{c2} \tag{2-26}$$

式中，δ 为变异系数；0.88 的意义和 α_{c2} 的意义及取值与式(2-21)中的相同。

3. 混凝土的强度指标及结构对混凝土性能的要求

混凝土强度等级由立方体抗压强度标准值确定，是混凝土各种力学指标的基本代表值，即立方体抗压强度标准值。混凝土的抗压强度与试件的形状和尺寸有关，而实际工程中的混凝土构件高度通常比截面边长大很多，采用棱柱体比立方体能更好地反映混凝土结构的实际抗压能力。因此，通常所说的混凝土强度指的是混凝土的棱柱体抗压强度，考虑到结构中混凝土

的实体强度与立方体试件混凝土强度之间的差异，根据以往的经验，结合试验数据分析并参考其他国家的有关规定，混凝土的强度标准值 f_{ck} 由立方体抗压强度标准值 $f_{cu,k}$ 经计算确定，其计算关系如式(2－21)所示。混凝土强度的设计值由强度标准值除混凝土材料分项系数 γ_c 确定，混凝土的材料分项系数 γ_c 取为 1.4，《混凝土结构设计规范》(GB 50010—2010)给出的混凝土不同条件下的强度值如表 2－5 所示。

表 2－5　混凝土强度指标

力学指标种类		符号	混凝土强度等级						
			C15	C20	C25	C30	C35	C40	C45
轴心抗压/(N/mm^2)	标准值	f_{ck}	10.0	13.4	16.7	20.1	23.4	26.8	29.6
	设计值	f_c	7.2	9.6	11.9	14.3	16.7	19.1	21.2
轴心抗拉/(N/mm^2)	标准值	f_{tk}	1.27	1.54	1.78	2.01	2.20	2.39	2.51
	设计值	f_t	0.91	1.10	1.27	1.43	1.57	1.71	1.80
力学指标种类		符号	混凝土强度等级						
			C50	C55	C60	C65	C70	C75	C80
轴心抗压/(N/mm^2)	标准值	f_{ck}	32.4	35.5	38.5	41.5	44.5	47.4	50.2
	设计值	f_c	23.1	25.3	27.5	29.7	31.8	33.8	35.9
轴心抗拉/(N/mm^2)	标准值	f_{tk}	2.64	2.74	2.85	2.93	2.99	3.05	3.11
	设计值	f_t	1.89	1.96	2.04	2.09	2.14	2.18	2.22

混凝土强度对构件的承载力影响较大，为提高材料的利用效率，减小构件的截面尺寸，节省钢材，宜采用较高强度等级的混凝土。《混凝土结构设计规范》(GB 50010—2010)规定：素混凝土结构的混凝土强度等级不应低于 C15；钢筋混凝土结构的混凝土强度等级不应低于 C20；采用强度等级 400MPa 及以上的钢筋时，混凝土强度等级不应低于 C25。预应力混凝土结构的混凝土强度等级不宜低于 C40，且不应低于 C30。承受重复荷载的钢筋混凝土构件，混凝土强度等级不应低于 C30。

2.1.3　混凝土多轴应力状态下的强度和变形

在钢筋混凝土结构中，混凝土极少处于单一的单轴压应力或拉应力状态，即使是最简单的梁、板、柱构件，也往往受轴力、弯矩、剪力、扭矩等内力的不同组合作用，其中的混凝土必然处于两轴或三轴的复杂应力状态。在节点区、支座和集中荷载作用处，以及预应力筋锚固区等处，混凝土受力状态更为复杂，混凝土都处于事实上的二维或三维应力状态。至于结构中的双向板、墙体、折板、壳体，以及一些特殊结构，都是典型的二维和三维结构，其中混凝土的多轴复合应力状态更是确定无疑。在设计或验算这些结构的承载力时，如果采用混凝土的单轴抗压或抗拉强度，其结果必然是：过低地给出二轴和三轴抗压强度，造成材料浪费，却又过高地估计多轴拉-压应力状态的强度，埋下安全的隐患。因此，研究复合应力状态下混凝土的破坏规律和强度，对经济合理利用混凝土的力学性能，保证钢筋混凝土结构的安全有重要意义。

1. 三轴应力状态下混凝土的破坏形态

分别用 σ_1、σ_2 和 σ_3 表示一点的主应力，用 e_1、e_2 和 e_3 表示其主应变。这里约定：$\sigma_1 \geqslant \sigma_2 \geqslant \sigma_3$，

$e_1 \geqslant e_2 \geqslant e_3$,且受拉为正、受压为负。在三轴应力状态下,混凝土的破坏形态与三个主应力 σ_1、σ_2 和 σ_3 的大小及相对比值有关。根据应力比的不同,混凝土的破坏形态可分为拉断、柱状压坏、层状劈裂、斜剪破坏和挤压流动,如图 2.26 所示。

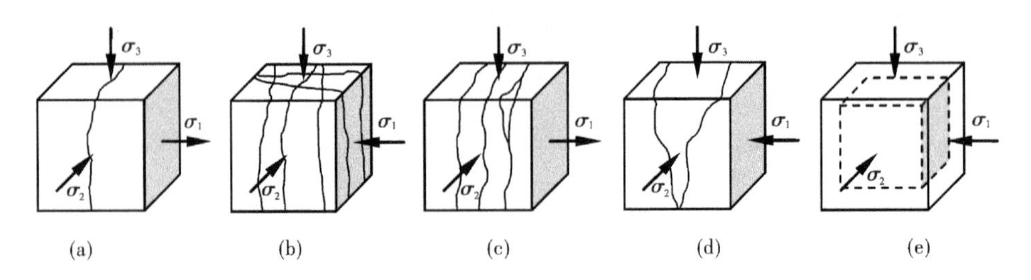

图 2.26 混凝土典型的三轴破坏形态

(1)拉断破坏(如图 2.26(a)所示)

这种破坏形式主要发生在主拉应力 σ_1 比较大而主压应力 σ_3 的绝对值较小时,其应力状态可以是三向受拉、二拉一压或一拉二压。试件破坏主要是主拉应力 σ_1 的作用,当主拉应变超过极限拉应变 ε_{1u} 值时,首先在最薄弱截面形成垂直于 σ_1 方向的裂缝,并迅速扩展而发生突然断裂。裂缝通常只有一条,将试件分成两半,裂缝面近似一个平面,断裂发生在水泥砂浆中以及粗骨料和水泥砂浆的界面。断裂面两旁的材料坚实,基本未发生损伤,与棱柱体单轴受拉的破坏过程和特征相似。试件的断裂面一般垂直于最大主拉应力 σ_1 方向。但对于两拉一压两主拉应力比较接近($\sigma_2/\sigma_1=0.5\sim1.0$)时,或三轴受拉三主拉应力比较接近时,断面可能与主应力 σ_1 轴成一夹角或发生分叉。这时,试件内各向主拉应力值相近,断面的位置和方向主要取决于混凝土内部抗拉强度的分布以及加载前的初应力或初始微裂缝的状况。

(2)柱状压坏(如图 2.26(b)所示)

这种破坏形式主要发生在主压应力 σ_3 的绝对值远大于另外两个主应力 σ_1、σ_2 时,其应力状态可以是三向受压、二压一拉或一压二拉。引起试件柱状破坏的主要因素是主压应力 σ_3,另两个主应力 σ_1 和 σ_2 对断裂面的形成和扩展有影响。当 σ_1 或 σ_2 为拉应力时,主应力 σ_1 或 σ_2 方向为拉应变;当 σ_1 和 σ_2 为压应力时,主应力 σ_1 和 σ_2 方向开始为压缩变形,然后随着 σ_3 的增大,转为反向变形,并逐渐变成拉应变。当两侧向的拉应变超过混凝土的极限拉应变时,就形成平行于 σ_3 的裂缝,并逐渐扩展和增宽,以至贯通全试件,构成分离的小柱群而压坏。分隔小柱的主裂缝较宽,小柱内还有细小的纵向裂缝。混凝土中的粗骨料和砂浆界面,以及砂浆内部已普遍受到损伤,其破坏特征与单轴受压相同。

当 σ_1 和 σ_2 为压应力时,减小了侧向应变,混凝土主压应力 σ_3 方向的抗压强度提高。反之,当 σ_1 或 σ_2 为拉应力时,增大了侧向拉应变,混凝土主压应力 σ_3 方向的抗压强度必降低。

(3)层状劈裂破坏(如图 2.26(c)所示)

这种破坏形式主要发生在第二主应力 σ_2 为压应力,且绝对值较大能阻止在 σ_2 的垂直方向发生受拉裂缝,其应力状态可以是三向受压或二压一拉。由于主应力 σ_1 为绝对值很小的压应力或拉应力,不能阻止垂直于 σ_1 方向劈裂的发生,而形成垂直于 σ_1 方向的拉断破坏面。同时,σ_2 又较大,足以阻止沿垂直 σ_2 轴方向发生劈裂,从而避免形成柱状劈裂。试件在 σ_3 和 σ_2 的共同作用下,沿 σ_1 方向产生较大的拉应变 ε_1,并逐渐形成与 σ_2-σ_3 作用面平行(垂直于 σ_1 方向)的多个裂纹面。当裂缝贯通整个试件后,发生层状劈裂破坏。层状劈裂的试件,一般有若干个主劈裂面，破裂面的界面不甚清晰，破裂面两旁的砂浆内部以及粗骨料和砂浆界面有明显的损伤和小碎片，但粗骨料完整。其破坏特征与单轴受压的特征相似。因为混凝土的非匀质性、粗骨料的形状和分布都是随机的，宏观的平行劈裂面有不规则的倾斜角。

(4)斜剪破坏(如图 2.26(d)所示)

这种破坏形式主要发生在主压应力 σ_1、σ_2 的绝对值较大，能阻止试件发生层状劈裂破坏和柱状压坏，且 σ_1 和 σ_3 的差值大，其应力状态一般是三向受压。破坏后的试件表面出现斜裂缝面，斜裂缝面有 1～3 个与 σ_2 方向平行，与 σ_3 的夹角为 20°～30°。试件呈剪压破坏，沿斜裂缝面有剪切错动和碾压、破碎的痕迹。

(5)挤压流动(如图 2.26(e)所示)

这种破坏形式只发生在三向等压以及 σ_3、σ_1 和 σ_2 绝对值都较大的三向压缩状态。这种应力状态下，混凝土试件的三个主应力方向都发生压应变，试件不会出现拉裂缝。对于三向非等压情况，破坏时主压应力方向发生很大的压缩变形。较大的 σ_1、σ_2 的作用形成了强有力的侧向约束，试件内部材料在三向压力下发生塑性流动。试件沿最大压应力 σ_3 方向发生宏观压缩变形，侧向尽管有 σ_1 和 σ_2 的约束，还是向外膨胀，试件形状由立方体变成扁平长方体。此时，试件内部构造受到很大破坏，粗骨料和砂浆都已明显的相对错位，一些质地软弱的粗骨料甚至被压碎。对于承受较大三向等压的混凝土立方体试件，卸载后，其形状虽然仍为立方体，但体积减小很多。试件内部粗骨料和砂浆都有明显的相对错位，骨料也有压裂压酥现象，试件表面可发现许多不规则的裂缝，其残余的单轴抗压强度已很低。

在受到三向均较大的压应力时，混凝土内的粗骨料、水泥砂浆以及骨料和水泥砂浆之间的界面都主要承受压应力，延迟甚至防止了混凝土内部裂缝的产生和扩展，使混凝土的极限强度有很大提高。

混凝土的这五种破坏形态发生在不同的应力状态范围。其破坏过程的主要受力原因及裂缝特征可归为两类：主拉应力产生的横向受拉裂缝引发的拉断破坏和主压应力产生的纵向劈裂裂缝引发的破坏(包括柱状压坏、层状劈裂、斜剪破坏和挤压流动等)。但无论哪种破坏形态，根本原因都是混凝土内部最大的拉应变超过了其极限拉应变产生的，只是产生最大拉应变的原因不同。

2. 三轴应力状态下混凝土的强度

三轴受压状态下，混凝土的强度比单轴受压的强度提高很多，这主要是由 σ_1、σ_2 的侧向约束所致。侧向压应力越大，其强度提高越显著。如试件的压应力比 $\sigma_3 : \sigma_2 : \sigma_1$ 由 1∶0.25∶0.1 变为 1∶0.25∶0.25 时，其强度值增大了 1 倍多。

二压一拉和一压二拉情况类似。在这两类应力状态情况下，由于拉应力存在，混凝土破坏强度显著降低。在任一应力比下，试件在拉压应力状态下所能承受的最大压、拉应力都小于其单轴抗压、抗拉强度。也就是说，拉应力的存在，使其能承受的最大压应力小于其单轴抗压强度；压应力的存在，使其能承受的最大拉应力小于其单轴抗拉强度。这说明，混凝土的拉压受力状态是最危险的情形，设计中应特别注意。

三轴受拉状态在实际工程中是很难见到的。同时，由于混凝土的三轴受拉试验所需设备复杂、试验难度大，所以，国内外这方面的资料很少。从大连理工大学进行的三轴受拉状态下混凝土强度试验结果可以看出，等三轴受拉应力状态下混凝土强度低于单轴抗拉强度。另外，从混凝土材料的本身特性分析也可以得出结论:混凝土的多轴抗拉强度应低于单轴抗拉强度,只在少数情况下会出现等于单轴抗拉强度的情况。

将试验中获得的混凝土多轴强度(f_1,f_2,f_3)数据,逐个地标在主应力(σ_1,σ_2,σ_3)坐标空间,相邻各点以曲面相连,就可以得到混凝土的破坏包络曲面如图 2.27 所示,该曲面即为三轴应力状态下混凝土破坏包络曲面。混凝土的应力状态(σ_1,σ_2,σ_3)处于破坏包络曲面之内,不会破坏;一旦应力状态达到或超出破坏包络曲面,就意味着混凝土材料发生破坏。图 2.27 所示的破坏包络曲面的三维立体图虽然直观,但不便绘制和数学描述,在具体使用时,往往采用简化的模式。图 2.28 为《混凝土结构设计规范》(GB 50010—2010)推荐使用的混凝土三轴应力强度简化模式,它给出了不同应力比条件下混凝土的抗压强度。从图中可以看出,在二轴应力状态下($\sigma_3/\sigma_1=0$),混凝土的抗压强度(f_1)随 σ_2/σ_1 的增加线性增加,当 σ_2/σ_1 超过 0.2 时,f_1 将不再增加;在三轴受压状态下,图中的水平线表示它忽略了第二主应力 σ_2 对三轴抗压强度的影响,混凝土的三轴抗压强度(f_1)取决于应力比 σ_3/σ_1,三轴抗压强度最高值不超过 5 倍的单轴抗压强度。

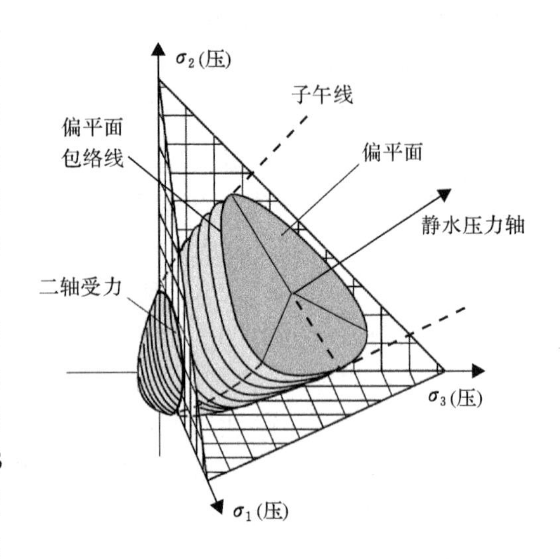

图 2.27 混凝土三轴应力强度

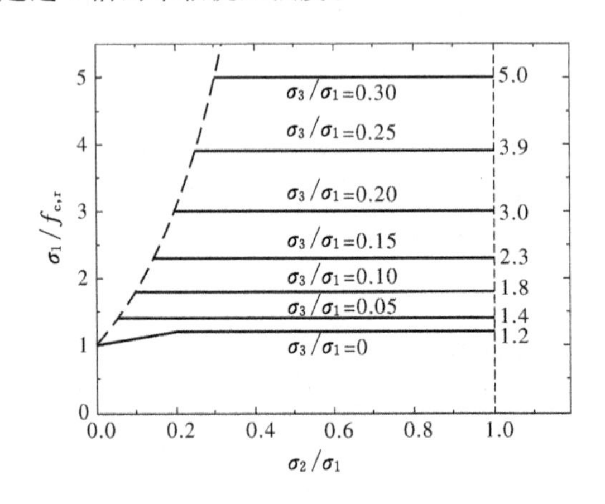

图 2.28 混凝土三轴应力强度简化模式

3. 混凝土复合受力强度的一些特殊情况

(1)混凝土的二轴应力强度

破坏包络面与坐标平面($\sigma_3=0$)的交线,即混凝土的二轴破坏包络线如图 2.27 所示。对于二轴应力状态,两个相互垂直的平面上作用有法向应力 σ_1 和 σ_2,第三个平面上应力为零。图 2.29 为《混凝土结构设计规范》(GB 50010—2010)推荐使用的混凝土二轴应力强度模式,图中的 $f_{c,r}$ 为混凝土单轴抗压强度特征值,$f_{t,r}$ 为混凝土单轴抗拉强度特征值。图中第一象限为双向受压区，总的来说，混凝土二轴抗压强度比单轴抗压强度高，但双向受压情况下，混凝土强度的提高与其应力比有关。当应力比大约在0～0.2之间，一向的强度随另一向压力的增大而提高较快；当应力比大约在 0.2～0.7 之间，一向的强度随另一向压力的增加变化平缓，最大抗压强度为单轴抗压强度的(1.25～1.60)倍，大约发生在应力比为 0.3～0.6 之间；当应力比大约在 0.7～1.0 之间，一向的强度随另一向压力的增大而降低，二轴等压(应力比为 1)的强度约为单轴抗压强度的(1.15～1.35)倍。第三象限为双向受拉区，当相差较大时，二轴应力抗拉强度略大于单轴抗拉强度；当应力比值 σ_1/σ_2 接近 1 时，二轴应力抗拉强度小于单轴抗拉强度。但在不同应力比值 σ_1/σ_2 条件下，双向抗拉强度均与单向抗拉强度接近。可以近似地认为混凝土一向的抗拉强度与另一向拉应力大小基本无关，即二轴抗拉强度和单轴应力时的抗拉强度基本相等。

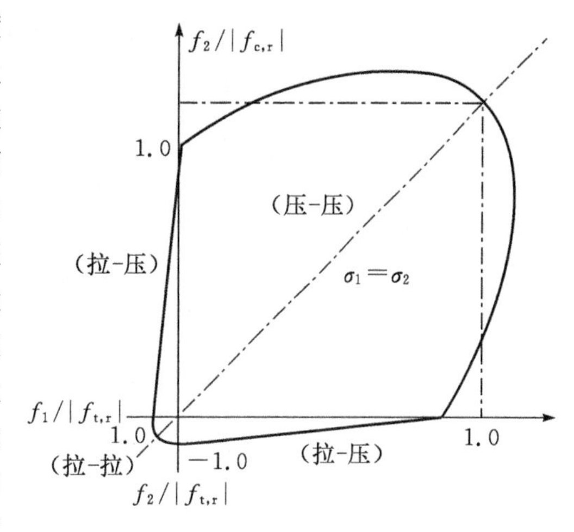

图 2.29　混凝土二轴应力强度

第二、四象限为拉-压应力状态，抗压强度随另一方向拉应力的增大而降低；同样地，抗拉强度随另一方向压应力的增大而减小。此时混凝土的强度均低于单向拉伸或压缩时的强度，混凝土一向的强度几乎随另一向应力的增加呈线性降低。

(2)混凝土在法向应力和剪切应力作用下的强度

取一个单元体，法向应力和剪应力组合受力时的混凝土强度曲线如图 2.30 所示。图中曲线可分为三段，Ⅰ段下面区域为拉剪状态，随剪应力的增大，抗拉强度下降；Ⅱ段下面区域为压剪状态，但压应力较低。此时，随正应力增大，抗剪强度提高。这是因为压应力在剪切面产生的约束，阻碍剪切变形的发展，使抗剪强度提高，当应力约达混凝土单轴抗压强度的 0.6 倍时，抗剪强度达最大值；Ⅲ段下面区域也为压剪状态，但压应力较高($\sigma>0.6f_c$)，此时，由于混凝土内部裂纹的发展，抗剪强度随压应力的增大反而降低，当 σ 达到混凝土的单轴抗压强度时，混凝土的抗剪强度为零。也就是说，由于存在剪应力，混凝土的抗压强度低于单轴抗压强度。此结果说明：梁在受到弯矩和剪力共同作用以及柱在受到轴向压力和水平地震作用产生的剪力同时作用时，结构中有剪应力会影响梁与柱中受压区混凝土的强度。结构中出现剪应力时，不仅其抗压强度会有所降低，而且抗拉强度也会降低。

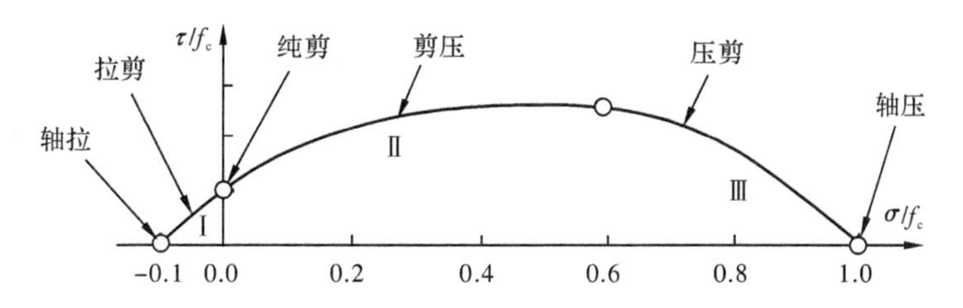

图 2.30　混凝土在法向应力和剪应力共同作用的强度曲线

4. 三向受压状态下混凝土的变形及强度特点

如前所述,混凝土试件横向受到约束时,可以提高其抗压强度和延性。三向受压下混凝土圆柱体的轴向应力-应变曲线可以由周围用液体压力加以约束的圆柱体进行加压试验得到。在加压过程中保持液压为常值,逐渐增加轴向压力直至破坏,并量测其轴向应变的变化,即所谓的常规三轴试验。从图 2.31 中可以看出,由于侧压限制,混凝土内部裂缝产生和传播发展受到阻碍,随着侧向压力增加,试件的轴向抗压强度强度和延性都有显著提高。混凝土常规三轴试验结果较多,根据实测的混凝土破坏强度分布,可得到下列强度关系公式:

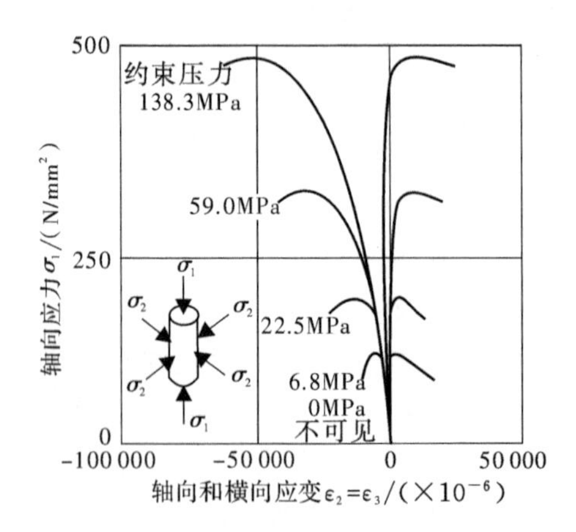

图 2.31 混凝土在不同约束应力下的应力-应变曲线

$$\sigma_1 = f_c + 4.1\sigma_2 \tag{2-27}$$

式中:

f_c——混凝土单轴抗压强度;

σ_2——侧向应力,$\sigma_2=\sigma_3$。

上式只适用于侧压应力不很大的情况,更一般形式的公式如下:

$$\sigma_1 = f_c + K\sigma_2^m \tag{2-27a}$$

式中,K 和 m 为由试验所确定的参数。一般 $m\leqslant 1$,为简化计算可取 $m=1$;K 值与侧向压应力的大小有关,侧向压应力越大,K 值越小,一般情况下可取 K 取值范围为 3～4。

工程上常通过设置密排螺旋筋或箍筋来约束混凝土,改善钢筋混凝土结构的受力性能。在混凝土轴向压力很小时,螺旋筋或箍筋几乎不受力,此时混凝土基本不受约束,混凝土应力达到临界应力时,混凝土内部裂缝引起体积膨胀使螺旋筋或箍筋受拉;反过来,螺旋筋或箍筋约束了混凝土,形成与液压约束相似的条件,使混凝土的强度和变形性能得到改善。

实际工程中经常遇到局部承压的情况,如通过梁或桁架的支座垫板传到柱顶的压力、后张的预应力混凝土构件端部锚头下的挤压力等,荷载仅作用在构件混凝土的部分面积上。承受荷载的混凝土受到周围混凝土的约束,使其处于三维受压状态,而使混凝土的局部抗压强度提高。混凝土的局部抗压强度与其周围的约束有关,试验表明,混凝土的局部抗压强度与其单轴抗压强度可用下列经验公式表示:

$$f_{c,l} = \beta f_c \tag{2-28}$$

式中,$\beta=\sqrt{A_b/A_l}$ ——局部承压强度提高系数。A_l 为局部承压面积;A_b 为影响局部承压强度的计算底面积,根据 A_l 四周混凝土的情况,A_b 可按同心(形心重合)、对称、有效面积的原则确定，如图 2.32 所示。

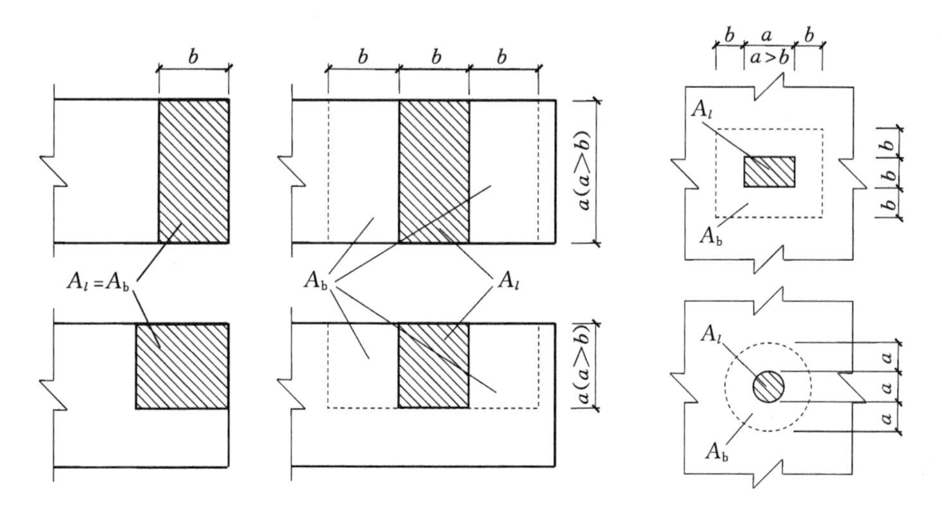

图 2.32　确定局部受压计算面积 A_b

横向变形约束对混凝土抗压强度影响很大，工程中还经常采用在局部受压区域配置间接钢筋(横向的焊接钢筋网或螺旋式钢筋)的方法进一步提高混凝土的局部承压能力。横向间接钢筋限制了混凝土的横向膨胀，抑制微裂缝开展，可有效地提高混凝土的局部抗压强度和变形能力，防止混凝土局部受压破坏。

2.1.4　混凝土的收缩和徐变

1. 混凝土的收缩

混凝土在空气中逐渐硬化，水分散失，体积发生收缩，这种现象称混凝土的收缩，混凝土的这种收缩过程可长达数十年。但若将混凝土放入水中，体积会增大。一般情况下，混凝土的收缩值比膨胀值大很多。混凝土的收缩应变值可超过其轴心抗拉极限应变的 3～5 倍，成为混凝土内部微裂缝和外表宏观裂缝产生和发展的主要原因。图 2.33 表示混凝土在干燥环境中收缩后再置入潮湿环境的应变与时间的关系，它表明混凝土干缩发生后，即使再置入潮湿环境也不能恢复到原始的尺寸，混凝土的干缩现象存在一定的不可逆性。混凝土的收缩使一些结构在承受荷载之前就出现了裂缝，或者使用多年以后外表龟裂。此外，混凝土的收缩变形加大了预应力损失，降低了构件的抗裂性，增大了构件变形，并使构件的截面应力和超静定结构的内力发生不同程度的重分布等。

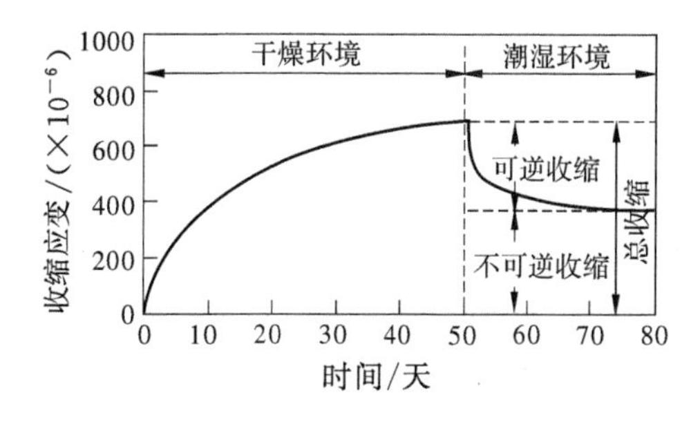

图 2.33　混凝土收缩的不可逆性

图 2.34 所示为铁道部科学研究院所做的混凝土自由收缩试验结果(测试试件尺寸 100mm×100mm×400mm；f_{cu}=42.3N/mm²；水灰比=0.45，525 号硅酸盐水泥，恒温 20℃±1℃，恒湿 65%±5%)。混凝土的收缩值随时间的增加而增大，在干燥初期收缩较快，但收缩速率随着时间的增加而逐渐减慢，大部分收缩在 3 个月内发生。蒸汽养护试件的收缩值要小

于常温养护试件的收缩值,这是因为混凝土在蒸汽养护过程中,高温、高湿条件加速了水泥的水化和凝结硬化作用,减少了混凝土的失水量,从而使收缩变形减小。

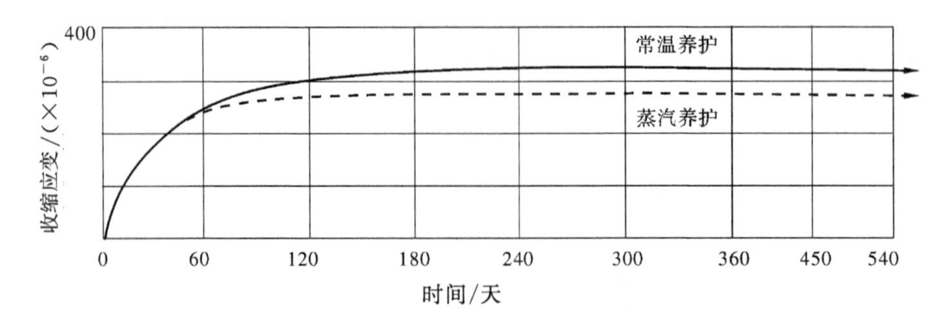

图 2.34 混凝土的收缩与时间的关系

根据试验结果,水泥加水后的纯水泥浆体凝固后的收缩量很大,而混凝土中的岩石骨料收缩量极小,一般可予忽略。制成混凝土后,骨料约束了水泥浆体的收缩,故混凝土的收缩量远小于水泥浆体的收缩。由于混凝土的收缩主要是由水泥浆体的收缩引起,因此,任何影响水泥浆体收缩的因素都影响混凝土的收缩。试验已经证实,混凝土中水泥用量和水灰比越大,收缩量越大;骨料含量越大、弹性模量越大、级配越好,收缩量越小;养护时温度越高、湿度越大,收缩越小;构件的体积与表面积比值大时,水分蒸发量小,收缩量小;构件所处周围环境的温度高,湿度低,收缩量大。

2. 混凝土的徐变和应力松弛

结构在持续不变荷载或应力作用下,变形或应变随时间的增加而增大的现象称为徐变。混凝土施加应力产生应变后,若保持应变值不变,混凝土的应力随时间而逐渐减小的现象称应力松弛或松弛。混凝土的徐变和松弛现象,对混凝土结构和构件的工作性能有很大影响。混凝土的徐变使构件的变形增加,钢筋混凝土构件的截面应力和结构的内力发生重分布,在预应力混凝土结构中会造成预应力损失等。不过,混凝土的徐变和松弛对结构也会产生一些有利的影响。例如,在大体积水工结构中,徐变降低了温度应力(即松弛),减少收缩裂缝;结构的局部应力集中区,徐变可调整应力分布等。

徐变主要与时间参数有关,混凝土在较小应力长期作用下的典型徐变曲线如图 2.35 所示。可以看出,对棱柱体试件进行加载,其瞬间产生的应变为瞬时应变,若荷载保持不变(即试件的应力保持不变),随着加载时间的增加,应变将继续增大,这就是混凝土的徐变应变。通常,徐变开始时增长较快,以后逐渐减慢,经过较长时间后,徐变就逐渐趋于稳定,徐变应变值约为瞬时弹性应变的 1～4 倍。若两年后卸载,卸载瞬时试件恢复一部分

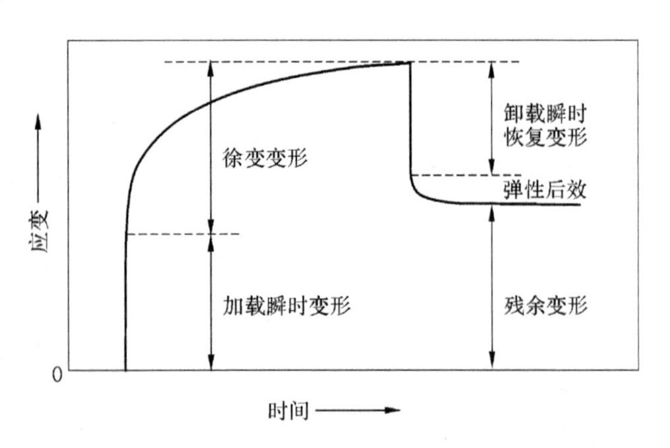

图 2.35 徐变的应变-时间关系

应变，该应变称为瞬时恢复应变，瞬时恢复应变略小于加载时的瞬时应变。长期荷载完全卸载后，经过一段时间，应变还会继续恢复一小部分，卸载后恢复的这部分应变称为弹性后效，其值约为徐变变形的 1/12，最后剩下大部分不可恢复变形，称为残余应变。

试验表明，混凝土所受的长期应力大小与混凝土的徐变有密切关系，是影响混凝土徐变的最主要因素。混凝土承受的应力水平(σ/f_c)越高，初始瞬时应变越大，随时间增长的徐变也越大。随着混凝土应力水平的增加，徐变将发生不同的情况。当混凝土应力水平较低(例如 $\sigma/f_c \leqslant 0.4$)时，如图 2.35 所示，应力长期作用下的混凝土徐变有极限值，且任一时刻的徐变值约与应力成正比，即单位徐变与应力无关，不同应力水平的徐变曲线接近等距离分布，这种情况称为线性徐变。此时，加载初期徐变增长较快，一般 6 个月内已完成徐变的大部分，后期徐变增长逐渐减小，一年以后趋于稳定，一般认为 3 年徐变基本终止。

当混凝土应力水平较高(例如 $0.4 \sim 0.6 \leqslant \sigma/f_c \leqslant 0.8$)时，应力长期作用下的混凝土徐变收敛，有极限值，但单位徐变值随应力水平提高而增大，即徐变变形比应力增长快，这种情况称为非线性徐变，如图 2.36 所示；当混凝土应力水平很高(一般当 $\sigma/f_c > 0.8$)时，混凝土徐变变形急剧增加，不再收敛，呈非稳定徐变现象。此时，随时间增加将导致混凝土破坏，如图 2.37 所示，故混凝土的长期抗压强度约为 0.8 f_c。混凝土在高应力作用下，持续一段时间后，因徐变发散而发生破坏。因此，混凝土构件使用期间，应当避免处于长期不变的高应力状态。

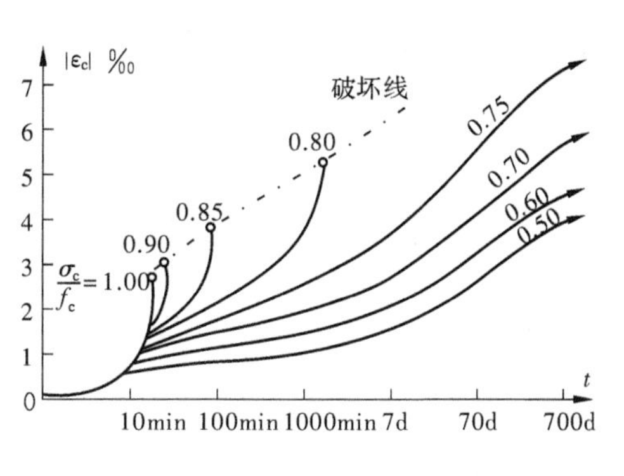

图 2.36　不同应力水平的徐变

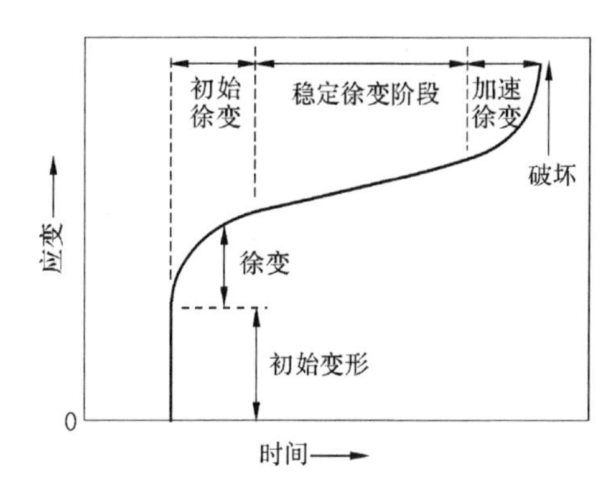

图 2.37　高应力徐变破坏的应变-时间关系

混凝土徐变主要是水泥凝胶体的塑性流(滑)动，以及骨料界面和砂浆内部微裂缝发展的结果。徐变值的大小除与应力水平有关外，还与混凝土的内在因素和环境影响有关。因此，影响混凝土徐变的其他因素还有很多，例如：水泥用量越多和水灰比越大，徐变也越大；骨料越坚硬、弹性模量越高，徐变就越小；骨料的相对体积越大，徐变越小；养护时温度高、湿度大、水泥水化作用充分，承受载荷后混凝土的徐变就小。承受载荷后构件所处环境温度越高、湿度越低，则徐变越大；构件形状及尺寸，混凝土内钢筋的面积和钢筋力学性能，对徐变也有不同程度的影响。

2.2　钢筋

混凝土结构中钢材的主要作用是承受拉力，以弥补混凝土抗拉强度低下和延性不足。结构用钢的化学成分主要是铁元素,其他成分有碳、锰、硅、硫、磷等,一般称碳素钢。根据含碳量不同,碳素钢可以分为低碳钢(含碳量<0.25%)、中碳钢(含碳量 0.25%~0.6%)和高碳钢(含碳量 0.6%~1.4%)。含碳量越高强度越高,但是随着含碳量增加钢材的塑性和可焊性会降低。为了提高钢材强度和改善机械性能,冶炼过程中适当地添加其他金属元素,而形成低合金钢。

2.2.1 钢筋的品种和级别

大部分混凝土结构中使用细长的杆状钢筋,甚至直径更细、强度更高的钢丝。混凝土结构中使用的钢筋品种很多,一般为圆形截面,也有椭圆形和类方圆形。强度较低的钢筋,一般为简单的光圆形。其他强度较高的钢筋为增强其与混凝土的粘结,充分发挥钢筋的作用和改善构件的受力性能,其外表面在热轧过程中处理成不同的形状,如螺旋纹、人字纹、月牙纹、竹节形、扭转形等,这些钢筋统称为变形钢筋,如图 2.38 所示,变形钢筋直径一般大于 10mm。变形钢筋的直径是“标志尺寸”,即与光面钢筋具有相同重量的“当量直径”,其截面面积即按此当量直径确定。

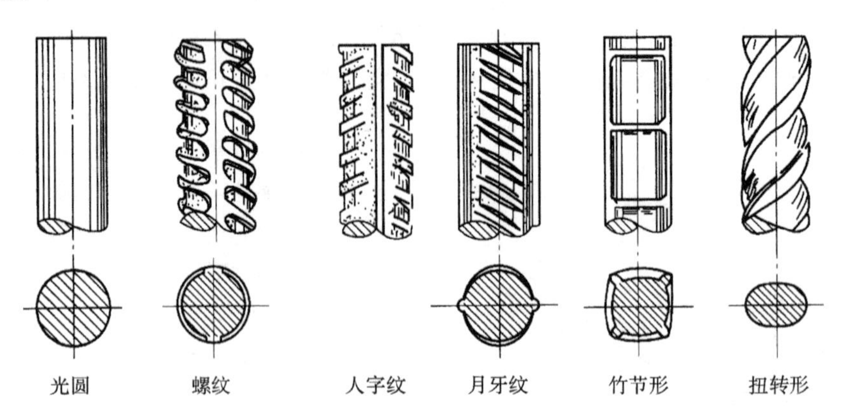

图 2.38 钢筋表面的形状

混凝土结构中常用的钢筋,按其力学性能和加工方法不同,主要有以下几种。

(1)热轧钢筋

热轧钢筋由低碳钢、普通低合金钢在高温状态下轧制而成。热轧钢筋属于软钢,有明显的屈服台阶。随着钢筋级别的提高,钢筋的屈服点和抗拉强度不断增大,但伸长率减小。

(2)冷拉钢筋

冷拉钢筋是将热轧钢筋在常温下拉伸到一定程度后放松形成的钢筋。冷拉钢筋分冷拉Ⅰ级、冷拉Ⅱ级、冷拉Ⅲ级、冷拉Ⅳ级四个级别。冷拉钢筋仍属“软钢”范畴,有明显的屈服台阶。

(3)冷轧带肋钢筋

冷轧带肋钢筋是以普通低碳钢筋或低合金钢筋为原材料,经冷拔或冷轧减径后,再在其表面轧成带肋的钢筋。冷轧带肋钢筋属“硬钢”范畴,无明显的屈服台阶。

(4)热处理钢筋

热处理钢筋是特定的热轧钢筋经加热、淬火和回火等调质工艺处理的钢筋。热处理后,钢筋强度有较大提高,但塑性降低并不多。经处理后的钢筋属“硬钢”范畴,钢筋的应力-应变曲线上不再有明显的屈服点。

(5)钢丝

消除应力钢丝是钢筋拉拔后，校直，经中温回火消除应力并稳定化处理的光面钢丝。螺旋肋钢丝是以普通低碳钢或低合金钢热轧的圆盘条为母材，经冷轧减径后在其表面冷轧成两面或三面有月牙肋的钢筋。光面钢丝和螺旋肋钢丝按直径可分为ϕ4、ϕ5、ϕ6、ϕ7、ϕ8 和ϕ9 六个级别。刻痕钢丝是在光面钢丝的表面进行机械刻痕处理，以增加与混凝土的粘结能力，分$\phi^{I}5$ 和$\phi^{I}7$ 两种。

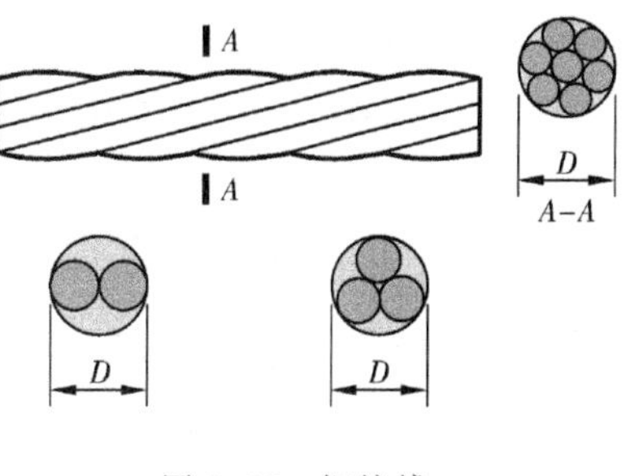

图 2.39　钢绞线

(6)钢绞线

钢绞线是将多根直径较细的高强钢丝用绞盘绞成绳状，经过低温回火处理消除内应力后而制成的。分为两股、三股和七股三种，如图 2.39 所示。其中七股钢绞线有一根芯线，六根为绕芯线均匀分布的股线。

钢筋混凝土结构中使用的普通钢筋可绑轧或焊接成钢筋骨架或钢筋网，分别用于梁、柱或板、壳结构中。有些混凝土结构，为了减小截面，减轻结构自重，增强承载力和刚度，方便构造和加快施工进度等目的，也使用不同种类的型钢，如角钢、槽钢、工字钢和钢板等单独或型钢与钢筋焊成的骨架，如图 2.40 所示，这类混凝土构件称为型钢混凝土构件。型钢本身刚度很大，施工时模板及混凝土的重力可以由型钢来承担，并且可以免除或减少钢筋绑扎工作量，因此能加速并简化支模工作，构件的承载能力也比较大。

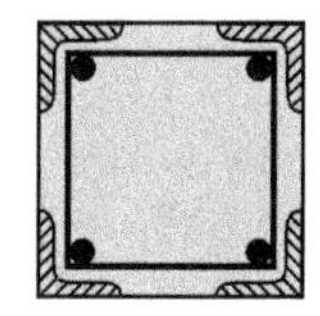

图 2.40　型钢混凝土构件截面

混凝土结构中按性能确定钢筋的牌号和强度等级，并以相应的符号表达，如表 2－6 和 2－7 所示。

表 2－6　普通钢筋的种类及性能指标(N/mm²)

种类	符号	公称直径 d/mm	极限强度标准值 f_{stk}	屈服强度标准值 f_{yk}	抗拉强度设计值 f_y	抗压强度设计值 f'_y
HPB300	ϕ	6～22	420	300	270	270
HRB335 HRBF335	Φ Φ^{F}	6～50	455	335	300	300
HRB400 HRBF400 RRB400	Φ Φ^{F} Φ^{R}	6～50	540	400	360	360
HRB500 HRBF500	Φ Φ^{F}	6～40	630	500	435	410

表 2-7　预应力筋的种类及性能指标(N/mm²)

种类		符号	公称直径 d/mm	极限强度标准值 f_{stk}	屈服强度标准值 f_{yk}	抗拉强度设计值 f_y	抗压强度设计值 f'_y
中强度预应力钢丝	光面	ϕ^{PM}	5,7,9	800	620	510	410
				970	780	650	
	螺旋肋	ϕ^{HM}		1270	980	810	
预应力螺纹钢筋	螺纹	ϕ^{T}	18,25,32,40,50	980	785	650	410
				1080	930	770	
				1230	1080	900	
消除应力钢丝	光面	ϕ^{P}	5	1570	—	1110	410
				1860	—	1320	
			7	1570	—	1110	
	螺旋肋	ϕ^{H}	9	1470	—	1040	
				1570	—	1110	
钢绞线	1×3(三股)	ϕ^{S}	8.6,10.8,12.9	1570	—	1110	390
				1860	—	1320	
				1960	—	1390	
	1×7(七股)		9.5,12.7,15.2,17.8	1720	—	1220	
				1860	—	1320	
				1960	—	1390	
			21.6	1860	—	1320	

注:当极限强度标准值为1960N/mm²的钢绞线作后张预应力配筋时,应有可靠的工程经验;当预应力筋的强度标准值不符合上表的规定时,其强度设计值应进行相应的比例换算。

2.2.2　钢筋的强度与变形

虽然在钢筋混凝土结构中使用的钢筋品种和种类很多,但从其力学性能来分主要有两大类:一类是有明显屈服点的钢筋,其应力-应变曲线有明显的屈服点和屈服台阶,断裂时有“颈缩”现象,伸长率比较大。另一类是无明显屈服点的钢筋,其应力-应变曲线没有明显的屈服点和屈服台阶,伸长率小,质地硬脆。

1. 钢筋拉伸试验的应力-应变关系曲线

钢筋的强度和变形性能可以用拉伸试验得到的应力-应变关系曲线来说明。

(1)有明显屈服点的钢筋

图2.41为有明显屈服点和屈服台阶软钢钢筋试件的典型拉伸应力-应变关系曲线。从图中可以看出,钢筋开始受力后,应力与应变成比例增长,即符合胡克定律,至比例极限(A点)为止。之后,应变比应力增长稍快,应力-应变线微曲,达到弹性极限(B点)。在弹性极限前,试件卸载后,应变沿原加载路径返回原点,无残余变形,故AB段为非线性弹性变形区,但此段的应力增量很小,A点与B点非常接近。由于比例极限应力(σ_p)和弹性极限应力(σ_e)在数值上

相差不大，有时也将比例极限和弹性极限混同起来统称为弹性极限。超过弹性极限后应变增长加快，曲线斜率稍减。到达上屈服点 C 后，应力迅速跌落，出现一个小尖峰；继续增大应变，应力经过下屈服点 D 后有少量回升。此后，进入屈服阶段，应力基本不增加，而应变急剧增长，曲线形成一个明显的台阶。在屈服阶段内，应力虽有上下波动，但波动幅度不大，其最高点 C 的应力称为屈服高限，而最低点 D 的应力称为屈服低限。试验结果表明，屈服高限通常不稳定，其值取决于试件的形状和加载速度，而屈服低限值则较为稳定。因此，有明显屈服点钢筋的屈服强度通常按屈服低限点确定，即将屈服低限作为钢材的屈服极限或流动极限，并用 σ_s 表示。

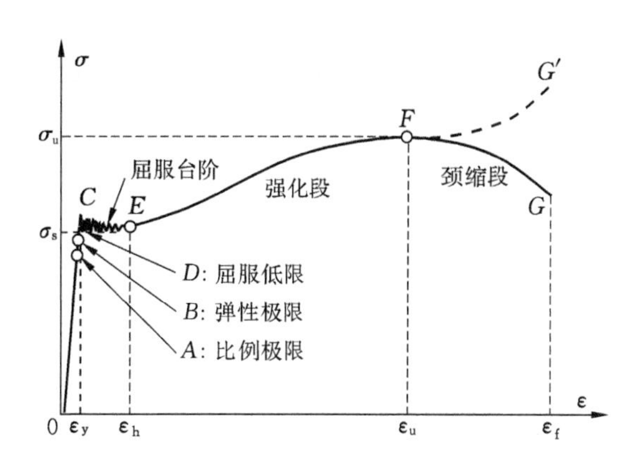

图 2.41　软钢拉伸应力-应变曲线示意图

钢筋在屈服段经历了较大的塑性变形，曲线过 E 点后，应力继续上升，曲线达最高点 F，相应的应力称为钢筋的极限强度，用 σ_u 表示，EF 段称为强化阶段。此后，应变继续增大，而拉力明显减小，在最薄弱处会发生较大的塑性变形，截面迅速缩小，出现颈缩现象。最终，试件在颈缩段的中间拉断(G)。在屈服阶段以前，试件的横向收缩很小，因此，变形后的截面面积和原截面面积可认为是相等的。然而，到了强化阶段末期，试件已明显变细，此时，仍用原面积求得的应力已不再是试件截面上的真实应力了。图 2.41 中，颈缩段下降的应力-应变曲线(FG)是按钢筋原截面积计算的结果，而上升的应力-应变曲线(FG')是拉力除以当时颈缩段的最小截面积计算的结果。

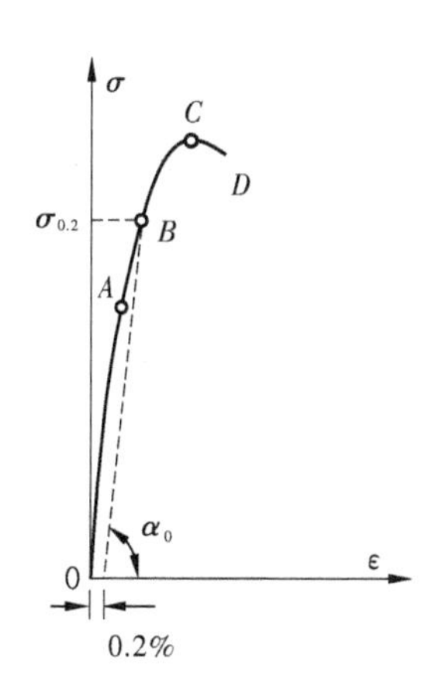

图 2.42　无明显屈服点钢拉伸应力-应变曲线示意图

有明显屈服点钢筋的主要力学性能指标有屈服强度和极限强度。构件中的钢筋超过屈服点后，会发生很大的塑性变形，此时，混凝土结构构件本身也将产生较大变形和过宽的裂缝，导致构件不能正常使用。所以，在构件承载力设计时，以屈服极限应力值作为钢筋强度值。

(2)无明显屈服点的钢筋

图 2.42 所示为无明显屈服点钢筋受拉的典型应力-应变关系曲线。大约在极限抗拉强度的 65％以前，应力-应变关系为直线，对应应力为比例极限。此后，钢筋表现出塑性性能，至曲线最高点之前，都没有明显的屈服点，曲线最高点对应的应力称为极限抗拉强度。在构件承载力设计时，一般取残余应变为 0.2％所对应的应力($\sigma_{0.2}$)作为无明显屈服点钢筋的强度限值，称为“条件屈服强度”。

2. 钢筋应力-应变关系曲线的数学模型

根据钢筋的力学性能不同，应力-应变关系可选用不同的数学模型，如图 2.43 所示。

有屈服点和屈服台阶的软钢可选用完全弹塑性的双直线模型和完全弹塑性加强化的三折线模型。完全弹塑性的双直线模型适用于屈服台阶较长的低强度钢筋，该模型将钢筋的应力-应变曲线简化为两段直线,不计其屈服强度上限的变化和强化段的作用,如图 2.43(a)所示。OA 段为完全弹性阶段,AB 为完全塑性阶段,B 点为应力强化的起点。双直线模型的数学表达式如下:

当 $\varepsilon_s \leqslant \varepsilon_y$ 时, $\sigma_s = E_s\varepsilon_s$ (2-29)

当 $\varepsilon_y < \varepsilon_s \leqslant \varepsilon_{s,h}$ 时, $\sigma_s = f_y$ (2-30)

式中:

$\varepsilon_{s,h}$——应力强化起点对应的应变值;

E_s——钢筋的弹性模量,$E_s = f_y/\varepsilon_y$;

f_y——钢筋的屈服强度;

ε_y——钢筋屈服时所对应的应变。

完全弹塑性加硬化的三折线模型适用于屈服台阶较短的软钢,该模型将钢筋应力-应变关系曲线简化为三段折线,而计及其强化段的作用,如图 2.43(b)所示。OA 和 AB 段分别为完全弹性和完全塑性阶段,B 点为应力强化段的起点,BC 为强化段,到达 C 点即认为钢筋破坏。三折线模型的数学表达式如下:

当 $\varepsilon_s \leqslant \varepsilon_y$ 时, $\sigma_s = E_s\varepsilon_s$ (2-31)

当 $\varepsilon_y < \varepsilon_s \leqslant \varepsilon_{s,h}$ 时, $\sigma_s = f_y$ (2-32)

当 $\varepsilon_{s,h} < \varepsilon_s \leqslant \varepsilon_{s,u}$ 时, $\sigma_s = f_y + (\varepsilon_s - \varepsilon_{s,h})\tan\theta'$ (2-33)

式中:

$\varepsilon_{s,h}$——应力强化起点对应的应变值;

$\varepsilon_{s,u}$——极限抗拉强度对应的应变值;

$\tan\theta' = E'_s$,可取 $\tan\theta' = E'_s = 0.01E_s$;

其他符号同式(2-29)和式(2-30)。

无明显屈服台阶硬钢钢筋的应力-应变关系,一般采用 Ramberg-Osgood 模型,如图 2.43(c)所示。已知弹性极限(σ_e,ε_e)和一个参考点 $P(\sigma_p, \varepsilon_p = \sigma_p/E_s + e_p)$,对应于任一应力的应变为:

当 $\sigma_s \leqslant \sigma_e$ 时, $\varepsilon_s = \sigma_s/E_s$ (2-34)

当 $\sigma_s > \sigma_e$ 时, $\varepsilon_s = \sigma_s/E_s + e_p\left[(\sigma_s - \sigma_e)/(\sigma_p - \sigma_e)\right]^n$ (2-35)

式中参数 n=7～30,取决于钢材种类。根据我国的试验结果,建议的计算式为:

$$\varepsilon_s = \frac{\sigma_s}{E_s} + 0.002\left(\frac{\sigma_s}{\sigma_{0.2}}\right)^{13.5} \quad (2-36)$$

没有明显屈服台阶的硬钢也可采用双折线模型描述其弹塑性应力-应变关系,如图 2.43(d)所示。A 点为条件屈服点,B 点的应力达到极限抗拉强度 $f_{s,u}$,相应的应变为 $\varepsilon_{s,u}$,双斜线模型的数学表达式为:

当 $\varepsilon_s \leqslant \varepsilon_y$ 时, $\sigma_s = E_s\varepsilon_s$ (2-37)

当 $\varepsilon_y < \varepsilon_s \leqslant \varepsilon_{s,u}$ 时, $\varepsilon_s = f_y + (\varepsilon_s - \varepsilon_y)\mathrm{tg}\theta''$ (2-38)

式中,$E_s = \dfrac{f_y}{\varepsilon_y}$;$\mathrm{tg}\theta'' = E''_s = \dfrac{f_{s,u} - f_y}{\varepsilon_{s,u} - \varepsilon_y}$。

3. 钢筋的塑性变形能力

钢筋混凝土结构中,钢筋除满足强度要求外,还应具有一定的塑性变形能力。钢筋的变形能力通常用伸长率和冷弯性能来衡量。

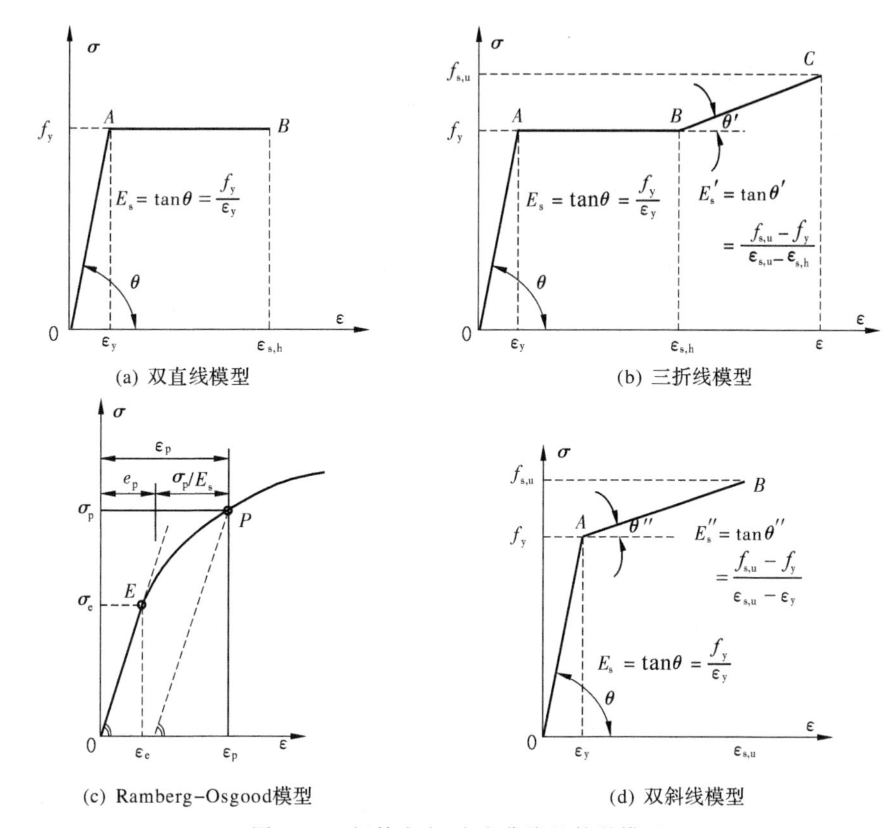

图 2.43　钢筋应力-应变曲线的数学模型

钢筋伸长率是钢筋试件拉断后的伸长量与原始长度的比值，用公式表示为

$$\delta = \frac{l_1 - l}{l} \tag{2-39}$$

式中：

δ——伸长率；

l_1——拉断时的钢筋长度；

l——钢筋原始长度。

钢筋伸长率表示钢筋在拉断前能发生的最大塑性变形程度。伸长率越大，说明材料的塑性性能越好。

冷弯性能是指钢筋在常温下达到一定弯曲程度而不破坏的能力。冷弯性能试验时，将直径为 d 的钢筋围绕具有规定直径 D 的轮轴（常称弯心）进行弯转，达到规定的冷弯角度 α 时，钢筋不能发生裂纹、鳞落或断裂，如图 2.44 所示。钢筋的冷弯性能试验是检验钢筋韧性和内在质量的有效方法，弯心直径 D 越小，弯转角越大，钢筋塑性越好。

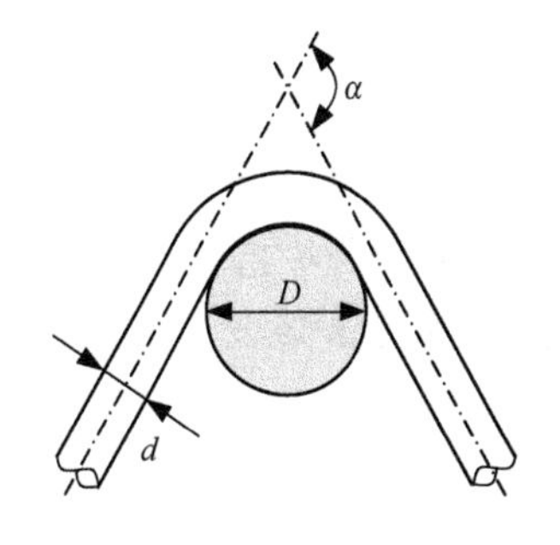

图 2.44　钢筋冷弯试验示意图

2.2.3　钢筋的冷加工

钢筋的冷加工是指在常温下采用某种工艺对热轧钢筋进行加工。常用的加工工艺有冷拉

和冷拔,其目的都是为了提高热轧钢筋的强度,以节约钢材。但经过冷加工的钢筋在强度提高的同时,伸长率显著降低。经时效后的冷拉钢筋仍有明显的屈服点,但冷拔后的钢筋无明显屈服点和屈服台阶。钢筋冷拉只能提高钢筋的抗拉强度,不能提高抗压强度。冷拔可以同时提高钢筋的抗拉强度和抗压强度。

钢筋的冷拉是在常温下,用超过屈服强度的应力对热轧钢筋进行拉伸,如图 2.45 所示。当拉伸到 B 点后卸载,在卸载过程中,应力-应变曲线沿着直线 BO' (BO'平行于 AO)回到 O'点,钢筋产生残余变形为 OO'。如果立即加载张拉,则应力-应变沿曲线 $O'BCD$ 变化,即弹性模量不变,但屈服点却从原来的 A 点提高到 B 点。钢筋屈服强度虽然提高了,但没有屈服台阶,如图 2.45 中的虚线所示。卸载后如果停留一段时间,再进行张拉,则应力-应变沿曲线 $O'B'C'D'$变化,屈服点从 B 提高到 B'点,应力-应变关系曲线出现明显的屈服台阶,这种现象称为时效硬化。温度对冷拉的时效硬化影响很大,如钢筋的时效硬化在常温下一般需要 20 天才能完成,而在 100℃温度时则仅需两小时即可完成。但温度过高,反而使冷拉钢筋的强度降低而塑性增加,例如当温度超过 700℃时,钢筋则会恢复到冷拉前的力学性能。因此,为了避免冷拉钢筋焊接时高温软化,需焊接的冷拉钢筋要先焊好后,再进行冷拉。

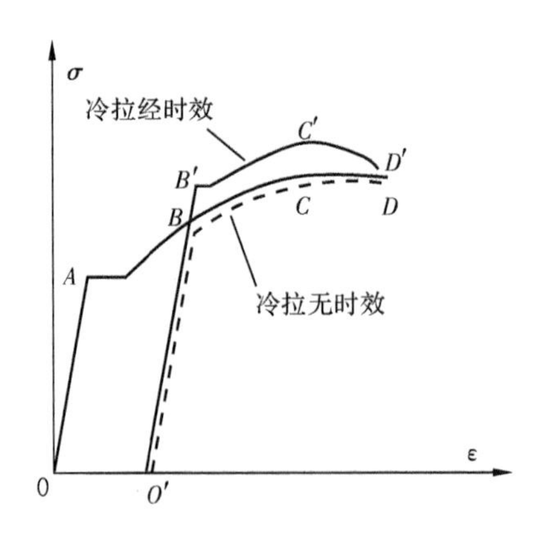

图 2.45　钢筋冷拉的应力-应变曲线

钢筋经过冷拉和时效硬化后,虽然提高了屈服强度,但极限强度没有提高,其塑性(伸长率)降低。为了保证钢筋冷拉和时效硬化后强度提高的同时,又具有一定的塑性,冷拉时需选择适宜的 B 点控制冷拉量。B 点的应力称为冷拉控制应力,对应的应变为冷拉率。对钢筋进行冷拉时,通常采用控制应力或应变(冷拉率)的单控冷拉工艺,或采用同时控制应力和应变(冷拉率)的双控冷拉工艺。

冷拔是常温下,将钢筋用强力拔过比其本身直径小的硬质合金拔丝模。在冷拔过程中,钢筋受到纵向拉力和横向压力作用,内部结构发生变化,截面变小而长度增加。钢筋由较粗直径达到要求的较细直径,往往需要逐渐缩小模具孔径多次拉拔。经过几次冷拔后,钢筋强度比原有强度明显提高,但塑性显著降低,且没有明显的屈服点和屈服台阶,如图 2.46 所示。

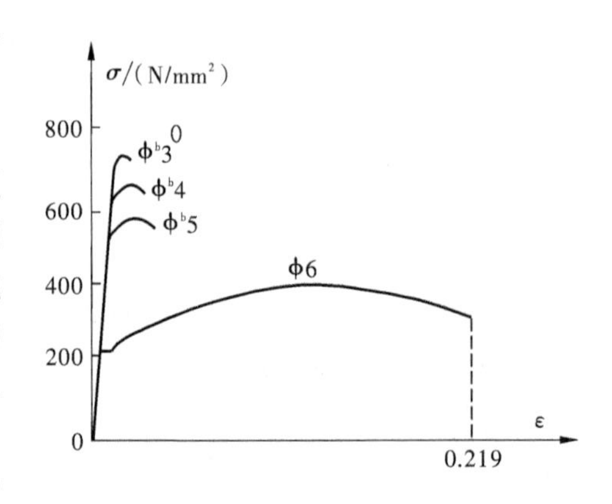

图 2.46　钢筋冷拔前后应力-应变曲线比较

2.2.4　钢筋的疲劳特性

钢筋的疲劳破坏是指钢筋在承受重复、周期性的动荷载作用下,经过一定次数荷载循环周期后,突然脆性断裂。承受重复动载荷的钢筋混凝土构件,如吊车梁、桥面板等,为保证正常使用期间不发生疲劳破坏,就需要研究和分析钢筋的疲劳特性。

通常认为,外力作用下,钢筋产生疲劳断裂是由于钢筋内部或外表面的缺陷引起应力集中，钢筋中超负载的弱晶粒发生滑移，产生疲劳裂纹，裂纹逐渐扩展，最后断裂。钢筋的疲劳强度是指在某一规定应力幅度内，经受一定次数循环荷载后，不发生疲劳破坏的最大应力值。钢筋疲劳强度低于钢筋在静荷载作用下的极限强度。影响钢筋疲劳强度的因素很多，除与应力变化的幅值有关外，还与最小应力值的大小、钢筋的外表面几何形状、直径、等级以及实验方法等有关。

目前，国内外进行的钢筋疲劳试验有两种：一种是直接对单根原状钢筋进行轴拉疲劳试验；另一种是将钢筋埋入混凝土构件中使其重复受拉或受弯。我国铁道科学研究院、冶金建筑科学研究院以及中国建筑科学研究院等单位，曾对各类钢筋进行了疲劳试验研究工作，并给出了确定钢筋疲劳强度的计算方法。确定钢筋混凝土构件正常使用期间的疲劳应力幅度限值，需要确定循环荷载的次数。我国要求的循环次数为 200 万次，即对不同的疲劳应力比值满足循环次数为 200 万次条件下的钢筋最大应力值作为钢筋的疲劳强度。我国《混凝土结构设计规范》(GB 50010—2010)规定了不同等级钢筋的疲劳应力幅值限值，当 $\rho_p^f \geqslant 0.9$ 时，可不必验算钢筋的疲劳强度。ρ_p^f 为疲劳应力比值，$\rho_p^f = \sigma_{min}^f / \sigma_{max}^f$（即截面同一位置钢筋最小应力与最大应力的比值），见附录 2 附表 2 - 6 和附表 2 - 7。

2.2.5　钢筋的徐变和松弛

钢筋在高应力作用下，随时间增加其应变继续增加的现象称为徐变。钢筋受力后，若保持长度不变，则其应力随时间增加而降低的现象称为松弛。各国相关的试验结果不尽相同，钢筋徐变和松弛与初始应力大小，钢材品种和温度等因素有关。通常初始应力大，应力松弛损失也大；冷拉热轧钢筋的松弛损失较冷拔低碳钢丝、碳素钢丝和钢绞线低；温度增加则松弛增大。

预应力混凝土结构中，预应力钢筋张拉后长度基本保持不变，会产生松弛现象，从而引起预应力损失。为减少钢材由松弛引起的应力损失，可对预应力钢筋进行超张拉。中国建筑科学研究院的试验结果表明，超张拉一般可减少松弛损失 40%～50%，也可采用低松弛高强钢筋、钢丝和钢绞线以减少钢材由松弛引起的应力损失。

2.2.6　混凝土结构对钢筋性能的要求

为提高钢筋混凝土结构构件的质量，应尽量选用强度较高、塑性较好、价格较低的钢材。

1. 钢筋的强度

钢筋强度是指钢筋的屈服强度及极限强度。钢筋的屈服强度是设计计算时的主要依据(对无屈服点的钢筋，取其条件屈服强度)。采用高强度钢筋可以节约钢材，取得较好的经济效益。改变钢材的化学成分，可以改善钢材的力学性能，提高钢筋的强度。另外，对钢筋进行冷加工也可以提高钢筋的屈服强度，但塑性大幅度降低，导致结构构件的塑性减小，脆性增大。因此，使用冷拔和冷拉钢筋时应符合专门规程的规定。

2. 钢筋的塑性

在混凝土结构中，使用的钢材要求具有一定的塑性，即在钢筋断裂前有足够的变形，使钢筋混凝土结构构件破坏有明显的预警信号。在工程中，主要通过钢筋的伸长率和冷弯性能来衡量钢筋的塑性性能，钢筋的伸长率和冷弯性能是施工单位验收钢筋是否合格的主要指标。

3. 钢筋的可焊性

在很多情况下,钢筋的接长和钢筋之间的连接需要通过焊接。钢筋的可焊性要求钢筋在一定的工艺条件下焊接后不产生裂纹及过大的变形,保证接头性能良好。

4. 钢筋与混凝土的粘结力

为了使钢筋的强度得到充分的利用和保证钢筋与混凝土的共同工作,要求钢筋与混凝土之间必须有足够的粘结力。钢筋表面的形状是影响粘结力的重要因素,强度较高的钢筋一般为表面具有不同形状的变形钢筋。

在寒冷地区,对钢筋的低温性能也有一定的要求。

2.3 钢筋与混凝土之间的粘结力

钢筋混凝土结构中,钢筋和混凝土这两种力学性能完全不同的材料能够结合在一起共同工作,除了二者具有相近的热膨胀系数外,更主要的是混凝土硬化后,钢筋与混凝土之间存在粘结力。

2.3.1 粘结应力

粘结应力通常是指沿钢筋与混凝土接触面上的剪应力,是由于沿长度方向钢筋应力的不均匀分布而产生的,即如果沿钢筋长度上钢筋的应力没有变化,就不存在粘结应力。粘结是保证钢筋与混凝土两种力学性能截然不同的材料在结构中共同工作的基本前提。通过粘结,钢筋与混凝土之间可进行应力传递并协调变形。

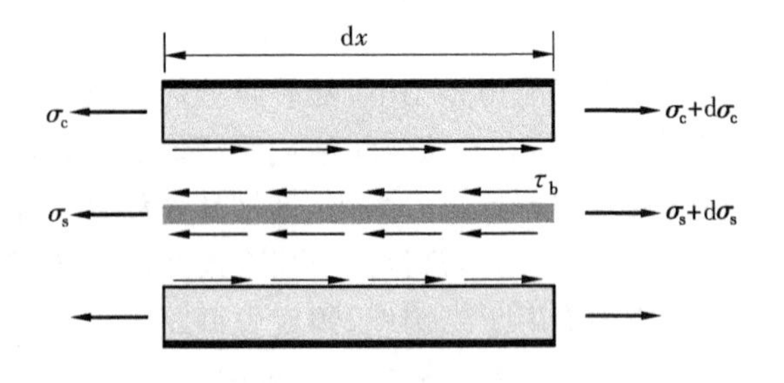

图 2.47 混凝土和钢筋之间的粘结应力

分析混凝土中钢筋的平衡可知,任何一段钢筋两端的拉力差,都由其表面的纵向剪力所平衡,如图 2.47 所示。此剪力在钢筋表面产生的剪应力即为周围混凝土所提供的粘结应力,根据图中钢筋的平衡条件可得

$$\tau_b = \frac{A_s}{\pi d}\frac{d\sigma_s}{dx} = \frac{d}{4}\frac{d\sigma_s}{dx} \tag{2-40}$$

式中,d 和 A_s 分别为钢筋的直径和截面面积。

根据混凝土构件中钢筋受力状态的不同,粘结应力状态可分作两类问题:

1. 钢筋端部的锚固粘结

如简支梁支座处的钢筋端部(如图 2.48(a)所示)、梁跨间的主筋搭接或切断、悬臂梁和梁柱节点受拉主筋的外伸段等。这些情况下,钢筋的端头应力为零,经过不长的粘结距离(称锚固长度)后,通过粘结应力的积累,才能使钢筋中的应力达到其设计强度(软钢的屈服强度 f_y)。故钢筋的应力差大($\Delta\sigma_s = f_y$),粘结应力值高,且分布变化大。如果钢筋因粘结锚固能力不足而发生滑动,不仅其强度不能充分利用($\sigma_s < f_y$),而且也将造成锚固粘结应力的丧失,导致钢筋从混凝土中拔出,使构件破坏。

2. 裂缝间粘结

受拉构件或梁受拉区的混凝土开裂后，裂缝截面上混凝土退出工作，使钢筋拉应力增大；但裂缝间截面上混凝土仍承受一定拉力，钢筋的应力小于缝间钢筋的应力。钢筋应力沿纵向发生变化，其表面必有相应的粘结应力存在(如图 2.48(b)所示)，裂缝间粘结应力的大小反映出受拉混凝土参与工作的程度。粘结应力的存在，使混凝土内钢筋的平均应变或总变形小于钢筋单独受力时的相应变形，有利于减小裂缝宽度和增大构件的刚度(详见第 9 章)，这种现象称为受拉刚化效应。

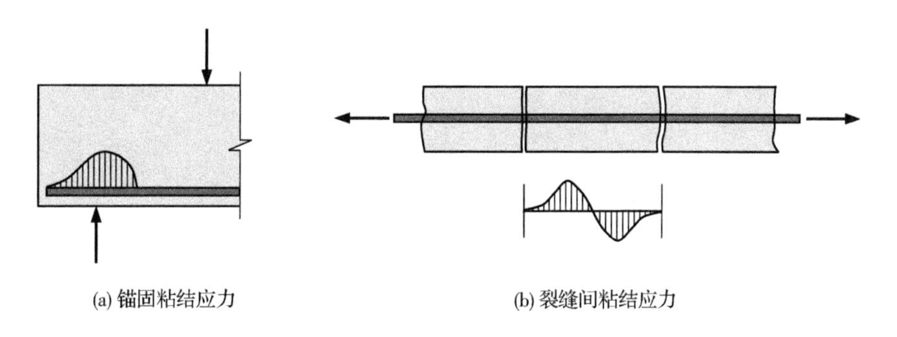

图 2.48　粘结应力示意图

钢筋和混凝土的粘结作用属局部作用，应力和应变分布复杂，影响因素众多。混凝土构件的粘结破坏，无明显征兆，属严重的脆性破坏。此外，钢筋和混凝土的粘结状况在重复和反复荷载作用下会逐渐退化，对结构的疲劳和抗震性能都有重要影响。因而，钢筋和混凝土的粘结问题在工程中应受到重视。

2.3.2　粘结力的组成

钢筋和混凝土之间的粘结力，主要由以下三部分组成。

①混凝土中的水泥凝胶体在钢筋表面产生的化学粘着力或吸附力。

这种由混凝土中水泥凝胶体和钢筋表面化学变化而产生的粘着作用力或吸附作用力较弱，其极限值取决于水泥性质和钢筋表面的粗糙程度。而当钢筋受力后有较大变形、发生局部滑移时，这种粘着力也将丧失。

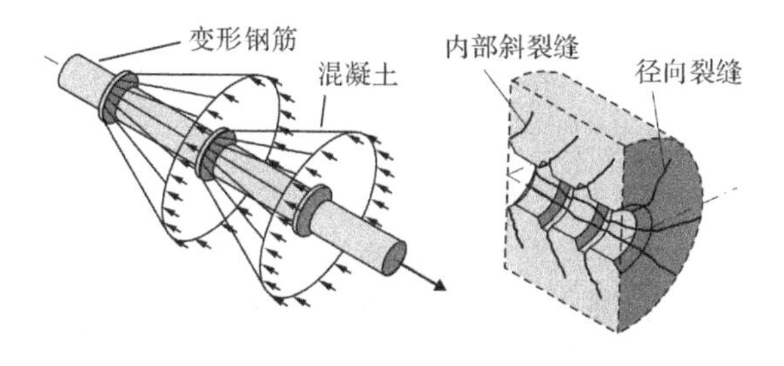

图 2.49　钢筋和混凝土之间的机械咬合力

②周围混凝土对钢筋的摩阻力。

混凝土硬化过程中收缩，紧紧地握裹住钢筋。构件受力后，钢筋和混凝土之间有相对运动趋势时,产生摩阻力。这种摩阻力与混凝土的收缩、荷载和支座反力等对钢筋的径向压应力以及混凝土和钢筋间的摩擦系数等有关,径向压应力越大、接触面越粗糙,则摩阻力越大。

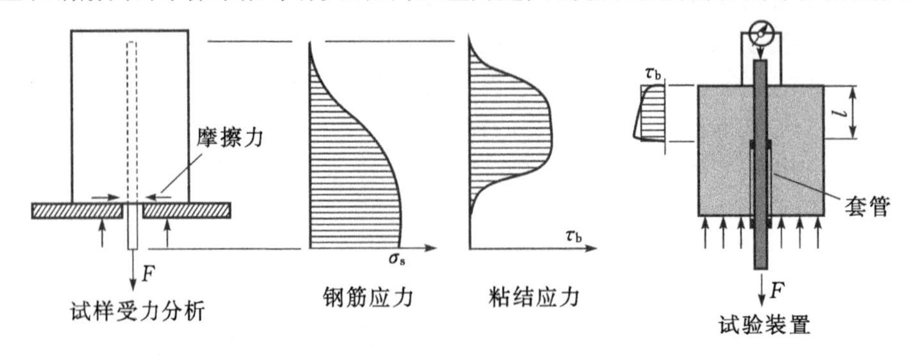

图 2.50　直接拔出试验

③钢筋表面粗糙不平或变形钢筋凸肋和混凝土之间的机械咬合力。

这种机械咬合力主要是由于钢筋表面凹凸不平,在钢筋与混凝土之间产生,其值即为混凝土对钢筋凸肋表面斜向压力的纵向分力(如图 2.49 所示)。有横肋的变形钢筋会产生这种咬合力,其极限值受混凝土的抗剪强度控制。

组成粘结应力的这三部分应力都与钢筋表面的粗糙度和锈蚀程度密切相关,在实验中这三部分应力也很难单独量测或严格区分。而且在钢筋的不同受力阶段,随着钢筋滑移的发展,荷载(应力)加卸等的不同,各部分粘结作用也有变化。对于变形钢筋,机械咬合力可提供很大的粘结应力,但如果钢筋布置不当,会产生较大的滑移、裂缝和局部混凝土破碎等现象。

粘结强度通常采用图 2.50 所示的拔出试验测定。设拔出力为 F,钢筋与混凝土界面上的平均粘结应力 τ_b 为

$$\tau_b = \frac{F}{\pi d l} \tag{2-41}$$

试验中可同时量测加载端滑移和自由端滑移。由于埋入长度 l($l=5d$,d 为钢筋直径)较短,可认为达到最大载荷时,粘结应力沿埋长近于均匀分布,可用粘结破坏时的最大平均粘结应力代表钢筋与混凝土的粘结强度 τ_{bu}。F 也可改为压力,测量钢筋受压时的粘结应力,因钢筋受压时侧向扩大,故测得的粘结强度比受拉时会高一些。

因受弯构件支座锚固问题在工程中很普遍,为了反映弯矩的作用,可使用梁式试件测定粘结强度,如图 2.51 所示的弯曲拔出试验。这种条件下,钢筋拉力 F 可由平衡条件求得。

这两类试件的对比试验结果表明,材料和粘结长度相同的试件,直接拔出试验比梁式拔出试验测得的平均粘结强度(τ_{bu})高,它们的比值范围约为 1.1～1.6。除二者钢筋周围混凝土应力状态的差别之外,后者的混凝土保护层厚度(c)显著小于前者是其主要原因。

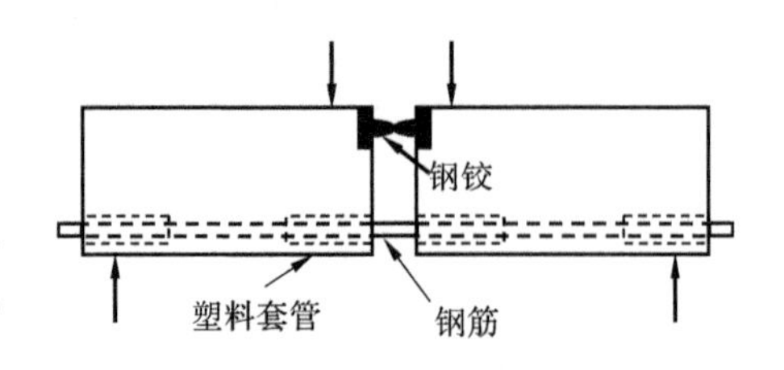

图 2.51　弯曲拔出试验

无论哪种钢筋拔出试验,试验过程中都量测钢筋的拉力 F 和其极限值 F_u,以及钢筋加载端和自由端与混凝土的相对滑移(s_l 和 s_f)。钢筋与混凝土间的平均粘结应力 τ_b 和极限粘结强度 τ_{bu} 分

别为

$$\tau_b = \frac{F}{\pi dl},\ \tau_{bu} = \frac{F_u}{\pi dl} \tag{2-42}$$

光圆钢筋和变形钢筋与混凝土的极限粘结强度相差悬殊，如图 2.52 所示，而且粘结机理、钢筋滑移和试件破坏形态也多有不同。

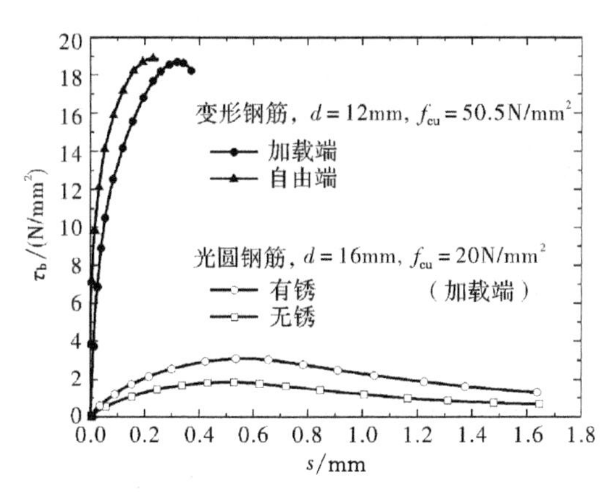

图 2.52　直接拔出试验的粘结应力-滑移关系曲线

光圆钢筋的粘结力主要来自于化学粘着力和摩阻力，粘结强度较低，$\tau_u=(0.4\sim1.4)f_t$。到达最大粘结应力后，加载端滑移 s_l 急剧增大，τ_b-s_l 曲线出现下降段。试件的粘结破坏是钢筋徐徐被拔出的剪切破坏，滑移可达数毫米。τ_{bu} 很大程度上取决于钢筋的表面状况，表面越凹凸不平，则 τ_{bu} 越高。光面钢筋的主要特点是粘结强度低、滑移大。

变形钢筋和光圆钢筋的主要区别是钢筋表面具有不同形状的横肋或斜肋。变形钢筋受拉时，肋的凸缘挤压周围混凝土（如图 2.49 和 2.53 所示），大大地提高了机械咬合力，改变了粘结受力机理，有利于钢筋在混凝土中的粘结锚固。变形钢筋的粘结效果比光面钢筋好得多，化学粘着力和摩阻力仍然存在，但机械咬合力是变形钢筋粘结强度的主要来源。

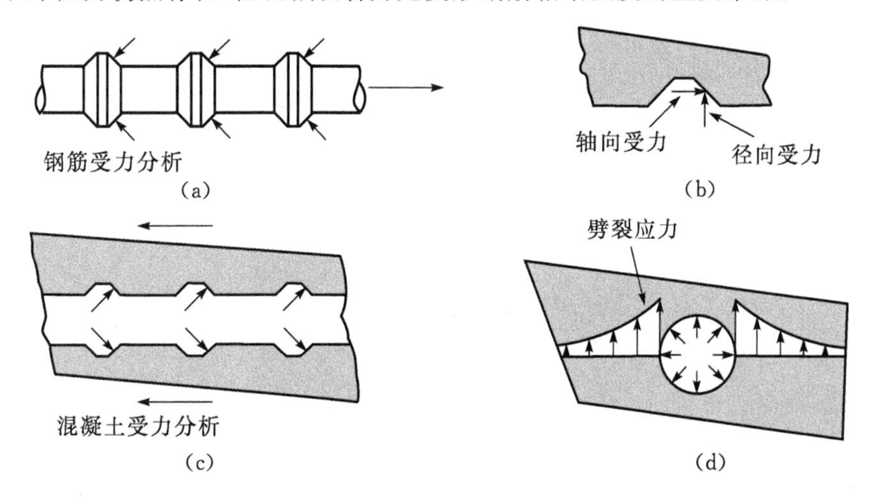

图 2.53　变形钢筋和混凝土的机械咬合作用

钢筋拔出试验的粘结应力-滑移（以 τ_b-s 表示）全曲线上可确定四个特征点，如图 2.54 所示，即内裂点(τ_A，s_A)、劈裂点(τ_{cr}，s_{cr})、极限粘结应力点(τ_{bu}，s_u)和残余粘结应力点(τ_r，s_r)。加载初期($\tau_b<\tau_A$)，钢筋肋对混凝土的斜向挤压力形成滑动阻力，滑动的产生使肋根部混凝土出现局部挤压变形，粘结刚度较大，τ_b-s 曲线近似为直线。随荷载增大，斜向挤压力沿钢筋纵向分力产生如图 2.53 所示的内部斜裂缝；径向分力使混凝土环向受拉，产生内部径向裂缝。这种裂缝由钢筋表面沿径向往试件外表发展，同时由加载端向自由端延伸。径向内裂缝到达试件表面时，相应的应力称为劈裂粘结应力 $\tau_{cr}=(0.8\sim0.9)\tau_{bu}$。$\tau_b-s$曲线到达峰值应力 τ_{bu}时，相应的滑移 s 随混凝土强度不同，约在 0.35～0.45mm 之间波动。无横向配筋的一般保护层试件达到 τ_{bu}后，转入下降段，在 s 增长不大的情况下，试件出现脆性劈裂破坏，被劈裂成两块或三块(如图 2.49 所示)。混凝土劈裂面上留有钢筋肋印，而钢筋表面在肋前区附着有混凝土的破碎粉末。《混凝土结构设计规范》(GB 50010—2010)给出了热轧带肋钢筋与混凝土之间的粘结应力-滑移本构关系曲线，它采用折线段描述钢筋与混凝土之间粘结应力和滑移关系曲线，如图 2.55 所示。该粘结应力和滑移关系由三个特征点决定，分别为劈裂粘结应力点(τ_{cr}，s_{cr})、峰值粘结应力点(τ_{bu}，s_u)和残余粘结应力点(τ_r，s_r)。对于热轧带肋钢筋，$t_{cr}=2.5f_{c,r}$，$\tau_{bu}=3f_{c,r}$，$\tau_r=f_{c,r}$；而 $s_{cr}=0.025d$，$s_u=0.04d$，$s_r=0.55d$，其中的 $f_{c,r}$ 为混凝土的抗拉强度的特征值(N/mm^2)，d 为钢筋直径(mm)。除热轧带肋钢筋外，其余种类钢筋的粘结应力-滑移本构关系曲线的参数值可根据试验确定。

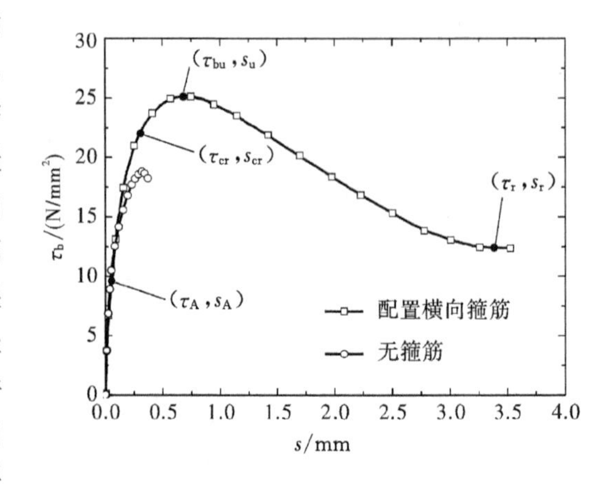

图 2.54　不同约束的粘结应力-滑移关系曲线

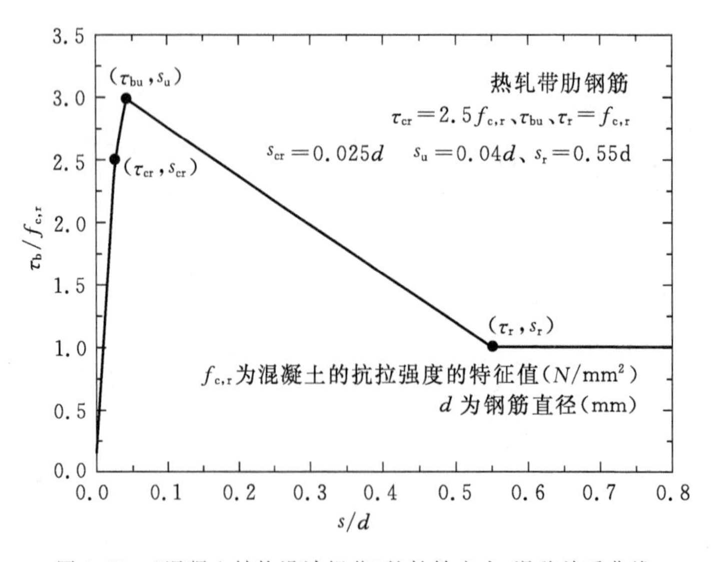

图 2.55　《混凝土结构设计规范》的粘结应力-滑移关系曲线

试件配设了横向螺旋箍筋，或者钢筋的保护层很厚（$c/d>5$）时，粘结应力-滑移曲线如图 2.54 所示。荷载较小（$\tau_b\leqslant\tau_A$）时，横向箍筋的作用很小，τ_b-s 曲线与无箍筋试件无区别。试件混凝土内出现裂缝（$\tau_b>\tau_A$）后，横向箍筋约束了裂缝的开展，提高了滑移阻力，τ_b-s 曲线斜率稍高。荷载接近极限值（τ_{bu}）时，钢筋肋对周围混凝土挤压力的径向分力也将产生径向-纵向裂缝，但开裂时的应力（τ_{cr}）和相应的滑移量（s_{cr}）都有很大提高。径向-纵向裂缝出现后，横向箍筋的应力剧增，限制了裂缝扩展，试件不会劈开，抗拔力可继续增大。钢筋滑移的不断增加，使肋前的混凝土破碎区不断扩大，沿钢筋埋长的各肋前区依次破碎和扩展，肋前挤压力的减小形成了 τ_b-s 曲线的下降段。最终，钢筋横肋间的混凝土咬合齿被剪断，钢筋连带肋间的混凝土碎末一起缓缓地被拔出，如图 2.55 所示。此时，沿钢筋肋外皮的圆柱面上有摩擦力，试件仍有一定残余抗拔力（$\tau_r/\tau_{bu}\approx0.3$）。

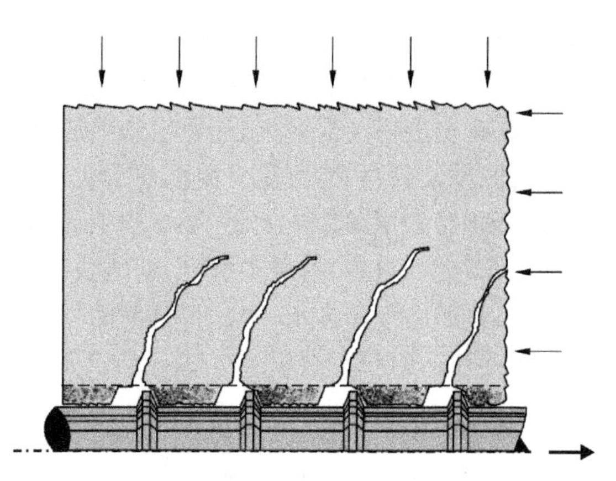

图 2.55　变形钢筋的拔出

2.3.3　影响粘结性能的因素

影响钢筋与混凝土粘结性能及其各特征值的主要因素有混凝土强度、纵向钢筋净间距及保护层厚度、横向配筋、侧向压应力，以及浇筑混凝土时钢筋的位置等。

1. 混凝土强度

混凝土强度的变化对摩阻力的影响不大，但如前分析可知，混凝土的抗拉强度与其立方体抗压强度的开方成正比。提高混凝土强度（f_{cu}）时，其抗拉强度（f_t）随之提高，它与钢筋的化学粘着力和机械咬合力也随之增加。混凝土抗拉强度 f_t 的提高，可以延迟拔出试件的内裂和劈裂，提高极限粘结强度。实验表明，钢筋和混凝土之间粘结的内裂强度（τ_A）、劈裂强度（τ_{cr}）、极限强度（τ_{bu}）和残余强度（τ_r）均约与混凝土的抗拉强度 f_t 成正比（如图 2.56 所示）。

有些试验还表明，混凝土的水泥用量、水灰比等对其粘结性能也有一定影响。

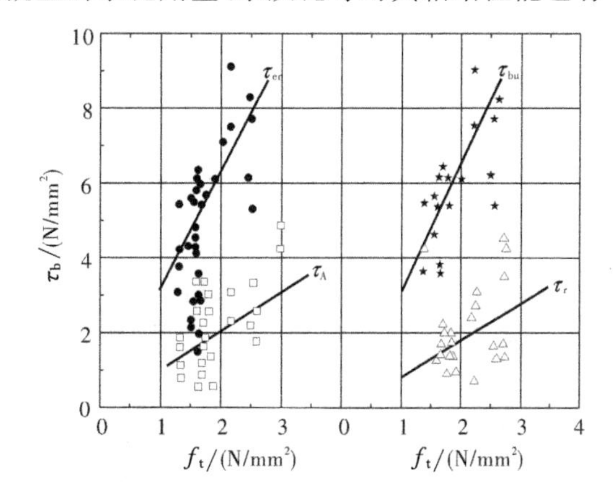

图 2.56　粘结应力特征值与混凝土抗拉强度的关系

2. 保护层厚度(c)

钢筋的混凝土保护层厚度指钢筋外皮至构件表面的最小距离(c)。混凝土保护层太薄,可能使外围混凝土产生径向劈裂,而使粘结强度降低。增大保护层厚度或钢筋之间保持一定的净距,可以提高钢筋外围混凝土的抗劈裂能力,提高试件的劈裂应力(τ_{cr})和极限粘结强度(τ_{bu})。混凝土保护层厚度 c 大于 5~6 倍钢筋直径 d 后,即 $c>(5\sim6)d$,试件不再发生劈裂破坏,钢筋沿横肋外围切断混凝土拔出,粘结强度 τ_{bu} 不再增大。

构件截面上的钢筋多于一根时,钢筋的粘结破坏形态还与钢筋间的净距 s 有关,可能保护层劈裂(当钢筋间的净距大于 $2c$),也可能沿钢筋连线劈裂(当钢筋间的净距小于 $2c$)。

3. 钢筋埋长(l)

试件中钢筋埋得越深,受力后的粘结应力分布越不均匀,试件破坏时的平均粘结强度 τ_{bu} 与实际最大粘结应力 τ_{bmax} 的比值越小,试验粘结强度随埋长(l/d)增加而降低。但钢筋埋长 $l/d>5$ 后,平均粘结强度值的折减已不大。埋长很大的试件,钢筋加载端达到屈服而不被拔出。因此,一般取钢筋埋长 $l/d=5$ 的实验结果作为粘结强度的标准值。

4. 钢筋的直径和外形

钢筋的粘结面积与其截面周长成正比,钢筋的拉力与其截面积成正比,钢筋截面周长与其截面积之比值($4/d$)反映钢筋的相对粘结面积。钢筋直径增大,相对粘结面积减小。试验结果表明:直径 $d\leqslant25$mm 的钢筋,粘结强度 τ_{bu} 变化不大;直径 $d>32$mm 的钢筋,粘结强度可能降低 13%;特征滑移值(s_{cr},s_u,s_r)随直径($d=12\sim32$mm)而增大的趋势明显。

变形钢筋表面上横肋的形状和尺寸多有不同,肋的外形几何参数,如肋高、肋宽、肋距、肋斜角等都对混凝土的咬合力有一定影响。试验结果表明,肋的外形变化对钢筋的极限粘结强度值的差别并不大,对滑移值的影响稍大。

5. 横向箍筋(ρ_{sv})

拔出试件内配置横向箍筋,能延迟和约束径向-纵向劈裂裂缝的开展,阻止劈裂破坏,提高极限粘结强度和增大特征滑移值(s_{cr},s_u),且使 τ_b-s 下降段平缓,粘结延性增大。

6. 横向压应力(q)

结构构件中的钢筋锚固端常承受横向压力的作用,例如支座处的反力、梁柱节点处柱的轴压力等的作用。横向压应力作用在钢筋锚固端,增大了钢筋和混凝土界面的摩阻力,有利于粘结锚固。但是,也有试验证明,横向压应力过大(如 $q>0.5f_c$)时,将提前产生沿压应力作用平面方向的劈裂缝,反而使粘结强度降低。

7. 其他因素

除了以上的因素外,凡是对混凝土质量和强度有影响的因素,例如混凝土制作过程中的坍落度、浇捣质量、养护条件、各种扰动等,又如钢筋在构件中的方向是垂直(如梁)或平行(如柱)于混凝土的浇注方向、钢筋在截面的顶部或底部、钢筋离构件表面的距离等,都对钢筋和混凝土的粘结性能产生一定影响。

需补充说明,前述的钢筋和混凝土的粘结性能分析都是基于钢筋受拉拔出试验的结果。钢筋受压时的粘结锚固性能,需要进行压推试验加以研究。钢筋受压后横向膨胀,被周围混凝土约束,提高了摩阻力,粘结强度提高,因此,一般情况下,受压钢筋的粘结锚固比受拉钢筋有利。

另一方面，如果钢筋除承受拉力之外，还有横向力（如销栓力等）的作用时，可能将钢筋从混凝土中撕脱，从而大大降低钢筋的粘结锚固强度，甚至造成构件的破坏。另外，荷载多次重复加卸载或者正负反复作用，钢筋的粘结强度和 $\tau-s$ 曲线都将发生退化现象。

2.3.4　钢筋的锚固长度

上面讨论的钢筋拔出过程均是指埋入长度较短的试件。如果钢筋的埋入长度大，被拔出前已经屈服，此时，钢筋的强度得以充分发挥而不发生粘结破坏。因此，将施加拉力使加载端钢筋屈服、而钢筋不被拔出，所需的最小埋长称为锚固长度，这是保证钢筋充分发挥强度所必需的埋置长度。根据平衡条件建立的计算式为

$$l_{ab}=\frac{f_y}{4\tau_{bu}}d \tag{2-43}$$

式中，τ_{bu}为钢筋的（平均）粘结强度。如前所述，τ_{bu}与混凝土的抗拉强度 f_t成正比，同时还与钢筋的外形、保护层厚度等因素有关。式(2 - 43)可表达为

$$l_{ab}=\frac{f_y}{4\tau_{bu}}d=\alpha\frac{f_y}{f_t}d \tag{2-44}$$

此式适用于光圆钢筋和变形钢筋，《混凝土结构设计规范》(GB 50010—2010)即采用此公式确定钢筋的基本锚固长度。与此式类似，预应力筋的基本锚固长度表达式为

$$l_{ab}=\alpha\frac{f_{py}}{f_t}d \tag{2-44a}$$

式中，l_{ab}为受拉钢筋的基本锚固长度；f_y、f_{py}为普通钢筋、预应力筋的抗拉强度设计值；f_t为混凝土轴心抗拉强度设计值，当混凝土强度等级高于 C60 时，按 C60 取值；d 为钢筋的公称直径；α 为钢筋的外形系数，它与钢筋的种类和表面形状有关，外形系数 α=0.13～0.19，如表 2 - 8 所示。

表 2 - 8　钢筋的外形系数

钢筋类型	光面钢筋	带肋钢筋	螺旋肋钢丝	三股钢绞线	七股钢绞线
α	0.16	0.14	0.13	0.16	0.17

注：光面钢筋末端应做 180°弯钩，弯后平直段长度不应小于 $3d$，但作受压钢筋时可不做弯钩。

作为钢筋的基本锚固长度，式(2 - 43)考虑了混凝土强度、钢筋的强度和钢筋的表面形式对锚固长度的影响。对粘结应力有影响的因素，均会影响钢筋的锚固长度。因此，实际混凝土构件中，钢筋的锚固长度还需要根据钢筋在混凝土中布置及受力状况进行修正，混凝土结构设计规范》(GB 50010—2010)给出了不同情况下的修正系数 ζ_a。工程中实际的锚固长度 l_a为钢筋基本锚固长度 l_{ab}乘锚固长度修正系数 ζ_a后的数值，即

$$l_a=\zeta_a l_{ab} \tag{2-45}$$

式中：

l_a——受拉钢筋的锚固长度；

ζ_a——锚固长度修正系数，当多于一项时，可按连乘计算，但不应小于 0.6；对预应力筋，可取 1.0。

对普通钢筋根据《混凝土结构设计规范》(GB 50010—2010)给出的不同锚固条件情况下

的修正系数 z_a 如下：

①当带肋钢筋的公称直径大于 25mm，考虑到带肋钢筋直径较大时，其相对肋高减小，锚固作用将降低，取修正系数为 1.1。

②有环氧树脂涂层的带肋钢筋，其涂层对锚固不利，取修正系数为 1.25。

③混凝土施工过程中，锚固钢筋易受扰动时(如滑模施工)，修正系数取为 1.1。

④当纵向受力钢筋的实际配筋面积大于其设计计算面积时，钢筋应力小于强度设计值，此时，锚固长度可缩短，其修正系数取设计计算面积与实际配筋面积的比值。但对有抗震设计要求及直接承受动力荷载的结构构件，不应考虑此项修正。

⑤锚固钢筋的混凝土保护层大于钢筋直径的 3 倍时，握裹作用加强，锚固长度可适当减短。当保护层为钢筋直径的 3 倍时修正系数可取 0.8，当保护层为钢筋直径的 5 倍时修正系数可取 0.7，中间按内插取值。

为保证可靠锚固，在任何情况下受拉钢筋的锚固长度不能小于最低限度(最小锚固长度)，其数值不应小于 0.6 l_{ab} 及 200mm。

为提高钢筋的锚固能力，减小钢筋端部的锚固长度，可在纵向普通受拉钢筋的末端设置弯钩或采取机械锚固措施。末端弯钩的形式有 90°弯钩和 135°弯钩，通常是按要求(如图 2.57 所示)将钢筋端部弯成 90°或 135°的弯钩；机械锚固的形式主要有在端部贴焊锚筋、焊端锚板或旋入螺栓锚头，机械锚固的形式和参数应满足《混凝土结构设计规范》(GB 50010—2010)8.3.3 条的要求。

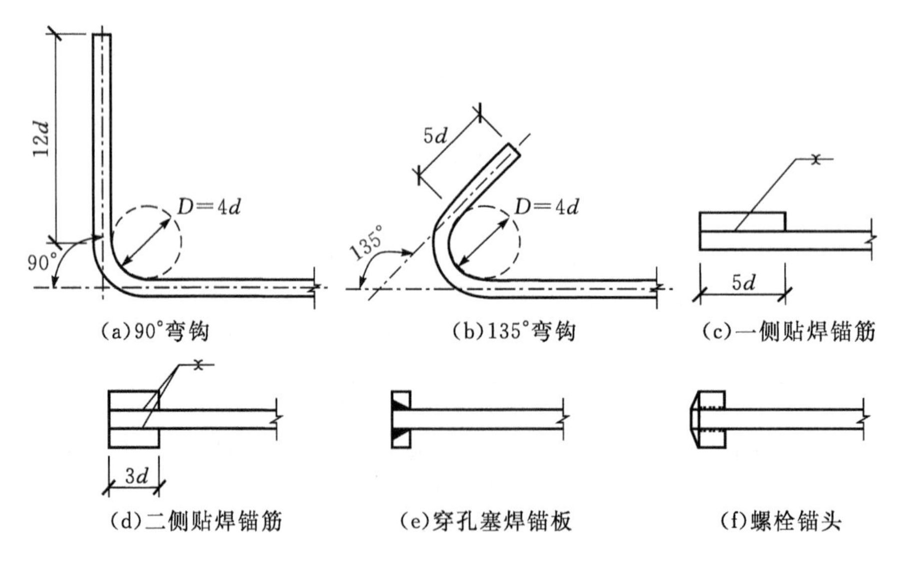

图 2.57　钢筋的锚固形式和技术要求

有弯钩钢筋锚固主要是由沿与弯钩连接的钢筋直线长度的粘结作用，以及由弯钩的锚固作用提供。有弯钩受拉钢筋锚固破坏的主要原因是由于钢筋弯钩在其内侧混凝土上产生非常高的压应力，该应力引起混凝土在弯钩平面内劈裂引起的。钢筋弯钩内侧混凝土的劈裂应力与钢筋直径和弯曲半径有关，而混凝土抵抗劈裂的能力与钢筋弯钩处混凝土的保护层厚度有关。为保证有弯钩钢筋能提供可靠的锚固作用，钢筋直线段应具有足够长度，而使钢筋弯钩内侧混凝土不发生劈裂破坏。

在钢筋末端配置弯钩和机械锚固是减小锚固长度的有效方式，其原理是利用受力钢筋端部锚头（弯钩、贴焊锚筋、焊接锚板或螺栓锚头）对混凝土的局部挤压作用加大锚固承载力。锚头对混凝土的局部挤压保证了钢筋不会发生锚固拔出破坏，但锚头前必须有一定的直段锚固长度，以控制锚固钢筋的滑移，使构件不致发生较大的裂缝和变形。因此对钢筋末端弯钩和机械锚固可以乘修正系数 0.6，有效地减小锚固长度。

钢筋混凝土构件在反复循环荷载作用下受力性能的试验研究表明，在重复荷载作用下粘结力退回，而使钢筋与混凝土之间的粘结性能降低，裂缝开展。为了防止结构在地震作用下的锚固破坏，纵向受拉钢筋的抗震锚固长度 l_{aE} 应按下式计算：

$$l_{aE} = \zeta_{aE} l_a \tag{2-35}$$

式中：

l_a——受拉钢筋的锚固长度；

ζ_{aE}——纵向受拉钢筋抗震锚固长度修正系数，对一、二级抗震等级取 1.15，对三级抗震等级取 1.05，对四级抗震等级取 1.00。

思考题

2.1　混凝土的强度与哪些因素有关？混凝土的强度等级是如何确定的？

2.2　单轴受力状态下，混凝土轴心受压破坏和应力-应变曲线什么特点？常用的表示混凝土受压的应力-应变关系的数学模型有哪几种？

2.3　简述混凝土在三轴受压情况下的强度和变形特点。

2.4　为什么混凝土的三轴抗压强度高于其单轴抗压强度？为什么说混凝土的拉压受力状态是最危险的情形？

2.5　混凝土的变形模量和弹性模量是如何确定的？

2.6　什么是混凝土的徐变？影响徐变的主要因素有哪些？如何减少徐变？徐变对混凝土构件有什么影响？

2.7　混凝土收缩对钢筋混凝土构件有什么影响？混凝土的收缩与哪些因素有关？如何减少混凝土的收缩？

2.8　钢筋混凝土结构对钢筋的性能有哪些要求？

2.9　混凝土结构中使用的钢筋都有哪些种类？分别有什么特点？

2.10　软钢和硬钢的应力-应变曲线有何不同？二者的强度取值有何不同？常用的表示钢筋的应力-应变关系的数学模型有哪几种？

2.11　钢筋冷加工的方法有哪几种？如何进行钢筋的冷加工？经冷加工后钢筋的力学性能有什么变化？

2.12　什么是钢筋和混凝土之间的粘结力？它是如何产生的？

2.13　影响钢筋和混凝土粘结强度的主要因素有哪些？通常采取哪些措施来保证钢筋和混凝土之间有足够的粘结力？

第③章

混凝土结构设计方法

建筑结构设计的基本目标是要求设计的结构安全可靠、适用耐久而又经济合理。结构工程师就是要用最经济的手段，设计并建造出安全可靠的结构，使之在预定的使用期间内，满足各种预定功能的要求。为保证可靠使用，各类结构在荷载作用下必须基于某种设计方法进行设计。本章将系统地介绍钢筋混凝土结构各类荷载与作用的概念和确定方法，以及可靠度原理和满足可靠度要求的钢筋混凝土结构设计方法。

3.1 建筑结构设计理论的发展历史

在早期建筑结构的建造中，保证结构安全主要依赖经验。古代的建筑者既没有理论可遵循，也没有实验手段，只能依赖直接的经验。随着科学的发展和技术的进步，钢筋混凝土设计在结构理论方面经历了从弹性理论到极限状态理论的转变，设计方法方面经历了从定值法到概率法的发展。工程设计方法经历了容许应力法、破损阶段法、极限状态设计法和概率极限状态设计法四个阶段。

3.1.1 容许应力设计法

容许应力法是建立在弹性理论基础上的设计方法。19 世纪以后，基于胡克定律的弹性力学迅速发展并得到广泛应用。弹性理论在钢筋混凝土中的应用也为大家所接受，并延续了很长一段时间。弹性理论应用于混凝土构件时，认为钢筋和混凝土均为弹性材料，其弹性模量 E_s 及 E_c 为常量，应力-应变关系服从胡克定律；钢筋与其周围混凝土的应变相等。具体计算时，将钢筋截面积折算为 E_s/E_c 倍的混凝土面积后，按单一弹性材料的计算方法进行计算。从理论上讲，任一外荷载作用下构件内各点的应力、应变、位移均可按弹性力学方法求得。

按容许应力设计时，保证构件在外界作用下，截面最大应力 σ 不超过材料容许应力。容许应力由材料的破坏试验所确定的强度 f 除以一安全系数 k 得到。对于钢筋混凝土构件，有

$$\sigma_c \leqslant [\sigma_c] = \frac{f_c}{k_c} \tag{3-1}$$

$$\sigma_s \leqslant [\sigma_s] = \frac{f_s}{k_s} \tag{3-2}$$

式中：

σ_c 和 σ_s——分别为构件内混凝土和钢筋的最大应力；

f_c 和 f_s——分别为混凝土和钢筋的强度；

k_c 和 k_s——分别为混凝土和钢筋的安全系数，其大小由经验确定。

容许应力法的缺点是显而易见的，它没有考虑材料的非线性性能，忽视了结构实际承载能力与按弹性方法计算结果的差异，对荷载和材料容许应力的取值也都凭经验确定，缺乏科学依据。

3.1.2　破损阶段设计法

针对容许应力设计法的缺陷，许多学者转向构件极限强度的研究。20世纪30年代，前苏联学者经过研究提出了构件破坏时按截面承载力作为强度设计基础的理论，并以此理论为依据，前苏联制定了钢筋混凝土设计规范。这一方法采用单一的安全系数，称为破损阶段设计法。

在破损阶段设计法中，整个截面的内力达到某极限内力时才引起失效。以受弯构件为例，考虑塑性应力分布后的构件截面承载力不小于外荷载产生的内力乘以安全系数，其计算表达式为

$$K \cdot M \leqslant M_u \tag{3-3}$$

式中：

M——截面中的弯矩；

M_u——截面所能承担的极限弯矩；

K——安全系数。

破损阶段设计法以构件破坏时的受力状况为依据，在考虑材料的塑性性能基础上，采用极限平衡方法确定构件破坏时的内力。在表达式中引入了一个安全系数，使构件的设计有了总安全度的概念。

与容许应力法相比，破损阶段设计法有了一定的进步。它考虑了钢筋及混凝土的塑性变形性能，其极限荷载可直接由实验验证，计算所得的结果给出了一个清晰简明的总安全度概念。但它也存在明显的缺点，破损阶段设计法的安全系数仍然依赖经验确定，且是定值。然而不同荷载、不同材料、不同结构形式荷载和结构抗力的变异性不同，用统一的单一安全系数不能确切地度量结构的安全性。另外，采用了极限平衡理论，对荷载作用下结构的应力分布及位移变化，也无法做出准确的预计，同时也没有考虑构件在正常使用情况下的变形和裂缝问题。

3.1.3　极限状态设计法

针对破损阶段设计法的缺点，一些学者提出了多系数极限状态设计法，明确地将结构的极限状态分为承载力极限状态和正常使用极限状态。承载力极限状态要求结构构件可能的最小承载力不小于外荷载所产生的最大截面内力。正常使用极限状态是指对构件的变形及裂缝的产生或裂缝宽度的限制。在安全度的表达方面有单一系数和多系数形式，考虑了荷载的变异、材料性能的变异及工作条件的不同。在部分荷载和材料性能取值方面，引入了概率统计方法加以确定。

对于承载力极限状态，不再采用单一的安全系数，而是采用了多系数法，其表达式为

$$M\left(\sum n_i q_{ik}\right) \leqslant mM_u(k_s f_s, k_c f_c, a, \cdots) \tag{3-4}$$

式中：

q_{ik}——标准荷载或效应；

n_i——相应的超载系数;

f_s和 k_s——分别为钢筋强度及其相应的均质系数;

f_c和 k_c——分别为混凝土强度及其相应的均质系数;

m——工作条件系数,它反映施工质量及使用环境对安全度的影响;

a——截面几何特性。

材料强度则根据统计结果按一定的保证率确定。它除了反映材料强度的平均值外,还反映了强度变异性的影响。荷载取值也尽可能按统计资料确定,其中超载系数可按荷载变异性的大小取不同值。显然,这样比单纯采用平均值合理。

极限状态设计法已经具有了近代可靠性理论的一些思路,比容许应力法及破损阶段法有了很大进步。其中所包含系数的选取,已经从纯经验性到部分采用概率统计值。从设计方法本质讲,可以说极限状态设计法是一种半经验半概率的方法,还没有脱离经验设计法或定值计算法的范畴。

3.1.4 概率极限状态设计法

概率极限状态设计法是以概率理论为基础,将作用效应和影响结构抗力(结构或构件承受作用效应的能力,如承载能力、刚度、抗裂能力等)的主要因素作为随机变量,根据统计分析确定可靠概率(或可靠指标)度量结构可靠性的结构设计方法。国际上把处理可靠度的水准分为:水准Ⅰ——半概率方法;水准Ⅱ——近似概率法;水准Ⅲ——全概率法。理论上,可以直接按水准Ⅲ(全概率法)完全基于概率论的结构整体优化设计方法,但这一方法无论在基础数据的统计方面还是在基于全概率的可靠性定量计算方面,均很不成熟,还处于研究探索阶段。

考虑到全概率法计算的繁琐以及设计应用的传统习惯,我国在工程结构设计领域积极推广并已得到广泛采用的是以概率理论为基础、以分项系数表达的极限状态设计方法。但并不意味着要排斥其他有效的结构设计方法,采用什么样的结构设计方法,应根据实际条件确定。概率极限状态设计方法需要以大量的统计数据为基础,当缺乏统计资料时,工程结构设计可根据可靠的工程经验或通过必要的试验研究进行,也可继续按传统模式采用允许应力或单一安全系数等经验方法进行。如在钢筋混凝土挡土墙设计中,不同的对象采用不同的设计方法:挡土墙的结构设计采用极限状态法,稳定性(抗倾覆稳定性、抗滑移稳定性)验算采用单一安全系数法,地基承载力计算采用允许应力法。虽有多种设计方法可用,但结构设计仍应采用极限状态法,有条件时采用以概率理论为基础的极限状态设计方法。

目前我国广泛采用"分项系数表达的以概率理论为基础的极限状态设计方法",即用可靠指标 b 度量结构可靠度,用分项系数的设计表达式进行设计,其中各分项系数的取值是根据目标可靠指标及基本变量的统计参数用概率方法确定。它是以近似概率法(水准Ⅱ)为基础的极限状态设计法,目前,该设计方法处于世界先进水平。

下面主要介绍近似概率设计法(水准Ⅱ)。

3.2 结构上的作用、作用效应及其统计分析

3.2.1 结构上的作用与作用效应

结构上的作用是指施加在结构或构件上的集中力或分布力,以及引起结构变形或内力的

其他因素(如地震、基础不均匀沉降、温度变化、混凝土收缩等)。前者以力的形式直接作用于结构上,称为直接作用,习惯上称为荷载;后者以变形的方式作用于结构,称为间接作用。

结构上的作用分类方法有多种,不同的分类方法反映了作用的某些基本性质或作用效应重要性的不同。结构承受的各种作用一般有以下几种分类方式:

1. 按随时间的变异分类

(1)永久作用

在设计基准期内,作用值不随时间变化,或其变化量与平均值相比可以忽略不计的作用。如结构自重、土压力、水位不变的水压力、预加压力、钢材焊接产生的变形等。永久作用的统计参数与时间基本无关,其随机性通常表现在空间变异上,可采用随机变量概率模型来描述。

(2)可变作用

在设计基准期内,作用值随时间变化,且其变化量与平均值相比不可忽略的作用。如施工中的人员和设备的重力、车辆重力、吊车荷载、结构使用过程中的人员和设备重力、风荷载、雪荷载、冰荷载、波浪荷载、水位变化的水压力、温度变化等。可变作用的统计参数与时间有关,宜采用随机过程概率模型来描述,不过在实际上经常可将随机过程概率模型转化为随机变量概率模型来处理。

(3)偶然作用

在设计基准期内不一定出现,而一旦出现其值很大且持续时间很短的作用,如地震、爆炸、撞击、火灾等。

这里所说的"设计基准期"是指工程结构设计时,为确定可变作用及与时间有关的材料性能等而选用的时间参数。我国《工程结构可靠性设计统一标准》(GB50153—2008)规定的房屋建筑结构、港口工程结构的设计基准期为50年,铁路桥涵结构、公路桥涵结构的设计基准期为100年。

2. 按作用的空间位置分类

(1)固定作用

在结构上具有固定空间分布的作用,其量值可能具有随机性,如结构自重、固定的设备荷载等。

(2)自由作用

在结构上给定的范围内具有任意空间分布的作用,出现的位置及量值可能具有随机性的作用。如楼面上的人群和家具荷载、厂房中的吊车荷载、桥梁上的车辆荷载等。

由于自由作用在结构空间上分布的任意性,设计时必须考虑它在结构上引起最不利效应的分布位置和大小。

3. 按结构的反应特点分类

(1)静态作用

对结构或结构构件不产生动力效应,或产生的动力效应与静态效应相比可以忽略不计的作用。如结构自重、雪荷载、土压力、建筑的楼面活荷载、温度变化等。

(2)动态作用

对结构或结构构件产生不可忽略的动力效应的作用。如地震作用、风荷载、大型设备振动、爆炸和冲击荷载等。

结构在动态作用下的分析,一般按结构动力学的方法进行。有些动态作用也可以转换成等效静态作用,按静力学方法进行结构分析。

由作用引起的结构或结构构件的反应,称为作用效应,如各种作用在结构中产生的内力或变形(轴力、剪力、弯矩、扭矩及挠度、转角和裂缝等)。作用和作用效应均为随机变量或随机过程。

3.2.2 荷载标准值的确定

1. 荷载的统计特性

我国对建筑结构的各种恒荷载、民用房屋(包括办公楼、住宅、商店等)楼面活荷载、风荷载和雪荷载进行了大量调查和实测工作。对取得的资料应用概率统计方法处理后,得到了这些荷载的概率分布和统计参数。

(1)永久荷载 G

永久荷载是指其值不随时间变化,或变化很小可以忽略不计的荷载,通常称为恒载荷。

结构的永久荷载具有随机性,其值在设计基准期内基本不变,是与时间无关的随机变量。建筑结构中的屋面、楼面、墙体、梁、柱等构件的自重重力及找平层、保温层、防水层等自重重力都是永久荷载。永久荷载根据构件体积和材料重力密度确定。由于构件尺寸在施工制作中的允许误差及材料组成或施工工艺对材料容重的影响,构件的实际自重重力在一定范围内波动。经数理统计分析后,一般可将其作为符合正态分布的随机变量。

(2)可变荷载 Q

可变荷载是指其值随时间变化的荷载。施加于结构上的可变荷载,不但具有随机性,而且还与时间有关,在数学上必须采用随机过程来描述。建筑结构的楼面活荷载、风荷载和雪荷载等均属于可变荷载。

民用房屋楼面活荷载一般分为持久性活荷载和临时性活荷载两种。在设计基准期内,持久性活荷载是经常出现的荷载,如办公楼内的家具、设备、办公用具、文件资料等的重量,正常办公人员的体重;住宅中的家具、日用品等的重量,以及常住人员的体重,其数量和分布随着房屋的用途、家具的布置方式而变化,并且是时间的函数。临时性活荷载是短暂出现的荷载,如办公室内开会时人员的临时集中、临时堆放的物品重量;住宅中逢年过节、婚丧嫁娶的家庭成员和亲友的临时聚会时的活荷载,它随着人员的数量和分布而异,也是时间的函数。同样,风荷载和雪荷载其值的大小也是时间的函数。可变荷载随时间的变异可统一用随机过程描述,通过对可变荷载随机过程样本函数的处理,可得到可变荷载在任意时刻的概率分布和在设计基准期内最大值的概率分布。根据对全国范围内实测资料的统计分析,民用房屋楼面活荷载在上述两种情况下的概率分布、风荷载和雪荷载的概率分布均可认为是极值Ⅰ型分布。

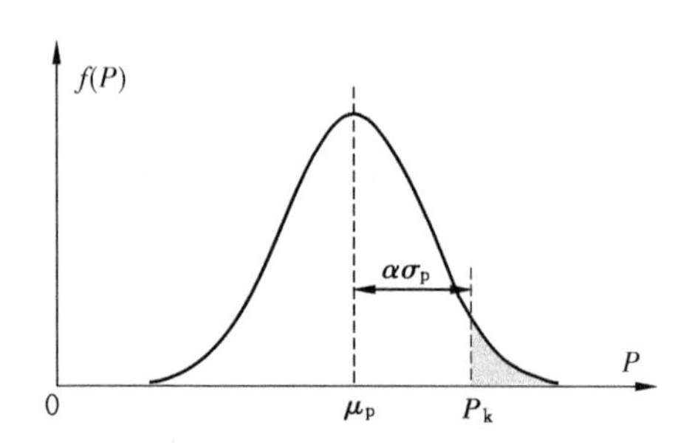

图 3.1 荷载标准值的概率含义

2. 荷载标准值

荷载标准值是建筑结构按极限状态设计时采用的荷载基本代表值。荷载标准值由设计基准期内最大荷载概率分布的某一分位值确定。荷载标准值理论上应为，结构在使用期间、在正常情况下可能出现的具有一定保证率的偏大荷载值，如图 3.1 中的 P_k。

$$P_k = \mu_p + \alpha\sigma_p \tag{3-5}$$

式中，μ_P为平均值；σ_P为标准差；α 为保证率系数。若荷载符合正态分布，取 $\alpha=1.645$，则荷载标准值 P_k具有 95%的保证率，亦即在设计基准期内超过此标准值的荷载出现概率为 5%。

目前，并非所有荷载都能取得充分的统计资料，并给出符合实际的概率分布。因此，我国现行《建筑结构荷载规范》(GB 50009—2012)没有对分位值作具体规定。但对性质类同的可变荷载，应尽量使其取值在保证率上保持相同水平。另外，若统一按 95%的保证率调整荷载标准值，在经济指标方面，与过去相比，使结构设计引起较大的波动。《建筑结构荷载规范》(GB 50009—2012)规定的荷载标准值，除对个别不合理者作了适当调整外，大部分仍沿用或参照原有规范的数值。

(1)永久荷载标准值 G_k

永久荷载(恒荷载)标准值 G_k一般相当于永久荷载概率分布的 0.5 分位值，即正态分布的平均值。永久荷载标准值可按结构设计规定的尺寸和材料重度标准值确定。对于自重变异性较大的材料或构件(如现场制作的保温材料、混凝土薄壁构件等)自重的标准值应根据荷载对结构不利或有利，分别取其自重的上限值或下限值。常用材料的标准值可根据《建筑结构荷载规范》(GB 50009—2012)附录 A 采用。

(2)可变荷载标准值 Q_k

可变荷载标准值 Q_k由设计基准期内最大可变荷载概率分布的某一分位值确定。《建筑结构荷载规范》(GB 50009—2012)规定，办公楼、住宅楼面均布活荷载标准值 Q_k为 2.0×10^{-3} N/mm^2。目前教室除传统的讲台、课桌椅外，投影仪、计算机、音响设备、控制柜等多媒体教学设备显著增加，班级学生人数也可能出现超员情况。原规范教室活荷载取值偏小，《建筑结构荷载规范》(GB 50009—2012)将教室活荷载取值由 2.0×10^{-3} N/mm^{2}提高至 2.5×10^{-3} N/mm^2，与食堂、餐厅、一般资料档案室取值相同。根据统计资料，对于办公楼，这个标准值相当于设计基准期最大活荷载概率分布的平均值加 3.16 倍标准差；对于住宅，则相当于设计基准期最大活荷载概率分布的平均值加 2.38 倍标准差。可见，办公楼和住宅楼面活荷载标准值的保证率均大于 95%，但办公楼结构构件的可靠度高于住宅结构构件的可靠度。

风荷载标准值由建筑物所在地的基本风压乘以风压高度变化系数、风载体型系数和风振系数确定，计算主要受力结构时，应按下式计算：

$$w_k = \beta_z\mu_s\mu_z w_0 \tag{3-6}$$

式中：

w_k——风荷载标准值；

β_z——高度 z 处的风振系数；

μ_s——风荷载体型系数；

μ_z——风压高度变化系数；

w_0——基本风压。

计算围护结构时,应按下式计算:

$$w_k = \beta_{gz}\mu_{sl}\mu_z w_0 \tag{3-6a}$$

式中:

β_{gz}——高度 z 处的阵风系数;

μ_{sl}——风荷载局部体型系数。

其中,基本风压 w_0 是以当地比较空旷平坦地面,离地面 10m 高处,50 年一遇(50 年重现期)10 分钟平均最大风速 v_0(m/s)统计所得的风速为基本风速,按下式确定:

$$w_0 = \frac{1}{2}\rho v_0^2 \tag{3-7}$$

式中:

w_0——基本风压;

v_0——基本风速;

ρ——考虑温度、气压影响的空气密度。

雪荷载标准值由建筑物所在地的基本雪压乘以屋面积雪分布系数确定,即

$$s_k = \mu_r s_0 \tag{3-8}$$

式中:

s_k——雪荷载标准值;

μ_r——屋面积雪分布系数;

s_0——基本雪压。

基本雪压则是以当地一般空旷平坦地面统计所得 50 年一遇(50 年重现期)最大雪压确定;对雪荷载敏感的结构,应采用 100 年重现期的雪压。

在建筑结构设计中,各类可变荷载标准值可在《建筑结构荷载规范》(GB 50009—2012)查取。

3.3 结构的抗力及其统计分析

3.3.1 结构抗力的不定性

结构抗力是指整个结构或结构构件承受作用效应的能力。钢筋混凝土结构构件的截面尺寸、混凝土强度等级、钢筋种类、配筋数量及方式等确定后,构件截面便具有一定的抗力。影响结构或结构构件抗力的主要因素有材料性能(强度、变形模量等)和几何参数(构件尺寸、配筋位置等)。

结构抗力不定性是指对结构可靠性有影响因素的变异性。引起结构构件抗力不定性的主要因素有结构构件的材料性能、几何参数和计算模式等的不定性。

1. 材料性能的不定性

材料性能的不定性主要是指材料质量因素及工艺、加载环境、尺寸等因素引起的结构构件中材料性能的变异性。例如,按同一标准生产的钢材或混凝土,各批次之间的强度常有变化,即使同一炉钢轧成的钢筋或同一次搅拌而得的混凝土试件,按照统一方法,在同一试验机上进行试验,所测得的强度也不完全相同。

结构构件材料性能的不定性可采用随机变量 Ω_f 表示

$$\Omega_f = \frac{f_j}{\omega_0 f_k} = \frac{1}{\omega_0} \cdot \frac{f_j}{f_s} \cdot \frac{f_s}{f_k}$$
$$= \frac{1}{\omega_0} \cdot \Omega_0 \cdot \Omega_{fs} \tag{3-9}$$

式中：

ω_0——反映结构构件材料性能与试件材料性能的差别系数，如缺陷、尺寸、施工质量、加载速度、试验方法、时间等因素的影响；

f_j——结构构件中的材料性能值；

f_s——试件材料性能值；

f_k——规范规定的试件材料性能的标准值；

Ω_0——结构构件材料性能与试件材料性能差别的随机变量；

Ω_{fs}——表示试件材料性能不定性的随机变量。

这样，Ω_f 的平均值 $\mu_{\Omega f}$ 和变异系数 $\delta_{\Omega f}$ 分别为

$$\mu_{\Omega f} = \frac{\mu_{\Omega 0}\mu_{\Omega fs}}{\omega_0} = \frac{\mu_{\Omega 0}\mu_{fs}}{\omega_0 f_k} \tag{3-10}$$

$$\delta_{\Omega f} = \sqrt{\delta_{\Omega 0}^2 + \delta_{fs}^2} \tag{3-11}$$

式中：

μ_{fs}——试件材料性能 f_s 的平均值；

$\mu_{\Omega 0}$——随机变量 Ω_0 的平均值；

$\mu_{\Omega fs}$——随机变量 Ω_{fs} 的平均值；

δ_{fs}——试件材料性能 f_s 的变异系数；

$\delta_{\Omega 0}$——随机变量 Ω_0 的变异系数。

统计资料表明，钢筋强度和混凝土强度的概率分布均基本符合正态分布。图 3.2 所示为某钢厂某年生产的一批钢筋试件的实测强度分布，图中以取样试件的屈服强度为横坐标，频数为纵坐标。图 3.3 所示为某预制构件厂所做的一批混凝土立方体试块的实测强度分布，图中横坐标为试块的实测强度，纵坐标为频数。两图中折线代表实测数据，曲线为实测数据拟合的理论曲线，分别代表了钢筋强度和混凝土的概率分布。

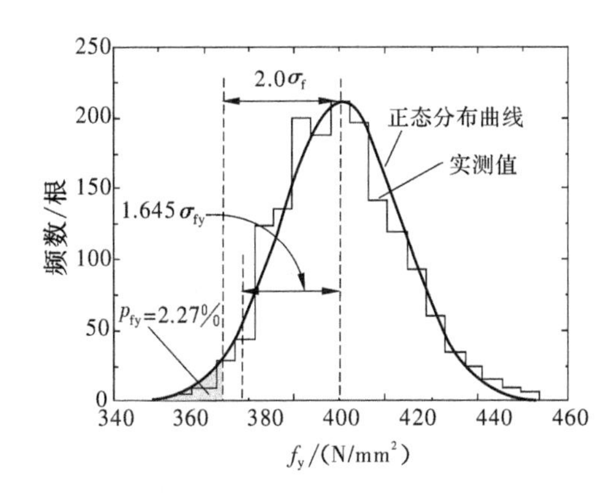

图 3.2　某批钢筋屈服强度概率分布

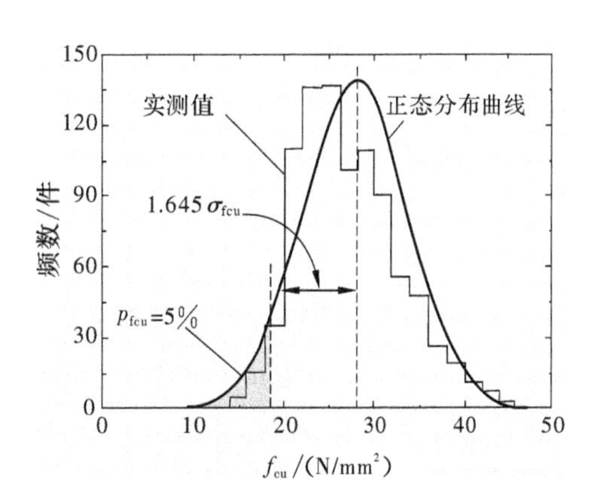

图 3.3　某批混凝土立方体强度概率分布

钢筋和混凝土的强度标准值是钢筋混凝土结构按极限状态设计时采用的材料强度基本代表值。材料强度标准值应根据符合规定质量的材料强度的概率分布的某一分位值确定,如图 3.4 所示。由于钢筋和混凝土强度均服从正态分布,它们的强度标准值 f_k 可统一表示为

$$f_k = \mu_f - \alpha\sigma_f \tag{3-12}$$

式中:

α——保证率系数;

μ_f、σ_f——分别表示材料强度的平均值和标准差。

由式(3-12)可知,材料强度标准值是材料强度概率分布中具有一定保证率的偏低材料强度值。

(1)钢筋强度的标准值

为了保证钢材的质量,国家有关标准规定钢材出厂前要抽样检查,检查的标准为"废品限值"。各级热轧钢筋废品限值约相当于屈服强度平均值减去两倍标准差(即式(3-12)中的 α =2)所得的数值,所对应的保证率为 97.73%。《建筑结构可靠度设计统一标准》(GB 50068—2001)规定,钢筋的强度标准值应具有不小于 95%的保证率。可见,国家标准规定的钢筋强度废品限值符合这一要求,且偏于安全。因此,钢筋混凝土结构设计以国家标准规定的废品限值作为钢筋强度标准值的依据,具体取值方法如下:

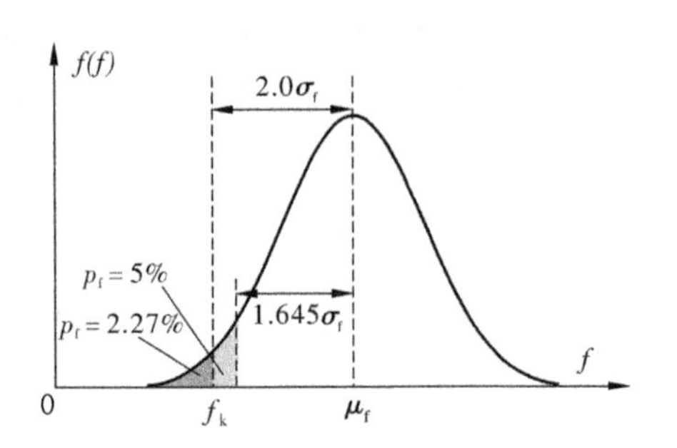

图 3.4　材料强度标准值的概率含义

① 对有明显屈服点的热轧钢筋,取国家标准规定的屈服点(废品限值)作为强度标准值。

② 对无明显屈服点的热处理钢筋、消除应力钢丝及钢绞线,取国家标准规定的极限抗拉强度 σ_b(废品限值)作为强度标准值,但设计时取 0.85σ_b 作为条件屈服点。

建筑工程中各类钢筋、钢丝和钢绞线的强度标准值见表 2-6 和表 2-7。

(2)混凝土的强度标准值

混凝土强度标准值为具有 95%保证率的强度值,即式(3-12)的保证率系数 α=1.645,立方体抗压强度标准值为

$$f_{cu,k} = \mu_{fcu} - 1.645\sigma_{fcu} \tag{3-13}$$

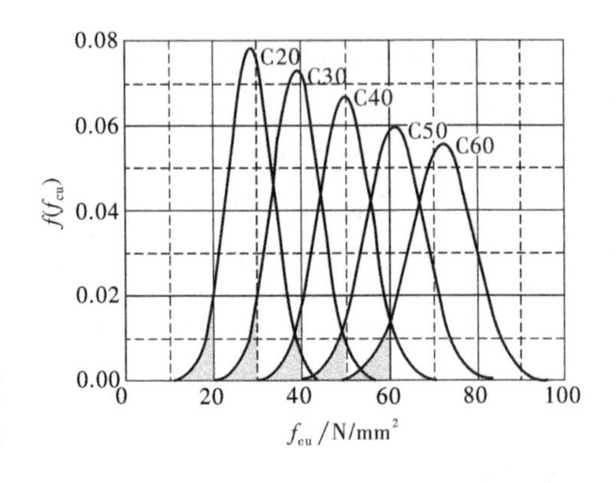

图 3.5　不同等级混凝土的概率分布密度

其中,μ_{fcu}、σ_{fcu} 分别为立方体抗压强度的平均值和标准差。

如第 2 章所述,以 N/mm^2 为单位表示的混凝土立方体抗压强度标准值即为混凝土的强度等级。建筑工程中不同强度等级的混凝土强度标准值详见表 2-5。

根据国内各地的调查统计结果,混凝土立方体抗压强度的变异系数 d_{fcu} 如表 3-1 所示。因此,各强度等级混凝土的立方体抗压强度的理想概率分布密度,如图 3.5 所示。由图可以看

出，混凝土强度等级越高，其强度分布的离散性越大，图中的阴影面积为强度低于各自强度标准值的概率(均为 5%)。

表 3-1　混凝土立方体抗压强度的变异系数 d_{fcu}

混凝土强度等级	C15	C20	C25	C30	C35	C40	C45	C50	C65	C60～80
δ_{fcu}	0.21	0.18	0.16	0.14	0.13	0.12	0.12	0.11	0.11	0.10

2. 几何参数的不定性

结构构件的几何参数，一般是指构件截面的几何特征，如高度、宽度、面积、惯性矩和混凝土保护层厚度等，以及构件的长度、跨度、偏心距，还包括由这些几何参数构成的函数。

结构构件几何参数的不定性，主要指制作尺寸偏差和安装误差等引起的结构构件几何参数的变异性。它反映了制作安装后的实际结构构件与所设计的标准结构构件之间几何上的差异，可用随机变量 Ω_a 表示

$$\Omega_a = \frac{a}{a_k} \tag{3-14}$$

式中：

a——几何尺寸的实际值；

a_k——几何尺寸的标准值。

这样，几何参数的平均值 $\mu_{\Omega a}$ 和变异系数 $\delta_{\Omega a}$ 分别为

$$\mu_{\Omega a} = \frac{\mu_a}{a_k} \tag{3-15}$$

$$\delta_{\Omega a} = \delta_a \tag{3-16}$$

结构构件几何参数值应以正常情况下的实测数据为基础，经统计分析得到。几何参数的标准值一般采用图纸上的设计值。表 3-2 列出了根据国内统计资料求得的钢筋混凝土结构几何特征的统计参数。

表 3-2　几何特征的统计参数

项目	$\mu_{\Omega a}$	$\delta_{\Omega a}$	概率分布
截面宽度	1.00	0.01	正态分布
截面高度	1.00	0.01	
截面有效高度	1.00	0.02	

3. 计算模式的不定性

结构构件计算模式的不定性，主要是指抗力计算中采用的某些基本假定的近似性和计算公式的不精确性等引起的，对结构构件抗力估计的不定性，它可用随机变量 Ω_P 表示

$$\Omega_P = \frac{R_0}{R_c} \tag{3-17}$$

式中：

R_0——结构构件的实际抗力值，一般情况下可取其试验值或精确计算值；

R_c——按规范公式计算的结构构件抗力计算值，计算时应采用材料性能和几何尺寸的实际值，以排除材料性能和几何尺寸不定性对 Ω_P 的影响。

钢筋混凝土构件计算模式不定性的统计参数见表 3-3。

表 3-3 计算模式不定性的统计参数

受力状态	μ_{WP}	$\delta_{\Omega P}$	概率分布
轴心受拉	1.00	0.04	正态分布
轴心受压	1.00	0.05	
偏心受压	1.00	0.05	
受弯	1.00	0.07	
受剪	1.00	0.15	

3.3.2 结构抗力的统计参数和概率分布类型

结构构件的抗力一般都是多个随机变量的函数。假设结构构件是由 n 种材料组成,其抗力 R 可表达成

$$R = \Omega_P R_P = \Omega_P R(f_{ji} a_i) \qquad (i = 1,2,3,\cdots,n) \tag{3-18}$$

式中:

R_P——由计算公式确定的构件抗力;

f_{ji}——结构构件中第 i 种材料的性能;

a_i——与第 i 种材料相应的构件几何参数;

$R(f_{ji}a_i)$ ——结构构件抗力函数,等同于 $R(f_{j1}a_1, f_{j2}a_2, f_{j3}a_3, \cdots, f_{jn}a_n)$,下同。

考虑前面材料性能 f_j和几何参数 a_i的求法,即

$$f_{ji} = \Omega_{fi}\omega_0 f_{ki} \quad 和 \quad a_i = \Omega_{ai} a_{ki} \tag{3-19}$$

可将式(3-18)改写成

$$R = \Omega_P R[(\Omega_{fi}\omega_{0i} f_{ki})(\Omega_{ai} a_{ki})] \qquad (i = 1,2,3,\cdots,n) \tag{3-20}$$

式中:

Ω_{fi}、f_{ki}——分别为结构构件中第 i 种材料的材料性能随机变量、试件材料强度标准值;

ω_{0i}——第 i 种构件材料性能与试件材料性能差别系数;

Ω_{ai}、a_{ki}——分别为与第 i 种材料相应的结构构件几何参数随机变量及其标准值。

根据随机变量函数统计参数的运算法则,可以得出由计算公式确定的构件抗力 R_P的均值、标准差和变异系数分别为

均值
$$\mu_{RP} = R(\mu_{fji}, \mu_{ai}) \qquad (i = 1,2,3,\cdots,n) \tag{3-21}$$

标准差
$$\sigma_{RP} = \left[\sum_{i=1}^{n} \left(\left.\frac{\partial R_P}{\partial x_i}\right|_{\mu}\right)^2 \sigma_{xi}^2\right]^{\frac{1}{2}} \tag{3-22}$$

变异系数
$$\delta_{RP} = \frac{\sigma_{RP}}{\mu_{RP}} \tag{3-23}$$

式中:

x_i——表示有关的变量 f_{ji}和 a_i。

若已知计算模式不定性 Ω_P的统计参数,则可求得抗力 R 的统计参数 χ_R和 δ_R分别为

$$\chi_R = \frac{\mu_{\Omega P}\mu_{RP}}{R_k} \tag{3-24}$$

$$\delta_R = \sqrt{\delta_{\Omega P}^2 + \delta_{RP}^2} \tag{3-25}$$

式中：

χ_R——抗力均值与抗力标准值之比；

R_k——按规范规定的材料性能和几何参数标准值以及抗力计算公式求得的抗力值。

结构的计算抗力 R_k 可表达为

$$R_k = R(\omega_{0i} f_{ki} a_{ki}) \qquad (i = 1,2,3,\cdots,n) \tag{3-26}$$

若已知材料性能、几何参数和计算模式三方面不定性的统计参数，则可求得抗力 R 的统计参数 χ_R 和 δ_R 分别为

$$\chi_R = \frac{\mu_R}{R_k} = \mu_{\Omega P}\mu_{\Omega f}\mu_{\Omega a} \tag{3-24a}$$

$$\delta_R = \sqrt{\delta_{\Omega P}^2 + \delta_{\Omega f}^2 + \delta_{\Omega a}^2} \tag{3-25a}$$

结构的计算抗力的均值可表达为

$$\mu_R = \chi_R R_k \tag{3-26a}$$

综上所述，由材料性能、几何参数及计算模式的统计参量，即可求得由钢筋和混凝土两种不同材料构成的钢筋混凝土结构构件抗力的统计参数 χ_R 和 δ_R，如表 3-4 所示。

表 3-4　钢筋混凝土结构构件抗力的统计参数

受力状态	χ_R	δ_R	概率分布
轴心受拉	1.10	0.10	对数正态分布
轴心受压(短柱)	1.33	0.17	
小偏心受压(短柱)	1.30	0.15	
大偏心受压(短柱)	1.16	0.13	
受弯	1.13	0.10	
受剪	1.24	0.19	

由式(3-18)和式(3-20)可知，结构构件的抗力是多个随机变量的函数。如果已知各随机变量的概率分布，则理论上可以通过多维积分求得抗力的概率分布。不过，目前在数学上还有较大的困难，对于结构构件抗力的概率分布不得不寻找近似的处理方法。鉴于结构构件抗力的计算模式多为由多个随机变量相乘而得，如 $R=x_1x_2\cdots x_n$ 或 $R=x_1x_2x_3+x_4x_5x_6+\cdots$ 之类的形式。由概率论中的中心极限定理可知，若函数由许多随机变量的乘积构成，任何一个 x_i 都不占优势，不论 $x_i(1,2,3,\cdots,n)$ 具有怎样的分布，当 n 很大时，均可以近似地认为该函数服从对数正态分布。因此，一般将结构构件抗力的概率分布类型均假定为对数正态分布。这样处理较为简单，也能满足用一次二阶矩法分析结构可靠度的精度要求。

3.4　结构可靠度计算方法

3.4.1　结构的功能要求

结构的设计、施工和维护应使结构在规定的设计使用年限内以适当的可靠度且经济的方

式满足规定的各项功能要求。结构应满足下列功能要求：

①能承受在施工和使用期间可能出现的各种作用，即在正常施工和正常使用条件下，结构应能承受可能出现的各种外界作用而不发生破坏；

②保持良好的使用性能，即在正常使用条件下，结构应具有良好的使用功能，如不发生过大的变形或过宽的裂缝等；

③具有足够的耐久性能，即在正常维护条件下，结构应能在预计的使用年限内满足各项功能要求，如结构材料的风化、腐蚀和老化等不超过一定限度等；

④当发生火灾时，在规定的时间内可保持足够的承载力；

⑤在偶然事件(如强烈地震、爆炸、撞击、人为错误等)发生时及发生后，结构仍能保持必需的整体稳定性(即结构仅产生局部损坏而不发生整体倒塌)，不出现与起因不相称的破坏后果，防止出现结构的连续倒塌。

工程结构必须满足的功能，概括起来有三方面的要求，即安全性、适用性和耐久性。上述要求的第①、④和⑤项是对结构安全性的要求，第②项是对结构适用性的要求，第③项是对结构耐久性的要求，这三方面可概括为对结构可靠性的要求。

在结构设计时，应采用适当的材料、合理的设计和构造，并对结构的设计、制作、施工和使用等制定相应的控制措施，使结构不出现或少出现可能的损坏。

3.4.2 结构的可靠度及安全等级

结构的可靠性是在规定的时间内、在规定的条件下、结构完成预定功能的能力，即结构的安全性、适用性和耐久性的总称。

结构可靠度是结构可靠性的定量指标，是在规定时间内，在规定的条件下，结构完成预定功能的概率。

结构可靠度定义中的“规定时间内”指“设计使用年限”。设计使用年限是指结构或结构构件不需进行大修即可完成预定功能的使用时期，即结构在规定的条件下应达到的使用年限。这里的“规定的条件”，是指在正常设计、正常施工和正常使用的条件，既不包括人为过失的影响，又不包括任意改建或改变使用状态的情况。结构可靠度与结构的使用年限长短有关，设计使用年限并不等同于建筑结构的实际寿命或耐久年限。当结构的使用年限超过设计使用年限后，其可靠度可能低于原设计要求的可靠度，但结构仍可继续使用或经大修后可继续使用。根据我国国情，《工程结构可靠性设计统一标准》(GB 50153—2008)规定了各类建筑结构的设计使用年限，如表 3－5 所示。

表 3－5 房屋建筑结构设计使用年限分类表

类别	设计使用年限(年)	示 例
1	5	临时性结构
2	25	易于替换的结构构件
3	50	普通房屋和构筑物
5	100	标志性建筑和特别重要的建筑结构

结构设计应根据房屋的重要性，采用不同的可靠度水准。通常采用结构的安全等级表示房屋的重要性程度。以大量的一般房屋为基准，将其列为中间等级即二级，重要房屋提高一

级，次要房屋降低一级，如表3-6所示。重要房屋与次要房屋的划分，是根据结构破坏可能产生的后果，即危及人的生命、造成经济损失和产生社会或环境影响等的严重程度确定。建筑物中各类结构构件的安全等级，宜与整个结构的安全等级相同，但允许对部分结构构件根据其重要程度和综合经济效益进行适当调整。如提高某一结构构件的安全等级所需额外费用很少，又能减轻整个结构的破坏，从而大大减少人员伤亡和财产损失，则可将该结构构件的安全等级提高一级。相反，如某一结构构件的破坏并不影响整个结构或其他结构构件的安全性，则可将其安全等级降低一级，但不得低于三级。

表3-6 房屋建筑结构的安全等级

安全等级	破坏后果	示例	结构重要性系数(γ_0)
一级	很严重：对人的生命、经济、社会或环境影响很大	大型的公共建筑等	1.1
二级	严重：对人的生命、经济、社会或环境影响较大	普通的住宅和办公楼等	1.0
三级	不严重：对人的生命、经济、社会或环境影响较小	小型的或临时性贮存建筑等	0.9

3.4.3 结构的极限状态

整个结构或结构的一部分超过某一特定状态时，就不能满足设计规定的某一功能要求，此特定状态称为该功能的极限状态。极限状态可分为承载能力极限状态和正常使用极限状态两类。

1. 承载能力极限状态

这种极限状态对应于结构或结构构件达到最大承载能力、出现疲劳破坏、不适于继续承载的变形或因结构局部破坏而引发的连续倒塌。当结构或结构构件出现下列状态之一时，应认为超过了承载能力极限状态：

①整个结构或结构的一部分作为刚体失去平衡(如倾覆等)；

②结构构件或连接因超过材料强度而破坏(包括疲劳破坏)，或因过大变形而不适于继续承载；

③结构体系转变为机动体系；

④结构或结构构件丧失稳定(如压屈等)；

⑤结构因局部破坏而发生连续倒塌；

⑥地基丧失承载能力而破坏(如失稳等)。

承载能力极限状态可理解为结构或构件发挥允许的最大承载功能的状态。结构构件由于塑性变形而使其几何形状发生改变，虽未达到最大承载力，但已不能使用，也属于达到承载能力极限状态。

2. 正常使用极限状态

这种极限状态对应于结构或构件达到正常使用的某项规定限值或耐久性能的某种规定状态。当结构或结构构件出现下列状态之一时，应认为超过了正常使用极限状态：

①影响正常使用或外观的变形;

②影响正常使用或耐久性能的局部损坏(包括裂缝出现或裂缝过宽等);

③影响正常使用的振动;

④影响正常使用的其他特定状态,如腐蚀等。

正常使用极限状态可理解为结构或结构构件达到使用功能允许的某个限值状态。例如,某些构件必须控制变形、裂缝才能满足使用要求。因为过大的变形会造成房屋内粉刷层剥落、填充墙和隔墙开裂及屋面积水等后果;过大的变形或过宽的裂缝也会影响结构的耐久性,同时也会造成用户心理上的不安全感等。

3.4.4 结构的功能函数

按极限状态进行结构设计时,可以针对功能所要求的各种结构性能(如强度、刚度、裂缝等),建立包括各种变量(荷载、外界作用、几何尺寸、材料性能、计算模型等)的方程,这种方程称为结构功能函数,可表示为

$$Z = g(x_1, x_2, x_3, \cdots, x_n) \tag{3-27}$$

显然,上式所涉及到各种荷载(如自重、风载、雪载等)及外界作用(如温度变化、地震作用等)、材料强度、几何尺寸、计算模型等因素,都具有不确定性,或者说,具有随机性,是随机变量。

从性质上看,各种随机变量可以分为两大类。一类是各种作用或作用效应,另一类是结构抗力。若以随机变量 R 表示结构抗力,随机变量 S 表示作用效应,则结构的功能函数可以表达为

$$Z = g(R, S) = R - S \tag{3-27a}$$

由概率统计理论可知,式(3-25a)中,Z 也是随机变量。根据 S、R 的分布不同,Z 可能出现三种情况,如图 3.6 所示。$Z>0$,结构处于可靠状态;$Z<0$,结构处于失效状态;$Z=0$,结构处于极限状态。

结构的极限状态方程可表示为

$$Z = R - S = 0 \tag{3-28}$$

《工程结构可靠性设计统一标准》(GB 50153—2008)规定,结构的极限状态设计应满足下式要求

$$Z = R - S \geqslant 0 \tag{3-29}$$

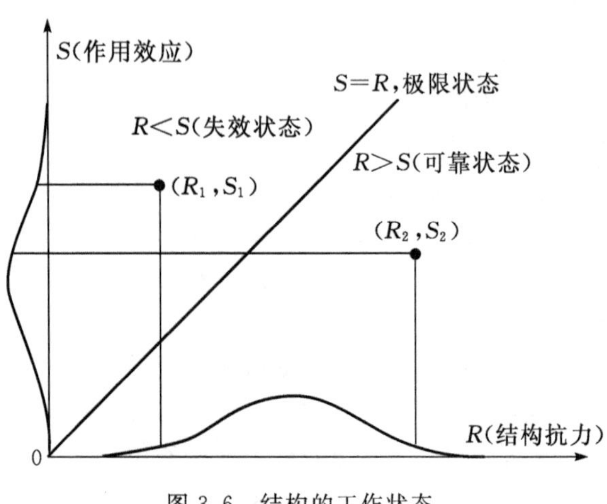

图 3.6 结构的工作状态

3.4.5 结构可靠指标

1. 结构的失效概率和可靠指标

结构可以完成预定功能的概率称为“可靠概率”,用 p_s 表示;结构不能完成预定功能的概率称为“失效概率”,用 p_f 来表示。显然

$$p_s + p_f = 1 \tag{3-30}$$

则可靠概率 $p_s=1-p_f$。设构件的荷载效应 S、抗力 R，都是服从正态分布的随机变量，且二者为线性关系。S、R 的平均值分别为 μ_S、μ_R，标准差分别为 σ_S、σ_R，其概率密度曲线如图 3.7 所示。按照结构设计要求，显然构件抗力的平均值 μ_R 应该大于荷载效应的平均值 μ_S。从图中的概率密度曲线可以看到，多数情况下构件的抗力 R 大于荷载效应 S。但是，由于离散性，在 S 和 R 概率密度曲线的重叠区（阴影部分），仍有可能出现构件的抗力 R 小于荷载效应 S 的情况。重叠区面积的数值即为结构的失效概率，它与 μ_R、μ_S 以及 σ_S、σ_R 有关。加大构件抗力的平均值与荷载效应的平均值之差（$\mu_R-\mu_S$），减小标准差 σ_R 和 σ_S 都可以使失效概率降低。

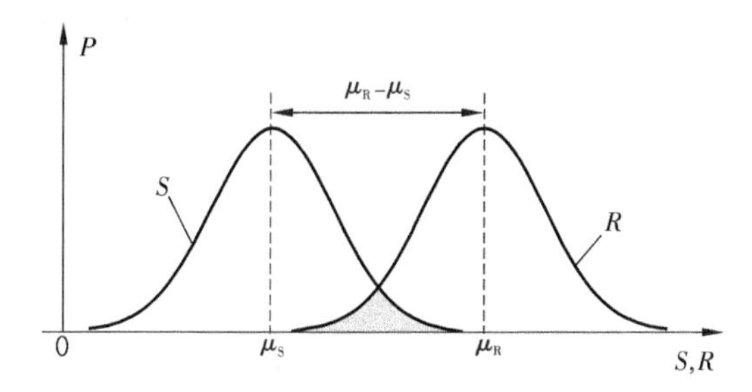

图 3.7　R 和 S 的概率密度曲线

若荷载效应 S 和构件的抗力 R 都是服从正态分布的随机变量，令 $Z=R-S$，则 Z 也是服从正态分布的随机变量。图 3.8 所示为 Z 的概率密度分布曲线，图中的阴影部分表示出现 $Z<0$ 事件的概率，也就是构件失效的概率。由图可见，失效概率 p_f 为概率密度函数 $f_Z(Z)$ 的尾部与 $0Z$ 轴围成的面积（称为尾部面积），可靠概率 p_s 为概率密度函数 $f_Z(Z)$ 的 $Z>0$ 部分与 $0Z$ 轴围成的面积。

按概率论理论，p_f 和 p_s 值按下式计算求得，

$$p_f = p(Z \leqslant 0) = \int_{Z\leqslant 0} f_Z(Z)\,\mathrm{d}Z \tag{3-31}$$

$$p_s = p(Z > 0) = \int_{Z>0} f_Z(Z)\,\mathrm{d}Z \tag{3-32}$$

用失效概率 p_f 或可靠概率 p_s 度量结构可靠度具有明确的物理意义，能较好地反映结构安全问题实质。但是，在结构计算时，$f_Z(Z)$ 通常为多维概率密度函数，计算失效概率 p_f 或可靠概率 p_s 一般要通过多维积分，数学上比较复杂，甚至难以求解。

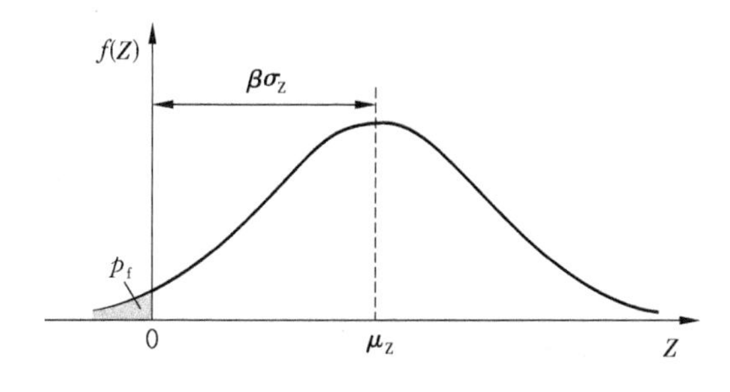

图 3.8　功能函数 Z 的概率密度曲线

从图 3.8 可以看到,阴影部分的面积即为失效概率,与 μ_Z 和 σ_Z 的大小有关。增大 μ_Z 曲线右移,阴影面积减少;减小 σ_Z 使得曲线变得高而窄,阴影面积减少。因此,引入

$$\beta = \frac{\mu_Z}{\sigma_Z} \tag{3-33}$$

则

$$\mu_Z = \beta\sigma_Z \tag{3-34}$$

式(3-34)中 $\beta\sigma_Z$ 即为曲线对称轴至纵轴线的距离,该距离越大,阴影面积越小,失效概率越小。该距离一定时,β 与可靠概率 p_s 存在一一对应关系,β 大,则可靠概率大。所以,指标 β 也可以作为衡量结构可靠度的一个指标,该指标称为可靠指标。

如果随机变量 R、S 服从正态分布,则 $Z=R-S$ 也服从正态分布。若知道 μ_R、μ_S 以及 σ_S、σ_R 就可以求出可靠指标 β

$$\beta = \frac{\mu_Z}{\sigma_Z} = \frac{\mu_R - \mu_S}{\sqrt{\sigma_R^2 + \sigma_S^2}} \tag{3-35}$$

可靠指标与失效概率的关系可由失效概率的定义式(3-31)作标准正态变换求得,即

$$p_f = p(Z \leqslant 0) = p(Z = R - S \leqslant 0) = \int_{-\infty}^{0} f_Z(Z)\mathrm{d}Z = \int_{-\infty}^{0} \frac{1}{\sqrt{2\pi}\sigma_Z} e^{-\frac{1}{2}\left(\frac{Z-\mu_Z}{\sigma_Z}\right)^2}\mathrm{d}Z$$

引入标准正态变量 $t = \dfrac{Z - \mu_Z}{\sigma_Z}$ 并对其求导,可得 $\mathrm{d}Z = \sigma_Z \mathrm{d}t$,则

$$p_f = \int_{-\infty}^{-\frac{\mu_Z}{\sigma_Z}} \frac{1}{\sqrt{2\pi}} \mathrm{e}^{-\frac{1}{2}t^2}\mathrm{d}t = \Phi\left(-\frac{\mu_Z}{\sigma_Z}\right)$$

式中 $\Phi(\ )$ 为标准正态函数。

根据式(3-33)上式可改写成

$$p_f = \Phi(-\beta) = 1 - \Phi(\beta) \tag{3-36}$$

或

$$p_s = 1 - p_f = 1 - \Phi(-\beta) = \Phi(\beta) \tag{3-37}$$

需要注意的是:式(3-35)中的 β 是在随机变量均服从正态分布,且极限状态方程为线性时得出的,所以应用公式(3-35)计算可靠指标 β 的前提是,随机变量应服从正态分布,并要求极限状态方程是线性的。当变量不服从正态分布或极限状态方程为非线性时,可按国际安全度联合委员会(JCSS)推荐的 JC 法或按映射变换法等换算成"当量正态分布"计算 β。

2. 目标可靠指标[β]

设计规范规定的、作为设计结构或结构构件时应达到的可靠指标,称为设计可靠指标,又称为目标可靠指标,用符号[β]表示。

各类工程结构设计目标可靠指标的选取,是编制各类结构可靠度设计标准的核心问题。可靠指标愈大,愈可靠,但在经济上的投入就要大。所以,选取目标可靠指标时,必须经大量论证,在安全与经济上达到最佳的平衡。理论上,应根据各种结构构件的重要性、破坏性质(延性、脆性)及失效后果,用优化方法分析确定。限于目前统计资料不够完备,并考虑到标准规范的现实继承性,目标可靠指标一般采用"校准法"确定。所谓"校准法",就是通过对原有规范可靠度的反演计算,找出隐含于现有结构中相应的可靠指标,经综合分析和调整,确定以后设计时所采用的结构构件的可靠指标。这实质上是充分注意到了工程建设长期积累的经验,继承

了已有的设计规范所隐含的结构可靠度水准。现阶段,"校准法"是一种比较切实的确定目标可靠度的方法,从总体上讲,它基本上是合理的和可以接受的,当前一些国际组织及中国、加拿大、美国和欧洲一些国家都采用此法。

由"校准法"的确定结果,《工程结构可靠性设计统一标准》(GB 50153—2008)根据结构的安全等级和破坏类型,在对代表性的构件进行可靠度分析的基础上,规定了房屋建筑结构构件持续设计状况承载能力极限状态设计时的目标可靠指标[β]值。它是以建筑结构安全等级为二级时延性破坏的β值3.2作为基准,其他情况下相应增减0.5。可靠指标β与失效概率运算值p_f的关系,见表3-7。结构和结构构件的破坏类型分为延性破坏和脆性破坏两类:延性破坏有明显的变形或其他预兆,可及时采取补救措施;脆性破坏常常是突发性破坏,破坏前无明显的变形或其他预兆。显然,延性破坏的危害相对较小,目标可靠指标[β]值相对低一些;脆性破坏的危害较大,目标可靠指标[β]值相对高一些。用可靠指标β进行结构设计和可靠度校核,可以较全面地考虑可靠度影响因素的客观变异性,使结构满足预期的可靠度要求。

表3-7　建筑结构构件承载能力极限状态的目标可靠指标[β]及其p_f

破坏类型	安全等级					
	一级		二级		三级	
	[β]	p_f	[β]	p_f	[β]	p_f
延性破坏	3.7	1.08×10^{-4}	3.2	6.87×10^{-4}	2.7	3.47×10^{-3}
脆性破坏	4.2	1.33×10^{-5}	3.7	1.08×10^{-4}	3.2	6.87×10^{-4}

表中规定的目标可靠指标[β]值是各类材料结构设计规范应采用的最低β值,是根据对20世纪70年代各类材料结构设计规范校准所得的结果并经综合平衡后确定的。另外,由于统计资料的不完备以及结构可靠度分析中引入了近似假定,因此所得的β并非实际值,而是与结构构件实际失效概率有一定联系的运算值,主要用于对各类结构构件可靠度作相对的度量。

结构构件正常使用极限状态的目标可靠指标,根据其作用效应的可逆程度选取0～1.5。可逆极限状态指移去产生超越状态的作用后,结构将不再保持超越状态的一种极限状态。例如,一简支梁在某一数值的荷载作用后,其挠度超过了允许值,卸去荷载后,若梁的挠度小于允许值,则为可逆极限状态;不可逆极限状态指移去产生超越状态的作用后,结构仍将永久保持超越状态的一种极限状态。可逆程度较高的结构构件,目标可靠指标取较低值;反之,取较高值。可逆的正常使用极限状态,其可靠指标取为0;不可逆的正常使用极限状态,其可靠指标取1.5。可逆程度介于可逆与不可逆二者之间时,[β]取0～1.5之间的值。

3.4.6　结构的设计状况

实际环境中,工程结构在施工和使用过程中可能受到不同的作用,其作用效应和结构反应也不同。工程结构设计时,应根据结构在施工和使用过程中受到的作用和环境条件的影响,对于不同的设计状况,采用相应的结构体系、可靠度水平、基本变量和作用组合等进行不同极限状态的设计。工程结构设计时应区分下列设计状况:

①持久设计状况,适用于结构使用时的正常情况。在结构使用过程中一定出现,其持续时间很长的状况,持续期一般与设计使用年限为同一数量级。例如,房屋结构承受家具和正常人员荷载的状况。

②短暂设计状况,适用于结构出现的临时情况。在结构施工和使用过程中出现概率较大,与设计使用年限相比,持续时间很短的状况。例如,结构施工和维修时承受堆料和施工荷载的状况。

③偶然设计状况,适用于结构出现的异常情况。在结构使用过程中出现概率很小,且持续期很短的状况。例如,结构遭受火灾、爆炸、撞击等作用的状况。

④地震设计状况,适用于结构遭受地震时的情况,在抗震设防地区必须考虑地震设计状况。

对于上述四种设计状况,均应进行承载能力极限状态设计,以确保结构的安全性。对于持久设计状况,尚应进行正常使用极限状态设计,以保证结构的适用性和耐久性;对于短暂设计状况和地震设计状况,可根据需要进行正常使用极限状态设计;对于偶然设计状况,可不进行正常使用极限状态设计,允许主要承重结构因出现设计规定的偶然事件而局部破坏,但其剩余部分具有在一段时间内不发生连续倒塌的可靠度。

例 3-1　已知某钢拉杆 $\mu_R=130\times10^3\,\text{N}$,$\mu_S=58\times10^3\,\text{N}$,$\delta_R=0.145$,$\delta_S=0.168$,正截面强度计算的极限状态方程为 $Z=g(R,\ S)=R-S=0$。求其可靠性指标 β 及相应的失效概率。

解　根据已知条件计算标准差

$$\sigma_R=\mu_R\delta_R=130\times10^3\times0.145=18.85\times10^3\ \text{N}$$

$$\sigma_S=\mu_S\delta_S=58\times10^3\times0.168=9.744\times10^3\ \text{N}$$

计算可靠指标,由式(3-35)有

$$\beta=\frac{\mu_Z}{\sigma_Z}=\frac{\mu_R-\mu_S}{\sqrt{\sigma_R^2+\sigma_S^2}}$$

$$=\frac{130\times10^3-58\times10^3}{\sqrt{(18.85\times10^3)^2+(9.744\times10^3)^2}}=3.3931$$

利用式(3-36)查标准正态分布表可得失效概率

$$p_f=\Phi(-\beta)=1-\Phi(\beta)=1-\Phi(3.3931)=3.4553\times10^{-4}$$

3.5　概率极限状态设计法

3.5.1　直接概率设计法

概率设计法就是要使所设计结构的可靠度满足某个规定的概率值,即失效概率 p_f 在规定的时间段内不应超过规定的失效概率值 $[p_f]$,直接概率设计法的设计表达式为

$$p_f\leqslant[p_f]\tag{3-38}$$

失效概率 p_f 也可由可靠指标 b 代替,为此,直接概率设计法的设计表达式还可以表达为

$$\beta\geqslant[\beta]\tag{3-39}$$

式中:$[\beta]$ 为设计给定的目标可靠指标。

首先讨论作用效应 S 和结构抗力 R 均为正态随机变量,结构的功能函数为 $Z=R-S$ 的简单情况,若用 μ_R、μ_S 分别表示结构抗力、作用效应的平均值,用 σ_R、σ_S 分别表示结构抗力、作用效应的标准差,则可靠指标

$$\beta=\frac{\mu_Z}{\sigma_Z}=\frac{\mu_R-\mu_S}{\sqrt{\sigma_R^2+\sigma_S^2}}\qquad 同(3-35)$$

从上式可以看出，如所设计结构的μ_R和μ_S之差值愈大或者σ_R及σ_S值愈小，则可靠指标β值就愈大，失效概率愈小，结构愈可靠。反之，则结构愈不可靠。

若给定结构的目标可靠指标$[\beta]$，且已知作用效应的统计参数μ_S、δ_S和抗力的统计参数δ_R，取结构的可靠指标β与目标可靠指标$[\beta]$相等，则可直接应用式(3-39)设计结构。将式(3-35)代入式(3-39)整理后得

$$\mu_R-\mu_S-[\beta]\sqrt{(\mu_R\delta_R)^2+(\mu_S\delta_S)^2}=0\qquad(3-40)$$

解式(3-40)的方程可求出结构抗力的平均值μ_R，见例3-2。

由于

$$R_k=\mu_R(1-\alpha_R\delta_R)\qquad(3-41)$$

式中，R_k为结构抗力的标准值；μ_R、δ_R分别为结构抗力的平均值、变异系数；α_R为与结构抗力取值的保证率有关的系数。所以，可以利用上式将抗力的平均值μ_R转化为抗力的标准值R_k，用R_k进行截面设计。

但实际问题远比上述情况复杂。一般都有多个正态或非正态分布的基本变量$x_i(i=1,2,\cdots,n)$，极限状态方程又可能是非线性的。这时，可利用一次二阶矩法的验算点法，求解某一基本变量的平均值μ_{xi}。一般情况下，要进行非线性与非正态的双重迭代才能求出μ_{xi}，计算非常复杂。目前，直接概率设计法主要应用于如下情况中：

①根据规定的可靠度，校准分项系数模式中的分项系数；

②在特定情况下，直接设计某些重要工程，如原子能反应堆压力容器、海上采油平台等；

③对不同设计条件下的结构可靠度进行一致性对比。

例3-2　已知一轴心受压混凝土短柱，承受荷载效应的统计特征值为：恒载产生轴力的平均值$\mu_G=1500\times10^3\text{N}$，变异系数$\delta_G=0.07$，活载产生轴力的平均值$\mu_Q=700\times10^3\text{N}$，变异系数$\delta_Q=0.24$；选定截面尺寸$b\times h$，其平均值$\mu_{Ac}=350\text{mm}\times350\text{mm}$，变异系数$\mu_{Ac}=0.028$；已知混凝土轴心受压强度$f_c$的平均值$\mu_{fc}=20.1\text{N/mm}^2$，变异系数$\delta_{fc}=0.17$；钢筋强度$f_y$的平均值$\mu_{fy}=374\text{N/mm}^2$，变异系数$\delta_{fy}=0.06$。钢筋面积的变异系数$\delta_{As}=0.03$，要求的目标可靠指标$[\beta]=3.7$。求所需钢筋的面积。

解　荷载效应的平均值

$$\mu_N=\mu_G+\mu_Q=1500\times10^3+700\times10^3=2200\times10^3\text{ N}$$

标准差

$$\sigma_N=\sqrt{\sigma_G^2+\sigma_Q^2}=\sqrt{(\mu_G\delta_G)^2+(\mu_Q\delta_Q)^2}$$

$$=\sqrt{(1500\times10^3\times0.07)^2+(700\times10^3\times0.24)^2}=198.114\times10^3\text{ N}$$

结构抗力的表达式

$$R=R_c+R_s=f_cA_c+f_yA_s$$

混凝土抗力的变异系数

$$\delta_c=\sqrt{\delta_{fc}^2+\delta_{Ac}^2}=\sqrt{0.17^2+0.028^2}=0.1723$$

混凝土抗力的标准差

$$\sigma_c=\mu_c\delta_c=20.1\times350\times350\times0.1723=424.246\times10^3\text{ N}$$

钢筋抗力的变异系数

$$\delta_s = \sqrt{\delta_{fy}^2 + \delta_{As}^2} = \sqrt{0.06^2 + 0.03^2} = 0.0671$$

钢筋抗力的标准差 $\sigma_s^2 = \mu_s \delta_s = \mu_{fy}\mu_{As}\delta_s = 374 \times \mu_{As} \times 0.0671 = 25.095\mu_{As}$

构件抗力的平均值

$$\begin{aligned}\mu_R &= \mu_{Rc} + \mu_{Rs} = \mu_{fc}\mu_{As} + \mu_{fy}\mu_{As}\\ &= 20.1 \times 350 \times 350 + 374\mu_{As} = 2462.250 \times 10^3 + 374\mu_{As}\end{aligned}$$

构件抗力的标准差

$$\sigma_R^2 = \sigma_s^2 + \sigma_c^2 = (25.095\mu_{As})^2 + (424.246 \times 10^3)^2$$

构件的极限状态方程为

$$Z=R-N=0$$

由可靠指标要求

$$\beta = \frac{\mu_R - \mu_N}{\sqrt{\sigma_R^2 + \sigma_N^2}} = 3.7$$

将上述各参数代入该表达式可得

$$\begin{aligned}&2462.250 \times 10^3 + 374\mu_{As} - 2200 \times 10^3\\ &= 3.7 \times \sqrt{(25.095\mu_{As})^2 + (424.246 \times 10^3)^2 + (198.114 \times 10^3)^2}\end{aligned}$$

解该二次方程,可得

$$\mu_{As} = 4038\ \text{mm}^2$$

3.5.2 基于分项系数表达的概率极限状态设计法

按概率极限状态法设计时,一般是已知各基本变量的统计特性(如平均值和标准差),然后根据规范规定的目标可靠指标[β],求出所需的结构抗力平均值 μ_R,并转化为标准值 R_k 进行截面设计。这种方法能够比较充分地考虑各有关因素的客观变异性,使所设计的结构比较符合预期的可靠度要求,并且在不同结构之间,设计目标可靠度具有相对可比性。与过去采用过的其他各种方法相比,概率极限状态设计法更为科学合理,但采用概率极限状态方法用可靠指标 β 进行设计,需要大量的统计数据,且当随机变量不服从正态分布、极限状态方程是非线性时,计算可靠指标 β 复杂,设计工作量大。一般工程结构常常还会遇到统计资料不足使设计无法进行的困难。目前,对于数量巨大的一般常见结构构件直接根据给定的 β 进行设计还不现实。

长期以来,设计人员已习惯采用基本变量的标准值(如荷载标准值、材料强度标准值等)和分项系数(如荷载系数、材料强度系数等)进行结构构件设计。因此,对于一般常见的工程结构,目前国际上普遍采用多项系数表达的方法,即将概率极限状态方程转化为以基本变量标准值和分项系数形式表达的极限状态设计表达式,使其与以往的设计式相类似。分项系数按照目标可靠指标[β]值,并考虑工程经验优选确定,将其隐含在设计表达式中,起着与可靠指标相同的作用。采用这种设计方法对工程结构进行设计,既可使工程结构满足可靠度的要求,又延续了结构设计的传统方式,避免设计时直接进行概率方面的计算。

1. 分项系数

设抗力 R 与作用效应 S 为两个相互独立的正态随机变量,极限状态方程为

$$Z = R - S = 0 \qquad \text{同(3-28)}$$

其可靠度指标为

$$\beta=\frac{\mu_{Z}}{\sigma_{Z}}=\frac{\mu_{R}-\mu_{S}}{\sqrt{\sigma_{R}^{2}+\sigma_{S}^{2}}} \quad \text{同(3-35)}$$

由此可得

$$\mu_{R}-\mu_{S}=\beta\sqrt{\sigma_{R}^{2}+\sigma_{S}^{2}}$$

取

$$\sigma_{Z}^{2}=\sigma_{R}^{2}+\sigma_{S}^{2} \tag{3-42}$$

则

$$\mu_{R}-\mu_{S}=\beta\sigma_{Z}=\beta\frac{\sigma_{Z}^{2}}{\sigma_{Z}}=\beta\frac{\sigma_{R}^{2}+\sigma_{S}^{2}}{\sigma_{Z}}$$

可得

$$\mu_{R}-\beta\frac{\sigma_{R}^{2}}{\sigma_{Z}}=\mu_{S}+\beta\frac{\sigma_{S}^{2}}{\sigma_{Z}} \tag{3-43}$$

因 $\delta_{R}=\frac{\sigma_{R}}{\mu_{R}}$，$\delta_{S}=\frac{\sigma_{S}}{\mu_{S}}$

故有

$$\mu_{R}\left(1-\beta\frac{\delta_{R}\sigma_{R}}{\sigma_{Z}}\right)=\mu_{S}\left(1+\beta\frac{\delta_{S}\sigma_{S}}{\sigma_{Z}}\right) \tag{3-44}$$

如果荷载项和承载力项都采用标准值，标准值由随机变量的概率分布的某一分位数确定，则标准值和平均值有如下关系

$$R_{k}=\mu_{R}(1-\alpha_{R}\delta_{R}) \tag{3-45}$$

$$S_{k}=\mu_{S}(1+\alpha_{S}\delta_{S}) \tag{3-46}$$

代入式(3-44)可得

$$\frac{R_{k}}{(1-\alpha_{R}\delta_{R})}\left(1-\beta\frac{\delta_{R}\sigma_{R}}{\sigma_{Z}}\right)=\frac{S_{k}}{(1+\alpha_{S}\delta_{S})}\left(1+\beta\frac{\delta_{S}\sigma_{S}}{\sigma_{Z}}\right) \tag{3-47}$$

式中：

μ_{R}、μ_{S}——结构抗力、作用效应的平均值；

σ_{R}、σ_{S}——结构抗力、作用效应的标准差；

δ_{R}、δ_{S}——结构抗力、作用效应的变异系数；

α_{R}、α_{S}——与抗力及荷载取值的保证率有关的系数。

令

$$\gamma_{R}=\frac{(1-\alpha_{R}\delta_{R})}{\left(1-\beta\frac{\delta_{R}\sigma_{R}}{\sigma_{Z}}\right)}$$

$$\gamma_{S}=\frac{\left(1+\beta\frac{\delta_{S}\sigma_{S}}{\sigma_{Z}}\right)}{(1+\alpha_{S}\delta_{S})}$$

式(3-47)可改写为下列形式：

$$\frac{R_{k}}{\gamma_{R}}=\gamma_{S}S_{k} \tag{3-48}$$

式中：

R_{k}——抗力的标准值；

S_{k}——作用效应的的标准值；

γ_{R}——抗力分项系数；

γ_{S}——作用效应分项系数。

这一表达式与传统的安全系数表达式类似，易于为广大工程技术人员所接受。但这些系数是以概率论为基础推导出来的，其中包括了随机变量的平均值和离散性，已不同于传统的安

全系数。

一般荷载效应可分为永久荷载效应 S_G 与可变荷载效应 S_Q 两部分,即

$$S = S_G + S_Q \tag{3-49}$$

通常假定荷载效应与荷载成正比,设永久荷载的标准值为 G_k,可变荷载的标准值为 Q_k,则有

$$S_G = C_G G_K \tag{3-50}$$

$$S_Q = C_Q Q_K \tag{3-51}$$

式中,C_G、C_Q 为荷载效应的比例系数,它与结构形式和荷载分布等因素有关,如简支梁跨中受集中荷载 P(恒荷载及活荷载)的作用,则跨中最大弯矩(荷载效应)$M=Pl/4$,荷载效应的比例系数即为 $C_G=l/4$ 或 $C_Q= l/4$,这里 l 为梁的计算跨度。

荷载效应的平均值和标准差分别为

$$\mu_S = C_G\mu_G + C_Q\mu_Q \tag{3-52}$$

$$\sigma_S = \sqrt{(C_G\sigma_G)^2 + (C_Q\sigma_Q)^2} \tag{3-53}$$

式中:

μ_S、μ_G、μ_Q——荷载效应、永久荷载效应和可变荷载效应的平均值;

σ_S、σ_G、σ_Q——荷载效应、永久荷载效应和可变荷载效应的标准差。

将(3-52)和(3-53)代入式(3-43)的右端,得作用效应项为

$$\begin{aligned}\mu_S + \beta\frac{\sigma_S^2}{\sigma_Z} &= C_G\mu_G + C_Q\mu_Q + \beta\frac{(C_G\sigma_G)^2 + (C_Q\sigma_Q)^2}{\sigma_Z} \\ &= C_G\mu_G\left(1+\beta\frac{C_G\delta_G\sigma_G}{\sigma_Z}\right) + C_Q\mu_Q\left(1+\beta\frac{C_Q\delta_Q\sigma_Q}{\sigma_Z}\right)\end{aligned} \tag{3-54}$$

由 $G_k = \mu_G(1+\alpha_G\delta_G)$,$Q_k = \mu_Q(1+\alpha_Q\delta_Q)$ 可得

$$\mu_G = \frac{G_k}{1+\alpha_G\delta_G},\ \mu_Q = \frac{Q_k}{1+\alpha_Q\delta_Q} \tag{3-55}$$

将式(3-55)代入式(3-54),则有

$$\mu_S + \beta\frac{\sigma_S^2}{\sigma_Z} = C_G\frac{G_k}{(1+\alpha_G\delta_G)}\left(1+\beta\frac{C_G\delta_G\sigma_G}{\sigma_Z}\right) + C_Q\frac{Q_k}{(1+\alpha_Q\delta_Q)}\left(1+\beta\frac{C_Q\delta_Q\sigma_Q}{\sigma_Z}\right)$$

令

$$\gamma_G = \frac{1+\beta\dfrac{C_G\delta_G\sigma_G}{\sigma_Z}}{1+\alpha_G\delta_G},\ \gamma_Q = \frac{1+\beta\dfrac{C_Q\delta_Q\sigma_Q}{\sigma_Z}}{1+\alpha_Q\delta_Q}$$

于是,式(3-48)的设计表示式可表示为如下形式:

$$\frac{R_k}{\gamma_R} = \gamma_G C_G G_k + \gamma_Q C_Q Q_k \tag{3-56}$$

式中:

γ_G——称为永久荷载分项系数;

γ_Q——称为可变荷载分项系数;

γ_R——抗力分项系数。

在钢筋混凝土结构中,抗力由混凝土及钢筋两种材料提供。采用与上述类似的分离方法,抗力分项系数可进一步分离为钢筋与混凝土材料的分项系数 γ_s 与 γ_c。

结构构件极限状态设计表达式中所包含的各种分项系数,宜根据有关基本变量的概率分布类型和统计参数及规定的可靠指标,通过计算分析,并结合工程经验,经优化确定。当缺乏

统计数据时，可根据传统的或经验的设计方法，由有关标准规定各种分项系数。结构或结构构件设计表达式中分项系数应按下列原则确定：结构上同种作用采用相同的作用分项系数，不同的作用采用各自的作用分项系数；不同种类的构件采用不同的抗力分项系数，同一种构件在任何可变作用下，抗力分项系数不变；对各种构件在不同的作用效应比下，按所选定的作用分项系数和抗力系数进行设计，使所得的可靠指标与目标可靠指标品具有最佳的一致性。

分项系数是极限状态设计时，为了保证所设计结构或构件具有规定的可靠度，而在计算模式中采用的系数。结构设计时，不同的极限状态和不同的设计情况，要求的结构可靠度并不相同。在各类极限状态的表达式中，需引入材料性能分项系数和荷载分项系数等多个分项系数反映不同情况下的可靠度要求。设计表达式中的各分项系数，可以在荷载代表值以及材料性能和其他基本变量的标准值为既定的前提下，根据规定的可靠指标确定。此外，考虑到结构安全等级的差异，其目标可靠指标应作相应的提高或降低，故还需引入结构重要性系数对其进行调整。

分项系数概率极限状态设计法用到的概率统计特征值只有平均值和方差，并非实际的概率分布，且在分项系数等的计算中还作了一些假定，它计算结果是近似的。因而，分项系数概率极限状态设计法属于近似概率设计方法。

2. 设计的实用表达式

实际结构荷载效应中的可变荷载不止一个，同时，可变荷载对结构的影响有大有小，多个可变荷载也不一定同时发生。例如，高层建筑各楼层可变荷载全部满载且遇到最大风荷载的可能性就不大。为此，引入荷载组合值系数对其标准值折减。同时，为使设计的结构构件在不同情况下具有比较一致的可靠度，设计中采用了多个分项系数的极限状态设计表达式。建筑结构设计时，对所考虑的极限状态，应采用相应的结构作用效应最不利的组合。

(1)承载能力极限状态设计表达式

混凝土结构的承载能力极限状态设计包括：结构构件应进行承载力(包括失稳)计算；直接承受重复荷载的构件应进行疲劳验算；有抗震设防要求时，应进行抗震承载力计算；必要时应进行结构的倾覆、滑移、漂浮验算；对于可能遭受偶然作用，且倒塌可能引起严重后果的重要结构，宜进行防连续倒塌设计。

对于承载能力极限状态，结构构件应按荷载效应的基本组合或偶然组合，采用下列极限状态设计表达式

$$\gamma_0 S \leqslant R \tag{3-57}$$

式中：

γ_0——结构重要性系数，与安全等级对应，其值按安全等级为一级、二级和三级分别取1.1，1.0和0.9，由重要性系数调整后的可靠指标大致与各级目标可靠指标值相差0.5；

S——承载能力极限状态的荷载效应组合值，(如轴向力、弯矩、剪力、扭矩等的组合值)；

R——结构抗力的设计值。

结构抗力的设计值

$$\begin{aligned} R = \frac{R_k}{\gamma_R} &= R\left(\frac{f_{sk}}{\gamma_s}, \frac{f_{ck}}{\gamma_c}, a_d, \cdots\right) \\ &= R(f_s, f_c, a_d, \cdots) \end{aligned} \tag{3-58}$$

它为钢筋和混凝土强度标准值(f_{sk}、f_{ck})、分项系数(γ_s、γ_c)、几何参数设计值(a_d，$a_d = a_k + \Delta_a$，

这里的 a_k 和 Δ_a 分别为几何参数标准值和几何参数附加量)以及其他参数的函数。另外,$f_s=f_{sk}/\gamma_s$,$f_c=f_{ck}/\gamma_c$,分别为钢筋和混凝土强度设计值。建筑工程中各类钢筋、钢丝和钢绞线的强度标准值见附录 2 附表 2-4 和附表 2-5,不同强度等级混凝土的强度标准值见附录 2 附表 2-1。

承载能力极限状态设计时,作用组合应为可能同时出现的作用的组合,对不同的设计状况应采用不同的作用组合。《工程结构可靠性设计统一标准》(GB 50153—2008)给出了作用组合的函数形式的表达式,针对作用与作用相应按线性关系的情况也给出了显式表达式,设计人员可采用。针对不同的设计状况,下面仅列出作用与作用相应按线性关系情况的作用组合表达式,对于一般情况下的作用组合表达式可查阅《工程结构可靠性设计统一标准》(GB 50153—2008)。

①针对持续设计状况和短暂设计状况,应采用作用的基本组合,其效应的设计值为

$$S=\sum_{i\geqslant 1}\gamma_{G_i}S_{G_{ik}}+\gamma_P S_P+\gamma_{Q_1}\gamma_{L1}S_{Q_{1k}}+\sum_{j>1}\gamma_{Q_j}\psi_{cj}\gamma_{Lj}S_{Q_{jk}} \tag{3-59}$$

和

$$S=\sum_{i\geqslant 1}\gamma_{G_i}S_{G_{ik}}+\gamma_P S_P+\gamma_{Q_1}S_{Q_{1k}}+\gamma_L\sum_{j\geqslant 1}\gamma_{Q_j}\psi_{cj}S_{Q_{jk}} \tag{3-59a}$$

的最不利值计算。

式中:

γ_{G_i} ——第 i 个永久作用的分项系数,当永久荷载效应对结构不利(使结构内力增大)时,对由可变荷载效应控制的组合一般 γ_G 取 1.2,式(3-59);对由永久荷载效应控制的组合一般 γ_G 取 1.35,式(3-59a)。当永久荷载效应对结构有利(使结构内力减小)时,取 $\gamma_G\leqslant 1.0$;

γ_P ——预应力作用的分项系数,一般取 1.2;当作用效应对承载力有利时取 1.0;

γ_{Q_j} ——第 j 个可变作用的分项系数,一般取 1.4,对标准值大于 $4kN/m^2$ 的工业房屋楼面结构的活荷载,从经济角度考虑,应取 1.3。当作用效应对承载力有利时取 0;

γ_{Q_1} ——第 1 个可变作用的分项系数;

γ_{L1}、γ_{Lj} ——第 1 个和第 j 个考虑结构设计使用年限的荷载调整系数,应按有关规定采用,对设计使用年限与设计基准期相同的结构,应取 $\gamma_L=1.0$;

ψ_{cj}——第 j 个可变荷载的组合值系数。当结构上作用几个可变荷载时,各可变荷载最大值在同一时刻出现的概率很小,在荷载标准值和荷载分项系数已给定的情况下,对于有两种或两种以上的可变荷载参与组合的情况,引入 ψ_c 对荷载标准值进行折减,使按极限状态设计表达式(3-57)设计所得的各类结构构件所具有的可靠指标,与仅有一种可变荷载参与组合时的可靠指标有最佳的一致性。当按式(3-59)或式(3-59a)计算荷载效应组合值时,除风荷载取 $\psi_c=0.6$ 外,大部分可变荷载取 $\psi_c=0.7$,个别可变荷载取 $\psi_c=0.9\sim0.95$(例如,对于书库、贮藏室的楼面活荷载,$\psi_c=0.9$);

$S_{G_{ik}}$ ——第 i 个永久作用标准值的效应;

S_P ——预应力作用的有关代表值的效应;

$S_{Q_{1k}}$ ——第 1 个可变作用(主导可变作用)标准值的效应;

$S_{Q_{jk}}$ ——第 j 个可变作用标准值的效应。

因为结构上的各种可变作用均是根据设计基准期确定其标准值的,当结构的设计使用年限与设计基准期不同时,采用 γ_L 对可变作用的标准值进行调整。以房屋建筑为例,结构的设计基准期为 50 年,即房屋建筑结构上的各种可变作用的标准值取其 50 年一遇的最大值分布

上的“某一分位值”，对设计使用年限为100年的结构，要保证结构在100年时具有设计要求的可靠度水平，理论上要求结构上的各种可变作用应采用100年一遇的最大值分布上的相同分位值作为可变作用的“标准值”，但这样同一种可变作用会随设计使用年限的不同而有多种“标准值”。为方便荷载规范表达和设计人员使用，《工程结构可靠性设计统一标准》(GB 50153—2008)首次提出考虑结构设计使用年限的荷载调整系数 γ_L。对于设计使用年限100年的建筑结构，γ_L的含义是在可变作用100年一遇的最大值分布上，与该可变作用50年一遇的最大值分布上标准值的相同分位值的比值；对设计使用年限为50年的结构，其设计使用年限与设计基准期相同，不需调整可变作用的标准值，则取 $\gamma_L=1.0$。《工程结构可靠性设计统一标准》(GB 50153—2008)附录A.1中给出的房屋建筑结构设计使用年限5年、50年和100年的荷载调整系数 γ_L分别为0.9、1.0和1.1。永久荷载不随时间而变化，因而与 γ_L无关。当设计使用年限大于基准期时，除在荷载方面考虑 γ_L外，在抗力方面也需采取相应措施，如采用较高的混凝土强度等级、加大混凝土保护层厚度或对钢筋作涂层处理等，使结构在更长的时间内不致因材料劣化而降低可靠度。

需要指出，基本组合中的设计值仅适用于荷载与荷载效应为线性的情况。此外，S_{Q1k}计算被定义为，起控制作用的可变荷载效应而不是可变荷载效应的最大值，即 S_{Q1k}不一定大于其他的 S_{Qik}。进行组合时，必须将参与组合的每一个可变荷载效应依次置于 S_{Q1k}的位置，计算比较后才能确定最不利荷载效应组合。

当考虑以竖向永久荷载效应控制的组合时，出于简化目的，可变荷载也可以仅考虑与结构自重方向一致的竖向荷载，而忽略影响不大的水平荷载。

②对于偶然设计状况，应采用作用的偶然组合，偶然作用的效应设计值按下式计算

$$S=\sum_{i\geqslant 1}S_{G_{ik}}+S_P+S_{A_d}+(\psi_{f1}\text{ 或 }\psi_{q1})S_{Q_{1k}}+\sum_{j>1}\psi_{qj}S_{Q_{jk}} \tag{3-60}$$

式中：

ψ_{f1} ——第1个可变作用的频遇值系数，应按有关规范的规定采用；

ψ_{q1} 、ψ_{qj} ——第1个和第 j 个可变作用的准永久值系数，应按有关规范的规定采用；

S_{A_d} ——偶然作用设计值的效应。

③对地震设计状况，应采用作用的地震组合。各类工程结构都会遭遇地震，很多结构是由抗震设计控制的。地震组合的效应设计值，宜根据重现期为475年的地震作用(基本烈度)确定，其效应设计值应符合下列规定

$$S=\sum_{i\geqslant 1}S_{G_{ik}}+S_P+\gamma_I S_{A_{Ek}}+\sum_{j\geqslant 1}\psi_{qj}S_{Q_{jk}} \tag{3-61}$$

式中：

γ_I ——地震作用重要性系数，应按有关的抗震设计规范的规定采用；

$S_{A_{Ek}}$ ——根据重现期为475年的地震作用(基本烈度)确定的地震作用的标准值的地震作用效应。

上式中的地震作用重要性系数 γ_I与式(3-59)的结构设计使用年限荷载调整系数 γ_L的含义类似，在房屋建筑中，将量大面广的丙类建筑 γ_I取值为1.0，对甲类、乙类建筑 γ_I取大于1。地震作用重要性系数 γ_I与式结构重要性系数 γ_0不应同时采用。

当按线弹性分析计算地震作用效应时，应将计算结果除以结构性能系数以考虑结构延性的影响，结构性能系数应按有关的抗震设计规范的规定采用。

结构在基本烈度地震作用下已处于弹塑性阶段,结构体系延性高,耗能能力强,可大幅度降低结构按弹性分析所得出的地震作用效应,设计人员应设计出高延性的结构体系,降低地震作用效应,缩小截面,减少资源消耗。对房屋建筑而言,地震作用的取值标准由重现期为 50 年的地震作用即多遇地震作用,提高到重现期为 475 年的地震作用即基本烈度地震作用(后者的地震加速度约为前者的 3 倍),作为选定截面尺寸和配筋量的依据,是将对结构抗震至关重要的结构体系延性作为抗震设计的重要参数,使设计合理。

地震组合的效应设计值,也可根据重现期大于或小于 475 年的地震作用确定,其效应设计值应符合有关的抗震设计规范的规定。

(2)正常使用极限状态设计表达式

混凝土结构构件应根据其使用功能及外观要求,进行正常使用极限状态验算,其规定内容包括:对需要控制变形的构件,应进行变形验算;对不允许出现裂缝的构件,应进行混凝土拉应力验算;对允许出现裂缝的构件,应进行受力裂缝宽度验算;对舒适度有要求的楼盖结构,应进行竖向自振频率验算。

按正常使用极限状态设计,主要是验算构件的变形和抗裂度(或裂缝宽度)。按正常使用极限状态设计时,变形过大或裂缝过宽虽影响正常使用,但危害程度不及承载力引起的结构破坏造成的损失大,所以可适当降低对可靠度的要求。因此,正常使用极限状态设计计算取荷载标准值,不乘分项系数,也不考虑结构重要性系数 g_0。显然,在正常使用状态下,可变荷载作用时间长短影响变形和裂缝大小,而可变荷载的最大值并非长期作用于结构之上,所以,应对其标准值进行折减,即可变荷载的标准值乘以一个小于 1 的准永久值系数 ψ_q 和频遇值系数 ψ_f。

荷载的准永久值系数 ψ_q 是根据在设计基准期内荷载达到和超过该值的总持续时间与设计基准期内总持续时间的比值而确定。荷载的准永久值系数乘可变荷载标准值所得乘积称为荷载的准永久值,是在设计基准期内,其超越的总时间约为设计基准期一半的可变荷载值。可变荷载的频遇值系数 ψ_f,也是根据设计基准期间可变荷载超越的总时间或次数来确定。荷载的频遇值系数乘可变荷载标准值所得乘积称为荷载的频遇值,是在设计基准期内,其超越的总时间为规定的较小比率或超越频率为规定频率的荷载值。各类可变荷载和相应的组合值系数、准永久值系数、频遇值系数可在荷载规范中查到。

这样,可变荷载就有四种代表值,即作用的标准值、组合值、频遇值和准永久值。其中,标准值称为基本代表值,其他代表值可由基本代表值乘以相应系数得到,其量值从大到小的排序依次为:标准值>组合值>频遇值>准永久值。下面说明频遇值和准永久值的概念。

在可变荷载 Q 的随机过程中,荷载超过某荷载水平 Q_x 的表示方式,用超过 Q_x 的总持续时间 $T_x(=\sum t_i)$ 与设计基准期 T 的比率 $\mu_x = T_x/T$ 表示,如图 3.9 所示。

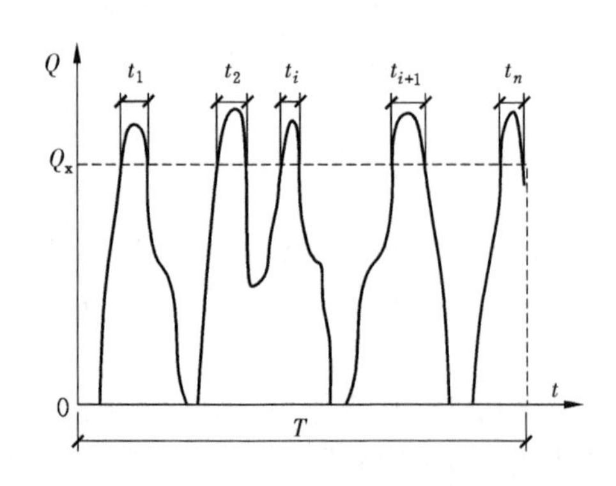

图 3.9 可变荷载样本

可变荷载的频遇值指设计基准期内,其超越的总时间为规定的较小比率(μ_x不大于 0.1)或超越频率为规定频率的荷载值。它相当于结构上时而出现的较大荷载值,但总小于荷载标准值。

可变荷载的准永久值指设计基准期内,其超越的总时间约为设计基准期一半(即 μ_x约等于 0.5)的荷载值,即设计基准期内经常作用的荷载值(接近于永久值,所以称为准永久值)。

结构或结构构件按正常使用极限状态设计时,应符合下列要求

$$S \leqslant C \tag{3-62}$$

式中:

S——正常使用极限状态的作用组合的效应(如变形、裂缝等)设计值;

C——设计对变形、裂缝等规定的相应限值,应按有关的结构设计规范的规定采用。

按正常使用极限状态设计时,可根据不同情况采用作用的标准组合、频遇组合或准永久组合。

①对于标准组合,荷载效应组合的设计值 S 应按下式计算

$$S = \sum_{i\geqslant 1} S_{G_{ik}} + S_P + S_{Q_{1k}} + \sum_{j>1} \psi_{cj} S_{Q_{jk}} \tag{3-63}$$

式中,永久荷载及第一个可变荷载采用标准值,其他可变荷载采用组合值。ψ_{ci}为第 j 个可变荷载组合值系数。这种组合主要用于,一个极限状态被超越时,产生严重的永久性损害的情况,当作用卸除后,该作用产生的超越状态不可恢复的正常使用极限状态,即不可逆正常使用极限状态。

②对于频遇组合,荷载效应组合的设计值 S 按下式计算

$$S = \sum_{i\geqslant 1} S_{G_{ik}} + S_P + \psi_{f1} S_{Q_{1k}} + \sum_{j>1} \psi_{qj} S_{Q_{jk}} \tag{3-64}$$

式中,ψ_{f1}为可变作用 Q_{1k}的频遇值系数,ψ_{qi}为可变荷载 Q_i的准永久值系数,可由《建筑结构荷载规范》(GB 50009—2012)查取。

可见,频遇组合系指永久荷载标准值、主导可变荷载的频遇值与伴随可变荷载的准永久值的效应组合。这种组合主要用于,一个极限状态被超越时,产生较大变形或短暂振动等情况,当作用卸除后,该作用产生的超越状态可以恢复的正常使用极限状态,即可逆正常使用极限状态。

③ 对于准永久组合,荷载效应组合的设计值 S 按下式计算:

$$S = \sum_{i\geqslant 1} S_{G_{ik}} + S_P + \sum_{j\geqslant 1} \psi_{qj} S_{Q_{jk}} \tag{3-65}$$

式中,ψ_{qj}为可变荷载 Q_{jk}的准永久值系数。这种组合主要用在,荷载的长期效应是决定性因素时的正常使用极限状态。

应当注意,只有荷载与荷载效应为线性关系,才可按上述各式确定荷载效应组合值。另外,正常使用极限状态要求的设计可靠指标较小([β]在 0～1.5 之间取值),设计时荷载不用分项系数,材料强度取标准值。由材料的物理力学性能可知,长期持续作用的荷载使混凝土产生徐变变形,并导致钢筋与混凝土之间的粘结滑移增大,使构件的变形和裂缝宽度增大。进行正常使用极限状态设计时,应考虑荷载长期效应的影响,即考虑荷载效应的准永久组合,有时尚应考虑荷载效应的频遇组合。

例 3-3　某钢筋混凝土简支梁,计算跨度为 6300mm,截面尺寸为 $b \times h = 250\text{mm} \times 500\text{mm}$,混凝土强度等级为 C30,混凝土的密度为 $25 \times 10^{-6}\text{N/mm}^3$,已知作用在梁上的活荷载

标准值为 12N/mm,其准永久系数为 $\psi_q=0.4$,该梁的安全等级为二级。试分别计算按承载力极限状态和正常使用极限状态进行设计时截面弯矩设计值。

解 永久荷载标准值(即梁的自重)计算如下:

$$g_k = 250 \times 500 \times 25 \times 10^{-6} = 3.125 \text{ N/mm}$$

永久荷载在跨中荷载效应的标准值

$$M_{Gk} = \frac{1}{8}g_k l^2 = \frac{1}{8} \times 3.125 \times 6300^2 = 15.504 \times 10^6 \text{ N} \cdot \text{mm}$$

可变荷载标准值为

$$q_k = 12 \text{ N/mm}$$

可变荷载在跨中荷载效应的标准值

$$M_{Qk} = \frac{1}{8}q_k l^2 = \frac{1}{8} \times 12 \times 6300^2 = 59.353 \times 10^6 \text{ N} \cdot \text{mm}$$

因该梁的安全等级为二级,故 $\gamma_0=1.0$。

现只存在一种可变荷载,故按承载力极限状态进行设计时的跨中弯矩设计值为

$$M = \gamma_0(\gamma_G M_{Gk} + \gamma_Q M_{Qk})$$
$$= 1.0 \times (1.2 \times 15.504 \times 10^6 + 1.4 \times 59.353 \times 10^6) = 101.699 \times 10^6 \text{ N} \cdot \text{mm}$$

按正常使用极限状态进行设计的跨中弯矩设计值计算如下:

按荷载短期效应组合

$$M_k = M_{Gk} + M_{Qk} = 15.504 \times 10^6 + 59.353 \times 10^6 = 74.857 \times 10^6 \text{ N} \cdot \text{mm}$$

按荷载长期效应的准永久组合

$$M_q = M_{Gk} + \psi_q M_{Qk} = 15.504 \times 10^6 + 0.4 \times 59.353 \times 10^6 = 39.245 \times 10^6 \text{ N} \cdot \text{mm}$$

思考题

3.1 什么是结构上的作用?什么是作用效应?结构上的作用如何分类?

3.2 结构可靠性的含义是什么?

3.3 什么是结构的可靠度?它是如何度量和表达的?

3.4 什么是结构构件的抗力?影响结构构件抗力的主要因素有哪些?为什么说结构构件的抗力是一个随机变量?

3.5 什么是结构的极限状态?结构的极限状态分为几类,其含义各是什么?

3.6 简述结构功能函数的意义。

3.7 概率极限状态设计表达式是如何体现可靠度设计要求的?

3.8 什么是结构可靠概率?什么是结构可靠指标?可靠指标与结构可靠概率有何关系?怎样确定可靠指标?

3.9 什么是目标可靠指标?目标可靠指标是如何确定的?

3.10 什么是材料强度的标准值?材料强度的设计值与标准值有什么关系?

3.11 混凝土强度标准值是如何确定的?混凝土材料分项系数和强度设计值是如何确定的?

3.12 钢筋强度标准值是如何确定的?

3.13　为什么引入荷载分项系数？荷载分项系数是如何确定的？

3.14　什么是荷载标准值？什么是荷载效应的基本组合、标准组合、频遇组合和准永久组合？

3.15　对正常使用极限状态，如何根据不同的设计要求确定荷载效应组合值？

3.16　承载力极限状态设计表达式是什么？试说明该表达式中各符号表示的意义。

3.17　对承载力极限状态，如何根据不同的设计要求确定荷载效应组合值？

习题

3.1　已知某钢拉杆 $\mu_R=100\times10^3\,\text{N}$，$\mu_S=58\times10^3\,\text{N}$，$\delta_R=0.145$，$\delta_S=0.168$，正截面强度计算的极限状态方程为 $Z=g(R,\ S)=R-S=0$。求其可靠性指标 β 及相应的失效概率。

3.2　某钢筋混凝土简支梁，计算跨度为 6300mm，已知作用在梁上的永久荷载 $g_k=8\text{N/mm}$（包括梁的自重），活荷载标准值为 $q_k=10\text{N/mm}$，其准永久系数为 $\psi_q=0.4$。该梁的安全等级为一级。试分别计算按承载力极限状态和正常使用极限状态进行设计时的截面弯矩设计值。

3.3　某厂房采用 1500mm×6000mm 的大型屋面板，卷材防水保温屋面，永久荷载标准值为 $3.7\times10^{-3}\,\text{N/mm}^2$（包括板的自重），屋面活荷载为 $0.7\times10^{-3}\,\text{N/mm}^2$，屋面积灰荷载 $0.5\times10^{-3}\,\text{N/mm}^2$，雪荷载为 $0.4\times10^{-3}\,\text{N/mm}^2$，已知板的计算跨度 $l_0=5870\text{mm}$。屋面活荷载和雪荷载的准永久值系数为 0，屋面积灰荷载的准永久值系数为 0.8。要求计算：①进行承载力计算时的跨中弯矩设计值；②进行正常使用极限状态设计时按标准组合、频遇组合及准永久组合计算的跨中弯矩设计值。

第4章

钢筋混凝土轴心受力构件

一幢房屋或一个工程结构由许多承重构件有机组合而成,承重构件的种类很多,根据它们的受力不同,可分为受压、受拉、受弯、受剪、受扭等构件;或复合受力构件,如压弯、弯剪、扭弯剪等构件。纵向拉力合力方向与构件截面形心重合的构件,称为轴心受拉构件;纵向压力合力方向与构件截面形心重合的构件,称为轴心受压构件。轴心受拉构件和轴心受压构件统称为轴心受力构件。在实际工程中,由于荷载不可避免的偏心、构件制作误差及材料的不均匀性,轴心受力构件几乎是不存在的。但是轴心受力构件设计计算简单,在设计拱、屋架下弦拉杆、圆形水池的池壁以及多层多跨房屋的内柱、屋架上弦受压腹杆等构件时,往往因弯矩和剪力很小,将其近似地简化为轴心受力构件计算。另一方面,由于轴心受力构件是钢筋混凝土结构中最简单、最基本的受力单元,涉及的一些基本概念具有典型性,掌握其受力性能的一般规律,是了解其他种类构件受力性能的基础。为更好地阐明各种构件受力和变形特点及其设计计算方法,本章首先讨论轴心受力构件的受力性能、变形特点及设计计算方法。

为便于制作模板,轴心受力构件截面一般采用正方形或矩形,有时也采用圆形或多边形。为了弥补混凝土抗拉强度的不足,轴心受拉构件必须沿受力方向配置纵筋,与混凝土共同承担施加于其上的拉力。实际工程中,除纵筋外,往往还配置箍筋,如图4.1所示。箍筋的主要作用是固定纵向钢筋的位置,便于施工,它基本不受力,计算时不予考虑。轴心受压构件同样配置有纵筋和箍筋。按照箍筋的作用及配置方式不同,一般将钢筋混凝土轴心受压构件分为两种:配有纵向钢筋和普通箍筋的轴心受压构件,简称普通箍筋轴心受压构件;配有纵筋和间距较密的螺旋式(或焊接环式)箍筋的轴心受压构件,简称约束箍筋轴心受压构件。轴心受压构件的纵筋除与混凝土共同承担施加于其上的轴向压力外,还能承担由于初始偏心或其他偶然因素引起的附加弯矩在构件中产生的拉应力。普通箍筋轴心受压构件中配置的箍筋主要作用是固定纵筋的位置,防止纵筋在混凝土压碎前屈曲,保证纵筋与混凝土共同受力直至构件破坏;约束箍筋轴心受压构件配置的箍筋除固定纵筋的位置外,箍筋对其包围的核芯混凝土有较强的环向约束,而能够提高构件的承载力和延性。

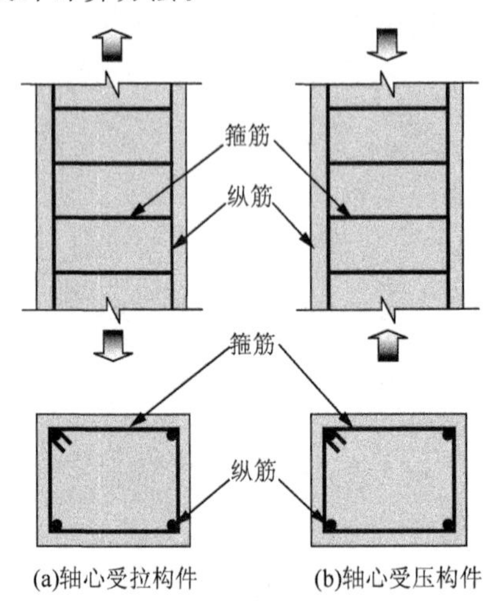

图4.1　轴心受力构件

4.1　普通箍筋轴心受压构件的试验分析

普通箍筋轴心受压构件配有纵向钢筋和箍筋。纵向钢筋的作用是提高柱的承载力，减小构件的截面尺寸，防止因偶然偏心产生的破坏，并能改善破坏时构件的延性和减小混凝土的徐变变形。而箍筋能与纵筋形成骨架，并防止纵筋受力后外凸。根据构件的长细比（构件的计算长度 l_0 与构件的截面回转半径 i 或宽度 b 之比）不同，钢筋混凝土轴心受压构件分为短柱（对一般截面 $l_0/i\leqslant 28$，i 为截面的回转半径；对矩形截面 $l_0/b\leqslant 8$，b 为截面宽度）和长柱。

配有纵筋和箍筋的短柱，在轴心荷载作用下，整个截面的应变基本均匀分布，钢筋和混凝土的应变相同。荷载较小时，钢筋处于弹性阶段，混凝土也可以认为处于弹性状态，短柱压缩变形、纵筋和混凝土压应力的增加与荷载的增加基本成正比。荷载较大时，由于混凝土塑性变形的发展，短柱压缩变形增加的速度快于荷载增加速度，纵筋配筋率越小，这个现象越明显。尽管此时纵向钢筋还处于弹性阶段，但在相同荷载增量下，钢筋的压应力比混凝土的压应力增加快。随着荷载的继续增加，钢筋和混凝土的压应力继续增加，柱中开始出现微细裂缝。若钢筋的屈服应变小于混凝土破坏时的压应变，则钢筋首先屈服，随后钢筋承担的压力保持不变，而继续增加的荷载全部由混凝土承担。在临近破坏荷载时，柱四周出现明显的纵向裂缝，箍筋间的纵筋压屈，向外凸出，混凝土被压碎，柱子即告破坏，如图 4.2 所示。

试验表明，素混凝土棱柱体试件的峰值压应力所对应的压应变值约为 0.0015～0.002，钢筋混凝土柱由于纵向钢筋的存在，调整了纵向钢筋和混凝土间的应力分配，使得混凝土的塑性性能得到较好发展。钢筋混凝土短柱达到应力峰值时的压应变一般在 0.0025～0.0035 之间，改善了混凝土受压破坏的脆性性质。随着载荷增加，钢筋混凝土短柱在破坏时，一般是纵向钢筋先达到屈服强度，随后混凝土达到峰值压应变值后构件破坏。但当纵向钢筋的屈服强度较高，钢筋的屈服压应变大于混凝土的峰值压应变时，可能会出现钢筋没有达到屈服强度而混凝土首先达到了峰值压应变值而被压碎的情况。在轴心受压短柱中，不论受压钢筋在构件破坏时是否达到屈服，构件的承载力最终都是由混凝土压碎控制。一般采用中等强度钢筋的混凝土短柱破坏时，钢筋均能达到其抗压屈服强度，混凝土能达到轴心抗压强度，钢筋和混凝土都得到充分利用。若采用高强度钢筋，混凝土短柱破坏时钢筋应力可能达不到屈服强度，钢筋强度不能被充分利用。

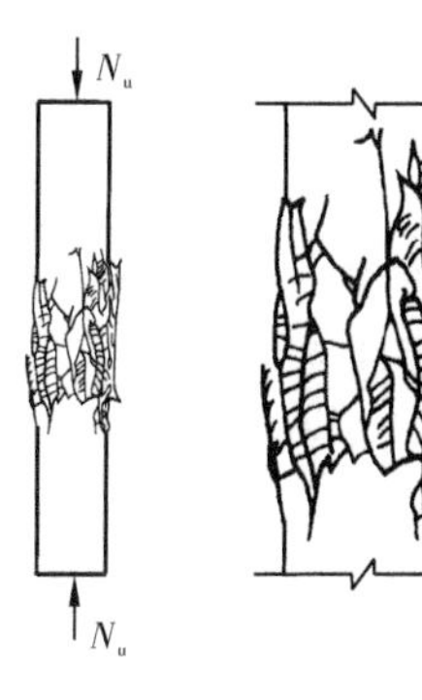

图 4.2　短柱的破坏

在计算时，以构件的压应变达到 0.002 为控制条件，认为此时混凝土达到了其棱柱体抗压强度 f_c，即棱柱体应力-应变曲线的峰值，其相应的纵筋应变值也为 0.002，对于 HRB400 级、HRB335 级、HPB300 级和 RRB400 级热轧钢筋已达到屈服强度，而对于屈服强度或条件屈服强度大于 400 N/mm^2 的钢筋，相应的屈服应变大于 0.002（钢筋的弹性模量近似取 2×10^5 N/mm^2），在计算时钢筋的强度只能取 400 N/mm^2。

上述所讲是短柱的受力分析和破坏形态。对于长细比较大的柱子，试验表明，由各种偶然因素造成的初始偏心距的影响不可忽略。加载后，初始偏心距产生附加弯矩和相应的侧向挠度，而侧向挠度又使附加弯矩进一步增大，附加弯矩和侧向挠度相互影响；随着荷载增加，附加弯矩和侧向挠度不断增大，长柱在轴力和弯矩耦合作用下发生破坏。破坏时，首先在凹侧出现纵向裂缝,随后混凝土被压碎,纵筋被压屈向外凸出;凸侧混凝土出现垂直于纵轴方向的横向裂缝,侧向挠度急剧增大,柱子破坏,如图 4.3 所示。

试验表明,长柱的破坏荷载低于相同截面短柱的破坏荷载。长细比越大,由各种偶然因素所产生的附加弯矩和相应的侧向挠度也越大,承载能力降低越多。长细比很大的细长柱还可能发生失稳破坏现象。此外,在长期荷载作用下,由于混凝土的徐变,将产生更大的侧向挠度,从而使长柱的承载力降低得更多,长期荷载在全部荷载中所占的比例越多,其承载力降低越多。

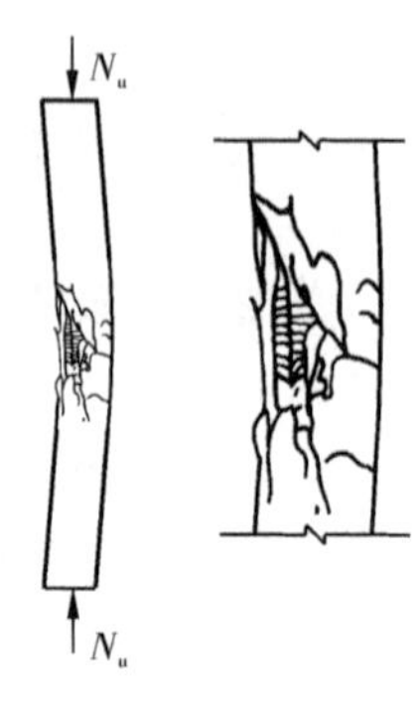

图 4.3 长柱的破坏

4.2 普通箍筋轴心受压构件受力分析

普通箍筋轴心受压构件内配有纵筋和箍筋,但箍筋的主要作用是固定纵筋,防止纵筋在混凝土压碎前屈曲,保证纵筋与混凝土共同受力直至构件破坏。在分析其受力时,认为纵筋和混凝土共同变形,纵筋不发生屈曲。构成钢筋混凝土轴心受压构件的钢筋和混凝土具有不同的力学性能,它们结合在一起,形成一个超静定的组合体,共同受力,共同变形。下面主要针对钢筋混凝土轴心受压构件中的混凝土和钢筋,研究两者共同工作的特点,对其受力分别进行弹性分析、弹塑性分析和全塑性分析。

4.2.1 轴心受压截面的弹性分析

假设钢筋混凝土轴心受压构件的钢筋和混凝土均为弹性材料,在截面中心轴向压力 N 的作用下,纵筋和混凝土共同变形,构件压缩缩短(如图 4.1(b)所示)。设构件长度为 l,缩短值或压缩变形值为 Δ,则压应变为 $\varepsilon(=\Delta/l)$。构件的混凝土截面积为 A_c,纵向钢筋截面积为 A_s,两者的压应力分别为 σ_c 和 σ_s。

轴心受压构件截面必须满足下面三个基本条件。

(1)平衡条件

$$N=\sigma_c A_c+\sigma_s A_s \tag{4-1}$$

上式就是力的平衡条件,$\sum Y=0$,反映了内力 N 与两种材料的截面积 A_c、A_s 以及所受压应力 σ_c 和 σ_s 之间的关系。

(2)变形条件

$$\varepsilon_c=\varepsilon_s=\varepsilon \tag{4-2}$$

上式就是平截面变形的数学表达式,或称变形协调条件。它表示构件内任一平截面变形后仍为一平面。由于钢筋和混凝土结合在一起,两者共同变形,混凝土的压应变和钢筋的压应变相等,该应变就是整个构件的压应变。

(3)物理条件

$$\sigma_c=E_c\varepsilon_c \tag{4-3}$$

$$\sigma_s=E_s\varepsilon_s \tag{4-4}$$

公式(4-3)和(4-4)分别就是混凝土和钢筋两种材料应力应变关系的数学表达式,可用图 4.4 表示。虽然两种材料都具有弹性性能,应力应变关系都呈线形,但弹性模量不同,钢筋的弹性模量大,混凝土的弹性模量小。

事实上，正如第 2 章所述，混凝土并非弹性材料，钢筋也要屈服和硬化。但当构件受力较小时，两种材料所受的压应力都较小，可近似按弹性考虑。

以上三个条件是分析问题的基本依据，表达这三个条件的基本方程共有 5 个，涉及的变量有 10 个，即 N、σ_c、σ_s、ε_c、ε_s、ε、A_c、A_s、E_c、E_s。已知其中的任意 5 个，即可由这 5 个方程解出其余 5 个未知量。

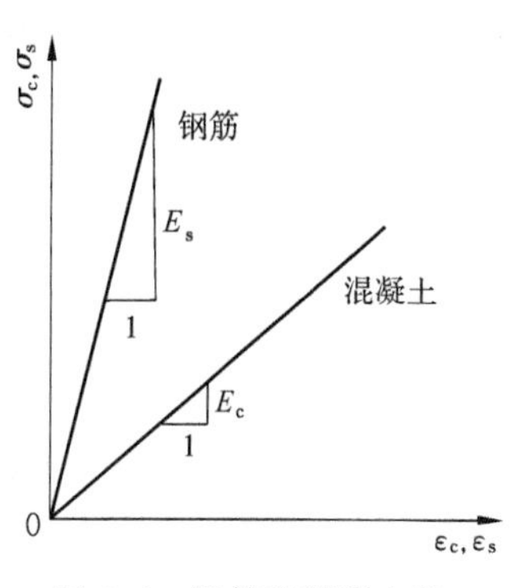

图 4.4　钢筋和混凝土的应力-应变关系

下面对这三个基本条件进一步分析研究，以深刻理解这 10 个变量之间的内在联系。

1. 内力与变形的关系

根据以上三个基本条件，可以得到轴心受压截面内力与变形的关系如下：

将式(4－3)、(4－4)代入式(4－1)，得

$$N = E_c\varepsilon_c A_c + E_s\varepsilon_s A_s \tag{4-5}$$

将式(4－2)代入上式，得

$$N = E_c\varepsilon A_c + E_s\varepsilon A_s = (E_c A_c + E_s A_s)\varepsilon \tag{4-6}$$

上式就是轴心受压构件的轴力(即总压力 N)与变形(即压应变 ε)的关系式。由于截面积 A_c、A_s 和弹性模量 E_c、E_s 都是常数，所以 N 与 ε 成正比，两者呈线性关系，如图 4.5 所示。这说明，如果两种材料都是理想弹性体，则由它们组成的组合体，作为一个整体来看，也具有弹性性能。

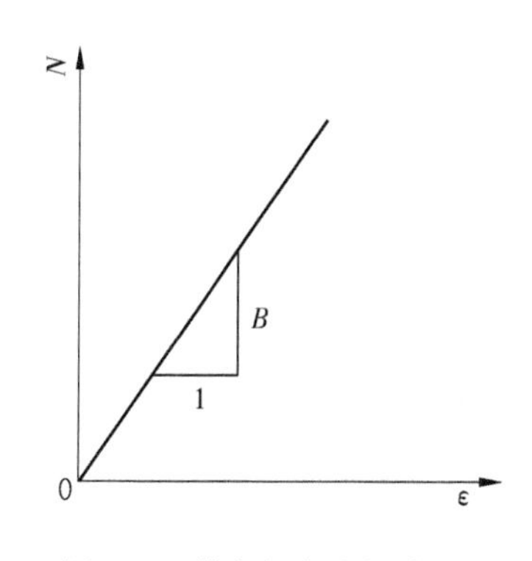

图 4.5　轴力与应变的关系

2. 换算截面积

令 α_E 为钢筋和混凝土两种材料弹性模量的比值，即

$$\alpha_E = \frac{E_s}{E_c} \tag{4-7}$$

又令 ρ 为截面的配筋率，即

$$\rho = \frac{A_s}{A_c} \tag{4-8}$$

则式(4－6)可写成

$$N = (E_c A_c + \alpha_E E_c \rho A_c)\varepsilon = E_c A_c (1 + \alpha_E \rho)\varepsilon \tag{4-9}$$

令 A_0 为构件的换算截面积，即

$$A_0 = A_c + \alpha_E A_s = A_c(1 + \alpha_E \rho) \tag{4-10}$$

于是式(4－9)可写成

$$N = E_c A_0 \varepsilon \tag{4-11}$$

所谓换算截面积就是将钢筋换算成相当的混凝土，使整个截面成为一个截面积为 A_0 的素混凝土截面，然后作为匀质弹性体来分析。换算的方法是将钢筋的面积 A_s 增加到 α_E 倍，成为 $\alpha_E A_s$，再与混凝土面积 A_c 相加，即得换算截面积 A_0。引入换算截面积的概念将使分析计算简化，物理意义明确。

3. 抗压刚度

构件所受的内力与其变形的比值称为刚度，也就是使构件发生单位变形所需的内力。显

然，对于轴心受压构件，轴向压力 N 与压应变 ε 的比值称为它的抗压刚度 B。或者说，使轴心受压构件发生单位压应变所需的轴向压力就是它的抗压刚度。根据弹性体材料力学，匀质弹性材料的抗压刚度可由下式得到

$$B=\frac{N}{\varepsilon}=EA \tag{4-12}$$

对于钢筋混凝土截面，如按弹性假设，抗压刚度可由式(4-11)得

$$B=\frac{N}{\varepsilon}=\frac{E_c A_0 \varepsilon}{\varepsilon}=E_c A_0 \tag{4-13}$$

上式与式(4-12)相似，它表明，如按弹性假设，钢筋混凝土轴压构件的抗压刚度与压力大小无关，是一个常数，等于混凝土的弹性模量 E_c 与换算截面积 A_0 的乘积，如图 4.6 所示。

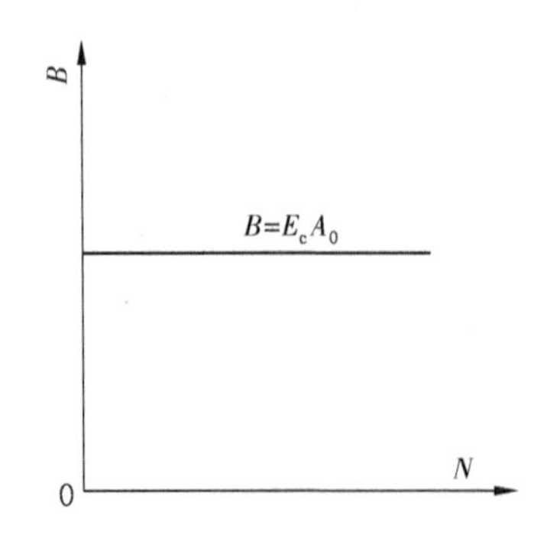

图 4.6　刚度与轴力的关系

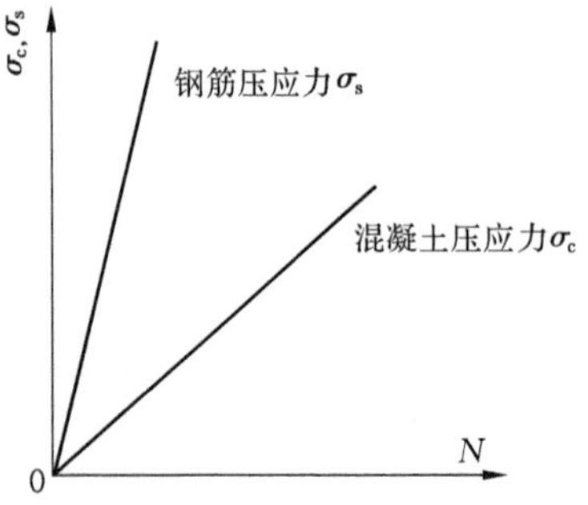

图 4.7　应力与轴力的关系

4. 内力与应力的关系

在截面中心轴向压力 N 的作用下，混凝土和钢筋所受到的压应力可由下式求得

$$\sigma_c=E_c\varepsilon_c=E_c\frac{N}{E_c A_0}=\frac{N}{A_0} \tag{4-14}$$

$$\sigma_s=E_s\varepsilon_s=E_s\varepsilon_c=E_s\frac{N}{E_c A_0}=\frac{E_s}{E_c}\frac{N}{A_0}=\alpha_E\sigma_c \tag{4-15}$$

上面两式说明，在钢筋混凝土轴心受压构件中，如按弹性假设，混凝土和钢筋所受的压应力均与内力 N 成正比，钢筋的压应力等于混凝土压应力的 α_E 倍，如图 4.7 所示。

4.2.2　轴心受压截面的弹塑性分析

当荷载较小时，钢筋处于弹性阶段，混凝土也可以近似地作为弹性材料来分析，纵筋和混凝土压应力的增加也与荷载的增加成正比，柱子压缩变形的增加与荷载的增加成正比，轴心受压截面的弹性分析结果与实测值尚能相符。但当荷载较大时，柱子压缩变形的增加与荷载的增加不再成正比，变形的增加比荷载的增加快，钢筋的应力增加较快，而混凝土应力增加较慢，最后还会减小。这些都表明，弹性分析理论与此时的实际不符，因而，需要进行弹塑性分析。

1. 基本方程

轴心受压短柱的弹塑性分析是假设钢筋和混凝土均为弹塑性材料。与弹性分析相同，所需满足的基本条件仍为平衡条件、物理条件和变形条件三个，但其中的物理条件改用钢筋和混凝土的非线性应力应变关系的计算模式。

对于软钢，钢筋在屈服台阶后进入强化段的应变($\varepsilon_{s,h}\approx 30\times10^{-3}$)已大大超过混凝土的极限压应变值，模拟钢筋的强化段曲线已没必要。因此，钢筋的应力应变关系计算模式采用适用于流幅较长的低强度钢筋弹塑性的双直线模型。该模型将钢筋的应力-应变曲线简化为两段直线，不计其屈服强度上限的变化和强化段的作用，如图 2.43(a)或图 4.8(a)所示。OA 段为完全弹性阶段，AB 段为完全塑性阶段，B 点为应力强化的起点。其数学表达式如下：

当 $\varepsilon_s \leqslant \varepsilon_y$ 时，　$\sigma_s = E_s\varepsilon_s$　同(2-29)

当 $\varepsilon_y < \varepsilon_s \leqslant \varepsilon_{s,h}$ 时，　$\sigma_s = f_y$　同(2-30)

式中，ε_y 为钢筋屈服时所对应的应变值；$\varepsilon_{s,h}$ 为应力强化起点对应的应变值；f_y 为钢筋的屈服强度；$E_s = \dfrac{f_y}{\varepsilon_y}$ 为钢筋的弹性模量。

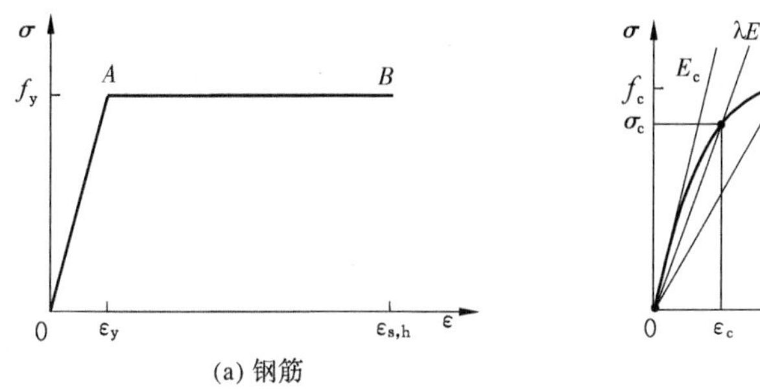

图 4.8　轴心受压柱弹塑性分析时材料的应力-应变关系

混凝土受压应力-应变全曲线，可根据其力学性能和强度等级选取合理的方程和参数值。非线性的应力-应变关系可表达成一般形式(如图 4.8(b)所示)

$$\sigma_c = \lambda E_c\varepsilon_c \tag{4-16}$$

式中，$E_c = d\sigma/d\varepsilon|_{\varepsilon=0}$ 为混凝土的初始弹性模量；l 为混凝土的受压变形塑性系数，定义为任一应变(应力)时的割线弹性模量(λE_c)与初始弹性模量(E_c)的比值。也是弹性应变($\lambda\varepsilon_c$)与总应变(ε_c)的比值，由应力-应变曲线方程计算确定。其数值随应变增大而单调减小：

$\varepsilon_c=0, \sigma_c=0$ 时，　$\lambda=1.0$

$\varepsilon_c=\sigma_0, \sigma_c=f_c$ 时，　$\lambda=E_p/E_c=1/\alpha_a$

$\varepsilon_c>\varepsilon_0$(下降段)，　$\lambda<1/\alpha_a$

$\varepsilon_c\to\infty$，　$\lambda\to 0$

式中，α_a 为上升段曲线参数。

根据变形条件，钢筋和混凝土的应变相等，即 $\varepsilon_s=\varepsilon_c=\varepsilon$，此时，两者的应力比值为

$$\frac{\sigma_s}{\sigma_c} = \frac{E_s\varepsilon_s}{\lambda E_c\varepsilon_c} = \frac{\alpha_E}{\lambda} \quad 或 \quad \sigma_s = \frac{\alpha_E}{\lambda}\sigma_c \tag{4-17}$$

式中，$\alpha_E=E_s/E_c$ 为钢筋和混凝土弹性模量之比，是一个与应变(应力)无关的材料常数。但 λ 随混凝土应变增大而逐渐减小，因此，在钢筋的弹性范围内，钢筋和混凝土的应力比值随应变的增大逐渐增大。

由平衡条件可以得到轴心受压构件的内力

$$N = N_c + N_s = \sigma_c A_c + \sigma_s A_s \tag{4-18}$$

式中,N_c和 N_s分别为混凝土和钢筋承担的压力。

将式(4-17)代入式(4-18),可得

$$\sigma_c = \frac{N}{A_c + \frac{\alpha_E}{\lambda}A_s} = \frac{N}{A_{0p}} \tag{4-19}$$

式中,A_{0p}称为混凝土受压弹塑性变形换算截面面积,其表达式为

$$A_{0p} = A_c + \frac{\alpha_E}{\lambda}A_s \tag{4-20}$$

混凝土弹塑性变形受压换算截面面积 A_{0p}由混凝土的截面积 A_c和钢筋的换算面积 $a_E A_s/\lambda$ 两部分组成。其物理意义是将两种不同材料组合截面变换成同一种材料的计算截面积,实际上就是把钢筋的面积增大 a_E/λ 倍后与混凝土面积相加。这里值得注意的是,由于 λ 随应变增大而减小,故此换算面积不是常数,而是随应变增大而增大。

轴心受压构件的抗压刚度定义为轴向压力 N 与应变 ε 的比值,按弹塑性分析,其抗压刚度为

$$B_p = \frac{N}{\varepsilon} = \frac{\sigma_c A_{0p}}{\varepsilon_c} = \frac{\lambda E_c \varepsilon_c A_{0p}}{\varepsilon_c} = \lambda E_c A_{0p} = E_c(\lambda A_c + \alpha_E A_s) \tag{4-21}$$

显然,弹塑性状态下,轴心受压截面的刚度不是常数,随着内力的逐渐增加,而逐渐减小,这与弹性状态下的结果不同。

2. 应力和变形分析

短柱在承受轴向压力后,混凝土和钢筋的应力和应变反应以及柱子的极限承载力等都可以运用上述基本方程,分阶段地进行分析。钢筋和混凝土的应力应变关系各分为两个阶段表达,分别以钢筋屈服应变(ε_y)和混凝土峰值应变(ε_0)作为两个阶段的分界点。由图 4.9 可以看出,ε_y和 ε_0值不相等,所以在进行分析时,需要划分为三个阶段来考虑。根据 ε_y和 ε_0值的相对大小,钢筋混凝土短柱的受力过程又有两种不同的情况。

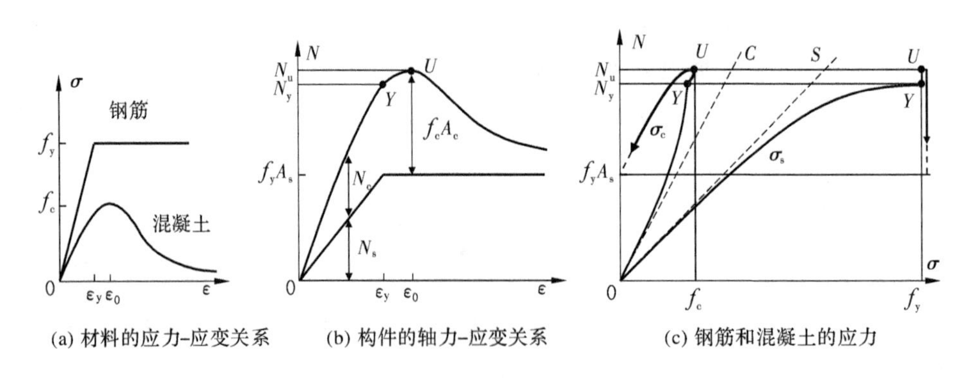

图 4.9 轴心受压构件的应力和变形($\varepsilon_y < \varepsilon_0$)

(1)钢筋屈服应变小于混凝土峰值应变($\varepsilon_y < \varepsilon_0$)

①第Ⅰ阶段,钢筋屈服前($\varepsilon < \varepsilon_y$):

对柱子施加轴压力后,应变 ε 逐渐增加,钢筋和混凝土的应力也逐渐增大。钢筋的应力 σ_s 和承受的压力 N_s分别为

$$\begin{cases} \sigma_s = E_s \varepsilon_s \\ N_s = E_s \varepsilon_s A_s \end{cases} \tag{4-22}$$

它们均与应变成正比增大。混凝土的应力 σ_c 和承受的压力 N_c 分别为

$$\begin{cases} \sigma_c = \lambda E_c \varepsilon_c \\ N_c = \lambda E_c \varepsilon_c A_c \end{cases} \tag{4-23}$$

但混凝土因为出现塑性变形，弹性模量渐减，即 λ 逐渐减小，其应力 σ_c 和所承受压力 N_c 的增长幅度逐渐减小。

钢筋和混凝土承担的轴力分别为

$$\begin{cases} \dfrac{N_s}{N} = \dfrac{\sigma_s A_s}{\sigma_c A_{0p}} = \dfrac{\alpha_E A_s}{\lambda A_{0p}} = \dfrac{\alpha_E \rho}{\lambda + \alpha_E \rho} \\ \dfrac{N_c}{N} = \dfrac{\sigma_c A_c}{\sigma_c A_{0p}} = \dfrac{A_c}{A_{0p}} = \dfrac{1}{1 + \dfrac{\alpha_E}{\lambda}\rho} \end{cases} \tag{4-24}$$

式中，$\rho = A_s / A_c$，为截面的配筋率。

由式(4-24)可以看出，轴力增大后，因混凝土出现塑性变形，λ 逐渐减小，钢筋承担轴力的比例(N_s/N)增大，混凝土承担轴力的比例(N_c/N)逐渐减小。

轴力与钢筋和混凝土应力的关系分别为

$$\begin{cases} \dfrac{N}{\sigma_s} = \dfrac{\lambda}{\alpha_E} A_c + A_s \\ \dfrac{N}{\sigma_c} = A_c + \dfrac{\alpha_E}{\lambda} A_s \end{cases} \tag{4-25}$$

则钢筋应力与混凝土应力比为

$$\frac{\sigma_s}{\sigma_c} = \frac{1 + \dfrac{\alpha_E}{\lambda}\rho}{\dfrac{\lambda}{\alpha_E} + \rho} = \frac{\alpha_E}{\lambda} \tag{4-25a}$$

在轴力-应力图上，若两种材料均为弹性，则弹性模量比为常值，两者的应力都与轴力成正比增加，如图 4.9(c)中的虚线 $0S$ 和 $0C$。但现在混凝土是弹塑性材料，混凝土受压塑性系数 l 随着应变的增加而逐渐减小。混凝土出现塑性变形后，混凝土的应力增加率减缓，钢筋的应力增长率必然加快，二者的应力比(σ_s/σ_c)逐渐加大(见式(4-25a))。由式(4-25)可知，随着轴力增大，应变逐渐增大，λ 逐渐减小，轴力-钢筋应力曲线的斜率逐渐减小，而轴力-混凝土应力曲线的斜率逐渐增大，如图 4.9(c)中实线所示。

根据平衡条件，这一阶段的轴力和应变的关系为

$$N = \sigma_c A_{0p} = \lambda E_c \varepsilon \left(A_c + \frac{\alpha_E}{\lambda} A_s \right) \tag{4-26}$$

轴力-应变曲线的斜率随应变的增加逐渐减小，如图 4.9(b)的 $0Y$ 段。

②第Ⅰ阶段末，钢筋屈服($\varepsilon = \varepsilon_y$)：

$$N_y = \lambda E_c \varepsilon_y A_c + f_y A_s \tag{4-27a}$$

$$\sigma_s = f_y \tag{4-27b}$$

$$\sigma_c = \frac{\lambda}{\alpha_E} f_y = \lambda E_c \varepsilon_y \tag{4-27c}$$

式中，N_y为钢筋屈服对应的轴力。

③第Ⅱ阶段，钢筋已屈服，混凝土达到峰值应变前($\varepsilon_y<\varepsilon\leqslant\varepsilon_0$)：

当钢筋达到屈服($\varepsilon=\varepsilon_y$)时，柱的轴压力为

$$N_y = \lambda E_c\varepsilon_y A_c + f_y A_s \tag{4-28}$$

钢筋屈服后，混凝土达到峰值应变前($\varepsilon_y<\varepsilon\leqslant\varepsilon_0$)，随着应变增加，钢筋应力维持($\sigma_s=f_y$)不变，钢筋承担的轴力不变；而混凝土的压应力继续增加，轴力的增量全部由混凝土承担。柱的轴力、钢筋的应力和混凝土的应力分别为

$$\begin{cases} N = \lambda E_c\varepsilon A_c + f_y A_s \\ \sigma_s = f_y \\ \sigma_c = \lambda E_c\varepsilon \end{cases} \tag{4-29}$$

这一阶段柱的 $N-\varepsilon$ 曲线斜率减小加剧，在 N_y处(第Ⅰ阶段末)曲线连续但不光滑，为一尖点。钢筋和混凝土承担的轴力分别为

$$\begin{cases} \dfrac{N_s}{N} = \dfrac{f_y A_s}{\sigma_c A_c + f_y A_s} \\ \dfrac{N_c}{N} = \dfrac{1}{1+\dfrac{f_y A_s}{\sigma_c A_c}} \end{cases} \tag{4-30}$$

由于应变小于混凝土的峰值应变 ε_0、σ_c值随应变增加而增大。因而，由钢筋承担的轴力在总轴力中所占比例逐渐减小，混凝土承担的轴力在总轴力中所占比例逐渐增大。由这一阶段的轴力和应变的关系式(4-29)知，轴力-应变曲线的斜率小于第Ⅰ阶段的斜率，且随应变增加逐渐减小，如图 4.9(b)中的 *YU* 段。这一阶段混凝土的压应力加速增长，直到其应力的峰值 f_c，达到第Ⅱ阶段末。此时柱的轴力为

$$N = f_c A_c + f_y A_s \tag{4-31}$$

混凝土和钢筋均达到了各自的抗压强度，柱的 $N-\varepsilon$ 曲线在该点斜率为零，轴力有极大值，该轴力极大值即为柱的极限轴力 N_u。

④第Ⅲ阶段，混凝土达到峰值应变后($\varepsilon>\varepsilon_0$)：

在第Ⅲ阶段，随着应变增加，钢筋应力维持($s_s=f_y$)不变，钢筋承担的轴力不变；混凝土的压应力(即残余应力)逐渐减小，柱能承受的轴力逐渐减小。柱的轴力、钢筋的应力和混凝土的应力分别为

$$\begin{cases} N = \lambda E_c\varepsilon A_c + f_y A_s \\ \sigma_s = f_y \\ \sigma_c = \lambda E_c\varepsilon \end{cases} \tag{4-32}$$

此表达式与第Ⅱ阶段的表达式(4-29)相同，所以，钢筋和混凝土各自承担轴力的表达式也与式(4-30)相同，但 λ 值取混凝土应力-应变关系曲线下降段的 λ 值。这一阶段柱的 $N-\varepsilon$ 曲线随着应变增加而降低，如图 4.9(b)中 *U* 点之后的下降段。由于应变大于混凝土的峰值应变 ε_0、σ_c值随应变增加而减小。因此，由(4-30)知，钢筋承担的轴力在总轴力中所占比例逐渐增大，混凝土承担的轴力在总轴力中所占比例逐渐减小。当应变值很大时，混凝土残余强度接近零，柱的残存承载力由钢筋控制，其值大小为

$$N = f_y A_s \tag{4-33}$$

(2)钢筋屈服应变大于混凝土峰值应变($\varepsilon_y > \varepsilon_0$)

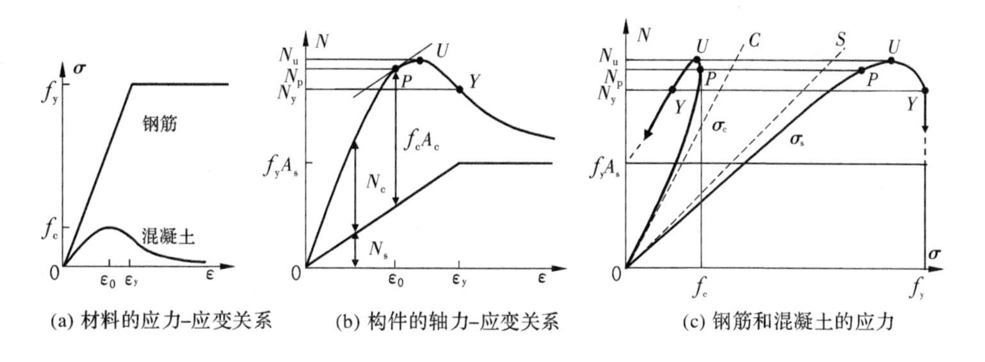

图 4.10　轴心受压构件的应力和变形(y> 0)

如果柱内配置强度等级较高的钢筋,屈服应变大于混凝土的峰值应变($\varepsilon_y > \varepsilon_0$),柱的受力阶段和变形过程与钢筋屈服应变小于混凝土峰值应变情况有很大的区别,如图 4.10 所示。

①第Ⅰ阶段,混凝土达到峰值应变前($\varepsilon < \varepsilon_0$):

对柱子施加轴压力后,应变 ε 逐渐增加,钢筋的应力 σ_s 和承受的压力 N_s 均与应变成正比增大;混凝土的应力 σ_c 和承受的压力 N_c 也随应变的增加而增大,但因为混凝土出现塑性变形,弹性模量逐渐减小,λ 逐渐减小,其应力 σ_c 和承受的压力 N_c 的增长幅度逐渐减小。在第Ⅰ阶段的受力和变形过程的初始阶段,钢筋屈服应变大于混凝土峰值应变柱与钢筋屈服应变小于混凝土峰值应变柱完全相同。对于钢筋屈服应变大于混凝土峰值应变柱,钢筋达到屈服应变前,混凝土首先达到其峰值应变,而达到柱受力的第Ⅰ阶段末。

②第Ⅰ阶段末,压应变等于混凝土峰值压应变($\varepsilon = \varepsilon_0$):

$$\begin{cases} N_p = f_cA_{0p} = \lambda_p E_c \varepsilon_0 A_{0p} \\ \sigma_s = \dfrac{\alpha_E}{\lambda_p} f_c = E_s \varepsilon_0 \\ \sigma_c = f_c \end{cases} \tag{4-34}$$

式中:

N_p 为混凝土峰值对应的轴力;

λ_p 为混凝土峰值对应的混凝土受压塑性系数。

③第Ⅱ阶段,应变超过混凝土峰值应变,钢筋屈服前($\varepsilon_0 < \varepsilon \leqslant \varepsilon_y$):

应变超过混凝土峰值应变后,混凝土的应力随着应变增加而逐渐减小,而钢筋应力($\sigma_s < f_y$)没有达到其屈服应力,钢筋的应力值与应变成正比增加。混凝土承担的压力逐渐减小,轴力的增量以及混凝土减小的压力全部由钢筋承担,钢筋的应力随轴力增加而急剧增大。柱的轴力、钢筋的应力和混凝土的应力分别为

$$\begin{cases} N = \lambda E_c \varepsilon A_c + E_s \varepsilon A_s = \lambda E_c \varepsilon A_{0p} \\ \sigma_s = E_s \varepsilon \\ \sigma_c = \lambda E_c \varepsilon \end{cases} \tag{4-35}$$

此表达式与第Ⅰ阶段的表达式相同,但 λ 值为混凝土应力-应变关系曲线下降段的值。

第Ⅱ阶段,随着应变增加,混凝土的应力逐渐降低,混凝土承担的轴力逐渐减少,钢筋承担

的轴力逐渐增加。假设构件有一应变增量 $\Delta\varepsilon$,则钢筋承担轴力的增量为

$$\Delta N_s = E_s \Delta\varepsilon A_s \tag{4-36}$$

混凝土承担轴力的减小量为

$$\Delta N_c = \lambda E_c \Delta\varepsilon A_c \tag{4-37}$$

当钢筋承担轴力的增量小于混凝土承担轴力的减小量,即 $\Delta N_s < \Delta N_c$ 或 $\rho < \dfrac{\lambda}{\alpha_E}$ 时,柱的轴力随着应变增加而逐渐减小。反之,即 $\Delta N_s \geqslant \Delta N_c$ 或 $\rho \geqslant \dfrac{\lambda}{\alpha_E}$ 时,柱的轴力随着应变增加仍然逐渐增加。需要注意,λ 不是定值,它随应变增加而逐渐减小。从上述的这些关系可以得出,构件在第Ⅱ阶段的轴力应变($N-\varepsilon$)关系与混凝土的应力-应变关系和构件的配筋率有密切关系。

当配筋率较小,满足 $\rho < \dfrac{\lambda}{\alpha_E}$ 时,在第Ⅱ阶段,柱的轴力先增后减,出现的轴力峰值即为柱的极限承载力 N_u。这一阶段柱的 $N-\varepsilon$ 曲线的斜率由正值转变为负值,斜率为零处对应于柱的轴力峰值。该曲线在 N_p处(第Ⅰ阶段末)光滑连续,其斜率与钢筋承载力曲线($N_s-\varepsilon$)的斜率相等。柱的极限承载力值必大于混凝土峰值应变时的轴力,而必小于混凝土的最大承载力和钢筋最大承载力之和,即

$$N_p < N_u < f_c A_c + f_y A_s \tag{4-38}$$

确定柱的极限承载力和相应的应变值,需要已知混凝土具体的应力-应变曲线和钢筋的弹性模量。将它们代入式(4-35)后,通过解析方法或数值方法求 N 的极大值,就可以得到柱的极限承载力和相应的应变值。柱的极限承载力取决于钢筋的配筋率和混凝土应力-应变关系下降段的性能。钢筋的弹性模量越大、配筋率越高、混凝土应力-应变曲线下降段越平缓,柱的极限承载力越高、其相应的应变值越大。

配筋率较大,满足 $\rho \geqslant \dfrac{\lambda}{\alpha_E}$ 时,第Ⅱ阶段柱 $N-\varepsilon$ 曲线的峰值点消失,构件的内力随应变单调增加。当钢筋屈服时,达到轴力的最大值。该值即为柱的极限承载力值。

钢筋达到屈服应变($\varepsilon=\varepsilon_y$),即为第Ⅱ阶段末,柱的轴力为

$$N_y = \lambda \varepsilon_y E_c A_c + f_y A_s \tag{4-39}$$

④第Ⅲ阶段,钢筋达到屈服应变后($\varepsilon>\varepsilon_y$):

在第Ⅲ阶段,随着应变增加,钢筋应力维持($\sigma_s=f_y$)不变,钢筋承担的轴力不变;而混凝土的压应力(即残余应力)逐渐减小,因而,柱所能承受的轴力也逐渐减小。该阶段柱的轴力一应变关系和钢筋、混凝土的应力变化与钢筋屈服应变小于混凝土峰值应变柱的第Ⅲ阶段完全相同。

需要注意的是,钢筋屈服应变小于混凝土峰值应变($\varepsilon_y<\varepsilon_0$)的柱,轴力的最大值发生在第Ⅱ阶段末,极限承载力 N_u为混凝土的最大承载力与钢筋的最大承载力之和;钢筋屈服应变大于混凝土峰值应变($\varepsilon_y>\varepsilon_0$)的柱,轴力的最大值发生在第Ⅱ阶段中。这个最大值就是轴压构件所能承担的最大内力,即极限承载力 N_u,该极限承载力 N_u小于混凝土的最大承载力与钢筋的最大承载力之和。

如果这个轴压截面是静定结构的一部分,则当 N 增加到 N_u而不卸除时,截面破坏,整个结构也丧失承载能力。这时截面的第Ⅲ阶段不起作用或不存在。如果这个截面是一个超静定

结构的一部分，则第Ⅲ阶段可以存在，压应变将继续增加，这个截面所承担的轴向压力将减小，其减小的压力将由超静定结构中的其他构件承担，只要其他构件不破坏，能继续承担所增加的荷载，则整个超静定结构仍能继续承载。这种现象称为超静定结构的内力重分布。

4.2.3　轴心受压截面的塑性分析

从以上讨论可知，柱截面的弹性分析比较简单，而对钢筋混凝土柱截面从受力开始直到破坏的受力和变形进行全过程弹塑性分析比较复杂。但是，就确定截面的破坏内力而言，按弹塑性分析有时比按弹性分析还简单。例如，对于钢筋屈服应变小于混凝土峰值应变（$\varepsilon_y < \varepsilon_p$）的柱，因为在第Ⅱ阶段，钢筋已屈服，其应力为其受压屈服应力 f_y。这时，钢筋能继续变形，但应力始终保持受压屈服应力 f_y 不变。混凝土的最大压应力为 f_c，发生在第Ⅱ阶段末，对应的压应变为 ε_p，可以同钢筋的应变相协调，即可以满足柱变形的协调条件。从而只需根据平衡条件，就可以求得第Ⅱ阶段末的破坏内力，即

$$N_u = f_c A_c + f_y A_s \tag{4-40}$$

这个过程称为钢筋混凝土轴心受压截面的塑性分析，也称为全塑性分析或刚塑性分析。公式非常简单，也容易理解，但蕴涵着重要的物理意义。需要注意的是此公式只在一定条件下才能成立，即：钢筋和混凝土两种材料之一（一般是钢筋），应力-应变曲线必须具备水平段（即流幅），使其应变能继续增长，从而达到另一材料（一般为混凝土）承受最大应力时对应的应变值，于是整个截面的承载力等于两种材料各自承担最大轴力之和。

塑性分析的计算公式虽然简单，但仅能求得构件的破坏内力 N_u 值，而无法求得破坏时的应变值，更无法反映从开始加载到破坏全过程的应力和变形变化的规律。

4.2.4　长期荷载作用下混凝土徐变对轴心受压构件的影响

轴心受压构件加载后，在不变的荷载长期作用下，混凝土将产生徐变变形，构件的压缩变形将随时间的增加而增大。由于混凝土和钢筋共同工作，而钢筋受压的徐变变形比混凝土的徐变变形小得多，因此，混凝土的徐变将使钢筋的应变增加，从而使钢筋的应力增加，钢筋分担的荷载比例增大。由平衡条件可知，混凝土的应力将减小，混凝土分担的荷载比例减少。混凝土徐变使受压构件内钢筋和混凝土之间产生了应力重分布，这种由混凝土徐变引起的应力重分布一开始变化较快，经过一段时间后，趋于稳定。

当轴心受压构件受到轴心压力时，加载瞬时应变为 $\varepsilon_s = \varepsilon_c$，此时混凝土和钢筋的应力，可根据弹塑性分析，由式(4－19)和式(4－17)求得，即为

$$\sigma_c = \frac{N}{A_{0p}} \tag{4-41}$$

$$\sigma_s = \frac{\alpha_E}{\lambda}\sigma_c = \frac{\alpha_E}{\lambda}\frac{N}{A_{0p}} \tag{4-42}$$

由于混凝土的徐变，混凝土的应变随时间增加而增大。设经过时间 t 后，混凝土的徐变量为 $\varepsilon_{ct}(t)$，则

$$\varepsilon_{ct}(t) = C_t(t) \cdot \varepsilon_c \tag{4-43}$$

式中，$C_t(t)$ 为混凝土的徐变系数，是一个与混凝土品种和应力大小等有关的时间函数，其值随时间增加而增大。混凝土和钢筋的应力分别由原来的 σ_c 和 σ_s 变为 $\sigma_{ct}(t)$ 和 $\sigma_{st}(t)$，它们均为时

间的函数。根据变形协调条件,钢筋和混凝土的应变相等,其 t 时刻的瞬时应变为

$$\varepsilon_{st}(t)=\varepsilon_{ct}(t)=\varepsilon_c[1+C_t(t)]=\varepsilon_s[1+C_t(t)] \tag{4-44}$$

则钢筋的瞬时应力为

$$\begin{aligned}\sigma_{st}(t)&=E_s\varepsilon[1+C_t(t)]\\&=\sigma_s[1+C_t(t)]\end{aligned} \tag{4-45}$$

根据平衡条件,此时

$$N=\sigma_{st}(t)A_s+\sigma_{ct}(t)A_c \tag{4-46}$$

将式(4-45)代入(4-46),则徐变后混凝土的应力为

$$\sigma_{ct}(t)=\frac{N-\sigma_s[1+C_t(t)]A_s}{A_c} \tag{4-47}$$

随着时间增加,徐变系数 $C_t(t)$ 增大,由式(4-45)和式(4-47)可知,钢筋的压应力将增大,而混凝土的压应力将减小,如图 4.11(a)和(b)所示。

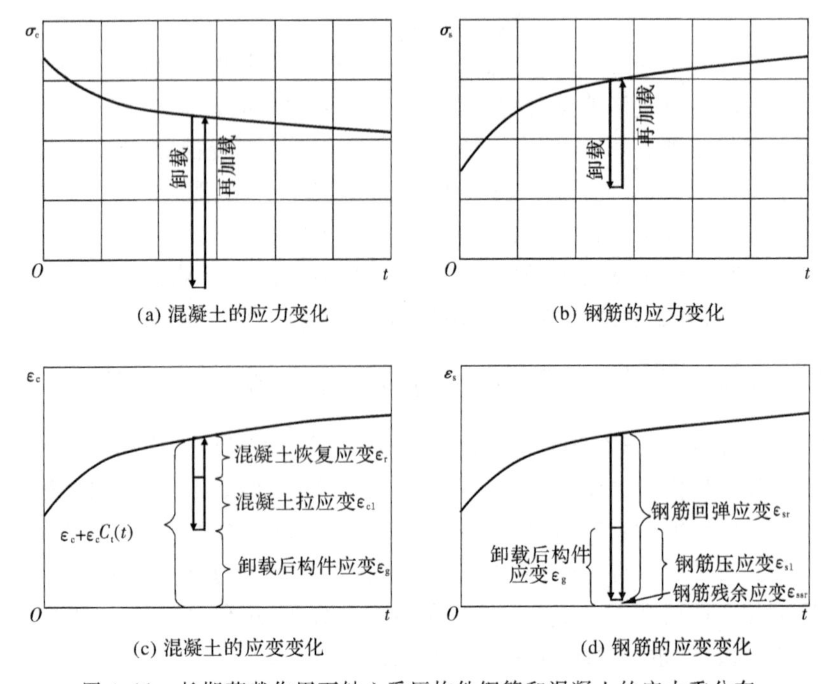

图 4.11　长期荷载作用下轴心受压构件钢筋和混凝土的应力重分布

若荷载突然卸载,构件回弹,由于混凝土徐变变形的大部分不可恢复,而钢筋变形的恢复量比混凝土的恢复量大得多,钢筋的弹性恢复受到其周围混凝土的约束,如图 4.11(c)和 4.11(d)中阴影所示。在荷载为零的平衡状态下,钢筋受压,混凝土受拉,如图 4.11(a)和 4.11(b)中阴影所示。设在无约束条件下混凝土和钢筋的瞬时恢复(回弹)应变分别为 ε_r 和 ε_{sr},则钢筋在无约束条件下的残余应变 $\varepsilon_{ssr}=\varepsilon_c+\varepsilon_c C_t(t)-\varepsilon_{sr}$,如图 4.11(d)中箭头所指。设卸载后构件的应变为 ε_g,根据变形的几何条件,混凝土的拉应变

$$\varepsilon_{cl}=\varepsilon_c[1+C_t(t)]-\varepsilon_g-\varepsilon_r \tag{4-48}$$

钢筋的压应变

$$\varepsilon_{sl}=\varepsilon_g-\varepsilon_{ssr} \tag{4-49}$$

根据卸载后的平衡条件，得

$$\sigma_{sl}A_s - \sigma_{cl}A_c = 0 \tag{4-50}$$

根据混凝土受拉的应力-应变全曲线关系一般形式的表达式(详见下节式(4-69))，此时，混凝土的拉应力和拉应变之间的关系可表达为

$$\sigma_{cl} = \lambda_t E_c \varepsilon_{cl}$$

式(4-50)的平衡条件可表达为

$$E_s(\varepsilon_g - \varepsilon_{ssr})A_s = \lambda_t E_c[\varepsilon_c[1 + C_t(t)] - \varepsilon_g - \varepsilon_r]A_c \tag{4-51}$$

由式(4-51)可得

$$\varepsilon_g = \frac{1}{1 + \frac{\alpha_E \rho}{\lambda_t}}\left[\varepsilon_c[1 + C_t(t)] - \varepsilon_r + \frac{\alpha_E \rho}{\lambda_t}\varepsilon_{ssr}\right] \tag{4-52}$$

由式(4-50)可得

$$\begin{aligned}\sigma_{cl} &= \frac{A_s}{A_c}\sigma_{sl} = \rho E_s(\varepsilon_g - \varepsilon_{ssr}) \\ &= \frac{E_s}{\frac{1}{\rho} + \frac{\alpha_E}{\lambda_t}}[\varepsilon_c[1 + C_t(t)] - \varepsilon_r - \varepsilon_{ssr}]\end{aligned} \tag{4-53}$$

式中，λ_t为混凝土的受拉变形塑性系数；$\alpha_E = E_s/E_c$为弹性模量比；$\rho = A_s/A_c$为截面的配筋率。

由试验可知，钢筋无约束时的残余应变σ_{ssr}很小，可以忽略不计。式(4-53)混凝土拉应力表达式中的参数，除配筋率ρ外均与材料的力学性能有关。由式(4-53)可知，混凝土的拉应力随配筋率增大而增大。如果构件纵筋配筋率过大，可能使混凝土的拉应力超过其抗拉强度而开裂，产生与构件轴线垂直的横向裂缝。若柱中纵筋和混凝土之间有很强粘应力，往往还会同时产生纵向裂缝，这种裂缝更加危险。为防止这种情况发生，需对柱中的纵筋配筋率进行控制，要求全部纵筋配筋率不宜超过5%。

例4-1 有一钢筋混凝土短柱，已知柱长2000 mm，承受轴心压力$N = 1000 \times 10^3$ N。截面尺寸300 mm×300 mm，配有4根直径为25 mm($A'_s = 1963$ mm^2)的纵筋，实测混凝土棱柱体抗压强度$f_c = 25$ N/mm^2，其弹性模量$E_c = 25000$ N/mm^2；钢筋的屈服强度$f_y = 357$ N/mm^2，其弹性模量$E_s = 196000$ N/mm^2。

①若钢筋和混凝土的应力-应变关系均采用如图4.4的线性关系式，分别求钢筋和混凝土的应力、钢筋和混凝土各自承担的外荷载及构件的压缩变形Δl。

②混凝土若采用式(2-3)和(2-4)所表示的非线性应力-应变关系时，分别求钢筋和混凝土的应力、钢筋和混凝土各自承担的外荷载及构件的压缩变形Δl。

③求柱的极限承载力。

④在上述压力下，经若干年后产生$\varepsilon_{ct}(t) = 0.001$的徐变，求此时柱中钢筋和混凝土各承受的压力。

解 ①求弹性状态下钢筋和混凝土的应力、钢筋和混凝土各自承担的外荷载及构件的压缩变形Δl。

$$\rho = \frac{A_s}{A_c} = \frac{1963}{300 \times 300} = 0.0218, \quad \alpha_E = \frac{E_s}{E_c} = \frac{196000}{25000} = 7.84$$

由式(4-11)得

$$\varepsilon = \frac{N}{E_c A_0} = \frac{N}{E_c A_c(1+\alpha_E \rho)} = \frac{1000 \times 10^3}{25000 \times 300 \times 300(1+7.84 \times 0.0218)}$$
$$= 0.3795 \times 10^{-3}$$

构件的压缩变形为　$\Delta l = \varepsilon l = 0.3796 \times 10^{-3} \times 2000 = 0.759\ \text{mm}$

钢筋的压应力　$\sigma_s = E_s \varepsilon = 196000 \times 0.3795 \times 10^{-3} = 74.39\ \text{N/mm}^2$

混凝土的压应力　$\sigma_c = E_c \varepsilon = 25000 \times 0.3795 \times 10^{-3} = 9.49\ \text{N/mm}^2$

由钢筋承受的轴压力　$N_s = \sigma_s A_s = 74.39 \times 1963 = 146.028 \times 10^3\ \text{N}$

由混凝土承受的轴压力 $N_c = \sigma_c A_c = 9.49 \times 300 \times 300 = 853.972 \times 10^3\ \text{N}$

②求弹塑性状态下钢筋和混凝土的应力、钢筋和混凝土各自承担的外荷载及构件的压缩变形 Δl。

根据平截面假定,混凝土的应变与钢筋的应变相等,均与构件的应变相等,即

$$\varepsilon_c = \varepsilon_s = \varepsilon$$

当应变小于混凝土应力-应变关系曲线峰值应力对应的应变 ε_0($\varepsilon_0 = 0.002$)时,混凝土的应力-应变关系为

$$\sigma_c = f_c\left[2\frac{\varepsilon}{\varepsilon_0} - \left(\frac{\varepsilon}{\varepsilon_0}\right)^2\right] \tag{a}$$

钢筋的应力-应变关系仍为

$$\sigma_s = E_s \varepsilon \tag{b}$$

由截面的平衡条件得

$$N = \sigma_c A_c + \sigma_s A_s = f_c\left[2\frac{\varepsilon}{\varepsilon_0} - \left(\frac{\varepsilon}{\varepsilon_0}\right)^2\right]A_c + E_s \varepsilon A_s \tag{c}$$

将具体数值代入式(c)得方程

$$1000 \times 10^3 = 25 \times \left[2 \times \frac{\varepsilon}{0.002} - \left(\frac{\varepsilon}{0.002}\right)^2\right] \times 300 \times 300 + 196000 \times 1963\varepsilon \tag{d}$$

解式(d)可得构件的应变　$\varepsilon = 0.4166 \times 10^{-3}$

构件的压缩变形为　$\Delta l = \varepsilon l = 0.4166 \times 10^{-3} \times 2000 = 0.833\ \text{mm}$

钢筋的压应力 $\sigma_s = E_s \varepsilon = 196000 \times 0.4166 \times 10^{-3} = 81.65\ \text{N/mm}^2$

混凝土的压应力

$$\sigma_c = f_c\left[2 \times \frac{\varepsilon}{\varepsilon_0} - \left(\frac{\varepsilon}{\varepsilon_0}\right)^2\right] = 25 \times \left[2 \times \frac{0.4166 \times 10^{-3}}{0.002} - \left(\frac{0.4166 \times 10^{-3}}{0.002}\right)^2\right] = 9.33\ \text{N/mm}^2$$

由钢筋承受的轴压力　$N_s = \sigma_s A_s = 81.65 \times 1963 = 160.279 \times 10^3\ \text{N}$

由混凝土承受的轴压力 $N_c = \sigma_c A_c = 9.33 \times 300 \times 300 = 839.700 \times 10^3\ \text{N}$

③求柱的极限承载力。

由于是短柱,可不考虑长细比对柱承载力的影响。

钢筋的屈服应变　$\varepsilon_y = \dfrac{f_y}{E_s} = \dfrac{357}{196000} = 0.00182$

混凝土应力-应变关系的峰值应变　$\varepsilon_0 = 0.002$

由于 $\varepsilon_0 > \varepsilon_y$,混凝土达到其峰值应力之前钢筋已屈服,所以,柱的极限承载力 N_u 为混凝土的最大承载力与钢筋的最大承载力之和,即

$N_u = f_y A_s + f_c A_c = 357 \times 1963 + 25 \times 300 \times 300 = 2950.791 \times 10^3\ \text{N}$

④求徐变发生后柱中钢筋和混凝土各承受的压力。

在分析徐变影响时，取构件的初始应变为弹塑性状态下求出的压应变，其值为

$$\varepsilon_c = 0.4166 \times 10^{-3}$$

由式(4－43)得徐变系数　$C_t(t) = \dfrac{\varepsilon_{ct}(t)}{\varepsilon_c} = \dfrac{0.001}{0.4166 \times 10^{-3}} = 2.40$

由式(4－45)钢筋的应力为

$$\sigma_{st}(t) = \sigma_s[1 + C_t(t)] = 81.65 \times [1 + 2.40] = 277.61\ \text{N/mm}^2$$

由钢筋承受的轴压力　$N_{st}(t) = \sigma_{st}(t)A_s = 277.61 \times 1963 = 544.948 \times 10^3\ \text{N}$

由平衡条件，混凝土承受的轴压力

$$N_{ct}(t) = N - \sigma_{st}(t)A_s = 1000 \times 10^3 - 544.948 = 455.052 \times 10^3\ \text{N}$$

4.2.5　轴心受压构件设计

1. 轴心受压构件承载力计算方法

前面已经指出，在轴心受压构件中，轴力的偏心实际上是不可避免的。短粗柱中，由各种偶然因素造成的偏心的影响很小，可忽略不计。但随着柱的计算长度增加，长细比(l_0/b 或 l_0/i)增大，这种偶然小偏心的影响逐渐增大，而且柱破坏形态也会发生变化。随着长细比增加，配有普通箍筋的轴心受压钢筋混凝土柱的破坏模式，从小长细比的受压破坏($l_0/b \leqslant 8$ 或 $l_0/i \leqslant 28$)、中等长细比的受压与屈曲兼有的破坏，到大长细比的屈曲破坏($l_0/b > 35$)。构件的承载力也随着长细比增加而急剧降低。

我国《混凝土结构设计规范》(GB 50010—2010)采用构件的稳定系数 φ 表示长细比对构件承载力的降低程度，即

$$\varphi = \frac{N_u^l}{N_u^s} \tag{4-54}$$

式中，N_u^l 和 N_u^s 分别为长柱和短柱的承载力。

稳定系数 φ 值主要和构件的长细比有关，l_0/b 或 l_0/i 越大，φ 越小。试验研究表明：当 $l_0/b<8$ 时，长细比对柱的承载力没有影响或影响很小，φ 值可取为 1。对于具有相同长细比的柱，由于混凝土强度等级和钢筋的种类以及配筋率的不同，φ 值的大小还略有变化。根据对试验结果的统计分析，得下列经验公式：

当 $l_0/b=8 \sim 34$ 时

$$\varphi = 1.177 - 0.021\frac{l_0}{b} \tag{4-55}$$

当 $l_0/b=35 \sim 50$ 时

$$\varphi = 0.87 - 0.012\frac{l_0}{b} \tag{4-56}$$

《混凝土结构设计规范》(GB 50010—2010)中，对于长细比较大的构件，考虑到荷载初始偏心和长期荷载作用对构件承载力的不利影响较大，φ 的取值比按经验公式所得到的 φ 值还要降低一些，以保证安全。对于长细比 l_0/b 小于 20 的构件，考虑到过去的使用经验，φ 的取值略有升高，如图 4.12 和表 4－1 所示。

表 4-1 钢筋混凝土轴心受压构件的稳定系数 φ

$\frac{l_0}{b}$	$\frac{l_0}{d}$	$\frac{l_0}{i}$	φ	$\frac{l_0}{b}$	$\frac{l_0}{d}$	$\frac{l_0}{i}$	φ
≤8	≤7	≤28	1.0	30	26.0	104	0.52
10	8.5	35	0.98	32	28.0	111	0.48
12	10.5	42	0.95	34	29.5	118	0.44
14	12.0	48	0.92	36	31.0	125	0.40
16	14.0	55	0.87	38	33.0	132	0.36
18	15.5	62	0.81	40	34.5	139	0.32
20	17.0	69	0.75	42	36.5	146	0.29
22	19.0	76	0.70	44	38.0	153	0.26
24	21.0	83	0.65	46	40.0	160	0.23
26	22.5	90	0.60	48	41.5	167	0.21
28	24.0	97	0.56	50	43.0	174	0.19

注：1. 表中 l_0 为构件的计算长度；b 为矩形截面的短边尺寸；d 为圆形截面的直径；i 为截面的最小回转半径。

2. 构件计算长度 l_0 与构件两端支承情况有关，当两端铰支时，取 $l_0=l$(l 为构件实际长度)；当两端固定时，取 $l_0=0.5l$；当一端固定，一端铰支时，取 $l_0=0.7l$；当一端固定，一端自由时取 $l_0=2l$。轴心受压和偏心受压钢筋混凝土柱的计算长度可按《混凝土结构设计规范》(GB 50010—2010)第 6.2.20 条确定。

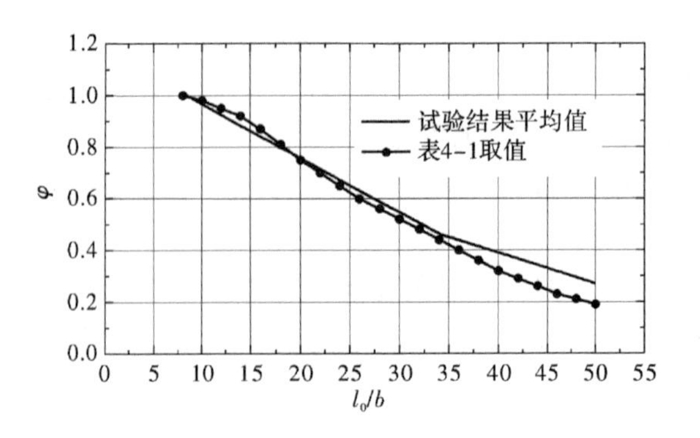

图 4.12 φ 值的试验结果平均值及表 4-1 取值

轴心受压构件正截面承载力的计算，是以钢筋屈服应变小于混凝土峰值应变($\varepsilon_y<\varepsilon_p$)柱的第Ⅱ阶段末的受力状况为基础。在承载力极限状态时，纵向钢筋已屈服，混凝土达到其抗压强度。在考虑长柱承载力的降低和可靠度的调整因素后，《混凝土结构设计规范》(GB 50010—2010)给出的轴心受压构件承载力计算公式为

$$N \leqslant N_u = 0.9\varphi(f_c A + f_y' A_s') \tag{4-57}$$

式中：

N——轴向压力设计值；

N_u——构件轴向极限抗压承载力；

0.9——可靠度调整系数；

φ——钢筋混凝土轴心受压构件的稳定系数，见图 4.12 或表 4－1；

f_c——混凝土的轴心抗压强度设计值；

A——构件截面面积；

f'_y——纵向钢筋的抗压强度设计值；

A'_s——全部纵向钢筋的截面面积。

当纵向钢筋配筋率大于 3%时，式中 A 应改用$(A-A'_s)$。

2. 构造要求

受压构件除满足承载力计算要求外，还应满足相应的构造要求。构造要求内容多而复杂，这里只介绍一些基本构造要求，这些基本构造要求也适用于第 7 章的偏心受压构件。本节所未涉及的构造规定可参阅《混凝土结构设计规范》(GB 50010—2010)。

(1)截面形式

为便于支模和施工方便，轴心受压构件截面以方形为主，根据需要也可采用矩形、圆形或正多边形，方形或矩形截面最小边长不宜小于 250 mm。为了避免矩形截面轴心受压构件长细比过大，承载力降低过多，构件长细比常取 $l_0/b\leqslant30$ 和 $l_0/h\leqslant25$。此处 l_0 为柱的计算长度，b 和 h 分别为矩形截面短边和长边的边长。

(2)混凝土强度要求

混凝土强度对受压构件的承载力影响较大。为减小构件的截面尺寸，节省钢材，宜采用较高强度等级的混凝土，如 C30、C40、C50 等。高层建筑和重要结构，必要时可采用强度等级更高的混凝土。

(3)纵向钢筋

纵向钢筋一般采用 HRB400 级、HRB335 级和 RRB400 级。若钢筋强度过高，钢筋与混凝土共同受压时，不能充分发挥其高强度的作用，故不宜采用。同时，也不得采用冷拉钢筋作为纵向受压钢筋。

轴心受压构件全部纵筋的配筋率 ρ 不应小于 0.6%，但从经济、施工以及受力性能等方面来考虑，全部纵向钢筋的配筋率不宜超过 5%。

纵向受力钢筋直径 d 不宜小于 12 mm，通常在 16～32 mm 范围内选用。为减少钢筋施工时可能产生的纵向弯曲，并防止构件临近破坏时钢筋过早压屈，宜选用较大直径的钢筋。纵向钢筋应沿截面周边均匀布置，钢筋净距不应小于 50 mm，钢筋中距亦不应大于 300 mm；圆形截面柱中纵向钢筋的根数不宜少于 8 根。

钢筋的接头可采用机械连接接头，也可采用焊接接头和搭接接头，但接头位置应设在受力较小处。直径大于 32 mm 的受压钢筋，不宜采用绑扎的搭接接头。

混凝土保护层厚度应满足《混凝土结构耐久性设计规范》(GB/T 50476—2008)的规定，柱的最小保护层厚度 c=20～70 mm，它与结构所处的环境类别、作用等级、设计使用年限、混凝土的强度等级和水胶比有关。

(4)箍筋的要求

箍筋一般采用 HPB300 级、HRB335 级钢筋，也可采用 HRB400 级钢筋。

为保证钢筋骨架的整体刚度，并保证构件在破坏阶段，箍筋对混凝土和纵向钢筋的侧向约束作用，防止纵筋压屈，柱中箍筋应采用封闭式箍筋。箍筋的间距 s 不应大于 $15d$(焊接骨架

中则不应大于 $20d$)(d 为纵向钢筋的最小直径),同时,不应大于构件横截面的短边尺寸和 400 mm。

箍筋采用热轧钢筋时,直径不应小于 6 mm,且不应小于 $d/4$。

当柱截面短边尺寸大于 400 mm,且纵筋多于 3 根时,或柱截面短边尺寸不大于 400 mm,但各边纵筋多于 4 根时,应设置复合箍筋(见图 4.13)。

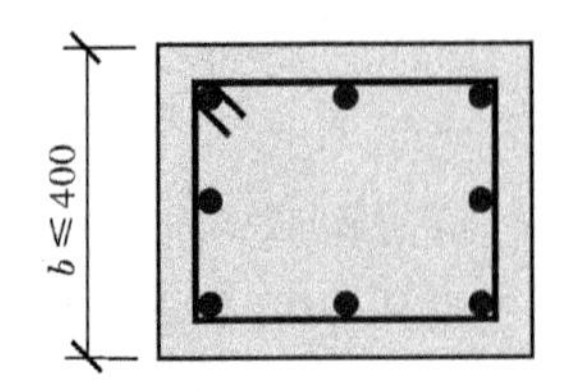

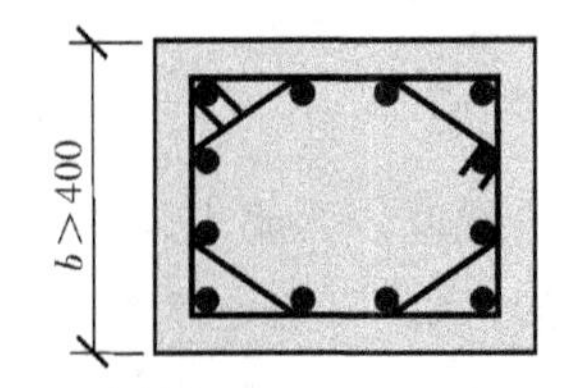

图 4.13 矩形截面箍筋形式

柱中全部纵向受力钢筋配筋率超过 3%时,箍筋直径不应小于 8 mm,间距不应大于 $10d$(d 为纵向钢筋的最小直径),且不应大于 200 mm。箍筋末端应做成 135°弯钩,且弯钩末端平直段长度不应小于箍筋直径的 10 倍,也可焊成封闭环式。

在受压纵向钢筋搭接长度范围内,箍筋应加密,箍筋直径不应小于搭接钢筋较大直径的 0.25 倍,间距不应大于 $10d$,且不应大于 200 mm(d 为受力钢筋最小直径)。当搭接受压钢筋直径大于 25 mm 时,应在搭接接头两个端面外 100 mm 范围内,各设置两根箍筋。

对于截面形状复杂的构件,不可采用具有内折角的箍筋,避免产生向外的拉力,致使折角处的混凝土破损。

例 4-2 根据建筑的要求,某轴心受压柱截面尺寸定为 450 mm×450 mm。由层高和两端支承情况决定其计算高度为 $l_0=6200$ mm,柱内配有 8 根直径为 20 mm 的 HRB400 钢筋作为纵筋,构件所用混凝土强度等级为 C30。柱子的轴向力设计值 $N=3000\times10^3$ N。验算该截面是否安全。

解 由表 2-5 和表 2-6 得,混凝土强度等级 C30 的 $f_c=14.3\ \text{N/mm}^2$,HRB400 钢筋的 $f_y'=360\ \text{N/mm}^2$。

$\dfrac{l_0}{b}=\dfrac{6200}{450}=13.78$,查表 4-1,得 $\varphi=0.923$

配筋率 $\rho=\dfrac{A_s}{A}=\dfrac{8\times\dfrac{\pi\times20^2}{4}}{450\times450}=0.0124<0.03$

由式(4-57)得

$$
\begin{aligned}
N_u &= 0.9\varphi(f_cA+f_y'A_s') \\
&= 0.9\times0.923\left(14.3\times450\times450+360\times8\times\frac{\pi\times20^2}{4}\right) \\
&= 3157.099\times10^3\ \text{N}
\end{aligned}
$$

所以,$N_u>N=3000\times10^3$ N,截面安全。

4.3 配置约束箍筋混凝土柱的正截面承载力分析

受压柱内配置连续的螺旋形箍筋或者单独的焊接圆形箍筋，且箍筋沿柱轴线的间距较小，可对其包围的核芯混凝土构成有效约束，使其受力性能有较大的改善。当柱承受很大轴心压力，且柱截面尺寸由于建筑及使用的要求受到限制，若设计成普通箍筋柱，即使提高了混凝土强度等级并增加了纵筋配筋量，也不足以承受该轴心压力时，可考虑采用螺旋箍筋或焊接圆环箍筋以提高柱的承载力，如图 4.14 所示。

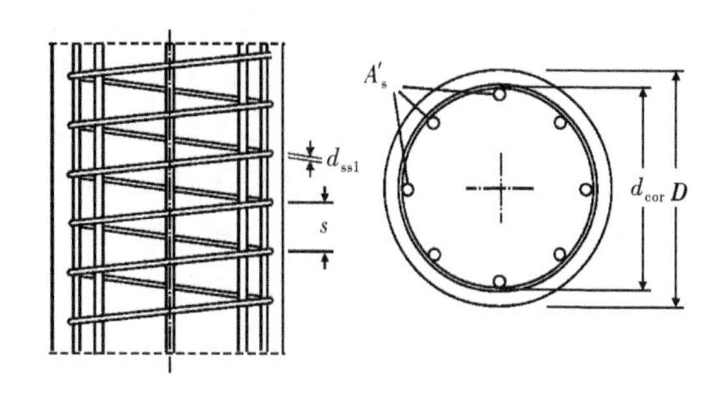

图 4.14　螺旋箍筋柱

4.3.1 受力机理和破坏过程

混凝土三轴试验研究表明，侧向压力的存在，可有效地阻止混凝土在轴向压力作用下产生的侧向变形以及内部裂缝的产生和发展，从而使混凝土的轴向抗压强度和变形能力提高。当柱中混凝土的轴向压力较大时，混凝土纵向裂缝开始迅速发展，导致混凝土侧向变形明显增加。若在混凝土柱中配置足够的螺旋箍筋或焊接环向箍筋，箍筋所包围混凝土的侧向变形受到箍筋约束，混凝土受到箍筋的侧向压力，混凝土的侧向作用使箍筋内产生环向拉力。所以，箍筋所包围的核芯混凝土处于三轴受压状态，其轴向抗压强度与侧向压力有关。侧向压力越大，轴向抗压强度越高，构件的承载力也越高。而混凝土受到的侧向压力取决于箍筋的应力和数量。箍筋的应力越高、面积越大，核芯混凝土受到的侧向压力越大。

螺旋箍筋钢筋混凝土柱、普通箍筋钢筋混凝土柱和素混凝土柱的受压轴力一应变曲线如图 4.15 所示。素混凝土柱受轴压力后的轴力一应变曲线和破坏过程与混凝土棱柱体试件受压试验的相同。普通箍筋钢筋混凝土柱受轴向压力后的轴力-应变曲线和截面应力状态如前述，柱内的纵向钢筋与混凝土共同工作，可以在一定程度上增强柱的抗压承载力和延性，柱内箍筋主要作用是固定纵向钢筋的位置，对混凝土的约束很小。与素混凝土柱相比，普通箍筋钢筋混凝土柱的纵筋和箍筋，对峰值应变和下降段曲线的影响很小。

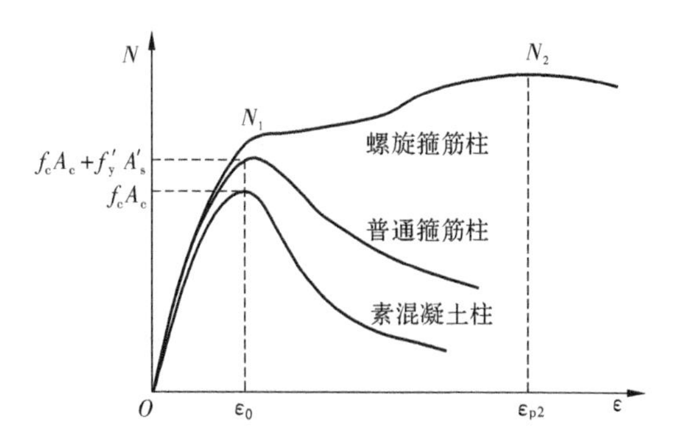

图 4.15　不同箍筋柱载荷-应变关系比较

当轴向压力较低时，配置螺旋箍筋或焊接环向箍筋柱混凝土的横向膨胀变形很小，箍筋沿圆周的拉应力不大，对核芯混凝土的约束作用不明显，轴力-应变曲线与普通箍筋柱的曲线接近。即使柱的应变接近素混凝土的峰值应变时，螺旋箍筋柱的轴力（N_1）仍与普通箍筋柱的极限轴力接近。说明混凝土达到峰值应变前，横向变形小，箍筋的约束作用有限。当柱的应变大于混凝土峰值应变后，箍筋外围的混凝土进入应力-应变曲线下降段，开始形成纵向裂缝，并逐渐扩展，横向变形增加速度加快。表层开始剥落，箍筋外围混凝土逐步退出工作，这部分混凝土所承担的轴力逐渐减小。同时，核芯混凝土的纵向裂缝开始形成并逐渐扩展，使其横向变形迅速增加，但该横向变形受到箍筋的有效约束后，核芯混凝土对箍筋施加径向压力，在箍筋内产生拉应力。反之，箍筋对核芯混凝土施加相反方向的压力，使混凝土处于三轴受压应力状态。混凝土在三轴受压应力状态下的轴向应力-应变曲线与单轴受压的应力-应变曲线不再相似，破坏形态也不同。在三轴受压应力状态下，随着侧向压应力加大，曲线的峰值逐渐提高，峰值所对应的应变也逐渐增大。曲线变得平缓丰满，峰值点演变成近于一平台(称为峰部)。混凝土的轴向抗压强度随侧向压力的增加而成倍增长，峰值应变的增长幅度更大。

随着柱子应变继续增大，核芯混凝土的横向变形和箍筋应力不断增大，核芯混凝土受到的横向压应力也逐渐增大。核芯混凝土的应力随着应变的逐渐增加逐渐提高，从而使柱所承担的总轴力在箍筋外围混凝土退出工作后，仍能缓缓上升。当箍筋应力达到屈服强度时，它对混凝土的约束应力也达到最大值。此时，核芯混凝土的纵向应力尚未达三轴抗压强度，柱的承载力还能增加。此后，继续增大柱的应变，箍筋应力保持其屈服应力不变，核芯混凝土在定值横向约束应力下，继续横向膨胀，直至混凝土轴向应力达到混凝土的三轴抗压强度，或称约束混凝土抗压强度时，柱达极限承载力 N_2。

最后，在三轴受压应力状态下，柱芯混凝土发生挤压流动，纵向应变加大，柱子明显缩短，横向膨胀，柱子的局部成为鼓形外凸，箍筋外露并被拉断，形成轴力一应变曲线的下降段。从图 4.15 可以看出，配置足够的螺旋箍筋或焊接圆环箍筋不仅可以提高柱的承载力，还能很大程度地改善柱的变形性能。

4.3.2 极限承载力

从螺旋箍筋钢筋混凝土柱的受力和破坏过程分析可知，当达到其承载力极限状态时，核芯混凝土达到其三轴抗压强度。此时，柱的应变很大，外围混凝土已退出工作，纵向钢筋和箍筋均已屈服。柱的极限承载力为

$$N_u = f_{ccc}A_{cor} + f_y'A_s' \tag{4-58}$$

式中：

f_{ccc}——核芯混凝土的三轴抗压强度；

A_{cor}——核芯混凝土的截面积，取箍筋内皮直径 d_{cor} 计算；

f_y'——纵向钢筋的抗压强度设计值；

A_s'——全部纵向钢筋面积。

核芯混凝土的三轴抗压强度取决于箍筋约束的大小，其强度可以用圆柱体混凝土周围加液压所得的近似关系式计算

$$f_{ccc} = f_c + \beta\sigma_r \tag{4-59}$$

式中：

f_c——混凝土单轴抗压强度；

σ_r——核芯混凝土受到的横向压应力。

在承载力极限状态，箍筋屈服，其应力保持箍筋的屈服应力不变，横向压应力的大小取决于箍筋数量。如图 4.16 所示，核芯混凝土受到的横向压应力可由横向力的平衡条件得出

$$\sigma_r = \frac{2f_{ys}A_{ss1}}{sd_{cor}} = \frac{f_{ys}A_{ss0}}{2A_{cor}} \tag{4-60}$$

式中：

A_{ss1}——单根箍筋的截面面积；

f_{ys}——箍筋的抗拉强度设计值；

s——箍筋间距；

d_{cor}——核芯混凝土直径，按箍筋内皮确定；

A_{ss0}——箍筋的换算截面面积；

$$A_{ss0} = \frac{\pi d_{cor}A_{ss1}}{s} \tag{4-61}$$

A_{cor}——核芯混凝土截面面积。

将式(4-59)和(4-60)代入式(4-58)的轴向力平衡方程，得

$$N_u = f_cA_{cor} + \frac{\beta}{2}f_{ys}A_{ss0} + f'_yA'_s \tag{4-62}$$

上式中右边的第二项显然是箍筋对轴心受压柱极限承载力的贡献。根据对试验结果的分析，此项前系数($\beta/2$)的实测值为1.7～2.9，平均值约为2.0。这表明，同样的钢材体积(截面积×s)和强度情况下，箍筋比纵筋的承载效率高出一倍。

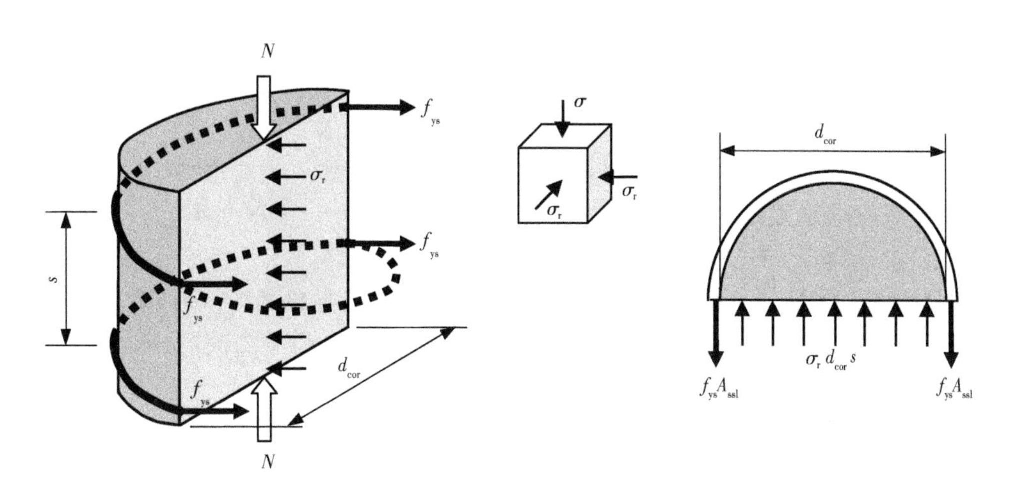

图 4.16　螺旋箍筋对核芯混凝土的约束

需要说明，螺旋箍筋提高了柱的极限承载力 N_u，只适合于轴心受压的短柱($H/D \leqslant 12$，H 为柱的计算高度，D 为柱外径)。长柱和偏心受压柱的破坏形态与短柱不同，它们达到极限状态时，箍筋应力较低，对混凝土的约束能力有限，不应考虑箍筋对柱轴向承载力提高的影响。

从螺旋箍筋柱的受力过程看到，其极限承载力有两个控制值：

① 纵筋受压屈服，全截面混凝土达到其棱柱体抗压强度 f_c，柱承受的轴向压力为 N_1。此时，混凝土的横向应变尚小，可忽略箍筋约束对核芯混凝土强度提高的作用，建立的计算式同式(4-40)

$$N_1 = f_cA_c + f'_yA'_s \tag{4-63}$$

式中，A_c为柱的全截面积。

② 箍筋屈服后,核芯混凝土达到其三轴抗压强度 f_{ccc},柱所承受的轴向压力为 N_u。此时,柱的应变很大,外围混凝土剥落已退出工作,纵向钢筋仍维持屈服应力不变,承载力计算公式为式(4-62)。

螺旋箍筋柱的这两个特征承载力的差值(N_u-N_1)取决于约束箍筋的数量和屈服强度。若配箍量过少,出现 $N_u<N_1$ 的情况,表明箍筋约束作用对柱承载力的提高,还不足以补偿外围混凝土剥落承载力的损失。故在设计螺旋箍筋柱时,要求 $N_u \geqslant N_1$。把式(4-62)和式(4-63)代入后得

$$A_{ss0} \geqslant \frac{2f_c(A_c - A_{cor})}{\beta f_{ys}} \tag{4-64}$$

另一方面,若(N_u-N_1)差值过大,按 N_u 设计的柱子在使用荷载作用下,外围混凝土已经接近或超过其应力峰值,可能发生纵向裂缝,甚至剥落,不符合使用要求,同时也降低结构的耐久性。为使外围的保护层混凝土在使用期间对产生纵向裂缝或剥落有足够的抵抗能力,设计时一般要求 $N_u \leqslant 1.5N_1$,故

$$A_{ss0} \leqslant \frac{f_c(3A_c - 2A_{cor}) + f'_y A'_s}{\beta f_{ys}} \tag{4-65}$$

式(4-65)和式(4-64)给出了螺旋箍筋柱箍筋换算截面面积上、下限的理论值。

4.3.3 配置约束混凝土箍筋柱的设计

为保证结构安全,各国的设计规范对配置约束混凝土箍筋柱的设计都有具体规定,但不同的规范又有所不同。

令 $\beta/2=2\alpha$ 代入式(4-62),同时考虑可靠度的调整系数 0.9 后,我国《混凝土结构设计规范》(GB 50010—2010)规定的螺旋式或焊接环式箍筋柱承载力计算公式为

$$N_u = 0.9(f_c A_{cor} + 2\alpha f_{ys} A_{ss0} + f'_y A'_s) \tag{4-66}$$

式中,α 称为箍筋对混凝土约束的折减系数。混凝土强度等级不超过 C50 时,取 $\alpha=1.0$;混凝土强度等级为 C80 时,取 $\alpha=0.85$;混凝土强度等级在 C50 与 C80 之间时,α 按直线内插法确定。

箍筋间距不应大于 80 mm 及 $d_{cor}/5$,且不应小于 40 mm;箍筋的直径不应小于 $d/4$(d 为纵向钢筋的最大直径),且不应小于 6 mm。

为使间接钢筋外面的混凝土保护层对抵抗脱落有足够的能力,按式(4-66)计算得到的构件承载力不应比按式(4-57)计算得到的大 50%,即应满足式(4-65)。

凡属下列情况之一者,不考虑箍筋的影响而按式(4-57)计算构件的承载力:

- 当 $l_0/D>12$ 时;
- 当按式(4-66)计算得到的抗压承载力小于按式(4-57)计算得到的抗压承载力时;
- 当间接钢筋换算截面面积 A_{ss0} 小于纵筋全部截面面积的 25%时,可以认为箍筋配置过少,对核芯混凝土的约束效果不明显。

例 4-3 某宾馆门厅钢筋混凝土圆形截面柱承受轴向压力作用,从基础顶面到二层楼面的高度 $H=3600$ mm,截面直径 $D=400$ mm,构件稳定系数取为 $\varphi=1.0$。截面内配有 8 根直径为 22 mm 的 HRB400 的纵向钢筋,纵向钢筋至截面边缘的混凝土保护层厚度 $c=30$ mm,采用 C30 级混凝土。试问:

①按普通箍筋柱计算，该柱的轴心抗压承载力为多少？

②当配有ϕ 8@50 mm 的 HRB335 级螺旋箍筋时，该柱的轴心抗压承载力为多少？

③如果将ϕ 8 的螺旋箍筋间距改为 80 mm 时，该柱的轴心抗压承载力为多少？

解　①按普通箍筋柱计算，柱的轴心抗压承载力

$$A_s' = 8 \times \frac{\pi \times 22^2}{4} = 3041 \text{ mm}^2, A = \frac{\pi d^2}{4} = 125664 \text{ mm}^2$$

由表 2－5 和表 2－6 得，C30 混凝土的 $f_c = 14.3 \text{ N/mm}^2$，HRB400 钢筋的 $f_y' = 360 \text{ N/mm}^2$。

由式(4－57)，得

$$N_u = 0.9\varphi(f_c A + f_y' A_s')$$
$$= 0.9 \times 1.0 \times (14.3 \times 125664 + 360 \times 3041) = 2602.580 \times 10^3 \text{ N}$$

②按约束箍筋柱计算时

由于柱的长细比 $l_0/d = H/d = 3600/400 = 9 < 12$，可以按约束箍筋柱计算柱的轴心抗压承载力。

由附录 2 附表 2－3 得，HRB335 钢筋的 $f_{ys} = 300 \text{ N/mm}^2$。

$$d_{cor} = 400 - 2 \times 30 = 340 \text{ mm}, A_{cor} = \frac{\pi d_{cor}^2}{4} = 90792 \text{ mm}^2, A_{ss1} = \frac{\pi \times 8^2}{4} = 50.3 \text{ mm}^2$$

$$A_{ss0} = \frac{\pi d_{cor} A_{ss1}}{s} = \frac{\pi \times 340 \times 50.3}{50} = 1075 \text{ mm}^2$$

因混凝土强度等级为 C30＜C50，取 $\alpha = 1.0$，由式(4－66)，得

$$N_u = 0.9 \times (f_c A_{cor} + 2\alpha f_{ys} A_{ss0} + f_y' A_s')$$
$$= 0.9 \times (14.3 \times 90792 + 2 \times 1 \times 300 \times 1075 + 360 \times 3041)$$
$$= 2734.277 \times 10^3 \text{ N}$$

此值大于按普通箍筋柱计算的承载力 2602.580×10^3 N，说明该柱由于螺旋箍筋的约束作用，使柱的承载力提高，柱的实际承载力为 2734.277×10^3 N。

(3)当螺旋箍筋间距改为 80 mm 时

$$A_{ss0} = \frac{\pi d_{cor} A_{ss1}}{s} = \frac{\pi \times 340 \times 50.3}{80} = 672 \text{ mm}^2$$

$$N_u = 0.9(f_c A_{cor} + 2\alpha f_{ys} A_{ss0} + f_y' A_s')$$
$$= 0.9(14.3 \times 90792 + 2 \times 1 \times 300 \times 672 + 360 \times 3041)$$
$$= 2516.657 \times 10^3 \text{ N}$$

此值小于按普通箍筋柱计算的承载力 2602.580×10^3 N，这是由于螺旋箍筋的间距偏大，对核芯混凝土的约束作用不明显，核芯混凝土承载力的提高不足以补偿因混凝土保护层剥落退出工作使承载力的减小。所以该柱的承载力仍取按普通箍筋柱计算的承载力 2602.580×10^3 N。

4.4 轴心受拉构件

4.4.1 轴心受拉截面的弹性分析

轴心受拉构件与轴心受压构件的弹性分析有相似之处,也有不同之点。两者的横截面都受到轴力的作用,但一拉一压。由于混凝土的抗拉强度非常低,所以钢筋混凝土构件受到不大的拉力时,混凝土截面就被拉断而开裂,开裂后拉力全部由钢筋承担。根据这些特点,钢筋混凝土构件在轴心拉力作用下的应力和应变状态也必须进行分阶段分析。

①第Ⅰ阶段,混凝土开裂前:

拉力不大时,混凝土未开裂,钢筋和混凝土共同工作,如按弹性分析,轴压截面的所有计算公式(见 4.2 节)完全适用,仅需将式中的 N 理解为拉力、σ_c 和 σ_s 为拉应力、ε_c 和 ε_s 为拉应变、$B(E_cA_0)$ 为抗拉刚度。

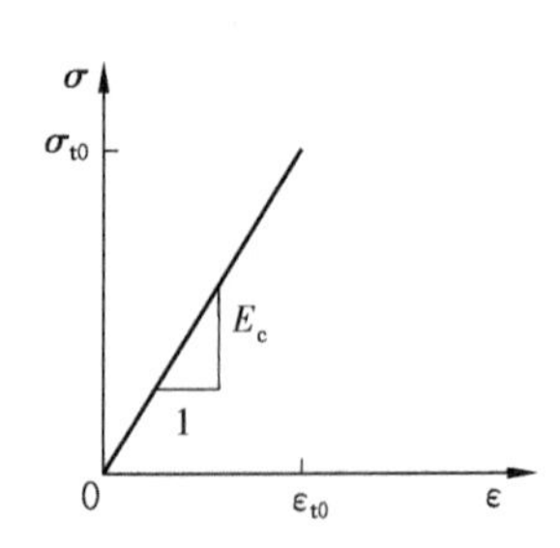

图 4.17 弹性分析时混凝土受拉应力-应变关系

混凝土受拉时的应力-应变关系按图 4.17 所示的取用,当混凝土拉应力达到其抗拉强度,即 $\sigma=\sigma_{t0}$,$e=e_{t0}$ 时,混凝土开裂,标志着第Ⅰ阶段的结束。

②第Ⅱ阶段,混凝土开裂后:

荷载继续增加,裂缝出现,截面进入第Ⅱ阶段。混凝土不再参与工作,拉力全部由钢筋承担。

于是,引入钢筋物理条件后的平衡条件为

$$N = E_s\varepsilon_sA_s \tag{4-67}$$

构件开裂截面的变形就是钢筋的变形,构件开裂截面的受力与纯钢结构受力相同。

第Ⅱ阶段末,钢筋拉应力达到其屈服应力,即 $\sigma_s=f_y$,$\varepsilon_s=\varepsilon_y$ 时,钢筋屈服,认为整个截面达到破坏。所以,破坏时的极限内力为

$$N = f_yA_s \tag{4-68}$$

4.4.2 轴心受拉截面的弹塑性分析

与轴压截面一样,按弹性分析不能很好反映轴拉截面的力学性能,需要进行弹塑性分析。首先引入能反映混凝土弹塑性性能的受拉应力-应变关系,代替弹性分析时的应力-应变关系。混凝土受拉的应力-应变全曲线关系仍可表达成一般形式

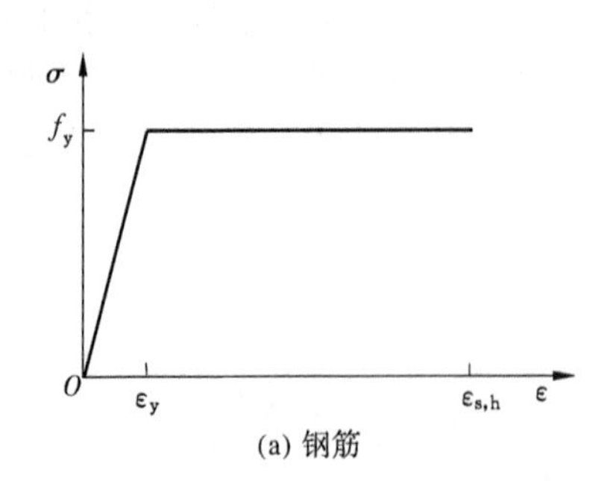

(a) 钢筋

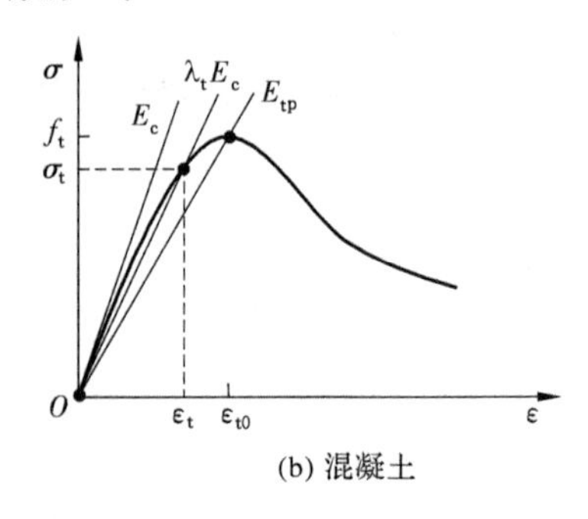

(b) 混凝土

图 4.18 轴心受拉构件弹塑性分析时材料的应力-应变关系

$$\sigma_t = \lambda_t E_c \varepsilon_t \tag{4-69}$$

式中，E_c为混凝土受拉初始弹性模量。试验结果表明，混凝土受拉初始弹性模量与其受压初始弹性模量相近，一般取同值。λ_t为混凝土的受拉变形塑性系数，其值由混凝土受拉应力-应变方程确定。λ_t与混凝土的应变存在一一对应关系，随着应变增加，λ_t值由 1 逐渐减小至零，如图 4.18(b)所示。钢筋的本构关系仍采用弹塑性双直线模型，如图 4.18(a)所示。

截面开裂前，钢筋和混凝土的粘结良好时，两者的应变相等。截面开裂前的变形条件为

$$\varepsilon = \varepsilon_s = \varepsilon_t \tag{4-70}$$

钢筋和混凝土的应变相等时，两者应力的关系为

$$\sigma_s = \frac{\alpha_E}{\lambda_t}\sigma_t \tag{4-71}$$

式中，$\alpha_E = E_s/E_c$为弹性模量比，与受压柱相同。

由力的平衡条件，混凝土开裂前，钢筋混凝土受拉构件的内力为

$$N = N_t + N_s = \sigma_t\left(A_c + \frac{\alpha_E}{\lambda_t}A_s\right) = \sigma_t A_{0t} \tag{4-72}$$

式中，

$$A_{0t} = A_c + \frac{\alpha_E}{\lambda_t}A_s \tag{4-73}$$

A_{0t}称为混凝土受拉弹塑性变形换算截面面积。与受压截面类似，λ_t不是常数，随应变的增大而减小，所以，此换算面积也不是常数，随应变增大而增大。

轴心受拉构件的抗拉刚度定义为轴向拉力 N 与应变 ε 的比值。混凝土开裂前，按弹塑性分析的抗拉刚度为

$$B_{tp} = \frac{N}{\varepsilon} = \frac{\sigma_t A_{0t}}{\varepsilon} = \frac{\lambda_t E_c \varepsilon_t A_{0t}}{\varepsilon} = \lambda_t E_c A_{0t} = E_c(\lambda_t A_c + \alpha_E A_s) \tag{4-74}$$

显然，弹塑性状态下，轴心受拉截面的刚度也不是常数，随着内力增加，构件截面的抗拉刚度逐渐减小。

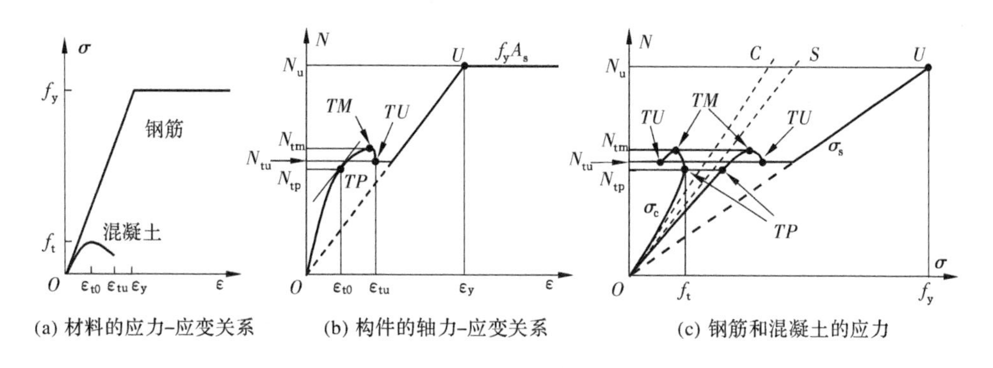

图 4.19　轴心受拉构件的应力和变形

混凝土的抗拉强度很低，抗拉极限应变也非常小，混凝土的极限拉应变通常远小于钢筋的屈服应变，如图 4.19(a)所示。混凝土开裂时，钢筋的应力小于其屈服强度。加载过程中，根据钢筋和混凝土受力情况，轴心受拉构件的受力过程分为三个阶段。下面对各阶段的应力和变形进行分析。

①第Ⅰ阶段，混凝土应变小于其峰值应变($\varepsilon < \varepsilon_{t0}$)：

拉应变小于混凝土的受拉峰值应变时,混凝土的应力 σ_c 随着应变增加而增加;钢筋应力 σ_s 也随应变增加而增加。将钢筋和混凝土的本构关系、截面的变形条件代入平衡条件,可得到轴力与应变的关系

$$N = \lambda_t \varepsilon_t E_c \left(A_c + \frac{\alpha_E}{\lambda_t} A_s \right) = \lambda_t \varepsilon_t E_c A_{0t} \tag{4-75}$$

钢筋和混凝土的应力分别为

$$\begin{cases} \sigma_s = E_s \varepsilon = \dfrac{\alpha_E}{\lambda_t} \sigma_t = \alpha_E E_c \varepsilon \\ \sigma_t = \lambda_t E_c \varepsilon \end{cases} \tag{4-76}$$

钢筋和混凝土承担的轴力部分分别为

$$\begin{cases} \dfrac{N_s}{N} = \dfrac{\sigma_s A_s}{\sigma_t A_{0t}} = \dfrac{\alpha_E A_s}{\lambda_t A_{0t}} = \dfrac{\alpha_E A_s}{\lambda_t A_c + \alpha_E A_s} = \dfrac{\alpha_E \rho}{\lambda_t + \alpha_E \rho} \\ \dfrac{N_t}{N} = \dfrac{\sigma_t A_c}{\sigma_t A_{0t}} = \dfrac{A_c}{A_{0t}} = \dfrac{1}{1 + \dfrac{\alpha_E}{\lambda_t} \rho} \end{cases} \tag{4-77}$$

式中,ρ 为截面的配筋率。

对构件施加轴向拉力后,应变 ε 逐渐增加,钢筋的应力 σ_s 和承受的拉力 N_s 均与应变成正比增大;混凝土的应力 σ_c 和承受的拉力 N_c 随应变增加而增大。但因为混凝土出现塑性变形,λ_t 渐减,其应力 σ_c 和承受拉力 N_c 的增长幅度逐渐减小。故混凝土承担轴力的比例(N_c/N)逐渐减小,钢筋承担轴力的比例(N_s/N)加大。由于混凝土抗拉的峰值应变远小于钢筋的屈服应变,因此,随着应变增加,首先达到混凝土的峰值应变(ε_{t0}),而达到柱受力的第Ⅰ阶段末。

第Ⅰ阶段末,拉应变等于混凝土峰值拉应变($\varepsilon = \varepsilon_{t0}$):

$$\begin{cases} N_{tp} = f_t A_{0t} = \lambda_{tp} E_c \varepsilon_{t0} A_{0t} = f_t A_c + E_s \varepsilon_{t0} A_s \\ \sigma_s = \dfrac{\alpha_E}{\lambda_{tp}} f_t = E_s \varepsilon_{t0} \\ \sigma_t = f_t \end{cases} \tag{4-78}$$

式中,N_{tp} 为混凝土峰值拉应变所对应的轴力,λ_{tp} 混凝土峰值拉应变所对应的混凝土受拉塑性系数,f_t 为混凝土的抗拉强度。

②第Ⅱ阶段,应变超过混凝土峰值拉应变,钢筋屈服前($\varepsilon_{t0} < \varepsilon \leqslant \varepsilon_y$):

应变超过混凝土峰值拉应变后,混凝土的应力随着应变增加而逐渐减小,钢筋并没有达到其屈服应力($\sigma_s < f_y$),钢筋的应力值与应变成正比增加。混凝土承担的拉力逐渐减小,而钢筋承担的拉力逐渐增加。轴向拉力的增量以及混凝土减小的拉力全部由钢筋承担,钢筋的应力随轴力增加而增大。构件的轴力、钢筋的应力和混凝土的应力分别为:

$$\begin{cases} N = \lambda_t \varepsilon_t E_c \left(A_c + \dfrac{\alpha_E}{\lambda_t} A_s \right) = \lambda_t \varepsilon_t E_c A_{0t} \\ \sigma_s = E_s \varepsilon = \dfrac{\alpha_E}{\lambda_t} \sigma_t = \alpha_E E_c \varepsilon \\ \sigma_t = \lambda_t E_c \varepsilon \end{cases} \tag{4-79}$$

其表达式与第Ⅰ阶段的表达式相同,但 λ_t 值取混凝土应力-应变关系曲线下降段的 λ_t 值。当配筋率较小时,钢筋所承担轴力的增加量不足以弥补混凝土承担轴力的减少量时,构件的内力随

着应变增加而逐渐减小。因此，受拉构件的轴力先增后减，出现的轴力峰值即为钢筋和混凝土共同工作时构件承载力的极大值 N_{tm}。极大值点的切线斜率为零，其值的大小和相应的应变值取决于钢筋的配筋率和混凝土应力-应变关系下降段的性能。钢筋的弹性模量越大、配筋率越高、混凝土应力-应变曲线下降段越平缓，该轴力峰值越大、相应的应变值也越大。若已知混凝土的受拉应力-应变曲线和钢筋的弹性模量，将它们代入式(4－79)后，通过解析方法或数值方法可以得到该极大值的大小和相应的应变值。这一阶段受拉构件的 $N-\varepsilon$ 曲线斜率由正值转变为负值，斜率为零处对应于构件的极限承载力 N_{tm}。该曲线在 N_{tp}处(第Ⅰ阶段末)连续，其斜率与钢筋承载力曲线($N_s-\varepsilon$)的斜率相等。配筋率较大，满足 $\rho > \dfrac{\lambda_t}{\alpha_E}$ 时，第Ⅱ阶段构件 $N-\varepsilon$曲线的峰值点消失，构件的内力随应变单调增加。

当构件的应变达到混凝土的极限拉应变时($\varepsilon=\varepsilon_{tu}$)，混凝土即将开裂，达到构件受力的第Ⅱ阶段末。此时，钢筋还没有达到屈服应变，构件的内力为

$$N = \lambda_t \varepsilon_{tu} E_c A_c + E_s \varepsilon_{tu} A_s = \lambda_t \varepsilon_{tu} E_c A_{0t} \tag{4-80}$$

③第Ⅲ阶段，混凝土开裂后($\varepsilon>\varepsilon_{tu}$)：

第Ⅲ阶段开始时，混凝土退出工作，钢筋的应力和应变突然增加。构件从钢筋和混凝土共同受拉，变为钢筋单独受拉，全部轴力由钢筋承担。构件的轴力为：

$$N = E_s \varepsilon A_s \tag{4-81}$$

其值随应变线性增加。

随着应变继续增加钢筋应力增大，当钢筋屈服时，达到第Ⅲ阶段末。如果不考虑钢筋的强化段，钢筋的屈服就成为受拉构件的承载力极限状态，其承载力为

$$N_u = N_y = f_y A_s \tag{4-82}$$

图 4.19(b)和 4.19(c)表示了轴心受拉构件中轴心拉力与钢筋和混凝土的应力以及应变的关系。

上述对受拉构件混凝土开裂后的分析都是针对受拉构件的裂缝截面，非裂缝截面的钢筋和混凝土的应力和变形分析见第 9 章。

4.4.3　轴心受拉截面的弹塑性简化分析

从混凝土受拉应力-应变关系可知，混凝土受拉有一定塑性变形能力，在拉应力达到最大值以后，并不马上破坏，变形仍能增加。虽然混凝土受拉时，应力与应变并不呈线性关系，但由于混凝土的抗拉强度非常低，因此，在进行轴心受拉构件分析时，也常常将混凝土受拉应力-应变关系简化成两段折线，如图 4.20 所示。当混凝土应变小于其最大拉应力对应的拉应变 ε_{t0}时，应力-应变曲线假定为一斜直线，直线斜率为混凝土的弹性模量 E_c；当应变值大于 ε_{t0}时，应力保持为最大拉应力 f_t，而当混凝土拉应变超过其极限拉应变 ε_{tu}时，混凝土开裂，退出工作。为简化计算，可取极限拉应变 ε_{tu}为混凝土刚达到最大拉应力时应变的二倍，即 $\varepsilon_{tu}=2\varepsilon_{t0}$。

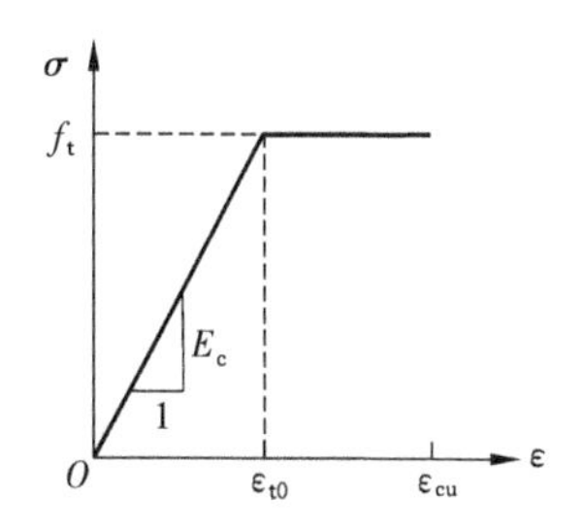

图 4.20　混凝土受拉应力-应变关系简化模式

构件的应力状态分为三个阶段，即 $\varepsilon\leqslant\varepsilon_{t0}$的弹性阶段、$\varepsilon_{t0}<\varepsilon\leqslant\varepsilon_{tu}$的混凝土塑性阶段和 $\varepsilon>\varepsilon_{tu}$混凝土开裂退出工作后的阶段，下面分别对各阶段进行分析。

第Ⅰ阶段($\varepsilon \leqslant \varepsilon_{t0}$)和第Ⅲ阶段($\varepsilon > \varepsilon_{tu}$)分别与 4.4.1 节中讨论的弹性分析的混凝土开裂前阶段和混凝土开裂后阶段的应力状态情况完全相同,其分析过程参阅 4.4.1 节。

对于 $\varepsilon_{t0} < \varepsilon \leqslant \varepsilon_{tu}$ 的混凝土进入塑性阶段,混凝土的应力维持 f_t 不变,而钢筋的应力随着应变增加线性增加。根据平衡条件,该阶段的轴向拉力为

$$N = E_s \varepsilon A_s + f_t A_c \tag{4-83}$$

随着应变增加,当达到 $\varepsilon = \varepsilon_{tu}$ 时,达到该阶段末。此时,混凝土即将开裂,其应力为 f_t,钢筋的应力为 $E_s \varepsilon_{tu} = 2E_s \varepsilon_{t0}$。根据平衡条件,此时的轴向拉力为

$$N_{cr} = 2E_s \varepsilon_{t0} A_s + f_t A_c \tag{4-84}$$

下面用一个例题对轴心受拉截面的弹塑性简化分析进行说明。

例 4-4　有一钢筋混凝土轴心受拉构件,构件的长度、截面尺寸以及配筋与例 4-1 相同。钢筋受拉采用图 4.18(a)所示的应力-应变关系,其屈服强度为 $f_y = 357\ \text{N/mm}^2$、弹性模量为 $E_s = 196000\ \text{N/mm}^2$;混凝土受拉采用的应力-应变关系如图 4.20 所示,其抗拉强度 $f_t = 2.2\ \text{N/mm}^2$、弹性模量为 $E_c = 22000\ \text{N/mm}^2$、混凝土刚达到最大拉应力时的应变 $\varepsilon_{t0} = 0.0001$、混凝土的极限拉应变 $\varepsilon_{tu} = 0.0002$。

①整个构件拉伸量为 $\Delta l = 0.1$ mm 时,求构件承受的拉力,此时截面中钢筋和混凝土的拉应力各为多少?

②分别求出构件弹性阶段末、即将开裂时和破坏时的拉力及对应的钢筋和混凝土的拉应力。

③画出构件的轴心拉力—应变关系。

解　①拉伸量为 $\Delta l = 0.1$ mm 时构件的拉应变为

$$\varepsilon_t = \frac{\Delta l}{l} = \frac{0.1}{2000} = 0.00005\ ,\ \varepsilon_t < \varepsilon_{t0} = 0.0001$$

构件受力处于弹性工作阶段

$$\rho = \frac{A_s}{A_c} = \frac{1963}{300 \times 300} = 0.0218\ ,\ \alpha_E = \frac{E_s}{E_c} = \frac{196000}{22000} = 8.91$$

$$A_0 = A_c(1 + \alpha_E \rho) = 300 \times 300(1 + 8.91 \times 0.0218) = 107488\ \text{mm}^2$$

此时构件受到的拉力

$$N = E_c \varepsilon_t A_0 = 22000 \times 0.00005 \times 107488 = 118.237 \times 10^3\ \text{N}$$

混凝土的拉应力　$\sigma_t = E_c \varepsilon_t = 22000 \times 0.00005 = 1.1\ \text{N/mm}^2$

钢筋的拉应力　$\sigma_s = E_s \varepsilon_t = 196000 \times 0.00005 = 9.8\ \text{N/mm}^2$

②构件弹性阶段末,构件的应变为 $\varepsilon = \varepsilon_{t0}$,则此时

构件的拉力

$$N_{tp} = E_c \varepsilon_{t0} A_0 = 22000 \times 0.0001 \times 107488 = 236.474 \times 10^3\ \text{N}$$

混凝土的拉应力　$\sigma_t = E_c \varepsilon_t = 22000 \times 0.0001 = 2.2\ \text{N/mm}^2$

钢筋的拉应力　$\sigma_s = E_s \varepsilon_t = 196000 \times 0.0001 = 19.6\ \text{N/mm}^2$

构件即将开裂时,构件的应变为 $\varepsilon = \varepsilon_{tu}$,则此时

混凝土的拉应力　$\sigma_t = f_t = 2.2\ \text{N/mm}^2$

钢筋的拉应力　$\sigma_s = E_s \varepsilon_{tu} = 196000 \times 0.0002 = 39.2\ \text{N/mm}^2$

构件受到的拉力

$$N_{cr} = f_t A_c + E_s \varepsilon_{tu} A_s = 2.2 \times 300 \times 300 + 196000 \times 0.0002 \times 1963 = 274.950 \times 10^3 \text{ N}$$

构件破坏时，混凝土已退出工作，其应力为零，即 $\sigma_t = 0$；钢筋屈服，达到其屈服强度，即 $\sigma_s = f_y = 357 \text{ N/mm}^2$。

构件破坏时受到的拉力　$N_{tu} = f_y A_s = 357 \times 1963 = 700.791 \times 10^3 \text{ N}$

③当 $\varepsilon \leqslant \varepsilon_{t0}$ 时，

$$N = E_c \varepsilon_t A_0$$

当 $\varepsilon_{t0} < \varepsilon \leqslant \varepsilon_{tu}$ 时，混凝土的应力维持 f_t 不变，而钢筋的应力随着应变的增加线性增加。根据平衡条件，该阶段的轴向拉力为

$$N = E_s \varepsilon A_s + f_t A_c$$

当 $\varepsilon > \varepsilon_{tu}$ 时，混凝土已开裂退出工作，拉力全部由钢筋负担。根据平衡条件，该阶段的轴向拉力为

$$N = E_s \varepsilon A_s$$

上述三个受力阶段，构件的轴力均与应变成线性关系。所以，该构件受拉的拉力应变关系由不同的直线段组成，如图 4.21 所示(注意，由于构件混凝土开裂应变过小，开裂荷载也很小，图中的荷载值和应变值未全部按比例绘制)。

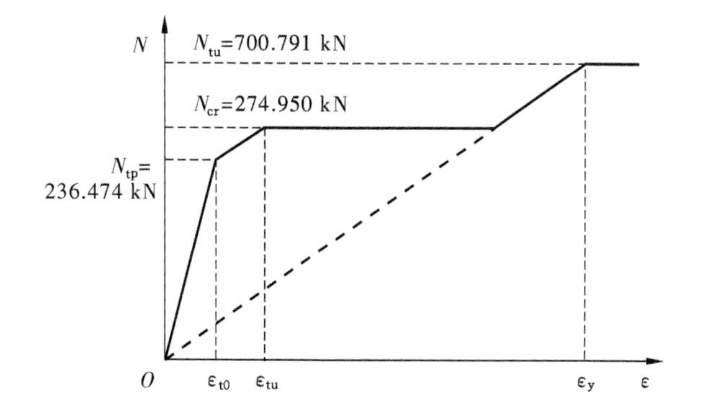

图 4.21　例 4-4 图混凝土受拉构件轴力-应变关系

4.4.4　轴心受拉构件设计

轴心受拉构件正截面承载力的计算，是以第Ⅲ阶段末的受力状况为基础。此时，裂缝截面上的混凝土轴向应力为零，全部拉力由纵向钢筋承担。不考虑钢筋的强化段，纵向钢筋屈服即达到整个构件的极限承载力。由式(4-82)并考虑可靠度的要求，可得

$$N \leqslant N_u = f_y A_s \tag{4-85}$$

式中：

N——轴向拉力设计值；

N_u——构件轴向极限抗拉承载力；

f_y——钢筋抗拉强度设计值，按表 2-6 取用，为防止构件在正常使用阶段变形过大，裂缝过宽，f_y 取值应不大于 300 N/mm²；

A_s——纵向钢筋截面面积。

轴心受拉构件的纵向受力钢筋不得采用绑扎的搭接接头；为避免配筋过少引起构件的脆

性破坏,轴心受拉构件一侧的受拉钢筋的配筋率应不小于 0.2%和 $0.45f_t/f_y$中的较大值(f_t为混凝土的抗拉强度设计值);受力钢筋沿截面周边均匀对称布置,并宜优先选择直径较小的钢筋。箍筋直径不小于 6 mm,间距一般不宜大于 200 mm(屋架的腹杆不宜超过 150 mm)。

例 4-5 某钢筋混凝土屋架下弦的拉力设计值 $N=500\times10^3$ N,采用 HRB335 级纵向钢筋,混凝土的强度等级为 C30,构件截面尺寸为 $b\times h=250\ \text{mm}\times200\ \text{mm}$。求截面纵向钢筋的截面面积。

解 由表 2-5 和表 2-6 得,C30 混凝土的 $f_t=1.43\ \text{N/mm}^2$,HRB335 钢筋的 $f_y=300\ \text{N/mm}^2$。

由式(4-85)可得纵向钢筋截面面积为

$$A_s=\frac{N_u}{f_y}>\frac{N}{f_y}=\frac{500\times10^3}{300}=1667\ \text{mm}^2$$

选用 4 根直径为 25 mm 的钢筋,布置于构件截面四角,实际配筋 $A_s=1963\ \text{mm}^2$。

为避免配筋过少引起的脆性破坏,轴心受拉构件一侧的受拉钢筋的配筋率应不小于 0.2%和 $0.45f_t/f_y$的较大值。

$$0.45f_t/f_y=0.45\times1.43/300=0.2145\%$$

因此,该截面一侧受拉钢筋的最小配筋率为 $\rho_{\min}=0.2145\%$。

构件一侧的配筋率

$$\rho=\frac{\frac{1963}{2}}{250\times200}=0.0196=1.96\%>\rho_{\min}=0.2145\%$$

截面的配筋也符合最小配筋率的构造要求。

思考题

4.1 普通箍筋钢筋混凝土轴心受压短柱与长柱的破坏形态有何不同?计算中如何考虑柱高度的影响?

4.2 什么是轴心受压柱的稳定系数?它是如何确定的?

4.3 在轴心受压构件中,配置纵向钢筋的作用是什么?为什么要控制纵向钢筋的最小配筋率?

4.4 分析混凝土徐变对轴心受压构件纵向钢筋与混凝土应力的影响。

4.5 在计算轴心受压构件的极限承载力时,应如何考虑钢筋和混凝土的应力-应变关系影响?

4.6 试简述并分析普通箍筋钢筋混凝土柱和约束箍筋钢筋混凝土柱的箍筋各有什么作用?

4.7 轴心受压普通箍筋钢筋混凝土短柱与约束箍筋钢筋混凝土短柱的破坏机理有什么不同?它们的抗压承载力计算又有什么不同?

4.8 约束箍筋钢筋混凝土柱承载力计算公式的适用条件是什么?为何限制这些条件?

4.9 写出轴心受拉构件的极限承载力的计算公式,并说明为什么钢筋抗拉强度设计值 f_y取值应不大于 300 N/mm^2。

习题

4.1　有一钢筋混凝土短柱，已知柱长 2000 mm，承受轴心压力 $N=1200\times10^3$ N。截面尺寸 400 mm×400 mm，配有 4 根直径为 25 mm（$A_s'=1963\ \text{mm}^2$）的纵筋，实测混凝土棱柱体抗压强度 $f_c=19\ \text{N/mm}^2$，其弹性模量 $E_c=25480\ \text{N/mm}^2$；钢筋的屈服强度 $f_y=415\ \text{N/mm}^2$，其弹性模量 $E_s=196000\ \text{N/mm}^2$。

①若钢筋和混凝土的应力-应变关系均采用如图 4.4 的线性关系式，分别求钢筋和混凝土的应力、钢筋和混凝土各自承担的外荷载及构件的压缩变形 Δl。

②混凝土若采用式(2-3)和(2-4)所表示的非线性应力-应变关系时，分别求钢筋和混凝土的应力、钢筋和混凝土各自承担的外荷载及构件的压缩变形 Δl。

③求柱的极限承载力。

④在上述压力下，经若干年后产生 $\varepsilon_{ct}(t)=0.001$ 的徐变，求此时柱中钢筋和混凝土各自承担的压力。

4.2　已知柱截面尺寸 300 mm×300 mm，柱的计算长度 $l_0=5000$ mm，轴向力设计值 $N=1500\times10^3$ N，混凝土采用 C30，纵向钢筋采用 HRB335 级钢筋，计算其配筋 A_s'。

4.3　某多层房屋现浇钢筋混凝土框架的底层中柱，采用方形截面，其尺寸为 400 mm×400 mm，配有 4 根直径为 25 mm 的 HRB335 级钢筋。混凝土采用 C30，柱的计算长度 $l_0=7000$ mm，试计算该柱能承担的轴向力 N_u。

4.4　一直径为 450 mm 的现浇圆形截面柱，其计算长度 $l_0=4300$ mm，承受设计轴向力 $N=3000\times10^3$ N，混凝土采用 C30，纵筋采用 8 根直径为 20 mm 的 HRB335 级钢筋，螺旋箍筋采用 HPB300 级钢筋。试设计该柱的螺旋箍筋。

4.5　有一钢筋混凝土轴心受拉构件，构件的长度、截面尺寸以及配筋与习题 4.1 相同。钢筋受拉采用图 4.18(a)所示的应力-应变关系，其屈服强度为 $f_y=357\ \text{N/mm}^2$、弹性模量为 $E_s=196000\ \text{N/mm}^2$；混凝土受拉采用的应力-应变关系如图 4.20 所示，其抗拉强度 $f_t=2.2\ \text{N/mm}^2$、弹性模量为 $E_c=22000\ \text{N/mm}^2$、混凝土刚达到最大拉应力时的应变 $\varepsilon_{t0}=0.0001$、混凝土的极限拉应变 $\varepsilon_{tu}=0.0002$。

①整个构件拉伸量为 $\Delta l=0.1$ mm 时，求构件承受的拉力，此时截面中钢筋和混凝土的拉应力各为多少？

②分别求出构件弹性阶段末、即将开裂时和破坏时的拉力及对应的钢筋和混凝土的拉应力。

③分别画出该受拉构件的拉力-应变、拉力-钢筋应力关系。

4.6　某工业厂房屋架下弦，截面尺寸 $b\times h=250\ \text{mm}\times250\ \text{mm}$，混凝土保护层厚度 $c=30$ mm，计算长度为 8000 mm；混凝土的强度等级为 C30，采用 HRB335 级纵向钢筋；构件承受的轴向拉力设计值 $N=1000\times10^3$ N。试为该截面配置纵向受力钢筋，并求该构件的开裂荷载。

4.7　分别绘出轴心受拉钢筋混凝土构件、轴心受压钢筋混凝土构件以及螺旋箍筋轴心受压钢筋混凝土构件配筋计算的计算框图。

第⑤章

受弯构件正截面承载力的计算

受弯构件通常指截面上仅有弯矩或弯矩和剪力共同作用为主、轴力可以忽略不计的构件。梁和板是典型的受弯构件，它们是土木工程中使用数量最大、应用最广泛的一类构件。土木工程结构中受弯构件常用的截面形式有矩形、T形、工字形、槽形和箱形等。构件受弯后，在截面上形成受压区和受拉区。混凝土的抗拉强度低，处于受拉区的混凝土在弯矩不大时就开裂。所以，需在梁截面的受拉区布置钢筋，称为纵向钢筋，用以承受由弯矩产生的拉应力。实际工程中，钢筋混凝土受弯构件内除纵向钢筋外，一般还配置架立钢筋和箍筋等。受弯构件在荷载等因素作用下，破坏可能发生在弯矩最大处，也可能发生在剪力最大或弯矩和剪力都较大处。若破坏发生在弯矩最大处，其破坏面与构件轴线垂直，称为正截面破坏；若破坏发生在剪力最大或弯矩和剪力都较大处，其破坏面与构件轴线斜交，称为斜截面破坏。

为了保证安全，结构中的受弯构件，既不能发生正截面破坏，也不能发生斜截面破坏，因此，在钢筋混凝土受弯构件的设计中，既要进行正截面承载能力，又要进行斜截面承载能力的计算。本章只讨论钢筋混凝土受弯构件的正截面承载力的计算和设计方法，斜截面承载能力的计算和设计方法将在第6章中介绍。

5.1 受弯构件正截面的受力特性

5.1.1 单筋矩形适筋梁正截面受弯的受力过程和破坏形态

矩形截面梁承受纯弯矩的作用(剪力 $V=0$)，只在受拉侧配置钢筋(称单筋)是最基本的钢筋混凝土构件。这种构件的受力全过程和力学性能反应，已进行过大量的试验研究。一般在试件两端简支，跨中作用着两个对称的集中荷载，梁跨中的纯弯段为试验段，试验过程中量测跨中的挠度、曲率、截面的(平均)应变分布、中和轴位置和钢筋的应变等主要力学性能反应，如图5.1所示。图中受压区钢筋为构造配筋。

根据试验过程中对试验梁裂缝开展和变形情况的观察(见图5.2)以及试验数据的分析，钢筋混凝土单筋适筋梁从开始加载到正截面完全破坏的全过程可分为三个阶段。

1. 第Ⅰ阶段(受拉区混凝土开裂前)

当荷载很小时，截面上的内力很小，混凝土的应力与应变成正比，截面上的应力为线性分布(如图5.3(b)所示)。此时，试件处于弹性阶段，钢筋和混凝土的应力、曲率均随弯矩成正比增加。随着弯矩增加，截面上的应变不断增大，受拉区混凝土出现少量塑性变形，拉应力分布渐成曲线。受压区混凝土的应力仍远小于其抗压强度，保持线性分布。当荷载增大到某一数值，受拉区混凝土的应变达到开裂应变值时，试件将开裂，截面处在开裂临界状态(如图5.3(c)所示)，这种受力状态称为第Ⅰ阶段末(I_a)。此时的弯矩称为开裂弯矩(M_{cr})，其值约为极限弯矩(M_u)的 20%～30%，第Ⅰ阶段末是计算受弯构件抗裂度的依据。受弯构件处于I_a时，由于粘结力的存在，受拉钢筋的应变与周围同一水平处混凝土拉应变相等，此时钢筋应变值接近混凝土的极限拉应变值，相应的应力较低，约 20～30 N/mm^2。

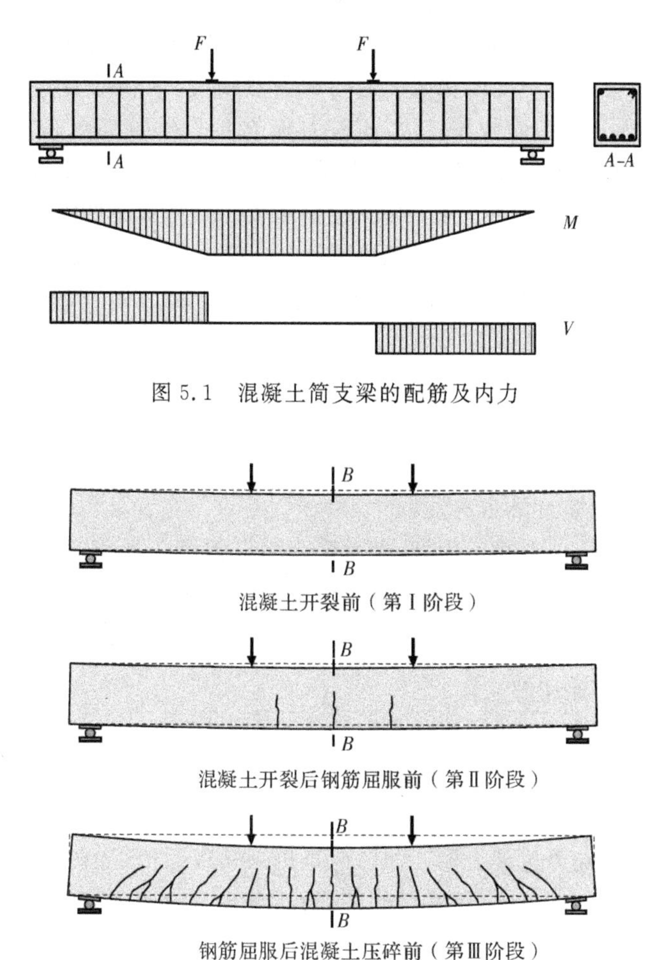

图 5.1　混凝土简支梁的配筋及内力

图 5.2　钢筋混凝土试验梁的变形与裂缝开展

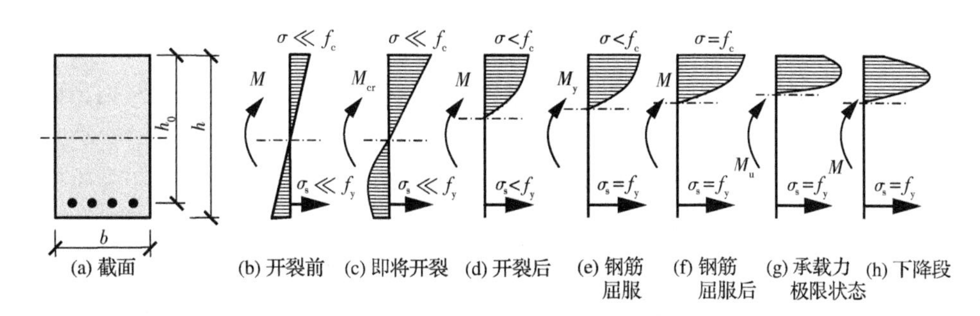

图 5.3　混凝土梁跨中断面不同受力阶段的截面应力

第Ⅰ阶段的特点是:①混凝土没有开裂;②受压区混凝土的应力图形是直线,受拉区混凝土的应力图形在第Ⅰ阶段前期是直线,后期是曲线;③弯矩与截面曲率基本上是线性关系;④第Ⅰ阶段末($Ⅰ_a$)的标志为受拉区混凝土边缘应变达到混凝土的极限拉应变。

2. 第Ⅱ阶段(受拉区混凝土开裂到纵向钢筋屈服前)

跨中弯矩超过开裂弯矩后,最薄弱截面首先出现肉眼可见裂缝。裂缝细而短,靠近截面下部,与钢筋轴线垂直相交。此时,裂缝处混凝土不再承受拉应力而退出工作,钢筋的拉应力突增(钢筋仍处于弹性阶段),梁的挠度和截面曲率都突然增大,中和轴明显上升,混凝土的压应力因弯矩增大和压区面积减小而增长较快,压应力分布曲线微凸(如图5.3(d)所示)。

随着弯矩增大,已有裂缝缓慢增宽,并往上延伸,隔一定间距相继出现新的裂缝,钢筋拉应力、受压区混凝土压应力和截面曲率等都继续稳定增大。裂缝截面处中和轴位置也继续上升,中和轴以下尚有受拉混凝土未开裂,虽然仍可承受一小部分拉力,但受拉区拉力主要由钢筋承担。弯矩继续增大,截面曲率加大,主裂缝开展越来越宽。受压区混凝土应变不断增加,塑性性质表现得越来越明显,受压区应力图形呈曲线变化。当弯矩增加到某一数值,受拉区纵向受力钢筋开始屈服,钢筋应力达到其屈服强度(如图5.3(e)所示)时,称为第Ⅱ阶段末($Ⅱ_a$),此时的弯矩用M_y表示。

第Ⅱ阶段受弯构件处于带裂缝的工作状态,相当于梁正常使用时的受力状态,是计算正常使用极限状态变形和裂缝宽度的依据。

第Ⅱ阶段受力特点是:①裂缝截面处,受拉区大部分混凝土退出工作,拉力主要由纵向受拉钢筋承担,但钢筋没有屈服;②受压区混凝土已有塑性变形,但不充分,压应力图形为只有上升段的曲线;③弯矩与截面曲率是曲线关系;④第Ⅱ阶段末($Ⅱ_a$)的标志为受拉钢筋屈服。

3. 第Ⅲ阶段(纵向钢筋屈服后)

受拉区纵向受力钢筋屈服后,钢筋应力保持不变,裂缝截面压区混凝土应力仍小于其抗压强度,弯矩的增量只能靠加大力臂来平衡。钢筋屈服后的应变增长快,破坏了裂缝附近的粘结,使裂缝增宽,并向上延伸,混凝土受压区面积的减小使力臂有所增加。同时,受压区混凝土应力迅速增大,当顶面压应力达最大值f_c时,弯矩仍未达极限值(如图5.3(f)所示)。弯矩再稍有增加,顶部混凝土进入应力-应变曲线的下降段,并出现水平方向裂缝。此时裂缝上升很高,下部裂缝宽度大,混凝土受压区面积已经很小,力臂达最大值,达到截面的极限弯矩值M_u(如图5.3(g)所示)。此时,构件已不能再进一步承担载荷,达到其承载力极限状态,亦即第Ⅲ阶段末,用$Ⅲ_a$表示。

第Ⅲ阶段末($Ⅲ_a$)是计算正截面抗弯承载力的依据,此时,受拉钢筋屈服,受压区边缘混凝土压应变达到其极限压应变。

继续进行试验,钢筋应力仍不变,而应变增大,受压区混凝土的应变亦增大,但顶面附近的应力减小,峰值压应力下移,截面上力臂减小,弯矩开始缓缓下降(如图5.3(h)所示)。最后,受拉裂缝中的一条突然明显增宽上升,受压区混凝土水平裂缝增多且破坏加重,受压区混凝土形成一个三角形破坏区,混凝土被压酥剥落,梁的承载力很快下降,退出工作。

第Ⅲ阶段的特点是:①纵向受拉钢筋屈服,拉力保持为常值;裂缝截面处,受拉区混凝土退出工作,受压区混凝土压应力曲线图形比较丰满,有上升段曲线,也有下降段曲线;②弯矩略有增加,达极限弯矩后,弯矩一曲率关系曲线有下降段;③第Ⅲ阶段末($Ⅲ_a$)的标志为受压区边缘压应变达到混凝土的极限压应变。

综上所述,试验梁从开始加载到破坏的全过程有以下几个特点。

① 由载荷-曲率(或挠度)曲线(见图 5.4)可知,第Ⅰ阶段梁的截面曲率或挠度增长速度较慢,曲率(或挠度)基本随载荷增加成线性增加;第Ⅱ阶段由于梁带裂缝工作,曲率(或挠度)的增加比荷载增加速度快,载荷-曲率(或挠度)曲线为上升曲线;第Ⅲ阶段由于钢筋屈服,截面曲率和梁的挠度急剧增加,达到极限弯矩前载荷-曲率(或挠度)曲线为接近水平线的上升曲线。

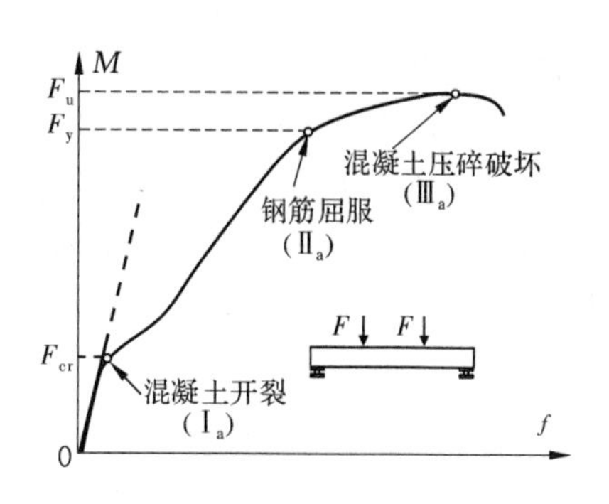

图 5.4　钢筋混凝土梁载荷-位移曲线

② 由图 5.2、图 5.3 可见,随着弯矩的增大,中和轴不断上移,受压区高度逐渐缩小,混凝土受压边缘压应变随之增大,受拉钢筋的拉应变也随弯矩的增长而增大,但平均应变仍符合平截面假定。受拉区混凝土的拉应力图形大致与混凝土单轴受拉时的应力-应变全曲线相对应;受压区混凝土的压应力图形也大致与其单轴受压时的应力-应变全曲线相对应,即第Ⅰ阶段近似为直线,第Ⅱ阶段为只有上升段的曲线,第Ⅲ阶段是有下降段的曲线。

③ 第Ⅰ阶段钢筋应力增长速度较慢;受拉区混凝土开裂($M=M_{cr}$)前、后,钢筋应力发生突变,第Ⅱ阶段钢筋应力较第Ⅰ阶段增长速度快;当 $M=M_y$ 时,钢筋应力达到屈服强度 f_y,第Ⅲ阶段钢筋应力保持屈服应力不变,当 $M=M_u$ 时,受压边缘混凝土压坏。

5.1.2　配筋率对受弯构件正截面破坏特征的影响

上面介绍的钢筋混凝土梁受弯全过程,是指配筋量适中的梁。它的三个特征弯矩分别是开裂弯矩 M_{cr}、钢筋屈服弯矩 M_y 和极限弯矩 M_u。梁的配筋量不同时,其受力性能、破坏形态和特征弯矩都有较大变化。根据配筋率不同,钢筋混凝土受弯构件的破坏有少筋、适筋和超筋三种破坏形态,如图 5.5 所示。

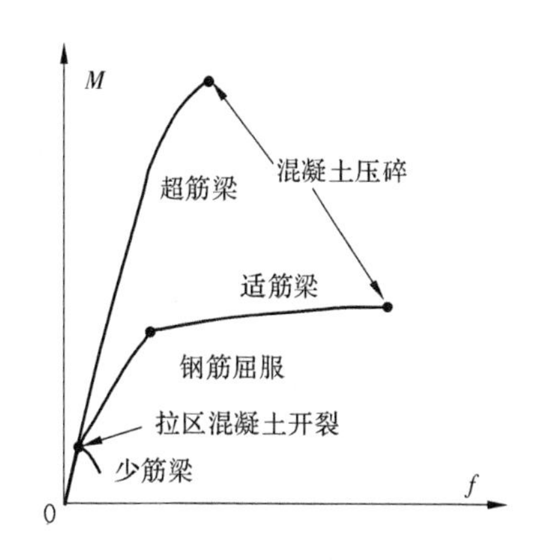

图 5.5　不同破坏形态梁的 $M-f$ 曲线

1. 适筋破坏形态

如前所述,适筋破坏形态的特点是,纵向受拉钢筋先屈服,受压区混凝土随后压碎。在钢筋应力到达屈服强度之初,受压区边缘的应变尚小于混凝土极限压应变。梁完全破坏以前,钢筋经历较大的塑性变形,随之引起裂缝急剧开展和梁挠度激增。弯矩由钢筋屈服时的弯矩 M_y 增大到极限弯矩 M_u,增量虽然较小,但截面曲率和梁的挠度增量却很大。这意味着,适筋梁当弯矩超过 M_y 后,在截面承载力没有明显变化的情况下,具有较大的变形能力。换言之,适筋梁具有较好的延性,破坏前有明显的破坏预兆,破坏属于延性破坏类型。

2. 超筋破坏形态

配筋量过大的梁称为“超筋梁”,其破坏特点是,纵向钢筋屈服前,受压区混凝土先被压碎,此时梁即破坏。试验表明,超筋梁破坏时,钢筋仍处于弹性阶段,梁的裂缝开展不宽、延伸不高,挠度亦不大。换言之,超筋梁没有足够的延性,破坏前没有明显的破坏预兆,由于受压区混凝土被压碎而突然破坏,故属于脆性破坏类型。

超筋梁配置了过多的受拉钢筋,但梁破坏时,钢筋应力低于屈服强度,不能充分发挥其作用,造成钢材浪费。这不仅不经济,且破坏突然,故设计中不允许采用超筋梁。

3. 少筋破坏形态

配筋量过小的梁称为“少筋梁”,其破坏特点是,受拉区混凝土一开裂,整个构件就破坏。少筋梁不但承载能力低,而且只要混凝土一开裂,裂缝就急剧扩展,裂缝处的拉力全部由钢筋承担,钢筋应力突然增大而屈服,构件立即发生破坏。构件破坏时,裂缝往往只有一条,不仅开展宽度很大,且沿梁高方向延伸较长。

少筋梁的破坏由混凝土受拉控制,破坏前的截面应力、中和轴和曲率等的变化都与素混凝土梁接近。构件的破坏一般在第一条裂缝出现后突然发生,破坏过程短促,没有先兆,所以也属于“脆性破坏”。

少筋梁虽然在受拉区配置了钢筋,但不能起到提高混凝土受弯构件承载能力的作用。少筋梁的截面尺寸过大,混凝土的抗压性能没能充分利用,不经济,故在建筑工程中不允许采用。不过,在水利工程中,截面尺寸往往很大,从经济方面考虑,有时允许采用少筋梁。

5.2 受弯构件正截面受力过程的理论分析

钢筋混凝土受弯截面与轴压截面、轴拉截面相仿,也可按弹性、弹塑性或塑性进行分析,也需要分几个阶段考虑,下面,以钢筋混凝土单筋适筋梁为例依次进行讨论。

5.2.1 受弯截面的弹性分析

1. 第Ⅰ阶段(开裂前)

(1) 基本方程

图5.6(a)表示所研究的受弯构件,截面为矩形,尺寸及配筋如图所示。截面承受弯矩 M,引起弯曲变形,曲率为 ϕ。

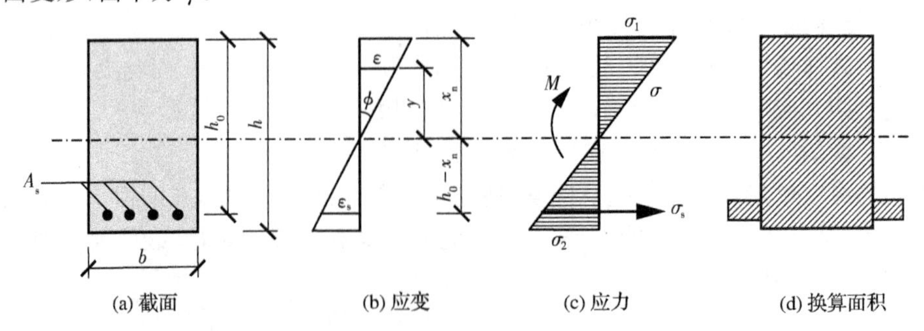

图5.6　混凝土开裂前截面的应变、应力及换算面积

这个截面必须满足下面三个基本条件：

① 平衡条件：

$\sum X = 0$ 时
$$\int_0^{x_n} \sigma b \mathrm{d}y - \int_0^{h-x_n} \sigma b \mathrm{d}y - \sigma_s A_s = 0 \tag{5-1}$$

$\sum M = 0$ 时
$$M = \int_0^{x_n} y\sigma b \mathrm{d}y + \int_0^{h-x_n} y\sigma b \mathrm{d}y + \sigma_s A_s(h_0 - x_n) \tag{5-2}$$

② 变形条件：

$$\varepsilon = \phi y \tag{5-3}$$

$$\varepsilon_s = \phi(h_0 - x_n) \tag{5-4}$$

③ 物理条件：

$$\sigma = E_c \varepsilon \tag{5-5}$$

$$\sigma_s = E_s \varepsilon_s \tag{5-6}$$

式中：

σ 和 ε ——分别代表距中和轴 y 处的混凝土的应力和应变，在受压区为压应力和压应变，在受拉区为拉应力和拉应变；

x_n ——中和轴离混凝土受压区上边缘的距离，即受压区高度；

b 和 h ——分别为截面的宽度和高度；

h_0 ——混凝土受压区上边缘至受拉纵筋合力中心的距离，称为截面的有效高度。

以上三个基本条件，在原则上与轴压构件或轴拉构件相同，只是平衡条件及变形条件具体表达公式不同，而物理条件则完全相同。

平衡条件用两个方程表达，即分别代表水平力和力矩的平衡方程。式(5-1)等号左边的三项分别表示混凝土受压区的压力、受拉区的拉力及纵向钢筋的拉力；式(5-2)等号右边的三项分别表示上述三者对截面中和轴的力矩值。变形条件也用两个方程表达，分别代表混凝土和纵筋的应变与曲率的关系，也就是平截面假定，即任一平截面变形后仍保持为平面。

在以上三个条件的 6 个基本方程中，涉及的参量有 13 个，即：弯矩 M，几何尺寸 b、h、h_0、A_s、x_n，应力 σ、σ_s，应变 ε、ε_s，曲率 ϕ，弹性模量 E_c、E_s。如已知其中任意 7 个量，就能解得其余 6 个未知量。

(2) 中和轴位置

将式(5-3)、式(5-4)分别带入式(5-5)、式(5-6)，得

$$\sigma = E_c \phi y \tag{5-7}$$

$$E_s = E_s \phi(h_0 - x_n) \tag{5-8}$$

再代入式(5-1)，得

$$\int_0^{x_n} E_c \phi y b \mathrm{d}y - \int_0^{h-x_n} E_c \phi y b \mathrm{d}y - E_s \phi(h_0 - x_n) A_s = 0$$

即
$$\int_0^{x_n} y b \mathrm{d}y - \int_0^{h-x_n} y b \mathrm{d}y - \alpha_E(h_0 - x_n) A_s = 0 \tag{5-9}$$

上式积分后可解得 x_n 值，从而确定了中和轴位置。

$$x_n = \frac{\frac{1}{2}bh^2 + \alpha_E A_s h_0}{bh + \alpha_E A_s} \tag{5-10}$$

$$\frac{x_n}{h_0} = \frac{\frac{1}{2}\left(\frac{h}{h_0}\right)^2 + \alpha_E\rho}{\frac{h}{h_0} + \alpha_E\rho} \tag{5-10a}$$

式中:

ρ——纵向钢筋的配筋率,$\rho = A_s/(bh_0)$;

α_E——钢筋和混凝土弹性模量之比,$\alpha_E = E_s/E_c$。

式(5-10a)表明:如按弹性分析,在第Ⅰ阶段中,中和轴位置不变,它与h/h_0及$\alpha_E\rho$值有关,而与弯矩M值的大小无关。同时,x_n/h值略大于但接近于0.5,表明中和轴在略偏于受拉区的截面半高处附近。如截面为无纵向钢筋的纯混凝土截面($\rho=0$),则$x_n/h=0.5$,即中和轴在截面的半高处。

(3) 换算截面

式(5-10)中的$\alpha_E A_s$即为钢筋的换算面积,所以,轴心受压和轴心受拉构件弹性分析中"换算截面"的概念,同样可引入受弯截面的弹性分析中。图5.6(d)即表示矩形受弯截面的换算截面。它的换算截面积为A_0,换算惯性矩为I_0。

$$A_0 = bh + \alpha_E A_s \tag{5-11}$$

$$I_0 = \frac{bx_n^3}{3} + \frac{b(h-x_n)^3}{3} + \alpha_E A_s(h_0 - x_n)^2 \tag{5-12}$$

上式中的x_n值按式(5-10)确定。式(5-10)还说明,中和轴通过换算截面的形心。

(4) 弯矩与曲率的关系(即内力与变形的关系)

将式(5-7)、式(5-8)代入式(5-2),得

$$M = E_c\phi\left[\int_0^{x_n} y^2 b\mathrm{d}y + \int_0^{h-x_n} y^2 b\mathrm{d}y + \alpha_E A_s(h_0 - x_n)^2\right]$$

上式方括号中各项之和实际上就是换算截面对其形心轴的惯性矩I_0,所以上式可写成

$$M = E_c I_0 \phi \tag{5-13}$$

这就是钢筋混凝土受弯截面按弹性分析时的弯矩与曲率关系,由于E_c和I_0都是常数,所以,弯矩与曲率成正比。

(5) 抗弯刚度

第4章已讲过,刚度是使构件产生单位变形所需要内力的大小,即构件所受到的内力与其变形的比值。对于受弯构件,使受弯构件产生单位曲率所需要弯矩值的大小,即弯矩M与曲率ϕ的比值,称为它的抗弯刚度,用B表示,即

$$B = \frac{M}{\phi} = E_c I_0 \tag{5-14}$$

这是一个常数,说明,如按弹性分析,在第Ⅰ阶段中,受弯截面的抗弯刚度不变,与弯矩M的大小无关。抗弯刚度的单位是$\mathrm{N \cdot mm^2}$。

(6) 弯矩与应力的关系

将式(5-13)中的ϕ代入式(5-7),得

$$\sigma = E_c\phi y = E_c\frac{M}{E_c I_0}y = \frac{My}{I_0} \tag{5-15}$$

式(5-15)与熟知的弹性材料力学中的均质梁应力计算公式相似,区别在于不用I而用换算截面的惯性矩I_0。由上式可求得截面上离中和轴任意距离y处混凝土的应力。

钢筋的拉应力可由下式求得

$$\sigma_s = E_s\phi(h_0 - x_n) = \alpha_E \frac{M(h_0 - x_n)}{I_0} \tag{5-16}$$

式(5－15)和式(5－16)表明，在第Ⅰ阶段中，混凝土和钢筋的应力随弯矩 M 增加而成正比增大。

2. 第Ⅰ阶段末(混凝土即将开裂)

在第Ⅰ阶段末，截面受拉区边缘混凝土即将开裂，即受拉区边缘混凝土拉应力 σ_2 达到其抗拉强度 σ_{t0}。裂缝即将出现，此时的弯矩 M_{cr} 可由式(5－15)确定

$$\sigma_2 = \frac{My}{I_0} = \frac{M_{cr}(h - x_n)}{I_0} = \sigma_{t0}$$

所以

$$\begin{aligned} M_{cr} &= \sigma_{t0}\frac{I_0}{(h - x_{cr})} \\ &= \frac{\sigma_{t0}}{(h - x_n)}\left[\frac{bx_n^3}{3} + \frac{b(h - x_n)^3}{3} + \alpha_E A_s(h_0 - x_n)^2\right] \end{aligned} \tag{5-17}$$

式中，x_n 为截面开裂前的受压区高度，按式(5－10)确定。

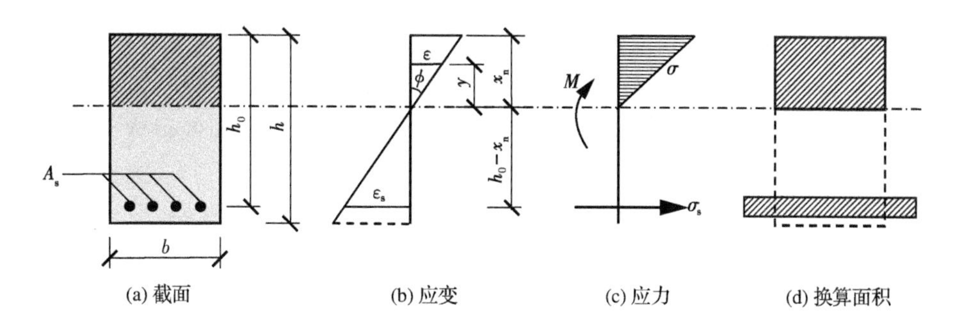

图 5.7　混凝土开裂后截面的应变、应力及换算面积

3. 第Ⅱ阶段(受拉区混凝土开裂后)

(1) 基本方程

受拉区混凝土拉应力超过其抗拉强度时截面开裂，受拉区混凝土不再受力。应变、应力和换算截面如图 5.7 所示。截面同样需满足三个基本条件，其中平衡条件为：

$$\sum x = 0 \text{ 时} \qquad \int_0^{x_n} \sigma b\,dy - \sigma_s A_s = 0 \tag{5-18}$$

$$\sum M = 0 \text{ 时} \qquad M = \int_0^{x_n} y\sigma b\,dy + \sigma_s A_s(h_0 - x_n) \tag{5-19}$$

变形条件和物理条件与第Ⅰ阶段一样，即式(5－3)～(5－6)均适用。

(2) 中和轴位置

求中和轴位置的方法与开裂前的方法相仿，即将变形条件代入物理条件后，再代入平衡条件，即可得

$$\frac{1}{2}bx_n^2 - \alpha_E A_s(h_0 - x_n) = 0$$

即
$$\frac{x_n}{h_0}=\sqrt{(\alpha_E\rho)^2+2\alpha_E\rho}-\alpha_E\rho \tag{5-20}$$

上式表明：按弹性分析，在开裂后的第Ⅱ阶段中，中和轴的位置也不变。它仅与$\alpha_E\rho$值有关，而与弯矩M的大小无关。但应注意，比较式(5-20)与式(5-10a)的数值后可知，第Ⅱ阶段的受压区高度比第Ⅰ阶段的小得多。换言之，混凝土受拉区开裂后，中和轴突然上升，即移向受压区，使受压区高度x_n缩小。这是一个重要的物理现象，不仅从理论上可以证明，在试验中也能观察到。

(3) 换算截面

第Ⅱ阶段换算截面如图5.7(d)所示，换算截面的换算面积A_0和换算惯性矩I_0分别为

$$A_0=bx_n+\alpha_E A_s \tag{5-21}$$

$$I_0=\frac{bx_n^3}{3}+\alpha_E A_s(h_0-x_n)^2 \tag{5-22}$$

式中，x_n为截面开裂后的受压区高度，按式(5-20)确定。

(4) 抗弯刚度、弯矩与曲率以及弯矩与应力的关系

不难证明，第Ⅰ阶段的抗弯刚度、弯矩与曲率以及弯矩与应力的关系，在第Ⅱ阶段均适用，仅需将公式中的I_0值改为开裂后的I_0即可。

4. 第Ⅱ阶段末(纵筋屈服)

在第Ⅱ阶段中，纵筋受到的拉应力σ_s随弯矩M增加而增大，第Ⅱ阶段末，纵筋应力达到其屈服强度f_y。此时的弯矩M_y可由式(5-16)确定，但式中的I_0值为开裂后的I_0，M_y的表达式如下

$$\sigma_s=\alpha_E\frac{M(h_0-x_n)}{I_0}=\alpha_E\frac{M_y(h_0-x_n)}{I_0}=f_y$$

$$M_y=\frac{I_0}{\alpha_E(h_0-x_n)}f_y=\frac{f_y}{\alpha_E(h_0-x_n)}\left[\frac{bx_n^3}{3}+\alpha_E A_s(h_0-x_n)^2\right] \tag{5-23}$$

式中，x_n为截面开裂后的受压区高度，按式(5-20)确定。

5.2.2 受弯截面的弹塑性分析

受弯截面按弹塑性分析时，平衡条件和变形条件与按弹性分析时相同，物理条件不同。如第2章所述，反映材料弹塑性性能的应力-应变关系的计算模式有许多种。为计算简便，下面混凝土采用一种简化的应力-应变关系、钢筋采用双直线模型来分别反映混凝土和钢筋的非线性或弹塑性性能，如图5.8所示，对受弯截面进行弹塑性分析。

1. 第Ⅰ阶段(混凝土开裂前，如图5.9所示)

(1) 基本方程

① 平衡条件：

$\sum X=0$ 时
$$\int_0^{x_n}\sigma b\,\mathrm{d}y-\int_0^{h-x_n}\sigma b\,\mathrm{d}y-\sigma_s A_s=0 \quad 同(5-1)$$

$\sum M=0$ 时
$$M=\int_0^{x_n}y\sigma b\,\mathrm{d}y+\int_0^{h-x_n}y\sigma b\,\mathrm{d}y+\sigma_s A_s(h_0-x_n) \quad 同(5-2)$$

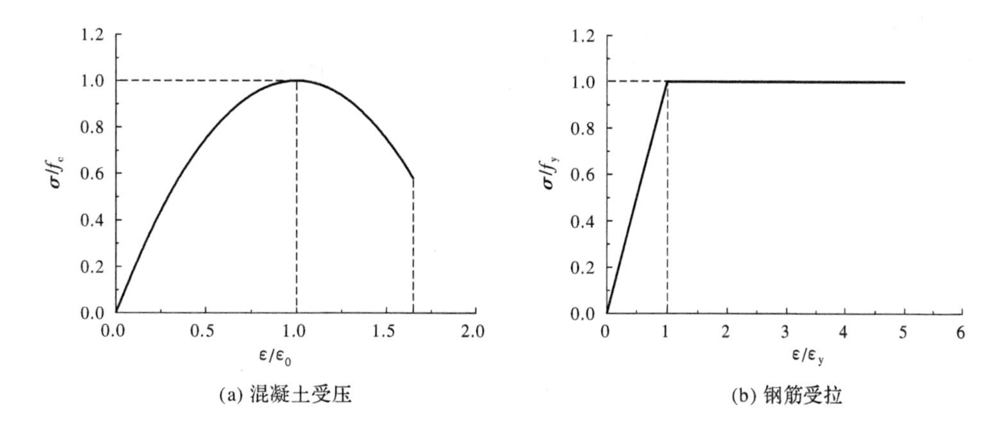

(a) 混凝土受压　　(b) 钢筋受拉

图 5.8　弹塑性分析时混凝土和钢筋的应力-应变关系

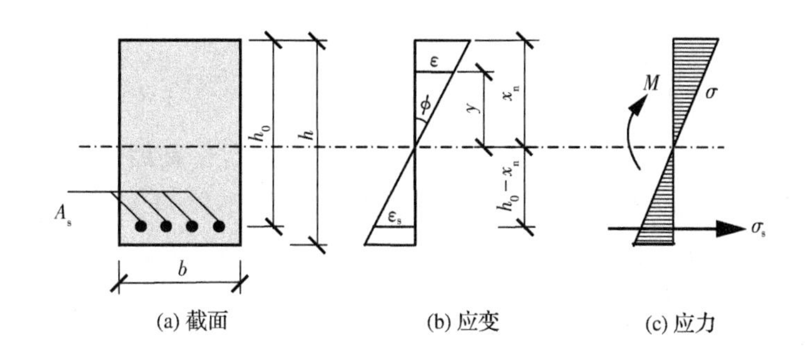

(a) 截面　　(b) 应变　　(c) 应力

图 5.9　混凝土开裂前截面的应变、应力

② 变形条件：

$$\varepsilon = \phi y \qquad \text{同(5-3)}$$

$$\varepsilon_s = \phi(h_0 - x_n) \qquad \text{同(5-4)}$$

③ 物理条件：

混凝土受压和受拉的应力-应变关系曲线均采用抛物线方程，曲线的上升段和下降段均采用同一个方程。混凝土受压

$$\sigma = f_c\left[\frac{2\varepsilon}{\varepsilon_0} - \left(\frac{\varepsilon}{\varepsilon_0}\right)^2\right] \tag{5-24}$$

混凝土受拉

$$\sigma = f_t\left[\frac{2\varepsilon}{\varepsilon_{t0}} - \left(\frac{\varepsilon}{\varepsilon_{t0}}\right)^2\right] \tag{5-25}$$

钢筋受拉

$$\sigma_s = E_s\varepsilon_s \quad (\varepsilon_s \leqslant \varepsilon_y) \tag{5-26}$$

图 5.9 表示第Ⅰ阶段的应力和应变图。由于第Ⅰ阶段的弯矩较小，截面的应力和应变都很小($\varepsilon\leqslant\varepsilon_0$，$\varepsilon_t\leqslant\varepsilon_{t0}$，$\varepsilon_s\leqslant\varepsilon_y$)，混凝土的受压区、受拉区和钢筋的应力均处于图 5.8 中应力-应变曲线的上升段。

(2) 中和轴位置

求中和轴位置的方法与按弹性分析时相仿，即先将变形条件代入物理条件，得混凝土的压应力为

$$\sigma = f_c\left[\frac{2\phi y}{\varepsilon_0} - \left(\frac{\phi y}{\varepsilon_0}\right)^2\right] \tag{5-27}$$

混凝土的拉应力为

$$\sigma = f_t\left[\frac{2\phi y}{\varepsilon_{t0}} - \left(\frac{\phi y}{\varepsilon_{t0}}\right)^2\right] \tag{5-28}$$

钢筋的拉应力为

$$\sigma_s = E_s\phi(h_0 - x_n) \tag{5-29}$$

再代入第一个平衡方程式(5-1)，可得

$$\int_0^{x_n} f_c\left[\frac{2\phi y}{\varepsilon_0} - \left(\frac{\phi y}{\varepsilon_0}\right)^2\right]b\mathrm{d}y - \int_0^{h-x_n} f_t\left[\frac{2\phi y}{\varepsilon_{t0}} - \left(\frac{\phi y}{\varepsilon_{t0}}\right)^2\right]b\mathrm{d}y - E_s\phi(h_0 - x_n)A_s = 0$$

积分后得

$$\frac{f_c b\phi}{\varepsilon_0}\left(x_n^2 - \frac{\phi x_n^3}{3\varepsilon_0}\right) - \frac{f_t b\phi}{\varepsilon_{t0}}\left[(h - x_n)^2 - \frac{\phi(h - x_n)^3}{3\varepsilon_{t0}}\right] - E_s\phi(h_0 - x_n)A_s = 0 \tag{5-30}$$

上式是受压区高度 x_n 的三次代数方程，给出 x_n 的显式表达还有困难。但如已知材料性能 E_s、f_c、f_t、ε_0、ε_{t0}，截面的几何尺寸 b、h、h_0，钢筋的截面面积 A_s，曲率 ϕ，可求得 x_n 的具体数值。显然，此时的 x_n 不是一个常数，它与曲率 ϕ(或弯矩 M)的大小有关。

(3) 弯矩与曲率的关系

将变形条件代入物理条件，再代入第二个平衡方程式(5-2)，可得

$$M = \int_0^{x_n} y f_c\left[\frac{2\phi y}{\varepsilon_0} - \left(\frac{\phi y}{\varepsilon_0}\right)^2\right]b\mathrm{d}y + \int_0^{h-x_n} y f_t\left[\frac{2\phi y}{\varepsilon_{t0}} - \left(\frac{\phi y}{\varepsilon_{t0}}\right)^2\right]b\mathrm{d}y + E_s\phi(h_0 - x_n)^2 A_s$$

积分后得

$$M = \frac{f_c b\phi}{\varepsilon_0}\left(\frac{2}{3}x_n^3 - \frac{\phi x_n^4}{4\varepsilon_0}\right) + \frac{f_t b\phi}{\varepsilon_{t0}}\left(\frac{2}{3}(h - x_n)^3 - \frac{\phi(h - x_n)^4}{4\varepsilon_{t0}}\right) + E_s\phi(h_0 - x_n)^2 A_s \tag{5-31}$$

上式中的 x_n 由式(5-30)确定。显然，弯矩与曲率并不成线性关系。

(4) 抗弯刚度

前述已知，弯矩与曲率之比就是抗弯刚度，所以有

$$B = \frac{M}{\phi} = \frac{f_c b}{\varepsilon_0}\left(\frac{2}{3}x_n^3 - \frac{\phi x_n^2}{4\varepsilon_0}\right) + \frac{f_t b}{\varepsilon_{t0}}\left[\frac{2}{3}(h - x_n)^3 - \frac{\phi(h - x_n)^2}{4\varepsilon_{t0}}\right] + E_s(h_0 - x_n)^2 A_s \tag{5-32}$$

上式表明：按弹塑性分析时，混凝土开裂之前，抗弯刚度不是常数。

(5) 钢筋和混凝土的应力

钢筋和混凝土的应力可按式(5-27)至式(5-29)计算。

2. 第Ⅰ阶段末(混凝土即将开裂)

第Ⅰ阶段末，受拉区边缘的混凝土拉应变达到其极限拉应变 ε_{tu}。截面上的应力和应变如图5.10所示。根据此图，将第Ⅰ阶段的各公式进行如下修改。

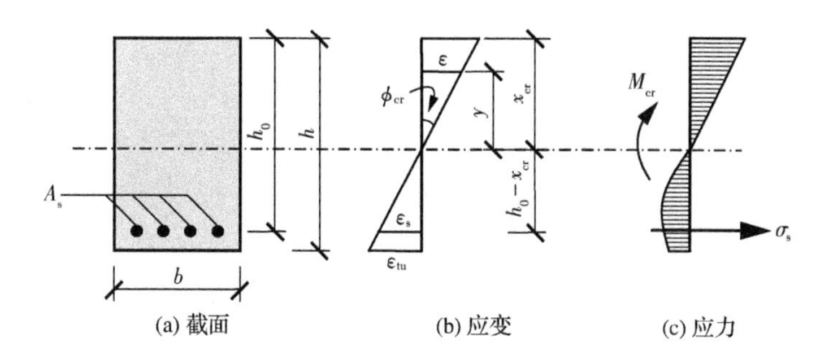

图 5.10　混凝土即将开裂时截面的应变、应力

第Ⅰ阶段末曲率为

$$\phi = \phi_{cr} = \frac{\varepsilon_{tu}}{h - x_{cr}} \tag{5-33}$$

求中和轴位置的式(5-30)应改为

$$\frac{f_c b}{\varepsilon_0}\frac{\varepsilon_{tu}}{h-x_{cr}}\left(x_{cr}^2 - \frac{\varepsilon_{tu}}{h-x_{cr}}\frac{x_{cr}^3}{3\varepsilon_0}\right) - \frac{f_t b}{\varepsilon_{t0}}\frac{\varepsilon_{tu}}{h-x_{cr}}\left[(h-x_{cr})^2 - \frac{\varepsilon_{tu}}{h-x_{cr}}\frac{(h-x_{cr})^3}{3\varepsilon_{t0}}\right]$$

$$-E_s\frac{\varepsilon_{tu}}{h-x_{cr}}(h_0-x_{cr})A_s = 0 \tag{5-34}$$

第Ⅰ阶段末的弯矩可将式(5-31)改写而得

$$M_{cr} = \frac{f_c b}{\varepsilon_0}\frac{\varepsilon_{tu}}{h-x_{cr}}\left(\frac{2}{3}x_{cr}^3 - \frac{\varepsilon_{tu}}{h-x_{cr}}\frac{x_{cr}^4}{4\varepsilon_0}\right) + \frac{f_t b}{\varepsilon_{t0}}\frac{\varepsilon_{tu}}{h-x_{cr}}\left(\frac{2}{3}(h-x_{cr})^3 - \frac{\varepsilon_{tu}}{h-x_{cr}}\frac{(h-x_{cr})^4}{4\varepsilon_{t0}}\right)$$

$$+E_s\frac{\varepsilon_{tu}}{h-x_{cr}}(h_0-x_{cr})^2A_s \tag{5-35}$$

第Ⅰ阶段末的抗弯刚度为

$$B_{cr} = \frac{M_{cr}}{\phi_{cr}} \tag{5-36}$$

3. 第Ⅱ阶段(混凝土开裂后，如图 5.11 所示)

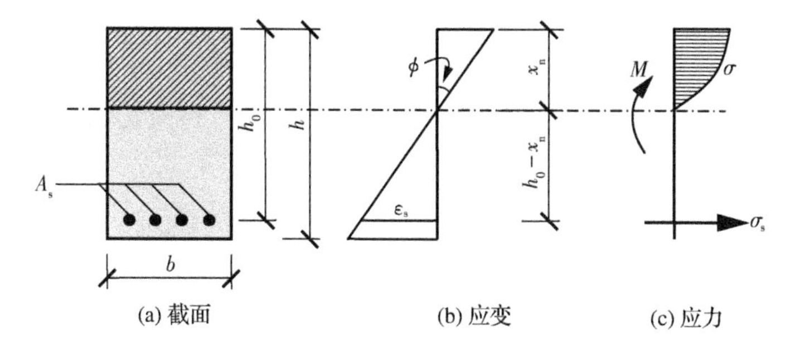

图 5.11　混凝土开裂后截面的应变、应力

(1) 基本方程

① 平衡条件：

$\sum X = 0$ 时

$$\int_0^{x_n} \sigma b\,\mathrm{d}y - \sigma_s A_s = 0 \tag{5-37}$$

$\sum M=0$ 时　$$M=\int_0^{x_n} y\sigma b\mathrm{d}y+\sigma_s A_s(h_0-x_n) \tag{5-38}$$

② 变形条件：

$$\varepsilon=\phi y \quad \text{同(5-3)}$$

$$\varepsilon_s=\phi(h_0-x_n) \quad \text{同(5-4)}$$

③ 物理条件：

混凝土受压　$$\sigma=f_c\left[\frac{2\varepsilon}{\varepsilon_0}-\left(\frac{\varepsilon}{\varepsilon_0}\right)^2\right] \quad \text{同(5-24)}$$

钢筋受拉　$$\sigma_s=E_s\varepsilon_s \quad (\varepsilon_s\leqslant\varepsilon_y) \quad \text{同(5-26)}$$

以上各式是将第Ⅰ阶段(混凝土开裂前)的相应公式删去受拉混凝土部分而得，求中和轴位置、弯矩与曲率的关系也可以采用同样方法处理。

(2) 中和轴位置

$$\frac{f_c b\phi}{\varepsilon_0}\left(x_n^2-\frac{\phi x_n^3}{3\varepsilon_0}\right)-E_s\phi(h_0-x_n)A_s=0 \tag{5-39}$$

(3) 弯矩曲率关系

$$M=\frac{f_c b\phi}{\varepsilon_0}\left(\frac{2}{3}x_n^3-\frac{\phi x_n^4}{4\varepsilon_0}\right)+E_s\phi(h_0-x_n)^2A_s \tag{5-40}$$

4. 第Ⅱ阶段末(纵筋屈服，如图 5.12 所示)

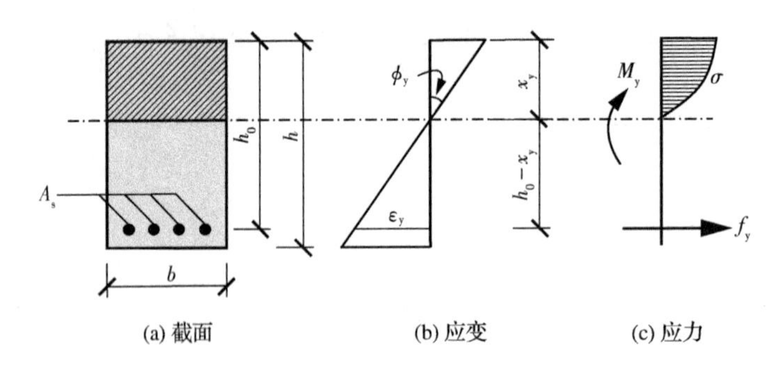

图 5.12　钢筋屈服时截面的应变、应力

第Ⅱ阶段末，纵筋拉应力到达其屈服强度 f_y，拉应变为 ε_y，这时的曲率为

$$\phi=\phi_y=\frac{\varepsilon_y}{h_0-x_y} \tag{5-41}$$

求中和轴位置的式(5-39)应改为

$$\frac{f_c b}{\varepsilon_0}\,\frac{\varepsilon_y}{h_0-x_y}\left(x_y^2-\frac{\varepsilon_y}{h_0-x_y}\,\frac{x_y^3}{3\varepsilon_0}\right)-f_yA_s=0 \tag{5-42}$$

纵筋屈服时，截面的弯矩为

$$M_y=\frac{f_c b}{\varepsilon_0}\,\frac{\varepsilon_y}{h_0-x_y}\left(\frac{2}{3}x_y^3-\frac{\varepsilon_y}{h_0-x_y}\,\frac{x_y^4}{4\varepsilon_0}\right)+f_yA_s(h_0-x_y) \tag{5-43}$$

纵筋屈服时的抗弯刚度为

$$B_y=\frac{M_y}{\phi_y} \tag{5-44}$$

5. 第Ⅲ阶段(纵筋屈服后,如图 5.13 所示)

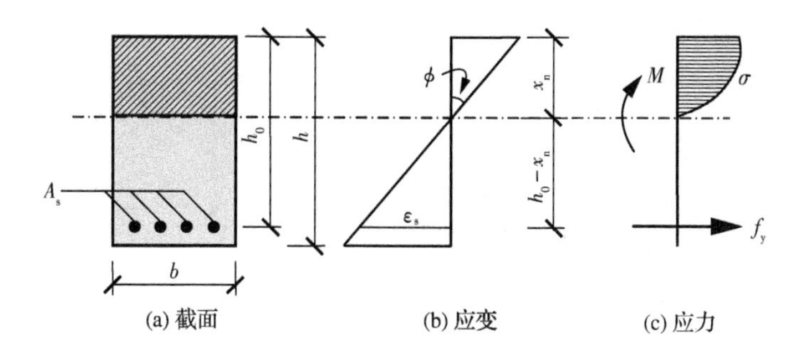

图 5.13　钢筋屈服后截面的应变、应力

(1) 基本方程

① 平衡条件:

$\sum X = 0$ 时　　$$\int_0^{x_n} \sigma b \mathrm{d}y - \sigma_s A_s = 0 \qquad \text{同(5-37)}$$

$\sum M = 0$ 时　　$$M = \int_0^{x_n} y\sigma b \mathrm{d}y + \sigma_s A_s (h_0 - x_n) \qquad \text{同(5-38)}$$

② 变形条件:

$$\varepsilon = \phi y \qquad \text{同(5-3)}$$

③ 物理条件:

混凝土受压　　$$\sigma = f_c\left[\frac{2\varepsilon}{\varepsilon_0} - \left(\frac{\varepsilon}{\varepsilon_0}\right)^2\right] \qquad (5-45)$$

钢筋受拉　　$$\sigma_s = f_y \qquad (5-46)$$

以上各式,与第Ⅱ阶段(混凝土开裂后)的相应公式比较,主要区别是:①钢筋的应力为定值,等于它的屈服强度 f_y。而它的应变 ε 可以继续增加,不是定值。但这并不是说,不再符合平截面假定,而是说,钢筋的应变可以等于任意值,即处于图 5.8(b)中流幅段中的某一点,而仍符合平截面假定;②混凝土的压应力有可能进入图 5.8(a)所示曲线的下降段。

(2) 中和轴位置

由下式可确定中和轴位置

$$\frac{f_c b\phi}{\varepsilon_0}\left(x_n^2 - \frac{\phi x_n^3}{3\varepsilon_0}\right) - f_y A_s = 0 \qquad (5-47)$$

(3) 弯矩与曲率的关系

$$M = \frac{f_c b\phi}{\varepsilon_0}\left(\frac{2}{3}x_n^3 - \frac{\phi x_n^4}{4\varepsilon_0}\right) + f_y A_s (h_0 - x_n) \qquad (5-48)$$

6. 第Ⅲ阶段末(受压区混凝土压坏)

第Ⅲ阶段末,受压区边缘混凝土达到其极限压应变 ε_{cu} 而被压坏,整个截面不再能承担更大的弯矩(见图 5.14)。这时截面的曲率为

$$\phi = \phi_u = \frac{\varepsilon_{cu}}{x_u} \qquad (5-49)$$

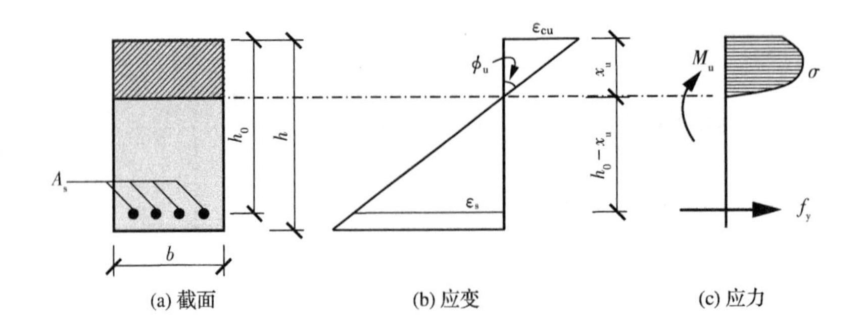

图 5.14 混凝土压碎时截面的应变、应力

中和轴位置按下式确定

$$\frac{f_c b}{\varepsilon_0}\varepsilon_{cu}x_u\left(1-\frac{\varepsilon_{cu}}{3\varepsilon_0}\right)-f_yA_s=0 \tag{5-50}$$

解出 x_u 后,可得

$$\frac{x_u}{h_0}=\frac{1}{\frac{\varepsilon_{cu}}{\varepsilon_0}\left(1-\frac{\varepsilon_{cu}}{3\varepsilon_0}\right)}\frac{f_y}{f_c}\frac{A_s}{bh_0} \tag{5-50a}$$

破坏时截面承受的弯矩为

$$M_u=\frac{f_c b}{\varepsilon_0}\varepsilon_{cu}x_u^2\left(\frac{2}{3}-\frac{\varepsilon_{cu}}{4\varepsilon_0}\right)+f_yA_s(h_0-x_u) \tag{5-51}$$

式中,x_u 为破坏时截面受压区高度。将式(5-50a)代入式(5-51),整理后可得

$$M_u=f_yA_s\left[1-\frac{\frac{1}{3}\left(1-\frac{\varepsilon_{cu}}{4\varepsilon_0}\right)}{\frac{\varepsilon_{cu}}{\varepsilon_0}\left(1-\frac{\varepsilon_{cu}}{3\varepsilon_0}\right)^2}\frac{f_y}{f_c}\frac{A_s}{bh_0}\right]h_0 \tag{5-51a}$$

如取 $\varepsilon_0=0.002$ 及 $\varepsilon_{cu}=0.0033$,则可得

$$\frac{x_u}{h_0}=1.347\frac{f_y}{f_c}\rho \tag{5-50b}$$

$$M_u=f_yA_s\left(1-0.586\frac{f_y}{f_c}\rho\right)h_0 \tag{5-51b}$$

破坏时的抗弯刚度为

$$B_u=\frac{M_u}{\phi_u} \tag{5-52}$$

例 5-1 已知:一钢筋混凝土受弯构件截面尺寸为 200×500 mm(h_0=465 mm)。配置 3 根直径为20 mm的受力纵向钢筋(A_s=942 mm),其布置如图5.15所示。混凝土和钢筋的弹性模量分别为 $E_c=22000\ \text{N/mm}^2$ 和 $E_s=200000\ \text{N/mm}^2$。混凝土的抗拉强度 $f_t=2.2\ \text{N/mm}^2$;钢筋的屈服强度 $f_y=364\ \text{N/mm}^2$。

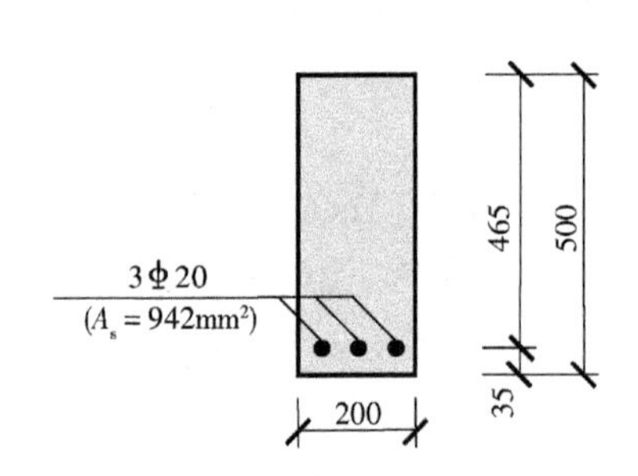

图 5.15 例 5-1 梁断面

① 假设混凝土和钢筋两种材料均为弹性材料,求第

Ⅰ和第Ⅱ阶段的 $M-\phi$、$M-\sigma_s$ 和 $M-B$ 关系。

② 若混凝土受压时的应力-应变关系采用式(5-24)，其中 $f_c=22\ \text{N/mm}^2$，$\varepsilon_0=0.002$，$\varepsilon_{cu}=0.0033$；混凝土受拉的应力-应变关系采用式(5-25)，其中 $f_t=2.2\ \text{N/mm}^2$，$\varepsilon_{t0}=0.00015$，$\varepsilon_{tu}=0.0002$；钢筋受拉时的应力-应变关系如图 5.8(b)所示。分别求截面即将开裂、纵筋屈服和混凝土压坏(即整个截面破坏时)的弯矩、曲率、刚度和截面上的应力分布，以及截面的 $M-\phi$、$M-\sigma_s$ 和 $M-B$ 关系。

③ 试求曲率 $\phi=4\times10^{-6}\ 1/\text{mm}$ 时的中和轴位置、弯矩和刚度。

解　① 假设混凝土和钢筋两种材料均为弹性材料，即按弹性分析。

a. 第Ⅰ阶段。

配筋率

$$\rho=\frac{A_s}{bh_0}=\frac{942}{200\times465}=0.01013=1.013\%$$

弹性模量比

$$\alpha_E=\frac{E_s}{E_c}=\frac{200000}{22000}=9.09$$

所以

$$\alpha_E\rho=0.0921$$

由式(5-10a)得

$$\frac{x_n}{h_0}=\frac{\frac{1}{2}(\frac{h}{h_0})^2+\alpha_E\rho}{\frac{h}{h_0}+\alpha_E\rho}=\frac{\frac{1}{2}(\frac{500}{465})^2+0.0921}{\frac{500}{465}+0.0921}=0.574$$

受压区高度 $x_n=0.574h_0=267\ \text{mm}$。

由式(5-12)计算换算截面的惯性矩

$$\begin{aligned}I_0&=\frac{bx_n^3}{3}+\frac{b(h-x_n)^3}{3}+\alpha_EA_s(h_0-x_n)^2\\&=\frac{200\times267^3}{3}+\frac{200\times(500-267)^3}{3}+9.09\times942\times(465-267)^2\\&=2447930000\ \text{mm}^4\end{aligned}$$

刚度为

$$B=E_cI_0=22000\times2447930000=53.9\times10^{12}\ \text{N}\cdot\text{mm}^2$$

$$M=E_cI_0\phi=53.9\times10^{12}\phi$$

钢筋应力按式(5-16)

$$\sigma_s=\alpha_E\frac{M(h_0-x)}{I_0}=9.09\times\frac{M(465-267)}{2447930000}=7.35\times10^{-7}M$$

第Ⅰ阶段末裂缝即将出现时的弯矩 M_{cr} 按式(5-17)计算，此时 $\sigma_{t0}=f_t$ 得

$$M_{cr}=\sigma_{t0}\frac{I_0}{h-x}=2.2\times\frac{2447930000}{500-267}=23.1\times10^6\ \text{N}\cdot\text{mm}$$

b. 第Ⅱ阶段。

由式(5-20)

$$\begin{aligned}\frac{x_n}{h_0}&=\sqrt{(\alpha_E\rho)^2+2\alpha_E\rho}-\alpha_E\rho\\&=\sqrt{0.0921^2+2\times0.0921}-0.0921\end{aligned}$$

$$= 0.347$$

受压区高度 $x_n = 0.347h_0 = 0.347 \times 465 = 161.3\ \text{mm}$

惯性矩由式(5-22),有

$$\begin{aligned} I_0 &= \frac{bx_n^3}{3} + \alpha_E A_s (h_0 - x_n)^2 \\ &= \frac{200 \times 161.3^3}{3} + 9.09 \times 942 \times (465 - 161.3)^2 \\ &= 1069550000\ \text{mm}^4 \end{aligned}$$

刚度

$$B = E_c I_0 = 22000 \times 1069550000 = 23.5 \times 10^{12}\ \text{N·mm}^2$$

$$M = E_c I_0 \phi = 23.5 \times 10^{12} \phi$$

钢筋应力按式(5-16),有

$$\sigma_s = \sigma_E \frac{M(h_0 - x_n)}{I_0} = 9.09 \times \frac{M(465 - 161.3)}{1069550000} = 2.58 \times 10^{-6} M$$

第Ⅱ阶段末钢筋屈服时的弯矩 M_y 按式(5-23),有

$$M_y = \sigma_y \frac{I_0}{\alpha_E (h_0 - x_n)} = 364 \times \frac{1069550000}{9.09 \times (465 - 161.3)} = 141.0 \times 10^6\ \text{N·mm}$$

② 若混凝土和钢筋两种材料均为弹塑性材料,按弹塑性分析。

a. 第Ⅰ阶段末(混凝土即将开裂)。

将已知数据代入式(5-34)得到一个 x_{cr} 的三次方程式,求解后得即将开裂时的受压区高度

$$x_{cr} = 254.7\ \text{mm}$$

代入式(5-33)得即将开裂时的曲率为

$$\phi_{cr} = 8.15 \times 10^{-7}\ 1/\text{mm}$$

代入式(5-35)得即将开裂时截面承受的弯矩为

$$M_{cr} = 3.755 \times 10^7\ \text{N·mm}$$

代入式(5-36)得即将开裂时截面的抗弯刚度为

$$B_{cr} = 4.607 \times 10^{13}\ \text{N·mm}^2$$

截面上的应力分布见图 5.16 的 I_a,具体计算略。

b. 第Ⅱ阶段末(纵筋屈服)。

将已知数据带入式(5-42)得到一个关于 x_y 的三次方程式,求解后得纵筋屈服时的受压区高度为

$$x_y = 174.4\ \text{mm}$$

代入式(5-41),得纵筋屈服时的曲率为

$$\phi_y = 6.26 \times 10^{-6}\ 1/\text{mm}$$

代入式(5-43),得纵筋屈服时截面承受的弯矩为

$$M_y = 1.384 \times 10^8\ \text{N·mm}$$

代入式(5-44),得纵筋屈服时截面的抗弯刚度为

$$B_y = 2.21 \times 10^{13}\ \text{N·mm}^2$$

c. 第Ⅲ阶段末(混凝土压坏,即截面破坏)。

由式(5－50a)可得截面破坏时的受压区高度为

$$x_u = 105.0 \text{ mm}$$

代入式(5－49)，得截面破坏时的曲率为

$$\phi_u = 3.619 \times 10^{-7} \text{ 1/mm}$$

代入式(5－51)，得破坏时截面承受弯矩为

$$M_u = 1.438 \times 10^8 \text{ N·mm}$$

代入式(5－52)，得破坏时截面的抗弯刚度为

$$B_u = 3.97 \times 10^{12} \text{ N·mm}^2$$

③ 求曲率 $\phi=4\times10^{-6}$ 1/mm 时，中和轴位置、弯矩和刚度。

已知截面曲率 $\phi=4\times10^{-6}$ 1/mm，大于第Ⅰ阶段末，而小于第Ⅱ阶段末的曲率值，可以断定此时截面应处于第Ⅱ阶段。

将已知数据分别代入式(5－39)和式(5－40)，可分别求得中和轴位置和对应的弯矩。

$$x_n = 169.0 \text{ mm}$$

$$M = 9.08 \times 10^7 \text{ N·mm}$$

则刚度可由下式求得

$$B = \frac{M}{\phi} = \frac{90.8 \times 10^6}{4 \times 10^{-6}} = 2.27 \times 10^{13} \text{ N·mm}^2$$

以上计算结果示于图 5.16、图 5.17 和图 5.18。

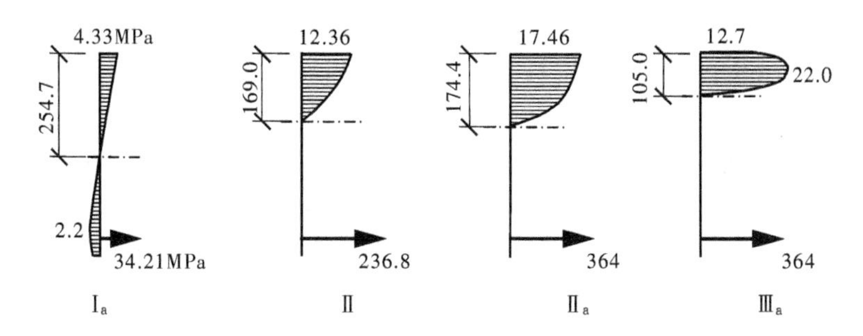

图 5.16 不同阶段截面应力分布

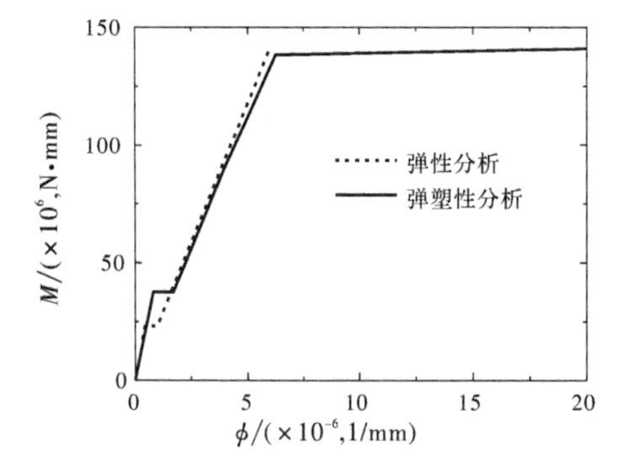

图 5.17 弯矩和曲率关系曲线

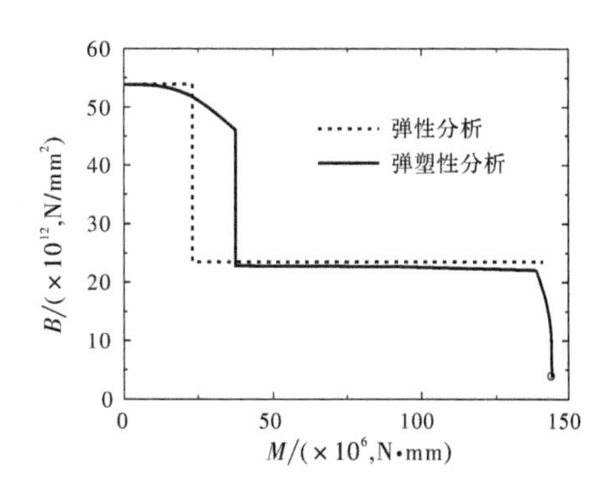

图 5.18 刚度和弯矩关系曲线

从例 5－1 可以看出,受弯截面的几个特定状态,即第Ⅰ阶段末、第Ⅱ阶段末和第Ⅲ阶段末,它们各有自己的特征或条件。第Ⅰ阶段末的标志是,混凝土受拉边缘的应变达到混凝土的抗拉极限应变,表示裂缝即将出现;第Ⅱ阶段末的标志是,纵筋的拉应变达到钢筋的屈服应变,表示纵筋刚好屈服;第Ⅲ阶段末的标志是,混凝土受压边缘的应变达到混凝土的抗压极限应变,表示混凝土压坏。在这些条件下,可先求得中和轴位置、曲率,再求弯矩、刚度、钢筋和混凝土的应力。要对其他情况,例如第Ⅱ阶段中某一点作分析,则计算方法原则上一样,即根据相应阶段的平衡条件、变形条件和物理条件,将已知数据代入这些基本公式,就可得到所求的未知量。按以上所述的方法,可对受弯截面从开始加荷直到破坏的各阶段作弹塑性全过程分析,计算出的弯矩-曲率关系曲线如图 5.17 所示。

由以上计算结果可得出以下结论。

① 即将开裂时,钢筋的拉应力只有 34.3 N/mm^2,远小于它的屈服强度,而开裂弯矩也仅为破坏弯矩的 26.1%。这说明,若不容许开裂,钢筋混凝土受弯构件只能承担很小的弯矩,钢筋的强度也不能得到充分利用。

② 在开裂前后,钢筋应力和应变以及截面的刚度都发生突变,即钢筋拉应力和拉应变突增,刚度突减。

③ 第Ⅱ阶段末钢筋屈服时的弯矩和第Ⅲ阶段末构件破坏时的弯矩相比,两者相差很小。后者仅略大于前者(3.8%)。

④ 混凝土受压应力图的形状对计算结果影响不大,对第Ⅲ阶段末的破坏弯矩而言,如不用图 5.8(a),改用图 2.19 的二次抛物线加斜直线和二次抛物线加平直线,则破坏弯矩分别为 $M_u=1.448\times10^8$ N·mm和 $M_u=1.457\times10^8$ N·mm。对第Ⅰ、Ⅱ阶段而言,不受其影响,计算结果完全相同,因为这三种本构关系曲线的上升段都是二次抛物线,完全相同。

⑤ 在第Ⅲ阶段,截面弯矩基本不变,而变形(曲率)显著增加。破坏截面如同形成了一个铰,发生很大转动,这种铰称为塑性铰。塑性铰与普通铰的区别在于,塑性铰在转动过程中承担一定的弯矩,而普通铰不能承受弯矩。梁在第Ⅲ阶段挠度迅速增大,裂缝急剧开展,破坏前有明显的预兆。

⑥ 从第Ⅰ、第Ⅱ到第Ⅲ阶段,混凝土受压区高度减小,即中和轴上升。

5.2.3 受弯截面的塑性分析

1. 基本公式

受弯截面的平衡条件和物理条件与轴压或轴拉截面的平衡条件和物理条件相仿,受弯截面也可作塑性分析,或称全塑性分析,其目的是计算第Ⅲ阶段末截面的承载能力,即极限弯矩 M_u 值。计算过程比弹塑性分析大为简单,但不能准确求得破坏时的应变值、曲率值和刚度值。

全塑性指截面破坏时,材料都达到各自的极限强度。对于混凝土来讲,假设受压区混凝土各处的压应力均相等,应力分布图形可用矩形应力分布图形代替,其应力大小假设为 $\alpha_1 f_c$。钢筋的应力则达到钢筋的屈服强度,其应力的大小为 f_y,变形可以自由、无限地增加,因此能满足变形条件(平截面假设)。截面的承载能力可仅根据平衡条件确定。

对受弯截面的全塑性分析(见图 5.19)，根据平衡条件，写出如下方程：

$$\sum X = 0,\ \alpha_1 f_c b x = f_y A_s \tag{5-53}$$

$$\sum M = 0,\ M_u = \alpha_1 f_c b x \frac{x}{2} + f_y A_s (h_0 - x) \tag{5-54}$$

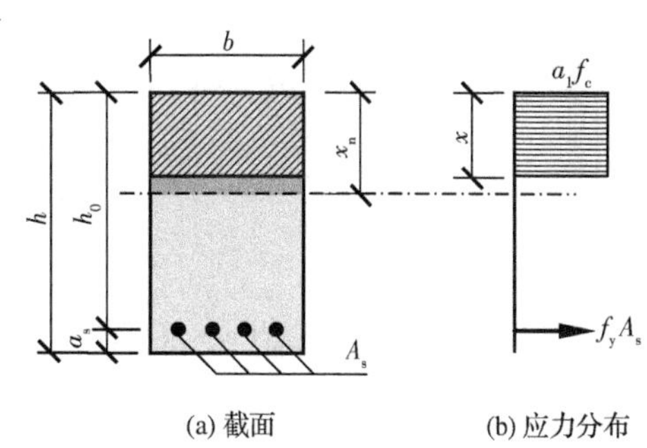

图 5.19　全塑性分析的截面和应力分布

式中：

f_c ——混凝土的抗压强度；

x ——受压区的计算高度，其值与混凝土的实际受压区高度 x_n 不同，见图 5.19；

α_1 ——矩形应力图的压应力值与理论应力图的峰值应力的比值，取值将在后面说明。

如已知截面尺寸 b、h_0，纵筋面积 A_s，材料强度 $\alpha_1 f_c$、f_y，即可由上述两个平衡方程求得截面破坏时所能承担的弯矩 M_u 以及受压区的计算高度 x。

受压区计算高度由式(5－53)求得

$$x = \frac{f_y A_s}{\alpha_1 f_c b} \tag{5-55}$$

或

$$\frac{x}{h_0} = \frac{f_y}{\alpha_1 f_c}\rho \tag{5-55a}$$

$$M_u = f_y A_s \left(1 - 0.5 \frac{f_y}{\alpha_1 f_c}\rho\right) h_0 \tag{5-56}$$

式中 $\rho = \frac{A_s}{b h_0}$。

2. 全塑性分析与弹塑性分析的比较

全塑性分析与弹塑性分析第Ⅲ阶段末的计算模式，实质上是相同的。将式(5－55a)、式(5－56)分别与式(5－50b)、式(5－51b)比较，可看出两者形式很相似。因此，选取不同系数 α_1，可以使得按全塑性计算所得的极限弯矩与按弹塑性计算所得的极限弯矩相等。因按弹塑性分析计算受弯构件的极限承载力过程复杂，因此，进行设计计算时，混凝土受压区的应力分布可以采用矩形分布图形来代替其实际分布，计算受弯构件的极限承载力。从建立 M_u 计算公式的角度看，只要能确定混凝土压应力合力的大小及其作用位置即可。

5.3　受弯构件正截面承载力计算原理

5.3.1　正截面承载力计算的基本假定

《混凝土结构设计规范》(GB 50010—2010)规定，包括受弯构件在内的各种混凝土构件的正截面承载力，按下列四个基本假定进行计算：

① 平截面假定：梁截面的平均变形符合平截面假定，即梁弯曲后，截面上各点的应变与该点到中和轴的距离成正比，并假定钢筋与其周围混凝土的应变相同；

② 受拉区混凝土不参加工作，拉力全由钢筋承担；

③ 混凝土受压的应力-压应变关系曲线按式(2－12)～式(2－16)规定取用。

④ 纵向钢筋的应力等于钢筋应变与其弹性模量的乘积,但其绝对值不大于相应的强度设计值,受拉钢筋的极限拉应变取0.01,即

$$
\begin{aligned}
\sigma_s &= E_s\varepsilon_s \leqslant f_y \\
\sigma'_s &= E'_s\varepsilon'_s \leqslant f'_y \\
\varepsilon_s &\leqslant 0.01
\end{aligned}
\tag{5-57}
$$

5.3.2　等效应力分布图

有了上述基本假定,就可以确定截面的应变分布和受压区混凝土的应力分布,并可根据轴力的平衡关系($\sum N=0$),确定截面中和轴位置,根据力矩平衡关系($\sum M=0$),求得截面的极限弯矩 M_u。直接采用上述假设的混凝土应力-应变关系曲线,计算复杂。而从建立 M_u 计算公式的角度看,只要能确定混凝土压应力合力 C 的大小及其作用位置即可。为了简化计算,我国《混凝土结构设计规范》(GB 50010—2010)采用等效矩形应力图代替上述曲线的混凝土应力分布图形,如图5.20所示。当截面达到抗弯承载力时,混凝土压应力合力 C 的大小及其作用位置 y_c 仅与混凝土应力-应变曲线形状及受压区高度 x_n 有关,见图5.21(c)。等效应力图形,只要能满足:① 面积与理论应力图形面积相等,即混凝土总压力 C 的大小不变;② 等效应力图形面积的形心与理论应力图形面积的形心重合,即 C 的作用位置不变这两个条件,就不会影响 M_u 的计算结果。

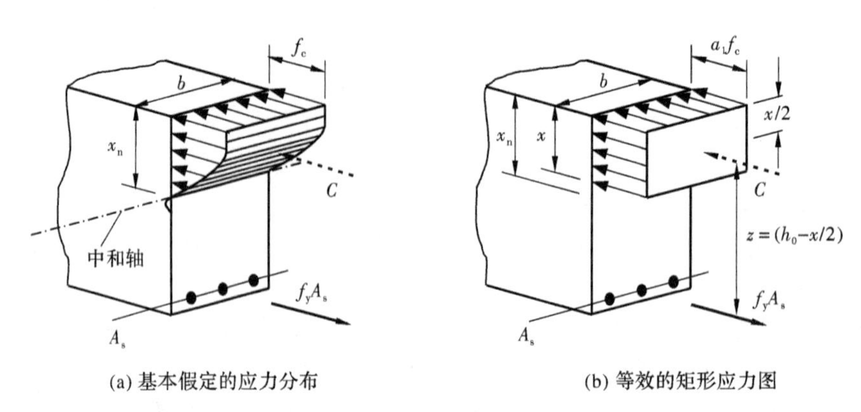

(a) 基本假定的应力分布　　(b) 等效的矩形应力图

图5.20　混凝土梁正截面承载力的基本假定及简化

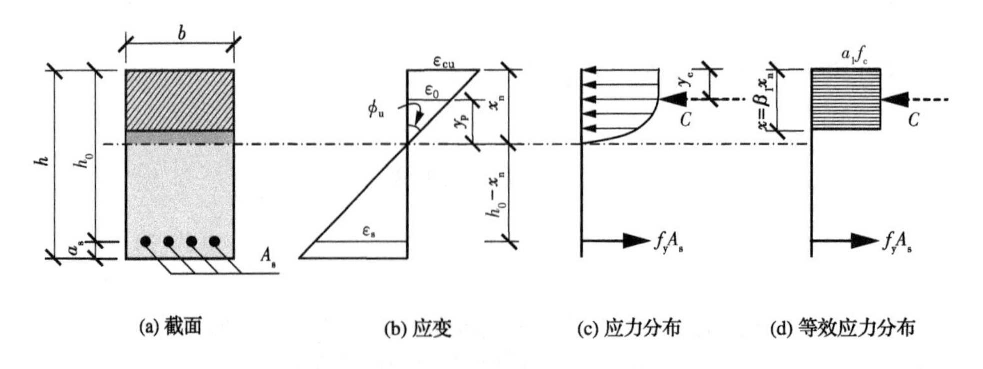

(a) 截面　　(b) 应变　　(c) 应力分布　　(d) 等效应力分布

图5.21　截面应变、应力分布及等效应力分布

这个等效矩形应力图可由两个无量纲特征值 α_1 和 β_1 确定(见图 5.21(d))。α_1 为矩形应力图的压应力值与理论应力图的峰值应力的比值;β_1 为矩形应力图的计算高度 x 与中和轴高度 x_n 的比值。对于理论应力分布图形,受压区边缘(混凝土的应变等于 ε_{cu})到中和轴的距离为 x_n。现以我国《混凝土结构设计规范》(GB 50010—2010)采用的混凝土应力-应变关系曲线为例,分析如何确定这两个无量纲特征值 α_1 和 β_1。由式(2-5)～(2-9)表示的混凝土应力-应变关系曲线及相应的参数,混凝土压应力的合力 C 为

$$C=\int_0^{\lambda x_n} f_c\left[1-\left(1-\frac{\varepsilon}{\varepsilon_0}\right)^n\right]b\mathrm{d}y+f_cb(x_n-\lambda x_n)=\frac{n+1-\lambda}{n+1}f_cbx_n \tag{5-58}$$

混凝土受压区压力对中和轴的力矩为

$$\begin{aligned}M_0&=\int_0^{\lambda x_n} f_c\left[1-\left(1-\frac{\varepsilon}{\varepsilon_0}\right)^n\right]yb\mathrm{d}y+f_cb(x_n-\lambda x_n)\left(x_n-\frac{x_n-\lambda x_n}{2}\right)\\&=\frac{f_cbx_n^2}{2}\left[1-\frac{2\lambda^2}{(n+2)(n+1)}\right]\end{aligned} \tag{5-59}$$

这里用到 $y_p/x_n=\varepsilon_0/\varepsilon_{cu}=\lambda$。

对等效矩形应力图

$$C=\alpha_1 f_cbx \tag{5-60}$$

$$M_0=\alpha_1 f_cbx\left[x_n-\frac{x}{2}\right] \tag{5-61}$$

将 $x=\beta_1 x_n$ 代入式(5-60)和式(5-61),由等效条件可解得

$$\beta_1=\frac{(n+2)(n+1)-2\lambda(n+2)+2\lambda^2}{(n+2)(n+1-\lambda)} \tag{5-62}$$

$$\alpha_1=\frac{1}{\beta_1}\frac{n+1-\lambda}{n+1} \tag{5-63}$$

显然,α_1 和 β_1 仅与混凝土应力-应变曲线的参数有关。将不同强度等级混凝土的应力-应变曲线参数带入上式,强度等级低于或等于 C50 的混凝土,$\alpha_1=0.96895$,$\beta_1=0.82355$;强度等级等于 C80 的混凝土,取 $\alpha_1=0.93527$,$\beta_1=0.76271$。为简化计算,《混凝土结构设计规范》(GB 50010—2010)规定,强度等级低于或等于 C50 的混凝土,取 $\alpha_1=1.0$,$\beta_1=0.8$;强度等级等于 C80 的混凝土,取 $\alpha_1=0.94$,$\beta_1=0.74$;强度等级高于 C50 而低于 C80 混凝土的系数 α_1 和 β_1 分别在 1～0.94 之间和 0.8～0.74 之间,按线性内插法确定,见表 5-1。

表 5-1　混凝土受压区等效矩形应力图系数

	≤C50	C55	C60	C65	C70	C75	C80
α_1	1.0	0.99	0.98	0.97	0.96	0.95	0.94
β_1	0.8	0.79	0.78	0.77	0.76	0.75	0.74

5.3.3　适筋截面与超筋截面的界限及界限配筋率

如前所述,截面达到抗弯极限状态时,受拉纵筋屈服与受压区边缘混凝土破坏的先后顺序是判断截面是否超筋的标准。因此,当受拉纵筋达到屈服和受压区边缘混凝土破坏同时发生时,即为适筋截面与超筋截面的界限破坏。此时,纵向钢筋的应变为其屈服应变(f_y/E_s),混凝土受压区边缘的应变为混凝土的极限压应变 ε_{cu},如图 5.22 所示。

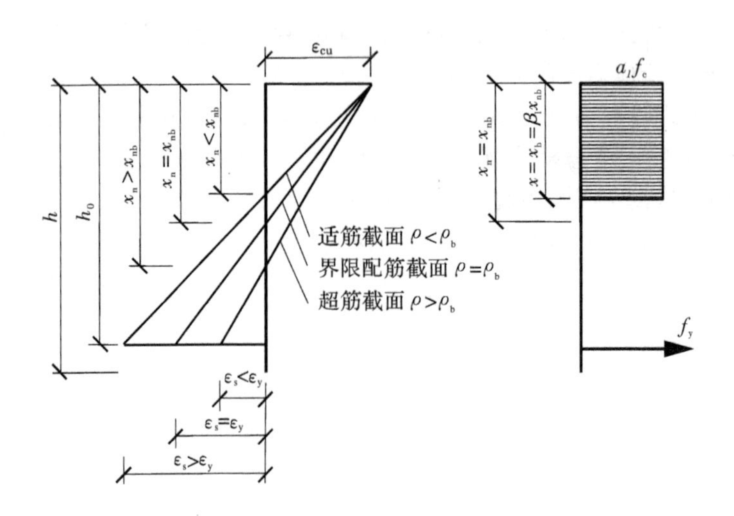

图 5.22　适筋截面与超筋截面的界限

设界限破坏时受压区高度为 x_{nb},则有

$$\frac{x_{nb}}{h_0}=\frac{\varepsilon_{cu}}{\varepsilon_{cu}+\varepsilon_y} \tag{5-62}$$

将 $x_b=\beta_1 x_{nb}$代入式(5-62),得

$$\frac{x_b}{\beta_1 h_0}=\frac{\varepsilon_{cu}}{\varepsilon_{cu}+\varepsilon_y} \tag{5-63}$$

x_b 为界限受压区计算高度。设 $\xi_b=\frac{x_b}{h_0}$,称为界限受压区相对计算高度,则

$$\xi_b=\frac{x_b}{h_0}=\frac{\beta_1}{1+\frac{f_y}{E_s\varepsilon_{cu}}} \tag{5-64}$$

对于无屈服点的钢筋,根据条件屈服点的定义,钢筋达到屈服点时的应变为 $\varepsilon_y=f_y/E_s+0.002$。相应的界限受压区相对计算高度应改为

$$\xi_b=\frac{\beta_1}{1+\frac{0.002}{\varepsilon_{cu}}+\frac{f_y}{E_s\varepsilon_{cu}}} \tag{5-65}$$

从式(5-64)可以看出,界限受压区相对计算高度与纵向钢筋的屈服强度、弹性模量和混凝土的极限压应变有关。不同强度等级的混凝土和不同强度的钢筋,这些参量不同。表 5-2 给出了不同强度等级的混凝土和不同强度的钢筋所对应的界限受压区相对计算高度 ξ_b 的取值。

表 5-2　界限受压区相对计算高度 ξ_b 取值

	≤C50	C55	C60	C65	C70	C75	C80
HPB300	0.576	0.566	0.556	0.547	0.537	0.528	0.518
HRB335	0.550	0.541	0.531	0.522	0.512	0.503	0.493
HRB400	0.518	0.508	0.499	0.490	0.481	0.472	0.463
HRB500	0.482	0.473	0.464	0.455	0.447	0.438	0.429

截面受压区高度与截面配筋率之间存在对应关系，因此，截面的界限受压区相对计算高度ξ_b也与截面的最大配筋率ρ_{max}之间存在对应关系。由截面力的平衡条件式(5-53)，可得

$$\alpha_1 f_c b \xi_b h_0 = f_y A_{s,max}$$

因此

$$\rho_{max} = \frac{A_{s,max}}{bh_0} = \xi_b \frac{\alpha_1 f_c}{f_y} \tag{5-66}$$

当截面受压区相对计算高度小于界限受压区相对计算高度($\xi<\xi_b$)，或配筋率小于截面的最大配筋率($\rho<\rho_{max}$)时，受拉纵向钢筋先达到屈服，然后混凝土受压破坏，为适筋梁；当截面受压区相对计算高度大于界限受压区相对计算高度($\xi>\xi_b$)或配筋率大于截面的最大配筋率($\rho>\rho_{max}$)时，混凝土受压破坏时，受拉纵向钢筋未达到屈服，为超筋梁。

5.3.4　受弯截面的最小配筋率

与超筋截面相反，如果受弯截面的配筋率过小，则当弯矩达到某一数值，截面受拉区开裂后，纵筋拉应力突增，以至于达到屈服强度使截面从第Ⅰ阶段直接进入第Ⅲ阶段。少筋截面开裂时，即第Ⅰ阶段末，所能承受的弯矩比不配筋的素混凝土受弯截面高不了多少。少筋截面破坏时，即第Ⅲ阶段末，所能承受的弯矩，往往比开裂时的弯矩要小。

少筋破坏的特点是一裂就坏，从理论上讲，纵向受拉钢筋的最小配筋率ρ_{min}可以由钢筋混凝土受弯构件正截面承载力与其开裂载荷相等为条件来确定。但是，考虑到混凝土抗拉强度的离散性，以及混凝土收缩等因素的影响，所以在实际应用时，最小配筋率ρ_{min}，往往是根据传统经验得出的。《混凝土结构设计规范》(GB 50010—2010)规定的最小配筋率值见附录3中的附表3-3。为防止梁“一裂就坏”，梁的配筋率应大于$\rho_{min}\frac{h}{h_0}$。

5.3.5　单筋矩形截面受弯构件正截面承载力计算

只在截面受拉区配置纵向受力钢筋的矩形截面，称为单筋矩形截面。单筋矩形截面除了在受拉区配置纵向受力钢筋外，还配有架立钢筋和箍筋。纵向受力钢筋、架立钢筋和箍筋绑扎在一起形成钢筋骨架。受压区的架立钢筋虽然受压，但数量很少，对正截面抗弯承载力的贡献很小，只起构造上的架立作用，所以计算时不考虑它的抗弯作用。

钢筋混凝土受弯构件正截面承载力计算是以其受弯第Ⅲ阶段末为基础。此时，受压区混凝土破坏，其应力分布简化为矩形分布，应力为$\alpha_1 f_c$；受拉钢筋也已屈服，其应力为f_y。

1. 计算公式

单筋矩形截面受弯构件的正截面抗弯承载力计算简图如图5.23所示，截面受压区的压力由混凝土承担，受拉区的拉力由纵向钢筋承担。

由力的平衡条件，得

$$\alpha_1 f_c bx = f_y A_s \tag{5-67}$$

由力矩平衡条件，得

$$M_u = \alpha_1 f_c bx\left(h_0 - \frac{x}{2}\right) \tag{5-68}$$

或

$$M_u = f_y A_s\left(h_0 - \frac{x}{2}\right) \tag{5-69}$$

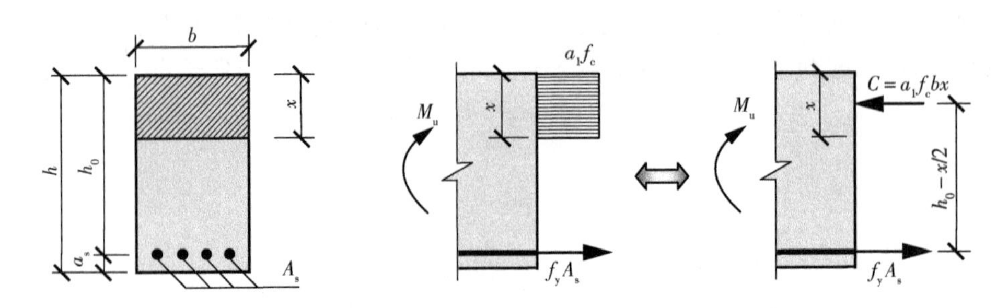

图 5.23 单筋矩形正截面抗弯承载力计算简图

式中：

b ——矩形截面宽度；

A_s ——受拉区纵向受力钢筋的截面面积；

x ——混凝土受压区计算高度；

h_0 ——截面的有效高度，按式 $h_0=h-a_s$ 计算，h 为截面高度，a_s 为受拉钢筋合力作用点到受拉区边缘的距离，如图 5.24 所示。图 5.24 中的 c 为混凝土保护层厚度，应满足《混凝土耐久性设计规范》(GB/T50476—2008)的规定。例如，在一般环境中，若取 $c=25$ mm，计算时，单排钢筋梁 a_s 一般取 35 mm；双排钢筋梁 a_s 一般取 60 mm。

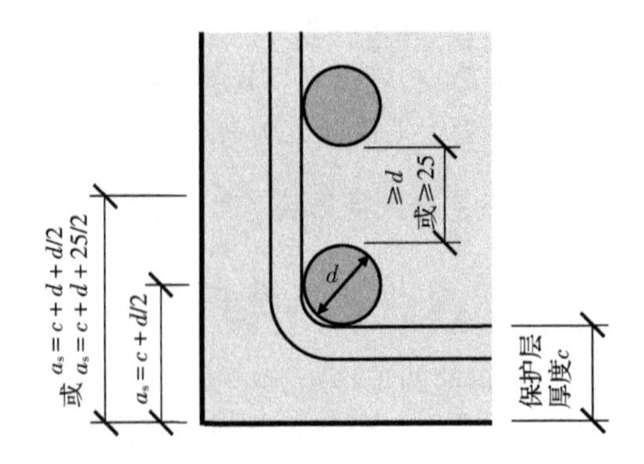

图 5.24 钢筋合力点到受拉区边缘距离

2. 计算公式的适用条件

(1) $\rho\leqslant\rho_{\max}=\xi_b\dfrac{\alpha_1 f_c}{f_y}$或 $x\leqslant\xi_b h_0$

这个限制是为了防止构件超筋破坏。单筋矩形截面的最大抗弯承载力为

$$M_{u,\max}=\alpha_1 f_c b h_0^2\xi_b(1-0.5\xi_b)$$

当设计弯矩大于 $M_{u,\max}$时，需加大构件截面或采用双筋截面。

(2) $A_s\geqslant\rho_{\min}bh$

这个限制是为了防止构件少筋破坏。式中，$\rho_{\min}$为最小配筋率；b，h 分别为截面的宽度和高度。注意，此处用的是 h 而不是 h_0。

式(5-67)和式(5-68)或式(5-69)是根据适筋构件的破坏模型推导出的静力平衡方程式，只适用于纵向受拉钢筋首先屈服后混凝土受压破坏的适筋构件计算，而不适用于少筋构件和超筋构件计算。同时，少筋构件和超筋构件的破坏都属于脆性破坏，应避免将钢筋混凝土受弯构件设计成产生这两类破坏形式的构件。

3. 单筋矩形截面极限弯矩与配筋率的关系

对于单筋矩形适筋截面，由平衡条件，并令 $m=\dfrac{f_y}{\alpha_1 f_c}$、$\rho=\dfrac{A_s}{bh_0}$，可得

$$\xi=\frac{x}{h_0}=\frac{f_yA_s}{\alpha_1 f_c bh_0}=m\rho \tag{5-70}$$

$$\frac{M_u}{\alpha_1 f_c bh_0^2}=\xi(1-0.5\xi)=m\rho(1-0.5m\rho) \tag{5-71}$$

破坏时截面的曲率为

$$\phi_u=\frac{\varepsilon_{cu}}{x_n}=\frac{\beta_1\varepsilon_{cu}}{x}=\frac{\beta_1\varepsilon_{cu}}{\xi h_0}=\frac{\beta_1\varepsilon_{cu}}{m\rho h_0} \tag{5-72}$$

对于单筋矩形超筋截面，截面破坏时，受拉钢筋未屈服，其应力 $\sigma_s<f_y$，由平衡条件，可得

$$\alpha_1 f_c b\xi h_0=\sigma_s A_s \tag{5-73}$$

$$M_u=\alpha_1 f_c bh_0^2\xi(1-0.5\xi) \tag{5-74}$$

根据平截面假定，截面在抗弯极限状态时，有

$$\frac{\xi}{\beta_1}=\frac{\varepsilon_{cu}}{\varepsilon_{cu}+\varepsilon_s} \tag{5-75}$$

则
$$\varepsilon_s=\left(\frac{\beta_1}{\xi}-1\right)\varepsilon_{cu} \tag{5-76}$$

将式(5-76)代入式(5-73)整理后，得

$$\xi^2+D\rho\xi-D\rho\beta_1=0 \tag{5-77}$$

式中
$$D=\frac{E_s\varepsilon_{cu}}{\alpha_1 f_c} \tag{5-78}$$

解方程式(5-77)，并取有效解，得

$$\xi=\frac{\sqrt{D^2\rho^2+4D\rho\beta_1}-D\rho}{2} \tag{5-79}$$

将式(5-79)代入式(5-74)，即可得弯矩与配筋率的关系

$$\begin{aligned}\frac{M_u}{\alpha_1 f_c bh_0^2}&=\xi(1-0.5\xi)\\&=\frac{\sqrt{D^2\rho^2+4D\rho\beta_1}-D\rho}{2}\left(1-\frac{\sqrt{D^2\rho^2+4D\rho\beta_1}-D\rho}{4}\right)\end{aligned} \tag{5-80}$$

将式(5-79)代入式(5-76)，整理后得钢筋应力与配筋率的关系

$$\begin{aligned}\frac{\sigma_s}{f_y}&=\frac{\varepsilon_s}{\varepsilon_y}=\left(\frac{\beta_1}{\xi}-1\right)\frac{\varepsilon_{cu}}{\varepsilon_y}\\&=\left(\frac{2\beta_1}{\sqrt{D^2\rho^2+4D\rho\beta_1}-D\rho}-1\right)\frac{\varepsilon_{cu}}{\varepsilon_y}\end{aligned} \tag{5-81}$$

式中，ε_y 为钢筋的屈服应变。

破坏时截面的曲率是

$$\phi_u=\frac{\varepsilon_{cu}}{x_n}=\frac{\beta_1\varepsilon_{cu}}{\xi h_0}=\frac{2\beta_1\varepsilon_{cu}}{(\sqrt{D^2\rho^2+4D\rho\beta_1}-D\rho)h_0} \tag{5-82}$$

为了便于分析，采用相对延性来比较不同配筋率对构件延性的影响，相对于界限配筋率构件的相对延性为

$$\frac{\phi_u}{\phi_{ub}}=\frac{\dfrac{\beta_1\varepsilon_{cu}}{\xi h_0}}{\dfrac{\beta_1\varepsilon_{cu}}{\xi_b h_0}}=\frac{\xi_b}{\xi} \tag{5-83}$$

式中，ϕ_{ub}为界限配筋截面破坏时截面的曲率。

在适筋情况下，相对延性为

$$\frac{\phi_u}{\phi_{ub}}=\frac{\xi_b}{m\rho} \tag{5-84}$$

在超筋情况下，相对延性为

$$\frac{\phi_u}{\phi_{ub}}=\frac{2\xi_b}{\sqrt{D^2\rho^2+4D\rho\beta_1}-D\rho} \tag{5-85}$$

对于确定的构件截面和钢筋级别，D 和 β_1 为常数。将截面的极限弯矩、相对延性和受拉纵筋的应力与配筋率的关系分别绘于图 5.25、图 5.26 和图 5.27。从图中可以看出，随着配筋率增加，截面的极限弯矩迅速增加，而截面的相对延性随着配筋率增大而迅速降低。但当配筋率超过界限配筋率后，极限弯矩随配筋率增长的速度明显减小。比较极限弯矩与配筋率关系曲线，界限配筋率两边，曲线的斜率明显不同。配筋率大于界限配筋率后，极限弯矩与配筋率的关系曲线几乎接近水平。例如，对于采用 C30 混凝土、配置 HRB400 钢筋的梁，在超筋情况下，配筋率从 3%增加到 6%，即钢筋用量增加一倍，而梁的极限弯矩增量仅约为 7.2%(见图 5.25)。因此，配筋率超过界限配筋率时，采用再增加配筋的方法提高梁的抗弯承载力是不经济的；同时，再增加配筋也使梁的延性进一步降低(见图 5.26)。配筋率小于界限配筋率时，梁破坏前，受拉钢筋已屈服，其应力达到钢筋的屈服强度。当配筋率超过界限配筋率后，梁破坏时，钢筋的应力将达不到屈服强度，且钢筋应力随配筋率增大而减小。例如，上述的钢筋混凝土梁的界限配筋率约为 2%。因此，配筋率小于 2%时，梁承载力极限状态的钢筋应力为其屈服强度 f_y。配筋率为 3%和 6%时，梁承载力极限状态的钢筋应力分别为 $0.75f_y$ 和 $0.43f_y$，如图 5.27 所示。所以，超筋梁中的钢筋不能充分发挥作用，这是因为，在承载力极限状态时，钢筋应力低于屈服强度，而梁中配筋越多，钢筋应力越低。

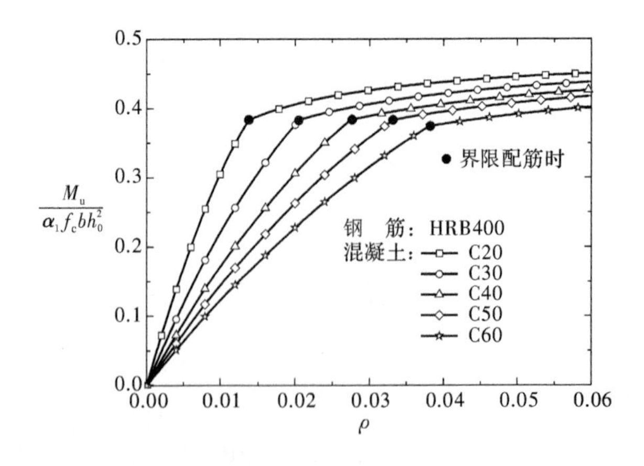

图 5.25 单筋矩形截面极限弯矩与配筋率的关系

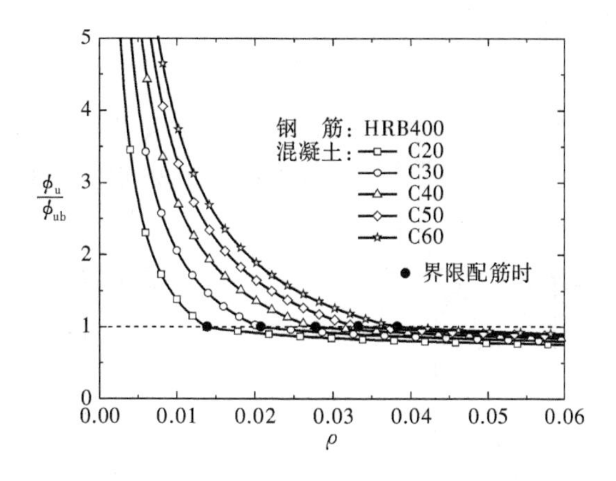

图 5.26 单筋矩形截面相对延性与配筋率的关系

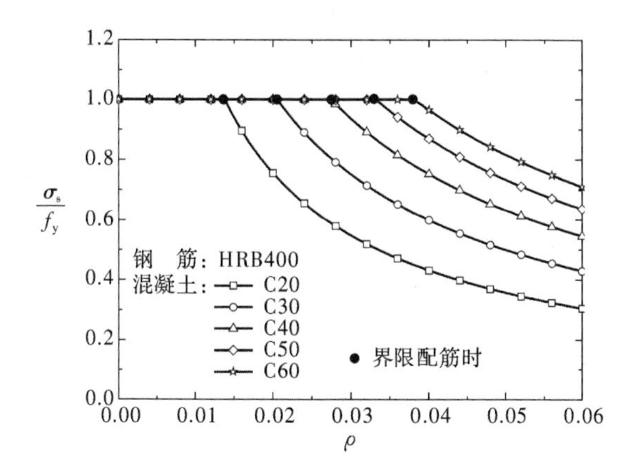

图 5.27 单筋矩形截面承载力极限状态时钢筋应力与配筋率的关系

5.3.6 双筋矩形截面受弯构件正截面承载力计算

在受压区配置数量较多的纵向受压钢筋，不仅起架立钢筋的作用，而且对正截面抗弯承载力也有较大作用。在正截面受弯承载力计算时，受拉区钢筋和受压区钢筋对截面抗弯承载力的作用同时都要考虑，这种配筋的截面称为双筋截面。尽管受压区配置纵向钢筋对截面延性、抗裂性、变形等有利，但通常双筋截面构件的用钢量比单筋截面构件多，采用纵向受压钢筋协助混凝土承受压力不经济。因此，为了节约钢材，尽可能不要将截面设计成双筋截面。

双筋截面只在下面几种情况使用：

· 弯矩很大，超过了单筋截面所能承担的最大弯矩，而截面尺寸又受到限制，混凝土强度等级也不能提高，按单筋截面设计必然成为超筋截面。

· 结构或构件承受某种交变作用（如地震），截面上的弯矩正负交替变化。

· 结构或构件截面的受压区已预先布置了一定数量的受力钢筋。

钢筋混凝土受弯构件双筋正截面承载力计算与单筋截面相同，也是以其受弯的第Ⅲ阶段末为基础。此时，受压区混凝土破坏，其应力简化为矩形分布，应力为 $\alpha_1 f_c$；而受拉钢筋和受压钢筋均已屈服,应力分别为 f_y 和f'_y。

1. 计算公式

双筋矩形截面受弯构件的正截面抗弯承载力计算简图如图 5.28 所示,截面受压区的压力由混凝土和受压纵向钢筋共同承担,受拉区的拉力由受拉纵向钢筋承担。

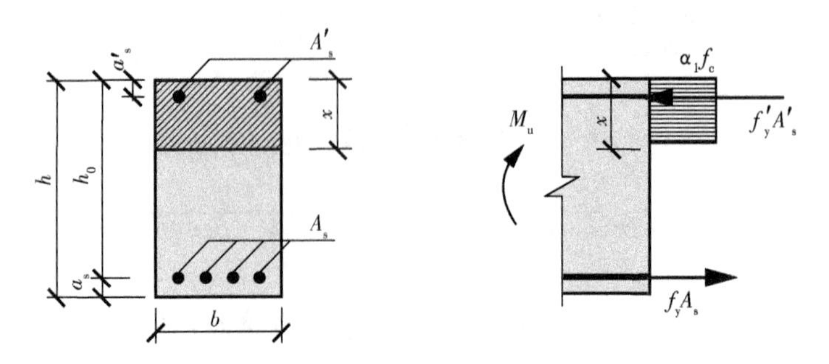

图 5.28 双筋矩形正截面抗弯承载力计算简图

由力的平衡条件,得

$$\alpha_1 f_c bx + f'_y A'_s = f_y A_s \tag{5-86}$$

由力矩平衡条件,得

$$M_u = \alpha_1 f_c bx\left(h_0 - \frac{x}{2}\right) + f'_y A'_s (h_0 - a'_s) \tag{5-87}$$

式中:

A'_s ——受压钢筋的截面面积;

f'_y ——钢筋的抗压强度;

a'_s ——受压区纵向受力钢筋合力作用点到受压区混凝土外边缘之间的距离。对于梁,当受压钢筋按一排布置时,可取 $a'_s = 35$ mm;当受压钢筋按两排布置时,可取 $a'_s = 60$ mm;对于板,可取 $a'_s = 20$ mm。

其他符号同单筋矩形截面。

在式(5-86)和(5-87)中,假设受压区纵向钢筋屈服,因此,应保证在抗弯极限状态时受压区纵向钢筋的应变大于其屈服应变。由截面的几何条件得

$$\varepsilon'_s = \frac{x_n - a'_s}{x_n}\varepsilon_{cu} = \left(1 - \frac{\beta_1 a'_s}{x}\right)\varepsilon_{cu} \geqslant \varepsilon'_y$$

则需要

$$x \geqslant \frac{\varepsilon_{cu}}{\varepsilon_{cu} - \varepsilon'_y}\beta_1 a'_s \tag{5-88}$$

将不同混凝土强度等级和钢筋级别的具体数值代入上式,可得表 5-3。

表 5-3 受压区钢筋屈服的最小受压区计算高度

	≤C50	C60	C70	C80
HPB300	$1.352a'_s$	$1.350a'_s$	$1.355a'_s$	$1.338a'_s$
HRB335	$1.510a'_s$	$1.516a'_s$	$1.522a'_s$	$1.525a'_s$
HRB400	$1.812a'_s$	$1.841a'_s$	$1.873a'_s$	$1.907a'_s$
HRB500	$2.174a'_s$	$2.241a'_s$	$2.318a'_s$	$2.409a'_s$

双筋截面混凝土受压区计算高度只要大于上表所列值，即可保证受压区纵向钢筋屈服，为方便起见《混凝土结构设计规范》(GB 50010—2010)统一取 $x\geqslant 2a_s'$。这里需注意，从上表可以看出，当钢筋强度等级为 500 MPa 时，$x\geqslant 2a_s'$ 并不能保证受压钢筋的屈服，此时宜取 $x\geqslant 2.5a_s'$。

2. 计算公式的适用条件

(1) $x\leqslant \xi_b h_0$

这个限制条件是为了保证受压区混凝土破坏前，受拉区纵向钢筋屈服。双筋矩形截面的最大抗弯承载力为

$$\begin{aligned}M_{u,\max} &= \alpha_1 f_c b h_0^2 \xi_b(1-0.5\xi_b)+f_y' A_s'(h_0-a_s') \\ &= \alpha_1 f_c b h_0^2 \xi_b(1-0.5\xi_b)+f_y' \rho' b h_0^2\left(1-\frac{a_s'}{h_0}\right)\end{aligned} \tag{5-89}$$

其最大抗弯承载力与截面尺寸和受压纵筋配筋率有关。截面尺寸越大或受压纵筋配筋率越高，双筋梁的最大抗弯承载力越大。

(2) $x\geqslant 2a_s'$

这个限制条件是为了保证受压区纵向钢筋在构件破坏前达到屈服。

(3) $A_s\geqslant \rho_{\min} bh$

这个限制是为了防止构件少筋破坏，在双筋截面中一般均能满足。

当 $2\dfrac{a_s'}{h_0}<\xi<\xi_b$ 时，受拉区纵向钢筋和受压区纵向钢筋均屈服，双筋截面的抗弯承载力与配筋率的关系为

$$\frac{M_u}{\alpha_1 f_c b h_0^2}=m'\rho'\left(1-\frac{a_s'}{h_0}\right)+(m\rho-m'\rho')\left(1-\frac{m\rho-m'\rho'}{2}\right) \tag{5-90}$$

式中，$m=\dfrac{f_y}{\alpha_1 f_c}$；$\rho=\dfrac{A_s}{bh_0}$；$m'=\dfrac{f_y'}{\alpha_1 f_c}$；$\rho'=\dfrac{A_s'}{bh_0}$。

图 5.29 的曲线表示受压区不同配筋率情况下，双筋矩形截面适筋范围内弯矩与配筋率的关系。由图可知，在适筋范围内，抗弯承载力随配筋率增大而提高。所谓适筋范围，指承载力

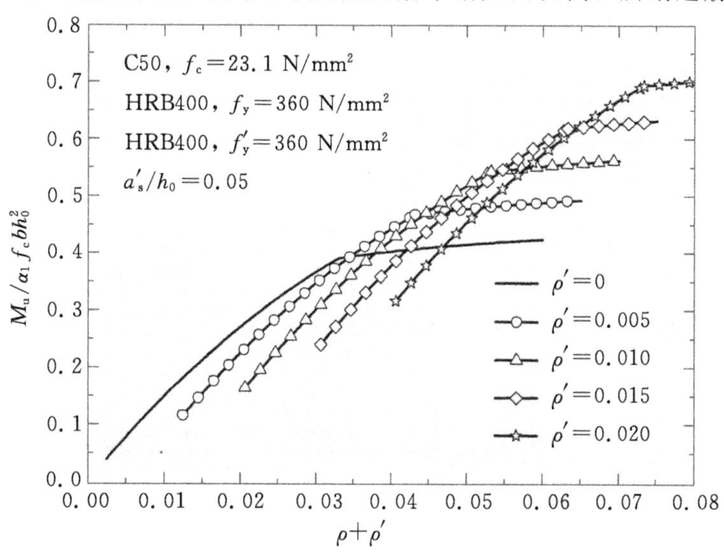

图 5.29　双筋矩形截面适筋范围内弯矩与配筋率的关系

极限状态时,受拉区钢筋和受压区钢筋均屈服(即要求 $2a'_s/h_0 \leqslant x \leqslant x_b$)。另外,随着受压区配筋率增加,若受拉区钢筋配置过少,受压区钢筋将不能屈服,因此,要求受拉区钢筋的最小配筋率也增加,同时,受拉区钢筋的界限配筋率也增加。亦即随着受压区配筋率增加,受拉区钢筋的适筋范围向配筋率增大方向平移。当然,随着受压区配筋率增加,适筋范围内可承担的最大弯矩也增加。从图上还可看出,采用增加受压区钢筋提高构件抗弯承载力的效率,比增加受拉区钢筋提高构件抗弯承载力的效率低得多。

5.3.7 T 形截面受弯构件正截面承载力计算

矩形截面受弯构件破坏时,受拉区混凝土早已开裂而退出工作,实际上,受拉区混凝土的作用并没有充分发挥。若把受拉纵向钢筋集中布置在中部,将受拉区混凝土挖去一部分,就形成了 T 形截面,如图 5.30 所示。这样形成的 T 形截面承载力的计算值与原矩形截面的承载力计算值完全相同,却可以节约混凝土用量,减轻结构的自重,降低造价。

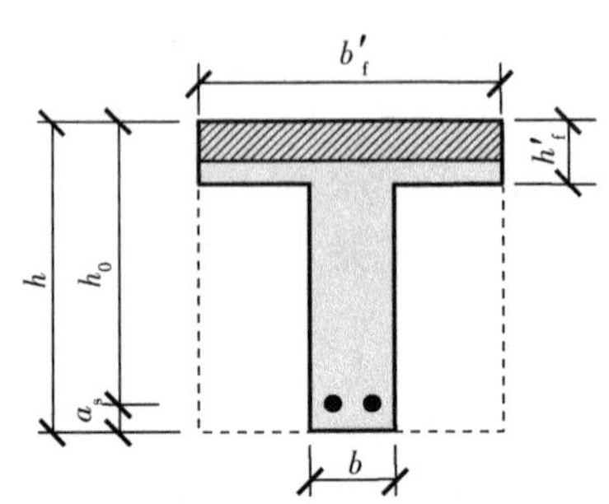

图 5.30 T 形截面梁及其几何尺寸

T 形截面梁在工程中的应用非常广泛,凡是受压区带有翼缘的构件均可按 T 形截面计算,如图 5.31 所示梁的跨中。从发挥受压区混凝土的效能看,似乎应尽量计及翼缘的宽度。但实验和理论研究表明,T 形截面梁受力时,受压翼缘压应力分布是不均匀的,如图5.32所示。压应力由梁肋中部向两边逐渐减小,即翼缘距肋部越远,其参与共同受力的程度越低。也就是说,翼缘的有效宽度是有限的。为了简化计算,《混凝土结构设计规范》(GB 50010—2010)采用在翼缘计算宽度(即有效宽度)b'_f内,将受压翼缘的混凝土应力简化为矩形分布,而在计算宽度范围以外,不考虑翼缘混凝土的作用。翼缘的计算宽度与构件的截面形状、构件的跨度和布置间距有关,见表 5 - 4。

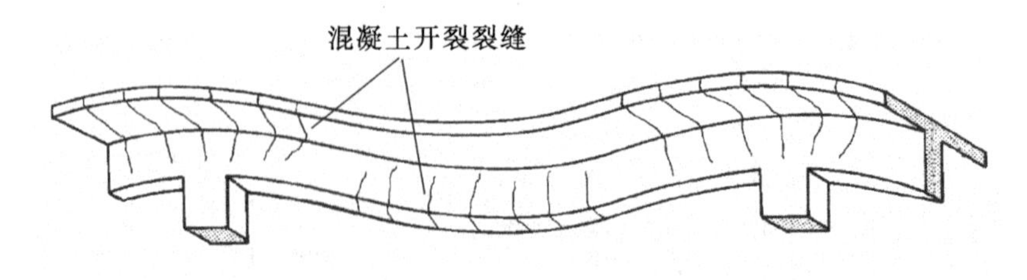

图 5.31 梁板变形示意图

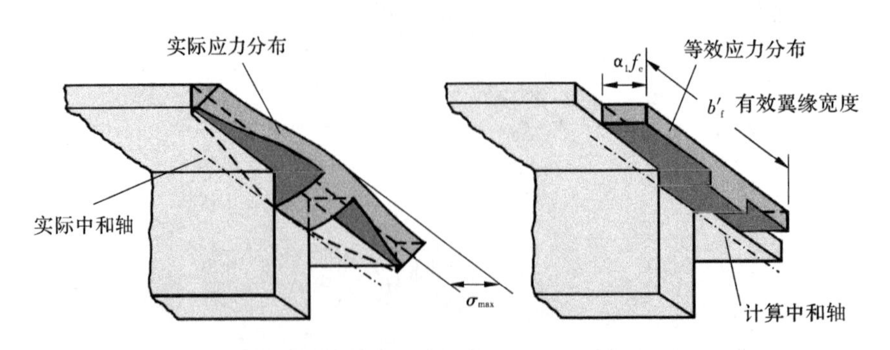

图 5.32 T 形截面的应力分布及其等效

表 5-4　受弯构件受压区有效翼缘计算宽度 b'_f

项次	考虑情况	T形、工字形截面		倒L形截面
		肋形梁(板)	独立梁	肋形梁(板)
1	按计算跨度 l_0 考虑	$l_0/3$	$l_0/3$	$l_0/6$
2	按梁(肋)净距 s_n 考虑	$b+s_n$	—	$b+s_n/2$
3	按翼缘高度 h'_f 考虑	$b+12h'_f$	b	$b+5h'_f$

注：1. 表中 b 为梁的腹板厚度；

2. 肋形梁在梁跨内设有间距小于纵肋间距的横肋时，则可不考虑表中项次 3 的规定；

3. 加腋的 T 形、工字形和倒 L 形截面，当受压区加腋的高度 h_h 不小于 h'_f 且加腋的宽度 b_h 不大于 $3h_h$ 时，则翼缘计算宽度可按表中情况 3 的规定分别增加 $2b_h$（T 形、工字形截面）和 b_h（倒 L 形截面）；

4. 独立梁受压区的翼缘板面在荷载作用下经验算沿纵肋方向可能产生裂缝时，其计算宽度应取用腹板宽度 b。

1. 计算公式

T 形截面的计算按中和轴位置不同分为两种情况，即中和轴位于翼缘内及中和轴位于肋部。中和轴位于翼缘内时，混凝土的受压区全部在翼缘内，称为第一类 T 形截面；中和轴位于肋部时，混凝土的受压区由翼缘受压区和肋部受压区两部分组成，称为第二类 T 形截面。两种情况受压区的形状不同，计算公式也不同。T 形截面计算时，应首先确定 T 形截面的类型。

当受压区计算高度正好与翼缘的高度相等时，如图 5.33 所示，受压区混凝土的合力为 $C=\alpha_1 f_c b'_f h'_f$，该合力中心离梁上边缘的距离为 $h'_f/2$。由平衡条件可得

$$\alpha_1 f_c b'_f h'_f = f_y A_s \tag{5-91}$$

$$M_u = \alpha_1 f_c b'_f h'_f (h_0 - 0.5h'_f) = f_y A_s (h_0 - 0.5h'_f) \tag{5-92}$$

式中：

b'_f ——T 形截面受弯构件受压区的翼缘宽度；

h'_f ——T 形截面受弯构件受压区的翼缘高度。

其他符号同单筋矩形截面。

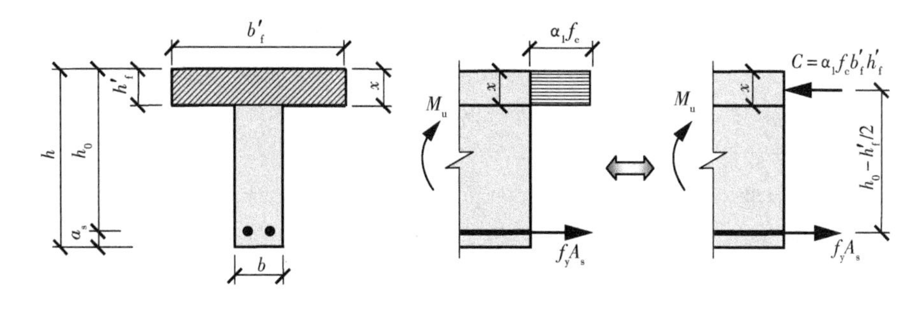

图 5.33　受压区计算高度与翼缘的高度相等时的 T 形截面梁

根据已知的受拉纵向钢筋面积或弯矩就可以判断 T 形截面的类型。显然，若

$$f_y A_s \leqslant \alpha_1 f_c b'_f h'_f \tag{5-93}$$

或

$$M_u \leqslant \alpha_1 f_c b'_f h'_f (h_0 - 0.5h'_f) \tag{5-94}$$

则 $x \leqslant h_f'$,即中和轴位于翼缘内,属于第一类T形截面。反之,若

$$f_y A_s > \alpha_1 f_c b_f' h_f' \tag{5-95}$$

或

$$M_u > \alpha_1 f_c b_f' h_f' (h_0 - 0.5h_f') \tag{5-96}$$

则 $x > h_f'$,即中和轴位于肋部内,属于第二类T形截面。

(1) 第一类T形截面

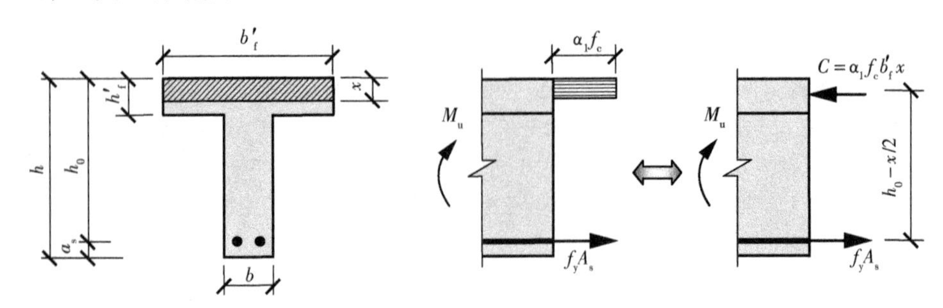

图5.34 第一类型T形截面梁

第一类T形截面中和轴位于翼缘内,由图5.34可以看出,这种类型截面与宽度为 b_f' 的单筋矩形截面梁完全相同。因此,计算公式为

$$\alpha_1 f_c b_f' x = f_y A_s \tag{5-97}$$

$$M_u = \alpha_1 f_c b_f' x (h_0 - 0.5x) = f_y A_s (h_0 - 0.5x) \tag{5-98}$$

适用条件如下:

① $x \leqslant \xi_b h_0$。一般情况下,T形截面的 h_f' 较小,而中和轴又在翼缘内,即 $x \leqslant h_f'$,故这个条件一般均能满足,可不必进行验算。

② $A_s \geqslant \rho_{min} bh$。因为最小配筋率 ρ_{min} 是根据钢筋混凝土梁开裂后的抗弯承载力与相同截面素混凝土梁抗弯承载力相同的条件得出的,但素混凝土截面受弯构件的破坏弯矩由混凝土抗拉强度控制,因而与受拉区截面尺寸关系很大。而对T型截面来讲,其受拉区的宽度即为肋宽 b,T形截面素混凝土受弯构件的破坏弯矩比宽度为T形截面肋板宽度的矩形素混凝土构件($b \times h$)的破坏弯矩提高不多。因此,为了简化计算并考虑以往设计经验,T形截面的最小配筋率 ρ_{min} 仍采用矩形截面的最小配筋率的数值。但计算最小配筋量时,所用的混凝土截面面积是梁高与肋板宽度的乘积,而不是梁高与翼缘板宽度的乘积。

(2) 第二类T形截面

第二类T形截面的中和轴位于T形截面肋部,即 $x > h_f'$,这时,受压区为T形,如图5.35所示,根据平衡条件,得

$$\sum X = 0 \qquad \alpha_1 f_c bx + \alpha_1 f_c (b_f' - b) h_f' = f_y A_s \tag{5-99}$$

$$\sum M = 0$$

$$M_u = \alpha_1 f_c bx (h_0 - 0.5x) + \alpha_1 f_c (b_f' - b) h_f' (h_0 - 0.5h_f') \tag{5-100}$$

适用条件如下:

① 为了保证混凝土受压破坏前,钢筋屈服,要求 $x \leqslant \xi_b h_0$;

② 同时,为了防止截面少筋破坏,还应满足 $A_s \geqslant \rho_{min} bh$,但该条件一般能满足,计算中可不必验算。

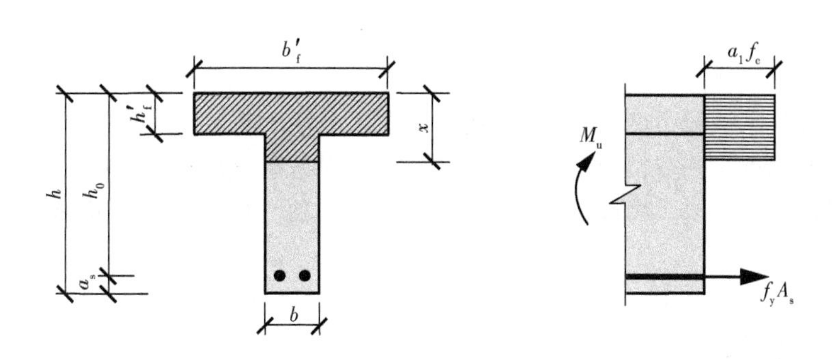

图 5.35　第二类型 T 形截面梁

5.4　受弯构件正截面设计

在进行受弯构件正截面设计时，通常会遇到截面选择和截面复核两类问题。截面选择是构件的截面尺寸、混凝土的强度等级、钢筋的级别及构件上作用的荷载或截面的内力等都已知(或某种因素虽然暂时未知，但可根据实际情况和设计经验假定)，要求计算受拉区所需的纵向受力钢筋面积，并且根据构造要求，选择钢筋的根数和直径；截面复核是构件的尺寸、混凝土的强度等级、钢筋的级别、数量和配筋方式等都已确定，要求验算截面是否能够承受某一已知的荷载或内力设计值。

从截面抗弯承载力计算公式可知，弯矩设计值 M 确定以后，在满足刚度要求的前提下，可以设计出不同截面尺寸的梁。当然，应避免设计成少筋截面和超筋截面。在适筋范围内，将梁截面设计得大些，配置的纵向受拉钢筋就可以少些；将梁的配筋率设计得大些，梁截面就可以小些。不过，从经济角度考虑，为了保证总造价最低，需根据钢材、水泥、砂石等材料价格及各种施工费用确定出造价与配筋率的关系，从中确定理论配筋率的最经济值。根据我国生产实践经验，当配筋率在最经济配筋率附近波动时，对总造价的影响并不敏感。按照我国工程实践经验，板的经济配筋率大约在 0.3%～0.8%之间；单筋矩形梁的经济配筋率大约在 0.6%～1.5%之间。

5.4.1　构造要求

受弯构件正截面承载力计算通常只考虑荷载对截面抗弯能力的影响。有些因素，如温度、混凝土的收缩、徐变等对截面承载力的影响，在计算时并没有考虑。同时，温度、混凝土的收缩、徐变等对截面承载力影响的计算也非常复杂。在长期工程实践中，人们总结出了一套完整的构造措施，来防止因计算中没有考虑的因素影响而造成结构构件开裂和破坏。因此，进行钢筋混凝土结构构件设计和施工过程中，除了要满足承载力的计算结果外，还必须满足有关构造要求。

1. 梁和板的截面形式和尺寸

(1) 截面形式

工程结构中的梁和板都是主要承受弯矩和剪力的构件，它们的主要不同是：梁的截面宽度与高度相当；板的截面高度远小于自身宽度。梁、板常采用矩形、T 形、工字形、箱形、槽形等截面形式。

(2) 梁、板的截面尺寸

根据构件满足承载能力的要求、正常使用的要求和便于施工的原则,确定截面的尺寸。梁的高度 h 或板的厚度 h 一般由对挠度的要求来控制,因为受弯构件的高度对挠度起控制作用。独立的简支梁截面高度与其跨度的比值可为1/12左右,独立的悬臂梁截面高度与其跨度的比值可为 1/6 左右。

现浇梁的梁高度 h 采用 250 mm、300 mm、350 mm、750 mm、800 mm、900 mm、1000 mm 等尺寸。梁高 800 mm 以下的级差为 50 mm,梁高 800 mm 以上为 100 mm。

矩形截面梁的高宽比一般取 2.0～3.5;T 形截面梁的 h/b 一般取 2.5～4.0(此处 b 为梁肋宽)。矩形截面的宽度或 T 形截面的肋宽 b 一般取 100 mm、120 mm、150 mm、(180 mm)、200 mm、(220 mm)、250 mm、300 mm 和 350 mm 等,括号中的数值仅当使用木模时采用。

板的宽度一般较大,设计时可取单位宽度(b=1000 mm)进行计算。现浇钢筋混凝土板的厚度除应满足各项功能要求外,其厚度尚应大于表 5-5 所规定的最小厚度。

表 5-5　建筑工程现浇钢筋混凝土板的最小厚度

板的类别		厚度/mm
单向板	屋面板	60
	民用建筑楼板	60
	工业建筑楼板	70
	行车道下的楼板	80
双向板		80
密肋板	面板	50
	肋高	250
悬臂板(根部)	臂长度不大于 500 mm	60
	臂长度 1200 mm	100
无梁楼板		150
现浇空心楼板		200

注:现浇混凝土空心楼板的体积空心率不宜大于 50%。

2. 材料的选择与一般构造要求

(1) 混凝土强度等级

梁、板常用的混凝土强度等级是 C30、C40。

(2) 钢筋强度等级及常用直径

①梁内纵向受力钢筋:宜采用 HRB400 级、RRB400 级和 HRB335 级,常用直径为 12 mm、14 mm、16 mm、18 mm、20 mm、22 mm 和 25 mm 等。梁内受力钢筋不少于 2 根,直径宜尽可能相同。设计中,若采用两种不同直径的钢筋,钢筋直径至少应相差 2 mm,以便于施工中能用肉眼识别,但相差也不宜超过6 mm。

对于绑扎的钢筋骨架,其纵向受力钢筋的直径:梁高为 300 mm 及以上时,不应小于 10 mm;梁高小于 300 mm 时,不应小于 8 mm。

为了便于浇注混凝土以保证钢筋周围混凝土的密实性以及钢筋和混凝土之间的粘结力，纵筋的净间距及钢筋的最小保护层厚度应满足一定的要求，如图 5.36 所示。图中，h_0 为受拉钢筋合力中心到混凝土受压边缘的距离，称为截面的有效高度；c 为钢筋的外表面到混凝土截面边缘的距离，称为混凝土保护层厚度；d_1 为下部钢筋水平方向的净距；d_2 为上部钢筋水平方向的净距；d_3 为钢筋竖向净距。

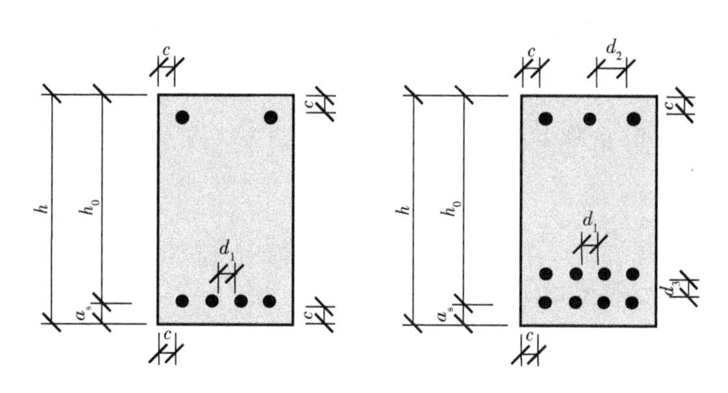

图 5.36 配筋截面的钢筋净距、保护层厚度及有效高度

混凝土构件中足够的保护层厚度可以保护钢筋避免锈蚀、使钢筋与混凝土有较好的粘结，并使钢筋混凝土结构具有一定的抗火能力。钢筋混凝土构件的最小混凝土保护层厚度要求与结构所处的环境类别、作用等级、设计使用年限、混凝土的强度等级和水胶比有关，应满足《混凝土结构耐久性设计规范》(GB/T50476—2008)的规定。例如在一般环境中，设计使用年限为 50 年，梁的最小混凝土保护层厚度是 25 mm，板的最小混凝土保护层厚度是 20 mm。钢筋混凝土构件所处的环境越恶劣、混凝土的强度等级越低，要求的最小保护层厚度越大。此外，纵向受力钢筋的混凝土保护层最小厚度尚不应小于钢筋的公称直径。

下部钢筋水平方向的净距 d_1 不应小于钢筋直径且不小于 25 mm；上部钢筋水平方向的净距 d_2 不应小于 1.5 倍钢筋直径且不应小于 30 mm。钢筋竖向净距 d_3 与 d_1 相同，不应小于钢筋直径且不小于 25 mm。为保证混凝土的浇捣质量，当梁的配筋量较大、纵向受力钢筋须要放置成两层或多于两层时，上、下层钢筋应对齐，不能错列。且从第三层起，钢筋的中距应比下面两层的中距增大一倍。

②架立钢筋：梁内架立钢筋主要用来固定箍筋，从而与纵筋、箍筋形成钢筋骨架，并且架立钢筋还能抵抗温度和混凝土收缩变形引起的应力。

梁内架立钢筋的直径主要与梁的跨度有关，当梁的跨度小于 4000 mm 时，不宜小于8 mm。当梁的跨度为 4000 mm～6000 mm 时，不宜小于 10 mm。当梁的跨度大于 6000 mm 时，不宜小于 12 mm。

③梁内箍筋：梁内箍筋宜采用 HPB300 级、HRB335 和 HRB400 级钢筋，常用直径是 6 mm、8 mm 和 10 mm。

④板的受拉钢筋：板的受拉钢筋常用 HPB300 级、HRB335 级和 HRB400 级钢筋，常用直径是 6 mm、8 mm、10 mm 和 12 mm，其中现浇板的板面钢筋直径不宜小于 8 mm。为了保证板内钢筋能正常地分担内力，板内钢筋间距不宜过大；但为了便于混凝土浇注，保证钢筋周围混凝土的密实性，板内钢筋间距亦不宜过小。钢筋的间距一般为(70～200) mm；板厚 $h \leqslant 150$ mm，

不宜大于200 mm;板厚 $h>150$ mm,不宜大于 $1.5h$,且不应大于 250 mm。

⑤板的分布钢筋:即使板按单向板设计,除沿受力方向布置受拉钢筋外,也应在受拉钢筋的内侧布置与其垂直的分布钢筋。分布钢筋宜采用 HPB300 级和 HRB335 级钢筋,常用直径是 6 mm 和 8 mm。单位长度上分布钢筋的截面面积不应小于单位宽度上受力钢筋截面面积的 15%,且不宜小于该方向板截面面积的 0.15%;分布钢筋的间距不宜大于 250 mm,直径不宜小于 6 mm。温度变化较大或集中荷载较大时,分布钢筋的截面面积应适当增加,其间距不宜大于 200 mm。

5.4.2 单筋矩形截面设计

1. 截面复核

截面复核时,往往是已知构件的截面尺寸 b 及 h、纵向受拉钢筋的面积 A_s、混凝土强度等级和钢筋级别,求截面的抗弯承载力 M_u。

由式(5-67),可得

$$\xi=\frac{x}{h_0}=\frac{f_y A_s}{\alpha_1 f_c b h_0} \tag{5-101}$$

如果满足 $\xi\leqslant\xi_b$ 和 $A_s\geqslant\rho_{min}bh$ 两个条件,按式(5-68)可求出截面的抗弯承载力

$$M_u=\alpha_1 f_c b h_0^2\xi(1-0.5\xi)=f_y A_s h_0(1-0.5\xi) \tag{5-102}$$

如果 $x>\xi_b$,只能取 $\xi=\xi_b$ 计算,则

$$\begin{aligned}M_u&=\alpha_1 f_c b h_0^2\xi_b(1-0.5\xi_b)\\&=\alpha_{sb}bh_0^2\alpha_1 f_c\end{aligned} \tag{5-103}$$

M_u 大于截面的弯矩设计值 M 时,认为该截面抗弯承载力满足要求;当 M_u 小于截面的弯矩设计值 M 时,则为不安全,需重新选择截面。

M_u 大于截面的弯矩设计值 M 过多时,说明该截面设计不经济,可减小截面、降低钢筋的级别或混凝土的强度等级。

2. 截面选择

截面选择时,常遇的情形是:已知构件截面的弯矩设计值 M、混凝土强度等级、钢筋级别、构件截面尺寸 b 及 h,求所需的受拉钢筋面积 A_s。

根据结构所处的环境类别、作用等级和设计使用年限等确定混凝土保护层厚度 c,假定受拉纵向钢筋合力点与截面受拉边缘的距离 a_s 后(在一般环境中,设计使用年限为 50 年,若梁的 $c=25$ mm,则梁内一层钢筋时,$a_s=35$ mm;梁内二层钢筋时,$a_s=50\sim60$ mm;若板的 $c=20$ mm 内,则板的 $a_s=25$ mm),可得截面的有效高度 $h_0=h-a_s$,并按混凝土强度等级和钢筋级别确定 α_1、f_c、f_y,将已确定的值代入式(5-68)。在计算公式中,使截面的抗弯承载力 M_u 等于该截面的弯矩设计值 M,解二次方程式,可得截面的混凝土受压区计算高度 x。然后验算是否满足 $x\leqslant\xi_b h_0$ 的要求。若 $x>\xi_b h_0$,需加大截面,或提高混凝土强度等级,或改用双筋矩形截面。若 $x\leqslant\xi_b h_0$,按式(5-67)求出受拉钢筋面积 A_s 后,根据钢筋直径和间距等的构造要求进行钢筋选择。实际采用的钢筋截面面积与计算所得 A_s 值,两者相差应不超过±5%,并检查实际的 a_s 值与假定的 a_s 是否大致相符,如果相差太大,则需重新计算。最后,应该以实际采用的钢筋截面面积验算是否满足 $A_s\geqslant\rho_{min}bh$ 的要求。如果不满足,则纵向受拉钢筋按 $A_s=\rho_{min}bh$

配置。

利用计算公式进行截面选择，在求混凝土受压区计算高度时，为避免求解二次方程的麻烦，常常引入一些参数，利用表格求解。

令

$$\alpha_s = \xi(1-0.5\xi) \tag{5-104}$$

$$\gamma_s = (1-0.5\xi) \tag{5-105}$$

则由式(5－68)可得

$$\begin{aligned} M_u &= \alpha_1 f_c b h_0^2 \xi(1-0.5\xi) = f_y A_s h_0 (1-0.5\xi) \\ &= \alpha_s b h_0^2 \alpha_1 f_c = f_y A_s \gamma_s h_0 \end{aligned} \tag{5-106}$$

式中，$\alpha_s b h_0^2$ 可以认为是截面在极限状态时的抵抗矩，因此可以将 α_s 称为截面抵抗矩系数；$\gamma_s h_0$ 为内力臂，因此将 γ_s 称为内力臂系数。

由式(5－104)得

$$\xi = 1-\sqrt{1-2\alpha_s} \tag{5-107}$$

代入式(5－105)得

$$\gamma_s = \frac{1+\sqrt{1-2\alpha_s}}{2} \tag{5-108}$$

由式(5－107)和(5－108)可知，α_s 与 ξ 和 α_s 与 γ_s 之间均存在一一对应关系，事先可以将 α_s 与 ξ 的关系和 α_s 与 γ_s 的关系制成表格，见附录 4 中的附表4－1和附表 4－2。

若截面的设计弯矩为 M，使式(5－106)中的 $M_u=M$，由该式可得

$$\alpha_s = \frac{M}{\alpha_1 f_c b h_0^2} \tag{5-109}$$

在进行截面选择时，若已知截面的设计弯矩 M，首先按式(5－109)计算出 α_s，然后按图 5.37 所示步骤进行配筋计算。这样既可以避免求解二次方程式，而且当 α_s 值不接近表中的最小值或最大值时，还不必验算构件是少筋还是超筋，因而使计算工作得到简化。

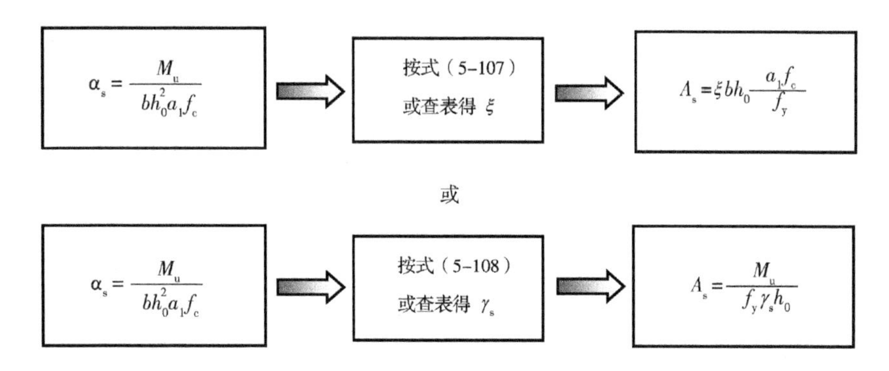

图 5.37　单筋矩形截面受弯正截面配筋计算步骤

例 5－2　已知矩形梁截面尺寸 $b\times h=250\ \text{mm}\times 500\ \text{mm}$，保护层厚度 $c=25\ \text{mm}$；弯矩设计值 $M=200\times 10^6\ \text{N·mm}$；混凝土强度等级为 C40，钢筋采用 HRB400 级钢筋。求所需的纵向受拉钢筋截面面积。

解　由于保护层厚度 $c=25\ \text{mm}$，故 $a_s=35\ \text{mm}$，则

$$h_0 = h - a_s = 500 - 35 = 465\ \text{mm}$$

由表 2-5 和表 2-6 得,C40 混凝土的 $f_c = 19.1\ \text{N/mm}^2$,$f_t = 1.71\ \text{N/mm}^2$,HRB400 钢筋的 $f_y = 360\ \text{N/mm}^2$。

由表 5-1 知:对于 C40 的混凝土 $\alpha_1 = 1.0$,$\beta_1 = 0.8$,由表 5-2 知:对于 C40 的混凝土和 HRB400 钢筋 $\xi_b = 0.518$。

在求解过程中,令截面的抗弯承载力 M_u 等于该截面的弯矩设计值 M。

由式(5-109),有

$$\alpha_s = \frac{M}{\alpha_1 f_c b h_0^2} = \frac{200 \times 10^6}{1.0 \times 19.1 \times 250 \times 465^2} = 0.1937$$

由式(5-107),有

$$\begin{aligned} \xi &= 1 - \sqrt{1 - 2\alpha_s} \\ &= 1 - \sqrt{1 - 2 \times 0.1937} = 0.2173 < \xi_b = 0.518 \end{aligned}$$

$\xi < \xi_b$ 表示满足适筋梁计算公式的适用条件,则由式(5-108),有

$$\gamma_s = \frac{1 + \sqrt{1 - 2\alpha_s}}{2} = \frac{1 + \sqrt{1 - 2 \times 0.1937}}{2} = 0.8913$$

故由式(5-106)可得

$$A_s = \frac{M}{f_y \gamma_s h_0} = \frac{200 \times 10^6}{360 \times 0.8913 \times 465} = 1340\ \text{mm}^2$$

根据计算所得的构件所需钢筋截面面积,并考虑钢筋间距、直径及根数等的构造要求,选用 4 根直径为 22 mm 的 HRB400 钢筋,$A_s = 1520\ \text{mm}^2$。

根据实际配筋验算适用条件:

①由式(5-101),有

$$\xi = \frac{x}{h_0} = \frac{f_y A_s}{\alpha_1 f_c b h_0} = \frac{360 \times 1520}{1.0 \times 19.1 \times 250 \times 465} = 0.2464 < \xi_b = 0.518$$

满足适筋要求。

②$\rho = \dfrac{A_s}{b h_0} = \dfrac{1520}{250 \times 465} = 0.01308 = 1.308\%$

因为 $0.45\dfrac{f_t}{f_y} = 0.45 \times \dfrac{1.71}{360} = 0.214\%$,所以 $\rho_{\min} = 0.214\%$

$\rho = 1.308\% > \rho_{\min}\dfrac{h}{h_0} = 0.214\% \times \dfrac{500}{465} = 0.230\%$

满足大于最小配筋率要求。

例 5-3 已知矩形梁的截面尺寸为 $b \times h = 250\ \text{mm} \times 450\ \text{mm}$,保护层厚度 $c = 25\ \text{mm}$;纵向受拉钢筋为 4 根直径为 20 mm 的 HRB400 级钢筋($A_s = 1257\ \text{mm}^2$);混凝土强度等级为 C30;承受的弯矩 $M = 150 \times 10^6\ \text{N·mm}$。验算此梁截面是否安全。

解 由于保护层厚度 $c = 25\ \text{mm}$,故 $a_s = 35\ \text{mm}$,则

$$h_0 = h - a_s = 450 - 35 = 415\ \text{mm}$$

由表 2-5 和表 2-6 得,C30 混凝土的 $f_c = 14.3\ \text{N/mm}^2$,$f_t = 1.43\ \text{N/mm}^2$,HRB400 钢筋的 $f_y = 360\ \text{N/mm}^2$。

由表 5-1 知:对于 C30 的混凝土 $\alpha_1 = 1.0$,$\beta_1 = 0.8$,由表 5-2 知:对于 C30 的混凝土和

HRB400 钢筋 $\xi_b=0.518$。

因为 $0.45\times\frac{f_t}{f_y}=0.45\times\frac{1.43}{360}=0.179\%$，所以 $\rho_{\min}=0.2\%$

$\rho=\frac{A_s}{bh_0}=\frac{1256}{250\times415}=1.211\%>\rho_{\min}\frac{h}{h_0}=0.2\%\times\frac{450}{415}=0.217\%$

由式(5-101)，有

$\xi=\frac{x}{h_0}=\frac{f_yA_s}{\alpha_1 f_c bh_0}=\frac{360\times1257}{1.0\times14.3\times250\times415}=0.3050<\xi_b=0.518$

满足公式适用条件。

由式(5-106)，有

$M_u=\alpha_1 f_c bh_0^2\xi(1-0.5\xi)$

$=1.0\times14.3\times250\times415^2\times0.3050\times(1-0.5\times0.3050)$

$=159.152\times10^6$ N·mm

$M_u>M=150\times10^6$ N·mm，安全。

5.4.3　双筋矩形截面设计

1. 截面复核

双筋矩形截面复核时，往往是已知构件的截面尺寸 b 及 h、纵向受力钢筋的面积 A_s 和 A'_s、混凝土强度等级和钢筋级别，求 M_u。

由式(5-86)可得

$$\xi=\frac{x}{h_0}=\frac{f_yA_s-f'_yA'_s}{\alpha_1 f_c bh_0} \tag{5-110}$$

如果满足 $\xi\leqslant\xi_b$ 和 $x\geqslant2a'_s$ 两个条件，则按式(5-87)求出截面的抗弯承载力 M_u 为

$$M_u=\alpha_1 f_c bh_0^2\xi(1-0.5\xi)+f'_yA'_s(h_0-a'_s) \tag{5-111}$$

如果 $x<2a'_s$，说明受压区计算高度很小，因而，受压钢筋的压应变 ε'_s 很小，受压钢筋不屈服。此时，近似地取 $x=2a'_s$，并将各力对受压钢筋的合力点取矩，由平衡条件可得

$$M_u=f_yA_s(h_0-a'_s) \tag{5-112}$$

但是，当 a'_s/h_0 较大，若不考虑受压钢筋 A'_s 的作用按单筋截面求出的 M_u 值比按式(5-112)求出的 M_u 值还大时，则 M_u 值应取不考虑受压钢筋 A'_s 的作用按单筋截面求出的 M_u 值。

如果 $\xi>\xi_b$，只能取 $\xi=\xi_b$ 计算，则

$$\begin{aligned}M_u&=\alpha_1 f_c bh_0^2\xi_b(1-0.5\xi_c)+f'_yA'_s(h_0-a'_s)\\&=\alpha_{sb}bh_0^2\alpha_1 f_c+f'_yA'_s(h_0-a'_s)\end{aligned} \tag{5-113}$$

截面所能抵抗的弯矩 M_u 求出后，将 M_u 与截面弯矩的设计值 M 进行比较。当 M_u 大于截面的弯矩设计值 M 时，认为截面抗弯承载力满足要求，截面工作可靠；当 M_u 小于截面的弯矩设计值 M 时，则为不安全，需重新设计选择。

2. 截面选择

双筋矩形截面选择时，常遇的情形是已知构件的弯矩设计值 M、混凝土强度等级及钢筋级别、构件截面尺寸 b 及 h，求所需的受拉钢筋面积 A_s 和受压钢筋面积 A'_s。不过有时还会遇到因为构造要求等原因，受压钢筋面积 A'_s 也已知，仅求所需受拉钢筋面积 A_s 的情况。

① 情况一:已知构件截面的弯矩设计值 M、混凝土强度等级及钢筋级别、构件截面尺寸 b 及 h,求所需的受拉钢筋面积 A_s 和受压钢筋面积 A'_s。

这时,计算公式为式(5-86)和式(5-87),在计算公式中,使截面的抗弯承载力 M_u 等于该截面的弯矩设计值 M。但在这两个方程中有 A_s、A'_s 和 x 三个未知量,需补充一个方程或条件。为了节约钢材,可补充截面钢筋用量最小的条件,由式(5-86)和式(5-87)可得截面总配筋率

$$\rho+\rho'=\frac{A_s+A'_s}{bh_0}=\frac{\alpha_1 f_c}{f_y}\left[\frac{\dfrac{M_u}{\alpha_1 f_c bh_0^2}-\xi\left(1-\dfrac{\xi}{2}\right)}{1-\dfrac{a'_s}{h_0}}\left(1+\frac{f_y}{f'_y}\right)+\xi\right] \tag{5-114}$$

由上式可见,当弯矩为定值时,截面总的配筋率是与混凝土和钢筋强度比值、钢筋相对位置(a'_s/h_0)有关的受压区相对计算高度(ξ)的二次函数,如图 5.37 所示。对总配筋率关于 ξ 求导后,令其等于零,可得截面钢筋面积最小时的受压区相对计算高度 ξ_ρ 为

$$\xi_\rho=1-\frac{1-\dfrac{a'_s}{h_0}}{1+\dfrac{f_y}{f'_y}} \tag{5-115}$$

通常有 $f_y=f'_y$,则

$$\xi_\rho=\frac{1}{2}+\frac{a'_s}{2h_0} \tag{5-116}$$

可见,对于受拉区和受压区采用相同级别钢筋的构件,截面钢筋面积最小时的受压区相对计算高度仅与钢筋相对位置(a'_s/h_0)有关。由图 5.38 截面总配筋率与受压区相对计算高度的关系可以看出,截面钢筋面积最小并不是总发生在 $\xi=\xi_b$ 时。当钢筋级别较低或受压钢筋离受压顶面较近时,截面钢筋面积最小的受压区相对计算高度小于 ξ_b。另外,截面钢筋面积最小的 ξ_s 也不可能发生在 $\xi>\xi_b$ 的区域,这是因为此时,受拉区钢筋不屈服,钢筋并未得到充分利用。因此,对于不同级别的钢筋,其截面钢筋面积最小的 ξ_s 是 ξ_b 和 ξ_ρ 两者的较小值。

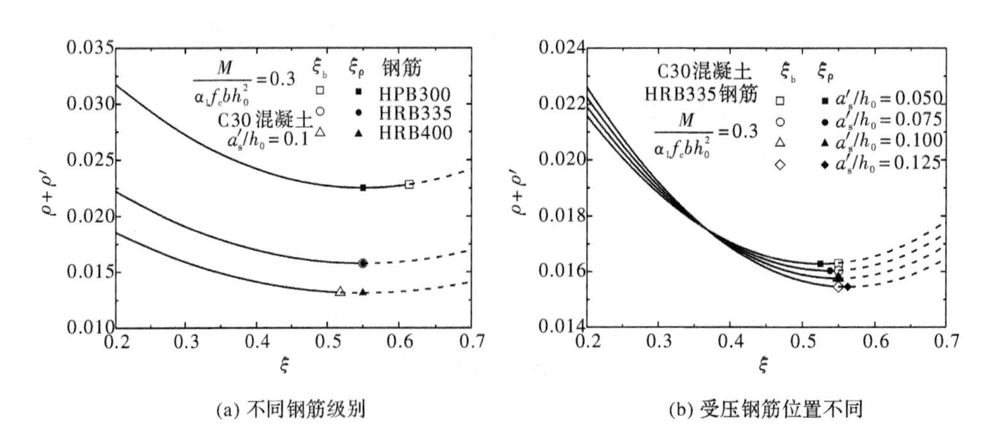

图 5.38 截面总配筋率与受压区相对计算高度的关系

在进行截面设计时,补充条件

$$\xi=\xi_s \text{ 或 } x=x_s=\xi_s h_0 \tag{5-117}$$

即可满足截面破坏时钢筋屈服，又使截面总的配筋率最小。将式(5-117)代入式(5-87)，并使 $M_u=M$，可得

$$A'_s=\frac{M-\alpha_1 f_c b x_s(h_0-0.5x_s)}{f'_y(h_0-a'_s)}$$

$$=\frac{M-\alpha_1 f_c b h_0^2 \xi_s(1-0.5\xi_s)}{f'_y(h_0-a'_s)}=\frac{M-\alpha_{ss} b h_0^2 \alpha_1 f_c}{f'_y(h_0-a'_s)} \tag{5-118}$$

式中，$\alpha_{ss}=\xi_s(1-0.5\xi_s)$。将式(5-118)代入式(5-86)可得

$$A_s=\frac{f'_y A'_s+\alpha_1 f_c b x_s}{f_y}=\frac{f'_y A'_s+\alpha_1 f_c b \xi_s h_0}{f_y} \tag{5-119}$$

② 情况二：已知构件截面的弯矩设计值 M、混凝土强度等级及钢筋级别、构件截面尺寸 b 及 h、受压钢筋面积 A'_s，求所需的受拉钢筋面积 A_s。

计算公式仍为式(5-86)和式(5-87)，在计算公式中，仍使截面的抗弯承载力 M_u 等于该截面的弯矩设计值 M。由于 A'_s 已知，这两个方程只有 A_s 和 x 两个未知量，因此，可以解得

$$\xi=\frac{x}{h_0}=1-\sqrt{1-2\frac{M-f'_y A'_s(h_0-a'_s)}{\alpha_1 f_c b h_0^2}} \tag{5-120}$$

$$A_s=\frac{f'_y A'_s+\alpha_1 f_c b \xi h_0}{f_y} \tag{5-121}$$

应当注意的是，当按式(5-120)求出的混凝土受压区相对计算高度 $\xi>\xi_b$ 时，说明给定的受压钢筋面积 A'_s 太小，这时应按情况一分别求出 A'_s 和 A_s。如果 $x=\xi h_0<2a'_s$，说明受压钢筋的压应变 ε'_s 很小，受压钢筋的应力达不到 f'_y 而成为未知数。这样可以近似地取 $x=2a'_s$，并将各力对受压钢筋的合力点取矩，由平衡条件可得

$$M=f_y A_s(h_0-a'_s) \tag{5-122}$$

则

$$A_s=\frac{M}{f_y(h_0-a'_s)} \tag{5-123}$$

但这样求得的 A_s 有可能比不考虑受压钢筋的存在，而按单筋矩形截面计算的 A_s 还大。如果这样，应按单筋截面的计算结果配筋。

例 5-4　已知矩形截面梁的截面尺寸为 $b\times h=250\ \text{mm}\times 500\ \text{mm}$，混凝土保护层厚度 $c=25\ \text{mm}$，混凝土强度等级为 C40，受压和受拉纵向钢筋均采用 HRB400 级，截面弯矩设计值 $M=400\times10^6\ \text{N·mm}$。求所需受压和受拉纵向钢筋截面面积 A_s 和 A'_s。

解　由于混凝土保护层厚度 $c=25\ \text{mm}$，同时截面所需承担的弯矩较大，初步估计所需钢筋较多，假定受拉钢筋按两排布置，故取 $a_s=60\ \text{mm}$，则

$$h_0=h-a_s=500-60=440\ \text{mm}$$

由表 2-5 和表 2-6 得，C40 混凝土的 $f_c=19.1\ \text{N/mm}^2$，$f_t=1.71\ \text{N/mm}^2$，HRB400 钢筋的 $f_y=360\ \text{N/mm}^2$。

由表 5-1 知：对于 C40 的混凝土 $\alpha_1=1.0$，$\beta_1=0.8$，由表 5-2 知：对于 C40 的混凝土和 HRB400 钢筋 $\xi_b=0.518$。

在求解过程中，令截面的抗弯承载力 M_u 等于该截面的弯矩设计值 M。

① 首先按单筋截面设计：

由式(5-109)，有

$$\alpha_s = \frac{M}{\alpha_1 f_c b h_0^2} = \frac{400 \times 10^6}{1.0 \times 19.1 \times 250 \times 440^2} = 0.4327$$

由式(5-107),有

$$\xi = 1 - \sqrt{1 - 2\alpha_s}$$
$$= 1 - \sqrt{1 - 2 \times 0.4327} = 0.6331 > \xi_b = 0.518$$

这说明,如果设计成单筋矩形截面,将会出现 $\xi > \xi_b$ 的超筋情况。若加大截面尺寸和提高混凝土强度等级受到限制而不能实现,则应设计成双筋矩形截面。

② 下面介绍按双筋截面设计:

受压钢筋单排布置,则取 $a'_s = 35$ mm,同样采用 HRB400 级的钢筋,由附录 2 中的附表 2-3得,HRB400 钢筋的 $f'_y = 360\ \text{N/mm}^2$。

$$\xi_\rho = \frac{1}{2} + \frac{a'_s}{2h_0} = \frac{1}{2} + \frac{35}{2 \times 440} = 0.5398 > \xi_b = 0.518,\text{取 } \xi_s = \xi_b = 0.518$$

为了节约钢材,使截面的钢筋面积最小,同时,又能满足截面破坏时钢筋屈服,取 $\xi = \xi_s$,由式(5-118),有

$$A'_s = \frac{M - \alpha_1 f_c b h_0^2 \xi_s (1 - 0.5\xi_s)}{f'_y (h_0 - a'_s)}$$
$$= \frac{400 \times 10^6 - 1.0 \times 19.1 \times 250 \times 440^2 \times 0.518 \times (1 - 0.5 \times 0.518)}{360 \times (440 - 35)}$$
$$= 310\ \text{mm}^2$$

由式(5-119),有

$$A_s = \frac{f'_y A'_s + \alpha_1 f_c b \xi_s h_0}{f_y}$$
$$= \frac{360 \times 310 + 1.0 \times 19.1 \times 250 \times 0.518 \times 440}{360} = 3333\ \text{mm}^2$$

受拉钢筋选用 7 根直径 25 mm 的 HRB400 钢筋,$A_s = 3436\ \text{mm}^2$,两排布置(与初始假设相符)。受压钢筋选用 2 根直径 14 mm 的 HRB400 钢筋,$A'_s = 308\ \text{mm}^2$。这里需注意的是,受压区实际配筋量稍小于计算量(误差 0.65%)满足工程要求。

因为 $0.45 \frac{f_t}{f_y} = 0.45 \times \frac{1.71}{360} = 0.214\%$,所以 $\rho_{\min} = 0.214\%$

$$A_s = 3333\ \text{mm}^2 > \rho_{\min} bh = 0.214\% \times 250 \times 500 = 268\ \text{mm}^2$$

受拉纵筋量满足大于最小配筋量的要求。

例 5-5 已知条件同例 5-4,但在受压区已配置 3 根直径 20 mm 的 HRB400 钢筋,$A'_s = 942\ \text{mm}^2$。求受拉钢筋面积 A_s。

解 求解所需的材料参数和几何参数,参见例 5-4。

在求解过程中,令截面的抗弯承载力 M_u 等于该截面的弯矩设计值 M。

由式(5-120),有

$$\xi = 1 - \sqrt{1 - 2\frac{M - f'_y A'_s (h_0 - a'_s)}{\alpha_1 f_c b h_0^2}}$$
$$= 1 - \sqrt{1 - 2\frac{400 \times 10^6 - 360 \times 942 \times (440 - 35)}{1.0 \times 19.1 \times 250 \times 440^2}}$$

$=0.3429<\xi_b=0.518$

同时，$x=\xi h_0=0.3429\times440=150.9>2a'_s=2\times35=70$ mm。则受压区计算高度满足公式的适用条件。

由式(5-121)，有

$$A_s=\frac{f'_yA'_s+\alpha_1f_cbh_0\xi}{f_y}$$

$$=\frac{360\times942+1.0\times19.1\times250\times440\times0.3429}{360}=2943\ \text{mm}^2$$

受拉钢筋选用 6 根直径 25 mm 的 HRB400 钢筋，$A_s=2945$ mm²，双排布置(与初始假设相符)。

因为 $0.45\dfrac{f_t}{f_y}=0.45\times\dfrac{1.71}{360}=0.214\%$，所以 $\rho_{min}=0.214\%$

$$A_s=2943\ \text{mm}^2>\rho_{min}bh=0.214\%\times250\times500=268\ \text{mm}^2$$

受拉纵筋量满足大于最小配筋量的要求。

例 5-6　已知混凝土强度等级 C40；钢筋采用 HRB400 级；梁截面尺寸为 b×h=250 mm×500 mm，混凝土保护层厚度 $c=35$ mm；受拉钢筋为 4 根直径 25 mm 的钢筋，$A_s=1473$ mm²；受压钢筋为 2 根直径 16 mm 的钢筋，$A'_s=402$ mm²；截面承受弯矩的设计值 $M=200\times10^6$ N·mm。验算此截面是否安全。

解　由于混凝土保护层厚度 $c=35$ mm，故 $a_s=35+25/2=47.5$ mm，$a'_s=35+16/2=43$ mm，则

$$h_0=h-a_s=500-47.5=452.5\ \text{mm}$$

由表 2-5 和表 2-6 得，C40 混凝土的 $f_c=19.1$ N/mm²，$f_t=1.71$ N/mm²，HRB400 钢筋的 $f_y=360$ N/mm²、$f'_y=360$ N/mm²。

由表 5-1 知，对于 C40 的混凝土 $\alpha_1=1.0$，$\beta_1=0.8$；由表 5-2 知，对于 C40 的混凝土和 HRB400 钢筋 $\xi_b=0.518$。

因为 $0.45\dfrac{f_t}{f_y}=0.45\times\dfrac{1.71}{360}=0.214\%$，所以 $\rho_{min}=0.214\%$

$$A_s=1473\ \text{mm}^2>\rho_{min}bh=0.214\%\times250\times500=268\ \text{mm}^2$$

由式(5-110)可以解得

$$\xi=\frac{x}{h_0}=\frac{f_yA_s-f'_yA'_s}{\alpha_1f_cbh_0}$$

$$=\frac{360\times1473-360\times402}{1.0\times19.1\times250\times452.5}=0.1784<\xi_b=0.518$$

但是 $x=\xi h_0=0.1784\times452.5=80.7<2a'_s=2\times43=86$ mm。表示受压区计算高度小，受压钢筋 A'_s 不能达到其抗压强度设计值 f'_y，因此，设 $x=2a'_s=86$ mm，对受压钢筋合力中心取矩，得

$$M_u=f'_yA'_s(h_0-a'_s)=360\times1473\times(452.5-43)$$

$$=217.158\times10^6\ \text{N·mm}$$

当不考虑受压钢筋 A'_s 的作用时，有

$$\xi=\frac{x}{h_0}=\frac{f_yA_s}{\alpha_1f_cbh_0}=\frac{360\times1473}{1.0\times19.1\times250\times452.5}=0.2454<\xi_b=0.518$$

则

$$\begin{aligned} M_u &= \alpha_1 f_c b h_0^2 \xi(1-0.5\xi) \\ &= 1.0\times19.1\times250\times452.5^2\times0.2454\times(1-0.5\times0.2454) \\ &= 210.491\times10^6\ \text{N·mm} \end{aligned}$$

所以,该梁截面的极限弯矩为

$$M_u = 217.158\times10^6\ \text{N·mm}$$

与弯矩的设计值比较 $M_u>M=200\times10^6$ N·mm,该梁截面安全。

5.4.4　T 形截面设计

T 形截面中和轴的位置不同,设计时采用的公式不同,因此,需要首先根据截面的配筋(截面复核时)或截面的弯矩设计值(截面选择时)判断中和轴的位置。

1. 截面复核

① 当 $f_y A_s \leqslant \alpha_1 f_c b_f' h_f'$ 时,则 $x\leqslant h_f'$,即中和轴位于翼缘内,属于第一类 T 形截面,可按 $b_f'\times h$ 的单筋矩形截面梁的计算方法进行验算。

② 当 $f_y A_s > \alpha_1 f_c b_f' h_f'$ 时,则 $x>h_f'$,即中和轴位于肋部,属于第二类 T 形截面。

由式(5-99)可得

$$\xi=\frac{x}{h_0}=\frac{f_y A_s-\alpha_1 f_c(b_f'-b)h_f'}{\alpha_1 f_c b h_0} \tag{5-124}$$

若 $\xi<\xi_b$,则

$$M_u=\alpha_1 f_c b h_0^2\xi(1-0.5\xi)+\alpha_1 f_c(b_f'-b)h_f'(h_0-0.5h_f') \tag{5-125}$$

若 $\xi>\xi_b$,只能取 $\xi=\xi_b$ 计算,则

$$\begin{aligned} M_u &= \alpha_1 f_c b h_0^2\xi_b(1-0.5\xi_b)+\alpha_1 f_c(b_f'-b)h_f'(h_0-0.5h_f') \\ &= \alpha_{sb} b h_0^2\alpha_1 f_c+\alpha_1 f_c(b_f'-b)h_f'(h_0-0.5h_f') \end{aligned} \tag{5-126}$$

截面所能抵抗的弯矩 M_u 求出后,将 M_u 与截面弯矩的设计值 M 进行比较。当 M_u 大于截面的弯矩设计值 M 时,认为截面抗弯承载力满足要求,截面工作可靠;当 M_u 小于截面的弯矩设计值 M 时,则为不安全,需重新选择截面。

2. 截面选择

在求解过程中,令截面的抗弯承载力 M_u 等于该截面的弯矩设计值 M,首先判断 T 形截面类型。

① 当 $M\leqslant\alpha_1 f_c b_f' h_f'\left(h_0-\frac{h_f'}{2}\right)$时,则 $x\leqslant h_f'$,即中和轴位于翼缘内,属于第一类 T 形截面。其计算方法与 $b_f'\times h$ 的单筋矩形截面梁完全相同。

② 当 $M>\alpha_1 f_c b_f' h_f'\left(h_0-\frac{h_f'}{2}\right)$时,则 $x>h_f'$,即中和轴位于肋部,属于第二类 T 形截面。

这时,计算公式为式(5-99)和式(5-100)。在计算公式中,使截面的抗弯承载力 M_u 等于该截面的弯矩设计值 M。这两个方程只有 A_s 和 x 两个未知量,因此,可以得

$$\xi=\frac{x}{h_0}=1-\sqrt{1-2\times\frac{M-\alpha_1 f_c(b_f'-b)h_f'(h_0-0.5h_f')}{\alpha_1 f_c b h_0^2}} \tag{5-127}$$

若 $\xi\leqslant\xi_b$,则

$$A_s = \frac{\alpha_1 f_c (b_f' - b) h_f' + \alpha_1 f_c b \xi h_0}{f_y} \tag{5-128}$$

同时要求满足 $A_s \geqslant \rho_{min} bh$。如果不满足，则纵向受拉钢筋按 $A_s = \rho_{min} bh$ 配置。

若 $\xi > \xi_b$，需加大截面，或提高混凝土强度等级，或改用双筋 T 形截面后重新计算。

例 5-7　已知 T 形截面梁的弯矩设计值 $M = 850 \times 10^6$ N·mm，混凝土强度等级为 C40，钢筋采用 HRB400 级，梁的截面尺寸为 $b \times h = 300$ mm×700 mm，$b'_f = 600$ mm，$h'_f = 120$ mm，混凝土保护层厚度 $c = 25$ mm。求所需的受拉钢筋截面面积 A_s。

解　由于混凝土保护层厚度 $c = 25$ mm，同时截面所承担的弯矩较大，初步估计所需钢筋较多，假定受拉钢筋按两排布置，故取 $a_s = 60$ mm，则

$$h_0 = h - a_s = 700 - 60 = 640 \text{ mm}$$

由表 2-5 和表 2-6 得，C40 混凝土的 $f_c = 19.1$ N/mm²，$f_t = 1.71$ N/mm²，HRB400 钢筋的 $f_y = 360$ N/mm²。

由表 5-1 知，对于 C40 的混凝土 $\alpha_1 = 1.0$，$\beta_1 = 0.8$；由表 5-2 知，对于 C40 的混凝土和 HRB400 钢筋 $\xi_b = 0.518$。

令截面的抗弯承载力 M_u 等于该截面的弯矩设计值 M，判断 T 形截面类型

$$\alpha_1 f_c b_f' h_f' (h_0 - 0.5h_f') = 1.0 \times 19.1 \times 600 \times 120 \times (640 - 0.5 \times 120) = 797.616 \times 10^6 \text{ N·mm}$$

$$M = 850 \times 10^6 \text{ N·mm} > \alpha_1 f_c b_f' h_f' (h_0 - 0.5h_f') = 797.616 \times 10^6 \text{ N·mm}$$

属于第二种类型的 T 形截面。

由式(5-127)，有

$$\xi = \frac{x}{h_0} = 1 - \sqrt{1 - 2 \times \frac{M - \alpha_1 f_c (b_f' - b) h_f' (h_0 - 0.5 f_f')}{\alpha_1 f_c b h_0^2}}$$

$$= 1 - \sqrt{1 - 2 \times \frac{850 \times 10^6 - 1.0 \times 19.1 \times (600 - 300) \times 120 \times (640 - 0.5 \times 120)}{1.0 \times 19.1 \times 300 \times 640^2}}$$

$$= 0.2155 < \xi_b = 0.518$$

则由式(5-128)，有

$$A_s = \frac{\alpha_1 f_c (b_f' - b) h_f' + \alpha_1 f_c b \xi h_0}{f_y}$$

$$= \frac{1.0 \times 19.1 \times (600 - 300) \times 120 + 1.0 \times 19.1 \times 300 \times 0.2155 \times 640}{360}$$

$$= 4105 \text{ mm}^2$$

受拉钢筋选用 7 根直径 28 mm 的 HRB400 钢筋，$A_s = 4310$ mm²，双排布置(与初始假设相符)。

因为 $0.45\dfrac{f_t}{f_y} = 0.45 \times \dfrac{1.71}{360} = 0.214\%$，所以 $\rho_{min} = 0.214\%$

$$A_s = 4310 \text{ mm}^2 > \rho_{min} bh = 0.214\% \times 300 \times 700 = 449 \text{ mm}^2$$

受拉纵筋量满足大于最小配筋量的要求。

例 5-8　已知一 T 形截面梁的截面尺寸 $h = 700$ mm，$b = 250$ mm，$b_f' = 600$ mm，$h_f' = 120$ mm，混凝土保护层厚度 $c = 25$ mm；截面配有 8 根直径 22 mm 的 HRB400 受拉钢筋($A_s = 3041$ mm²)，

混凝土强度等级 C30。求该梁截面的极限弯矩 M_u。

解　由于混凝土保护层厚度 $c=25$ mm。由于肋部宽度 b 只有 250 mm,8 根直径 22 mm 的钢筋必须分两排布置,故 $a_s=60$ mm,则

$$h_0=h-a_s=700-60=640\text{ mm}$$

由表 2-5 和表 2-6 得,C30 混凝土的 $f_c=14.3\text{ N/mm}^2$,$f_t=1.43\text{ N/mm}^2$,HRB400 钢筋的 $f_y=360\text{ N/mm}^2$。

由表 5-1 知,对于 C30 的混凝土 $\alpha_1=1.0$,$\beta_1=0.8$;由表 5-2 知,对于 C30 的混凝土和 HRB400 钢筋 $\xi_b=0.518$。

因为 $0.45\dfrac{f_t}{f_y}=0.45\times\dfrac{1.43}{360}=0.179\%$,所以 $\rho_{min}=0.2\%$

$$A_s=3\ 041\text{ mm}^2>\rho_{min}bh=0.2\%\times250\times700=350\text{ mm}^2$$

判断 T 形截面类型:

$$f_yA_s=360\times3\ 041=1\ 094.760\times10^3\text{ N}$$

$$\alpha_1f_cb_f'h_f'=1.0\times14.3\times600\times120=1\ 029.600\times10^3\text{ N}$$

所以 $f_yA_s>\alpha_1f_cb_f'h_f'$,$x>h_f'$,即中和轴位于肋部,属于第二类 T 形截面。

由式(5-124),有

$$\xi=\frac{f_yA_s-\alpha_1f_c(b_f'-b)h_f'}{\alpha_1f_cbh_0}$$

$$=\frac{360\times3\ 041-1.0\times14.3\times(600-250)\times120}{1.0\times14.3\times250\times640}=0.216\ 0<\xi_b=0.518$$

$$x=\xi h_0=0.216\ 0\times640=138\text{ mm}>h_f'=120\text{ mm}$$

则由式(5-125),有

$$\begin{aligned}M_u&=\alpha_1f_cbh_0^2\xi(1-0.5\xi)+\alpha_1f_c(b_f'-b)h_f'(h_0-0.5h_f')\\&=1.0\times14.3\times250\times640^2\times0.216\ 0\times(1-0.5\times0.216\ 0)\\&\quad+1.0\times14.3\times(600-250)\times120\times(640-0.5\times120)\\&=630.481\times10^6\text{ N·mm}\end{aligned}$$

思考题

5.1　分别说明适筋梁、超筋梁和少筋梁的破坏特征。

5.2　适筋梁从开始加载到正截面承载力破坏经历了哪几个阶段?各阶段的主要特征是什么?分别说明各阶段截面上混凝土的应变分布和应力分布、纵向钢筋的应变和应力、裂缝开展、中性轴位置以及梁的跨中挠度的变化规律。

5.3　什么是钢筋混凝土受弯构件的界限破坏?钢筋混凝土受弯构件的界限受压区计算高度是如何确定的?试说明界限破坏时截面上钢筋和混凝土的应力和应变特征。

5.4　单筋适筋梁正截面承载力计算中,是如何假定钢筋和混凝土应力的?其正截面承载力计算公式的适用条件是什么?为什么要规定这些适用条件?

5.5　纵向受拉钢筋的最大配筋率 ρ_{max} 和最小配筋率 ρ_{min} 是根据什么原则确定的?它们各与什么因素有关?

5.6　分析影响受弯构件正截面抗弯能力的主要因素，如欲提高截面抗弯能力 M_u，宜优先采用哪些措施？为什么？

5.7　在对单筋矩形截面承载力进行复核时，若 $\xi>\xi_b$，其承载力如何计算？

5.8　什么是受弯构件双筋截面？在什么情况下才将受弯构件设计成双筋截面？

5.9　在双筋截面中受压钢筋起什么作用？在设计双筋矩形截面时，受压钢筋的抗压强度设计值应如何确定？为什么说受压钢筋不宜采用高强度的钢筋？

5.10　双筋适筋梁正截面承载力计算中，是如何假定钢筋和混凝土应力的？其正截面承载力计算公式的适用条件是什么？为什么要规定这些适用条件？

5.11　为什么在双筋矩形截面承载力计算中要规定 $x\geqslant 2a'_s$ 的条件？当双筋矩形截面出现 $x<2a'_s$ 时应如何计算其抗弯承载力？

5.12　在进行双筋截面设计时，若 A'_s 和 A_s 均为未知时，一般需要补充什么条件，可以使得截面的纵筋总量最少，为什么？

5.13　在 T 形截面抗弯承载力计算时，为什么要限制其翼缘计算宽度的取值？其取值与什么有关？

5.14　在 T 形截面的抗弯承载力截面设计和承载力复核时，如何确定中性轴位置？并说明原因。

5.15　在进行梁内纵向受拉钢筋布置时，纵向受拉钢筋根数、直径及间距应满足哪些规定？当纵向受拉钢筋不满足间距要求时，如何处理？

习 题

5.1　已知混凝土单筋矩形截面梁，$b\times h=200\ \text{mm}\times 500\ \text{mm}$，混凝土保护层厚度 $c=25$ mm；配置 4 根直径为 18 mm 的钢筋，实测钢筋的屈服强度 $f_y=386\ \text{N/mm}^2$，弹性模量 $E_s=2.0\times 10^5\ \text{N/mm}^2$；混凝土的 $f_c=20.1\ \text{N/mm}^2$，$f_t=2.25\ \text{N/mm}^2$，弹性模量 $E_c=2.25\times 10^4\ \text{N/mm}^2$。试按完全弹性计算：①开裂弯矩 M_{cr} 及其相应的钢筋应力和截面曲率；②分别计算 $M=20\times 10^6$ N·mm 和 $M=60\times 10^6$ N·mm 时相应的钢筋应力和截面曲率。

5.2　已知钢筋混凝土矩形截面梁，其截面尺寸 $b\times h=300\ \text{mm}\times 550\ \text{mm}$，混凝土保护层厚度 $c=25$ mm；承受弯矩设计值 $M=200\times 10^6$ N·mm，采用 C30 混凝土和 HRB335 级钢筋。计算并配置该截面的纵向受拉钢筋。

5.3　已知钢筋混凝土矩形截面梁，其截面尺寸 $b\times h=250\ \text{mm}\times 650\ \text{mm}$，混凝土保护层厚度 $c=25$ mm；采用 C30 混凝土，配有 3 根直径为 25 mm 的 HRB335 级纵向受拉钢筋。试验算此梁承受弯矩设计值 $M=250\times 10^6$ N·mm 时是否安全？

5.4　已知钢筋混凝土矩形截面梁 $b\times h=300\ \text{mm}\times 600\ \text{mm}$，混凝土保护层厚度 $c=25$ mm；配置 6 根直径为 25 mm 的 HRB400 级纵向受拉钢筋。计算当采用 C30 混凝土时所能承受的弯矩设计值。

5.5　已知某钢筋混凝土矩形截面梁，截面尺寸 $b\times h=250\ \text{mm}\times 600\ \text{mm}$，混凝土保护层厚度 $c=25$ mm；采用 C30 混凝土和 HRB400 级钢筋，截面弯矩设计值 $M=350\times 10^6$ N·mm。试配置截面钢筋。

5.6　已知条件同题 5.5，但在受压区已配有 3 根直径为 18 mm 的 HRB335 级钢筋。试计算受拉钢筋的截面面积 A_s。

5.7 已知钢筋混凝土矩形截面梁的截面尺寸为 $b\times h=250\ \text{mm}\times500\ \text{mm}$,混凝土保护层厚度 $c=25\ \text{mm}$;混凝土强度等级为C30,钢筋采用HRB335级,截面弯矩设计值 $M=350\times10^6\ \text{N·mm}$。试配置截面钢筋。

5.8 已知条件同题5.7,但采用对称配筋,试配置截面钢筋。

5.9 一矩形截面钢筋混凝土梁,截面尺寸 $b\times h=200\ \text{mm}\times500\ \text{mm}$,混凝土保护层厚度 $c=35\ \text{mm}$;采用C30混凝土和HRB335级钢筋,在受拉区和受压区分别配有3根直径为20 mm的钢筋。试计算此梁可承受弯矩的设计值。

5.10 已知T形截面钢筋混凝土梁,截面尺寸为 $b\times h=250\ \text{mm}\times600\ \text{mm}$,$b_f'=600\ \text{mm}$,$h_f'=100\ \text{mm}$,混凝土保护层厚度 $c=25\ \text{mm}$;承受弯矩设计值 $M=450\times10^6\ \text{N·mm}$,采用C30混凝土和HRB400级钢筋。求该截面所需的纵向受拉钢筋面积。若选用混凝土强度等级为C50,其他条件不变,试求纵向受拉钢筋面积。

5.11 已知T形截面钢筋混凝土梁,截面尺寸为 $b\times h=250\ \text{mm}\times800\ \text{mm}$,$b_f'=600\ \text{mm}$,$h_f'=120\ \text{mm}$,混凝土保护层厚度 $c=25\ \text{mm}$;采用C30混凝土和HRB335级钢筋,配有8根直径为25 mm的受拉钢筋。试计算此梁可承受弯矩的设计值。若选用混凝土强度等级为C40,其他条件不变,试求此梁可承受弯矩的设计值。

第⑥章 受弯构件斜截面承载力的计算

工程中最常见的梁、柱构件的剪力总是和弯矩共存于构件($V=\mathrm{d}M/\mathrm{d}x$)。钢筋混凝土构件还有可能在剪力和弯矩共同作用下,沿斜截面受剪破坏或斜截面受弯破坏。在有些情况下,剪力也可能成为控制构件设计的主要因素。因此,在保证受弯构件正截面抗弯承载力的同时,还要保证斜截面承载力,即保证斜截面抗剪承载力和斜截面抗弯承载力。工程设计中,斜截面抗剪承载力是根据计算由配置横向钢筋来满足,斜截面抗弯承载力通过对纵向钢筋和箍筋的构造要求来满足。

6.1 斜截面破坏形态

构件的剪弯区受力状态比构件的压弯区更复杂。在构件中不存在单纯的受剪区域,仅在某些垂直于其轴心的截面上可能为"纯剪"受力状态($V\neq0$,$M=0$),但构件不会沿此垂直截面发生破坏。在构件中剪力区段($V\neq0$)内,弯矩沿轴向变化,当构件主要因为剪力发生斜裂缝破坏时,必然受弯矩作用的影响。所以,构件的抗剪承载力实质上是剪力和弯矩共同作用下的承载力。在构件的剪弯破坏过程中发生显著的应力重分布,不再符合"梁"的应力分布规律,即使是完全弹性材料,剪弯区段平截面假定也不再适用。另外,构件的抗剪能力在很大程度上取决于混凝土的抗拉强度和抗压强度,混凝土的极限应变小,尤其是混凝土的抗拉极限应变。因此,构件的剪弯破坏过程短促,延性小,一般属脆性破坏。

为了防止梁剪弯区沿斜裂缝破坏,梁应具有合理的截面尺寸,并配置必要的箍筋和弯起钢筋,如图 6.1 所示。理论上讲,箍筋布置应与主拉应力方向一致,这样可有效地限制斜裂缝的开展,但斜箍筋不便施工,也难以与纵向钢筋形成牢固的钢筋骨架,故一般采用与构件轴线垂直的箍筋。而弯起钢筋与主拉应力方向基本一致,能较好地起到提高斜截面承载力的作用,但因其传力较为集中,有可能引起弯起处混凝土的劈裂裂缝,如图 6.2 所示。所以,在工程设计中,往往首先选用与构件轴线垂直的箍筋,然后再考虑采用弯起钢筋。选用的弯筋位置不宜在梁侧边缘,且直径不宜过粗。梁中的箍筋和弯起钢筋统称为腹筋。

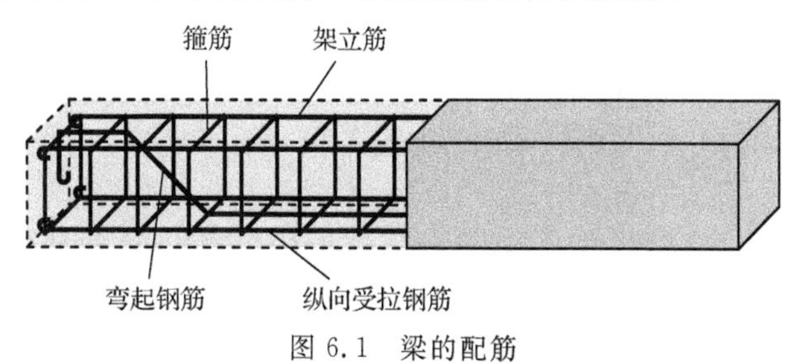

图 6.1 梁的配筋

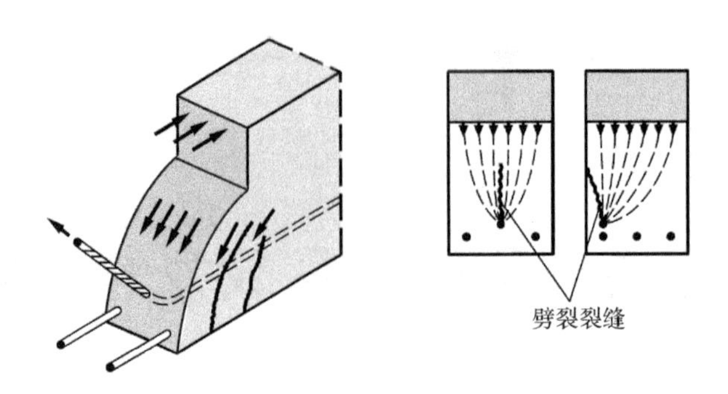

图 6.2 钢筋弯起处的劈裂裂缝

图 6.3 所示的为一承受两个对称集中荷载作用的无腹筋简支梁,荷载和支座之间的剪力 V 为一常值,弯矩 M 为线性变化。这一段称为剪弯段,其长度 a 称为剪跨,它与截面有效高度 h_0 之比称为剪跨比($\lambda=a/h_0$)。

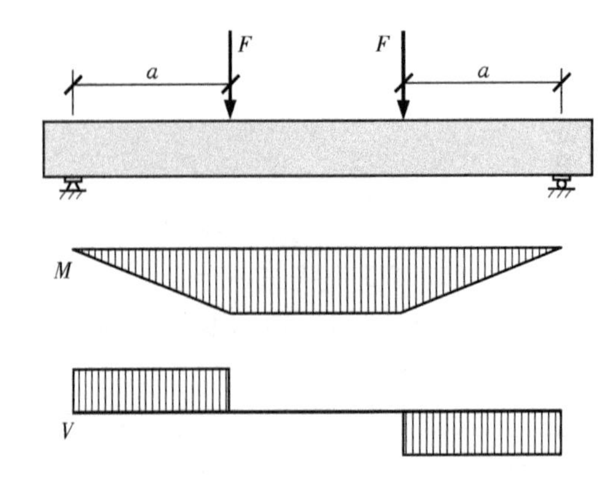

图 6.3 简支梁的受力图

当荷载较小时,裂缝尚未出现,可将钢筋混凝土梁看作均质弹性体进行分析,但须将钢筋按重心位置不变、面积扩大 E_s/E_c 倍后化为等效混凝土面积。梁内任一点的应力可以根据材料力学的公式求得

$$\sigma_x = \frac{My}{I_0} \tag{6-1}$$

$$\tau = \frac{VS_0}{I_0 b} \tag{6-2}$$

式中:

I_0 ——换算截面的惯性矩;

y ——所求应力点到中和轴的距离;

S_0 ——所求应力点的一侧对换算截面形心轴的面积矩;

b ——梁的宽度。

水平正应力 σ_x 沿截面高度线性分布,其值取决于截面弯矩 M 和截面上该点至中和轴的距离 y;剪应力 τ 沿截面高度为二次抛物线分布。此外,在集中荷载和支座附近,有局部、不均布的竖向正应力 σ_y,一般是压应力。

主应力可由正应力 σ_x 和剪应力 τ 求得

主拉应力
$$\sigma_{t0}=\frac{\sigma_x}{2}+\frac{1}{2}\sqrt{\sigma_x^2+4\tau^2} \tag{6-3}$$

主压应力
$$\sigma_{cp}=\frac{\sigma_x}{2}-\frac{1}{2}\sqrt{\sigma_x^2+4\tau^2} \tag{6-4}$$

主应力与梁纵轴的夹角为 α，则

$$\alpha=\frac{1}{2}\arctan\left(-\frac{2\tau}{\sigma_x}\right) \tag{6-5}$$

求出各点主应力的数值和方向后，可以绘制出梁的主拉、主压应力轨迹线，如图 6.4 所示

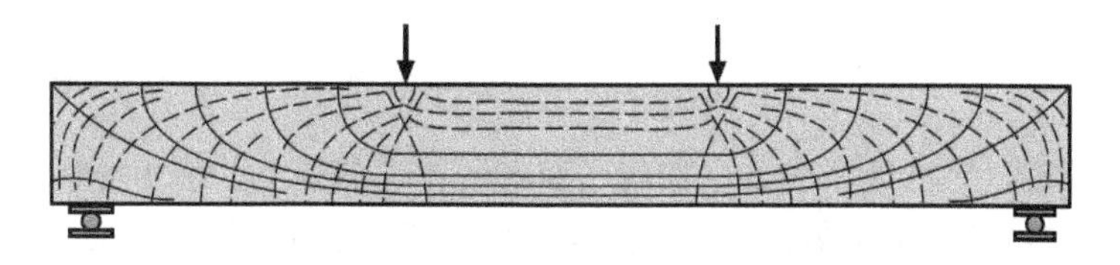

图 6.4　对称集中荷载作用下简支梁的主应力轨迹线

（图中，实线为主拉应力轨迹线；虚线为主压应力轨迹线）。由于混凝土抗拉强度很低，当主拉应力值超过复合受力下混凝土抗拉强度时，就会出现与主拉应力迹线大致垂直的裂缝。除纯弯区的裂缝与梁纵轴垂直以外，主应力迹线与梁纵轴有一倾角，故 M、V 共同作用下产生的裂缝对于梁的纵轴来讲是倾斜的，故称为斜裂缝。斜截面的破坏与斜裂缝的出现和发展分不开。随着荷载增加，首先在梁的剪拉区底部出现垂直裂缝，而后在垂直裂缝的顶部，沿着与主拉应力垂直的方向，向集中荷载作用点发展。荷载增加到一定程度时，在几根斜裂缝中形成一条主要斜裂缝。此后，随荷载继续增加，剪压区高度不断减小，剪压区的混凝土在剪压应力共同作用下达到复合应力状态下的极限强度，致使梁失去承载能力而破坏。

将截面的弯矩与剪力和截面有效高度乘积的比值，定义为广义剪跨比 λ，即

$$\lambda=\frac{M}{Vh_0} \tag{6-6}$$

梁承受均布荷载时，设 βl 为计算截面离支座的距离，则

$$\lambda=\frac{M}{Vh_0}=\frac{\beta-\beta^2}{1-2\beta}\cdot\frac{l}{h_0} \tag{6-7}$$

梁承受集中荷载时

$$\lambda=\frac{M}{Vh_0}=\frac{a}{h_0} \tag{6-8}$$

式中：

M、V ——截面的弯矩、剪力；

a ——集中力到邻近支座的距离，即剪跨；

l ——简支梁的跨度；

h_0 ——梁截面的有效高度。

矩形截面梁，截面上的正应力和剪应力可分别表达为

$$\sigma_x=\alpha_1\frac{M}{bh_0^2} \text{ 和 } \tau=\alpha_2\frac{V}{bh_0} \tag{6-9}$$

故

$$\lambda = \frac{M}{Vh_0} = \frac{\alpha_2}{\alpha_1} \cdot \frac{\sigma_x}{\tau} \tag{6-10}$$

式中,α_1、α_2 为与梁支座形式、计算截面位置等有关的系数。可见,剪跨比 λ 反映了截面上正应力和剪应力的比值。而正应力和剪应力的大小及比值决定着梁内主应力的大小和方向,因而,剪跨比 λ 对梁斜截面剪切破坏形态和斜截面抗剪承载力有着重要影响。

改变梁上荷载的位置或剪跨后,弯矩和剪力的相对值($M/V=a$)发生变化,剪弯段内的正应力 σ_x 和剪应力 τ 的相对值随之变化,将形成不同的弯剪破坏形态和产生不等的极限承载力。根据荷载大小、作用位置以及腹筋数量的不同,梁沿斜截面的破坏可以分为斜压破坏、剪压破坏和斜拉破坏三种形态。下面对这三种斜截面破坏形态产生的条件及过程进行简要说明。

(1) 斜压破坏

如图 6.5(a)所示,斜压破坏多发生在集中荷载距支座较近,且剪力大而弯矩小的区段,即剪跨比较小(如 $\lambda<1$)时。由于剪应力起主要作用,破坏过程中,先是在梁腹部出现多条密集而大体平行的斜裂缝(称为腹剪裂缝),这些裂缝平行于荷载作用点—支座连线。随着荷载增加,裂缝沿相同方向同时向上和向下延伸,梁腹部被这些斜裂缝分割成若干个斜向短柱。当混凝土压应力超过其抗压强度时,梁腹中部斜向受压破坏,混凝土的受力模型和破坏特征与轴心受压作用下的斜向短柱相同。即使剪跨比 λ 比较大的构件,如果箍筋配置数量过多,构件也可发生斜压破坏。这是因为,这样配筋的构件在受力过程中,箍筋应力增长缓慢,在箍筋尚未屈服时,梁腹混凝土就因抗压能力不足而发生斜压破坏。在薄腹梁中,即使剪跨比较大,也会发生斜压破坏。

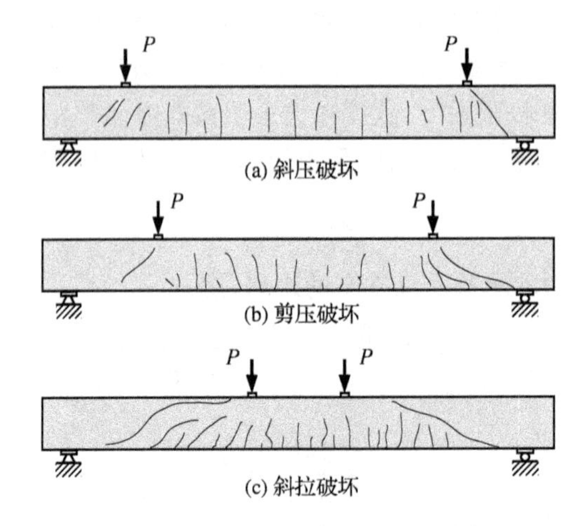

图 6.5 梁斜截面破坏的主要形态

(2) 剪压破坏

如图 6.5(b)所示,剪压破坏常发生在剪跨比适中($1\leqslant\lambda<3$),且腹筋配置量适当时,是最典型的斜截面破坏。其破坏过程是,首先在梁的跨中纯弯段出现受拉裂缝,且自下而上延伸。随后,剪弯区出现受弯(拉)裂缝,在底部与纵筋轴线垂直,向上延伸时,倾斜角逐渐减小,约与主压应力轨迹线一致,亦即垂直于各点主拉应力方向,这类裂缝称弯剪裂缝。随着荷载增加,产生新的弯剪裂缝,而已有弯剪裂缝继续向斜上方延伸。同时,在距支座约 h_0 处的截面高度

中央出现约 45°的斜裂缝，称为腹剪裂缝。荷载继续增大，剪弯段内的弯剪裂缝继续往斜上方延伸，倾斜角进一步减小。腹剪裂缝同时向两个方向发展：向上延伸，倾斜角渐小，直达荷载板下方；向下延伸，倾斜角渐增，至钢筋处垂直相交，形成临界斜裂缝。这些裂缝的形状都与主压应力轨迹线一致，此时，纯弯段内受弯裂缝的延伸停滞。此后，再增大荷载，剪弯段内斜裂缝的宽度继续扩大，但裂缝的形状和数量不再变化。最终，荷载板附近截面顶部混凝土受压区面积缩减至很小，混凝土在正应力和剪应力共同作用下，达到二轴抗压强度而破坏，出现横向裂缝和破坏区。斜裂缝的下端与钢筋相交处增宽，并出现沿纵筋上皮的水平撕脱裂缝。这种典型破坏形态称剪压破坏。

(3) 斜拉破坏

如图 6.5(c)所示，斜拉破坏发生在剪跨比较大($\lambda \geqslant 3$)，且箍筋配置量过少的情况。其破坏特点是，破坏过程急速且突然。斜裂缝一旦在梁腹部出现，原由混凝土所承担的拉力转嫁给与斜裂缝相交的箍筋承担。由于箍筋过少立即屈服，而不能限制斜裂缝的开展。斜裂缝很快向上下延伸，形成临界斜裂缝，将梁劈裂为两部分而使斜截面承载力随之丧失，构件破坏。破坏荷载与开裂荷载很接近，且往往伴随产生沿纵筋的撕裂裂缝，破坏过程急促，破坏前梁变形亦小。

如果 $\lambda \geqslant 3$，箍筋配置数量适当，则可避免斜拉破坏，而转为剪压破坏。这是因为斜裂缝产生后，与斜裂缝相交的箍筋不会立即屈服，箍筋的拉力限制了斜裂缝的开展，使荷载仍能有较大增长。随着荷载增大，箍筋拉力增大。当箍筋屈服后，不能再限制斜裂缝的开展，使斜裂缝上端剩余截面缩小，剪压区混凝土在正应力 σ 和剪应力 τ 共同作用下达到极限强度，发生剪压破坏。

因此，除了剪跨比对斜截面破坏形态有重要影响以外，箍筋的配置数量对破坏形态也有很大影响。对有腹筋梁来说，只要截面尺寸合适，箍筋配置数量适当，剪压破坏是斜截面受剪破坏中最常见的一种破坏形态。

若截面尺寸相同，斜压破坏时斜截面承载力最大，剪压破坏次之，斜拉破坏最小，如图 6.6 所示。它们在荷载达到峰值时，跨中挠度都不大，且载荷均在达到峰值荷载后迅速下降。与适筋梁正截面破坏相比较，斜压破坏、剪压破坏和斜拉破坏时，梁的变形较小，且具有脆性破坏的特征，而尤以斜拉破坏脆性最大。梁的三种斜截面受剪破坏形态，在工程中都应避免发生。对于斜压破坏，通常采用限制截面尺寸不能过小来防止；对于斜拉破坏，则用限制截面的配箍率不能小于最小配箍率的条件及构造要求来防止；剪压破坏，因其承载力主要取决于腹筋的配置量，可通过计算配置腹筋，使构件满足一定的斜截面抗剪承载力，从而防止剪压破坏。我国混凝土结构设计规范中所规定的计算公式，就是根据剪压破坏形态而建立的。

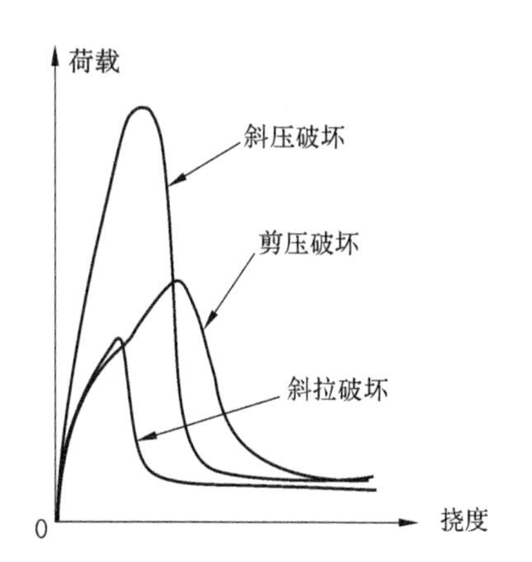

图 6.6　钢筋混凝土梁斜截面破坏的荷载-位移曲线

6.2 斜截面抗剪承载力计算公式

6.2.1 影响斜截面抗剪承载力的主要因素

1. 剪跨比

梁的剪跨比 λ 反映了梁端弯剪破坏区的应力状态和比例。随着剪跨比 λ 增加，梁的破坏形态从混凝土抗压强度控制的斜压破坏($\lambda<1$)，转化为顶部受压和斜裂缝骨料咬合等控制的剪压破坏($1<\lambda<3$)，抗剪承载力(V_u/f_cbh_0)很快下降，再转化为混凝土抗拉强度控制的斜拉破坏($\lambda>3$)。$\lambda>3$ 后，梁的极限剪力值趋于稳定，剪跨比的影响不明显，如图6.7所示。从图中可以看出，当剪跨比较小时，剪跨比对抗剪承载力的影响较大；随着剪跨比增大，对抗剪承载力的影响减弱；剪跨比更大时，梁转为受弯控制破坏，破坏将不再发生在剪跨段内。

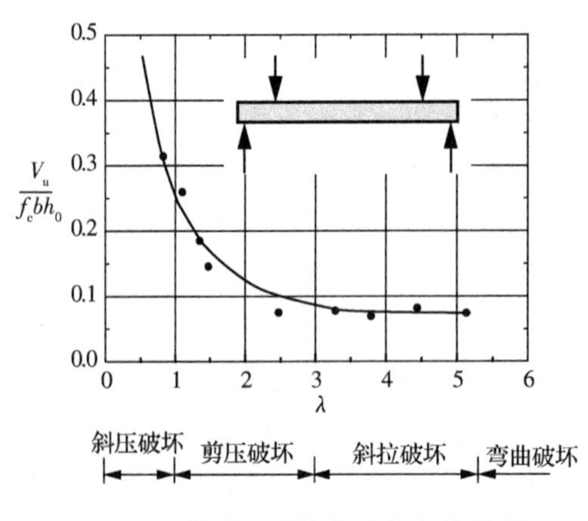

图 6.7 剪跨比对抗剪承载力的影响

若荷载不直接作用于梁顶，而是通过横梁间接传递到梁侧时，随着传力位置高低不同，梁的抗剪强度不同。其原因是，荷载作用截面附近混凝土的应力状态发生了变化，如图6.8(a)所示。直接加载时，垂直梁轴的正应力 σ_y 是压应力；而间接加载时，σ_y 是拉应力。由于应力状态发生了变化，间接加载时，临界斜裂缝出现后，拉应力 σ_y 促使斜裂缝跨越荷载作用截面，而直通梁顶。间接加载也将发生斜拉破坏，斜裂缝一出现，梁就被剪断，破坏荷载几乎等于开裂荷载。大剪跨比时，直接加载和间接加载均为斜拉破坏，二者破坏荷载接近；小剪跨时，剪跨比相同，直接加载和间接加载破坏形态不同，二者破坏荷载相差很大，剪垮比越小，差值越大，如图6.8(b)所示。

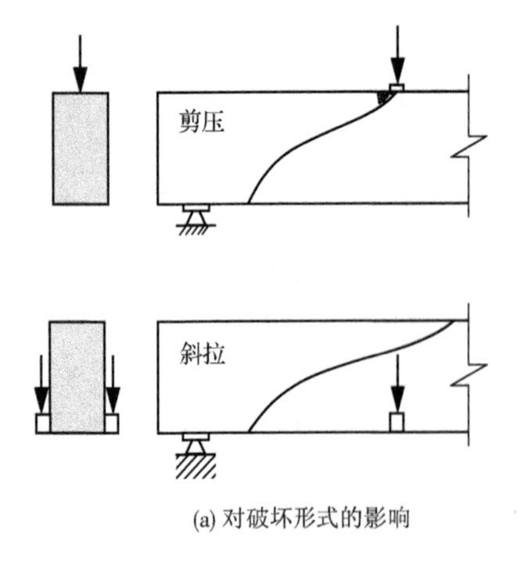

(a) 对破坏形式的影响

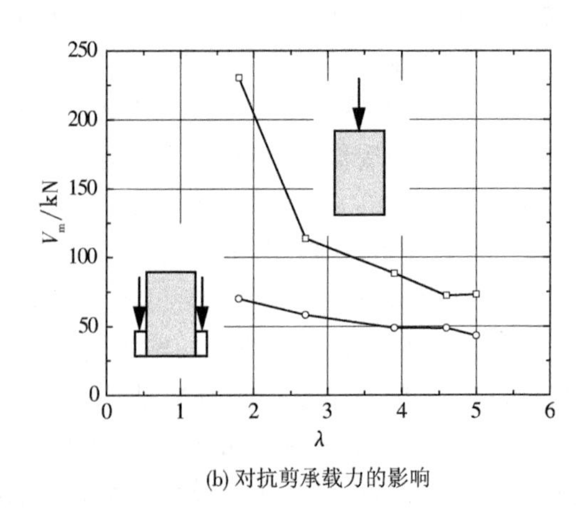

(b) 对抗剪承载力的影响

图 6.8 加载方式对梁斜截面破坏的影响

上述结论是对承受集中荷载简支梁试验结果的分析。工程中常遇的承受均布荷载梁，其受力状态与承受集中荷载简支梁又有所不同。承受均布荷载的梁支座处的剪力最大，弯矩为零；截面移往跨中，剪力渐减为零，而弯矩却增加至最大值。梁内不存在剪力为常值的剪弯段，也不会出现加载点附近截面剪力和弯矩同时达到最大值的组合。对于承受均布荷载的梁，反映剪力和弯矩相对值大小的剪跨比，需要改用广义剪跨比 $\lambda=M_{\max}/(V_{\max}h_0)=l/(4h_0)$，或者直接采用跨高比 l/h_0。

在均布荷载作用下梁发生弯剪破坏，根据其跨高比不同，破坏形态也分为斜压破坏、剪压破坏和斜拉破坏。它们的受力和裂缝发展过程以及破坏特征，与集中荷载的试件相同，如图 6.9 所示。但需注意，破坏斜裂缝顶部位置的截面上剪力并非最大。

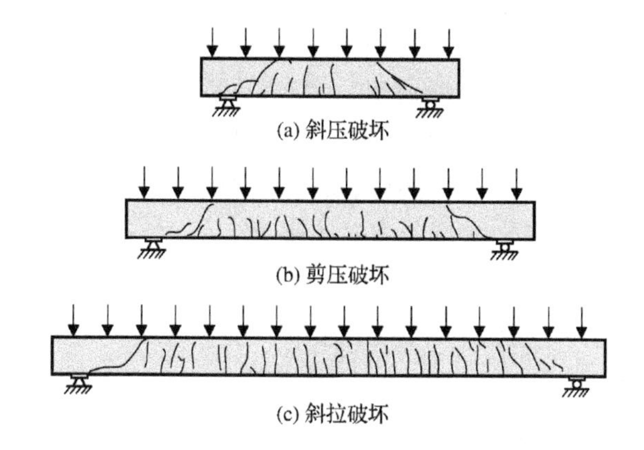

图 6.9　均布载荷作用下梁的弯剪主要破坏形态

均布荷载作用下，梁的弯剪承载力随梁的跨高比增大而减小。跨高比较小($l/h_0<10$)时，承载力下降迅速；$l/h_0>10$ 后，下降平缓；$l/h_0>20$ 时，梁为受弯破坏控制，不出现弯剪破坏，如图 6.10 所示。

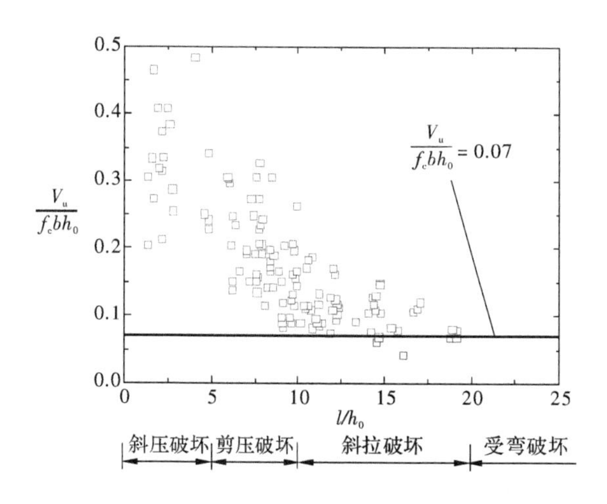

图 6.10　均布载荷作用下梁的抗剪承载力和跨高比的关系

2. 腹筋的数量

箍筋和纵筋的弯起部分统称为梁的腹筋。无腹筋梁的弯剪承载力有限，若不足以抵抗荷载产生的剪力时，设置横向箍筋是很有效的措施。同时，箍筋还是在制作构件时，为固定纵筋位置所必须，在构件工作过程中又有承受温度应力、减小裂缝宽度等作用。弯起钢筋的抗剪作用与箍筋的相似。

腹筋对于构件的抗剪作用有两个方面。箍筋和弯起筋除了直接承受部分剪力外，其间接作用是限制斜裂缝的开展宽度，增强腹部混凝土的骨料咬合力；它还有约束纵筋避免撕脱混凝土保护层的作用，增大纵筋的销栓力；腹筋和纵筋构成的骨架使其内部的混凝土受到约束，有利于抗剪。这些都有助于提高构件的弯剪承载力。试验表明，在配箍量适当的范围内，梁的抗剪承载力随配箍量增多、箍筋强度提高而有较大幅度增长。由图 6.11 可见，梁的斜截面抗剪承载力随配箍率增大而提高，两者近似呈线性关系。图中，V_u/bh_0 称为梁截面的名义抗剪强度，即在垂直截面有效面积 bh_0 上所能抵抗的平均剪应力；ρ_{sv} 为箍筋的配箍率，它反映了梁中箍筋的数量，用下式表示

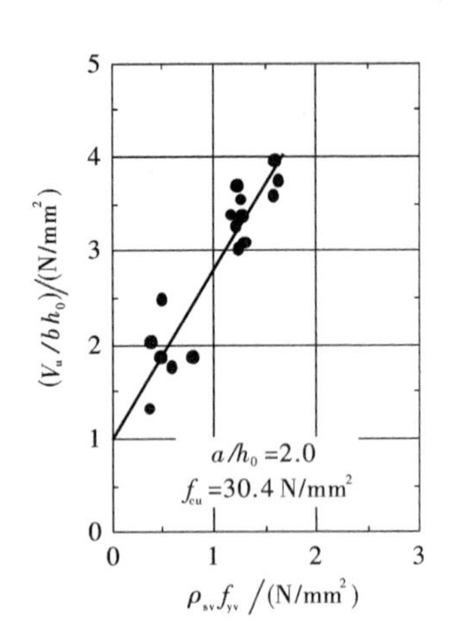

图 6.11　箍筋对梁抗剪承载力的影响

$$\rho_{sv}=\frac{A_{sv}}{bs}=\frac{nA_{sv1}}{bs} \tag{6-11}$$

式中：

A_{sv}——配置在同一截面内箍筋各肢的全部截面面积；

n——同一截面内箍筋的肢数；

A_{sv1}——单肢箍筋的截面面积；

s——沿构件轴向箍筋的间距；

b——梁的宽度。

3. 混凝土强度

斜截面破坏是因混凝土到达极限强度而发生的，故混凝土强度对梁的抗剪承载力影响很大。梁的弯剪破坏最终由混凝土材料的破坏控制，所以，其弯剪承载力随混凝土强度提高而增大。试验表明，当剪跨比一定时，梁的抗剪承载力随混凝土强度提高而增大，两者为线性关系。但不同剪跨比的梁，因破坏形态不同，承载力分别取决于混凝土的抗压或抗拉强度。混凝土的抗压强度 f_c 约与立方体抗压强度 f_{cu} 成正比，混凝土的抗拉强度 f_t 随立方体抗压强度 f_{cu} 的提高增长较慢。因此，提高混凝土的强度等级(f_{cu})，对不同剪跨比的梁弯剪承载力的提高幅度明显不同。小剪跨($\lambda<1$)梁的斜压破坏取决于混凝土的抗压强度 f_c，约与立方体抗压强度 f_{cu} 成正比，混凝土强度对弯剪承载力的影响大；大剪跨($\lambda>3$)梁的斜拉破坏取决于混凝土的抗拉强度 f_t，随立方体抗压强度 f_{cu} 的提高增长较慢，故混凝土强度对弯剪承载力的影响就小；中等剪跨($\lambda=1\sim3$)梁的剪压破坏取决于顶部的抗压强度和腹部的骨料咬合作用(接近抗剪或抗拉强度)，弯剪承载力的提高幅度处于二者之间，如图 6.12 所示。

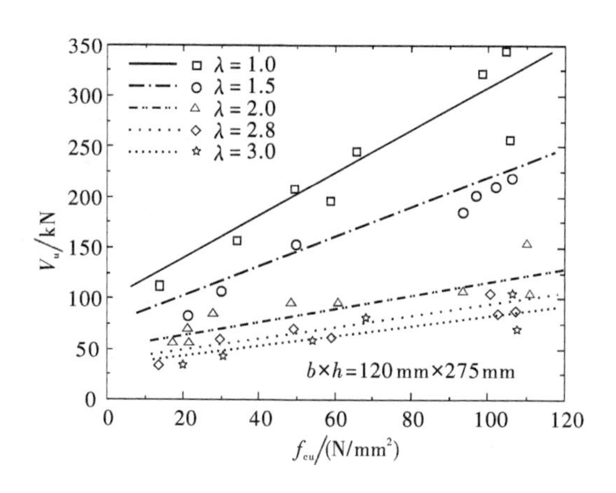

图 6.12　混凝土强度对抗剪承载力的影响

4. 纵筋配筋率

纵筋对抗剪承载力的影响主要是直接在横截面承受一定剪力，起“销栓”作用，如图 6.13 所示。同时，纵筋能抑制斜裂缝的发展，增大斜裂缝间交互面的剪力传递，增加纵筋量能加大混凝土剪压区高度，从而间接提高梁的抗剪能力。所以，随着纵筋的配筋率的提高，梁的抗剪承载力也增大。

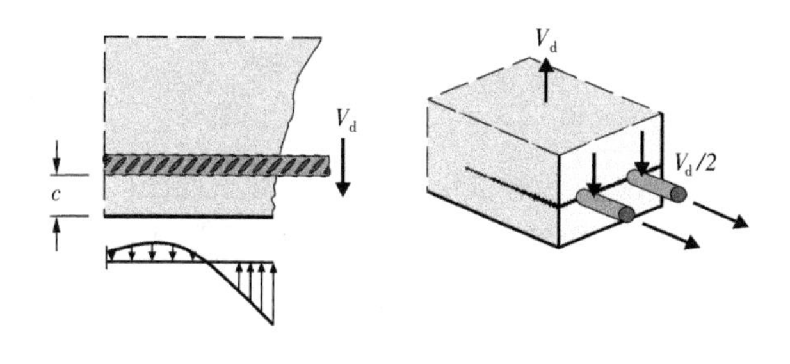

图 6.13　纵筋的销栓力

纵筋配筋率对梁的斜截面承载力的影响程度随剪跨比而不同。小剪跨比时，斜截面的抗剪承载力随配筋率增大提高较快；大剪跨比（$\lambda>3$）时，由于容易产生撕裂裂缝，使纵筋的“销栓”作用减弱，纵筋的影响不大。对于斜拉破坏形态，增加纵筋量对加大斜裂缝顶部混凝土剪压区高度，间接提高梁抗剪能力的作用不大。因此，增大纵筋率并非提高弯剪承载力的有效措施，如图 6.14 所示。

5. 其他因素

（1）截面形状

这主要是指 T 形梁，试验表明，受压翼缘的存在对提高斜截面抗剪承载力有一定作用。适当增加翼缘宽度，可提高抗剪承载力，但翼缘过大，增大作用逐渐减小。另外，增大梁的宽度也可提高抗剪承载力。与矩形截面梁相比，T 形截面梁的斜截面承载力一般要高 10%～20%。

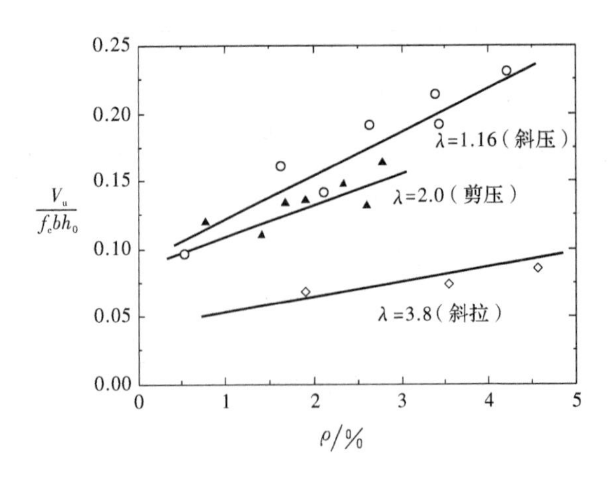

图 6.14 纵向配筋率对弯剪承载力的影响

(2) 截面尺寸的影响

截面尺寸对无腹筋梁的抗剪承载力有较大影响。随着构件截面高度增加,斜截面上出现的裂缝宽度加大,裂缝内表面骨料之间的机械咬合作用被削弱。尺寸大的构件,破坏时的平均剪应力比尺寸小的构件要低。试验表明,在其他参数(混凝土强度、纵筋配筋率、剪跨比)保持不变时,斜截面的名义抗剪强度(V_u/bh_0)随着构件高度增加而降低,当梁高增大4倍时,名义抗剪强度(V_u/bh_0)下降25%~30%。

对于有腹筋梁,截面尺寸的影响将减小。

(3) 预加应力

截面的预应力能阻滞斜裂缝的出现和开展,增加混凝土剪压区高度,从而增大混凝土所能承担的剪力。另外,预应力混凝土梁的斜裂缝长度比钢筋混凝土梁有所增长,也增大了与斜裂缝相交箍筋所承担的剪力。

(4) 梁的连续性

试验表明,在受均布荷载时,连续梁的抗剪承载力与相同条件下的简支梁相当;受集中荷载时,只有中间支座附近的梁段因受异号弯矩的影响,抗剪承载力有所降低,边支座附近梁段的抗剪承载力与简支梁相同。

6.2.2 弯剪承载力的组成和斜截面抗剪计算公式

国内外许多学者曾在各种破坏机理分析的基础上,提出了不同的梁斜截面抗剪机理的结构模型,对钢筋混凝土梁的斜截面抗剪承载力建立过各种计算公式,但终因钢筋混凝土在复合受力状态下所涉及的因素过多,用混凝土强度理论还较难反映其斜截面的抗剪承载力。目前,我国采用的方法还是通过分析影响梁抗剪能力的主要影响因素,依靠试验研究,从而建立半理论半经验的实用计算公式。下面主要介绍我国《混凝土结构设计规范》(GB 50010—2002)的分析模型和抗剪计算公式。

1. 弯剪承载力的组成

构成有腹筋梁弯剪承载力的主要成分(见图6.15)是:斜裂缝上端、梁顶部未开裂混凝土的抗剪力(V_c)、沿斜裂缝的混凝土骨料咬合作用(V_i,垂直分量为 V_{ix})、纵筋的横向(销栓)力(V_d),以及箍筋(V_s)和弯起钢筋的抗剪力(V_b,垂直分量为 $V_{sb}=V_b\sin\alpha$,α 为弯起钢筋与梁纵轴的夹角)等。这些抗剪成分的作用和相对比例,在构件的不同受力阶段,随裂缝的形成和发展而不断变化。构件极限状态的抗剪承载力是这五部分垂直分量的总和,即

$$V_u = V_c + V_{ix} + V_d + V_s + V_{sb} \tag{6-12}$$

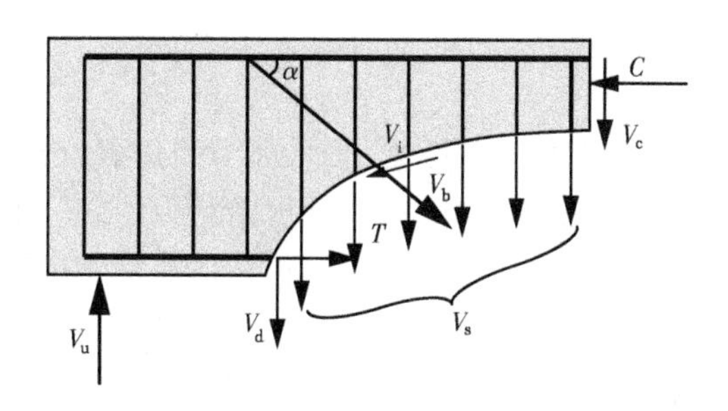

图 6.15　有腹筋梁抗剪承载力的组成

构件开裂之前,几乎全部剪力均由混凝土承担,纵筋和腹筋的应力都很低。形成弯剪裂缝后,沿斜裂缝的骨料咬合作用和纵筋的销栓力参与抗剪。腹剪裂缝的出现和发展,相继穿越箍筋和弯起钢筋,二者相应地发挥作用,承担的剪力逐渐增大,并有效地约束斜裂缝的开展。荷载再增大,斜裂缝继续发展,箍筋和弯起钢筋相继屈服,箍筋和弯起钢筋所承担的剪力不再增加。最终,斜裂缝上端的未开裂混凝土达到二轴抗压强度,构件斜截面破坏。在有腹筋梁中,由于箍筋的存在,虽然使骨料的咬合和纵筋的销栓力比无腹筋梁有所提高,但在斜截面抗剪承载力极限状态时,大部分的抗剪能力是由未开裂混凝土和腹筋所承担的剪力提供。骨料的咬合和纵筋的销栓力在总的抗剪承载力中所占的比例并不大,试验表明,它们所承担的剪力仅占总剪力的 20%左右。

钢筋混凝土梁斜截面抗剪承载力的计算公式是根据剪压破坏形态,考虑力的平衡,并引入适当的试验参数而建立的。在剪压破坏极限状态,未开裂混凝土达到二轴抗压强度,同时,与斜裂缝相交的箍筋和弯起钢筋的拉应力都达到其屈服强度。为简化计算,主要考虑未开裂混凝土的抗剪作用和腹筋的抗剪作用,而不计骨料的咬合和纵筋的销栓作用对抗剪的有利作用。则式(6-12)可简化为

$$V_u = V_c + V_s + V_{sb} \tag{6-13}$$

式中:

V_u ——梁斜截面破坏时所承受的总剪力;

V_c ——混凝土剪压区所承受的剪力;

V_s ——与斜裂缝相交的箍筋所承受的剪力;

V_{sb}——与斜裂缝相交的弯起钢筋所承受的剪力。

因此,对于无腹筋梁,抗剪承载力表达式为

$$V_u = V_c \tag{6-14}$$

对于有腹筋梁,如令 V_{cs}为箍筋和混凝土共同承受的剪力,即

$$V_u = V_{cs} = V_c + V_s \tag{6-15}$$

若腹筋既有箍筋又有弯起钢筋,则

$$V_u = V_{cs} + V_{sb} \tag{6-16}$$

从表达式来看,V_{cs}项是混凝土的抗剪承载力与箍筋的抗剪承载力之和,而其中的混凝土抗剪承载力的表达式与无腹筋梁混凝土的抗剪承载力表达式相同。但实际上,对于有腹筋梁,由于箍筋的存在抑制了斜裂缝的开展,使得梁剪压区面积增大,致使 V_c 值提高,提高程度与箍筋的强度和配箍率有关。因而,V_c 和 V_s 项二者紧密相关,不能将其分开表达,故以 V_{cs}项表达混凝土和箍筋的总抗剪承载力。

2. 计算公式

对于厚腹的 T 形梁,其抗剪性能与矩形梁相似,因为受压翼缘使剪压区混凝土的压应力和剪应力减小,与宽度为肋宽的矩形截面相比,其抗剪承载力略高。但翼缘的这一有效作用有限,且翼缘超过肋宽两倍时,抗剪承载力基本上不再提高。而对于薄腹的 T 形梁,腹板中有较大的剪应力,在剪跨区段内常有均匀的腹剪裂缝出现。当裂缝间斜向受压混凝土被压碎时,梁属于斜压破坏,此时翼缘对梁的抗剪承载力的提高没有作用。因此,对于矩形、T 形和工字形截面,可采用统一的计算公式。

(1) 无腹筋板的计算公式

板类构件通常承受的剪力较小,一般不需要配置箍筋和弯起钢筋。试验表明,均布荷载下不配腹筋的钢筋混凝土板,其名义抗剪强度(V_u/bh_0)随板厚的增大而降低。其斜截面抗剪承载力可按下式计算:

$$V_u = 0.7\beta_h f_t b h_0 \tag{6-17}$$

$$\beta_h = \left(\frac{800}{h_0}\right)^{\frac{1}{4}} \tag{6-18}$$

式中,β_h 为截面高度影响系数,当 h_0 小于 800 mm 时,取 $h_0=800$ mm;当 h_0 大于 2000 mm 时,取 $h_0=2000$ mm。

(2) 均布荷载下矩形、T 形和工字形截面的简支梁

仅配箍筋时,斜截面抗剪承载力的计算公式为

$$V_u = V_{cs} = \alpha_{cv} f_t b h_0 + f_{yv}\frac{A_{sv}}{s}h_0 \tag{6-19}$$

式中:

V_u——构件斜截面抗剪承载力;

V_{cs}——构件斜截面上混凝土和箍筋的抗剪承载力;

α_{cv}——斜截面混凝土受剪承载力系数,对于一般受弯构件取 0.7;对集中荷载作用下(包括作用有多种荷载,其中集中荷载对支座截面或节点边缘所产生的剪力值占总剪力值的 75%以上的情况)的独立梁,取 $\alpha_{cv}=\frac{1.75}{\lambda+1}$,$\lambda$ 为计算剪跨比,可取 $\lambda=a/h_0$,当 $\lambda<1.5$ 时,取 $\lambda=1.5$,当 $\lambda>3$ 时,取 $\lambda=3$,a 取集中荷载作用点至支座截面或节点边缘的距离;

f_t——混凝土轴心抗拉强度设计值,按表 2-5 取用;

f_{yv}——箍筋抗拉强度设计值,按表 2-6 取用;

A_{sv}——配置在同一截面内箍筋各肢的全部截面面积,$A_{sv}=nA_{sv1}$,其中 n 为在同一个截面内箍筋的肢数,A_{sv1} 为单肢箍筋的截面面积;

s——沿构件长度方向箍筋的间距;

b——矩形截面的宽度、T 形截面或工字形截面的腹板宽度；

h_0——构件截面的有效高度。

进一步，对于均布荷载作用下(这里所指的均布荷载，也包括作用有多种荷载，但其中集中荷载对支座边缘截面或节点边缘所产生的剪力值应小于总剪力值的 75%)，当仅配箍筋时，矩形、T 形和工字形截面受弯构件的斜截面抗剪承载力的计算公式可表示为

$$V_u = V_{cs} = 0.7 f_t b h_0 + f_{yv} \frac{A_{sv}}{s} h_0 \tag{6-20}$$

对于集中荷载作用下(包括作用有多种荷载，且其中集中荷载对支座截面或节点边缘所产生的剪力值占总剪力值的 75%以上的情况)。当仅配箍筋时，矩形、T 形和工字形截面受弯构件的斜截面抗剪承载力的计算公式可表示为

$$V_u = V_{cs} = \frac{1.75}{\lambda + 1.0} f_t b h_0 + f_{yv} \frac{A_{sv}}{s} h_0 \tag{6-20a}$$

由式(6-20)可以看出，随着剪跨比增大，梁的抗剪承载力降低。$\lambda < 1.5$ 时，往往发生斜压破坏；$\lambda > 3$ 时，往往发生斜拉破坏；$1.5 < \lambda < 3.0$ 时，一般发生剪压破坏。$\lambda = 1.5$ 时，$\frac{1.75}{\lambda + 1.0} = 0.7$；$\lambda = 3.0$ 时，$\frac{1.75}{\lambda + 1.0} \approx 0.44$。而式(6-20(a))右边第二项与式(6-20)右边第二项相同。由此可见，荷载形式以集中荷载为主时，梁的抗剪承载力将低于荷载形式以均布荷载为主时梁的抗剪承载力(见图6.16)。

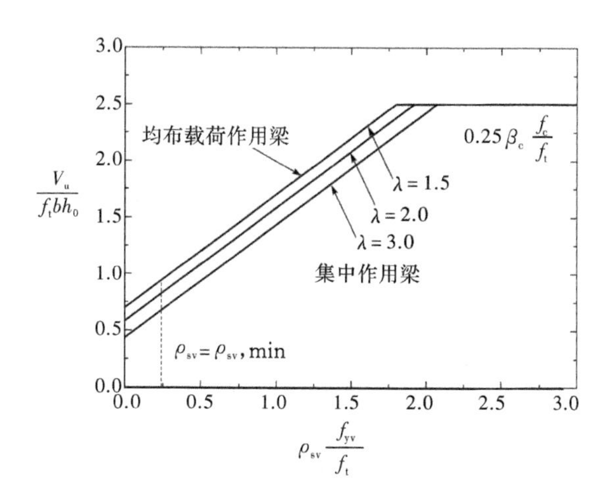

图 6.16　斜截面抗剪承载力与配箍率关系

(3) 配箍筋和弯起钢筋梁的抗剪承载力计算公式

当梁中还设有弯起钢筋时，其抗剪承载力的计算公式中，应增加弯起钢筋所承担的剪力项，即

$$V_u = V_{cs} + V_{sb} \tag{6-21}$$

式中，V_{cs} 为混凝土和箍筋共同承担的剪力值，V_{sb} 为弯起钢筋承担的剪力，其值为弯起钢筋的拉力在垂直于梁轴方向的分量(见图 6.15)，按下式计算：

$$V_{sb} = 0.8 f_y A_{sb} \sin\alpha \tag{6-22}$$

式中：

V_{sb}——与斜裂缝相交的弯起钢筋抗剪承载力；

f_y——弯起钢筋的抗拉强度设计值；

A_{sb}——与斜裂缝相交的配置在同一弯起平面内的弯起钢筋截面面积；

α——弯起钢筋与梁纵轴线的夹角，一般为 45°，当梁截面高度超过 800 mm 时，通常为 60°。

公式中的系数 0.8，是考虑到弯起钢筋与斜裂缝相交时，有可能已接近受压区，弯起钢筋强度在梁破坏时可能不能够全部发挥作用，而对弯起钢筋抗剪承载力的折减。

3. 计算公式的适用范围

由于梁的斜截面抗剪承载力计算公式是根据梁斜截面剪压破坏模式得到的，因而抗剪承载力计算公式仅适用于构件斜截面剪压破坏，即在斜截面抗剪承载力极限状态，与斜裂缝相交的箍筋屈服，剪压区混凝土达到其二轴抗压强度。当梁中剪力较大，而截面尺寸过小，梁往往发生斜压破坏；当截面配箍量过少，一旦斜裂缝出现，裂缝加速开展，箍筋迅速屈服甚至被拉断，而导致梁斜拉破坏。因而，需要对梁截面的最小尺寸和最小配箍率进行限制。

(1) 截面的最小尺寸(剪力的上限值)

当梁截面尺寸过小，而剪力较大时，梁往往发生斜压破坏。梁破坏时，梁腹混凝土被压碎，而箍筋还未屈服。无论配置多少箍筋，都不能进一步提高梁的抗剪承载力。因而，设计时，为避免斜压破坏，梁的截面尺寸应满足如下规定：

当$\frac{h_w}{b}\leqslant 4$时(厚腹梁，也即一般梁)，应满足

$$V \leqslant 0.25\beta_c f_c b h_0 \tag{6-23}$$

对于薄腹梁，在发生斜压破坏时，其抗剪能力比厚腹梁低。因此，为防止薄腹梁发生斜压破坏，同时也为了防止薄腹梁在使用阶段斜裂缝过宽，对薄腹梁应采用较严格的截面限制条件。因而，当$\frac{h_w}{b}\geqslant 6$时(薄腹梁)，应满足

$$V \leqslant 0.2\beta_c f_c b h_0 \tag{6-24}$$

当$4<\frac{h_w}{b}<6$时，按直线内插法取用，即

$$V \leqslant 0.025 \times \left(14-\frac{h_w}{b}\right)\beta_c f_c b h_0 \tag{6-25}$$

式中：

V——构件斜截面上的最大剪力设计值；

f_c——混凝土抗压强度设计值；

β_c——混凝土强度影响系数，当混凝土强度等级不超过 C50 时，取 $\beta_c=1.0$；当混凝土强度等级为 C80 时，取 $\beta_c=0.8$；其间按直线内插法取用或查表6-1；

b——矩形截面的宽度、T 形截面或工字形截面的腹板宽度；

h_w——截面的腹板高度，矩形截面取有效高度 h_0，T 形截面取有效高度 h_0 减去翼缘高度，工字形截面取腹板净高，如图 6.17 所示。

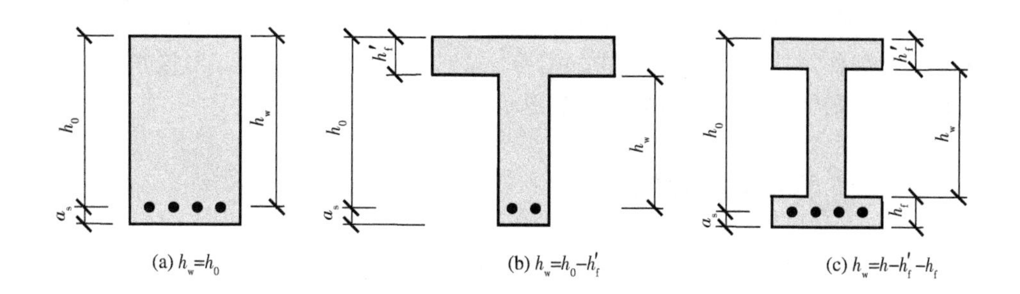

图 6.17　梁腹板的计算高度 h_w

表 6－1　混凝土强度影响系数 β_c 的取值

	≤C50	C55	C60	C65	C70	C75	C80
β_c	1.000	0.967	0.933	0.900	0.867	0.833	0.800

设计中，如果不满足式(6－23)至式(6－25)的条件时，应加大构件截面尺寸或提高混凝土强度等级，直到满足为止。

(2) 最小配箍率和箍筋最大间距

为防止截面配置箍筋过少，而导致斜拉破坏。设计时，梁的配箍率应满足如下规定：

$$\rho_{sv} \geqslant \rho_{sv,\min} = 0.24\frac{f_t}{f_{yv}} \tag{6-26}$$

试验还表明，若箍筋间距过大，斜裂缝有可能在两箍筋之间产生，而使箍筋没有发挥作用，同样可以导致构件发生斜拉破坏。此外，若箍筋直径过小，也不能保证钢筋骨架的刚度。因此，为了防止构件产生斜拉破坏，梁中箍筋间距不宜过大，而直径也不宜过小，其间距和直径应满足表 6－2 的规定。

表 6－2　梁箍筋最大间距及最小直径

梁高 h	梁箍筋最大间距 s_{max}/mm		最小直径 d_{min}/mm
	$V>0.7f_tbh_0$	$V\leqslant 0.7f_tbh_0$	
$150<h\leqslant 300$	150	200	6
$300<h\leqslant 500$	200	300	
$500<h\leqslant 800$	250	350	
$h>800$	300	400	8

注：梁中配有计算所需要的纵向受压钢筋时，箍筋直径尚不应小于纵向受压钢筋最大直径的四分之一。

4. 连续梁抗剪承载力的计算

连续梁在支座截面附近有负弯矩，在梁的剪跨段中有反弯点。斜截面的破坏情况和弯矩比 Φ 有很大关系，Φ 是支座弯矩与跨内正弯矩两者之比的绝对值(即 $\Phi=|M^-/M^+|$)。然而，试验表明，均布荷载作用下连续梁的抗剪承载力，不低于相同条件下简支梁的抗剪承载力；在集中荷载时，若采用计算剪跨比来计算连续梁的抗剪承载力与相同条件下简支梁的抗剪承载力对比，连续梁的抗剪承载力略高于同跨度简支梁的承载力。据此，为了简化计算，设计规范

采用与简支梁相同的抗剪承载力计算公式,即前述的式(6-14)、式(6-15)和式(6-16)。当然,对于集中荷载作用的梁,计算公式中的剪跨比 λ 应采用计算剪跨比。当这些公式用于连续梁时,适用范围与前面所述简支梁的适用范围相同。

6.3 斜截面抗剪承载力的设计

钢筋混凝土梁的设计,应从控制梁的正截面破坏和斜截面破坏两方面着手。一般情况下,在进行斜截面抗剪承载力设计时,正截面的承载力已经保证,即截面尺寸和纵向钢筋都已初步选定。此时,可先用斜截面抗剪承载力计算公式适用范围的上限值来检验构件的截面尺寸是否满足最小截面尺寸的要求,防止产生斜压破坏。如果截面尺寸过小,则应重新调整截面尺寸或提高混凝土强度。然后依据公式对各截面进行斜截面抗剪承载力计算,根据计算结果配置合适的箍筋和弯起钢筋。箍筋的实际配箍率应大于截面的最小配箍率,以防止梁产生斜拉破坏。如果梁截面受到的剪力很小,其值小于等于 $\alpha_{cv} f_t b h_0$ 时,可直接根据构造要求,按最小配箍率配置梁中箍筋。

要保证梁不发生斜截面抗剪破坏,就需保证梁各截面均不发生斜截面破坏。计算梁斜截面抗剪承载力时,计算截面位置应按下列规定确定,即可保证梁不发生斜截面抗剪破坏(见图 6.18)。

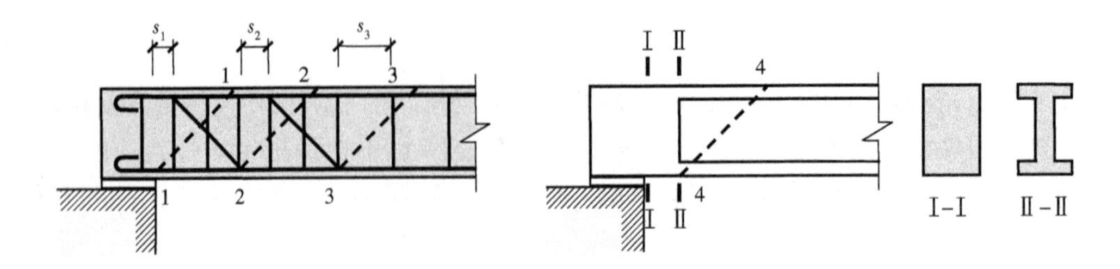

图 6.18 斜截面抗弯承载力的计算截面位置

① 支座边缘处截面(图中Ⅰ-Ⅰ截面)。

由计算所得的支座反力,一般大于支座边缘处截面的剪力。但在支座处,构件和支座共同承受剪力。支座边缘截面的剪力一般比支座处的剪力稍小,但须由构件本身承担,因此抗剪控制截面在支座边缘截面。

② 受拉区弯起钢筋弯起点处截面(图中 2-2 截面)。

③ 箍筋截面面积或间距改变处截面(图中 3-3 截面)。

④ 腹板宽度改变处截面(图中 4-4 截面)。

①所述截面一般为构件承受剪力最大截面,②、③和④所述截面均为构件斜截面抗剪承载力改变的位置,计算时应取其相应区段内的最大剪力值作为剪力设计值。另外,设计时,弯起钢筋距支座边缘距离 s_1 及弯起钢筋之间的距离 s_2 均不应大于箍筋最大间距 s_{max}(见表 6-2),以保证可能出现的斜裂缝与弯起钢筋相交。

例 6-1 某钢筋混凝土矩形截面简支梁,两端支承在砖墙上,净跨度 l_n=3660 mm(如图 6.19 所示),混凝土保护层厚度 c=30 mm;截面尺寸 $b \times h$=200 mm×500 mm。该梁承受均布荷载设计值 85 N/mm(包括自重)，混凝土强度等级为 C30，箍筋为 HPB300 级钢筋。按正截面受弯承载力计算，已选配 3 根直径 25 mm 的 HRB335 级纵向受力钢筋（$A_s=1473\ \text{mm}^2$）。根据斜截面抗剪承载力要求确定腹筋。

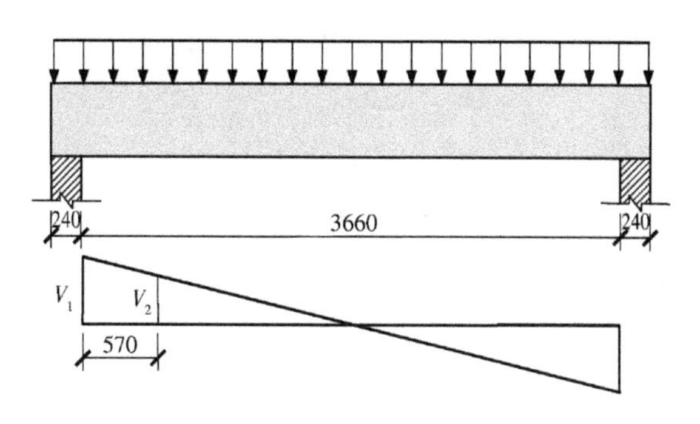

图 6.19　例 6-1 图

解　由于混凝土保护层厚度 $c=30$ mm，故取 $a_s=40$ mm，则

$$h_0=h-a_s=500-40=460\ \text{mm}$$

由表 2-5 和表 2-6 得，C30 混凝土的 $f_c=14.3\ \text{N/mm}^2$，$f_t=1.43\ \text{N/mm}^2$，HRB335 钢筋的 $f_y=300\ \text{N/mm}^2$，HPB300 钢筋的 $f_y=270\ \text{N/mm}^2$（即 $f_{yv}=270\ \text{N/mm}^2$）。

(1) 求剪力设计值

支座边缘处截面的剪力值最大

$$V_1=V_{max}=\frac{1}{2}ql_n=\frac{1}{2}\times 85\times 3660=155.550\times 10^3\ \text{N}$$

(2) 验算截面尺寸

$h_w=h_0=460$，$\dfrac{h_w}{b}=\dfrac{460}{200}=2.3<4$，属一般梁。

按式(6-23)验算，混凝土强度等级为 C30，$\beta_c=1$

$$0.25\beta_c f_c bh_0=0.25\times 1\times 14.3\times 200\times 460=328.900\times 10^3\ \text{N}$$
$$>V_{max}=155.550\times 10^3\ \text{N}$$

截面符合要求。

(3) 验算是否需要按计算配置箍筋

$$0.7f_t bh_0=0.7\times 1.43\times 200\times 460=91.448\times 10^3\ \text{N}$$
$$<V_{max}=155.550\times 10^3\ \text{N}$$

故需要按计算配置箍筋。

(4) 所需腹筋计算

在求解过程中，令构件的抗剪承载力 V_u 等于该截面的剪力设计值 V_{max}。

配置腹筋有两种办法：一种是只配置箍筋，另一种是配置箍筋和弯起钢筋。一般都是优先选则只配置箍筋方案。下面分述两种方法。

① 只配箍筋，按式(6-19)，有

$$\frac{nA_{sv1}}{s}=\frac{A_{sv}}{s}=\frac{V-0.7f_t bh_0}{f_{yv}h_0}$$

$$=\frac{155.550\times10^3-0.7\times1.43\times200\times460}{270\times460}=0.5109\ \text{mm}^2/\text{mm}$$

采用ϕ8@180双肢箍,($A_{sv1}=50.3\ \text{mm}^2$),实有

$$\frac{nA_{sv1}}{s}=\frac{2\times50.3}{180}=0.5589\ \text{mm}^2/\text{mm}>0.5109\ \text{mm}^2/\text{mm}(满足计算要求)$$

配箍率

$$\rho_{sv}=\frac{nA_{sv1}}{bs}=\frac{2\times50.3}{200\times180}=0.279\%$$

$$>\rho_{sv,\min}=0.24\frac{f_t}{f_{yv}}=0.24\times\frac{1.43}{270}=0.127\%$$

配箍率满足大于最小配箍率要求。

② 配置箍筋和弯起钢筋

因已配置3根直径25 mm的HRB335纵向钢筋,可利用其中1根以45°弯起($A_{sb}=491\ \text{mm}^2$)承担剪力,则弯起钢筋承担的剪力

$$V_{sb}=0.8A_{sb}f_y\sin\alpha_s=0.8\times491\times300\times\sin45°=83.325\times10^3\ \text{N}$$

混凝土和箍筋需承担的剪力

$$V_{cs}=155.550\times10^3-83.325\times10^3=72.225\times10^3\ \text{N}$$

选用ϕ6@150双肢箍($A_{sv1}=28.3\ \text{mm}^2$)。

配箍率

$$\rho_{sv}=\frac{nA_{sv1}}{bs}=\frac{2\times28.3}{200\times150}=0.189\%$$

$$>\rho_{sv,\min}=0.24\frac{f_t}{f_{yv}}=0.24\times\frac{1.43}{270}=0.127\%$$

配箍率满足大于最小配箍率要求。

由式(6-19)

$$V_{cs}=0.7f_tbh_0+f_{yv}\frac{nA_{sv1}}{s}h_0$$

$$=0.7\times1.43\times200\times460+270\times\frac{2\times28.3}{150}\times460$$

$$=137.655\times10^3\ \text{N}>72.225\times10^3\ \text{N}$$

满足抗剪要求。

此处也可先选定箍筋,算出V_{cs},再利用$V=V_{cs}+V_{sb}$求得V_{sb},然后确定弯起钢筋面积A_{sb}。具体过程如下。

按表6-2的要求,选ϕ6@150双肢箍,则

配箍率

$$\rho_{sv}=\frac{nA_{sv1}}{bs}=\frac{2\times28.3}{200\times150}=0.189\%$$

$$>\rho_{sv,\min}=0.24\frac{f_t}{f_{yv}}=0.24\times\frac{1.43}{270}=0.127\%$$

配箍率满足大于最小配箍率要求。

由式(6-19),有

$$V_{cs}=0.7f_tbh_0+f_{yv}\frac{nA_{sv1}}{s}h_0$$
$$=0.7\times1.43\times200\times460+270\times\frac{2\times28.3}{150}\times460$$
$$=138.957\times10^3\ \text{N}$$

由式(6－21)及式(6－22)，取 $\alpha=45°$，得所需的弯起钢筋的面积

$$A_{sb}=\frac{V-V_{cs}}{0.8f_y\sin\alpha}$$
$$=\frac{155.550\times10^3-138.957\times10^3}{0.8\times300\times\sin45°}=98\ \text{mm}^2$$

选用 1 根直径 25 mm 纵筋作弯起钢筋，$A_{sb}=491\ \text{mm}^2$，满足计算要求。

(5) 验算弯起点处的斜截面抗剪承载力

如图 6.18 所示，取 $s_1=150$ mm，计算弯起钢筋水平投影长度时，上下纵向钢筋的混凝土保护层厚度均取 30 mm，$a_s=a'_s=40$ mm。根据几何关系，弯起钢筋的投影长度 $s_b=h-40-40=420$ mm。

钢筋弯起点处的斜截面受剪承载力，如图 6.19 所示，有

$$V_2=V_1\left(1-\frac{150+420}{0.5\times3660}\right)=107.100\times10^3\ \text{N}<V_{cs}=138.957\times10^3\ \text{N}$$

故，可不必再弯起钢筋或增加箍筋。

例 6－2　某钢筋混凝土矩形截面梁承受荷载如图 6.20 所示，集中荷载 $F=95\times10^3$ N，均布荷载 $q=10$ N/mm(包括自重)；梁截面尺寸 $b\times h=250\ \text{mm}\times600\ \text{mm}$，混凝土保护层厚度 $c=30$ mm；配置 4 根直径 25 mm 的 HRB335 纵向钢筋，混凝土强度等级为 C30，箍筋为 HPB300 级钢筋。求箍筋数量。

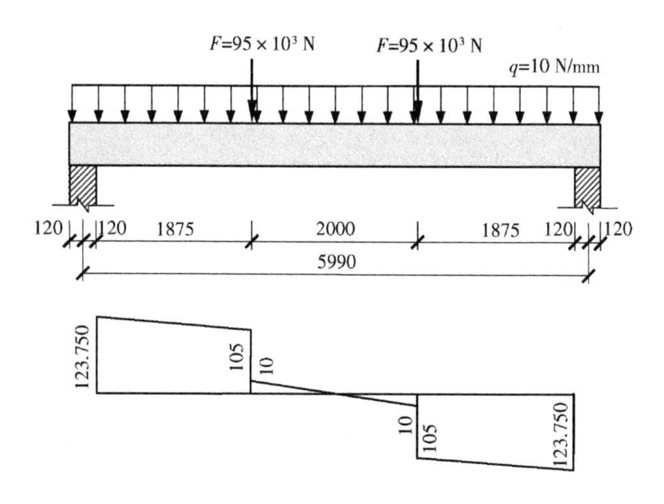

图 6.20　例 6－2 图

解　(1) 已知条件

由于混凝土保护层厚度 $c=30$ mm。4 根直径 25 mm 的 HRB335 纵向钢筋单排布置，故取 $a_s=40$ mm，则

$$h_0 = h - a_s = 600 - 40 = 560 \text{ mm}$$

由表 2-5 和表 2-6 得，C30 混凝土的 $f_c = 14.3 \text{ N/mm}^2$，$f_t = 1.43 \text{ N/mm}^2$，HRB335 钢筋的 $f_y = 300 \text{ N/mm}^2$，HPB300 钢筋的 $f_y = 270 \text{ N/mm}^2$(即 $f_{yv} = 270 \text{ N/mm}^2$)。

(2) 确定计算截面和剪力设计值

如图所示，该简支梁支座处剪力最大，应选此截面进行抗剪计算，剪力设计值为

$$V = \frac{1}{2}(ql_n + 2F) = \frac{1}{2} \times (10 \times 5750 + 2 \times 95 \times 10^3) = 123.750 \times 10^3 \text{ N}$$

集中荷载对支座截面产生剪力 $V_F = 95 \times 10^3$ N，则有 $95 \times 10^3 / (123.750 \times 10^3) = 76.8\% > 75\%$，故对该矩形截面简支梁应考虑剪跨比的影响，$a = 1875 \text{ mm} + 120 \text{ mm} = 1995 \text{ mm}$，有

$$\lambda = \frac{a}{h_0} = \frac{1995}{560} = 3.5625 > 3.0$$

取 $\lambda = 3.0$。

(3) 复核截面尺寸

$$h_w = h_0 = 560, \frac{h_w}{b} = \frac{560}{250} = 2.24 < 4$$

属一般梁。

按式(6-23)验算，混凝土强度等级为 C30，$\beta_c = 1$

$$0.25\beta_c f_c b h_0 = 0.25 \times 1 \times 14.3 \times 250 \times 560 = 500.500 \times 10^3 \text{ N}$$
$$> V_{max} = 123.750 \times 10^3 \text{ N}$$

截面符合要求。

(4) 验算是否需要计算配置箍筋

$$\frac{1.75}{\lambda + 1.0} f_t b h_0 = \frac{1.75}{3+1} \times 1.43 \times 250 \times 560 = 87.588 \times 10^3 \text{ N}$$
$$< V_{max} = 123.750 \times 10^3 \text{ N}$$

故需要按计算配置箍筋。

(5) 箍筋数量计算

按仅配箍筋计算

按式(6-20(a))，有

$$\frac{nA_{sv1}}{s} = \frac{A_{sv}}{s} = \frac{V - \frac{1.75}{\lambda + 1.0} f_t b h_0}{f_{yv} h_0}$$
$$= \frac{123.750 \times 10^3 - 87.588 \times 10^3}{270 \times 560} = 0.2392 \text{ mm}^2/\text{mm}$$

采用ϕ6 @130 双肢箍，($A_{sv1} = 28.3 \text{ mm}^2$)，实有

$$\frac{nA_{sv1}}{s} = \frac{2 \times 28.3}{130} = 0.3773 \text{ mm}^2/\text{mm} > 0.0.2392 \text{ mm}^2/\text{mm} (\text{满足计算要求})$$

配箍率

$$\rho_{sv} = \frac{nA_{sv1}}{bs} = \frac{2 \times 28.3}{250 \times 130} = 0.151\%$$
$$> \rho_{sv,min} = 0.24 \frac{f_t}{f_{yv}} = 0.24 \times \frac{1.43}{270} = 0.127\%$$

6.4　斜截面抗弯承载力的设计

斜截面承载力包括斜截面抗剪承载力和斜截面抗弯承载力两个方面。上节介绍的主要是梁斜截面抗剪承载力的计算问题。但在剪力和弯矩共同作用下产生的斜裂缝，还会导致与其相交的纵向钢筋拉力增加，引起沿斜截面抗弯承载力不足及钢筋锚固不足的破坏。

6.4.1　斜截面抗弯承载力

梁的斜截面抗弯承载力是指斜截面破坏时，斜截面上由混凝土、纵向受拉钢筋、弯起钢筋、箍筋等内力所提供的抵抗矩。为防止构件发生斜截面受弯破坏，该抵抗矩应大于构件斜截面所受到的弯矩值。若对剪压区混凝土压力合力点 A 取矩（见图 6.21），则应满足

$$M \leqslant f_y A_s z + \sum f_y A_{sb} z_{sb} + \sum f_{yv} A_{sv} z_{sv} \tag{6-27}$$

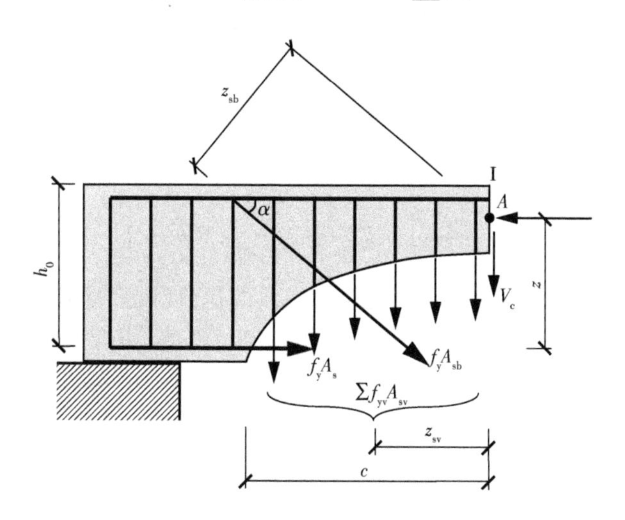

图 6.21　斜截面抗弯承载力的计算

式中：

M——构件斜截面受压区末端的弯矩设计值，即截面 I 的弯矩设计值；

z——纵向受拉钢筋的合力至受压区合力点 A 的距离，可近似取 $z=0.9h_0$；

z_{sb}——与斜截面相交的同一弯起平面内弯起钢筋的合力点至斜截面受压区合力点 A 的距离；

z_{sv}——与斜截面相交的箍筋合力点至斜截面受压区合力点 A 的距离。

上式已假设纵向钢筋、弯起钢筋和箍筋均已屈服，斜截面的抵抗矩与斜截面的长度有关。实际计算中，要确定斜截面的长度比较困难。为便于计算，假设斜截面的水平投影长度 c 由腹筋的抗剪和剪压区混凝土的抗剪确定，而不考虑其他因素对斜截面长度的影响，则由力的平衡条件，可得

$$V = \sum f_y A_{sb} \sin\alpha + \sum f_{yv} A_{sv} + V_c \tag{6-28}$$

式中，V 为构件斜截面受压区末端的剪力设计值，即截面 I 的剪力设计值。

这样,根据式(6-28)可以求得斜裂缝的水平投影长度,从而求得式(6-27)中所需的 z_{sb} 和 z_{sv}。显然,V_c 与构件配置的腹筋有关,而 z_{sb} 和 z_{sv} 同样也与构件配置的腹筋有关。因而,斜截面的抗弯抵抗矩也与构件配置的腹筋情况有关。很明显,要求出 c 进而求 z_{sb} 和 z_{sv},要进行一定的假设和简化,得出的结果是非常粗略的,即使这样,其计算仍非常繁琐。因此,工程设计中,通常对斜截面抗弯承载力不进行计算,而是采用遵循梁内纵向钢筋的弯起、截断、锚固及箍筋的间距等的构造措施来保证。

6.4.2 抵抗弯矩图

抵抗弯矩图(以下简称 M_R 图),是指按实际配置的纵向钢筋绘制的梁各正截面所能承担弯矩的图形,它反映了沿梁长各正截面材料的抗力。弯矩图(以下简称 M 图),是指由荷载在梁上产生弯矩的设计值所绘制的图形,它反映了荷载在梁上的作用效应。设计时,要保证构件不发生正截面受弯破坏,M_R 图必须包住 M 图。

对于单筋矩形截面梁,若实际配置纵向受拉钢筋面积 A_s,则梁各正截面所能承担的弯矩为

$$M_R = f_y A_s\left(h_0 - \frac{f_y A_s}{2\alpha_1 f_c b}\right) \tag{6-29}$$

或

$$\frac{M_R}{\alpha_1 f_c b h_0^2} = \frac{\rho f_y}{\alpha_1 f_c}\left(1 - 0.5\frac{\rho f_y}{\alpha_1 f_c}\right) \tag{6-30}$$

由式(6-30)可见,抵抗弯矩 M_R 与钢筋的截面面积(或配筋率)的关系为接近于直线的二次曲线关系,如图6.22所示,图中 $\alpha_{sb}=\xi_b(1-0.5\xi_b)$。因此,作抵抗弯矩图时,可用式(6-29)或式(6-30)求得 M_R。在控制截面,各钢筋按其面积大小(不同规格的钢筋按其 f_yA_s 大小)分

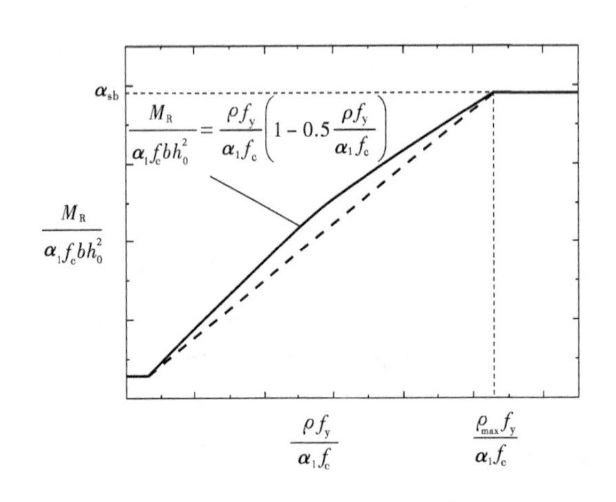

图6.22 单筋截面抵抗弯矩与配筋的关系

担弯矩,则各钢筋所承担的 M_{Ri},可近似可按下式求得

$$M_{Ri} = \frac{f_{yi}A_{si}}{\sum_j^n f_{yj}A_{sj}}M_R \tag{6-31}$$

式中,M_{Ri} 为第 i 种受拉纵筋承担的弯矩;f_{yj} 和 A_{sj} 分别为第 j 种受拉纵筋的屈服强度和面积;n

为受拉纵筋的种类。受拉纵筋的规格相同时，式(6－31)可简化为

$$M_{Ri}=\frac{A_{si}}{\sum_{j}^{n}A_{sj}}M_{R} \tag{6-32}$$

在其余截面，当钢筋面积减小时(如钢筋弯起或被截断)，其抵抗弯矩可按比例减少。式(6－31)或式(6－32)实际上是假定截面的抵抗弯矩与钢筋的内力或截面面积成线性关系(图6.22中的虚线)，按这样假设做抵抗弯矩图偏于安全且计算大为简便。

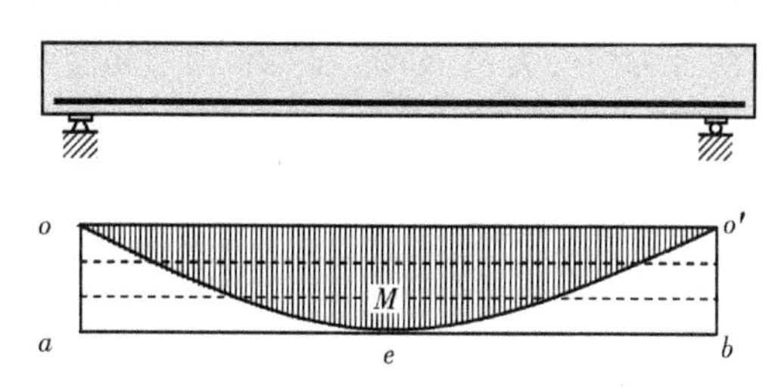

图6.23　全部纵筋伸入支座的抵抗弯矩图

图6.23为一承受均布荷载简支梁的 M 图和 M_R 图。该梁配置三根总面积为 A_s 的纵向钢筋(三根钢筋的面积分别为 A_{s1}、A_{s2} 和 A_{s3})，其 M_R 图的外围水平线(即梁的抵抗矩 M_R)以及每根钢筋承担的 M_{Ri} 可分别由式(6－30)和(6－32)求得。显然，全部纵筋伸入支座并满足锚固要求时，各截面 M_R 相同，抵抗弯矩图为图6.23中 $oaebo'$ 与 oo' 形成的矩形。每根钢筋所能抵抗的弯矩 M_{Ri} 用水平虚线示于图上。

6.4.3　部分纵向受拉钢筋弯起

受弯构件设计中，按正截面抗弯配置的纵向钢筋，其所依据的弯矩都取自最大弯矩截面。实际上，沿梁的轴向弯矩是变化的。尤其在支座附件，其弯矩值一般大大小于最大弯矩截面的弯矩，而剪力值往往较大。从正截面抗弯角度来看，梁上各截面的纵筋数量是可以随弯矩的减小而减少。工程设计中，往往将部分纵筋弯起，利用其抗剪，以节约钢筋。

图6.24中，如果三根钢筋的两端都伸入支座，则 M_R 图即为图6.23中的 $oaebo'$。由图可见，支座附近处 M_R 比 M 大得多，正截面抗弯承载力富余较多。但构造要求，梁底部的纵向受拉钢筋不能截断，而进入支座的纵向受拉钢筋也不能少于2根。因此，在满足正截面抗弯承载力的条件下，可以将其中一根纵筋弯起，以增加斜截面的抗剪承载力，其 M_R 图为图6.24中的 $oadcefgbo'$。

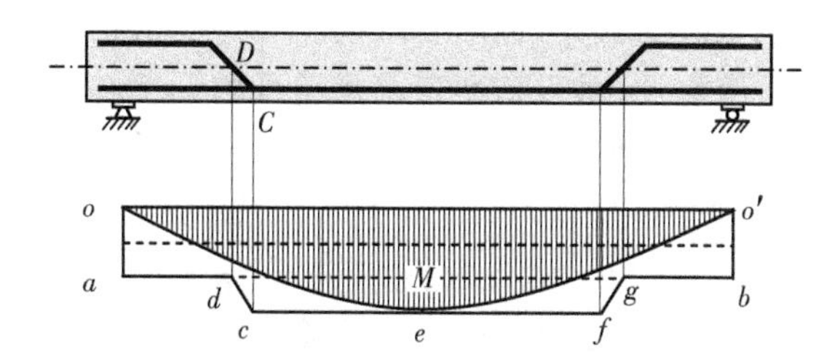

图6.24　纵筋弯起的抵抗弯矩图

如果将纵向受拉钢筋在临近支座的 C 处弯起,该钢筋弯起后,其内力臂逐渐减小,因而其抵抗弯矩也逐渐变小,反映在 M_R 图上,cd 呈斜线。可以近似认为,当弯起钢筋穿过梁截面高度的中心线后,将不再提供抗弯承载力。假定弯起钢筋与梁截面高度的中心线相交处 D,过 D 点后不再考虑该钢筋承受的弯矩。钢筋弯起后的 M_R 图必须完全包住 M 图,才能保证梁不发生正截面破坏,如图 6.24 所示。

图 6.25 表示斜截面抗剪承载力极限状态时,计算斜截面抗剪承载力和正截面抵抗弯矩的几何关系。Ⅰ-Ⅰ截面为纵向钢筋充分利用截面,a 为钢筋弯起点距钢筋充分利用截面的距离。假设剪压区混凝土压力的合力中心为 A,对该点取矩,则弯起钢筋弯起前后的抵抗矩分别为

$$M_{\text{I}} = f_y A_{sb} z \text{ 和 } M_{\text{II}} = f_y A_{sb} z_b \tag{6-33}$$

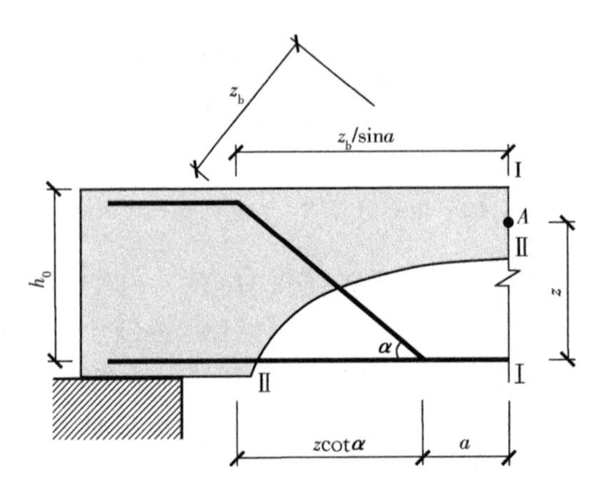

图 6.25　弯起点位置

为截面安全,要求钢筋弯起后的抵抗矩不小于该钢筋弯起前的抵抗矩,即要求

$$M_{\text{II}} \geqslant M_{\text{I}} \tag{6-34}$$

所以,需要满足

$$z_b \geqslant z \tag{6-35}$$

根据几何关系

$$\frac{z_b}{\sin\alpha} = \frac{z}{\tan\alpha} + a \tag{6-36}$$

所以,有

$$a \geqslant \frac{(1-\cos\alpha)}{\sin\alpha} z \tag{6-37}$$

式中的 α 为弯起钢筋与梁纵轴线的夹角,一般为 45°,当梁截面高度超过 800 mm 时,取 60°。因此,由式(6-37)可以看出,保证钢筋弯起后的抵抗矩不小于该钢筋弯起前的抵抗矩的 a 值与剪压区(或力臂长度 z)高度有关,常见剪压区高度范围的 a 值与 z 的关系如图 6.26 所示。a 的值一般小于 0.5 倍梁的有效高度。

为方便起见,《混凝土结构设计规范》(GB 50010—2010)规定,纵筋弯起点与该钢筋充分利用截面之间的距离,不应小于 $0.5h_0$,即当弯起点与按计算充分利用该钢筋截面之间的距离不小于 $0.5h_0$ 时,一般情况下可以满足斜截面抗弯承载力的要求(保证斜截面的抗弯承载力不低于正截面的抗弯承载力)。当然,钢筋弯起后与梁中心线的交点应在该钢筋正截面抗弯的不需要点之外。所以,在图6.24中,c 点截面离 e 点截面应大于等于 $h_0/2$。

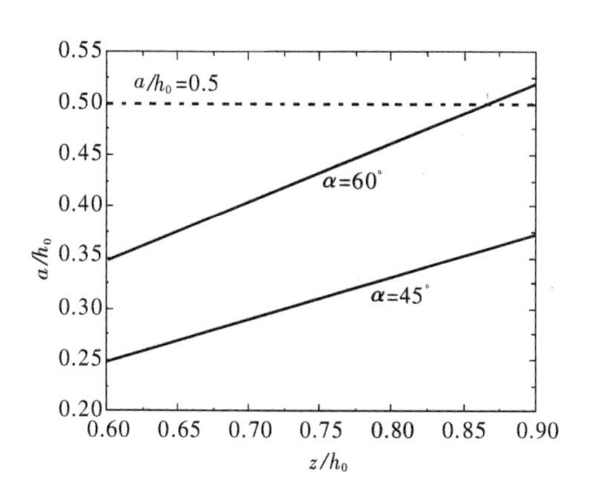

图 6.26　斜截面承载力极限状态时 $a-z$ 关系

连续梁中，把跨中承受正弯矩的纵向钢筋弯起，并把它作为承担支座负弯矩的钢筋时，也必须遵循这一规定，其在受拉区域中的弯起点(对承受正弯矩的纵向钢筋来讲是它的弯终点)离开充分利用截面的距离应大于等于 $h_0/2$，否则，此弯起钢筋将不能用作支座截面的负弯矩钢筋。

总之，若利用弯起钢筋抗剪，则钢筋弯起点的位置应同时满足斜截面抗剪(由抗剪计算确定)、正截面抗弯(弯矩抵抗图包住弯矩图)及斜截面抗弯(弯起点截面离该钢筋充分利用截面应 $\geqslant h_0/2$)三项要求。

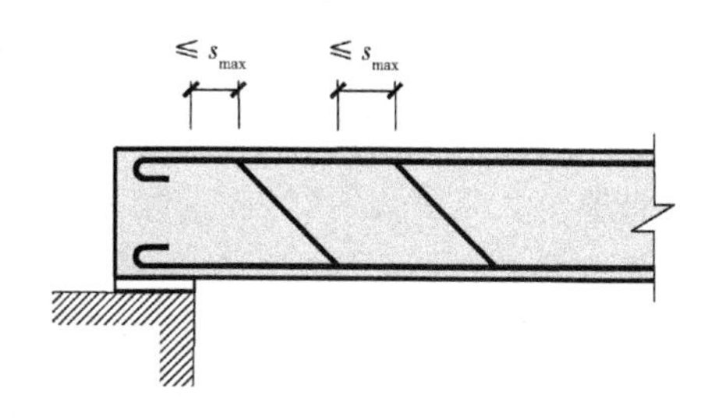

图 6.27　弯终点位置

如图 6.27 所示，弯起钢筋的弯终点到支座边或到前一排弯起钢筋弯起点之间的距离，都不应大于箍筋的最大间距，箍筋最大间距值见表 6-2 内 $V>0.7f_tbh_0$ 一栏的规定。这是为了使每根弯起钢筋都能与斜裂缝相交，以保证斜截面的抗剪和抗弯承载力。

6.4.4　纵向受力钢筋的截断位置

在混凝土梁中，根据内力分析所得的弯矩沿梁纵向是变化的，因此，所配的纵向受力钢筋截面面积也可沿梁纵向有所变化，以节约钢筋。可以采用弯起钢筋的形式，但工程中应用得更多的是将纵向受力钢筋根据弯矩图的变化在适当的位置截断。钢筋的实际截断位置应当由从充分利用点或理论截断点向外延伸一段距离，该距离称为延伸长度。

钢筋混凝土结构中，钢筋与混凝土共同受力，依靠足够长度的与混凝土的粘结锚固作用维持钢筋足够的抗力。要使纵向受力钢筋在结构中发挥其承载受力的作用，应从其“强度充分利用截面”外伸一定的长度 l_{d1}，依靠这段长度与混凝土的粘结锚固作用维持钢筋有足够的抗力。同时，当一根钢筋由于弯矩图变化，不考虑其抗力而截断时，从按正截面承载力计算“不需要该钢筋的截面”也须外伸一定的长度 l_{d2}，作为受力钢筋应有的构造措施。结构设计中，从上述两个条件中确定的较长外伸长度，作为纵向受力钢筋的实际延伸长度 l_d，并作为其真正的截断点(见图 6.28)。

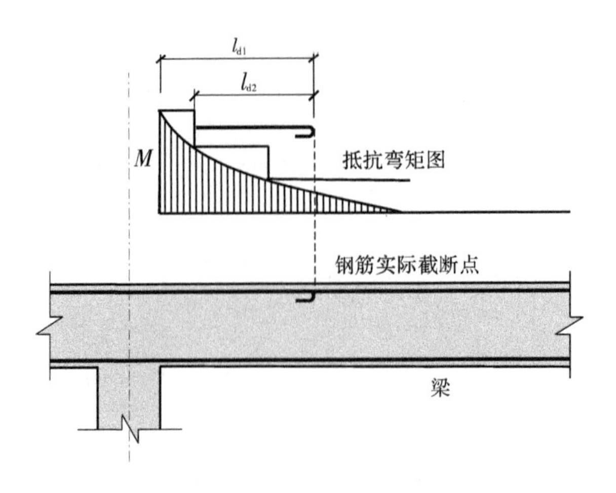

图 6.28 钢筋的延伸长度和截断点

6.4.5 纵向受力钢筋的锚固

支座附近的剪力较大，出现斜裂缝后，纵向钢筋应力将增加，若纵筋伸入支座的锚固长度不足，钢筋与混凝土之间的相对滑动将导致斜裂缝宽度显著增大，甚至纵筋从混凝土中被拔出，造成支座处钢筋锚固破坏，而使构件破坏。为了防止这种破坏，纵向受力钢筋伸入支座的长度应满足钢筋锚固长度的要求，钢筋锚固长度的计算公式见式(2－33)和式(2－34)。

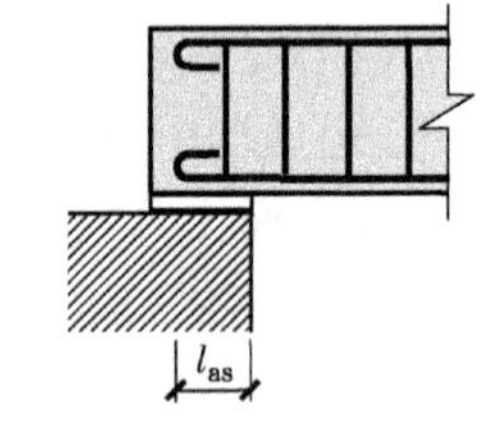

图 6.29 支座钢筋的锚固

简支梁和连续梁简支端的下部纵向受力钢筋，应伸入支座内一定的锚固长度。考虑到支座处同时又存在有横向压应力的有利作用，支座处的锚固长度可比基本锚固长度略小。《混凝土结构设计规范》(GB 50010—2010)规定，钢筋混凝土梁简支端的下部纵向受拉钢筋伸入支座范围内的锚固长度 l_{as}(见图 6.29)，应符合表 6－3 的规定。

表 6－3 简支梁纵筋锚固长度 l_{as}

$V \leqslant 0.7f_t bh_0$	$V > 0.7f_t bh_0$
$\geqslant 5d$	带肋钢筋不小于 $12d$ 光圆钢筋不小于 $15d$

如纵筋伸入支座的锚固长度 l_{as}不能满足表 6－3 的规定时，应采取有效的附加锚固措施来加强纵向钢筋的端部锚固，如采取加焊横向钢筋、锚固钢板或将钢筋端部焊接在梁端的预埋件上等措施，但伸入支座的水平长度不应小于 $5d$。

弯起钢筋的弯终点外应留有锚固长度，其长度在受拉区不应小于 $20d$，在受压区不应小于 $10d$；对光圆钢筋在末端尚应设置弯钩(见图 6.30)。位于梁底层两侧的钢筋不应弯起。弯起钢筋不得采用浮筋(见图 6.31(a))；当支座处剪力很大而又不能利用纵筋弯起抗剪时，可设置仅用于抗剪的鸭筋(见图 6.31(b))，其端部锚固与弯起钢筋的锚固相同。

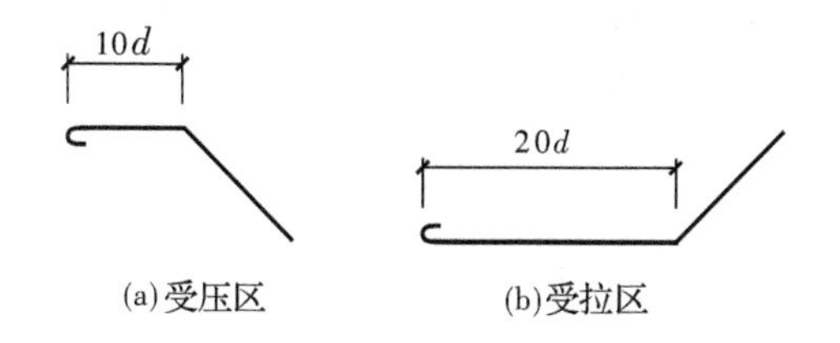

图 6.30　弯起钢筋的锚固长度

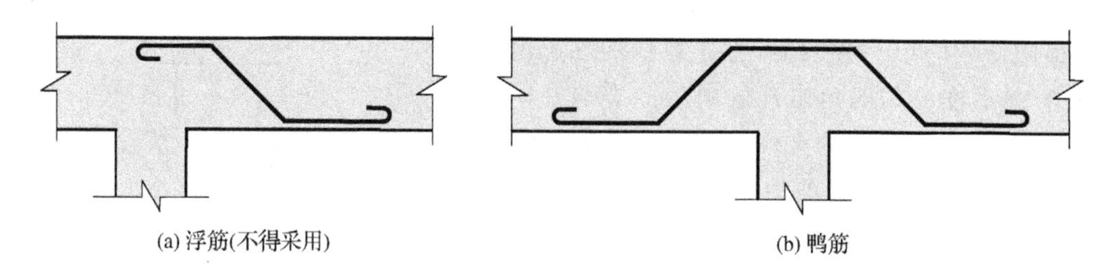

图 6.31　弯起钢筋的浮筋和鸭筋

6.5　混凝土构件的抗冲切性能与计算

受集中荷载的板、支承在柱上的无梁楼板、柱下独立基础、桩基承台以及承受车轮压力的桥面板等结构构件，在垂直于板面的集中荷载作用时，除了可能发生弯曲破坏外，还可能发生剪切破坏。这种剪切破坏形态类似于梁的受剪破坏，但破坏面是双向的，是由两个方向的斜裂缝面形成一个锥面，如图 6.32 所示，这种破坏形式称为冲切破坏。在发生冲切破坏的区域内，弯矩和剪力一般都比较大，混凝土板在冲切破坏发生过程中，冲切破坏裂缝往往伴有垂直于板

图 6.32　楼板的冲切破坏

面的弯曲裂缝出现。冲切破坏属脆性破坏,破坏前无征兆,后果往往是灾难性的。防止混凝土结构产生冲切破坏的措施包括增加板厚、提高混凝土强度等级、增大局部受荷面积以及配置抗冲切钢筋。

6.5.1 冲切破坏特征及影响因素

在不同类型的板状构件中,冲切破坏的形态有所不同。板柱节点冲切破坏锥体斜面的倾角(简称冲切角)通常为 20°~30°;对基础则在 40°~60°之间;桩基承台的冲切破坏受桩、柱平面布置方式的影响大,其破坏形态比较复杂。

在极限荷载的 20%左右时,首先在柱的周边出现弯曲裂缝,然后在柱的四角出现放射状的裂缝并向板的外边延伸;在极限荷载的 70%左右时,弯曲裂缝已基本出齐。与冲切破坏有关的斜裂缝首先出现在板的中部,随着荷载增加,斜裂缝逐渐向斜面两端发展。冲切破坏的迹象显现得较晚,当在板的受拉表面看到环状裂缝时,标志着板已发生冲切破坏,因此冲切破坏直观上像是突然发生的,板柱节点的冲切破坏如图 6.33 所示。第一条斜裂缝沿荷载作用的周长出现,形成的环向裂缝大致呈圆形,环向斜裂缝锥面与板平面大致成 45°的倾角。而后,径向裂缝开始沿此环向裂缝向外延伸。由于沿径向向外内力减小,而可能形成的新环向开裂面面积却迅速增大,因此,裂缝的扩展被限制在集中荷载作用周围一定区域内。而此区域外完好的混凝土对开裂区域形成约束,该约束作用可提高板的抗冲切承载力,但也减小了冲切破坏时的变形能力,降低了延性。当发生冲切破坏时锥面附近的纵筋一般不会普遍屈服,即此时板的受弯承载力尚未耗尽。与发生弯曲破坏的情况相比,冲切破坏试件的极限挠度较小,一旦发生冲切破坏,承载力急剧下降,破坏呈脆性特点。冲切破坏在本质上属于剪切型破坏,与平面内受力构件梁中的剪切破坏不同的是,冲切破坏具有明显的三维受力特点,因此有时也有将冲切称为“双向剪切”。

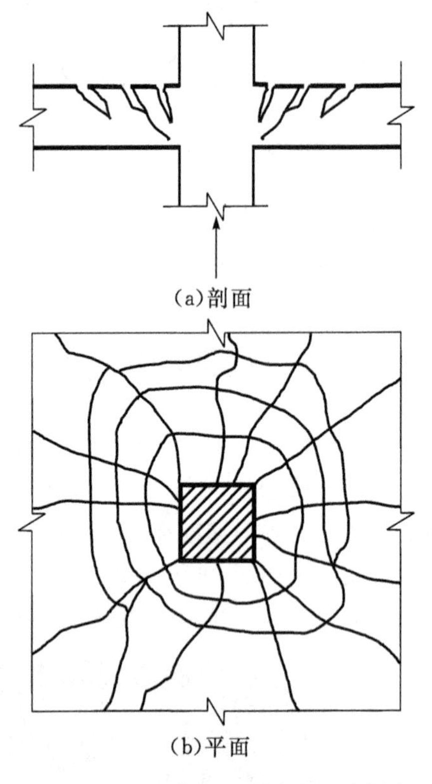

图 6.33　板柱节点的受冲破坏示意图

对于混凝土板的抗冲切性能,国内外已做了大量的研究。影响板抗冲切承载力的因素很多,大致可归纳为材料性能、几何特征和作用条件三个大类,每一类又包含多个方面。研究表明影响混凝土板抗冲切承载力的主要因素有以下几种。

(1)混凝土的强度

混凝土板的抗冲切承载力随着混凝土强度的提高而提高。板的冲切破坏主要是由于混凝土达到复合受力状态下的极限强度引起的,故混凝土强度影响冲切承载力。研究表明混凝土板的抗冲切承载力与混凝土强度的平方根 $\sqrt{f'_c}$之间有较好的正比关系(f'_c 为圆柱体抗压强度),而混凝土的抗拉强度与 $\sqrt{f'_c}$存在线性关系(见式 2-23)。因此,我国的《混凝土结构设计规范》(GB 50010—2010)采取抗冲切承载力与混凝土的抗拉强度 f_t 成正比，即当 f_t 增大时，冲切承载力亦增大。

(2)纵向配筋

无论梁、板，加强纵筋均可提高抗剪承载力，其原因是增大了混凝土剪压区高度和销栓作用。此外，对板而言，位于斜锥面以外的纵筋虽不与斜截面相交，但对侧向变形可产生约束作用，配筋越多则约束越强，这也使得增加纵筋对抗冲切有利。出现斜裂缝后，冲切荷载由混凝土受压区的抗剪切能力、裂缝面的骨料咬合以及纵筋的销栓作用承担。集中荷载作用处板的纵筋配筋率对板的抗冲切承载力几乎没有影响。但在发生冲切破坏后，由于几何形状的改变，纵筋构成的钢筋网能够承担一定的冲切荷载。并且，纵筋还有利于板的内力分布，从而降低发生冲切破坏的可能性，如图 6.34 所示。因此，适当地增加纵筋配筋率可防止灾难性的破坏。

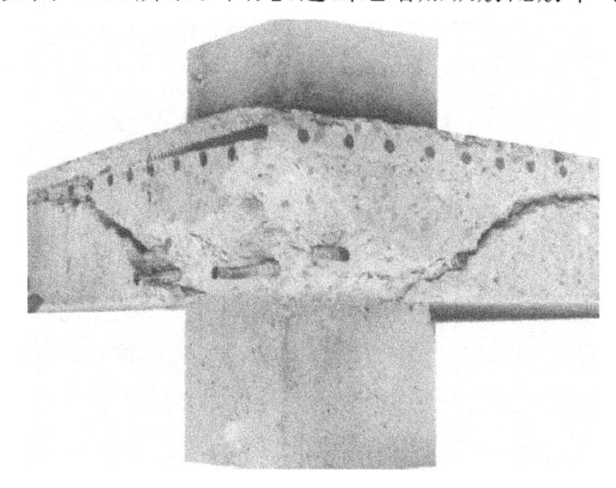

图 6.34　板剪切破坏的斜裂缝

(3)板柱尺寸及形状

板厚和柱截面尺寸直接关系到传递柱周剪力的面积大小及冲切破坏面的大小，故对冲切承载力影响显著。试验结果指出，冲切破坏荷载与柱的截面尺寸约成正比。在局部荷载大小及其作用面积一定的情况下，增加板的有效高度是提高受冲切承载力的最直接、有效的方法。

受荷面的形状对抗冲切承载力也有一定的影响，当周长相同时，圆柱局部荷载下板的抗冲切承载力高于方形局部荷载的情况，其原因是方形柱角处剪应力较大，这种沿柱周不均匀的受剪状态对其抗剪不利。有资料表明，方形荷载与直径为其边长 1.2 倍的圆形荷载作用下的板的冲切承载力相等效。而对正方形受荷面，板的抗冲切承载力又高于具有相同周长的矩形受荷面的情况。

(4)边界条件

国外的研究表明，增大边界约束能提高板的抗冲切承载力。将边界有刚性约束的板与边界自由的板的试验结果进行比较，发现边界的约束能提高板的抗冲切承载力，配筋率越低的试件，提高的幅度越大，但是约束使试件的延性降低。

(5)冲跨比

这里将类似于梁中剪跨比的因素称为冲跨比，从试验结果可以发现，当冲跨比较小时，冲跨比越小，破坏锥越陡，抗冲切承载力越高；当冲跨比大于某一值时，冲跨比对破坏锥的角度影响较小，故对其抗冲切承载力的影响可忽略。

对无梁结构中的板柱节点,若抗冲切承载力不满足时,增加局部荷载的作用面积或增大冲切破坏区域的板的厚度,都是提高抗冲切承载力的有效方法,二者可分别通过设置柱帽(如图 6.35 所示)和托板,使柱传来的集中力分布在板的较大面积上的方法来实现,还可以同时设置柱帽和托板。柱帽和托板内的应力值通常很小,它们内部的钢筋一般按构造要求配置即可,不需作专门的计算。

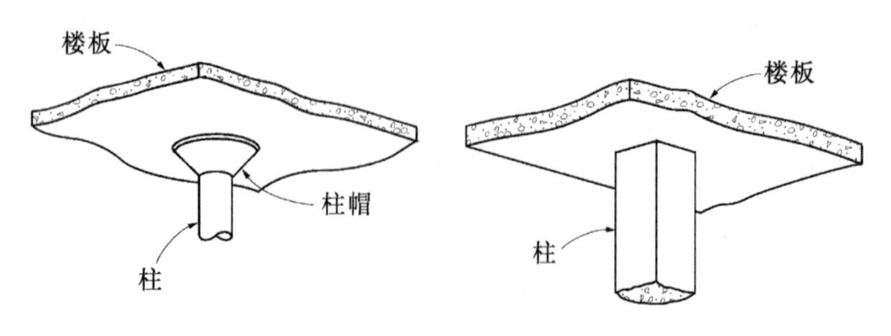

图 6.35 通常采用的板柱节点示意图

当板的高度受到限制或基于建筑效果和有效利用空间等方面的考虑不宜采用柱帽或托板时,可通过在潜在冲切破坏区域配置抗冲切钢筋来提高其抗冲切承载力。抗冲切钢筋的锚固非常重要,锚固不良将影响其抗冲切作用的充分发挥。合理配置抗冲切钢筋的板在破坏时显示出较好的延性,极限挠度比不配置抗冲切钢筋的板大,挠度增大的程度与抗冲切钢筋的数量成正比。最常见的抗冲切钢筋有箍筋和弯起钢筋两种形式,如图 6.36 所示,与梁斜截面抗剪要求相同,所配置的箍筋或弯起钢筋应与斜裂缝相交才可起到抗冲切作用。

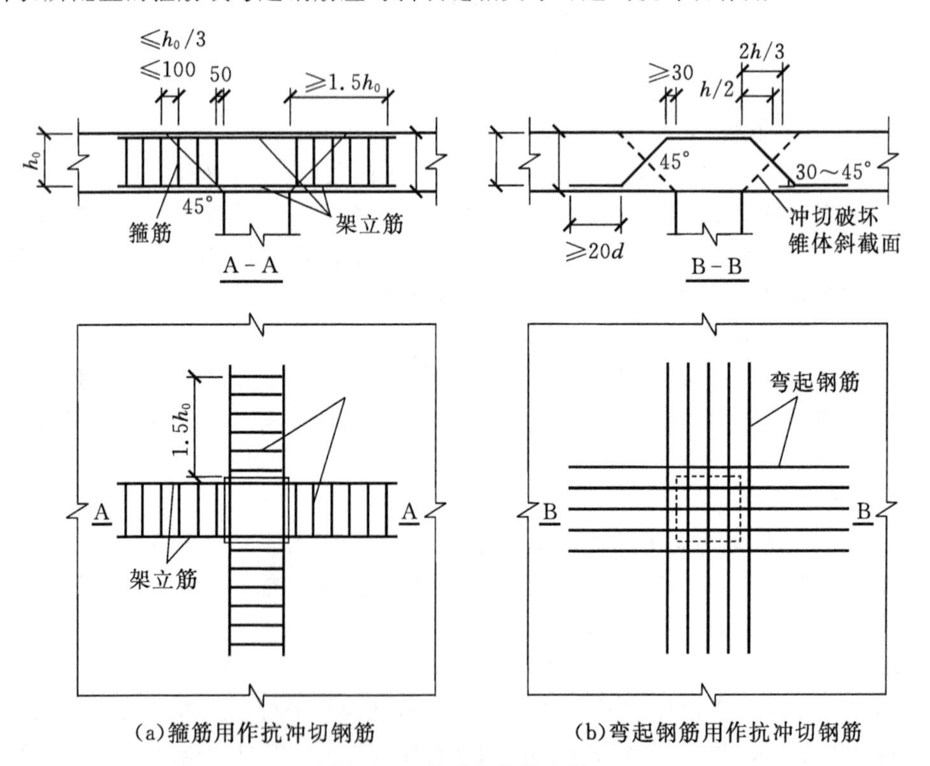

图 6.36 抗冲切钢筋布置

6.5.2　钢筋混凝土抗冲切构件承载力计算

在混凝土结构设计中，板的厚度经常是由抗冲切承载力控制。如何对抗冲切承载力进行合理的计算，国内外进行了大量的研究，提出了不同的抗冲切承载力计算公式。这些公式大致可概括两类，一是根据实验数据，由统计得到的公式即所谓的经验公式；一是根据建立的力学模型，由数学方程推导出的公式，即所谓的理论解析公式。由实验数据统计得到的经验公式是在一定数量的冲切试验数据的基础上用统计回归的方法建立的抗冲切承载力计算公式，其最大缺点是没有明确的物理力学模型，它在特定条件下与试验结果符合较好，但不适用于统计范围以外的情况。理论解析公式是通过建立力学模型和数学方程推导出的抗冲切承载力解析公式，用试验资料确定公式中的部分参数或对解析公式进行适当的修正。但为了得到抗冲切承载力的数学表达式，解析法在建立物理力学模型时往往要做大量的简化，目前用解析法得到的抗冲切承载力计算公式的实际计算效果并不比由实验数据统计得到的经验公式更适用。另外，随着数值计算技术的发展，直接根据力学原理，采用非线性数值分析方法得到构件的抗冲切承载力已经成为可能，但该方法目前与实用要求还有差距。我国在混凝土构件抗冲切设计时，采用由第一种方式得到的计算公式，即采用根据试验结果统计得到的经验公式。

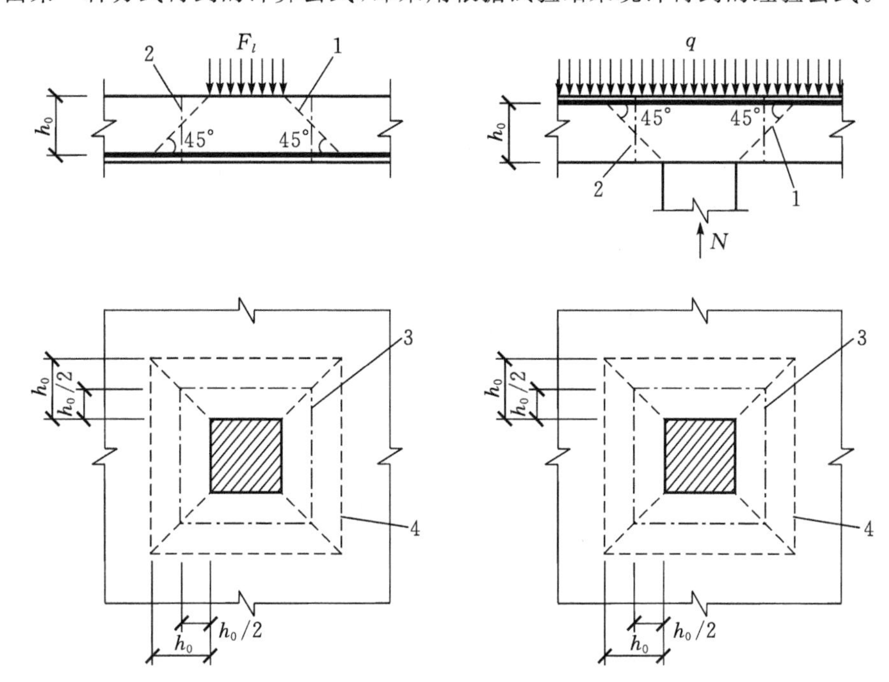

图 6.37　板受冲切承载力计算

1—冲切破坏锥体的斜截面；2—计算截面；3—计算截面的周长；4—冲切破坏锥体的底面线

1. 无抗冲切箍筋或弯起钢筋的混凝土板

在局部荷载或集中反力作用下，不配置箍筋或弯起钢筋板的抗冲切承载力应符合下列规定（几何尺寸见图 6.37）：

$$F_l \leqslant (0.7\beta_h f_t + 0.25\sigma_{pc,m})\eta\mu_m h_0 \tag{6-38}$$

式(6－38)考虑了双向预应力对板柱节点的抗冲切承载力的有利作用,主要是由于预应力的存在阻滞了斜裂缝的出现和扩展,增加了混凝土剪压区的高度。其中的系数 η 对矩形形状的加载面积边长之比作了限制,η 按下列两个公式计算,并取其中较小值

$$\eta_1 = 0.4 + \frac{1.2}{\beta_s} \tag{6-38a}$$

$$\eta_2 = 0.5 + \frac{\alpha_s h_0}{4u_m} \tag{6-38b}$$

式中:

F_l——局部荷载设计值或集中反力设计值;板柱节点,取柱所承受的轴向压力设计值的层间差值减去柱顶冲切破坏锥体范围内板所承受的荷载设计值;

b_h——截面高度影响系数:当 h 不大于 800 mm 时,取 β_h 为 1.0;当 h 不小于 2000 mm 时,取 β_h 为 0.9,其间按线性内插法取用;

$\sigma_{pc,m}$——计算截面周长上两个方向混凝土有效预压应力按长度的加权平均值,其值宜控制在 $1.0N/mm^2 \sim 3.5N/mm^2$ 范围内;

u_m——计算截面的周长,取距离局部荷载或集中反力作用面积周边 $h_0/2$ 处板垂直截面的最不利周长;

h_0——截面有效高度,取两个方向配筋的截面有效高度平均值;

h_1——局部荷载或集中反力作用面积形状的影响系数;

h_2——计算截面周长与板截面有效高度之比的影响系数;

β_s——局部荷载或集中反力作用面积为矩形时的长边与短边尺寸的比值,β_s 不宜大于 4;当 β_s 小于 2 时取 2;对圆形冲切面,β_s 取 2;

α_s——柱位置影响系数:中柱,α_s 取 20;边柱,α_s 取 30;角柱,α_s 取 20。

为满足建筑功能的要求,有时要在柱边附近设置孔洞,当板中距冲切力作用较近处开有孔洞时,周围混凝土对冲切破坏面约束减低,降低混凝土板的抗冲切承载力。目前有关开孔板的抗冲切承载力计算,一般仍采用未开孔板的抗冲切承载力公式进行计算,但对临界截面的周长进行折减以考虑开孔对抗冲切承载力的削弱作用。对于这种不利影响,我国的《混凝土结构设计规范》(GB 50010—2010)采用对计算截面周长 u_m 进行折减的方法来进行考虑,规定当板开有孔洞且孔洞至局部荷载或集中反力作用面积边缘的距离不大于 $6h_0$ 时,抗冲切承载力计算中取用的计算截面周长 u_m 应扣除局部荷载或集中反力作用面积中心至开孔外边两条切线之间所包含的长度(见图 6.38 中 4 所指部分)。如果 $l_1 > l_2$,孔洞边长 l_2 用 $\sqrt{l_1 l_2}$ 代替。

2. 抗冲切箍筋或弯起钢筋的混凝土板

当混凝土板的厚度不足以保证抗冲切承载力时,即在局部荷载或集中反力作用下,当抗冲切承载力不满足式(6－38)的要求,可配置抗冲切钢筋。设计可同时配置箍筋和弯起钢筋,也可分别配置箍筋或弯起钢筋作为抗冲切钢筋。试验表明,配有抗冲切钢筋的钢筋混凝土板,其破坏形态和受力特性与有腹筋梁相类似,当抗冲切钢筋的数量达到一定程度时,板的抗冲切承载力几乎不再增加。因此,为充分发挥抗冲切箍筋或弯起钢筋的作用,对板的抗冲切截面规定了限制条件,即抗冲切截面应满足

$$F_l \leqslant 1.2 f_t \eta \mu_m h_0 \tag{6-39}$$

式(6－39)实际上是对抗冲切箍筋或弯起钢筋数量的限制,以避免其不能充分发挥作用和使用

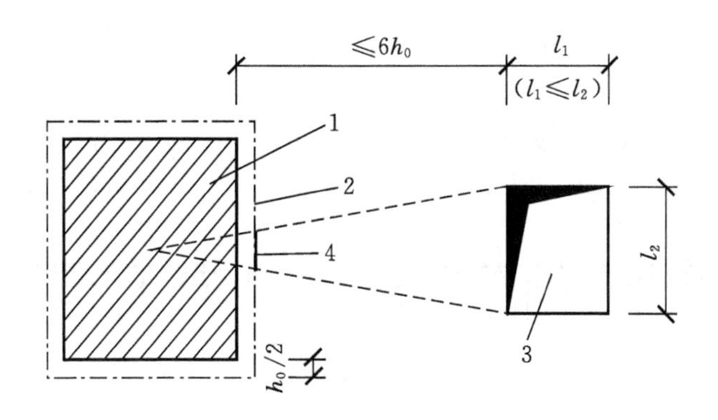

图 6.38　孔洞附近冲切计算截面周长

1—局部荷载或集中反力作用面；2—计算截面周长；3—孔洞；4—应扣除长度

阶段在局部荷载附近的斜裂缝过大。当满足上述条件并符合相应的构造规定时，配置箍筋、弯起钢筋时的抗冲切承载力

$$F_l \leqslant (0.5f_t + 0.25\sigma_{pc,m})\eta\mu_m h_0 + 0.8f_{yv}A_{svu} + 0.8f_y A_{sbu}\sin\alpha \tag{6-40}$$

式中：

f_{yv}——箍筋的抗拉强度设计值，按表 2-6 的规定采用；

A_{svu}——与呈 45°冲切破坏锥体斜截面相交的全部箍筋截面面积；

A_{sbu}——与呈 45°冲切破坏锥体斜截面相交的全部弯起钢筋截面面积；

α——弯起钢筋与板底面的夹角。

注：当有条件时，可采取配置栓钉、型钢剪力架等形式的抗冲切措施。

对配置抗冲切钢筋的板，冲切破坏可能发生在抗冲切钢筋外围的无抗冲切钢筋的区域。此时，可以将抗冲切钢筋在底部锚固范围内的面积视作局部荷载或集中反力作用面积，并取该面积以外 $0.5h_0$ 处最不利的临界周长，按不配置抗冲切钢筋的情况，用式(6-38)计算抗冲切承载力，此时，u_m 应取配置抗冲切钢筋的冲切破坏锥体以外 $0.5h_0$ 处的最不利周长。

3. 弯矩对抗冲切承载力的影响

当在板柱节点既传递冲切力又传递不平衡弯矩时，板的抗冲切承载力就会降低。这类问题也称为不对称冲切。这时，沿抗冲切临界截面的作用为不均匀的剪力，剪力和不平衡弯矩通过临界截面的弯、扭和剪切的组合来传递。板的冲切破坏表现为板在垂直剪应力最大的柱边上以斜向受拉的方式破坏，同时引起板顶钢筋和混凝土保护层的剥离。对于偏心冲切问题，《混凝土结构设计规范》(GB 50010—2010)规范借鉴了美国 ACI 318 规范的方法，将其集中反力设计值 F_l 以等效集中反力设计值 $F_{l,eq}$ 代替。

对于基础中的偏心冲切问题，《混凝土结构设计规范》(GB 50010—2010)规范给出了较简单、实用的计算方法。柱下单独基础由于往往在一个方向承受较大的弯矩，其的平面形状往往为矩形。对矩形截面柱下的矩形基础，《混凝土结构设计规范》(GB 50010—2010)规范规定在柱与基础交接处以及基础变阶处的抗冲切承载力应符合下列规定(如图 6.39 所示)：

$$F_l \leqslant 0.7\beta_h f_t b_m h_0 \tag{6-41}$$

$$F_l \leqslant p_s A \tag{6-42}$$

$$b_m = \frac{b_t + b_b}{2} \tag{6-43}$$

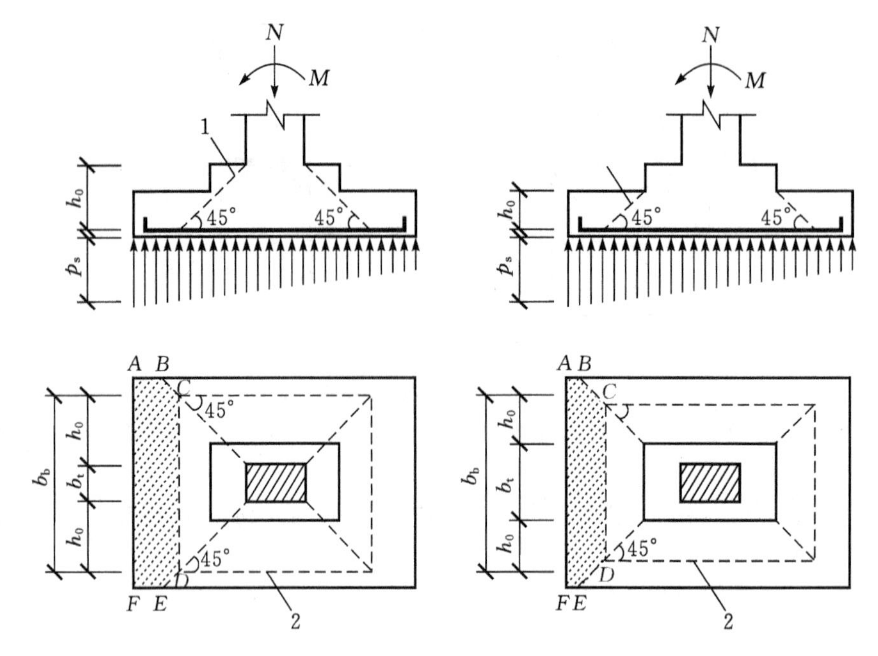

图 6.39 计算阶形基础的冲切承载力截面位置

1—冲切破坏锥体最不利一侧的斜截面;2—冲切破坏锥体的底面线

式中:

F_l——局部荷载设计值或集中反力设计值。在竖向荷载、水平荷载作用下,当考虑板柱节点计算截面上的剪应力传递不平衡弯矩时,其集中反力设计值 F_l 应以等效集中反力设计值 $F_{l,eq}$ 代替,$F_{l,eq}$ 的计算方法可参阅《混凝土结构设计规范》(GB 50010—2010)规范的附录 F"板柱节点计算用等效集中反力设计值"。

h_0——柱与基础交接处或基础变阶处的截面有效高度,取两个方向配筋的截面有效高度平均值;

p_s——按荷载效应基本组合计算并考虑结构重要性系数的基础底面地基反力设计值(可扣除基础自重及其上的土重),当基础偏心受力时,可取用最大的地基反力设计值;

A——考虑冲切荷载时取用的多边形面积(图 6.39 中的阴影面积 $ABCDEF$);

b_t——冲切破坏锥体最不利一侧斜截面的上边长:当计算柱与基础交接处的抗冲切承载力时,取柱宽;当计算基础变阶处的抗冲切承载力时,取上阶宽;

b_b——柱与基础交接处或基础变阶处的冲切破坏锥体最不利一侧斜截面的下边长,取 b_t+2h_0。

6.5.3 钢筋混凝土抗冲切构件的构造要求

混凝土板中配置抗冲切箍筋或弯起钢筋时,应符和下列构造要求:

①板的厚度不应小于 150 mm;

②按计算所需的箍筋及相应的架立钢筋应配置在与 45°冲切破坏锥面相交的范围内,且从集中荷载作用面或柱截面边缘向外的分布长度不应小于 $1.5h_0$(见图 3.36(a));箍筋直径不应小于 8 mm,且应做成封闭式,间距不应大于 $h_0/3$,且不应大于 100 mm;

③按计算所需弯起钢筋的弯起角度可根据板的厚度在 30°～45°之间选取；弯起钢筋的倾斜段应与冲切破坏锥面相交(图 3.36(b))，其交点应在集中荷载作用面或柱截面边缘以外 (1/2～2/3)h的范围内。弯起钢筋直径不宜小于 12 mm，且每一方向不宜少于 3 根。

柱帽的高度不应小于板的厚度 h；托板的厚度不应小于 $h/4$。柱帽或托板在平面两个方向上的尺寸均不宜小于同方向上柱截面宽度 b 与 $4h$ 的和(见图 6.40)。

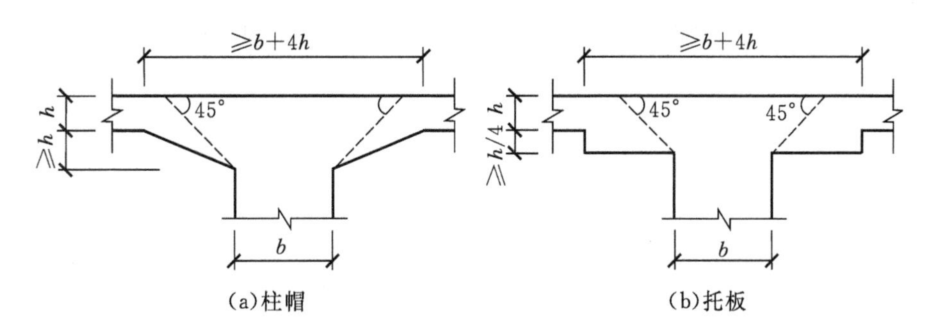

(a)柱帽　　(b)托板

图 6.40　带柱帽或托板的板柱结构

6.6　梁内箍筋和纵向钢筋的构造要求

6.6.1　箍筋的构造要求

箍筋在梁内除了承受剪力以外，还起固定纵筋位置、与纵筋形成骨架的作用，并共同对混凝土起约束作用，增加受压混凝土的延性等。对梁内箍筋的直径以及采用钢筋级别的要求见 5.4.1 节及表 6-2，对梁内箍筋的形式及布置方式的构造要求如下。

1. 箍筋的形式和肢数

箍筋的形式有封闭式和开口式两种，如图 6.41 所示。当梁中配有计算需要的纵向受压钢筋时，箍筋应做成封闭式，而对现浇 T 形梁，当不承受扭矩和动荷载时，在跨中截面上部受压区的区段内，也可采用开口式。箍筋的端部应做成 135°的弯钩，弯钩端部的长度不应小于 $5d$ (d 为箍筋直径)和 50 mm。

箍筋有单肢、双肢和复合箍等，如图 6.42 所示。一般按以下情况选用，当梁宽小于等于 400 mm 时，可采用双肢箍。当梁宽大于 400 mm 且一层内的纵向受压钢筋多于 3 根时，或者当梁宽小于等于 400 mm，但一层内的纵向受压钢筋多于 4 根时，应设置复合箍筋。当梁宽小于 100 mm 时，可采用单肢箍筋。

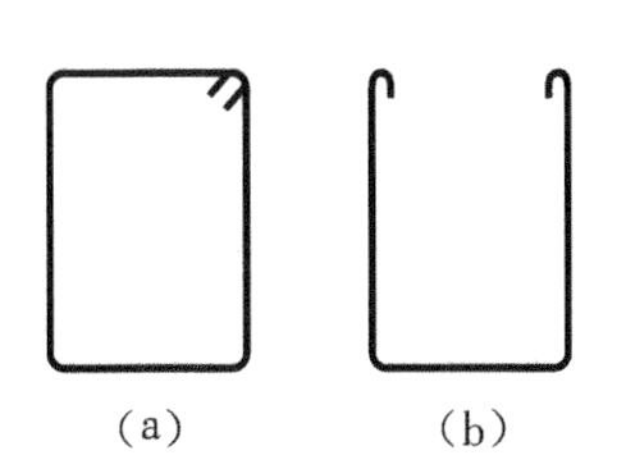

(a)　　(b)

图 6.41　箍筋的形式

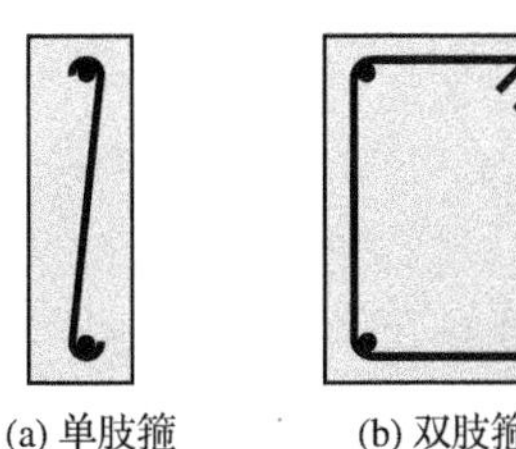

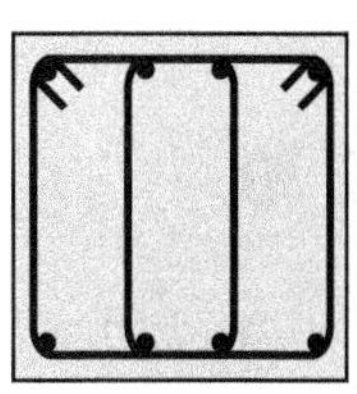

(a) 单肢箍　　(b) 双肢箍　　(c) 四肢箍

图 6.42　箍筋的肢数

2. 箍筋的直径和间距

为了使钢筋骨架具有一定的刚度,又便于制作安装,箍筋的直径不应过大,也不应过小。箍筋的间距除满足计算要求外,还应满足下列构造要求,以控制斜裂缝的宽度。

① 箍筋的最大间距和最小直径应符合表 6-2 的规定;

② 当梁中配有按计算需要的纵向受压钢筋时,箍筋的间距不应大于 $15d$,同时不应大于 400 mm。当一层内的纵向受压钢筋多于 5 根且直径大于 18 mm 时,箍筋间距不应大于 $10d$(d 为纵向受压钢筋的最小直径)。

3. 箍筋的布置

对于按计算不需要箍筋抗剪的梁,应符合下列要求。

① 截面高度大于 300 mm 时,仍应沿梁全长设置箍筋;

② 截面高度 h=150 mm～300 mm 时,可仅在构件端部各 1/4 跨度范围内设置箍筋。但当在构件中部 1/2 跨度范围内有集中荷载作用时,则应沿梁全长设置箍筋;

③ 截面高度小于 150 mm 时,可不设置箍筋。

6.6.2 纵向钢筋的构造要求

梁内的纵向钢筋包括纵向受力钢筋、架立钢筋和纵向构造钢筋。纵向构造钢筋的构造要求如下。

① 当梁的高度较大时,可能在梁两侧面产生收缩裂缝。所以,当梁的腹板高度 $h_w \geqslant 450$ mm 时,应在梁的两个侧面沿高度配置纵向构造钢筋(简称腰筋),如图 6.43 所示。每侧纵向构造钢筋(腰筋,不包括梁上、下部受力钢筋及架立钢筋)的截面面积不应小于腹板截面面积 bh_w 的 0.1%,且其间距不宜大于 200 mm。此处,腹板的高度 h_w 按图 6.17 确定。

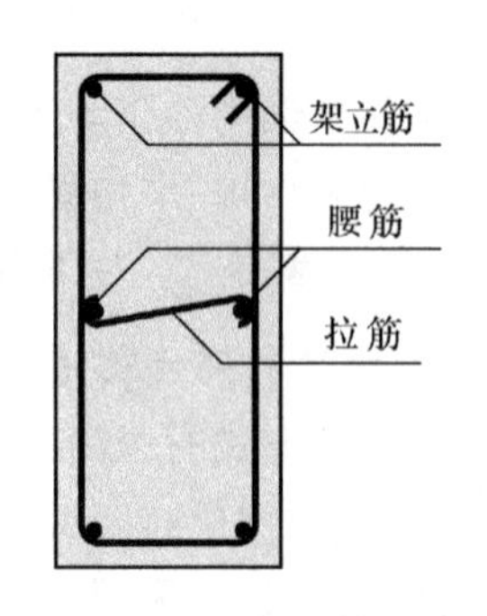

图 6.43 架立筋、腰筋及拉筋

② 对钢筋混凝土薄腹梁或需做疲劳验算的钢筋混凝土梁,应在下部 1/2 梁高的腹板内沿两侧配置直径(8～14) mm、间距为(100～150) mm 的纵向构造钢筋,并应按下密上疏的方式布置。在上部 1/2 梁高的腹板内,纵向构造钢筋按上述普通梁的放置。

③ 搁放在砌体上的钢筋混凝土大梁在计算时按简支来考虑,但实际上梁端有弯矩的作用,所以应在支座上部梁内设置纵向构造钢筋,其截面面积不应小于梁跨中下部纵向受拉钢筋计算所需要截面面积的 1/4,且不应少于两根。该纵向构造钢筋自支座边缘向跨内伸出的长度不应小于 $0.2l_0$(l_0 为梁计算跨度)。

思考题

6.1 钢筋混凝土梁在荷载作用下为什么会产生斜裂缝?它发生在梁的什么区段内?简述斜裂缝产生和发展过程。

6.2 无腹筋梁中,斜裂缝出现前后,梁中纵向钢筋和混凝土的应力有哪些变化?

6.3　梁斜截面的剪切破坏形态有哪几种？各在什么情况下产生？怎样防止这些破坏形态的发生？

6.4　影响斜截面抗剪性能的主要因素有哪些？

6.5　简要说明箍筋对提高斜截面抗剪承载力的作用。

6.6　为什么箍筋对斜压破坏梁的抗剪承载力不能起提高作用？

6.7　为什么要对梁的截面尺寸加以限制？为什么要规定最小配箍率？这个条件实质上是控制了什么？

6.8　梁配置的箍筋除了承受剪力外，还有哪些作用？箍筋主要的构造要求有哪些？

6.9　纵向受拉钢筋的最小锚固长度是如何确定的？影响其值的主要因素有哪些？

6.10　在计算斜截面承载力时，计算截面的位置应如何确定？

6.11　限制箍筋及弯起钢筋的最大间距 s_{max} 的目的是什么？当箍筋间距 s_{max} 满足要求时，是否一定满足最小配筋率的要求？若不满足，应如何处理？

6.12　均布荷载作用与集中荷载作用梁斜截面承载力的计算有什么不同？

6.13　试述剪跨比的概念及其对斜截面破坏的影响。

6.14　连续梁的抗剪性能与简支梁相比有何不同？为什么它们可以采用相同的抗剪承载力计算公式？

6.15　什么是抵抗弯矩图？如何绘制？在设计时，如何利用抵抗弯矩图？

6.16　分别说明抵抗弯矩图中钢筋的“理论切断点”和“充分利用点”的含意。

6.17　为什么会发生斜截面受弯破坏？如何保证斜截面抗弯承载力？

6.18　冲切破坏的主要特点是什么？

6.19　影响受冲切承载力的因素有哪些？为什么设置柱帽和托板能提高板的抗冲切承载力？

6.20　常用的抗冲切钢筋有哪些形式？

习题

6.1　承受均布荷载的矩形截面简支梁，截面尺寸 $b\times h=200\ \mathrm{mm}\times 550\ \mathrm{mm}$，混凝土保护层厚度 $c=30\ \mathrm{mm}$；混凝土为 C30 级，箍筋采用 HPB300 级钢筋，梁中已配有双肢ϕ 8 @200 箍筋。试求该梁所能承担的最大剪力值。

6.2　某矩形截面简支梁，承受均布荷载设计值 $q=60\ \mathrm{N/mm}$(包括自重)。梁净跨度 $l_n=5300\ \mathrm{mm}$，计算跨度 $l_0=5500\ \mathrm{mm}$，截面尺寸 $b\times h=250\ \mathrm{mm}\times 550\ \mathrm{mm}$，混凝土保护层厚度 $c=30\ \mathrm{mm}$；混凝土强度等级为 C30，纵向钢筋采用 HRB335 级钢筋，箍筋采用 HPB300 级钢筋。①根据正截面抗弯承载力的要求计算并配置纵向受拉钢筋；②分别按由混凝土和箍筋抗剪以及由混凝土、箍筋和弯起钢筋共同抗剪计算并配置抗剪钢筋。

6.3　如图 6.46 所示的矩形截面梁，混凝土保护层厚度 $c=30\ \mathrm{mm}$，集中荷载设计值 $P=350\times 10^3\ \mathrm{N}$。混凝土强度等级为 C30，纵向钢筋采用 HRB335 级钢筋，箍筋采用 HPB300 级钢筋。①根据正截面抗弯承载力的要求计算并配置纵向受拉钢筋；②按由混凝土和箍筋抗剪计算并配置抗剪钢筋。

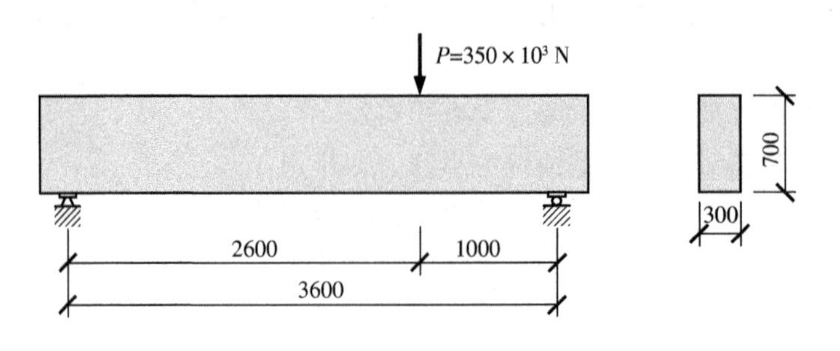

图 6.46　题 6.3 图

6.4　T 形截面梁,承受均布荷载设计值 $q=75$ N/mm(包括自重)。截面尺寸 $b\times h=$ 250 mm×600 mm,$b_f'=400$ mm,$h_f'=100$ mm,混凝土保护层厚度 $c=30$ mm;两端简支于厚度为 240 mm 的墙上,梁净跨度 $l_n=5160$ mm,计算跨度 $l_0=5400$ mm;混凝土强度等级为 C30,纵向钢筋采用 HRB335 级钢筋,箍筋采用 HPB300 级钢筋。要求按正截面承载力计算并配置纵向受力钢筋,并根据下列要求,计算并配置抗剪钢筋:

① 按由混凝土和箍筋抗剪计算并配置抗剪箍筋;

② 如已配置双肢ϕ 6@150 的箍筋,计算并配置弯起钢筋。

第⑦章 偏心受力构件承载力的计算

结构构件的截面受到轴力 N 和弯矩 M 共同作用，只在截面上产生正应力，可以等效为一个偏心（偏心距 $e_0 = M/N$）作用的轴力 N。因此，截面上受到轴力和弯矩共同作用的结构构件称为偏心受力构件。显然，轴心受力（$e_0 = 0$）和受弯（$e_0 = \infty$）构件为其特例。当轴向力为压力时，称为偏心受压；当轴向力为拉力时，称为偏心受拉。偏心受压构件多采用矩形截面，工业建筑中尺寸较大的预制柱也采用工字形和箱形截面，桥墩、桩及公共建筑中的柱多采用圆形截面，而偏心受拉构件多采用矩形截面。

7.1 偏心受压构件正截面承载力计算

7.1.1 偏心受压构件的破坏形态

1. 破坏类型

偏心受压构件是工程中使用量最大的结构构件，其受力性能随偏心距、配筋率和长细比（l_0/h）等主要因素而变化。与轴心受压构件类似，根据构件的长细比，偏心受压柱也有长柱和短柱之分。此外，其他一些因素，例如混凝土和钢筋材料的种类和强度等级、构件的截面形状、钢筋的构造、荷载的施加途径等，都对构件的受力性能和破坏形态产生影响。

现以工程中常用的两侧纵向受力钢筋对称配置的偏心受压矩形截面短柱为例，介绍其受力性能和破坏形态。随轴向力 N 在截面上的偏心距 e_0 大小的不同和纵向钢筋配筋率的不同，钢筋混凝土偏心受压构件的受力性能、破坏形态不同，偏心受压构件的受力性能和破坏形态介于轴心受压构件和受弯构件之间，如图 7.1 所示。偏心受压构件依据其破坏特征可以分为受压破坏和受拉破坏两种类型。

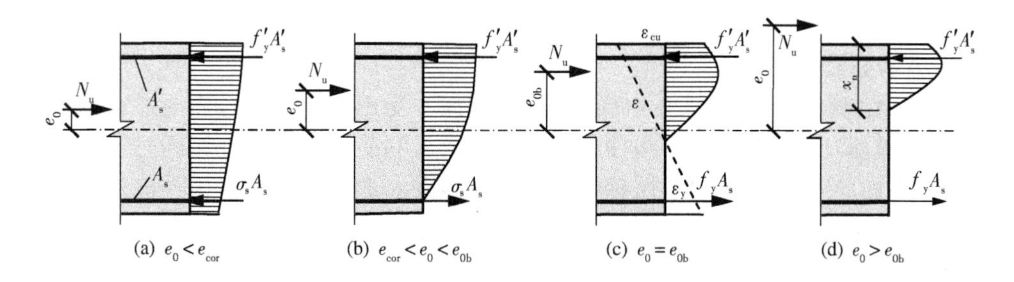

图 7.1 偏心受压构件的截面极限状态

(1) 受压破坏形态

轴向压力的偏心距为零($e_0=0$)时,柱为轴心受压,破坏时混凝土全截面均匀受压,出现众多纵向裂缝,发展为保护层片状剥落,钢筋受压屈服,部分钢筋在箍筋之间屈曲。偏心距很小($e_0<e_{cor}$,e_{cor}称为截面核心距,当$e_0=e_{cor}$时,荷载一侧边缘混凝土受压破坏的同时,远离荷载一侧边缘,混凝土应力正好为零)的柱,全截面受压,但应力不均匀,破坏时荷载一侧最大应变处混凝土首先达到其抗压强度,并出现纵向裂缝和钢筋屈服,裂缝逐渐往截面中心扩展,外侧保护层开始剥落,钢筋屈曲,最终形成三角形破裂区;另一侧的钢筋和混凝土承受的压应力均小于相应的强度值。偏心距稍大($e_{cor}<e_0<e_{0b}$,e_{0b}称为界限偏心距,当$e_0=e_{0b}$时,荷载一侧边缘混凝土受压破坏的同时,远离荷载一侧的钢筋受拉屈服)的柱,在轴向压力作用下截面上出现受拉区,破坏时,受压区同样形成三角形破裂区,但面积较小;另一侧受拉区出现横向裂缝,混凝土退出工作,但钢筋拉应力未达屈服强度($\sigma_s<f_y$)。总之,构件偏心距$e_0<e_{0b}$(界限偏心距)时,破坏由混凝土受压控制,称为受压破坏。受压破坏一般发生在偏心距较小的构件中,因此又称为小偏心受压破坏。但如果配置过多的受拉钢筋,虽然偏心距较大,构件破坏时也可能受拉钢筋不屈服而发生受压破坏。

这种偏心受压构件破坏的特征是,受压应力较大一侧的应变首先达到混凝土的极限压应变而破坏,同侧的纵向钢筋也受压屈服;而另一侧纵向钢筋可能受压也可能受拉,如果受压可能达到受压屈服,但如果受拉,则不可能达到受拉屈服。构件的承载力主要取决于受压混凝土和受压纵向钢筋。构件破坏前,横向裂缝开展不明显或根本不出现横向裂缝,横向变形很小,破坏无明显预兆,因此属脆性破坏类型。混凝土强度越高,破坏越突然。

(2) 受拉破坏形态

偏心距大($e_0>e_{0b}$)的柱,截面受拉区面积和拉应变增大,轴向压力作用下,首先在受拉一侧(远离轴向压力一侧)出现横向裂缝,钢筋拉应力突增。随着轴向压力增大,受拉钢筋首先屈服,拉应变加大,压区面积进一步减小,混凝土压应力增大,达其抗压强度而构件破坏。其破坏过程和纯弯构件的破坏过程相同,只是由于轴向压力的存在而使混凝土受压区面积较大,钢筋屈服弯矩M_y更接近于极限弯矩M_u。这类构件的破坏也是由受压混凝土的破坏引起的,但其极限弯矩由受拉钢筋控制,称为受拉破坏。受拉破坏均发生在偏心距较大,且受拉纵向钢筋配筋率不高的构件中,所以又称为大偏心受压破坏。

这种偏心受压构件破坏的特征是,受拉钢筋首先屈服,而后受压区钢筋屈服、混凝土受压破坏,其承载力主要取决于受拉钢筋。构件破坏前,横向裂缝开展显著、横向变形大,破坏有明显预兆,属延性破坏类型。其破坏形态与受压区配置钢筋的适筋梁类似,但由于轴向压力的存在,其受压区高度比相应适筋梁的受压区高度大。

2. 大小偏心受压破坏的界限

随着偏心距增大,构件的破坏由受压破坏(小偏心受压破坏)形态,逐渐过渡到受拉破坏(大偏心受压破坏)形态。其间,当构件的受拉钢筋屈服和受压混凝土破坏同时发生时为区分两类破坏形态的界限,相应的偏心距称为界限偏心距(e_{0b})。从偏心受压构件破坏的特征可以看出,大偏心受压破坏和小偏心受压破坏的本质区别在于受压混凝土破坏时,受拉纵筋能否屈服。因此,大、小偏心受压破坏的界限应该是受压混凝土的压应变达到混凝土的极限压应变的同时,受拉纵向钢筋的拉应变也达到钢筋的屈服应变。从截面的变形特征看,大、小偏心受压的界限与钢筋混凝土受弯构件的适筋、超筋破坏的界限完全相同。大、小偏心受压界限受压区

相对计算高度 ξ_b 的计算公式与受弯构件适筋、超筋破坏界限受压区相对计算高度 ξ_b 的计算公式也完全相同。因而，大、小偏心受压界限受压区相对计算高度 ξ_b 值与受弯构件相同，也可采用表 5－2 的数值。对于偏心受压构件，当 $\xi \leqslant \xi_b$ 时，混凝土压碎构件破坏时，受拉钢筋已经屈服，构件受拉破坏，为大偏心受压破坏；否则构件受压破坏，为小偏心受压破坏。

3. 附加偏心距 e_a

由于荷载作用位置的偏差、混凝土的不均匀性、配筋的不均匀性及施工偏差等原因，荷载作用的实际偏心距往往与按 $e_0=M/N$ 计算所得的值存在差异。在偏心受压构件的正截面承载力计算中，此差异用附加偏心距 e_a 来考虑。附加偏心距 e_a 的值取 20 mm 和偏心方向截面尺寸的 1/30 两者中的较大值。截面的初始偏心距 e_i 等于 e_0 加上附加偏心距 e_a，即

$$e_i = e_0 + e_a \tag{7-1}$$

从上式可以看出，偏心距越小，附加偏心距的影响越大。

4. 偏心距增大系数 η

偏心受压构件在弯矩和轴向压力的作用下，将产生横向变形。截面弯矩越大，产生的横向变形越大。而由于轴向压力的存在，横向变形的增大，又使得截面的弯矩进一步增大。柱子达到极限状态（N_u）时，临界截面的挠度 f（见图7.2），称为附加偏心距。此截面上的实际弯矩值应为 $N_u e_i + N_u f$，其中，$N_u f$ 为轴力引起的附加弯矩，或称二阶弯矩、二阶效应。

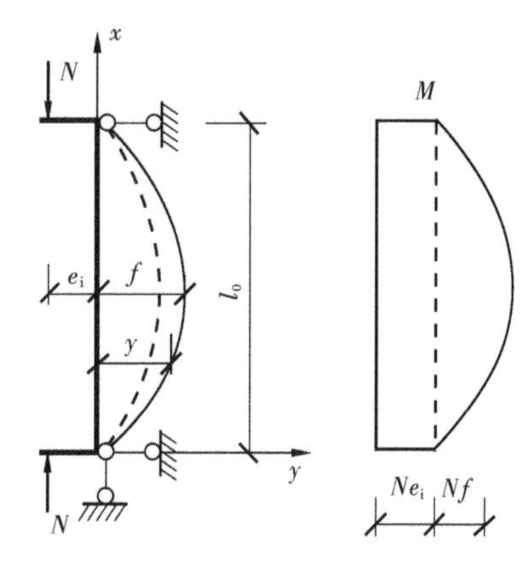

图 7.2　铰支柱的弯矩和附加弯矩

对长细比 l_0/i（l_0 为构件的计算长度，i 为截面回转半径）很小的偏心受压短柱，加载过程中，产生的横向变形很小，其侧向挠度产生的附加弯矩可忽略不计，轴力 N 对截面的偏心距自开始加载直至试件破坏，基本保持常值，在轴力-弯矩包络图上的加载路径接近为一直线，即图 7.3 中的 OA 线，构件的破坏是由于材料破坏所引起的。当柱的长细比 l_0/i 较大时，称为中长柱，其侧向挠度产生的附加弯矩不可忽略。由于侧向挠度 f 随 N 的增大而增大，故弯矩 M 的增长较轴向力 N 增长更快，二者不呈线性关系。长柱的加载路径在轴力-弯矩（$N-M$）包络图上为曲线 OB_1，达到包络线上的交点 B_1 时，即为相应的极限状态。柱的长细比越大，附加偏心距和附加弯矩越大，偏离 OA 直线越远，在 $N-M$ 包络图上形成不同的加载路径和相应的极限状态（图 7.3 中的 OB_1、OB_2 线）。长细比越大，其正截面受压承载力与短柱相比降低越多，但中长柱的破坏仍是材料破坏。图中加载途径 OB_3 对应于长细比很大的偏心受压构件（细长柱），它偏离 OA 线更远，构件的破坏已不再由材料破坏所控制。当轴力达到极值 N_{max} 时，构件失稳破坏，破坏时，混凝土和钢筋均未达到强度值。上述分析表明：构

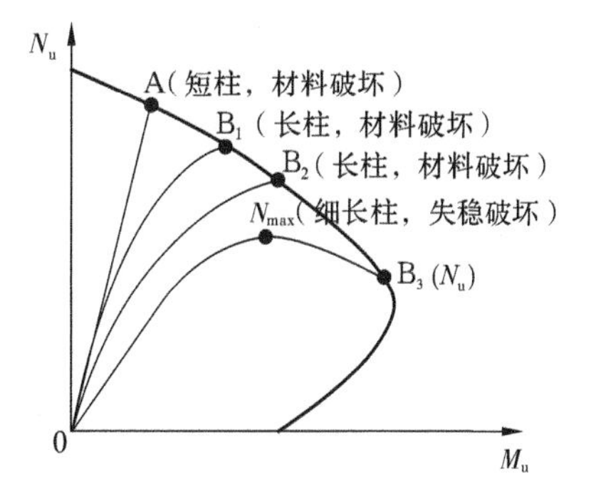

图 7.3　不同长细比柱从加荷到破坏的 $N-M$ 关系

件长细比的加大，会降低构件的正截面抗压承载力。当长细比较大时，偏心受压构件的横向位移引起的附加弯矩或二阶弯矩不可忽视。

显然，偏心受压构件的横向位移与构件的变形曲率有关，而变形曲率则与构件两端所受到的弯矩有关，如图 7.4 所示。因此，我国《混凝土结构设计规范》(GB 50010—2010)规定，弯矩作用平面内截面对称的偏心受压构件，当同一主轴方向的杆端弯矩比 M_1/M_2 不大于 0.9 且轴压比(N/f_cA)不大于 0.9 时，若构件的长细比 l_0/i 满足式(7-2)的要求，可不考虑该方向构件自身挠曲产生的附加弯矩影响；否则应按截面的两个主轴方向分别考虑轴向压力在挠曲杆件中产生的附加弯矩影响。

$$\frac{l_0}{i} \leqslant 34 - 12\left(\frac{M_1}{M_2}\right) \tag{7-2}$$

式中：

M_1、M_2——分别为已考虑侧移影响的偏心受压构件两端截面按结构弹性分析确定的对同一主轴的组合弯矩设计值，绝对值较大端为 M_2，绝对值较小端为 M_1，当构件按单曲率弯曲时，M_1/M_2 取正值，否则取负值，见图 7.4；

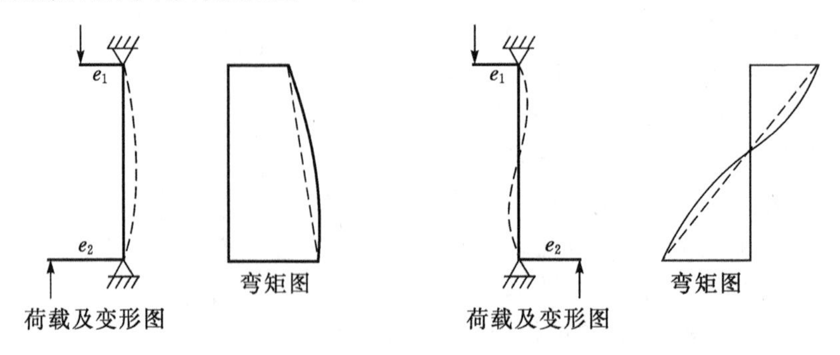

图 7.4　无侧移偏心受压构件的弯矩

l_0——构件的计算长度，可近似取偏心受压构件相应主轴方向两支撑点之间的距离；

i——偏心方向的截面回转半径。

两端简支的偏心受压构件的计算简图如图 7.2 所示。构件在 Ne_i 的作用下，产生如图 7.2 虚线所示的弯曲变形，使轴心压力 N 又有了新的偏心距，构件上任意点的弯矩将增加一个数值，并引起附加挠度。如图 7.2 中的实线是 Ne_i 和 Ny 共同作用下达到平衡时的挠度曲线，图中 y 表示任一点的挠度。因此，构件上任一点的弯矩

$$M = Ne_i + Ny \tag{7-3}$$

式中，Ne_i 称为一阶弯矩，Ny 称为由构件横向变形引起的二阶弯矩。若令 f 为最大弯矩 M_{max} 点的挠度，则有

$$M_{max} = Ne_i + Nf \tag{7-4}$$

显然，Nf 是偏心受压构件上由横向位移引起的最大的二阶弯矩。承受 N 和 M_{max} 作用的截面是构件上的最危险截面，称为临界截面。设计时，一般取临界截面上的内力为内力控制值。

最大二阶弯矩的出现和增长，是偏心受压构件横向位移的结果，所有影响偏心受压构件横向位移的因素都将影响其二阶弯矩和极限承载力。主要影响因素有：构件的长细比和载荷作用的偏心距；构件端部的支撑条件和对变形的约束程度(包括端部的位移、构件的弯矩分布

等)；材料的本构关系和配筋构造；长期荷载作用下混凝土的徐变等。偏心受压构件考虑二阶弯矩影响的分析，是一个需要考虑材料非线性和几何非线性的复杂过程，对其进行准确分析涉及的参数众多，费时费事。因此，对工程中的一般构件，采用的计算方法通常是基于试验结果的方法，所采用的计算公式简便直观，又具有足够的准确性。对于除排架结构柱外的其他偏心受压构件，我国《混凝土结构设计规范》(GB 50010—2010)采用将构件两端截面按结构分析确定的对同一主轴的弯矩设计值 M_2(绝对值较大端弯矩)乘以不小于 1.0 的增大系数的方法来考虑二阶弯矩的影响，即

$$M = C_m \eta_{ns} M_2 \tag{7-5}$$

$$C_m = 0.7 + 0.3 \frac{M_1}{M_2} \tag{7-6}$$

式中：

M_1、M_2——同式(7-2)中的规定；

C_m——构件端截面偏心矩调节系数，当小于 0.7 时取 0.7；

η_{ns}——弯矩增大系数。

考虑侧向挠度 f 的影响，柱中截面弯矩可表达为

$$M = N(e_i + f) = N\left(1 + \frac{f}{e_i}\right)e_i = N\eta_{ns}e_i \tag{7-7}$$

$$\eta_{ns} = \frac{e_i + f}{e_i} = 1 + \frac{f}{e_i} \tag{7-8}$$

由上式可知，本质上讲弯矩增大是由于偏心距增大引起的，系数 h_{ns}应考虑构件的长细比、载荷作用的偏心距、构件端部的支撑条件及其对变形约束程度和构件的弯矩分布等对偏心距增大的影响。它的表达式可通过对两端铰支、承受对称弯矩的偏心受压柱的理论分析和试验结果得到。

假设所分析的柱计算高度为 l_0，两端铰支并作用有相同偏心距的一对轴向力，如图 7.2 所示。试验表明，其侧向挠度曲线近似符合下列公式表示的正弦曲线

$$y = f\sin\frac{\pi x}{l_0} \tag{7-9}$$

则挠度曲线的曲率为

$$\phi = -\frac{d^2 y}{dx^2} = f\frac{\pi^2}{l_0^2}\sin\frac{\pi x}{l_0} = y\frac{\pi^2}{l_0^2} \tag{7-10}$$

在极限状态时，柱高中点截面的曲率为 ϕ_u，则柱中点最大横向挠度为

$$f = \phi_u \frac{l_0^2}{\pi^2} \tag{7-11}$$

根据平截面假定，可得构件截面的界限曲率为

$$\phi_b = \frac{\varepsilon_c + \varepsilon_s}{h_0} \tag{7-12}$$

对于界限破坏情况，混凝土受压区边缘应变值 $\varepsilon_c = \varepsilon_{cu} = 0.0033$，并考虑长期荷载作用下混凝土徐变应变增大后，乘以增大系数 1.25，钢筋应变值 $\varepsilon_s = \varepsilon_y = f_y/E_s = 0.0025$。则可求得界限破坏时的曲率 ϕ_b 为

$$\phi_b = \frac{0.0033 \times 1.25 + 0.0025}{h_0} = \frac{1}{150.9}\left(\frac{1}{h_0}\right) \tag{7-12a}$$

偏心受压构件的实际破坏形态并非界限破坏,故此引入截面曲率的修正系数 ζ_c 进行修正,有

$$\phi_u = \zeta_c \phi_b$$

实测表明:大偏心受压破坏时的曲率与界限破坏时的曲率相差不大,即可取 $\zeta_c=1$;而在小偏心受压破坏时,离轴向力较远一侧的纵向钢筋,可能受拉不屈服或受压,且受压区边缘混凝土的受压极限应变也小于 0.0033,截面破坏时的曲率小于界限破坏时的曲率 ϕ_b 值,即 $\zeta_c=1$,且曲率随偏心距的减小而降低;可以用 N_b/N 的大小来反映偏心距对截面破坏时曲率的影响,并取 $\zeta_c = N_b/N$。对常用的热轧钢筋 HPB300～HRB500 以及 C50 及以下混凝土,在界限破坏时,有 $x_b=(0.576\sim0.491)h_0$;若取 $h_0\approx0.9h$,则 $x_b=(0.44\sim0.52)h$,近似取为 $x_b=0.5h$;并假定界限破坏时纵向受拉钢筋合力与纵向受压钢筋合力基本相等,则有 $N_b=0.5f_cbh=0.5f_cA$,故有

$$\zeta_c = \frac{N_b}{N} = \frac{0.5f_cA}{N} \tag{7-13}$$

考虑偏心距对截面曲率影响后柱中点最大横向位移值

$$f = \phi_u \frac{l_0^2}{\pi^2} = \zeta_c \phi_b \frac{l_0^2}{\pi^2} \tag{7-14}$$

将式(7-14)代入式(7-8)并取 $h=1.1h_0$,同时用 $(M_2/N)+e_a$ 代替 e_i,整理后得

$$\eta_{ns} = 1 + \frac{f}{e_i} \approx 1 + \frac{h_0}{1300(M_2/N+e_a)}\left(\frac{l_0}{h}\right)^2 \zeta_c \tag{7-15}$$

式中:

N——与弯矩设计值 M_2 相应的轴向压力设计值;

h——所考虑弯矩方向截面高度;对环形截面,取外直径;对圆形截面,取直径;

h_0——所考虑弯矩方向截面有效高度;

l_0——构件的计算长度,构件计算长度与构件两端支承情况有关。对无侧移结构的偏心受压构件,可取两端不动支点之间的轴线长度;两端铰支时,取 $l_0=l$(l 是构件实际长度);两端固定时,取 $l_0=0.5l$;一端固定,一端铰支时,取 $l_0=0.7l$;一端固定,一端自由时,取 $l_0=2l$。轴心受压和偏心受压钢筋混凝土柱的计算长度可按《混凝土结构设计规范》(GB 50010—2010)第 6.2.20 条确定;

ζ_c——截面曲率修正系数,$\zeta_c=0.5f_cA/N$,A 为构件截面面积,当计算值大于 1.0 时取 1.0;

e_a——附加偏心矩,是考虑荷载作用位置偏差、截面混凝土非匀质性及施工偏差等因素而引起的偏心距的增加,取 $e_a=20$ mm($h\leqslant600$ mm 时)或 $h/30$($h>600$ mm 时),h 为偏心方向截面的最大尺寸。

而排架结构柱,荷载作用复杂,其二阶效应规律有待详细探讨,考虑二阶效应的弯矩设计值仍沿用 2002 规范《混凝土结构设计规范》(GB 50010—2002)的计算方法。但考虑到目前所用钢材的强度水平普遍提高,同时不再考虑引起极限曲率增长的长期作用影响系数,故将 2002 规范 η 公式中的 1/1400 改为1/1500,同时也取消了该公式中的系数 ζ_2。对于排架结构柱,我国《混凝土结构设计规范》(GB 50010—2010)采用将增大系数 η_s 统乘排架柱各截面组合弯矩的近似做法,即

$$M = \eta_s M_0 \tag{7-16}$$

其中

$$\eta_s = 1 + \frac{1}{1500e_i/h_0}\left(\frac{l_0}{h}\right)^2 \zeta_c \tag{7-17}$$

式中：

M_0——一阶弹性分析柱端弯矩设计值；

e_i——初始偏心距，$e_i = e_0 + e_a$；

e_0——轴向压力对截面重心的偏心距，$e_0 = M_0/N$；

η_s——排架结构弯矩增大系数。

注：在实际工程中，必须避免失稳破坏，因为其破坏具有突然性，且材料强度不能充分发挥；而对于短柱，则又可忽略纵向弯曲的影响。因此，需要考虑纵向弯曲影响的是中长柱。

7.1.2　矩形截面偏心受压构件正截面承载力计算公式

偏心受压构件正截面承载力计算的基本假定与受弯构件相同(详见第 5 章)。偏心受压构件承载力极限状态时的轴向力为 N_u、弯矩为 $N_u e_i$，根据基本假定和平衡条件就可以建立钢筋混凝土偏心受压构件的极限承载力计算公式。

1. 矩形截面大偏心($\xi \leqslant \xi_b$)受压构件正截面承载力计算公式

大偏心受压构件破坏时，临界截面受拉钢筋屈服，其应力 $\sigma_s = f_y$；受压区混凝土破坏，其边缘的应变等于混凝土的抗压极限应变；受压钢筋屈服，其应力 $\sigma_s = f'_y$。与受弯构件的处理方法类似，把受压区混凝土的曲线压应力图用等效矩形图形替代，其应力值取为 $\alpha_1 f_c$，受压区计算高度取为 x，如图 7.5 所示。

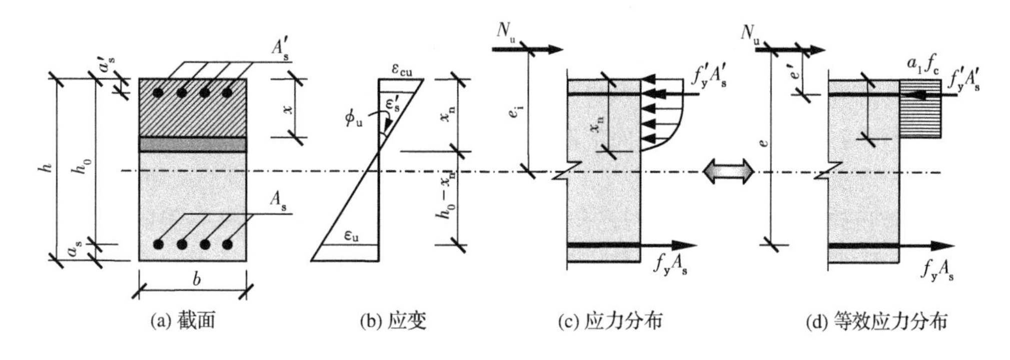

图 7.5　大偏心截面应变、应力分布及等效应力分布

(1) 计算公式

由轴向力的平衡条件，得

$$N_u = \alpha_1 f_c bx + f'_y A'_s - f_y A_s \tag{7-18}$$

由对受拉钢筋合力中心取矩的平衡条件，得

$$N_u e = \alpha_1 f_c bx\left(h_0 - \frac{x}{2}\right) + f'_y A'_s (h_0 - a'_s) \tag{7-19}$$

$$e = e_i + \frac{h}{2} - \alpha_s \tag{7-20}$$

$$e_i = e_0 + e_a \tag{7-21}$$

或由对受压钢筋合力中心取矩的平衡条件,得

$$N_u e' = f_y A_s (h_0 - a'_s) - \alpha_1 f_c b x \left(\frac{x}{2} - a'_s \right) \tag{7-22}$$

$$e' = e_i - \frac{h}{2} + a'_s \tag{7-23}$$

式中:

N_u ——承载力极限状态时的轴向力;

x ——混凝土受压区计算高度;

e ——轴向压力作用点至纵向受拉钢筋合力中心的距离;

e_i——初始偏心距;

e_0——轴向压力对截面重心的偏心距,取为 M/N,M 按式(7-5)取用;

e_a——附加偏心矩,同式(7-15)中的取值规定;

e'——轴向压力作用点至纵向受压钢筋合力中心的距离。

(2) 适用条件

为了保证构件破坏时,受拉钢筋应力达到其抗拉强度设计值 f_y 及受压钢筋应力达到其抗压强度设计值 f'_y,式(7-18)、(7-19)和(7-22)必须满足

$$x \leqslant x_b = \xi_b h_0 \tag{7-24}$$

$$x \geqslant 2a'_s \tag{7-25}$$

式中:

x_b ——界限受压区计算高度;

ξ_b ——界限受压区相对计算高度;

a'_s ——纵向受压钢筋合力中心至混凝土受压边缘的距离。

2. 矩形截面小偏心($\xi > \xi_b$)受压构件正截面承载力计算公式

小偏心受压构件破坏时,临界截面混凝土应力可能部分受压和部分受拉(见图 7.6),也可能全截面都受压(见图 7.7)。一般情况下,靠近轴向力作用一侧的应变达到混凝土的极限压应变,混凝土被压碎,同侧纵向受压钢筋的应力也达到其屈服应力。而另一侧的纵向钢筋可能受拉也可能受压,但应力往往达不到相应的受拉或受压屈服强度,其应力用 σ_s 表示。

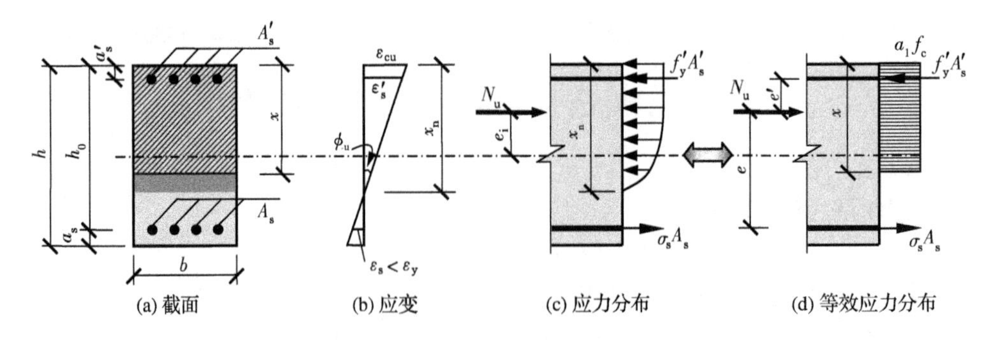

图 7.6 小偏心截面应变、应力分布及等效应力分布(A_s 受拉不屈服)

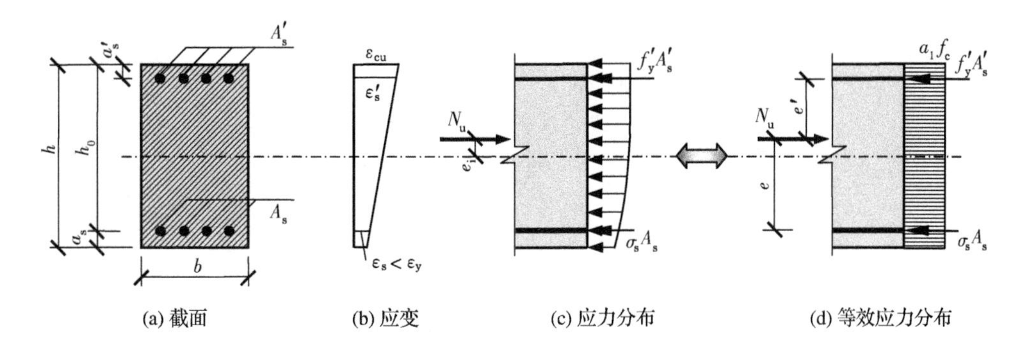

图 7.7 小偏心截面应变、应力分布及等效应力分布(A_s 受压不屈服)

由轴向力的平衡条件,得

$$N_u = \alpha_1 f_c bx + f'_y A'_s - \sigma_s A_s \tag{7-26}$$

由对离轴向力较远钢筋合力中心取矩的平衡条件,得

$$N_u e = \alpha_1 f_c bx\left(h_0 - \frac{x}{2}\right) + f'_y A'_s (h_0 - a'_s) \tag{7-27}$$

$$e = e_i + \frac{h}{2} - a_s \tag{7-28}$$

或由对离轴向力较近钢筋合力中心取矩的平衡条件,得

$$N_u e' = \alpha_1 f_c bx\left(\frac{x}{2} - a'_s\right) - \sigma_s A_s (h_0 - a'_s) \tag{7-29}$$

$$e' = \frac{h}{2} - e_i - a'_s \tag{7-30}$$

式中:

N_u ——承载力极限状态时的轴向力;

x ——混凝土受压区计算高度,当 $x>h$ 时,取 $x=h$;

e ——轴向压力作用点至离其较远纵向钢筋合力中心的距离;

e'——轴向压力作用点至离其较近纵向钢筋合力中心的距离;

σ_s ——钢筋 A_s 的应力,$-f'_y \leqslant \sigma_s \leqslant f_y$。

式(7-26)和(7-29)中的临界截面离轴向力较远钢筋的应力 σ_s,从理论上讲,可以根据平截面假定确定截面破坏时钢筋的应变,再由 $\sigma_s = \varepsilon_s E_s$ 求得,即

$$\frac{\sigma_s}{f_y} = \frac{\varepsilon_{cu}}{\varepsilon_y}\left(\frac{\beta_1}{\xi} - 1\right) \tag{7-31}$$

式中 β_1 是计算受压区计算高度 x 和受压区高度 x_n 的比值系数(即 $x=\beta_1 x_n$)。但将式(7-31)的钢筋应力代入式(7-26)和式(7-29)求 x 时,需要求解 x 的三次方程,不便应用。另外该公式在 $\xi>1$ 时,偏离试验值较大,见图 7.8。

由分析可知,离轴向力较远钢筋的应变 ε_s 与混凝土受压区相对计算高度有关,根据对我国试验资料分析,实测的钢筋应变 ε_s 与 ξ 接近直线关系,经线性回归,其应力 σ_s 和 ξ 的关系可表示为

$$\frac{\sigma_s}{f_y} = \frac{0.0044(0.81 - \xi)}{\varepsilon_y} \tag{7-32}$$

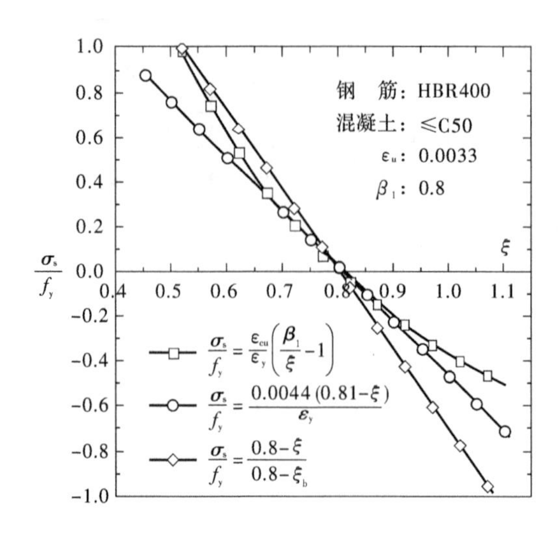

图 7.8　钢筋应力 σ_s 与 ξ 关系曲线

由于 σ_s 对构件的小偏心受压极限承载力影响较小,并考虑到界限条件 $\xi=\xi_b$ 时,$\varepsilon_s=\varepsilon_y$($\varepsilon_y$ 为钢筋的屈服应变);$x_n=h_0$,即 $\xi=\dfrac{x}{h_0}=\dfrac{\beta_1 x_n}{h_0}=\beta_1$ 时,$\varepsilon_s=0$,对式(7-32)的回归公式进行调整后,离轴向力较远钢筋应力的近似计算公式采用

$$\frac{\sigma_s}{f_y}=\frac{\xi-\beta_1}{\xi_b-\beta_1} \tag{7-33}$$

式中,ξ_b 为截面的界限受压区相对计算高度,取值见表 5-2。

按式(7-33)计算得到的钢筋应力应满足

$$-f'_y\leqslant\sigma_s\leqslant f_y \tag{7-34}$$

若求出的离轴向力较远钢筋的应力 $\sigma_s<-f'_y$ 时,取 $\sigma_s=-f'_y$。说明该钢筋已受压屈服,其应力值取其抗压屈服强度。若求出的离轴向力较远钢筋的应力 $\sigma_s>f_y$ 时,应取 $\sigma_s=f_y$。说明该钢筋已受拉屈服,其应力值取其抗拉屈服强度。不过,该截面的破坏形式为大偏心受压破坏,而不是这里所研究的小偏心受压破坏,因此,这里求出的离轴向力较远钢筋的应力 σ_s,一般不会出现大于钢筋抗拉屈服强度的情况。

对于轴向力 N 较大,而荷载偏心距 e_0 较小的全截面受压的情况,若离轴向力较近一侧钢筋配置较多,使得截面实际的形心向 A'_s 偏移(实际形心位置如图 7.9(d)中的虚线所示)。构件破坏时,有可能出现离轴向力较远一侧的应变达到混凝土的极限压应变,混凝土被压碎,而该侧的纵向钢筋(A_s)的应力也达到其抗压屈服应力 f'_y,另一侧的纵向钢筋(A'_s)受压不屈服,这种破坏称为反向破坏,如图 7.9 所示。这时,附加偏心距 e_a 与荷载偏心距 e_0 有可能方向相反,即有可能 e_a 使 e_0 减小。为了避免这种反向破坏的发生,我国《混凝土结构设计规范》(GB 50010—2010)规定,当 $N>f_cA$ 时,A 为截面面积,小偏心受压构件除按上述式(7-26)和式(7-27)或式(7-29)计算外,还应满足下列条件

$$N_u\left[\frac{h}{2}-a'_s-(e_0-e_a)\right]\leqslant f_cbh\left(h'_0-\frac{h}{2}\right)+f'_yA_s(h'_0-a_s) \tag{7-35}$$

式中,h'_0 为钢筋 A'_s 合力点至离轴向力较远一侧边缘的距离,即 $h'_0=h-a'_s$。

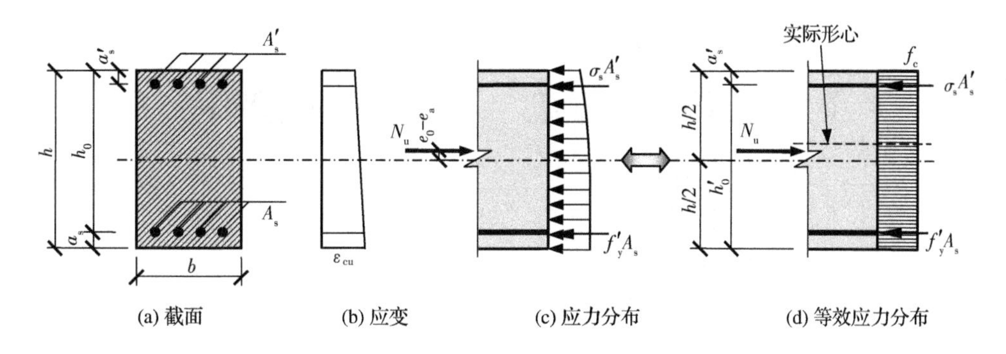

图 7.9　小偏心截面应变、应力分布及等效应力分布(A_s 受压屈服)

7.1.3　工字形截面偏心受压构件正截面承载力计算公式

为了节省混凝土和减轻构件的自重,较大尺寸的偏心受压构件往往采用工字形截面。工字形截面偏心受压构件的破坏特性,计算方法与矩形截面相似,区别只在于增加了受压区翼缘参与受力。而 T 形截面可作为工字形截面的特殊情况处理,下面主要对工字形截面进行分析。

工字形截面偏心受压计算同样可分为 $\xi \leqslant \xi_b$ 的大偏心受压和 $\xi > \xi_b$ 的小偏心受压两种情况进行。

1. 大偏心受压情况($\xi \leqslant \xi_b$)

与 T 形截面受弯构件相同,按受压区计算高度 x 不同,大偏心受压截面分为两类(如图 7.10和 7.11 所示)。

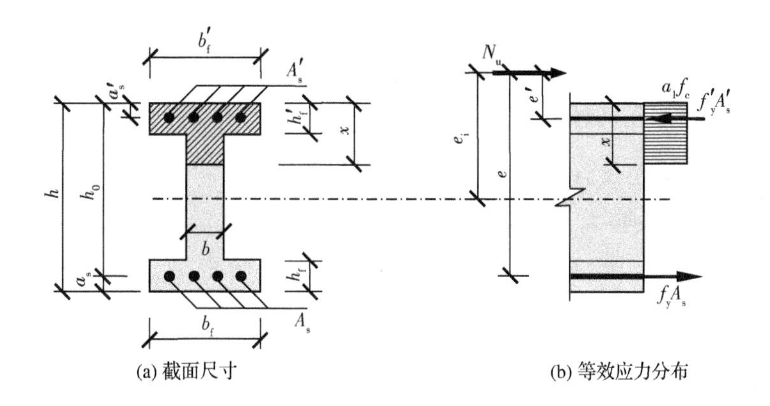

图 7.10　工字形截面大偏心截面尺寸及等效应力分布($x > h'_f$ 时)

(1) 当 $x > h'_f$ 时

中和轴位于腹板,受压区为 T 形,见图 7.10。由轴向力的平衡条件,得

$$N_u = \alpha_1 f_c [bx + (b'_f - b)h'_f] + f'_y A'_s - f_y A_s \tag{7-36}$$

由对受拉钢筋合力中心取矩的平衡条件,得

$$N_u e = \alpha_1 f_c \left[bx\left(h_0 - \frac{x}{2}\right) + (b'_f - b)h'_f\left(h_0 - \frac{h'_f}{2}\right) \right] + f'_y A'_s (h_0 - a'_s) \tag{7-37}$$

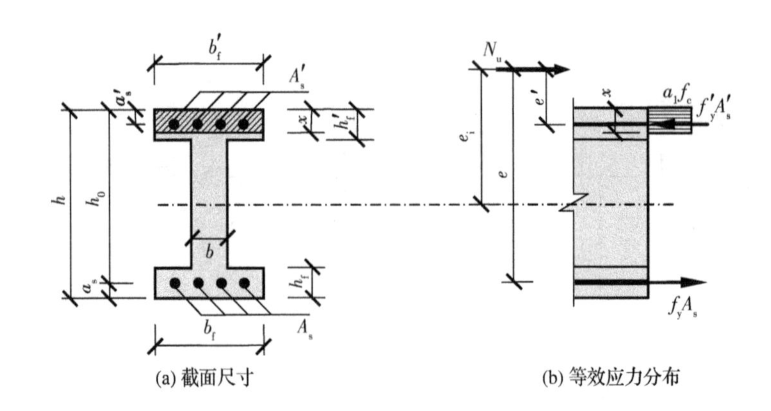

图 7.11　工字形截面大偏心截面尺寸及等效应力分布($x \leqslant h'_f$ 时)

$$e = e_i + \frac{h}{2} - a_s \tag{7-38}$$

(2) 当 $x \leqslant h'_f$ 时

中和轴位于翼缘内,按宽度为 b'_f 的矩形截面计算,见图 7.11。

$$N_u = \alpha_1 f_c b'_f x + f'_y A'_s - f_y A_s \tag{7-39}$$

$$N_u e = \alpha_1 f_c b'_f x \left(h_0 - \frac{x}{2}\right) + f'_y A'_s (h_0 - a'_s) \tag{7-40}$$

式中:

b'_f ——工字形截面受压翼缘宽度;

h'_f ——工字形截面受压翼缘高度。

为保证上述计算公式中的受拉钢筋 A_s 及受压钢筋 A'_s 屈服,要求满足

$$x \leqslant x_b \text{ 及 } x > 2a'_s$$

式中,x_b 为界限破坏时受压区计算高度。

2. 小偏心受压情况($\xi > \xi_b$)

小偏心受压工字形截面,一般不会发生 $x < h'_f$ 的情况。

当 $x > h'_f$ 且 $x < h - h_f$ 时,如图 7.12 所示,由平衡条件可得

$$N_u = \alpha_1 f_c [bx + (b'_f - b) h'_f] + f'_y A'_s - \sigma_s A_s \tag{7-41}$$

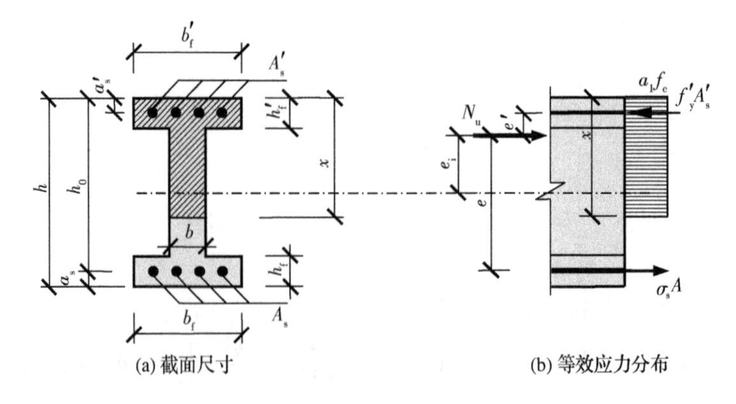

图 7.12　工字形截面小偏心截面尺寸及等效应力分布($x < h - h_f$ 时)

$$N_u e = \alpha_1 f_c \left[bx\left(h_0 - \frac{x}{2}\right) + (b'_f - b)h'_f\left(h_0 - \frac{h'_f}{2}\right) \right] + f'_y A'_s (h_0 - a'_s) \qquad (7-42)$$

式中，x 为受压区计算高度。

当 $x \geqslant h - h_f$ 时，如图 7.13 所示，计算中应考虑翼缘 h_f 的作用，由平衡条件可得

$$N_u = \alpha_1 f_c [bx + (b'_f - b)h'_f + (b_f - b)(h_f + x - h)] + f'_y A'_s - \sigma_s A_s \qquad (7-43)$$

$$\begin{aligned} N_u e = {} & \alpha_1 f_c bx\left(h_0 - \frac{x}{2}\right) + \alpha_1 f_c (b'_f - b)h'_f\left(h_0 - \frac{h'_f}{2}\right) \\ & + \alpha_1 f_c (b_f - b)(h_f + x - h)\left(h_f - \frac{h_f + x - h}{2} - a_s\right) \\ & + f'_y A'_s (h_0 - a'_s) \end{aligned} \qquad (7-44)$$

式中 x 值大于 h 时，取 $x = h$ 计算。σ_s 仍可近似用式(7-33)计算。

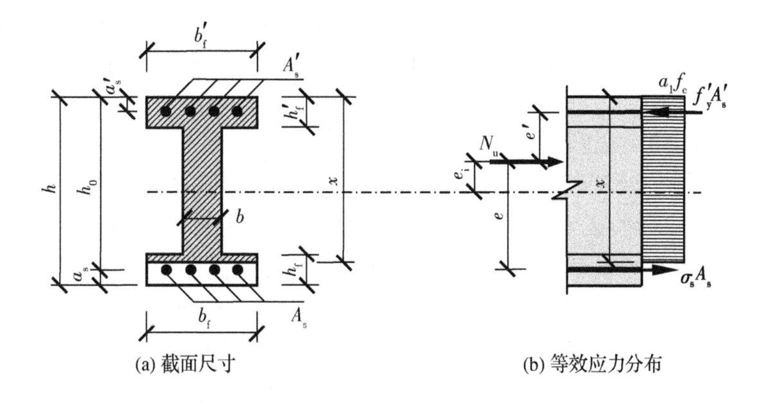

图 7.13　工字形截面小偏心截面尺寸及等效应力分布($x \geqslant h - h_f$ 时)

对于轴向力 N 较大，而荷载偏心距 e_0 较小的全截面受压的情况(见图7.14)，为避免反向破坏的发生，工字形小偏心受压构件，尚应满足下列条件。

$$N_u\left[\frac{h}{2} - a'_s - (e_0 - e_a)\right] \leqslant f_c bh\left(h'_0 - \frac{h}{2}\right) + f_c (b_f - b)h_f\left(h'_0 - \frac{h_f}{2}\right) + f_c (b'_f - b)h'_f\left(\frac{h'_f}{2} - a'_s\right) + f'_y A_s (h'_0 - a_s) \qquad (7-45)$$

式中，h'_0 为钢筋 A'_s 合力点至离轴向力较远一侧边缘的距离，即 $h'_0 = h - a'_s$。

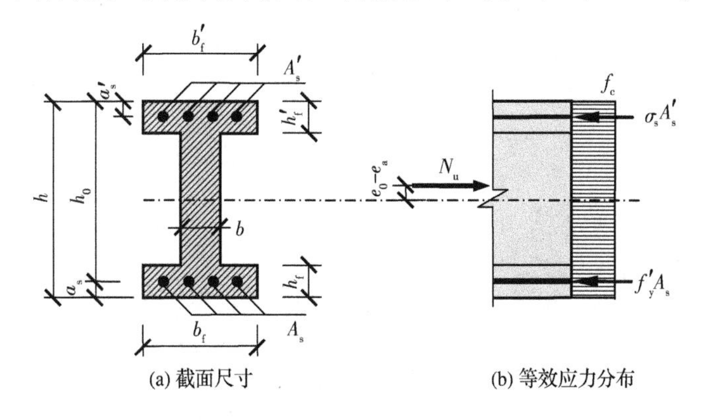

图 7.14　工字形截面小偏心截面的反向破坏

以上工字形截面小偏心受压公式的适用条件是

$$x > x_b \tag{7-46}$$

7.1.4 偏心受压构件正截面承载力计算方法

建筑工程中的偏心受压构件常用的截面形式有矩形截面和工字形截面两种,其截面的配筋方式有对称配筋和非对称配筋两种,截面受力的破坏形式有受拉破坏(大偏心破坏)和受压破坏(小偏心)两种类型。与受弯构件正截面抗弯承载力计算一样,偏心受压构件正截面抗压承载力的计算也分为截面设计(配筋计算)和截面复核两种情况。

1. 不对称配筋矩形截面偏心受压构件正截面承载力计算方法

(1) 截面设计

截面设计时构件截面尺寸、材料强度及荷载产生的内力设计值 N 和 M 已知,欲求需要配置的纵向钢筋 A_s 及 A'_s。这时需要首先判断构件受压的大小偏心类型,才能选用相应的公式进行计算。

① 大小偏心受压的类型判断。

判断大小偏心受压类型的基本条件是:$\xi \leqslant \xi_b$ 为大偏心受压;$\xi > \xi_b$ 为小偏心受压。但因为截面的配筋 A_s 和 A'_s 未知,无法计算出截面混凝土受压区相对计算高度。因此,需先根据偏心距的大小,初步判断构件的大小偏心受压类型。具体判别步骤为:先根据偏心距的大小初步判定偏心受压类型,当 $e_i > 0.3h_0$ 时,可先按大偏心受压情况计算;当 $e_i \leqslant 0.3h_0$ 时,则先按小偏心受压情况计算。然后,应用相关计算公式求钢筋截面面积 A_s 及 A'_s。求出 A_s 及 A'_s 后,再计算 ξ,通过比较 ξ 和 ξ_b 检查原先对构件大小偏心的假定是否正确,如果不正确需要重新计算。在所有情况下,A_s 和 A'_s 还要分别满足最小配筋率的规定,同时,$(A_s + A'_s)$ 不宜大于$0.05bh$。

② 大偏心受压情况的计算。

a. 已知:截面尺寸 $b \times h$,混凝土强度等级,钢筋级别(一般情况,A_s 和 A'_s 取同一种钢筋)轴向力设计值 N 及弯矩设计值 M,长细比 l_0/h,求钢筋截面面积 A_s 和 A'_s。

令 $N = N_u$,$e_0 = M_u/N_u = M/N$,共有 x、A_s 和 A'_s 三个未知数,而只有两个方程,不能得出唯一解。为了使配筋的总截面面积$(A_s + A'_s)$最小,与矩形截面双筋受弯构件类似,取 $x = \xi_s h_0$,这里 ξ_s 为截面钢筋面积最小时所对应的混凝土受压区相对计算高度,这样既可保证偏心受压构件延性破坏,又能保证钢筋用量最小。大偏心受压构件的 ξ_s 取值与矩形截面双筋受弯构件相同,即取 ξ_ρ(式(5-115)或式(5-116))和 ξ_b 中的较小值。将 $x = \xi_s h_0$ 代入式(7-19),可得计算钢筋 A'_s 的公式

$$A'_s = \frac{Ne - \alpha_1 f_c b h_0^2 \xi_s (1 - 0.5\xi_s)}{f'_y (h_0 - a'_s)} \tag{7-47}$$

按式(7-47)求得的 A'_s 应不小于 $\rho'_{min} bh$;如果小于 $\rho'_{min} bh$,取 $A'_s = \rho'_{min} bh$ 后,按 A'_s 为已知的情况计算。此处 $\rho'_{min} = 0.002$。

将求得的 A'_s 和 $x = \xi_s h_0$ 代入式(7-18),计算钢筋 A_s 的面积

$$A_s = \frac{\alpha_1 f_c b h_0 \xi_s + f'_y A'_s - N}{f_y} \tag{7-48}$$

按上式计算得到的 A_s 应不小于 $\rho_{min} bh$,否则应取 $A_s = \rho_{min} bh$。

按上述计算配筋，可以保证偏心受压构件在弯矩作用平面内，具有足够的承载力。最后，还需按轴心受压构件验算垂直于弯矩作用平面构件的抗压承载力：其值不小于 N 值时，构件满足垂直于弯矩作用平面的抗压承载力要求；否则需重新设计构件。

b. 已知：截面尺寸 $b\times h$，混凝土的强度等级，钢筋级别（一般情况下 A_s 和 A'_s 取同一种钢筋）轴向力设计值 N 及弯矩设计值 M，长细比 l_0/h。受压钢筋截面面积 A'_s 已知，求受拉钢筋截面面积 A_s。

令 $N=N_u$，$e_0=M_u/N_u=M/N$，当 A'_s 为已知时，方程(7-18)和(7-19)中只有 x 和 A_s 两个未知数，可直接求解 x 和 A_s。由式(7-19)经整理后，可以写出关于受压区相对计算高度 ξ 的表达式如下

$$\xi^2-2\xi+2\frac{Ne-A'_sf'_y(h_0-a'_s)}{\alpha_1f_cbh_0^2}=0 \tag{7-49}$$

由上式解出 ξ 有两个根，但只有一个根是真实的 ξ 值。一般情况下，大偏心受压构件 $\xi<1$，故 ξ 的真实解为

$$\xi=1-\sqrt{1-2\frac{Ne-A'_sf'_y(h_0-a'_s)}{\alpha_1f_cbh_0^2}} \tag{7-49a}$$

为了避免求解 ξ 的二次方程，也可采用下述方法求 ξ。由力矩平衡方程，式(7-19)可得

$$Ne-A'_sf'_y(h_0-a'_s)=\alpha_1f_cbh_0^2\xi(1-0.5\xi) \tag{7-50}$$

$$\alpha_s=\xi(1-0.5\xi)=\frac{Ne-A'_sf'_y(h_0-a'_s)}{\alpha_1f_cbh_0^2} \tag{7-50a}$$

由 α_s 按 $\xi=1-\sqrt{1-2\alpha_s}$ 或查附 4 中的表 4-1 得 ξ。

若 $2a'_s/h_0\leqslant\xi\leqslant\xi_b$，则由轴向力平衡方程(7-18)可得受拉钢筋的面积为

$$A_s=\frac{\alpha_1f_cb\xi h_0+f'_yA'_s-N}{f_y} \tag{7-51}$$

但若求得 $\xi>\xi_b$，则需要按小偏心受压情况重新计算。

若 $\xi<2a'_s/h_0$ 时，说明受压钢筋的压应变 ε'_s 很小，受压钢筋的应力达不到 f'_y，而成为未知数。仿照双筋受弯构件的做法，近似地取 $x=2a'_s$，并将各力对受压钢筋 A'_s 的合力中心取矩（见图 7.15），由平衡条件可得

$$A_s=\frac{N(e_i-0.5h+a'_s)}{f_y(h_0-a'_s)} \tag{7-52}$$

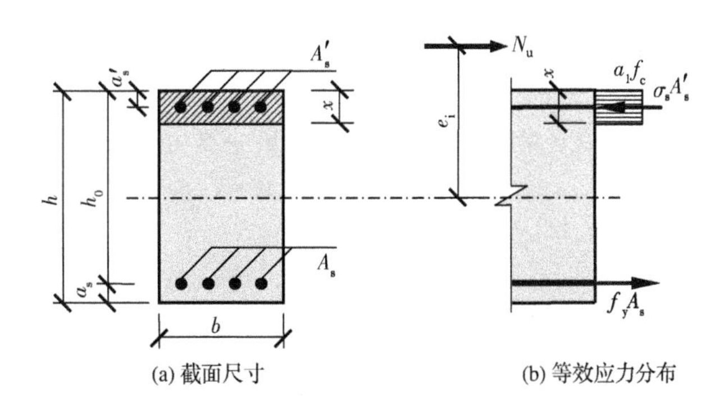

图 7.15　大偏心截面尺寸及等效应力分布（$\xi<2a'_s/h_0$ 时）

另外,再按不考虑受压钢筋 A'_s 的作用,即取 $A'_s=0$,利用式(7-18)和式(7-19)求解 A_s 值,然后,与用式(7-52)求得的 A_s 值比较,取其中较小值配筋。

最后,也需要验算垂直于弯矩作用平面构件的轴心抗压承载力。

③ 小偏心受压情况的计算。

对于小偏心受压构件,离轴向力较远一侧的纵向钢筋可能受压,也可能受拉,其应力一般达不到屈服强度,可近似用式(7-33)计算。令 $N=N_u$,$e_0=M_u/N_u=M/N$,将式(7-33)代入小偏心受压构件的平衡方程式(7-26)和式(7-27),并用 ξh_0 代替其中的 x,则得

$$N = \alpha_1 f_c \xi b h_0 + f'_y A'_s - f_y \frac{\xi - \beta_1}{\xi_b - \beta_1} A_s \tag{7-53}$$

$$Ne = \alpha_1 f_c b h_0^2 \xi(1 - 0.5\xi) + f'_y A'_s (h_0 - a'_s) \tag{7-54}$$

式(7-53)和式(7-54)中,有 ξ、A'_s 及 A_s 三个未知数,故不能得出唯一解,需要补充条件才能求解。

小偏心受压时,远离轴向力一侧的钢筋 A_s 的应力可能是拉应力,也可能是压应力,但无论 A_s 配置的数量多少,其应力都达不到屈服应力。为了使钢筋用量最小,故可取构造要求的最小用量。但考虑到在 N 较大,而 e_0 较小的全截面受压情况下,如附加偏心距 e_a 与荷载偏心距 e_0 方向相反,即 e_a 使 e_0 减小,可能发生反向破坏,对距轴力较远一侧受压钢筋 A_s 不利(见图7.9),该钢筋可能屈服。为防止发生反向破坏,对 A'_s 合力中心取矩,还应满足式(7-35)要求。故可取

$$A_s = \frac{N_u\left[\frac{h}{2} - a'_s - (e_0 - e_a)\right] - \alpha_1 f_c b h\left(h'_0 - \frac{h}{2}\right)}{f'_y(h'_0 - a_s)} \tag{7-55}$$

按式(7-55)求得的 A_s 应不小于 $\rho_{min}bh$,否则应取 $A_s=\rho_{min}bh$。

如上所述,小偏心受压情况下,A_s 直接由式(7-55)或 $\rho_{min}bh$ 中的较大值确定,与 ξ 及 A'_s 的大小无关。A_s 确定后,由式(7-53)和式(7-54),可以求解 ξ 和 A'_s。

小偏心受压应满足 $\xi>\xi_b$ 及 $-f'_y\leqslant\sigma_s\leqslant f_y$ 的条件。设纵筋 A_s 的应力恰好达到其受压屈服应力($\sigma_s=-f'_y$)时的受压区相对计算高度为 ξ_{cy},根据式(7-33),可得

$$\xi_{cy} = 2\beta_1 - \xi_b \tag{7-56}$$

由式(7-53)和式(7-54)解得的 ξ 可能会出现下列情况。

a. 当 $\xi_b<\xi<\xi_{cy}$ 时,由式(7-33)可求得纵筋 A_s 的应力 σ_s。若 $-f_y<\sigma_s<0$(即受压),则取 A_s 为 $\rho'_{min}bh$ 和式(7-55)计算值中的较大值,由式(7-53)和式(7-54)重新求 ξ;若 $0<\sigma_s<f_y$(即受拉),则与式(7-53)的假设相符,可按式(7-53)求得 A'_s,当然求得的 A'_s 应大于 $\rho'_{min}bh$,否则取 $A_s=\rho'_{min}bh$。

这里的 ρ'_{min} 和 ρ_{min} 分别为受压钢筋和受拉钢筋的最小配筋率,其值可查附录3中的附表3-3。

b. 当 $\xi\leqslant\xi_b$ 时,按大偏心受压计算。

c. 当 $\xi_{cy}<\xi<h/h_0$ 时,此时 σ_s 达到 $-f_y$,计算时可取 $\sigma_s=-f_y$,通过式(7-21)和式(7-22)求 A_s 和 A'_s 值。

d. 当 $\xi>h/h_0$ 时,则取 $\sigma_s=-f_y$,$x=h$,通过式(7-21)和式(7-22)求 A_s 和 A'_s 值。

对于c和d两种情况,均应再复核反向破坏的承载力,即需要满足式(7-30)的要求。

对于 $\sigma_s<0$ 的情况,A_s 和 A'_s 均应满足 $A_s\geqslant\rho'_{min}bh$ 的要求。

最后也需要验算垂直于弯矩作用平面构件的轴心抗压承载力。

(2)截面承载力复核

进行承载力复核时，一般已知截面尺寸 $b\times h$，钢筋的截面面积 A_s 和 A'_s，混凝土强度等级及钢筋级别，构件计算长度 l_0，轴向力设计值 N 和偏心距 e_0，验算截面是否能承受该轴向力 N 值，或已知轴向力设计值 N 值，求能承受的弯矩设计值 M。一般情况下，偏心受压构件应进行弯矩作用平面内的承载力验算和垂直于弯矩作用平面的承载力验算。

① 弯矩作用平面内的承载力复核。

首先差别偏心受压的类型。一般可先按偏心距的大小作初步判定($e_i>0.3h_0$ 为大偏心受压，$e_i\leqslant 0.3h_0$ 为小偏心受压)。然后由基本方程组求解受压区高度 x，最后由受压区高度确定偏心受压类型。例如，当初步判定为大偏心受压后，利用基本方程并取 $\sigma_s=f_y$，解出 x，若 $x\leqslant x_b$，则确系大偏心受压；若 $x>x_b$ 时，则为小偏心受压。

偏心受压的类型判明后，即可利用相应公式组成的方程组解出 N。需要注意的是：若利用大偏心受压公式求得的 $x>x_b$ 时，必须利用小偏心受压公式重求 x，再求出 N。

② 垂直于弯矩作用平面的承载力复核。

无论是大偏心受压还是小偏心受压，除了在弯矩作用平面内依照偏心受压进行验算外，还要验算垂直于弯矩作用平面的轴心受压承载力。此时，构件的宽度 b 作为截面高度，构件长细比为 l_0/b，应考虑稳定系数 φ 的影响，按式(4－57)计算轴心抗压承载力。

例7－1 轴向力和弯矩作用下柱的轴向力设计值 $N=300\times10^3$ N，弯矩设计值 $M_1=M_2=180\times10^6$ N·mm，截面尺寸 $b\times h=300$ mm$\times400$ mm，$a_s=a'_s=40$ mm；混凝土强度等级为C30，纵向受力钢筋采用HRB335级钢筋；$l_0/h=6$。求钢筋截面面积 A_s 及 A'_s。

解 由表2－5和表2－6得，C30混凝土的 $f_c=14.3\ \text{N/mm}^2$，$f_t=1.43\ \text{N/mm}^2$，HRB335钢筋的 $f_y=f'_y=300\ \text{N/mm}^2$。

由表5－1知：对于C30的混凝土 $\alpha_1=1.0$，$\beta_1=0.8$，由表5－2知：对于C30的混凝土和HRB335钢筋 $\xi_b=0.550$。

由已知条件可得

$$h_0=h-a_s=400-40=360\ \text{mm},\ h'_0=h-a'_s=400-40=360\ \text{mm}$$

$$\frac{h}{30}=\frac{400}{30}=13.33\ \text{mm}，因此，取\ e_a=20\ \text{mm}$$

$$矩形截面\ i=\sqrt{\frac{I}{A}}=\frac{h}{2\sqrt{3}}=\frac{400}{2\sqrt{3}}=115.5\ \text{mm}$$

$$\frac{M_1}{M_2}=1>0.9，且\frac{l_0}{i}=\frac{3600}{115.5}=31.2>34-12\times\left(\frac{M_1}{M_2}\right)=22$$

$$\zeta_c=\frac{0.5f_cA}{N}=\frac{0.5\times14.3\times300\times400}{300\times10^3}=2.86>1，取\ \zeta_c=1.0$$

$$C_m=0.7+0.3\frac{M_1}{M_2}=1.0$$

由式(7－15)

$$\eta_{ns}=1+\frac{h_0}{1300\times(M_2/N+e_a)}\left(\frac{l_0}{h}\right)^2\zeta_c=1+\frac{360}{1300\times\left(\frac{180\times10^6}{300\times10^3}+20\right)}\times9^2\times1.0$$

$$= 1.036$$

$$M = C_m \eta_{ns} M_2 = 1.0 \times 1.036 \times 180 \times 10^6 = 186.480 \times 10^6 \text{ N·mm}$$

$$e_0 = \frac{M}{N} = \frac{186.480 \times 10^6}{300 \times 10^3} = 621.6 \text{ mm}$$

则

$$e_i = e_0 + e_a = 621.6 + 20 = 641.6 \text{ mm}$$

因 $e_i = 641.6 \text{ mm} > 0.3h_0 = 0.3 \times 360 = 108 \text{ mm}$,可先按大偏心受压情况计算。

$$e = e_i + \frac{h}{2} - a_s = 641.6 + \frac{400}{2} - 40 = 801.6 \text{ mm}$$

由式(5-116)得

$$\xi_p = \frac{1}{2} + \frac{a'_s}{2h_0} = \frac{1}{2} + \frac{40}{2 \times 360} = 0.5556 > \xi_b, \text{取 } \xi_s = \xi_b = 0.550$$

为了使配筋的总截面面积($A_s + A'_s$)为最小,取 $\xi = \xi_s$,既可保证偏心受压构件延性破坏,又能保证钢筋用量最小。由式(7-47)得

$$A'_s = \frac{Ne - \alpha_1 f_c b h_0^2 \xi_s (1 - 0.5\xi_s)}{f'_y (h_0 - a'_s)}$$

$$= \frac{300 \times 10^3 \times 801.6 - 1 \times 14.3 \times 300 \times 360^2 \times 0.550 \times (1 - 0.5 \times 0.550)}{300 \times (360 - 40)}$$

$$= 195.6 \text{ mm}^2 < \rho'_{min} bh = 0.002 \times 300 \times 400 = 240 \text{ mm}^2$$

则取 $A'_s = \rho'_{min} bh = 0.002 \times 300 \times 400 = 240 \text{ mm}^2$,选用 2 根直径为 14 mm 的 HRB335 级钢筋($A'_s = 308 \text{ mm}^2$),按 A'_s 为已知求 A_s。

由式(7-49b),有

$$\xi = 1 - \sqrt{1 - 2\frac{Ne - A'_s f'_y (h_0 - a'_s)}{\alpha_1 f_c b h_0^2}}$$

$$= 1 - \sqrt{1 - 2 \times \frac{300 \times 10^3 \times 801.6 - 240 \times 300 \times (360 - 40)}{1 \times 14.3 \times 300 \times 360^2}} = 0.0667$$

$$< \xi_b = 0.550$$

与前面的假设大偏心相符。

由式(7-51),有

$$A_s = \frac{\alpha_1 f_c b \xi h_0 + f'_y A'_s - N}{f_y}$$

$$= \frac{1 \times 14.3 \times 300 \times 0.4667 \times 360 + 300 \times 308 - 300 \times 10^3}{300} = 1712 \text{ mm}^2$$

受拉钢筋 A_s 选用 4 根直径为 25 mm 的 HRB335 级钢筋($A_s = 1963 \text{ mm}^2$),受压钢筋 A'_s 选用 2 根直径为 14 mm 的 HRB335 级钢筋($A'_s = 308 \text{ mm}^2$)。

垂直于弯矩作用平面的承载力经验算满足要求,此处验算过程从略。

例 7-2 已知,$N = 150 \times 10^3$ N,$M_2 = M_1 = 210 \times 10^6$ N·mm,$b = 300$ mm,$h = 500$ mm,$a_s = a'_s = 40$ mm,受压钢筋采用 4 根直径为 22 mm 的 HRB335 级钢筋($A'_s = 1520 \text{ mm}^2$),混凝土强度等级为 C30,构件的计算长度 $l_0 = 6000$ mm。求受拉钢筋截面面积 A_s。

解 由表 2-5 和表 2-6 得,C30 混凝土的 $f_c = 14.3 \text{ N/mm}^2$,$f_t = 1.43 \text{ N/mm}^2$,HRB335 钢筋的 $f_y = f'_y = 300 \text{ N/mm}^2$。

由表5-1知：对于C30的混凝土 $\alpha_1=1.0,\beta_1=0.8$，由表5-2知：对于C30的混凝土和HRB335钢筋 $\xi_b=0.550$。

由已知条件可得

$$h_0=h-a_s=500-40=460\ \text{mm},h'_0=h-a'_s=500-40=460\ \text{mm}$$

$$\frac{h}{30}=\frac{500}{30}=16.67\ \text{mm},\text{取}\ e_a=20\ \text{mm}$$

矩形截面 $i=\sqrt{\dfrac{I}{A}}=\dfrac{h}{2\sqrt{3}}=\dfrac{400}{2\sqrt{3}}=144.3\ \text{mm}$

$$\frac{M_1}{M_2}=1>0.9,\text{且}\frac{l_0}{i}=\frac{6000}{144.4}=41.5>34-12\times\left(\frac{M_1}{M_2}\right)=22$$

$$\zeta_c=\frac{0.5f_cA}{N}=\frac{0.5\times14.3\times300\times500}{150\times10^3}=7.15>1,\text{取}\ \zeta_c=1.0$$

$$C_m=0.7+0.3\frac{M_1}{M_2}=1.0$$

由式(7-15)

$$\eta_{ns}=1+\frac{h_0}{1300\times(M_2/N+e_a)}\left(\frac{l_0}{h}\right)^2\zeta_c=1+\frac{460}{1300\times\left(\dfrac{210\times10^6}{150\times10^3}+20\right)}\times\left(\frac{6000}{500}\right)^2\times1.0$$

$$=1.036$$

$$M=C_m\eta_{ns}M_2=1.0\times1.036\times210\times10^6=217.560\times10^6\ \text{N·mm}$$

$$e_0=\frac{M}{N}=\frac{217.560\times10^6}{150\times10^3}=1450.4\ \text{mm}$$

则

$$e_i=e_0+e_a=1450.4+20=1470.4\ \text{mm}$$

因 $e_i=1470.4\ \text{mm}>0.3h_0=0.3\times460=138\ \text{mm}$，可先按大偏心受压情况计算。

$$e=e_i+\frac{h}{2}-a_s=1470.4+\frac{500}{2}-40=1680.4\ \text{mm}$$

由式(7-49b)，有

$$\xi=1-\sqrt{1-2\frac{Ne-A'_sf_y(h_0-a'_s)}{\alpha_1f_cbh_0^2}}$$

$$=1-\sqrt{1-2\times\frac{150\times10^3\times1680.4-1520\times300\times(460-40)}{1\times14.3\times300\times460^2}}=0.0691$$

$$<\xi_b=0.550$$

与前面的假设大偏心相符，但 $x=\xi h_0=0.0691\times460=32\ \text{mm}<2a'_s=2\times40=80\ \text{mm}$。

近似取 $x=2a'_s$，并将各力对受压钢筋 A'_s 的合力中心取矩，由式(7-52)得

$$A_s=\frac{N(e_i-0.5h+a'_s)}{f_y(h_0-a'_s)}=\frac{150\times10^3\times(1470.4-0.5\times500+40)}{300\times(460-40)}$$

$$=1500\ \text{mm}^2$$

另外，再按不考虑受压钢筋 A'_s 的作用，即取 $A'_s=0$，由式(7-49b)，有

$$\xi=1-\sqrt{1-2\frac{Ne}{\alpha_1f_cbh_0^2}}=1-\sqrt{1-2\times\frac{150\times10^3\times1680.4}{1\times14.3\times300\times460^2}}=0.3332$$

$$<\xi_b=0.550$$

由式(7-51),有

$$A_s = \frac{\alpha_1 f_c b \xi h_0 + f'_y A'_s - N}{f_y} = \frac{1 \times 14.3 \times 300 \times 0.3332 \times 460 + 0 - 150 \times 10^3}{300}$$

$$= 1692\ \text{mm}^2$$

说明本题不考虑受压钢筋 A'_s 后计算得到的受拉钢筋 A_s 比考虑受压钢筋 A'_s 计算的得到的 A_s 大,因此,本题取 $A_s = 1496\ \text{mm}^2$ 来配筋,选用4根直径22 mm的HRB335级钢筋($A_s = 1520\ \text{mm}^2$)。

例7-3 已知:$N = 1200 \times 10^3$ N,$b = 400$ mm,$h = 600$ mm,$a_s = a'_s = 45$ mm,混凝土强度等级为C30,纵向受力钢筋为HRB400级,A_s 选用4根直径为20 mm钢筋($A_s = 1256\ \text{mm}^2$),A'_s 选用4根直径为22 mm钢筋($A'_s = 1520\ \text{mm}^2$)。构件计算长度 $l_0 = 4000$ mm。求该截面在 h 方向能承受的弯矩设计值。

解 由表2-5和表2-6得,C30混凝土的 $f_c = 14.3\ \text{N/mm}^2$,$f_t = 1.43\ \text{N/mm}^2$,HRB400钢筋的 $f_y = f'_y = 360\ \text{N/mm}^2$。

由表5-1知:对于C30的混凝土 $\alpha_1 = 1.0$,$\beta_1 = 0.8$,由表5-2知:对于C30的混凝土和HRB400钢筋 $\xi_b = 0.518$。

由已知条件可得

$$h_0 = h - a_s = 600 - 45 = 555\ \text{mm},\ h'_0 = h - a'_s = 600 - 45 = 555\ \text{mm}$$

先假设 $x = x_b = \xi_b h_0$,由式(7-18)计算出构件大小偏心受压界限情况下的轴向力 N_b 值

$$N_b = \alpha_1 f_c b \xi_b h_0 + f'_y A'_s - f_y A_s$$

$$= 1 \times 14.3 \times 400 \times 0.518 \times 555 + 360 \times 1520 - 360 \times 1256$$

$$= 1739.483 \times 10^3\ \text{N}$$

大于 $N = 1200 \times 10^3$ N,为大偏心受压。

令 $N_u = N$,由式(7-18)

$$\xi = \frac{x}{h_0} = \frac{N - f'_y A'_s + f_y A_s}{\alpha_1 f_c b h_0}$$

$$= \frac{1200 \times 10^3 - 360 \times 1520 + 360 \times 1256}{1 \times 14.3 \times 400 \times 555} = 0.3481$$

小于 $\xi_b = 0.518$,属于大偏心受压情况。

而 $x = \xi h_0 = 0.3841 \times 555 = 213\ \text{mm} > 2a'_s = 2 \times 45 = 90$ mm,说明受压钢筋能达到屈服强度。由式(7-19)得

$$e = \frac{\alpha_1 f_c b h_0^2 \xi (1 - 0.5\xi) + f'_y A'_s (h_0 - a'_s)}{N}$$

$$= \frac{1 \times 14.3 \times 400 \times 555^2 \times 0.3481 \times (1 - 0.5 \times 0.3481) + 360 \times 1520 \times (555 - 45)}{1200 \times 10^3}$$

$$= 655\ \text{mm}$$

由式(7-20)得

$$e_i = e - \frac{h}{2} + a_s = 655 - \frac{600}{2} + 45 = 400\ \text{mm}$$

$$M = N e_i = 1200 \times 10^3 \times 400 = 480 \times 10^6\ \text{N} \cdot \text{mm}$$

假设 $M_2 = M_1$,并取 $e_a = 20$ mm

$\zeta_c=\frac{0.5f_cA}{N}=\frac{0.5\times14.3\times400\times600}{1200\times10^3}=1.43>1$，取 $\zeta_c=1$

矩形截面 $i=\sqrt{\frac{I}{A}}=\frac{h}{2\sqrt{3}}=\frac{600}{2\sqrt{3}}=173.2\ \text{mm}$

$\frac{M_1}{M_2}=1>0.9$，且 $\frac{l_0}{i}=\frac{4000}{173.2}=23.1>34-12\left(\frac{M_1}{M_2}\right)=22$

$C_m=0.7+0.3\frac{M_1}{M_2}=1.0$

由式(7-15)

$$\eta_{ns}=1+\frac{h_0}{1300(M_2/N+e_a)}\left(\frac{l_0}{h}\right)^2\zeta_c=1+\frac{555}{1300\left(\frac{M_2}{1200\times10^3}+20\right)}\times\left(\frac{4000}{600}\right)^2\times1.0$$

由 $M=C_m\eta_{ns}M_2$，得

$$480\times10^6=1.0\times\left[1+\frac{555}{1300\left(\frac{M_2}{1200\times10^3}+20\right)}\times\left(\frac{4000}{600}\right)^2\times1.0\right]M_2$$

可解得

$$M_2=476.748\times10^6\ \text{N·mm}$$

由附加偏心距产生的弯矩

$$M_a=Ne_a=1200\times10^3\times20=24\times10^6\ \text{N·mm}$$

该截面在 h 方向能承受外荷载引起的弯矩最大值为：

$$M_0=M_2-M_a=476.748\times10^6-24\times10^6=452.748\times10^6\ \text{N·mm}$$

例 7-4　已知：$b=500$ mm，$h=700$ mm，$a_s=a'_s=45$ mm，混凝土强度等级为 C40，采用 HRB400 钢筋，A_s 选用 6 根直径为 25 mm 钢筋（$A_s=2945\ \text{mm}^2$），A'_s 选用 4 根直径为 25 mm（$A'_s=1963\ \text{mm}^2$）。构件计算长度 $l_0=14000$ mm，轴向力的偏心距 $e_0=450$ mm。求截面能承受的轴向力 N_u。

解　由表 2-5 和表 2-6 得，C40 混凝土的 $f_c=19.1\ \text{N/mm}^2$，$f_t=1.71\ \text{N/mm}^2$，HRB400 钢筋的 $f_y=f'_y=360\ \text{N/mm}^2$。

由表 5-1 知：对于 C40 的混凝土 $\alpha_1=1.0$，$\beta_1=0.8$，由表 5-2 知：对于 C40 的混凝土和 HRB400 钢筋 $\xi_b=0.518$。

由已知条件可得

$h_0=h-a_s=700-45=655$ mm，$h'_0=h-a'_s=700-45=655$ mm

$\frac{l_0}{h}=\frac{14000}{700}=200$

$\frac{h}{30}=\frac{700}{30}=23\ \text{mm}>20\ \text{mm}$，取 $e_a=23$ mm

则　$e_i=e_0+e_a=450+23=473$ mm

假设 $M_2=M_1$，则 $C_m=0.7+0.3\frac{M_1}{M_2}=1.0$

$\zeta_c=\frac{0.5f_cA}{N}=\frac{0.5\times19.1\times500\times700}{N}$ 因 N 未知直接得不到 ζ_c，暂取 $\zeta_c=1.0$

矩形截面 $i=\sqrt{\frac{I}{A}}=\frac{h}{2\sqrt{3}}=\frac{700}{2\sqrt{3}}=202.1\ \text{mm}$

$\frac{M_1}{M_2}=1>0.9$,且 $\frac{l_0}{i}=\frac{14000}{202.1}=69.3>34-12\left(\frac{M_1}{M_2}\right)=22$

由式(7-15)

$$\eta_{ns}=1+\frac{h_0}{1300(M_2/N+e_a)}\left(\frac{l_0}{h}\right)^2\zeta_c=1+\frac{655}{1300(450+20)}\times 20^2\times 1.0=1.429$$

$$C_m\eta_{ns}=1.0\times 1.429=1.429>1.0$$

因 $e_i=473\ \text{mm}>0.3h_0=0.3\times 655=196.5\ \text{mm}$,可先按大偏心受压情况计算。

$$e=e_i+\frac{h}{2}-a_s=473+\frac{700}{2}-45=778\ \text{mm}$$

由图 7.5(d),对轴向力 N 点取矩得

$$\alpha_1 f_c bx\left(e_i-\frac{h}{2}+\frac{x}{2}\right)=f_y A_s\left(e_i+\frac{h}{2}-a_s\right)-f'_y A'_s\left(e_i-\frac{h}{2}+a'_s\right)$$

整理后可得 ξ 的二次方程

$$\alpha_1 f_c bh_0^2\xi^2+2\alpha_1 f_c bh_0\left(e_i-\frac{h}{2}\right)\xi$$

$$-2\left[f_y A_s\left(e_i+\frac{h}{2}-a_s\right)-f'_y A'_s\left(e_i-\frac{h}{2}+a'_s\right)\right]=0$$

ξ 的解为

$$\xi=\frac{-\alpha_1 f_c bh_0\left(e_i-\frac{h}{2}\right)}{\alpha_1 f_c bh_0^2}$$

$$\pm\frac{\sqrt{\left[\alpha_1 f_c bh_0\left(e_i-\frac{h}{2}\right)\right]^2+2\alpha_1 f_c bh_0^2\left[f_y A_s\left(e_i+\frac{h}{2}-a_s\right)-f'_y A'_s\left(e_i-\frac{h}{2}+a'_s\right)\right]}}{\alpha_1 f_c bh_0^2}$$

代入数据,可得

$$\xi=\begin{cases}0.4286\\-0.8042\end{cases}$$

其中的 $\xi=0.4286$ 为真实解。

$\xi=0.4286<\xi_b=0.518$ 且 $x=\xi h_0=0.4286\times 655=281\ \text{mm}>2a'_s=2\times 45=90\ \text{mm}$

由式(7-18),有

$$\begin{aligned}N_u&=\alpha_1 f_c b\xi h_0+f'_y A'_s-f_y A_s\\&=1\times 19.1\times 500\times 0.4286\times 655+360\times 1963-360\times 2945\\&=2327.480\times 10^3\ \text{N}\end{aligned}$$

检查假设的 $\zeta_1=1$ 是否正确。令 $N=N_u$,则

$$\zeta_1=\frac{0.5f_c A}{N}=\frac{0.5\times 19.1\times 500\times 700}{2327.480\times 10^3}=1.436>1$$

取 $\zeta_c=1$ 与初始假设相符。所以,弯矩作用方向的 N_u 应为 2327.480×10^3 N。

再以轴心受压验算垂直于弯矩作用方向的承载能力。

由 $l_0/b=14000/500=28$,查表 4-1 得

$$\varphi=0.56$$

由式(4－57)得

$$\begin{aligned}N_u&=0.9\varphi[f_cA+f'_y(A_s+A'_s)]\\&=0.9\times0.56\times[19.1\times500\times700+360\times(2945+1963)]\\&=4259.748\times10^3\ \text{N}\end{aligned}$$

所以，该截面能承受的轴向力 $N_u=2327.480\times10^3$ N。

例7－5　已知在荷载作用下柱的轴向力设计值 $N=2500\times10^3$ N，柱截面尺寸 $b=450$ mm，$h=600$ mm，$a_s=a'_s=40$ mm，混凝土强度等级为C30，A_s 采用4根直径16 mm的HRB335级钢筋（$A_s=804$ mm^2），A'_s 采用4根直径25 mm的HRB335级钢筋（$A'_s=1963$ mm^2）。构件计算长度 $l_0=7200$ mm。求该截面在 h 方向能承受的弯矩设计值（假设 $M_2=M_1$）。

解　由表2－5和表2－6得，C30混凝土的 $f_c=14.3$ N/mm^2，$f_t=1.43$ N/mm^2，HRB335钢筋的 $f_y=f'_y=300$ N/mm^2。

由表5－1知：对于C30的混凝土 $\alpha_1=1.0$，$\beta_1=0.8$，由表5－2知：对于C30的混凝土和HRB335钢筋 $\xi_b=0.550$。

由已知条件可得

$$h_0=h-a_s=600-40=560\ \text{mm},\ h'_0=h-a'_s=600-40=560\ \text{mm}$$

先假设 $x=x_b=\xi_bh_0$，由式(7－18)计算出构件大小偏心受压界限情况下的轴向力 N_b 值

$$\begin{aligned}N_b&=\alpha_1f_cb\xi_bh_0+f'_yA'_s-f_yA_s\\&=1\times14.3\times450\times0.550\times560+300\times1963-300\times804\\&=2329.680\times10^3\ \text{N·mm}<N=2500\times10^3\ \text{N·mm}\end{aligned}$$

为小偏心受压。

令 $N_u=N$，验算垂直于弯矩平面的承载力是否安全。该方向可视为轴心受压。

由已知条件 $l_0/h=7200/300=16$，查表4－1得：$\varphi=0.87$，按式(4－57)得

$$\begin{aligned}N_u&=0.9\varphi[f_cA+f'_y(A_s+A'_s)]\\&=0.9\times0.87\times[14.3\times450\times600+300\times(804+1963)]\\&=3673.131\times10^3\ \text{N}\end{aligned}$$

大于 $N=2500\times10^3$ N，说明，垂直于弯矩平面安全。

令 $N_u=N$，将式(7－33)代入式(7－26)整理后可得

$$\begin{aligned}\xi&=\frac{N-f'_yA'_s-\dfrac{\beta_1}{\xi_b-\beta_1}f_yA_s}{\alpha_1f_cbh_0-\dfrac{f_yA_s}{\xi_b-\beta_1}}\\&=\frac{2500\times10^3-300\times1963-\dfrac{0.8}{0.550-0.8}\times300\times804}{1\times14.3\times450\times560-\dfrac{300\times804}{0.550-0.8}}=0.587>\xi_b\\&=0.550\end{aligned}$$

由式(7－27)离轴向力较远钢筋合力中心取矩的平衡条件，得

$$e=\frac{\alpha_1f_cbh_0^2\xi(1-0.5\xi)+f'_yA'_s(h_0-a'_s)}{N}$$

$$=\frac{1\times 14.3\times 450\times 560^2\times 0.587\times(1-0.5\times 0.587)+300\times 1963\times(560-40)}{2500\times 10^3}$$

$=457\ \text{mm}$

由式(7-28),有

$$e_i=e-\frac{h}{2}+a_s=457-\frac{600}{2}+40=197\ \text{mm}$$

$$\frac{h}{30}=\frac{600}{30}=20\ \text{mm},取\ e_a=20\ \text{mm},\frac{l_0}{h}=\frac{7200}{600}=12$$

矩形截面 $i=\sqrt{\frac{I}{A}}=\frac{h}{2\sqrt{3}}=\frac{600}{2\sqrt{3}}=173.2\ \text{mm}$

$$\frac{M_1}{M_2}=1>0.9,且\frac{l_0}{i}=\frac{7200}{173.2}=41.6>34-12\left(\frac{M_1}{M_2}\right)=22$$

需考虑由轴向力引起的附加弯矩的影响。

$$\zeta_c=\frac{0.5f_cA}{N}=\frac{0.5\times 14.3\times 450\times 600}{2500\times 10^3}=0.7722$$

由式(7-15)

$$\eta_{ns}=1+\frac{h_0}{1300(M_2/N+e_a)}\left(\frac{l_0}{h}\right)^2\zeta_c=1+\frac{560}{1300\left(\frac{M_2}{2500\times 10^3}+20\right)}\times 12^2\times 0.7722$$

$$C_m=0.7+0.3\frac{M_1}{M_2}=1.0$$

而 $M=C_m\eta_{ns}M_2$ 同时 $M=Ne_0=N(e_i-e_a)$(因 $e_0=M/N,e_i=e_0+e_a$)

可得 $N(e_i-e_a)=C_m\left[1+\frac{h_0}{1300(M_2/N+e_a)}\left(\frac{l_0}{h}\right)^2\zeta_c\right]M_2$

由上式可解得 $M_2=338.174\times 10^6\ \text{N·mm}$。

则该柱截面在 h 方向能承受的弯矩设计值为:$338.174\times 10^6\ \text{N·mm}$。

2. 对称配筋矩形截面偏心受压构件正截面承载力设计计算方法

在实际工程中,偏心受压构件在不同内力组合下,可能承受不同方向弯矩的作用,或为了构造简单便于施工,常常采用对称配筋,即截面两侧配筋相同。

当偏心受压构件对称配筋时,$A_s=A'_s$,$f_y=f'_y$,$a_s=a'_s$。由式(7-18)构件的界限轴向力为

$$N_b=\alpha_1f_c\xi_bbh_0\tag{7-57}$$

(1) 当 $e_i>0.3h_0$,且 $N\leqslant N_b$ 时,由式(7-18)可得

$$\xi=\frac{N}{\alpha_1f_cbh_0}\tag{7-58}$$

将式(7-58)代入式(7-19)

$$A_s=A'_s=\frac{Ne-\alpha_1f_cbh_0^2\xi(1-0.5\xi)}{f'_y(h_0-a'_s)}\tag{7-59}$$

式(7-58)和式(7-59)的适用条件为 $2a'_s/h_0\leqslant\xi\leqslant\xi_b$。

若 $x=\xi h_0<2a'_s$,近似取 $x=2a'_s$,则

$$A_s = A'_s = \frac{N(e_i - 0.5h + a'_s)}{f'_y(h_0 - a'_s)} \tag{7-60}$$

若 $\xi > \xi_b$，则按小偏心进行计算。

(2) 当 $e_i \leqslant 0.3h_0$，或 $e_i > 0.3h_0$ 且 $N > N_b$ 时，为小偏心受压，远离纵向力作用一侧的钢筋不屈服，将其应力 $\sigma_s = f_y \frac{\xi - \beta_1}{\xi_b - \beta_1}$ 和 $A_s = A'_s$，$f_y = f'_y$ 代入式(7-26)可得

$$N = \alpha_1 f_c \xi b h_0 + f'_y A'_s \frac{\xi_b - \xi}{\xi_b - \beta_1} \text{ 或 } f'_y A'_s = (N - \alpha_1 f_c \xi b h_0) \frac{\xi_b - \beta_1}{\xi_b - \xi}$$

将上式代入式(7-27)后得一个关于 ξ 的三次方程

$$Ne \frac{\xi_b - \xi}{\xi_b - \beta_1} = \alpha_1 f_c b h_0^2 \xi (1 - 0.5\xi) \frac{\xi_b - \xi}{\xi_b - \beta_1} + (N - \alpha_1 f_c \xi b h_0)(h_0 - a'_s) \tag{7-61}$$

令 $Y = \xi(1 - 0.5\xi)$，对于小偏心受压构件，$\xi_b < \xi \leqslant h/h_0$，$\xi$ 取值的下限为构件的界限受压区相对计算高度，其取值与混凝土强度等级和钢筋级别有关。工程常用混凝土强度等级和钢筋级别的 ξ 取值大约在 0.463～1.1 之间，而 $Y = \xi(1 - 0.5\xi)$ 的值约在 0.356～0.500 之间，如图 7.16 所示。为了避免求解过程中解三次方程，简化计算，Y 近似取其平均值，如取 $Y = 0.43$。将其代入式(7-61)，经整理可得

$$\xi = \frac{N - \xi_b \alpha_1 f_c b h_0}{\dfrac{Ne - 0.43\alpha_1 f_c b h_0^2}{(\beta_1 - \xi_b)(h_0 - a'_s)} + \alpha_1 f_c b h_0} + \xi_b \tag{7-62}$$

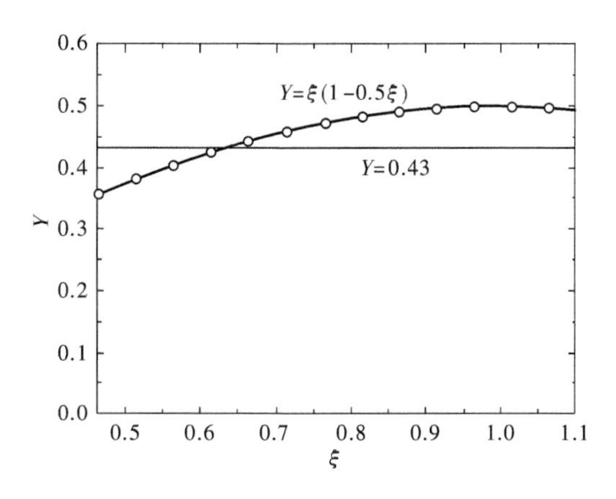

图 7.16　Y-ξ 关系曲线

将计算得到的 ξ 代入式(7-54)，整理后得

$$A_s = A'_s = \frac{Ne - \alpha_1 f_c b h_0^2 \xi (1 - 0.5\xi)}{f'_y(h_0 - a'_s)} \tag{7-63}$$

对称配筋矩形截面偏心受压构件承载力复核与非对称配筋矩形截面偏心受压构件承载力复核的步骤相同，只需引入 $A_s = A'_s$ 和 $f_y = f'_y$。对称配筋矩形截面偏心受压构件承载力复核，同样应同时考虑弯矩作用平面内的承载力和垂直于弯矩作用平面的承载力。

例 7-6　已知条件同例 7-1，但将截面设计成对称配筋，求截面的配筋。

解　由表 2-5 和表 2-6 得，C30 混凝土的 $f_c = 14.3\ \text{N/mm}^2$，$f_t = 1.43\ \text{N/mm}^2$，HRB335 钢筋的 $f_y = f'_y = 300\ \text{N/mm}^2$。

由表 5-1 知:对于 C30 的混凝土 $\alpha_1=1.0$,$\beta_1=0.8$,由表 5-2 知:对于 C30 的混凝土和 HRB335 钢筋 $\xi_b=0.550$。

由已知条件可得

$$h_0=h-a_s=400-40=360\ \text{mm}$$

$$h'_0=h-a'_s=400-40=360\ \text{mm}$$

$$\frac{h}{30}=\frac{400}{30}=13.33\ \text{mm},因此,取\ e_a=20\ \text{mm}$$

矩形截面 $i=\sqrt{\dfrac{I}{A}}=\dfrac{h}{2\sqrt{3}}=\dfrac{400}{2\sqrt{3}}=115.5\ \text{mm}$

$$\frac{M_1}{M_2}=1>0.9,且\frac{l_0}{i}=\frac{3600}{115.5}=31.2>34-12\left(\frac{M_1}{M_2}\right)=22$$

$$\zeta_c=\frac{0.5f_cA}{N}=\frac{0.5\times14.3\times300\times400}{300\times10^3}=2.86>1,取\ \zeta_c=1.0$$

$$C_m=0.7+0.3\frac{M_1}{M_2}=1.0$$

由式(7-15)

$$\eta_{ns}=1+\frac{h_0}{1300(M_2/N+e_a)}\left(\frac{l_0}{h}\right)^2\zeta_c=1+\frac{360}{1300\times\left(\dfrac{180\times10^6}{300\times10^3}+20\right)}\times9^2\times1.0$$

$$=1.036$$

$$M=C_m\eta_{ns}M_2=1.0\times1.036\times180\times10^6=186.480\times10^6\ \text{N·mm}$$

$$e_0=\frac{M}{N}=\frac{186.480\times10^6}{300\times10^3}=621.6\ \text{mm}$$

则 $e_i=e_0+e_a=621.6+20=641.6\ \text{mm}$

因 $e_i=641.6\ \text{mm}>0.3h_0=0.3\times360=108\ \text{mm}$,可先按大偏心受压情况计算。

当偏心受压构件对称配筋时,$A_s=A'_s$,$f_y=f'_y$,$a_s=a'_s$。由式(7-58)可得

$$\xi=\frac{N}{\alpha_1f_cbh_0}=\frac{300\times10^3}{1\times14.3\times300\times360}=0.1943<\xi_b=0.550$$

与原假设的大偏心受压一致,但 $x=\xi h_0=0.1943\times360=70<2a'_s=2\times40=80\ \text{mm}$

因此,取 $x=2a'_s=2\times40=80\ \text{mm}$,由式(7-60),有

$$A_s=A'_s=\frac{N(e_i-0.5h+a'_s)}{f'_y(h_0-a'_s)}=\frac{300\times10^3\times(641.6-0.5\times400+40)}{300\times(360-40)}$$

$$=1505\ \text{mm}^2$$

每边配置 4 根直径 22 mm 的 HRB335 级钢筋($A_s=A'_s=1520\ \text{mm}^2$)。

本题的计算结果与例 7-1 的计算结果比较可以看出,对称配筋时钢筋总的用量($A_s+A'_s=1520\times2=3040\ \text{mm}^2$)大于非对称配筋时钢筋总的用量($A_s+A'_s=1963+308=2271\ \text{mm}^2$)。

例 7-7 已知:轴向力设计值 $N=2500\times10^3$ N,同一主轴方向构件两端弯矩分别为 $M_1=200\times10^6$ N·mm,$M_2=250\times10^6$ N·mm。截面尺寸:$b=400$ mm,$h=700$ mm,$a_s=a'_s=40$ mm;混凝土强度等级为 C30,用 HRB335 级钢筋;构件计算长度 $l_0=2500$ mm。采用对称配筋,求截面的配筋。

解 由表 2-6 和表 2-6 得,C30 混凝土的 $f_c=14.3\ \text{N/mm}^2$,$f_t=1.43\ \text{N/mm}^2$,HRB335 钢

筋的 $f_y=f'_y=300\ \text{N/mm}^2$。

由表 5-1 知：对于 C30 的混凝土 $\alpha_1=1.0$，$\beta_1=0.8$，由表 5-2 知：对于 C30 的混凝土和 HRB335 钢筋 $\xi_b=0.550$。

由已知条件可得

$$h_0=h-a_s=700-40=660\ \text{mm},\ h'_0=h-a'_s=700-40=660\ \text{mm}$$

$$\frac{h}{30}=\frac{700}{30}=23\ \text{mm}>20\ \text{mm mm}，因此，取\ e_a=23\ \text{mm}$$

矩形截面 $i=\sqrt{\dfrac{I}{A}}=\dfrac{h}{2\sqrt{3}}=\dfrac{700}{2\sqrt{3}}=202.1\ \text{mm}$

$$\frac{M_1}{M_2}=\frac{200\times10^6}{250\times10^6}=0.8<0.9,\ n=\frac{N}{f_cA}=\frac{2500\times10^3}{14.3\times400\times700}=0.624<0.9$$

且 $\dfrac{l_0}{i}=\dfrac{2500}{202.1}=13.37<34-12\left(\dfrac{M_1}{M_2}\right)=22$

因此，不考虑轴向力产生的附加弯矩的影响

$$M=M_2=250\times10^6\ \text{N}\cdot\text{mm}$$

$$e_0=\frac{M}{N}=\frac{250\times10^6}{2500\times10^3}=100\ \text{mm}$$

则　$e_i=e_0+e_a=100+23=123\ \text{mm}$

因 $e_i=123\ \text{mm}<0.3h_0=0.3\times660=198\ \text{mm}$，属于小偏心受压情况计算。

$$e=e_i+\frac{h}{2}-a_s=123+\frac{700}{2}-40=433\ \text{mm}$$

按近似公式计算 ξ，由式(7-62)，有

$$\xi=\frac{N-\xi_b\alpha_1f_cbh_0}{\dfrac{Ne-0.43\alpha_1f_cbh_0^2}{(\beta_1-\xi_b)(h_0-a'_s)}+\alpha_1f_cbh_0}+\xi_b$$

$$=\frac{2500\times10^3-0.550\times1\times14.3\times400\times660}{\dfrac{2500\times10^3\times433-0.43\times1\times14.3\times400\times660^2}{(0.8-0.550)(660-40)}+1\times14.3\times400\times660}$$

$$+0.550$$

$$=0.6601>\xi_b$$

由式(7-63)，有

$$A_s=A'_s=\frac{Ne-\alpha_1f_cbh_0^2\xi(1-0.5\xi)}{f'_y(h_0-a'_s)}$$

$$=\frac{2500\times10^3\times433-1\times14.3\times400\times660^2\times0.6601\times(1-0.5\times0.6601)}{300\times(660-40)}$$

$$=104\ \text{mm}^2<\rho_{\min}bh=0.45\frac{f_t}{f_y}bh=0.45\times\frac{1.43}{300}\times400\times700=601\ \text{mm}^2$$

取 $A_s=A'_s=601\ \text{mm}^2$ 配筋。每边选用 3 根直径为 16 mm 的 HRB335 级钢筋（$A_s=A'_s=603\ \text{mm}^2$）。

垂直于弯矩作用方向的承载力按高度为 b 的轴心受压构件验算

由 $\dfrac{l_0}{b}=\dfrac{2500}{400}=6.25$，查表 4-1，取 $\varphi=1$

由式(4－57),有

$$N_u = 0.9\varphi[f_c A + f'_y(A'_s + A_s)]$$
$$= 0.9 \times 1 \times [14.3 \times 400 \times 700 + 300 \times (603 + 603)]$$
$$= 3929.220 \times 10^3\ \text{N} > 2500 \times 10^3\ \text{N}$$

垂直于弯矩作用方向安全。

3. 工字形截面偏心受压构件正截面承载力设计计算方法

工字形截面偏心受压构件的正截面承载力设计计算方法与矩形截面的相似,计算时同样可根据受压区计算高度分为大偏心受压构件和小偏心受压构件。

工字形截面偏心受压构件一般为对称配筋($A_s = A'_s$)的预制柱,下面主要介绍对称配筋工字形截面偏心受压构件正截面承载力的设计计算方法。

① $N \leqslant \alpha_1 f_c b'_f h'_f$ 时,中和轴位于翼缘内,按宽度为 b'_f 的矩形截面计算。一般情况下,翼缘的厚度较小,因此,往往满足 $\xi \leqslant \xi_b$,属于大偏心受压情况。这时,由式(7－39)可得

$$\xi = \frac{x}{h_0} = \frac{N}{\alpha_1 f_c b'_f h_0} \tag{7-64}$$

则由式(7－40)得

$$A_s = A'_s = \frac{Ne - \alpha_1 f_c b'_f h_0^2 \xi(1 - 0.5\xi)}{f'_y(h_0 - a'_s)} \tag{7-65}$$

如果 $x < 2a'_s$,则如同双筋受弯构件一样,近似取 $x = 2a'_s$,受力与宽度为 b'_f 的矩形截面相同,计算配筋的公式与该情况下矩形截面公式相同,即式(7－52)

$$A_s = A'_s = \frac{N(e_i - 0.5h + a'_s)}{f'_y(h_0 - a'_s)} \tag*{同(7-52)}$$

另外,再按不考虑受压钢筋 A'_s,即取 $A'_s = 0$,按非对称配筋构件计算 A_s 值。然后与用式(7－52)计算的 A_s 值作比较,取用小值配筋(具体配筋时,仍取用 $A'_s = A_s$ 配置)。

② 当 $\alpha_1 f_c[\xi_b b h_0 + (b'_f - b)h'_f] \geqslant N \geqslant \alpha_1 f_c b'_f h'_f$ 时,中和轴位于腹板,但 $x \leqslant \xi_b h_0$。此时,仍然属于大偏心受压情况。这时,令式(7－36)和式(7－37)中的 $f'_y A'_s = f_y A_s$,可得

$$\xi = \frac{x}{h_0} = \frac{N}{\alpha_1 f_c b h_0} - \frac{(b'_f - b)h'_f}{b h_0} \tag{7-66}$$

$$A_s = A'_s = \frac{Ne - \alpha_1 f_c[b h_0^2 \xi(1 - 0.5\xi) + (b'_f - b)h'_f(h_0 - 0.5h'_f)]}{f'_y(h_0 - a'_s)} \tag{7-67}$$

③ 当 $\alpha_1 f_c[\xi_b b h_0 + (b'_f - b)h'_f] < N \leqslant \alpha_1 f_c[b(h - h_f) + (b'_f - b)h'_f]$时,中和轴仍位于腹板,但 $x > \xi_b h_0$,属于小偏心受压情况。这时令式(7－41)和式(7－42)中的 $A'_s = A_s$,而式中的 $\sigma_s = f_y \dfrac{\xi - \beta_1}{\xi_b - \beta_1}$,可得

$$N = \alpha_1 f_c[b h_0 \xi + (b'_f - b)h'_f] + f'_y A'_s \frac{\xi_b - \xi}{\xi_b - \beta_1} \tag{7-68}$$

$$Ne = \alpha_1 f_c[b h_0^2 \xi(1 - 0.5\xi) + (b'_f - b)h'_f(h_0 - 0.5h'_f)] + f'_y A'_s(h_0 - a'_s) \tag{7-69}$$

联立式(7－68)和式(7－69),得到一个关于 ξ 的三次方程,令 $\xi(1 - 0.5\xi) = 0.43$ 后将其简化为 ξ 的一次方程,从中解得

$$\xi = \frac{N - \alpha_1 f_c[b h_0 \xi_b + (b'_f - b)h'_f]}{\dfrac{Ne - \alpha_1 f_c[0.43 b h_0^2 + (b'_f - b)h'_f(h_0 - 0.5h'_f)]}{(\beta_1 - \xi_b)(h_0 - a'_s)} + \alpha_1 f_c b h_0} + \xi_b \tag{7-70}$$

则由式(7-69)得

$$A_s = A'_s = \frac{Ne - \alpha_1 f_c[bh_0^2\xi(1-0.5\xi)+(b'_f-b)h'_f(h_0-0.5h'_f)]}{f'_y(h_0-a'_s)} \tag{7-71}$$

④ 当 $N > \alpha_1 f_c[b(h-h_f)+(b'_f-b)h'_f]$ 时，中和轴位于翼缘 h_f，为小偏心受压情况。此时的计算方法与③相同，只是表达式更加复杂。在全截面受压情况下，还应考虑附加偏心距 e_a 与 e_0 反方向对 A_s 的不利影响，具体方法与矩形截面类似。

例 7-8　一钢筋混凝土单层工业厂房边柱，下柱为工字形截面，截面尺寸：$b=80$ mm，$h=700$ mm，$b_f=b'_f=350$ mm，$h_f=h'_f=112$ mm，$a_s=a'_s=45$ mm，下柱高为 $H=6700$ mm，柱截面控制内力 $M=400\times10^6$ N·mm，轴向压力 $N=900\times10^3$ N。混凝土强度等级为 C40，纵向受力钢筋采用 HRB400 级钢筋，按对称配筋，求截面的配筋。

解　由表 2-5 和表 2-6 得，C40 混凝土的 $f_c=19.1$ N/mm^2，$f_t=1.71$ N/mm^2，HRB400 钢筋的 $f_y=f'_y=360$ N/mm^2。

由表 5-1 知：对于 C40 的混凝土 $\alpha_1=1.0$，$\beta_1=0.8$，由表 5-2 知：对于 C40 的混凝土和 HRB400 钢筋 $\xi_b=0.518$。

由已知条件可得

$$h_0=h-a_s=700-45=655\text{ mm},\ h'_0=h-a'_s=700-45=655\text{ mm}$$

弯矩作用平面方向的截面惯性矩

$$I_x=\frac{1}{12}\times350\times700^3-\frac{1}{12}\times270\times476^3=7577.538\times10^6\text{ mm}^4$$

面积　$A=350\times700-270\times476=116480$ mm^2

则截面的回转半径 $i_x=\sqrt{\dfrac{I_x}{A}}=\sqrt{\dfrac{7577.538\times10^6}{116480}}=255.1$ mm

$$\frac{l_0}{i_x}=\frac{6700}{255.1}=26.3>34-12+\frac{M_1}{M_2}=22,\ \frac{l_0}{h}=\frac{6700}{700}=9.57$$

$$\zeta_c=\frac{0.5f_cA}{N}=\frac{0.5\times19.1\times116480}{900\times10^3}=1.24>1，取\ \zeta_c=1.0$$

$$e_0=\frac{M_0}{N}=\frac{400\times10^6}{900\times10^3}=444\text{ mm},\ e_a=\frac{h}{30}=\frac{700}{30}=23\text{ mm}>20\text{ mm}$$

$$e_i=e_0+e_a=444+23=463\text{ mm}$$

由式(7-17)，有

$$\eta_s=1+\frac{1}{1500e_i/h_0}\left(\frac{l_0}{h}\right)^2\zeta_c=1+\frac{1}{1500\times\dfrac{463}{655}}\times9.57^2\times1.0$$

$$=1.086$$

$$M=\eta_sM_0=1.086\times400\times10^6=434.4\times10^6\text{ mm}$$

考虑轴向力产生的附加弯矩后的计算偏心距

$$e_i=\eta_se_0+e_a=1.086\times444+23=482\text{ mm}$$

因 $e_i=482$ mm $>0.3h_0=0.3\times655=197$ mm，可先按大偏心受压情况计算。

$$e=e_i+\frac{h}{2}-a_s=482+\frac{700}{2}-45=787\text{ mm}$$

令 $N_u=N$，由式(7-64)，有

$$x=\xi h_0=\frac{N}{\alpha_1 f_c b_f'}=\frac{900\times10^3}{1\times19.1\times350}=135\ \text{mm}>h_f'=112\ \text{mm}$$

说明中和轴位于腹板内,ξ 应由式(7-66)重新计算

$$\xi=\frac{x}{h_0}=\frac{N}{\alpha_1 f_c b h_0}-\frac{(b_f'-b)h_f'}{bh_0}$$

$$=\frac{900\times10^3}{1\times19.1\times80\times655}-\frac{(350-80)\times112}{80\times655}=0.3221<\xi_b=0.518$$

$$x=\xi h_0=0.3221\times655=211\ \text{mm}>h_f'=112\ \text{mm}$$

说明中和轴位于腹板,且构件为大偏心受压。则由式(7-67)

$$A_s=A_s'=\frac{Ne-\alpha_1 f_c[bh_0^2\xi(1-0.5\xi)+(b_f'-b)h_f'(h_0-0.5h_f')]}{f_y'(h_0-a_s')}$$

$$=\frac{900\times10^3\times787-1\times19.1\times[80\times655^2\times0.3221\times(1-0.5\times0.3221)+(350-80)\times112\times(655-0.5\times112)]}{360\times(655-45)}$$

$$=762\ \text{mm}^2$$

$$>\rho_{min}(A-(b'_f-b)h'_f)=0.45\frac{f_t}{f_y}(A-(b'_f-b)h'_f)=0.45\times\frac{1.71}{360}\times86240$$

$$=184\ \text{mm}^2$$

每边选用3根直径18 mm的HRB400级钢筋($A_s=A'_s=763\ \text{mm}^2$)。

垂直于弯矩作用平面方向的承载力按轴心受压进行验算。

构件垂直于弯矩作用平面方向的截面惯性矩

$$I_y=2\times\frac{1}{12}\times112\times350^3+\frac{1}{12}\times476\times80^3=821.643\times10^6\ \text{mm}^4$$

面积 $A=116480\ \text{mm}^2$

则截面的回转半径 $i_y=\sqrt{\dfrac{I_y}{A}}=\sqrt{\dfrac{821.643\times10^6}{116480}}=84\ \text{mm}$

$$\frac{l_0}{i_y}=\frac{6700}{84}=79.82$$

查表经插值得 $\varphi=0.6727$

由式(4-57)

$$N_u=0.9\varphi[f_cA+f'_y(A'_s+A_s)]$$

$$=0.9\times0.6727\times[19.1\times116480+360\times(804+804)]$$

$$=1697.449\times10^3\text{N}>900\times10^3\ \text{N}$$

垂直于弯矩作用方向安全。

例7-9 柱的几何尺寸、混凝土强度等级、钢筋级别均与例7-8相同,但柱的截面控制内力设计值:$N=1550\times10^3$ N, $M=250\times10^6$ N·mm。求截面对称配筋时的钢筋截面面积。

解 由表2-5和表2-6得,C40混凝土的 $f_c=19.1\ \text{N/mm}^2$,$f_t=1.71\ \text{N/mm}^2$,HRB400钢筋的 $f_y=f'_y=360\ \text{N/mm}^2$。

由表5-1知:对于C40的混凝土 $\alpha_1=1.0$,$\beta_1=0.8$,由表5-2知:对于C40的混凝土和HRB400钢筋 $\xi_b=0.518$。

由已知条件可得

$$h_0=h-a_s=700-45=655\ \text{mm},h'_0=h-a'_s=700-45=655\ \text{mm}$$

令 $N_u=N$,先按大偏心受压考虑。由式(7-64),有

$$x=\xi h_0=\frac{N}{\alpha_1 f_c b_f'}=\frac{1550\times10^3}{1\times19.1\times350}=232\ \text{mm}>f_f'=112\ \text{mm}$$

说明中和轴位于腹板内,x 应由式(7-66)重新计算

$$\xi=\frac{x}{h_0}=\frac{N}{\alpha_1 f_c b h_0}-\frac{(b_f'-b)h_f'}{bh_0}$$

$$=\frac{1550\times10^3}{1\times19.1\times80\times655}-\frac{(350-80)\times112}{80\times655}=0.9716>\xi_b=0.518$$

$$x=\xi h_0=0.9716\times655=636\ \text{mm}>h_f'=112\ \text{mm}$$

说明中和轴位于腹板,但构件不为大偏心受压。则需按小偏心受压重新计算。

弯矩作用平面方向的截面惯性矩

$$I_x=\frac{1}{12}\times350\times700^3-\frac{1}{12}\times270\times476^3=7577.538\times10^6\ \text{mm}^4$$

面积 $A=350\times700-270\times476=116480\ \text{mm}^2$

则截面的回转半径 $i_x=\sqrt{\frac{I_x}{A}}=\sqrt{\frac{7577.538\times10^6}{116480}}=255.1\ \text{mm}$

$$\frac{M_1}{M_2}=1>0.9,\ 且\frac{l_0}{i}=\frac{6700}{255.1}=26.3>34-12\times\frac{M_1}{M_2}=22,\ \frac{l_0}{h}=\frac{6700}{700}=9.57$$

$$\zeta_c=\frac{0.5f_cA}{N}=\frac{0.5\times19.1\times116480}{1550\times10^3}=0.7177$$

$$e_0=\frac{M_0}{N}=\frac{250\times10^6}{1550\times10^3}=161\ \text{m},\ e_a=\frac{h}{30}=\frac{700}{30}=23\ \text{mm}>20\ \text{mm}$$

$$e_i=e_0+e_a=161+23=184\ \text{mm}$$

由式(7-17),有

$$\eta_s=1+\frac{1}{1500e_i/h_0}\left(\frac{l_c}{h}\right)^2\zeta_c=1+\frac{1}{1500\times\frac{184}{655}}\times9.57^2\times0.7177$$

$$=1.165$$

$$M=\eta_s M_0=1.165\times250\times10^6=291.25\times10^6\ \text{mm}$$

考虑轴向力产生的附加弯矩后的计算偏心距

$$e_i=\eta_s e_0+e_a=1.165\times161+23=211\ \text{mm}$$

$$e=e_i+\frac{h}{2}-a_s=211+\frac{700}{2}-45=516\ \text{mm}$$

按近似公式计算,由式(7-70),有

$$\xi=\frac{N-\alpha_1 f_c[bh_0\xi_b+(b_f'-b)h_f']}{\frac{Ne-\alpha_1 f_c[0.43bh_0^2+(b_f'-b)h_f'(h_0-0.5h_f')]}{(\beta_1-\xi_b)(h_0-a_s')}+\alpha_1 f_c bh_0}+\xi_b$$

$$=\frac{1550\times10^3-1\times19.1\times[80\times655\times0.518+(350-80)\times112]}{\frac{1550\times10^3\times520-1\times19.1\times[0.43\times80\times655^2+(350-80)\times112\times(655-0.5\times112)]}{(0.8-0.518)\times(655-45)}+1\times19.1\times80\times655}$$

$$+0.518$$

$$=0.7409$$

则由式(7－71)得

$$A_s=A'_s=\frac{Ne-\alpha_1 f_c[bh_0^2\xi(1-0.5\xi)+(b'_f-b)h'_f(h_0-0.5h'_f)]}{f'_y(h_0-a'_s)}$$

$$=\frac{1550\times10^3\times520-1\times19.1\times[80\times655^2\times0.7409\times(1-0.5\times0.7409)+(350-80)\times112\times(655-0.5\times112)]}{360\times(655-45)}$$

$$=702\ \text{mm}^2$$

每边选用 4 根直径 16 mm 的 HRB400 级钢筋($A_s=A'_s=804\ \text{mm}^2$)。

垂直于弯矩作用平面方向的承载力按轴心受压进行验算(与例 7－8 类似,此处验算过程从略)。

7.2 偏心受拉构件正截面承载力计算

当构件承受轴向拉力 N 和弯矩 M 共同作用时,可等效为一偏心($e_0=M/N$)作用的拉力 N,这类构件称为偏心受拉构件。偏心受拉构件的受力和破坏特点与偏心距 e_0 的大小有关。偏心距从小到大变化,偏心受拉构件的受力状态由轴心受拉($e_0=0$)过渡为受弯($e_0=\infty$),极限状态的截面应力分布如图 7.17 所示。偏心受拉构件,按轴向拉力 N 作用在截面上的位置不同,分为小偏心受拉与大偏心受拉两种。

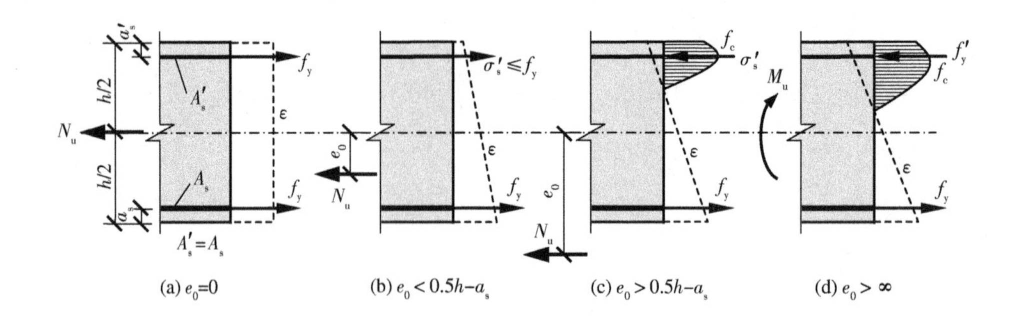

图 7.17　偏心受拉构件的截面极限状态

7.2.1　偏心受拉构件的受力特点

当偏心距为零时($e_0=0$),为轴心受拉,构件全截面均匀受拉,随着拉力的增大,截面混凝土强度薄弱处首先开裂,并迅速裂缝贯通整个截面。裂缝截面混凝土退出工作,全部拉力由两侧的钢筋(A_s 和 A'_s)承担,若对称配筋,钢筋 A_s 和 A'_s 的拉应力相等(见图 7.17(a))。当偏心距很小时($e_0<h/6$),构件处于全截面受拉的状态,但应力分布不均匀。随着偏心拉力的增大,截面拉应力较大一侧的混凝土首先开裂,并迅速向另一侧扩展,裂缝贯通整个截面。此时,裂缝截面混凝土退出工作,偏心拉力由两侧的钢筋(A_s 和 A'_s)承担,只是 A_s 承担的拉力比 A'_s 的大。当偏心距稍大但仍然位于 A_s 和 A'_s 两侧钢筋之间($h/6<e_0<0.5h-a_s$)时,拉力较小时,截面一侧受拉另一侧受压。随着偏心拉力的增大,靠近偏心拉力一侧(A_s 一侧)的混凝土首先开裂。随着载荷的增大,裂缝逐渐向另一侧扩展,混凝土的受压区逐渐缩小,进而消失。这部

分混凝土由受压转化为受拉，A'_s 钢筋的应力也由压应力转化为拉应力，而且拉应力随载荷的增大而增大。随着载荷的进一步增加，裂缝贯通整个截面，裂缝截面混凝土退出工作(见图7.17(b))。因此，只要偏心拉力位于 A_s 和 A'_s 钢筋之间，截面混凝土都将裂通，偏心拉力全由两侧的纵向受力钢筋承担。两侧钢筋的应力取决于偏心拉力的位置和钢筋配置数量。因此，对于拉力位于 A_s 和 A'_s 钢筋之间($0<e_0<h/2-a_s$)的偏心受拉构件，在极限状态时，混凝土退出工作，A_s 和 A'_s 钢筋均受拉。这种构件称为小偏心受拉构件。

当偏心距 $e_0>h/2-a_s$ 时，即轴向拉力位于 A_s 和 A'_s 钢筋之外时，拉力较小时，截面一侧受拉另一侧受压。随着偏心拉力的增加，靠近偏心拉力一侧的混凝土首先开裂，裂缝虽能开展，但不会贯通全截面，而始终保持一定的混凝土受压区(见图 7.16(c))。其破坏特点取决于靠近偏心拉力一侧的纵向受拉钢筋 A_s 的数量。当 A_s 适量时，它将先达到抗拉屈服强度，随着偏心拉力的继续增大，裂缝进一步向 A'_s 一侧扩展，混凝土受压区缩小。最后，受压区边缘混凝土达到其极限压应变，若受压区计算高度不小于两倍的保护层厚度，则纵向受压钢筋也可达到其抗压屈服强度。这种构件称为大偏心受拉构件，其破坏形态与受弯构件相似，只是由于轴向拉力的存在，受压区高度比相应的受弯构件小。

7.2.2　偏心受拉构件正截面承载力计算

1. 小偏心受拉构件

对于小偏心受拉构件，当达到承载能力极限状态时，截面全部裂通，不考虑混凝土的受拉作用，拉力完全由钢筋承担，如图 7.18 所示。一般情况下，两侧的钢筋不会同时屈服。假设钢筋 A_s 首先屈服，其应力达到 f_y。根据平衡条件建立平衡方程

$$N_u = A_s f_y + A'_s\sigma_s \tag{7-72}$$

$$N_u e = A'_s\sigma_s(h_0 - a'_s) \tag{7-73}$$

或

$$N_u e' = A_s f_y(h'_0 - a_s) \tag{7-74}$$

式中

$$e = \frac{h}{2} - e_0 - a_s \tag{7-75}$$

$$e' = \frac{h}{2} + e_0 - a'_s \tag{7-76}$$

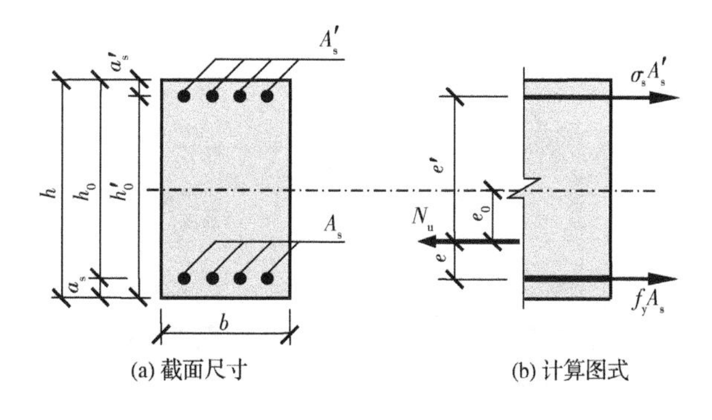

(a) 截面尺寸　(b) 计算图式

图 7.18　小偏心受拉截面尺寸及承载力计算图式

由式(7-73)和式(7-74)并考虑到$(h_0-a'_s)=(h'_0-a_s)$,或对轴向力作用中心取矩,由平衡条件,可得

$$\sigma_s=\frac{eA_s}{e'A'_s}f_y \tag{7-77}$$

若两侧钢筋同时达到屈服,则两侧钢筋面积必须满足

$$e'A'_s=eA_s \tag{7-78}$$

也就是说,只有当纵向拉力作用于截面钢筋面积的"塑性中心"时,全部钢筋才会都达到屈服。为充分利用钢材强度,使总用钢量最少,应在设计时采取使截面塑性中心与纵向拉力相重合的设计方法。

对于小偏心受拉构件,在设计时,可假设构件破坏时钢筋 A_s 和钢筋 A'_s 的应力都达到屈服强度,分别根据对钢筋 A_s 或钢筋 A'_s 的合力中心取矩的平衡条件,可得

$$N_ue=A'_sf_y(h_0-a'_s) \tag{7-79}$$

或

$$N_ue'=A_sf_y(h'_0-a_s) \qquad \text{同(7-74)}$$

则

$$A'_s=\frac{N_ue}{f_y(h_0-a'_s)} \tag{7-80}$$

$$A_s=\frac{N_ue'}{f_y(h'_0-a_s)} \tag{7-81}$$

对称配筋时可取

$$A'_s=A_s=\frac{N_ue'}{f_y(h'_0-a_s)} \tag{7-82}$$

2. 大偏心受拉构件

大偏心受拉构件的轴向拉力作用在 A_s 钢筋合力点和 A'_s 钢筋合力点之外,截面虽开裂,根据平衡条件,截面还存在混凝土受压区,如图 7.19 所示。既然还有受压区,截面就不会裂通。构件破坏时,A_s 钢筋和 A'_s 钢筋的应力都达到屈服;受压区混凝土边缘的应变达到其受压极限应变,与受弯构件相同,将受压区混凝土的应力简化为矩形分布。根据平衡条件可得

$$N_u=f_yA_s-f'_yA'_s-\alpha_1f_cbx \tag{7-83}$$

$$N_ue=\alpha_1f_cbx\left(h_0-\frac{x}{2}\right)+f'_yA'_s(h_0-a'_s) \tag{7-84}$$

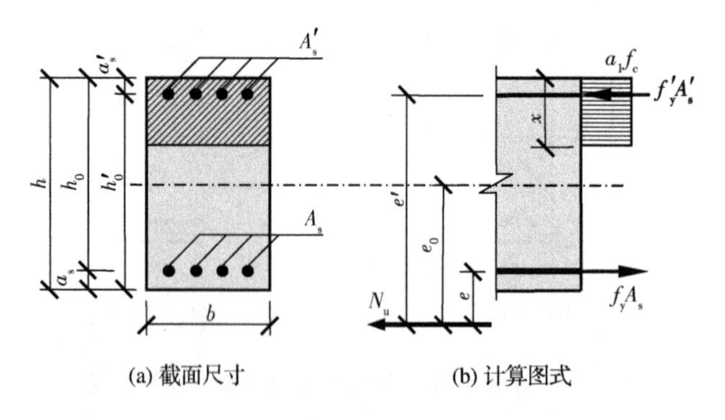

图 7.19 大偏心受拉截面尺寸及承载力计算图式

式中
$$e = e_0 - \frac{h}{2} + a_s \tag{7-85}$$

为保证构件不发生超筋和少筋破坏，并在破坏时纵向受压钢筋 A'_s 达到其抗压屈服强度，式(7-83)和式(7-84)的适用条件是

$$2a'_s \leqslant x \leqslant \xi_b h_0$$
$$A_s \geqslant \rho_{min} bh$$

虽然偏心受拉构件在弯矩和轴心拉力的作用下，也发生横向位移。但与偏心受压构件相反，这种横向位移将减小轴向拉力的偏心距。为计算简化，在设计基本公式中一般不考虑这种有利的影响。

对于非对称配筋偏心受拉构件，在设计时为了使钢筋总用量($A_s + A'_s$)最少，与受弯构件和大偏心受压构件一样，取 $x = \xi_s h_0$，代入式(7-83)及式(7-84)，可得

$$A'_s = \frac{N_u e - \alpha_1 f_c b h_0^2 \xi_s (1 - 0.5\xi_s)}{f'_y (h_0 - a'_s)} \tag{7-86}$$

$$A_s = \frac{\alpha_1 f_c b h_0 \xi_s + N_u}{f_y} + \frac{f'_y}{f_y} A'_s \tag{7-87}$$

式中，ξ_s 为截面钢筋面积最小时所对应的混凝土受压区相对计算高度，大偏心受拉构件的 ξ_s 取值与矩形截面双筋受弯构件和大偏心受拉构件相同，即取 ξ_ρ（式(5-115)或式(5-116)）和 ξ_b（表5-2）中的较小值。

对称配筋时，由于 $A_s = A'_s$，受压区钢筋 A'_s 往往达不到屈服，而且混凝土的受压区高度也很小。因为如果受拉钢筋和受压钢筋都屈服，由力的平衡条件式(7-83)，解得的受压区计算高度 x 将是负值。此时，近似取 $x = 2a'_s$，并对 A'_s 钢筋合力中心取矩，由平衡条件可得

$$A_s = \frac{N_u \left(e_0 + \frac{h}{2} - a'_s\right)}{f_y (h'_0 - a_s)} \tag{7-88}$$

同时，再取 $A'_s = 0$，即不考虑受压钢筋的作用，按单筋计算求得受拉钢筋 A_s 值，与由式(7-88)所得的 A_s 值比较，取较小值配筋。当然在构件配筋时，还是选取 $A'_s = A_s$。

例 7-10　某矩形水池，池壁厚为 300 mm，$a_s = a'_s = 45$ mm，混凝土强度等级为 C40，纵筋为 HRB335 级钢筋，由内力计算池壁某垂直截面中每米宽度上的弯矩设计值为 $M = 200 \times 10^6$ N·mm（使池壁内侧受拉），相应的每米宽度上的轴向拉力设计值 $N = 250 \times 10^3$ N。试确定垂直截面中沿池壁内侧和外侧所需钢筋 A_s 及 A'_s 的数量。

解　由表2-5和表2-6得，C40 混凝土的 $f_c = 19.1$ N/mm²，$f_t = 1.71$ N/mm²，HRB335 钢筋的 $f_y = f'_y = 300$ N/mm²。

由表5-1知：对于 C40 的混凝土 $\alpha_1 = 1.0$，$\beta_1 = 0.8$，由表5-2知：对于 C40 的混凝土和 HRB335 钢筋 $\xi_b = 0.550$。

令 $N_u = N$，$M_u = M$，取 $b \times h = 1000\ \text{mm} \times 300\ \text{mm}$，由已知条件可得

$$h_0 = h - a_s = 300 - 45 = 255\ \text{mm},\quad h'_0 = h - a'_s = 300 - 45 = 255\ \text{mm}$$

$$e_0 = \frac{M}{N} = \frac{200 \times 10^6}{250 \times 10^3} = 800\ \text{mm}$$

为大偏心受拉。

$$e = e_0 - \frac{h}{2} + a_s = 800 - \frac{300}{2} + 45 = 695\ \text{mm}$$

钢筋 A_s 及 A'_s 的数量均为未知，为充分发挥混凝土的作用，令 $\xi=\xi_s=\xi_b=0.550$，由式(7-86)，有

$$A'_s=\frac{Ne-\alpha_1 f_c b h_0^2 \xi_b(1-0.5\xi_b)}{f'_y(h_0-a'_s)}$$

$$=\frac{250\times10^3\times695-1\times19.1\times1000\times255^2\times0.550\times(1-0.5\times0.550)}{300\times(255-45)}$$

$$<0$$

说明计算不需要配置受压钢筋，故按最小配筋率确定 A'_s。

$$A'_s=\rho'_{\min}bh=0.002\times1000\times300=600\ \text{mm}^2$$

在每米宽度上配置 5 根(即间距为 200 mm)直径为 14 mm 的 HRB335 级钢筋，$A'_s=770\ \text{mm}^2$。

A'_s 已知后，由式(7-84)，有

$$\xi=1-\sqrt{1-2\frac{Ne-f'_y A'_s(h_0-a'_s)}{\alpha_1 f_c b h_0^2}}$$

$$=1-\sqrt{1-2\times\frac{250\times10^3\times695-300\times770\times(255-45)}{1\times19.1\times1000\times255^2}}=0.1065<\xi_b$$

$$=0.518$$

但　　$x=\xi h_0=0.1065\times255=27\ \text{mm}<2a'_s=2\times45=90\ \text{mm}$

因此，取 $x=2a'_s=2\times45=90\ \text{mm}$

由式(7-88)，有

$$A_s=\frac{N\left(e_0+\frac{h}{2}-a'_s\right)}{f_y(h'_0-a_s)}=\frac{250\times10^3\times\left(695+\frac{300}{2}-45\right)}{300\times(255-45)}=3175\ \text{mm}^2$$

因为，A'_s 钢筋未屈服，另外取 $A'_s=0$，即不考虑 A'_s 的作用，求需要的 A_s。

由式(7-84)，有

$$\xi=1-\sqrt{1-2\frac{Ne}{\alpha_1 f_c b h_0^2}}$$

$$=1-\sqrt{1-2\times\frac{250\times10^3\times695}{1\times19.1\times1000\times255^2}}=0.1514<\xi_b=0.518$$

由式(7-83)，有

$$A_s=\frac{N+\alpha_1 f_c b\xi h_0}{f_y}=\frac{250\times10^3+1\times19.1\times1000\times0.1514\times255}{300}=3291\ \text{mm}^2$$

从上面计算中取小者配筋，即取 $A_s=3175\ \text{mm}^2$。

在每米宽度上配置 10 根(即间距为 100 mm)直径为 20 mm 的 HRB335 级钢筋，$A_s=3142\ \text{mm}^2$。实际配筋截面面积($A_s=3142\ \text{mm}^2$)比计算值($A_s=3175\ \text{mm}^2$)略小，但满足工程要求(误差 1%<5%)。

7.3 正截面承载力 N_u-M_u 相关曲线

给定截面、配筋及材料强度的构件，达到承载能力极限状态时，能够承担的轴向力 N_u 和弯矩 M_u 并不是独立的，构件可以在不同的 N 和 M 的组合下达到其极限承载力。试验表明，

小偏心受压情况下，正截面抗弯承载力随着轴向压力增加而减小；但大偏心受压情况下，正截面的抗弯承载力随着轴向压力增加反而提高；在界限破坏时，正截面的抗弯承载力达到最大值。而在偏心受拉情况下，无论是大偏心还是小偏心，正截面抗弯承载力随着轴向拉力增加而减小。

7.3.1　对称配筋矩形截面偏心受力构件的 N_u-M_u 相关关系

对于一个给定的钢筋混凝土构件，受力不同，其破坏形态不同。偏心受力构件的受力，有偏心受压和偏心受拉，根据偏心距不同，又有大偏心和小偏心。而轴心受拉、轴心受压以及纯弯可以看成偏心受力状态的特例。由前所述，不同的受力状态，控制构件承载力的因素不同，计算的基本公式也不同。因此，偏心受力构件的 N_u-M_u 相关关系应分段进行分析。

1. 对称配筋矩形截面大偏心受压时

将 $A'_s=A_s$ 和 $f'_y=f_y$ 代入式(7-18)，解得

$$x=\frac{N_u}{\alpha_1 f_c b} \tag{7-89}$$

将式(7-89)代入式(7-19)，可得

$$N_u e=N_u\left(h_0-\frac{N_u}{2\alpha_1 f_c b}\right)+f'_y A'_s(h_0-a'_s) \tag{7-90}$$

将式(7-20)代入式(7-90)，并有 $M_u=N_u e_i$，整理后得

$$\frac{M_u}{\alpha_1 f_c b h_0^2}=-\frac{1}{2}\left(\frac{N_u}{\alpha_1 f_c b h_0}\right)^2+\frac{1}{2}\frac{N_u}{\alpha_1 f_c b h_0}\frac{h}{h_0}+m\rho\left(1-\frac{a'_s}{h_0}\right) \tag{7-91}$$

式中，$m=\dfrac{f'_y}{\alpha_1 f_c}$为受压（或受拉）钢筋屈服强度和混凝土抗压强度之比，$\rho=\dfrac{A'_s}{bh_0}$为受压（或受拉）钢筋的配筋率。

由式(7-91)可以看出，对称配筋的矩形截面大偏心受压构件，正截面极限弯矩 M_u 是极限轴向压力 N_u 的二次函数，M_u 随着 N_u 增大而增大。

当 $x=\xi_b h_0$ 时，受拉钢筋屈服和混凝土破坏同时发生，即为大小偏心破坏的界限。此时，极限弯矩达到最大值，最大极限弯矩值和相应的极限轴向力分别为

$$\frac{M_u}{\alpha_1 f_c b h_0^2}=-\frac{1}{2}\xi_b^2+\frac{1}{2}\xi_b\frac{h}{h_0}+m\rho\left(1-\frac{a'_s}{h_0}\right) \tag{7-92}$$

$$\frac{N_u}{\alpha_1 f_c b h_0}=\xi_b \tag{7-93}$$

2. 对称配筋矩形截面小偏心受压时

小偏心受压时，受拉钢筋的拉应力小于其屈服压力，应力值大小和受压区相对计算高度的关系可用式(7-33)近似表示。将式(7-33)、$A'_s=A_s$ 和 $f'_y=f_y$ 代入式(7-26)，可解得

$$\xi=\lambda_1\frac{N_u}{\alpha_1 f_c b h_0}+\lambda_2 \tag{7-94}$$

式中，$\lambda_1=\dfrac{\beta_1-\xi_b}{(\beta_1-\xi_b)+m\rho}$，$\lambda_2=\dfrac{\xi_b m\rho}{(\beta_1-\xi_b)+m\rho}$。

由式(7-27)得

$$N_u e=\alpha_1 f_c b h_0^2\xi(1-0.5\xi)+f'_y A'_s(h_0-a'_s) \tag{7-95}$$

将式(7－94)和 $e=e_i+\frac{h}{2}-a_s$ 代入式(7－95),并有 $M_u=N_ue_i$,整理后得

$$\frac{M_u}{\alpha_1 f_c b h_0^2}=\left[\left(\frac{N_u}{\alpha_1 f_c b h_0}\lambda_1+\lambda_2\right)-0.5\left(\frac{N_u}{\alpha_1 f_c b h_0}\lambda_1+\lambda_2\right)^2\right]-0.5\left(1-\frac{a'_s}{h_0}\right)\frac{N_u}{\alpha_1 f_c b h_0}+m\rho\left(1-\frac{a'_s}{h_0}\right) \tag{7-96}$$

由式(7－96)可以看出,对称配筋的矩形截面小偏心受压构件,正截面极限弯矩 M_u 也是极限轴向压力 N_u 的二次函数,但 M_u 随着 N_u 增大而减小。

显然,对于对称配筋截面,当 $M_u=N_ue_i=0$ 时,全截面均匀受压,在抗压极限状态,钢筋应力均达到受压屈服强度,相对受压区高度 $\xi=h/h_0$。将这些条件代入式(7－95),得

$$\frac{N_u}{\alpha_1 f_c b h_0}=\frac{h}{h_0}+2m\rho$$

3. 小偏心受拉构件

小偏心受拉承载力计算图式如图 7.18 所示,达到承载能力极限状态时,混凝土截面全部裂通,拉力完全由钢筋承担。一般情况下,两侧的钢筋不会同时屈服。假设距轴向力近的一侧钢筋 A_s 屈服,其应力为 f_y,另一侧钢筋 A'_s 的应力为 σ_s。对钢筋 A'_s 合力中心取矩,由平衡条件得

$$N_ue'=A_sf_y(h'_0-a_s) \qquad \text{同(7-74)}$$

式中

$$e'=\frac{h}{2}+e_0-a'_s \qquad \text{同(7-76)}$$

将式(7－76)代入式(7－74),对于偏心受拉构件有 $M_u=N_ue_0$,注意到 $(h'_0-a_s)=(h_0-a'_s)$,整理后得

$$\frac{M_u}{\alpha_1 f_c b h_0^2}=m\rho\left(1-\frac{a'_s}{h_0}\right)-\frac{N_u}{\alpha_1 f_c b h_0}\left(\frac{h}{2h_0}-\frac{a'_s}{h_0}\right) \tag{7-97}$$

由式(7－97)可以看出,对称配筋的矩形截面小偏心受拉构件,正截面极限弯矩 M_u 是极限轴向拉力 N_u 的线性函数,M_u 随着 N_u 增大而减小。

4. 大偏心受拉构件

大偏心受拉构件的轴向拉力作用在 A_s 钢筋合力点和 A'_s 钢筋合力点之外,其承载力计算图式如图 7.19 所示。对称配筋时,由于 $A_s=A'_s$,受压区钢筋 A'_s 往往达不到屈服,而且混凝土的受压区高度也很小。此时,近似取 $x=2a'_s$,并对 A'_s 钢筋合力中心取矩,由平衡条件可得

$$N_ue'=f_yA_s(h_0-a'_s) \tag{7-98}$$

式中

$$e'=e_0+\frac{h}{2}-a'_s \tag{7-99}$$

将式(7－99)代入式(7－96),对于偏心受拉构件有 $M_u=N_ue_0$,整理后得

$$\frac{M_u}{\alpha_1 f_c b h_0^2}=m\rho\left(1-\frac{a'_s}{h_0}\right)-\frac{N_u}{\alpha_1 f_c b h_0}\left(\frac{h}{2h_0}-\frac{a'_s}{h_0}\right) \tag{7-100}$$

由于大偏心的平衡条件式(7－98)和式(7－99)分别与小偏心的平衡条件式(7－74)和式(7－76)相同,因此,大偏心受拉构件的极限轴向力与极限弯矩关系表达式(7－100)和小偏心受拉构件的(7－97)完全相同。说明对称配筋偏心受拉构件,大、小偏心受拉的极限轴向力与极限弯矩的关系为同一条直线。从式(7－97)或式(7－100)可以看出,无论大偏心受拉构件还

是小偏心受拉构件，M_u 均随着 N_u 绝对值增大而线性减小。

7.3.2　对称配筋矩形截面偏心受力构件的 $N_u - M_u$ 相关曲线

针对给定截面的对称配筋偏心受力构件，分别将构件的大偏心受压、小偏心受压、大偏心受拉和小偏心受拉的极限轴向力和极限弯矩关系曲线绘出，如图 7.20 所示(注意图中 N_u 正值为压，负值为拉)，可以得到一条完整的轴力-弯矩包络图。整条曲线由大偏心受压曲线段、小偏心受压曲线段和偏心受拉直线段组成，其特点如下。

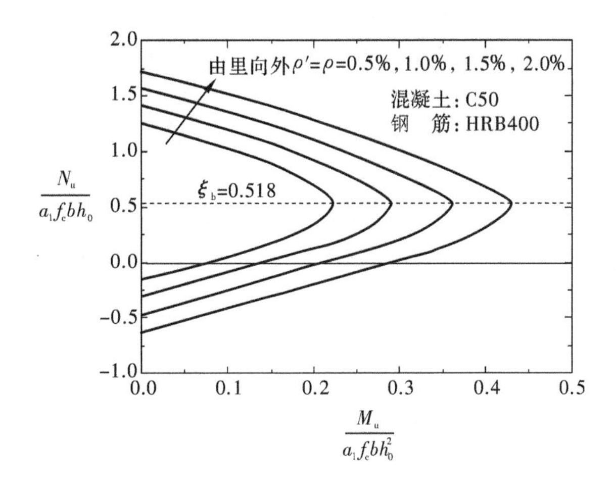

图 7.20　对称配筋矩形截面 $N_u - M_u$ 相关曲线

① 当 $\dfrac{M_u}{\alpha_1 f_c b h_0^2}=0$ 时，有两个 $\dfrac{N_u}{\alpha_1 f_c b h_0}$ 值，分别对应于构件的轴心受压和轴心受拉。$\dfrac{N_u}{\alpha_1 f_c b h_0}=\dfrac{h}{h_0}+2m\rho$ 为曲线的最大值，对应于构件的轴心受压；$\dfrac{N_u}{\alpha_1 f_c b h_0}=-2m\rho$ 为曲线的最小值，对应于构件的轴心受拉，此处的负号表示拉力。

② 当 $\dfrac{N_u}{\alpha_1 f_c b h_0}=0$ 时，$\dfrac{M_u}{\alpha_1 f_c b h_0^2}=m\rho\left(1-\dfrac{a'_s}{h_0}\right)$，对应于构件的纯弯状态。

③ 大小偏心界限破坏时，$\dfrac{M_u}{\alpha_1 f_c b h_0^2}$ 值最大，最大值及其对应的 $\dfrac{N_u}{\alpha_1 f_c b h_0}$ 分别为式(7-92)和式(7-93)。$\dfrac{M_u}{\alpha_1 f_c b h_0^2}$ 与构件的钢筋强度、混凝土的强度和配筋率有关；而 $\dfrac{N_u}{\alpha_1 f_c b h_0}=\xi_b$，与构件的钢筋强度、混凝土的强度有关，与配筋率无关。

④ 小偏心受压时，$\dfrac{M_u}{\alpha_1 f_c b h_0^2}$ 随 $\dfrac{N_u}{\alpha_1 f_c b h_0}$ 增大而减小，$\dfrac{N_u}{\alpha_1 f_c b h_0}$ - $\dfrac{M_u}{\alpha_1 f_c b h_0^2}$ 关系曲线是一条接近于直线的二次函数曲线，配筋率越大，该曲线越接近于直线；大偏心受压时，$\dfrac{M_u}{\alpha_1 f_c b h_0^2}$ 随 $\dfrac{N_u}{\alpha_1 f_c b h_0}$ 增大而增大，$\dfrac{N_u}{\alpha_1 f_c b h_0}$ - $\dfrac{M_u}{\alpha_1 f_c b h_0^2}$ 曲线是一条二次函数曲线；偏心受拉时，无论是大偏心受拉还

是小偏心受拉，$\frac{M_u}{\alpha_1 f_c b h_0^2}$均随$\frac{N_u}{\alpha_1 f_c b h_0}$绝对值增大而线性减小。

需要说明的是，上述对偏心受压(拉)构件的 N_u- M_u 相关关系及曲线的分析是针对对称配筋($A_s=A'_s$)构件的。若构件的配筋不对称($A_s\neq A'_s$)，或配筋量很大或很小，都会引起受力性能和破坏形态改变，甚至重大变化，因而也将引起 N_u- M_u 相关关系及曲线的改变。对称配筋构件在正、负弯矩作用下，有对 N 轴对称的封闭包络曲线，非对称配筋构件的包络曲线虽然也封闭，但对 N 轴和 M 轴都不对称。此外，其他一些因素，例如采用不同种类和强度等级的混凝土和钢筋材料，构件截面的非矩形和不对称形状、构件的长度或长细比、钢筋的各种构造等，都将对构件的 N_u-M_u 相关关系及曲线和破坏形态产生影响。

N_u-M_u 曲线上的任一点表示达到正截面受力极限状态时的一种 N_u 和 M_u 组合，而坐标平面内的任意一点代表截面内力的一种组合。当内力组合的坐标点位于图中曲线内侧，说明截面在该点坐标给出的内力组合下，未达到承载力极限状态，是安全的，如图7.21中的 H 点；当点位于图中曲线外侧，说明截面承载力不足，如图7.21中的 G 点。因此，应用 N_u-M_u 相关曲线方程，可以对常用的截面形式、配筋方式和混凝土强度等级的偏心受力构件，通过计算机预先绘制出一系列图表。设计时直接查图来求所需钢筋面积，这样可以简化计算，节约大量计算时间。

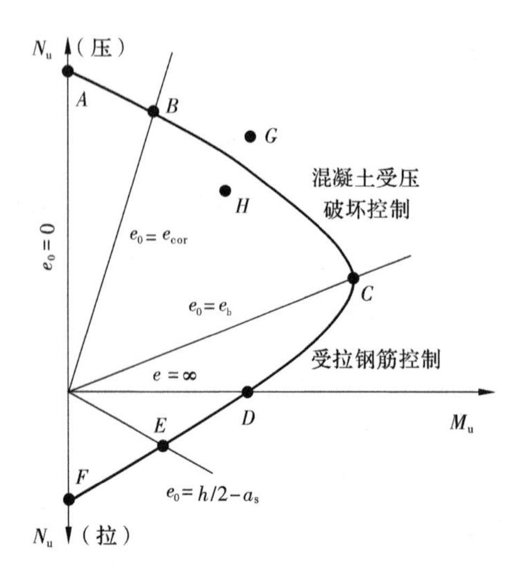

图 7.21 偏心受力构件的 N_u-M_u 关系

7.4 双向偏心受压构件正截面承载力的计算

在钢筋混凝土结构中，还常遇到双向偏心受力构件，例如建筑中的角柱，以及水塔和管道等的支架柱等。双向偏心受力构件在承受轴压(拉力)N 的同时，还承受有两个垂直方向弯矩 M_x 和 M_y 的作用。它可以等效为一个在两个方向的偏心距分别为 e_x 和 e_y 偏心作用的轴力 N，如图 7.22 所示。

试验结果表明，双向偏心受压构件的受力破坏过程与单向偏心受压构件的相似。但是，构件加载后，中和轴是倾斜的且与荷载的作用平面不垂直。荷载增大后，截面受拉区出现横向裂缝，中和轴上升并发生转角，受压区缩小。最终，因受拉钢筋屈服，受压区混凝土破坏而成为大偏心受压破坏形态；或者受拉钢筋未达屈服，因受压区混凝土首先受压破坏，使构件破坏，而形成小偏心受压破坏形态。在承载力极限状态时，截面的应变分布也符合平截面假定。

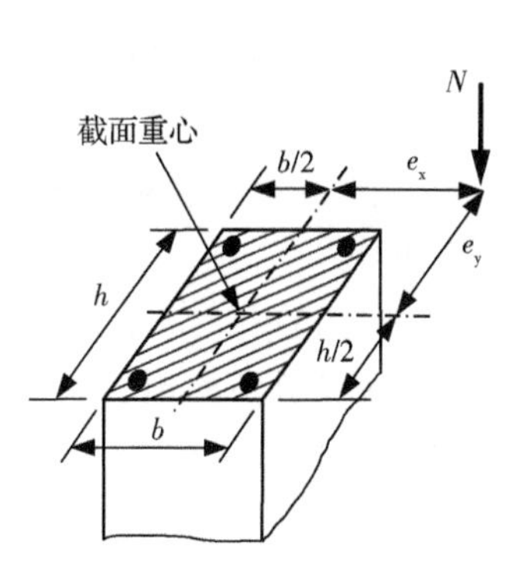

图 7.22 双向偏心受力混凝土柱截面

图 7.23 为双向偏心受压构件正截面在承载力极限状态时的应变及应力分布。双向偏心受压构件正截面的破坏形态也分为大偏心受压（受拉）破坏和小偏心受压（受拉）破坏。双向偏心受力构件正截面的中和轴与截面形心主轴夹角的大小与 M_x 和 M_y 的比值或与 e_x 和 e_y 的比值有关。

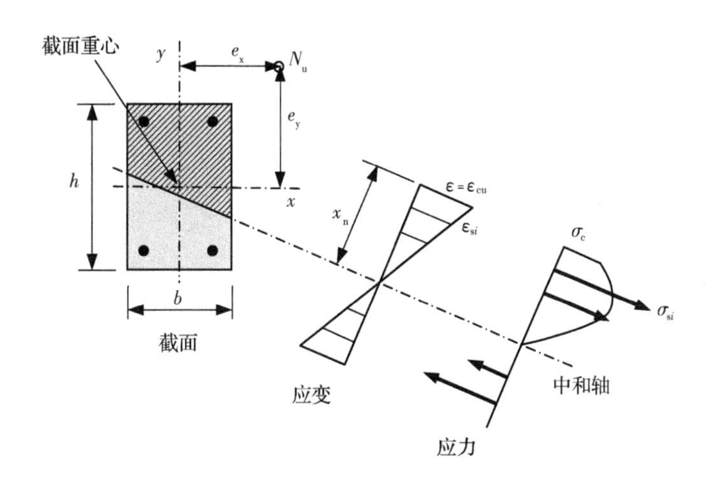

图 7.23 极限状态双向偏心受压混凝土柱截面

如图 7.23 所示的截面，由平衡条件可得

$$N_u = C + \sum_{i=1}^{n} A_{si}\sigma_{si} \tag{7-101}$$

$$M_{ux} = Cy_c + \sum_{i=1}^{n} A_{si}\sigma_{si}y_{si} \tag{7-102}$$

$$M_{uy} = Cx_c + \sum_{i=1}^{n} A_{si}\sigma_{si}x_{si} \tag{7-103}$$

式中：

N_u ——双向偏心受压构件正截面抗压承载力，取正号；

M_{ux}、M_{uy}——分别为 x、y 方向弯矩承载力；

C ——混凝土的合力大小；

x_c、y_c ——混凝土合力中心到截面形心轴 y 和 x 的距离，x_c 在 y 轴的右侧及 y_c 在 x 轴上侧时取正号；

σ_{si}——第 i 根钢筋的应力,受压为正,受拉为负($i=1\sim n$);

A_{si}——第 i 根钢筋的面积;

x_{si}、y_{si}——第 i 根钢筋形心到截面形心轴 y 和 x 的距离,x_{si} 在 y 轴的右侧及 y_{si} 在 x 轴上侧时取正号;

n——钢筋的根数。

由平衡条件所给出公式中的混凝土和钢筋的应变、应力分别可由平截面假定、材料的应力-应变关系曲线求得。一般的分析方法是,按图 7.23 建立的平衡方程式(7-101)~(7-103),根据已知的偏心距 e_x 和 e_y,求解未知数 N_u、x_n 和中和轴与截面形心主轴的夹角。利用上述公式进行双向偏心受压计算的过程较为繁琐,常需要利用计算机进行反复迭代运算。

对一个确定截面尺寸和材料的钢筋混凝土柱,可以通过试验测定其不同双向偏心距情况下的极限内力 N_u、M_x 和 M_y,并以此绘制相应的包络曲面(见图 7.24)。该包络曲面为一空间曲面,反映了双向偏心受压柱轴向力和双向弯矩的相互作用。包络曲面与 3 个坐标的交点分别为轴心抗压承载力 N_0 和 x,y 方向的单向极限弯矩 M_{x0} 和 M_{y0}($N=0$);它和 $N-0-M_x$ 坐标平面($M_y=0$)或 $N-0-M_y$ 坐标平面($M_x=0$)的交线即为单向偏心受压时的极限轴力-弯矩包络线;它与水平坐标面(M_x-0-M_y 面)的交线为双向受弯($N=0$)的包络线(图 7.25 中的虚线所示)。

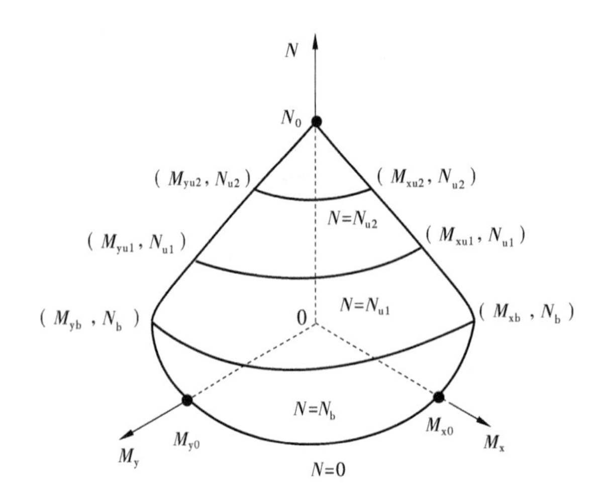

图 7.24 双向偏压柱的极限轴力-弯矩包络曲面

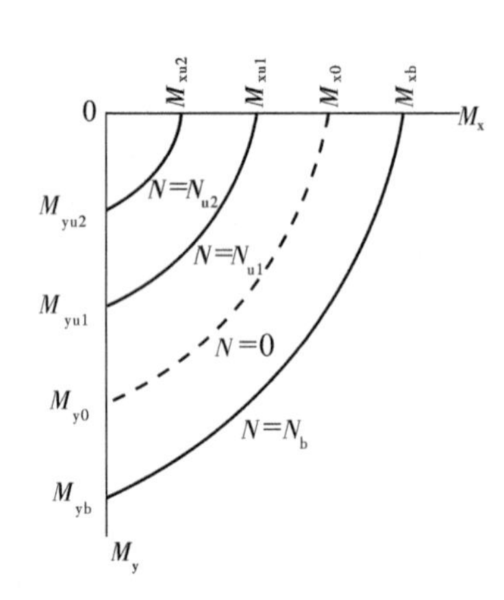

图 7.25 不同轴向力双向偏压柱的极限弯矩包络线

N 等于常数的平面与包络曲面的交线为一族平行于水平坐标面的曲线。对于圆截面柱,该族曲线为一组同心圆;而对于非圆截面柱,曲线形状各不相同,其形状取决于轴向力大小、截面宽高比(b/h)、钢筋总量和位置、钢筋和混凝土强度和本构关系等,如图 7.26 所示。试验研究表明,这一族曲线可以采用下列表达式

$$\left(\frac{M_x}{M_{xu}}\right)^{\alpha}+\left(\frac{M_y}{M_{yu}}\right)^{\alpha}=1 \tag{7-104}$$

式中,α 为曲线的形状系数,其值大于 1 而小于 2(当 $\alpha=1$ 时,曲线退化为直线;当 $\alpha=2$ 时,曲线为圆弧),常取值为 $\alpha=1.15\sim1.55$ 之间的常数。

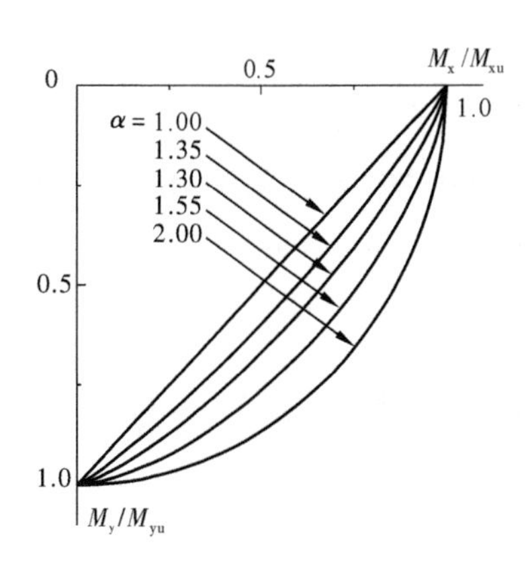

图 7.26　等轴力 M_x/M_{xu}-M_y/M_{yu}关系曲线

式(7-104)可以用来验算双向偏心受压柱的极限承载力。然而，系数 α 需要根据轴向力大小、截面宽高比(b/h)、钢筋总量和位置、钢筋和混凝土强度和本构关系等确定。目前，各国规范都采用既能达到一般设计要求精度，又便于手算的近似方法计算双向偏心受压构件的正截面承载力。下面简要介绍我国《混凝土结构设计规范》(GB 50010—2010)中，双向偏心受压柱的极限承载力的近似计算公式。

假定材料处于弹性阶段，在荷载 M_{ux}、M_{uy}及 N_u 作用下，截面内的应力都达到材料的容许应力$[\sigma]$，根据材料力学原理，可得

$$\left.\begin{aligned} [\sigma] &= \frac{N_{u0}}{A_0} \\ [\sigma] &= \left(\frac{1}{A_0}+\frac{e_{ix}}{W_{0x}}\right)N_{ux} \\ [\sigma] &= \left(\frac{1}{A_0}+\frac{e_{iy}}{W_{0y}}\right)N_{uy} \\ [\sigma] &= \left(\frac{1}{A_0}+\frac{e_{ix}}{W_{0x}}+\frac{e_{iy}}{W_{0y}}\right)N_u \end{aligned}\right\} \tag{7-105}$$

$$e_{ix} = e_{0x} + e_{ax}$$

$$e_{iy} = e_{0y} + e_{ay}$$

式中：

A_0、W_{0x}、W_{0y}——分别代表考虑全部纵筋的换算截面面积和两个方向的换算截面抵抗矩；

N_{u0}——构件截面轴心抗压承载力，此时考虑全部纵筋，但不考虑稳定系数及系数 0.9；

N_{ux}、N_{uy}——分别为轴向力作用于 y 轴、x 轴，考虑相应的计算偏心距及偏心距增大系数后，按全部纵向钢筋计算的偏心抗压承载力；

e_{0x}、e_{0y}——分别为轴向压力对通过截面重心的 y 轴、x 轴的偏心距，即 M_{0x}/N、M_{0y}/N；

M_{0x}、M_{0y}——分别为轴向压力在 x 轴、y 轴方向的弯矩设计值，为考虑二阶效应后的弯矩设计值；

e_{ax}、e_{ay}——分别为 x 轴、y 轴方向上的附加偏心距，取 20 mm 或偏心方向截面最大尺寸的 1/30 两者中的较大值。

合并以上各式,可得

$$\frac{1}{N_u}=\frac{1}{N_{ux}}+\frac{1}{N_{uy}}-\frac{1}{N_{u0}} \tag{7-106}$$

利用式(7-106)的近似计算公式进行双向偏压构件的正截面承载力的计算和设计,其计算值与钢筋混凝土柱的试验结果大致相符,而偏于安全。

式(7-106)的近似计算公式也可用于双向偏压构件截面的复核,计算也很简便。

7.5 偏心受力构件斜截面抗剪承载力计算

偏心受力构件,往往在截面受到弯矩 M 及轴力 N(拉力或压力)共同作用的同时,还受有剪力 V 的作用。一般情况下,剪力值相对较小,可不进行斜截面抗剪承载力的计算。但对于有较大水平力作用下的框架柱,有横向力作用的桁架上弦压杆和下弦拉杆,剪力影响相对较大,除进行正截面承载力计算外,还要验算其斜截面的抗剪承载力。

偏心受力构件,由于轴力的存在,对斜截面的抗剪承载力会产生一定影响。例如,偏心受压构件中,由于轴向压应力的存在,延缓了斜裂缝的出现和开展,使混凝土的剪压区高度增大,构件的抗剪承载力提高。但在偏心受拉构件中,由于轴拉力的存在,使混凝土的剪压区高度比受弯构件的小,轴向拉力使构件的抗剪能力明显降低。

1. 偏心受压构件

轴压力的存在,使混凝土受压区高度增大,裂缝宽度减小,纵筋拉力降低,使构件斜截面抗剪承载力提高。试验表明:当 $N<0.3f_cbh$ 时,轴压力引起的构件抗剪承载力增量 ΔV 与轴力 N 近似成比例增长;当 $N/f_cbh=0.3\sim0.5$ 时,再增加轴向压力,构件将转变为带有斜裂缝的小偏心受压破坏,斜截面抗剪承载力达到最大值。试验还表明,当 $N<0.3f_cbh$ 时,剪跨比对轴压力引起的构件抗剪承载力提高的影响不大。

通过试验资料分析和可靠度计算,对承受轴压力和横向力作用的矩形、T 形和工字形截面偏心受压构件,其斜截面抗剪承载力,按下列公式计算

$$V_u=\frac{1.75}{\lambda+1.0}f_tbh_0+f_{yv}\frac{A_{sv}}{s}h_0+0.07N \tag{7-107}$$

式中:

λ ——偏心受压构件计算截面的剪跨比;对各类结构的框架柱,取 $\lambda=M/(Vh_0)$;当框架结构中柱的反弯点在层高范围内时,可取 $\lambda=H_n/2h_0$(H_n 为柱的净高);$\lambda<1$ 时,取 $\lambda=1$;$\lambda>3$ 时,取 $\lambda=3$;此处,M 为计算截面上与剪力设计值 V 相应的弯矩设计值。对其他偏心受压构件,当承受均布荷载时,取 $\lambda=1.5$;当承受集中荷载时(包括作用有多种荷载且集中荷载对支座截面或节点边缘所产生的剪力值占总剪力的 75%以上的情况),取 $\lambda=a/h_0$;当 $\lambda<1.5$ 时,取 $\lambda=1.5$;当 $\lambda>3$ 时,取 $\lambda=3$;此处,a 为集中荷载至支座或节点边缘的距离。

N ——与剪力设计值 V 相应的轴向压力设计值;$N>0.3f_cA$ 时,取 $N=0.3f_cA$;A 为构件的截面面积。

若符合下列公式要求时,则偏心受压构件可不进行斜截面抗剪承载力计算,而仅需根据构造要求配置箍筋。

$$V \leqslant \frac{1.75}{\lambda + 1.0} f_t b h_0 + 0.07N \qquad (7-108)$$

为防止构件出现斜压破坏，截面尺寸还应满足下列条件

$$V \leqslant 0.25\beta_c f_c b h_0 \qquad (7-109)$$

式中符号与式(6-23)相应符号相同。

2. 偏心受拉构件

轴拉力的存在，使混凝土受压区高度减小，裂缝宽度增加，纵筋拉力升高，使构件斜截面抗剪承载力降低。

通过试验资料分析，偏心受拉构件的斜截面抗剪承载力可按下列公式计算

$$V_u = \frac{1.75}{\lambda + 1.0} f_t b h_0 + f_{yv} \frac{A_{sv}}{s} h_0 - 0.2N \qquad (7-110)$$

式中：

λ——计算截面的剪跨比，与偏心受压构件斜截面抗剪承载力计算中的规定相同；

N——与剪力设计值 V 相应的轴向压力设计值。

当式(7-110)右边的计算值小于 $f_{yv}\frac{A_{sv}}{s}h_0$ 时，应取等于 $f_{yv}\frac{A_{sv}}{s}h_0$，且 $f_{yv}\frac{A_{sv}}{s}h_0$ 值不得小于 $V_u = 0.36 f_t b h_0$。

例7-11　已知某钢筋混凝土矩形截面偏心受压框架柱，截面尺寸 $b = 400$ mm、$h = 600$ mm，混凝土保护层厚度 $c = 30$ mm，柱的净高 $H_n = 3000$ mm；混凝土强度等级为C30，箍筋采用HPB300级钢筋，纵向钢筋为HRB400级钢筋；柱端轴向压力设计值 $N = 1200 \times 10^3$ N，剪力设计值 $V = 300 \times 10^3$ N。试求该截面所需箍筋数量。

解　① 已知条件：由于混凝土保护层厚度 $c = 30$ mm，故 $a_s = 40$ mm，则

$$h_0 = h - a_s = 600 - 40 = 560 \text{ mm}$$

由表2-5和表2-6得，C30混凝土的 $f_c = 14.3$ N/mm^2，$f_t = 1.43$ N/mm^2，$\beta_c = 1$；HRB400钢筋的 $f_y = 360$ N/mm^2，HPB300钢筋的 $f_y = 270$ N/mm^2(即 $f_{yv} = 270$ N/mm^2)。

② 验算截面尺寸

$$h_w = h_0 = 560 \text{ mm}$$

$$h_w / b = 560/400 = 1.4 < 4$$

$$0.25\beta_c f_c b h_0 = 0.25 \times 1 \times 14.3 \times 400 \times 560 = 800.800 \times 10^3 \text{ N}$$

$$> V = 300.000 \times 10^3 \text{ N}$$

截面尺寸符合要求。

③ 验算截面是否需按计算配置箍筋

$$0.3 f_c A = 0.3 \times 14.3 \times 400 \times 600 = 1\,029.600 \times 10^3 \text{ N}$$

$$< V = 1200.000 \times 10^3 \text{ N}$$

考虑轴向压力对构件抗剪影响时，N 的取值为 $1\,029.600 \times 10^3$ N。

$$\lambda = \frac{H_n}{2h_0} = \frac{3000}{2 \times 560} = 2.6786$$

$$\frac{1.75}{\lambda + 1} f_t b h_0 + 0.07N = \frac{1.75}{2.6786 + 1} \times 1.43 \times 400 \times 560 + 0.07 \times 1\,029.600 \times 10^3$$

$$= 224.456 \times 10^3 \text{ N} < V = 300.000 \times 10^3 \text{ N}$$

故需要按计算配置箍筋。

④ 所需腹筋计算

在求解过程中,令构件的抗剪承载力 V_u 等于该截面的剪力设计值 V,由式(7-107),有

$$\frac{A_{sv}}{s} = \frac{V - \dfrac{1.75}{\lambda + 1.0} f_t b h_0 - 0.07N}{f_{yv} h_0}$$

$$= \frac{300.000 \times 10^3 - 224.456 \times 10^3}{270 \times 560} = 0.4997$$

采用φ8@150的双肢箍筋($A_{sv} = 2 \times 50.3 \text{ mm}^2$)

$$\frac{A_{sv}}{s} = \frac{nA_{sv1}}{s} = \frac{2 \times 50.3}{150} = 0.5030 > 0.21997$$

满足要求。

例7-12 已知某钢筋混凝土矩形截面偏心受拉构件,截面尺寸,$b = 200$ mm,$h = 300$ mm,混凝土保护层厚度 $c = 25$ mm;混凝土强度等级为C30,箍筋采用HPB300级钢筋,纵向钢筋为HRB335级钢筋;轴向拉力设计值 $N = 50 \times 10^3$ N,由跨中集中荷载产生的剪力设计值 $V = 100 \times 10^3$ N,其剪跨长度为 $a = 1500$ mm。试求该截面所需箍筋数量。

解 ① 已知条件:由于混凝土保护层厚度 $c = 25$ mm,故 $a_s = 35$ mm,则

$$h_0 = h - a_s = 300 - 35 = 265 \text{ mm}$$

由表2-5和表2-6得,C30混凝土的 $f_c = 14.3 \text{ N/mm}^2$,$f_t = 1.43 \text{ N/mm}^2$,$\beta_c = 1$;HRB335钢筋的 $f_y = 300 \text{ N/mm}^2$,HPB300钢筋的 $f_y = 270 \text{ N/mm}^2$(即 $f_{yv} = 270 \text{ N/mm}^2$)。

② 验算截面尺寸

$$\lambda = \frac{a}{h_0} = \frac{1500}{265} = 5.6604 > 3, \text{取} \lambda = 3$$

$$0.25\beta_c f_c b h_0 = 0.25 \times 1 \times 14.3 \times 200 \times 265 = 189.475 \times 10^3 \text{ N}$$

$$> V = 100.000 \times 10^3 \text{ N}$$

截面尺寸符合要求。

③ 所需腹筋计算

在求解过程中,令构件的抗剪承载力 V_u 等于该截面的剪力设计值 V,由式(7-107),有

$$\frac{A_{sv}}{s} = \frac{V - \dfrac{1.75}{\lambda + 1.0} f_t b h_0 + 0.2N}{f_{yv} h_0}$$

$$= \frac{100.000 \times 10^3 - \dfrac{1.75}{3 + 1.0} \times 1.43 \times 200 \times 265 + 0.2 \times 50.000 \times 10^3}{270 \times 265}$$

$$= 1.0740$$

采用φ10@120的双肢箍筋($A_{sv} = 2 \times 78.5 \text{ mm}^2$),有

$$\frac{A_{sv}}{s} = \frac{nA_{sv1}}{s} = \frac{2 \times 78.5}{120} = 1.3083 > 1.0740$$

$$\frac{1.75}{\lambda + 1.0} f_t b h_0 + f_{yv} \frac{A_{sv}}{s} h_0 - 0.2N$$

$$=\frac{1.75}{3+1.0}\times1.43\times200\times265+270\times265\times1.0740-0.2\times50.000\times10^3$$

$$=100.003\times10^3\ \mathrm{N}>f_{yv}\frac{A_{sv}}{s}h_0=79.845\times10^3\ \mathrm{N}$$

$$f_{yv}\frac{A_{sv}}{s}h_0=76.845\times10^3\ \mathrm{N}$$

$$>0.36f_tbh_0=0.36\times1.43\times200\times265=27.284\times10^3\ \mathrm{N}$$

满足要求。

7.6　偏心受力构件的构造要求

偏心受力构件除满足承载力计算要求外，还应满足相应的构造要求。偏心受力构件除了应满足轴心受力构件的一些构造要求(见 4.2.5 节)外，还应满足受弯构件的某些构造要求规定(见 5.4.1 节)，以上两节未涉及的一些构造规定可参阅《混凝土结构设计规范》(GB 50010—2010)。

思考题

7.1　简述偏心受压短柱的破坏形态。

7.2　偏心受压短柱和长柱的承载力有什么不同？计算时如何考虑？

7.3　说明偏心距增大系数 η_{ns} 的物理意义？影响 η_{ns} 的主要因素有哪些？η_{ns} 同轴心受压构件中 φ 有什么异同？

7.4　偏心受压构件截面大、小偏心受压破坏的本质区别是什么？其判别条件是什么？

7.5　偏心受拉构件截面大、小偏心受压破坏的本质区别是什么？其判别条件是什么？

7.6　在什么条件下可以用 $e_i>0.3h_0$(或 $e_i\leqslant0.3h_0$)来判断偏心受压构件的大小偏心受压情况？

7.7　在什么情况下需要对偏心受压构件的远离压力一侧的混凝土先被压坏的情况进行验算？在验算时，初始偏心距 e_i 如何取值？

7.8　在什么情况下需要对偏心受压构件进行垂直于弯矩方向截面的承载能力验算？如何验算？

7.9　偏心距的变化对偏心受压构件的承载力有何影响？

7.10　在进行偏心受压构件截面设计时，若 A'_s 和 A_s 均为未知时，一般情况下，对于大偏心和小偏心情况分别需要补充什么条件，可以使得截面的纵筋总量最少，为什么？

7.11　说明偏心受力 N_u-M_u 关系曲线的特点。

7.12　如何确定偏心受压构件截面发生界限破坏时的偏心距？影响该偏心距的主要因素有哪些？

7.13　分别说明轴向拉力和轴向压力对偏心受力构件斜截面抗剪承载力的影响；在偏心受力构件设计时又是如何考虑轴向力对其斜截面抗剪承载力影响的？

7.14　双向偏心受压构件钢筋在截面上应如何布置？在均匀对称配筋构件截面上，各钢筋的应力应如何取值和计算？

7.15 工程中哪些结构构件属于双向偏心受压构件,简述双向偏心受压构件直接计算方法的要点。

习 题

7.1 已知矩形截面柱 $b\times h=400\ mm\times 500\ mm$,混凝土保护层厚度 $c=30\ mm$,柱的计算长度 $l_0=7000\ mm$;轴向力设计值 $N=2200\times 10^3\ N$,弯矩设计值 $M_1=M_2=200\times 10^6\ N\cdot mm$;采用 C30 混凝土和 HRB400 级纵向钢筋,且纵向钢筋对称配置。求纵向受力钢筋 A'_s、A_s。

7.2 已知条件同题 7.1,但 $N=2700\times 10^3\ N$,$M=150\times 10^6\ N\cdot mm$,求对称配筋时,纵向受力钢筋 A'_s、A_s。

7.3 矩形截面柱 $b\times h=400\ mm\times 600\ mm$,混凝土保护层厚度 $c=30\ mm$,计算长度 $l_0=10000\ mm$,轴向力设计值 $N=1000\times 10^3\ N$,弯矩设计值 $M_1=120\times 10^6\ N\cdot mm$,$M_2=300\times 10^6\ N\cdot mm$,采用 C30 混凝土和 HRB400 级纵向钢筋,已配有 4 根直径为 22 mm($A'_s=1520\ mm^2$)的纵向受压钢筋,求所需受拉钢筋 A_s。

7.4 已知矩形截面柱 $b\times h=300\ mm\times 600\ mm$,混凝土保护层厚度 $c=30\ mm$,计算长度 $l_0=4800\ mm$;轴向力设计值 $N=800\times 10^3\ N$,弯矩设计值 $M_1=M_2=350\times 10^6\ N\cdot mm$,采用 C30 混凝土和 HRB335 级纵向钢筋,分别按对称配筋和非对称配筋方式,求纵向受力钢筋 A'_s、A_s,并对计算结果进行比较。

7.5 已知条件同题 7.4,但轴向力设计值 $N=3000\times 10^3\ N$,弯矩设计值 $M_1=120\times 10^6\ N\cdot mm$,$M_2=150\times 10^6\ N\cdot mm$,分别按对称配筋和非对称配筋方式,求纵向受力钢筋 A'_s、A_s,并对计算结果进行比较。

7.6 已知柱截面尺寸 $b\times h=300\ mm\times 500\ mm$,混凝土保护层厚度 $c=30\ mm$,计算长度 $l_0=6000\ mm$;采用 C30 混凝土和 HRB400 级纵向钢筋,已配有 4 根直径为 20 mm($A'_s=1257\ mm^2$)的纵向受压钢筋和 4 根直径为 22 mm($A_s=1520\ mm^2$)的纵向受拉钢筋。求当 $e_0=300\ mm$ 时,柱截面承受的轴向力 N_u 及弯矩 M_u。

7.7 已知条件同题 7.6,但是求当 $e_0=80\ mm$ 时,柱截面承受的轴向力 N_u 及弯矩 M_u。

7.8 工字形截面柱截面尺寸 $b\times h=100\ mm\times 1000\ mm$,$b'_f=b_f=500\ mm$,$h'_f=h_f=120\ mm$,混凝土保护层厚度 $c=25\ mm$,柱的计算长度 $l_0=11000\ mm$;轴向力设计值 $N=1750\times 10^3\ N$,弯矩设计值 $M_1=M_2=750\times 10^6\ N\cdot mm$。采用 C30 混凝土和 HRB400 级纵向钢筋。分别按最小配筋量和对称配筋,求纵向受力钢筋 A'_s、A_s。

7.9 某对称配筋矩形截面偏心受压柱,$b\times h=300\ mm\times 450\ mm$,混凝土保护层厚度 $c=25\ mm$,柱的计算长度 $l_0=3600\ mm$;采用 C30 混凝土和 HRB400 级纵向钢筋,该柱的控制截面中作用有以下两组设计内力:第一组 $N=565\times 10^3\ N$,$M_1=M_2=155\times 10^6\ N\cdot mm$;第二组 $N=320\times 10^3\ N$,$M_1=M_2=145\times 10^6\ N\cdot mm$。求纵向受力钢筋 A'_s、A_s。

7.10 某钢筋混凝土偏心受拉构件,$b\times h=200\ mm\times 350\ mm$,$a_s=a'_s=35\ mm$,承受纵向拉力设计值 $N=500\times 10^3\ N$,弯矩设计值 $M=110\times 10^6\ N\cdot mm$,采用 C30 混凝土和 HRB335 级钢筋,求所需钢筋 A_s 及 A'_s。

7.11 某矩形水池,池壁厚为 300 mm,$a_s=a'_s=35\ mm$,混凝土强度等级为 C30,纵筋为 HRB335 级,由内力计算池壁某垂直截面中每米宽度上的弯矩设计值为 $M=200\times 10^6\ N\cdot mm$

(使池壁内侧受拉),相应的每米宽度上的轴向拉力设计值 $N=300\times10^3$ N。试确定垂直截面中沿池壁内侧和外侧所需钢筋 A_s 及 A'_s 的数量。

7.12　已知某钢筋混凝土矩形截面偏心受压框架柱,截面尺寸 $b\times h=400$ mm×600 mm,混凝土保护层厚度 $c=30$ mm,柱的净高 $H_n=3000$ mm;混凝土强度等级为 C30,箍筋采用 HPB300 级钢筋,纵向钢筋为 HRB400 级钢筋;柱端轴向压力设计值 $N=1200\times10^3$ N,弯矩设计值 $M=350\times10^6$ N·mm,剪力设计值 $V=300\times10^3$ N。试求该截面所需纵筋及箍筋数量。

7.13　已知某钢筋混凝土矩形截面偏心受拉构件,截面尺寸 $b\times h=200$ mm×300 mm,混凝土保护层厚度 $c=30$ mm;混凝土强度等级为 C30,箍筋采用 HPB300 级钢筋,纵向钢筋为 HRB335 级钢筋;某截面轴向拉力设计值 $N=40\times10^3$ N,弯矩设计值 $M=90\times10^6$ N·mm,由跨中集中荷载产生的剪力设计值 $V=100\times10^3$ N,其剪跨长度为 $a=1000$ mm。试求该截面所需纵筋及箍筋数量。

第⑧章

受扭构件承载力的计算

扭转是结构构件受力的基本形式之一，构件受到扭矩作用，其应力状态是三维的。而在建筑结构中，受到扭矩作用的构件很多，但处于纯扭作用的很少，常有其他内力同时作用。例如，混凝土结构中的雨篷梁、曲梁、吊车梁、螺旋楼梯以及框架边梁等，都是处于弯矩、剪力和扭矩或压力、弯矩、剪力和扭矩共同作用下的复合受力状态，其受力性能更加复杂。随着高强材料的应用、设计计算方法的不断完善以及扭转效应显著的结构构件的应用，在设计中如何考虑扭矩作用效应，以保证结构安全并满足使用功能要求，已成为工程界密切关注的问题。

8.1 平衡扭转与协调扭转

钢筋混凝土构件受扭可以分为平衡扭转与协调扭转两大类。若构件中的扭矩由荷载直接引起，其值可由平衡条件直接求出，此类扭转称为平衡扭转。例如支承悬臂板的梁，如图 8.1(a)所示的雨篷梁，在雨篷板荷载作用下，雨篷梁中产生扭矩。由于雨篷梁、板是静定结构，不会由于塑性变形而引起构件内力重分布。在受扭过程中，雨篷梁承受扭矩的数值不发生变化。若扭矩是由相邻构件的位移受到该构件约束而引起，其扭矩值需结合变形协调条件才能求得，这类扭转称为协调扭转，也称为附加扭转。例如框架中的边梁，如图 8.1(b)所示，边梁受到次梁负弯矩作用引起扭转，在边梁中产生扭矩。由于框架边梁及楼面梁为超静定结构，边梁的扭矩值与楼面梁弯矩以及边梁和楼面梁刚度有关。边梁及楼面梁混凝土开裂后，边梁的抗扭刚度及楼面梁的抗弯刚度将发生显著变化，边梁及楼面梁将产生塑性变形而引起内力重分布，楼面梁支座处负弯矩值减小，而其跨内弯矩值增大，框架边梁所承担的扭矩随之减小。

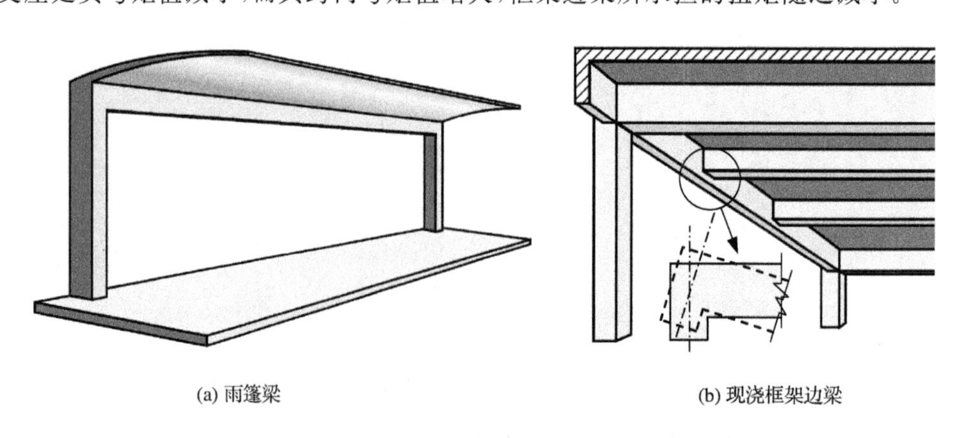

(a) 雨篷梁　　(b) 现浇框架边梁

图 8.1　受扭构件实例

对于平衡扭转，构件必须提供足够的抗扭承载力，否则将导致结构构件破坏或结构倒塌。对于这种情况，则必须遵守《混凝土结构设计规范》(GB 50010—2010)规定，按承载能力极限状态要求进行计算。

本章介绍的钢筋混凝土构件的抗扭性能和抗扭承载力计算公式，主要是针对平衡扭转。对于协调扭矩，则在受力过程中，因混凝土及钢筋的非线性性能，尤其是混凝土的开裂和钢筋的屈服，会引起内力重分布，协调扭转的大小和各受力阶段的构件刚度比有关，不是定值。对协调扭矩过去常不进行专门计算，仅仅适当增配若干抗扭构造钢筋进行处理。《混凝土结构设计规范》(GB 50010—2010)则对协调扭转作了规定，规定在进行内力计算时，可考虑因构件初裂后扭转刚度降低而产生的内力重分布，将按弹性分析得出的扭矩乘以适宜的调幅系数。经调幅后的扭矩，应按《混凝土结构设计规范》(GB 50010—2010)的抗扭承载力计算公式进行计算，确定所需的抗扭纵筋和箍筋，并满足有关配筋的构造要求。由于协调扭转问题的复杂性，至今仍没有比较完善的设计方法。因此，《混凝土结构设计规范》(GB 50010—2010)允许，当有充分依据或工程经验时，亦可采用其他设计方法。例如，可采用零刚度设计法，即假设前述边梁的抗扭刚度为零，从而扭矩取为零进行设计。但为了保证该梁有足够的延性并控制其裂缝宽度，须按《混凝土结构设计规范》(GB 50010—2010)要求配置足够数量的抗扭构造钢筋。

8.2　受扭构件的弹性解和塑性解

理想弹性圆形截面构件承受纯扭矩 T_e(其他内力为零)是最简单的受扭状态。实验和理论分析都证明，构件受扭后，截面仍保持平面，正应力(σ)为零，剪应力在圆心为零，其值沿半径线性分布，即剪应力大小和圆心的距离成正比(如图 8.2(a)所示)，其截面应力表达式为

$$\tau = \frac{T_e r}{I_0} \tag{8-1}$$

式中：

$I_0 = \pi R^4/2$ ——截面的极惯性矩；

R ——截面半径；

r ——截面内任意一点至圆心的距离。

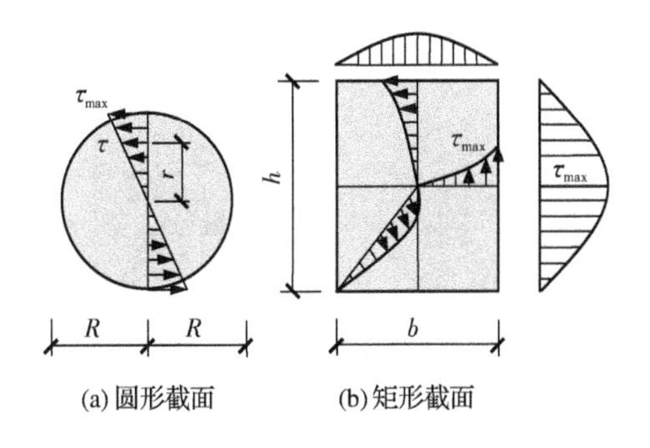

图 8.2　纯扭构件的弹性应力分析

最大剪应力发生在圆柱表面,其值为

$$\tau_{max} = \frac{T_e R}{I_0} = \frac{2T_e}{\pi R^3} \tag{8-2}$$

则

$$T_e = \frac{\pi R^3}{2}\tau_{max} = W_{te}\tau_{max} \tag{8-3}$$

理想弹性矩形截面构件在纯扭矩 T_e 作用下,截面发生翘曲,不再保持平面。若受有约束,截面上还存在正应力。截面的剪应力也不是线性分布,形心和四角处剪应力为零,最大剪应力发生在长边的中点,如图 8.2(b)所示,其值为

$$\tau_{max} = \frac{T_e}{\alpha_e b^2 h} = \frac{T_e}{W_{te}} \tag{8-4}$$

则

$$T_e = \alpha_e b^2 h\tau_{max} = W_{te}\tau_{max} \tag{8-5}$$

式中:

W_{te}——截面的抗扭弹性抵抗矩,圆形截面 $W_{te}=\frac{1}{2}\pi R^3$,矩形截面 $W_{te}=\alpha_e b^2 h$;

α_e ——矩形截面抗扭弹性抵抗矩系数,α_e 取决于截面的边长比(h/b)见表8-1和图 8.4。

表 8-1 矩形截面的抗扭抵抗矩系数

h/b	1.0	1.2	1.5	1.6	2.0	2.5	3.0	4.0	5.0	6.0	10.0	∞
α_e	0.208	0.219	0.231	0.234	0.245	0.258	0.267	0.282	0.291	0.298	0.312	0.333
α_p	0.333	0.361	0.389	0.396	0.417	0.433	0.444	0.458	0.467	0.472	0.483	0.500
T_e/T_p	0.624	0.608	0.593	0.591	0.589	0.595	0.602	0.615	0.624	0.631	0.646	0.667

理想塑性材料受扭构件,只有当截面上的应力全部达到材料的极限强度(其值与表面最大剪应力相等)时,才达到构件的极限扭矩 T_p。圆形和矩形截面的极限剪应力分布如图 8.3 所示,截面的极限扭矩分别为:

圆形截面

$$T_p = \frac{2}{3}\pi R^3\tau_{max} = W_t\tau_{max} \tag{8-6}$$

矩形截面

$$T_p = \frac{1}{6}b^2(3h-b)\tau_{max} = W_t\tau_{max} \tag{8-7}$$

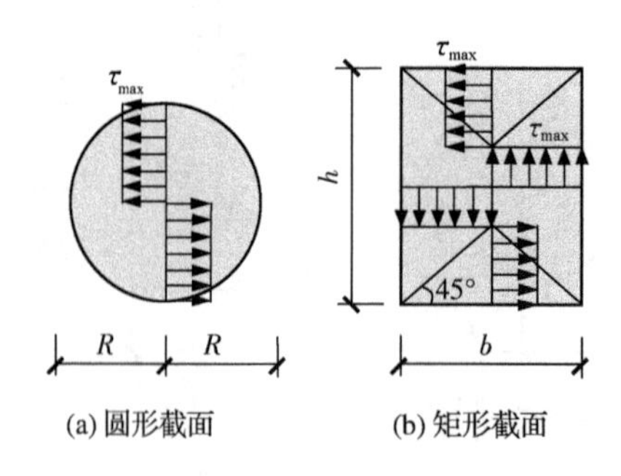

图 8.3 纯扭构件的理想塑性应力分析

式中：

W_t ——截面的抗扭塑性抵抗矩，圆形截面 $W_t=\frac{2}{3}\pi R^3$，矩形截面 $W_t=\frac{1}{6}b^2(3h-b)=\alpha_p b^2 h$；

α_p ——矩形截面抗扭塑性抵抗矩系数，$\alpha_p=\frac{1}{6}\left(3-\frac{b}{h}\right)=\frac{1}{2}-\frac{b}{6h}$，取决于截面的边长比 (h/b) 见表 8-1 和图 8.4。

截面相同的构件，按照弹性和塑性理论计算，其极限扭矩或抗扭抵抗矩的比值（$T_e/T_p=\alpha_e/\alpha_p$），对于圆形截面为 0.75；对于矩形截面则与边长比有关，最小值约为 0.589，最大值为 2/3；正方形截面为 0.624，如图 8.5 所示。其物理意义与混凝土受弯构件的截面抵抗矩塑性系数相类似。

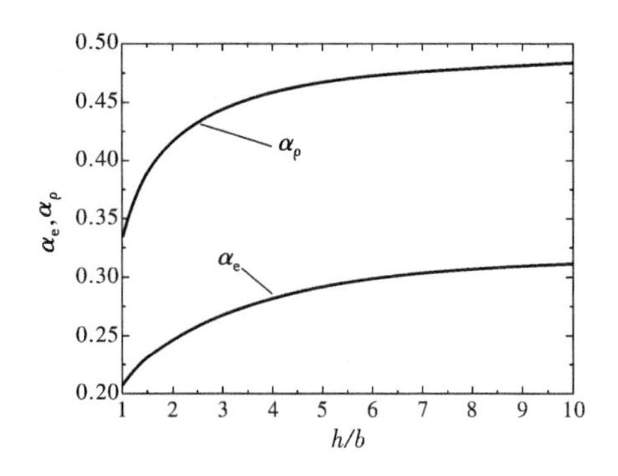

图 8.4　抗扭抵抗矩系数与边长比的关系

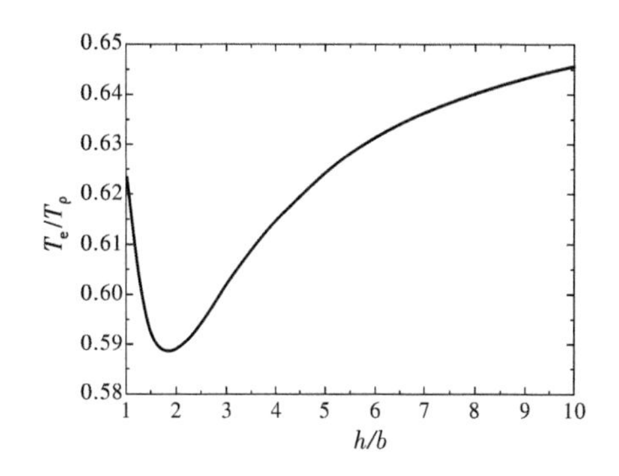

图 8.5　抗扭抵抗矩比与边长比的关系

塑性理论已给出理想塑性材料纯扭构件极限扭矩值的解析解，同时还建议，可采用简便、实用的堆砂模拟法确定其极限扭矩值，如图 8.6 所示。堆砂模拟法求塑性极限扭矩值的方法为：制作一个与构件截面形状相同的平面，用松散的干燥细砂从其上均匀地撒下，直至砂粒从四周滚落，不能再往上堆积为止，砂堆的倾斜率（$\tan\theta$）为塑性极限剪应力（τ_{max}），则此砂堆体积 V 的 2 倍等于构件塑性极限扭矩，即

$$T_p = 2V \tag{8-8}$$

工程中常用的矩形组合截面，都可以用堆砂模拟法计算塑性极限扭矩（见图 8.6）。在结构设计中，对于复杂形状截面还可采用近似方法进行计算，将截面看作由若干个矩形块（$b_i\times h_i$）组合而成（见图 8.7），分别计算每块矩形的塑性极限扭矩（$2V_i$），叠加后即为组合截面总的近似值，即

$$T_p = 2\sum_i^n V_i \tag{8-9}$$

比较图 8.7 和图 8.6(b)可看出，此近似值和精确解的差别只在于图 8.7 中的阴影部分。不同的截面划分方法所得的体积值不同（见图 8.7(a)和图 8.7(b)），但它们均小于精确解，即按近似方法求出的塑性极限扭矩小于精确解的值，故按此近似法计算极限扭矩的结果偏于安全。对于截面形状复杂的构件，划分矩形块时，应选取使所求沙堆总体积最大值的划分。这样可以使求出的塑性极限扭矩尽量接近其精确解。一般的做法是，首先满足截面上较宽部分的完整性。但对于封闭的箱形截面构件的塑性极限扭矩，不能用式(8-9)进行近似计算。

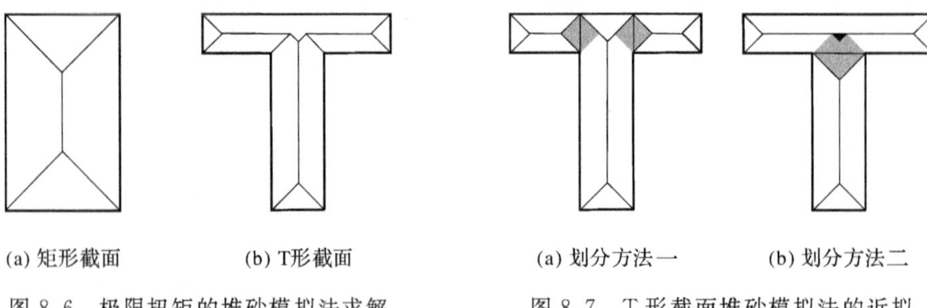

图 8.6　极限扭矩的堆砂模拟法求解　　　　图 8.7　T 形截面堆砂模拟法的近拟

当箱形截面壁厚 $t \geqslant b/4$ 时,因为截面内部的面积、剪应力值和力臂都小,抗扭能力有限,其抗扭承载力与实心截面基本相同,可按实心截面($b \times h$)计算构件的抗扭抵抗矩和极限扭矩。若截面壁厚太薄($t \leqslant b/10$)时,易发生壁板屈曲,工程中不宜采用。当截面壁厚为 $b/10 \leqslant t \leqslant b/4$时,可按全截面($b \times h$)和空心面积($b_h \times h_h$)分别代入式(8－8)计算塑性抗扭抵抗矩,则箱形截面的塑性抗扭抵抗矩为两者之差。

8.3　混凝土纯扭构件的承载力

8.3.1　素混凝土构件

矩形截面是钢筋混凝土结构中最常见的构件截面形式。一个素混凝土矩形截面构件承受扭矩 T 的作用(见图 8.8),在加载的初始阶段,可以近似认为构件处于弹性状态,最大剪应力发生在截面长边中点。根据剪应力成对产生的原则,且忽略截面上正应力,最大主拉应力也发生在截面长边中点,与纵轴成 45°角。

随着扭矩增大,剪应力随之增加,出现少量塑性变形,截面剪应力图形趋于饱满。当主拉应力值达到混凝土抗拉强度时,构件首先在长边中点附近出现斜裂缝,其方向垂直于主拉应力方向。随即,斜裂缝两端同时沿 45°方向延伸,并转向短边侧面。三个侧面的裂缝贯通后,沿第四个侧面(长边)撕裂,形成翘曲的扭转破坏面(见图 8.8 中的阴影),构件断成两截。试件断口的混凝土形状清晰、整齐,与混凝土受拉破坏断口特征相似,其他位置一般不再发生裂缝。构件的极限扭矩 T_u 等于或稍大于开裂扭矩 T_{cr}。

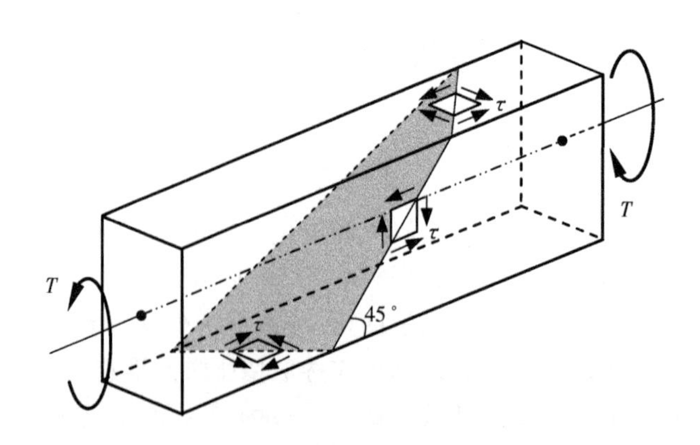

图 8.8　素混凝土构件受扭

根据国内外试验资料的分析结果，素混凝土矩形截面梁的极限扭矩为

$$T_u = (0.7 \sim 0.8)W_t f_t \tag{8-10}$$

其值大于弹性计算值 $T_e=(0.589\sim0.667)W_t f_t$，而又小于塑性计算值 $T_p=W_t f_t$。这主要是因为，混凝土既非弹性材料，又非理想的塑性材料，混凝土构件受扭破坏之前，破坏截面混凝土的剪应力不可能像理想塑性材料那样，全部达到混凝土抗拉强度 f_t。截面受扭破坏时，混凝土有一定塑性变形发展，但并不充分。其塑性变形发展程度与混凝土强度等级有关，高强度等级混凝土的脆性显著，塑性发展程度低。所以，对于高强度等级混凝土式(8－10)相应系数取低值，而强度等级较低混凝土相应系数取高值。此外，非圆形截面，即使在纯扭受力时，构件截面也存在轴向压应力，混凝土处于拉-压复合应力状态，其抗拉强度略低于单轴抗拉强度 f_t。

即使对于配有钢筋的受扭构件，由于混凝土极限拉应变很小，混凝土出现裂缝时，混凝土内钢筋应力很小，钢筋对开裂扭矩影响不大，在进行开裂扭矩计算时可忽略钢筋的影响按素混凝土构件计算。方便起见，开裂扭矩可近似按理想塑性材料的应力分布图形进行计算，但混凝土的抗拉强度应适当降低。试验表明，高强度混凝土降低系数约为 0.7；低强度混凝土降低系数接近 0.8。为统一计算公式，并满足一定的可靠度要求，统一取混凝土抗拉强度降低系数为 0.7，故开裂扭矩计算公式为

$$T_{cr} = 0.7W_t f_t \tag{8-11}$$

式中，f_t 为混凝土抗拉强度设计值；W_t 为受扭构件截面的抗扭塑性抵抗矩。对于矩形截面，按式(8－7)计算。

8.3.2　有腹筋受扭构件

由于混凝土极限拉应变很小，素混凝土构件一旦出现斜裂缝就立即发生破坏，承受的扭矩很低，为了提高构件的抗扭承载力，需要同时配置沿截面周边均匀布置的纵筋和沿构件轴线分布的横向箍筋。这种配置有抗扭箍筋和抗扭纵筋的构件称有腹筋受扭构件。若构件配筋适当，不但其抗扭承载力有显著的提高，而且破坏时还具有较好的延性。

配有腹筋的受扭构件，在混凝土受扭裂缝出现前，钢筋应力很低，对构件影响很小。混凝土开裂前，配有腹筋受扭构件的力学特性与素混凝土受扭构件的力学特性基本相同。裂缝出现后，受拉混凝土退出工作，扭矩主要由腹筋和受压混凝土承担，此时配有腹筋受扭构件与素混凝土受扭构件的力学性能明显不同。不同配筋量纯扭混凝土构件的扭矩 T 与扭转角 θ 的关系曲线如图 8.9 所示。

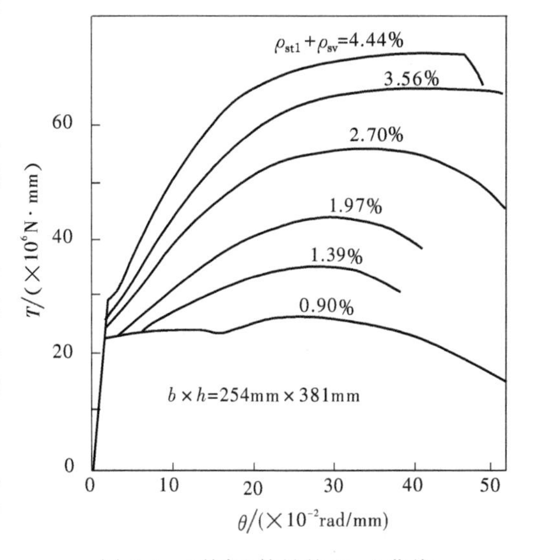

图 8.9　不同配筋量的 $T-\theta$ 曲线

扭矩很小时，构件扭转变形很小，可以近似认为构件处于弹性状态，扭转角与扭矩成比例增大。当截面长边(侧面)中点混凝土的主拉应力达到其抗拉强度后，出现 45°方向斜裂缝，裂缝处混凝土退出工作，与裂缝相交的箍筋和纵筋的拉应力突然增大，扭转角迅速增加，在扭矩-扭

转角($T-\theta$)曲线上出现转折,甚至形成一个平台。

继续加大扭矩,斜裂缝数量增多,形成间距大约相等的平行裂缝,并逐渐加宽,廷伸至构件的各个侧面,形成多重螺旋状表面裂缝,如图 8.10 所示。同时,裂缝从表面深入混凝土内部,外层混凝土退出工作,箍筋和纵筋承担更大比例的扭矩,应力增长快,扭转角的增大加快,构件抗扭刚度逐渐下降。

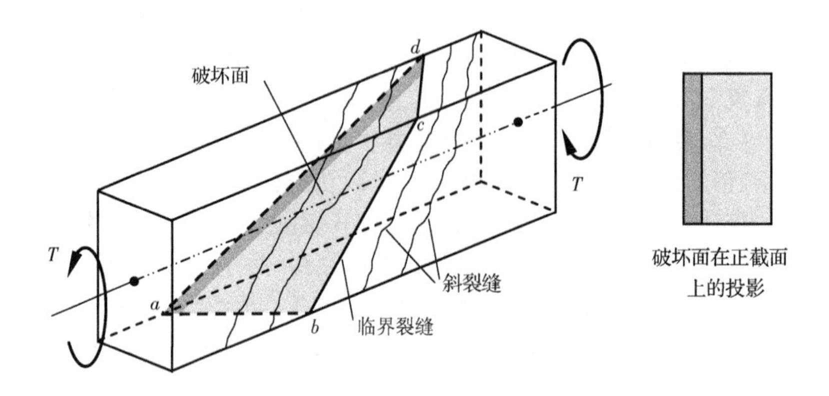

图 8.10 有腹筋混凝土构件受扭破坏面

当与斜裂缝相交的一些箍筋和纵筋达到屈服强度时,裂缝增宽加快,相邻的箍筋和纵筋也随之屈服,截面上更多的外层混凝土退出工作,构件刚度进一步降低,扭转角加快发展,$T-\theta$ 曲线渐趋平缓。斜裂缝中的一条会成为临界斜裂缝,其宽度超过其他裂缝,与之相交的箍筋和纵筋相继屈服,扭矩不再增大,扭转角继续增大,$T-\theta$ 曲线水平,达到构件的极限扭矩 T_u。此后,斜裂缝发展更宽,外层更多混凝土退出工作,形成 $T-\theta$ 曲线的下降段。增大配筋数量,构件的开裂扭矩值 T_{cr} 增加很小,但对构件的极限扭矩 T_u 和抗扭刚度增加显著,同时还可缩短扭矩-扭转角曲线上的平台。钢筋混凝土纯扭构件最终形成三面螺旋形受拉裂缝和一面(截面长边)受压的斜扭破坏面,图 8.10 中阴影所示。受扭构件中由扭矩产生的拉力由纵筋和箍筋共同承担(如图 8.11(a)所示),若受扭构件内配置的箍筋和纵筋的数量适当,破坏时,腹筋(包括纵筋和箍筋)均屈服后,受压混凝土破坏。这类受扭构件称为适筋受扭构件。

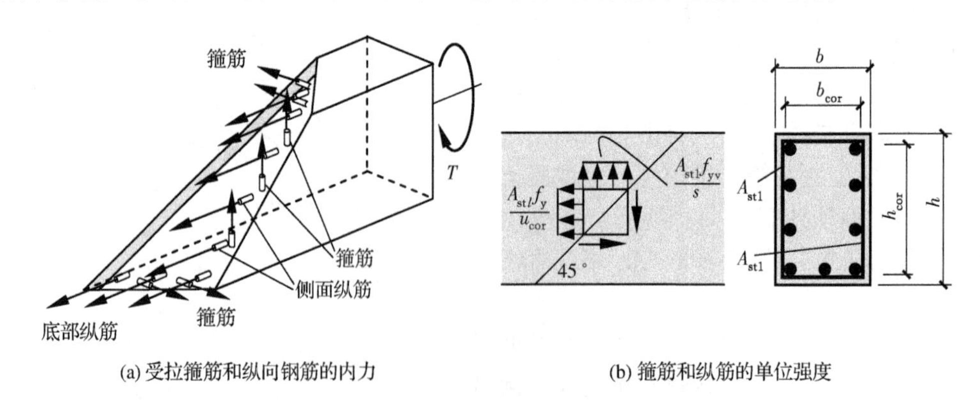

图 8.11 受扭构件受拉腹筋的内力

如果箍筋和纵筋配置数量不当,受扭构件可能会出现少筋、超筋和部分超筋等不利破坏现象。

1. 受扭构件少筋破坏

若构件中配置的箍筋和纵筋过少，构件的极限扭矩 T_u 小于其开裂扭矩 T_{cr}。构件在扭矩作用下形成斜裂缝后，混凝土退出工作，箍筋和纵筋也同时被拉断，构件发生脆性扭断破坏。混凝土受扭构件的这种破坏形式称为少筋破坏。一般设计规范都要求对受扭构件配置最低数量的抗扭钢筋，以防止构件发生少筋破坏。

2. 受扭构件超筋破坏

若构件中配置的箍筋和纵筋过多，随着扭矩增大，裂缝的开展和钢筋应力增长缓慢，受压混凝土的主压应力达到其抗压强度引起构件破坏时，箍筋和纵筋应力均低于钢筋的屈服强度。混凝土受扭构件的这种破坏形式称为超筋破坏。超筋构件破坏时，扭转变形小，属脆性破坏。设计中应增大截面尺寸或提高混凝土强度，以防止构件发生超筋破坏。

3. 受扭构件部分超筋破坏

在扭矩作用下，尽管构件中纵向钢筋与横向箍筋拉力的作用方向不同(如图 8.11(a)所示)，但构件内部的抗扭拉力必须由纵筋和箍筋共同承担，缺一不可(如图 8.11(b)所示)。二者单位长度的强度比为

$$\zeta = \frac{A_{stl} f_y / u_{cor}}{A_{stl} f_{yv} / s} = \frac{A_{stl} f_y s}{A_{stl} f_{yv} u_{cor}} \tag{8-12}$$

式中：

A_{stl}，f_y ——沿截面周边对称布置的纵筋总面积及其屈服强度；

A_{stl}，f_{yv}——抗扭箍筋的单肢截面面积及其屈服强度；

s ——箍筋间距；

$u_{cor}=2(b_{cor}+h_{cor})$——截面核心部分的周长，我国《混凝土结构设计规范》(GB 50010—2010)规定 b_{cor} 和 h_{cor} 取为箍筋内表面的距离。

试验证明，在 $\zeta=0.6\sim1.7$ 范围内，受扭构件破坏时，纵向钢筋和箍筋均已屈服，构件为适筋破坏，材料充分发挥强度，构件延性好。但是，若纵筋量太少($\zeta<0.6$)时，箍筋不能充分发挥作用；或者箍筋量太少($\zeta>1.7$)时，纵筋不能充分利用。试验还表明，不设箍筋，即使构件配有足够多的纵筋，其极限扭矩比相应的素混凝土梁仅略有提高(提高值小于 15%)。钢筋混凝土受扭构件破坏时，抗扭纵向钢筋屈服而抗扭箍筋不屈服，或抗扭纵向钢筋不屈服而抗扭箍筋屈服，这两种破坏形式统称为部分超筋破坏。设计时应使纵筋和箍筋用量有恰当的比例，以防止构件发生部分超筋破坏。

8.3.3　纯扭构件的抗扭承载力计算公式

1. 矩形截面纯扭构件承载力计算

构件在扭矩作用下处于三维应力状态，且平截面假定不再适用，准确的理论计算难度大。目前，工程中受扭构件的设计主要采用基于试验结果的经验公式，或者根据简化力学模型推导的近似计算式。受扭计算的理论或模型很多，主要有空间桁架模型和斜弯破坏理论。

我国《混凝土结构设计规范》采用以变角度空间桁架模型为基础的钢筋混凝土抗扭承载力的计算方法，而《公路桥梁规范》采用以斜弯破坏理论(扭曲破坏面极限平衡理论)为基础的计

算方法。变角度空间桁架模型是P. Lampert和B. Thürlimann在E. Raüsch等提出的45°空间桁架模型基础上的改进和发展于1968年提出来的；扭曲破坏面极限平衡理论在1958年最早由原苏联学者提出并推导出了相应的计算公式，以后又经改进和补充。在一定的假设条件下，按斜弯破坏理论得出的极限扭矩计算式与变角度空间桁架理论扭矩计算式完全相同。下面主要介绍变角度空间桁架模型。

构件受扭时，截面周围的扭转变形和应力较大，而扭转中心附近的扭转变形和应力较小。若忽略截面中间部分混凝土的抗扭作用，假想将该部分混凝土挖去，从而把实心的钢筋混凝土受扭构件假想为一箱形截面构件。构件内配置箍筋和纵筋数量适当的适筋受扭构件，受扭破坏时，受拉裂缝充分发展且与裂缝相交的钢筋应力达到其屈服强度，形成一个由具有螺旋形裂缝的混凝土外壳、纵筋和箍筋共同组成的空间桁架。纵筋为空间桁架的弦杆，箍筋相当于竖杆，而缝间混凝土只承受压力相当于空间桁架的斜腹杆。假定桁架结点为铰接，不考虑裂缝面上的骨料咬合力和钢筋的销栓作用。在每一个结点处，混凝土的斜向压力由纵筋及箍筋中的拉力所平衡。斜压杆与构件轴心的倾角为φ，一般不一定为45°，它与纵筋与箍筋的强度比值ζ有关，如图8.12所示。

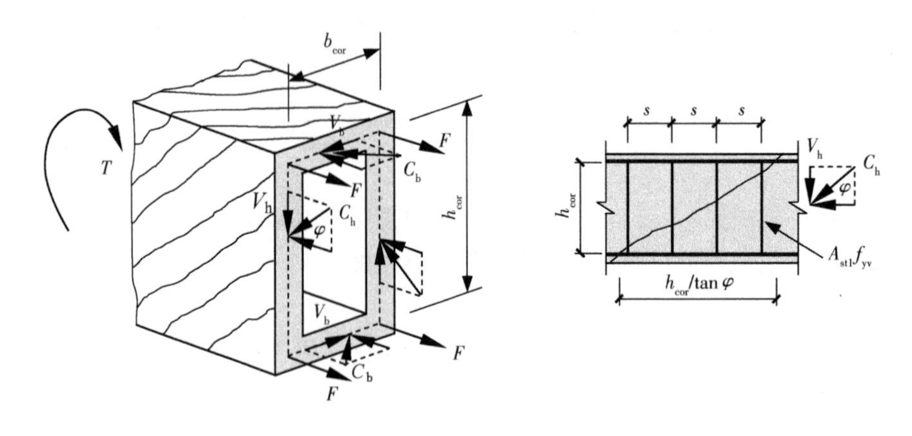

图8.12　变角度空间桁架模型

设作用在箱形截面长边和短边上的总压力分别为C_h和C_b，与构件轴线垂直的分量分别为剪力V_h及V_b，它们对构件轴线取矩，可得

$$T = V_h b_{cor} + V_b h_{cor} \tag{8-13}$$

$$\left.\begin{aligned} V_h &= C_h \sin\varphi \\ V_b &= C_b \sin\varphi \end{aligned}\right\} \tag{8-14}$$

此处，假设箱形截面壁厚远小于截面边长。假设纵筋集中于四角，每根纵筋中的拉力为F，则由轴向力平衡

$$4F = A_{stl} f_y = \frac{2(V_h + V_b)}{\tan\varphi} \tag{8-15}$$

取节点平衡可得

$$\left.\begin{aligned} V_h &= C_h \sin\varphi = \frac{A_{stl}}{s}\,\frac{h_{cor}}{\tan\varphi} f_{yv} \\ V_b &= C_b \sin\varphi = \frac{A_{stl}}{s}\,\frac{b_{cor}}{\tan\varphi} f_{yv} \end{aligned}\right\} \tag{8-16}$$

将式(8－16)代入式(8－15)，消去 V_h、V_b 可得

$$\tan\varphi = \sqrt{\frac{f_{yv}A_{stl}}{f_yA_{stl}} \times \frac{u_{cor}}{s}} = \sqrt{\frac{1}{\zeta}} \tag{8-17}$$

将式(8－16)代入式(8－13)，并利用式(8－17)，可得

$$T = 2\sqrt{\zeta}\frac{f_{yv}A_{stl}A_{cor}}{s} \tag{8-18}$$

式中：

ζ——纵筋与箍筋配筋强度比；

A_{cor}——截面核心面积，$A_{cor}=b_{cor}\times h_{cor}$。

上式就是按空间变角桁架模型推得的钢筋混凝土受扭构件的抗扭极限承载力计算公式，它从本质上说明了构件的极限扭矩与配筋之间的关系。在推导过程中，进行了大量的简化与假设，所以，它只能定性地说明抗扭承载力的本质。工程中受扭构件的设计，还是主要采用基于试验结果的经验公式，或根据简化力学模型推导的近似公式。我国《混凝土结构设计规范》(GB 50010—2010)受扭构件极限承载力计算公式采用的就是半经验半理论二项叠加形式的公式。该公式由混凝土的抗扭承载力 T_c 和箍筋与纵筋的抗扭承载力 T_s 构成，即

$$T_u = T_c + T_s \tag{8-19}$$

它是基于空间变角桁架的模型分析，再根据实验数据，对其中参数进行校准后得出的。

由前述纯扭构件的空间变角桁架模型可以看出，混凝土的抗扭承载力和箍筋与纵筋的抗扭承载力相互关联，并不是彼此完全独立的变量。因此，钢筋混凝土构件的抗扭承载力尽管可以看成由混凝土的抗扭和钢筋的抗扭两部分构成，但它们应作为一个整体考虑。混凝土的抗扭承载力 T_c 可以借用 f_tW_t 作为基本变量；箍筋与纵筋的抗扭承载力 T_s，则根据空间桁架模型以及试验数据分析，选取箍筋的单肢配筋承载力 $f_{yv}A_{stl}/s$ 与核心截面部分面积 A_{cor} 的乘积作为基本变量，再用$\sqrt{\zeta}$反映纵筋与箍筋的共同工作。于是，式(8－19)可进一步表达为

$$T_u = \alpha_1 f_t W_t + \alpha_2\sqrt{\zeta}\frac{f_{yv}A_{stl}A_{cor}}{s} \tag{8-20}$$

式中，α_1 和 α_2 为由试验确定的两个系数。

根据对大量试验数据的回归分析，矩形截面取

$$\left.\begin{aligned}\alpha_1 &= 0.35\\ \alpha_2 &= 1.2\end{aligned}\right\} \tag{8-21}$$

是试验结果的偏下限，设计中采用是偏安全的，如图 8.13 所示。第一项为混凝土对抗扭承载力的贡献，其值为开裂扭矩的一半。第二项中的 ζ 为纵筋与箍筋的配筋强度比，由试验可知，当 $0.5\leqslant\zeta\leqslant2.0$时，纵筋与箍筋的应力在构件受扭破坏时基本上都能达到屈服强度。为慎重起见，我国《混凝土结构设计规范》(GB 50010—2010)建议，设计时应满足 $0.6\leqslant\zeta\leqslant1.7$。在实际工程中，常取 $\zeta=1.0\sim1.3$。配筋已给定的构件验算其抗扭承载力时，若 ζ 超过1.7，也只能取$\zeta=1.7$计算。由图8.13可以看出，由变角空间桁架推导的公式，相当于 $T_c=0$ 及 $\alpha_2=2$，其给出的计算值一般比试验值高，且截距为零。这是由于在变角空间桁架推导中，假定所有纵筋及箍筋都达到屈服，这与实际情况不符。当配筋率较高时，总有部分钢筋达不到屈服，故该公式中 α_2 取等于 2 偏大，应取偏小一些的值。此外，式(8－20)直线截距不为零，反映了开裂后的混凝土仍有一定的抗扭作用，这与实验中观察到的现象一致。

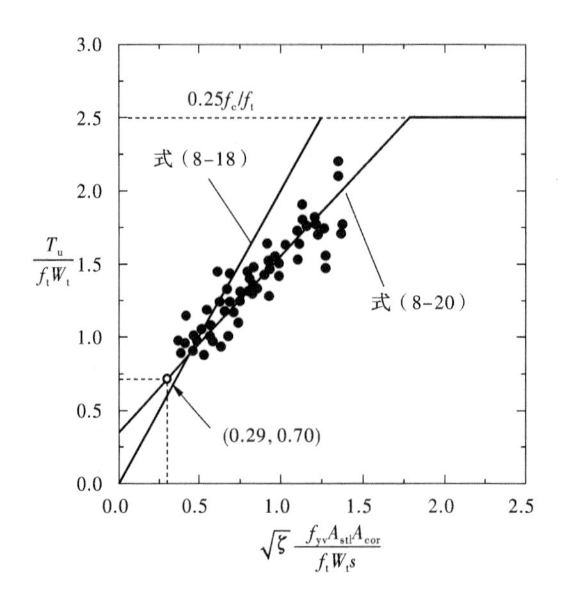

图 8.13　纯扭构件的抗扭承载力

我国《混凝土结构设计规范》(GB 50010—2010)规定,矩形截面钢筋混凝土纯扭构件的抗扭承载力计算公式为

$$T \leqslant T_u = 0.35 f_t W_t + 1.2\sqrt{\zeta}\frac{f_{yv}A_{stl}A_{cor}}{s} \tag{8-22}$$

式中:

T ——扭矩设计值;

T_u ——构件的抗扭承载力;

f_t ——混凝土的抗拉强度设计值;

W_t ——截面的抗扭塑性抵抗矩;

f_{yv}——箍筋的抗拉强度设计值;

A_{stl}——箍筋的单肢截面面积;

s ——箍筋的间距;

A_{cor}——核心截面部分的面积,$A_{cor}=b_{cor}\times h_{cor}$;

ζ ——抗扭纵筋与箍筋的配筋强度比,按式(8-12)计算;

A_{stl}——对称布置在截面中的全部抗扭纵筋的截面积;

f_y ——抗扭纵筋的抗拉强度设计值;

u_{cor}——核心截面部分的周长,$u_{cor}=2(b_{cor}+h_{cor})$,$b_{cor}$和$h_{cor}$分别为按箍筋内表面计算的核心截面部分的短边和长边尺寸。

为避免出现部分超筋破坏,ζ应满足$0.6\leqslant\zeta\leqslant1.7$。

为了保证受扭构件破坏时有一定延性,避免构件发生少筋破坏和超筋破坏,设计中应用式(8-22)时,构件还需满足一定的构造要求。混凝土工程结构中,大多数受扭构件属于弯剪扭共同作用下的构件,《混凝土结构设计规范》(GB 50010—2010)给出的构造规定均是针对弯剪扭复合受力构件的,见8.6节。而纯扭构件是弯剪扭复合受力构件的特例,当然这些构造规定也适用于纯扭构件。通过限制截面配筋率不能小于最小配筋率，防止少筋破坏；采用控制截面尺寸不能过小的方式，防止超筋破坏。

2. T 形和工字形截面纯扭构件抗扭承载力计算

实验表明：T 形和工字形截面钢筋混凝土纯扭构件，当截面腹板宽度大于翼缘厚度时，构件的第一条斜缝出现在腹板侧面中部，其破坏形态和规律性与矩形截面纯扭构件相似。T 形及工字形截面配有封闭箍筋的翼缘，构件抗扭承载力随着翼缘的悬挑宽度增加而提高，当悬挑宽度太小时（一般小于翼缘厚度），其提高效果不显著；但当悬挑长度过大时，翼缘与腹板连接处整体刚度相对减弱，翼缘扭曲变形后易于开裂，不能承受扭矩作用。《混凝土结构设计规范》（GB 50010—2010）规定，悬挑计算宽度超出其厚度 3 倍部分，不计其抗扭作用。

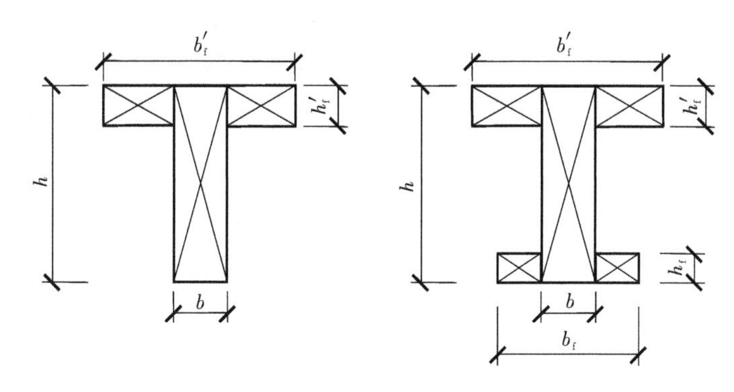

图 8.14　T 形和工字形截面矩形划分方法

T 形和工字形截面纯扭构件，可将其截面划分为几个矩形块进行配筋计算。理论上，T 形及工字形截面划分矩形块的原则是，选取使其各部分抵抗矩之和最大的划分。为了简化起见，对常用的 T 形和工形截面可按图 8.14 的方式划分矩形块。首先满足腹板截面的完整性，将截面划分为腹板、受压翼缘和受拉翼缘矩形块。各矩形块所承担的扭矩值，按其受扭塑性抵抗矩与截面总的受扭塑性抵抗矩的比值进行分配确定。各矩形块承担的扭矩即为

① 腹板

$$T_w = \frac{W_{tw}}{W_t}T \tag{8-23}$$

② 受压翼缘

$$T'_f = \frac{W'_{tf}}{W_t}T \tag{8-24}$$

③ 受拉翼缘

$$T_f = \frac{W_{tf}}{W_t}T \tag{8-25}$$

式中：

T ——构件所承担扭矩设计值；

T_w、T'_f、T_f ——分别为腹板、受压翼缘、受拉翼缘矩形块所分担的扭矩设计值；

W_t ——工字形截面的抗扭塑性抵抗矩，$W_t = W_{tw} + W'_{tf} + W_{tf}$；

W_{tw}、W'_{tf}、W_{tf}——分别为腹板、受压翼缘、受拉翼缘矩形块的抗扭塑性抵抗矩，按下列公式计算

$$W_{tw}=\frac{b^2}{6}(3h-b),\ W'_{tf}=\frac{h'^2_f}{2}(b'_f-b),\ W_{tf}=\frac{h_f^2}{2}(b_f-b)$$

计算受扭塑性抵抗矩时取用的翼缘宽度尚应符合 $b'_f\leqslant b+6h'_f$ 及 $b_f\leqslant b+6h_f$ 的要求。

求得各矩形块承受的扭矩后，按式(8-22)计算，确定各自所需的抗扭纵向钢筋及抗扭箍筋面积，最后再统一配筋。从理论上讲，T 形截面和工字形截面整体抗扭承载力大于上述分块计算后再相加得出的承载力，试验研究的结果也已证明这一点，故设计时采用分块计算的办法偏于安全。

3. 箱形截面钢筋混凝土纯扭构件

试验和理论研究表明，具有一定壁厚的箱形截面，如图 8.15 所示，其抗扭承载力与实心截面 $b_h\times h_h$ 的抗扭承载力基本相同。因此，箱形截面抗扭承载力公式是在矩形截面抗扭承载力公式(8-22)基础上，对 T_c 项乘以一个与壁厚有关的折减系数 α_h 得出的。

$$T\leqslant 0.35\alpha_h f_t W_t+1.2\sqrt{\zeta}\frac{f_{yv}A_{stl}A_{cor}}{s} \tag{8-26}$$

$$\alpha_h=\frac{2.5t_w}{b_h} \tag{8-27}$$

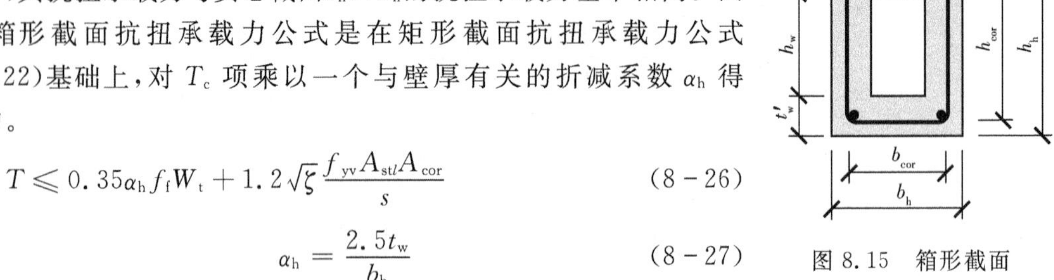

图 8.15　箱形截面

$$W_t=\frac{b_h^2}{6}(3h_h-b_h)-\frac{(b_h-2t_w)^2}{6}[3h_w-(b_h-2t_w)] \tag{8-28}$$

式中：

α_h ——箱形截面壁厚影响系数，当 $\alpha_h>1.0$ 时，取 $\alpha_h=1.0$；

t_w ——箱形截面壁厚，其值不应小于 $b_h/7$；

h_h，b_h ——箱形截面的长边和短边尺寸；

h_w ——箱形截面腹板高度。

箱形截面抗扭计算公式中的 ζ 值仍按式(8-12)计算，且应符合 $0.6\leqslant\zeta\leqslant1.7$ 的要求，当 $\zeta>1.7$ 时取 $\zeta=1.7$。

8.4　复合受扭构件的承载力计算

钢筋混凝土结构构件在弯矩、剪力和扭矩作用下，其受力状态及破坏形态十分复杂，结构的破坏形态及其承载力，既与构件所承受的荷载条件，即与扭弯比 $\varphi_m(\varphi_m=T/M)$ 和扭剪比 $\varphi_v(\varphi_v=T/Vb)$ 有关；又与结构的内部条件，即与构件的截面形状、尺寸、配筋形式、数量和材料强度等因素有关。

8.4.1　剪-扭构件

剪力和扭矩都主要在横截面上产生剪应力(τ_V 和 τ_T)，但分布规律不同，弹性阶段的应力分布如图 8.16(a)和 8.16(b)所示。当剪力和扭矩共同作用时，截面应力的组合使其剪应力分布更加复杂，如图 8.16(c)所示。顶面和底面处 $\tau_V=0$，剪应力由扭矩控制；τ_V 和 τ_T 方向相同时，可进行代数相加，如图中的横向Ⅰ-Ⅰ和侧面Ⅱ-Ⅱ、Ⅲ-Ⅲ；其他位置上 τ_V 和 τ_T 方向不同，应进行几何相加，剪应力方向和数值都发生变化，例如通过形心的垂直方向Ⅳ-Ⅳ。

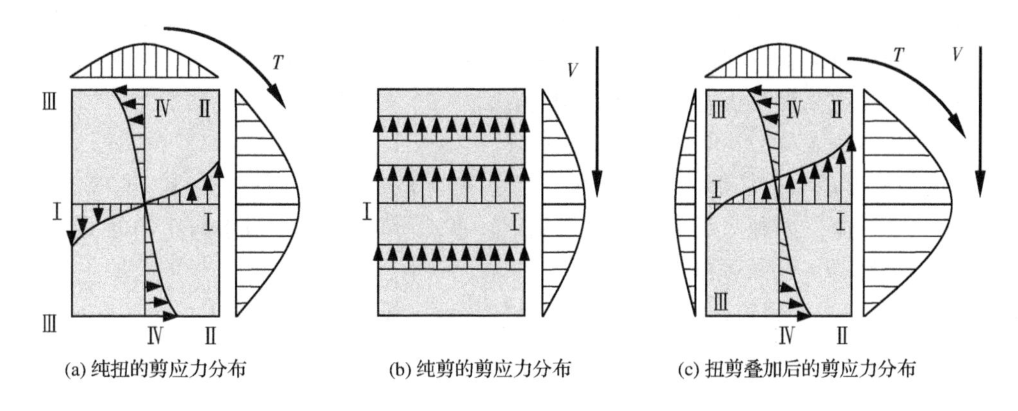

图 8.16　剪力和扭矩共同作用下剪应力的分布和叠加

无论如何，剪力和扭矩的共同作用总是使一个侧面及其附近的剪应力和主拉应力增大，开裂扭矩 T_{cr}降低。开裂后，构件两个相对侧面的斜裂缝开展程度不同，极限扭矩 T_u 和极限剪力 V_u 均降低。当扭矩和剪力的大小及它们的比值(T/Vb)变化时，截面剪应力分布不同，出现不同的破坏形态。剪力为零时，构件为纯扭破坏；扭矩为零时，构件为纯剪破坏。其间随着扭剪比(T/Vb)增大，构件由受扭破坏逐渐向受剪破坏过渡，如图 8.17 所示。不同扭剪比构件的破坏特点如下。

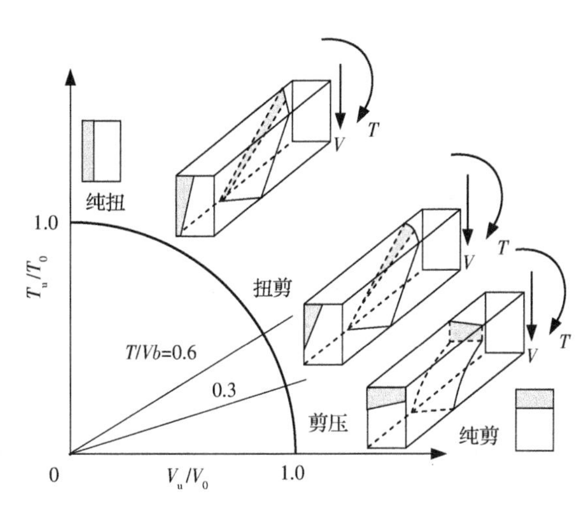

图 8.17　无腹筋梁剪扭承载力相关关系及破坏形状

(1) 扭剪比大($T/Vb>0.6$)

扭矩占优，构件首先在剪应力叠加面(Ⅱ-Ⅱ)因主拉应力达到混凝土的抗拉强度而出现斜裂缝，其后裂缝两端沿斜向分别延伸至顶面和底面，形成螺旋形裂缝。破坏时，此三面上为受拉裂缝，另一侧面(Ⅲ-Ⅲ)混凝土撕裂。极限斜扭面的受压区在构件端面的投影形状，由纯扭构件的矩形转为上宽下窄的梯形(图中阴影部分所示)。

(2) 扭剪比小($T/Vb<0.3$)

剪力占优,构件首先出现自下而上的弯剪裂缝,沿两个侧面往斜上方向发展。构件破坏时,截面顶部的剪压区由弯剪的矩形转为梯形,属剪压型破坏。剪应力叠加的一侧(Ⅱ-Ⅱ),斜裂缝发展较高,压区高度稍小,而另一侧高度稍大。

(3) 中等扭剪比($T/Vb=0.3\sim0.6$)

构件的裂缝发展和破坏形态处于上述二者之间,一般在剪应力叠加面(Ⅱ-Ⅱ)首先出现斜裂缝,沿斜向延伸至顶面和底面以及另一侧面(Ⅲ-Ⅲ)下部。破坏时极限斜扭面的受压区在构件端面的投影形状为一个三角形。

无腹筋梁在剪力和扭矩共同作用下的包络线接近圆弧曲线,表达式为

$$\left(\frac{T}{T_0}\right)^2+\left(\frac{V}{V_0}\right)^2=1 \tag{8-29}$$

式中:

T_0 ——构件的纯扭极限承载力($V=0$);

V_0 ——构件的极限抗剪承载力($T=0$)。

对于有腹筋的剪扭构件,其混凝土部分所提供的抗扭承载力 T_c 和抗剪承载力 V_c 之间,可认为也存在如图 8.17 所示的 1/4 圆弧相关关系,即

$$\left(\frac{T_c}{T_{c0}}\right)^2+\left(\frac{V_c}{V_{c0}}\right)^2=1 \tag{8-30}$$

这时,坐标系中的 V_{c0} 和 T_{c0} 分别取抗剪承载力公式中混凝土作用项和纯扭构件抗扭承载力公式中混凝土作用项,即

$$V_{c0}=0.7f_tbh_0 \tag{8-31}$$

$$T_{c0}=0.35f_tW_t \tag{8-32}$$

在设计时,剪力和扭矩共同作用下的包络线若按圆周曲线计算比较麻烦,为了简化,《混凝土结构设计规范》(GB 50010—2010)建议用三段直线,如图 8.18 中 AB、BC、CD 近似代替圆弧曲线。AB 段,$V_c/V_{c0}\leqslant0.5$,剪力影响较小,忽略剪力对构件抗扭的影响,取 $T_c/T_{c0}=1.0$,仅按纯扭构件的抗扭承载力公式进行计算;CD 段,$T_c/T_{c0}\leqslant0.5$,扭矩影响较小,忽略扭矩对构件抗剪的影响,取 $V_c/V_{c0}=1.0$,仅按受弯构件的斜截面抗剪承载力公式进行计算;而 BC 段,考虑构件中剪力和扭矩的相互影响,其关系为如下直线方程

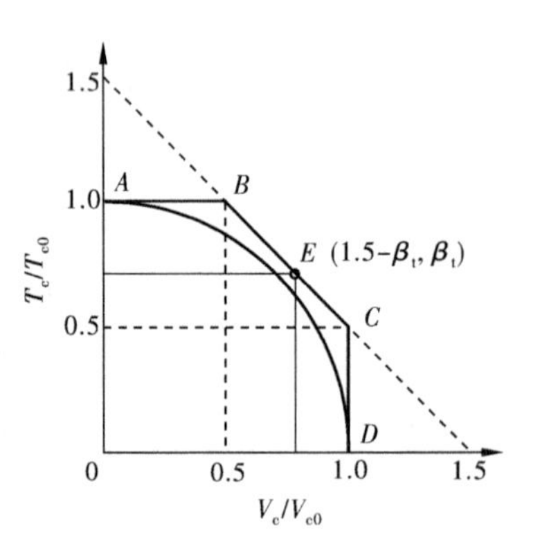

图 8.18 剪扭承载力相关关系

$$\frac{T_c}{T_{c0}}+\frac{V_c}{V_{c0}}=1.5 \tag{8-33}$$

现将 BC 上任意点 E 到横坐标轴的距离用 β_t 表示,即

$$\frac{T_c}{T_{c0}}=\beta_t \tag{a}$$

则由直线 BC 的方程,可得该点到纵坐标轴的距离为

$$\frac{V_c}{V_{c0}}=1.5-\beta_t \tag{b}$$

由式(8-33),式(a)可得

$$\beta_t = \frac{1.5}{1+\dfrac{V_c/V_{c0}}{T_c/T_{c0}}} \tag{c}$$

若剪力的设计值和扭矩的设计值分别为 V 和 T,并近似取

$$\frac{V_c}{T_c}=\frac{V}{T} \quad 和 \quad f_t = 0.1f_c \tag{d}$$

则有

$$\beta_t = \frac{1.5}{1+\dfrac{V}{T}\,\dfrac{0.35\times 0.1f_cW_t}{0.07f_cbh_0}} \tag{c}$$

简化后有

$$\beta_t = \frac{1.5}{1+0.5\dfrac{V}{T}\,\dfrac{W_t}{bh_0}} \tag{8-34}$$

根据图 8.18 所示,β_t 应满足 $0.5\leqslant\beta_t\leqslant1.0$,故称 β_t 为剪扭构件的混凝土抗扭承载力降低系数。当 $\beta_t>1.0$ 时,应取 $\beta_t=1.0$;当 $\beta_t<0.5$ 时,则取 $\beta_t=0.5$。因此,当构件需要考虑剪力和扭矩的相互影响时,应对构件的抗剪承载力公式和抗扭承载力公式分别按下述规定予以修正。

(1) 剪扭构件的抗剪承载力按以下公式计算

$$V_u = 0.7(1.5-\beta_t)f_tbh_0 + f_{yv}\frac{A_{sv}}{s}h_0 \tag{8-35}$$

(2) 剪扭构件的抗扭承载力按以下公式计算

$$T_u = 0.35\beta_t f_tW_t + 1.2\sqrt{\zeta}\frac{f_{yv}A_{stl}A_{cor}}{s} \tag{8-36}$$

对集中荷载作用下独立的钢筋混凝土剪扭构件(包括作用有多种荷载,且其中集中荷载对支座截面所产生的剪力值占总剪力值的 75%以上的情况),式(8-35)应改为

$$V_u = \frac{1.75}{\lambda+1}(1.5-\beta_t)f_tbh_0 + f_{yv}\frac{A_{sv}}{s}h_0 \tag{8-37}$$

且公式(8-37)和公式(8-36)中的剪扭构件混凝土抗扭承载力降低系数应改为按下面的公式计算:

$$\beta_t = \frac{1.5}{1+0.2(\lambda+1)\dfrac{V}{T}\,\dfrac{W_t}{bh_0}} \tag{8-38}$$

式中,$1.5\leqslant\lambda\leqslant3.0$,当 $\lambda<1.5$ 时,取 1.5;$\lambda>3.0$ 时,取 3.0。

由以上抗剪和抗扭计算分别确定所需的箍筋数量后,还要按照叠加原则计算总的箍筋需要量。叠加原则是指将抗剪计算所需要的箍筋用量中的单侧箍筋用量 A_{sv1}/s,(如采用双肢箍筋,A_{sv1}/s 即为需要量 A_{sv}/s 中的一半;如采用四肢箍筋,A_{sv1}/s 为需要量 A_{sv}/s 的 1/4)与抗扭所需的单肢箍筋用量 A_{stl}/s 相加,从而得到每侧箍筋总的需要量为

$$\frac{A_{sv1}^*}{s} = \frac{A_{sv1}}{s} + \frac{A_{stl}}{s} \tag{8-39}$$

8.4.2　弯-扭构件

承受扭矩作用的钢筋混凝土构件,纵筋的位置不论在截面的上、下或侧面都是受拉。在弯

矩作用下,构件截面上有受拉区和受压区,钢筋的应力有拉、有压。弯矩的作用使受扭构件弯拉区钢筋(A_s)的拉应力增大,弯压区钢筋(A'_s)的拉应力减小或变为压应力。因此,在弯矩和扭矩的共同作用下,构件破坏时,两者不一定都能达到相应的屈服强度(f_y 和 f'_y)。

令弯压区和弯拉区钢筋屈服时拉力的比值为

$$\gamma = \frac{A'_s f'_y}{A_s f_y} \tag{8-40}$$

对称配筋构件($\gamma=1$)的弯矩—扭矩破坏包络图可从试验中获得,其形状为左右对称的两段抛物线,如图8.19所示,其回归公式为

$$\left(\frac{T}{T_0}\right)^2 + \frac{M}{M_0} = 1 \tag{8-41}$$

式中:

T_0 ——构件的纯扭极限承载力($M=0$);

M_0 ——受拉钢筋(A_s)控制的纯弯极限承载力($T=0$)。

构件处于极限状态时,弯拉区和弯压区的钢筋应力(σ_s 和 σ'_s)随弯矩和扭矩的相对值不同而不同(见图8.20):对称配筋的构件,$\gamma=1$,只有在纯扭状态($M=0$)时,两者都达受拉屈服强度;有正弯矩($M>0$)作用时,梁底钢筋总能达受拉屈服强度($\sigma_s=f_y$),梁顶钢筋的应力(σ'_s)随弯矩增大而逐渐减小,应力由纯扭($M=0$)时的 $\sigma'_s=f_y$,减小至零,并转为受压,至纯弯状态($T=0$)时应力 $\sigma'_s=-f'_y$。负弯矩作用(梁顶钢筋 A'_s 受拉)下,情况恰好相反。所以,弯扭承载力相关关系的右半包络曲线为梁底钢筋(A_s)抗拉控制构件破坏,而左半包络曲线由梁顶钢筋(A'_s)抗拉控制。

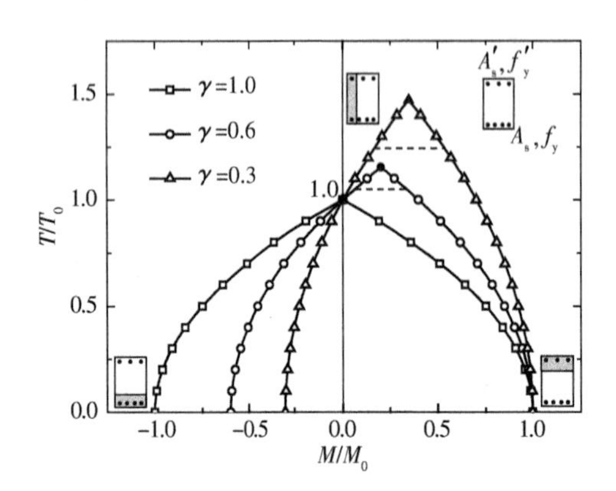

图8.19　弯扭承载力相关关系

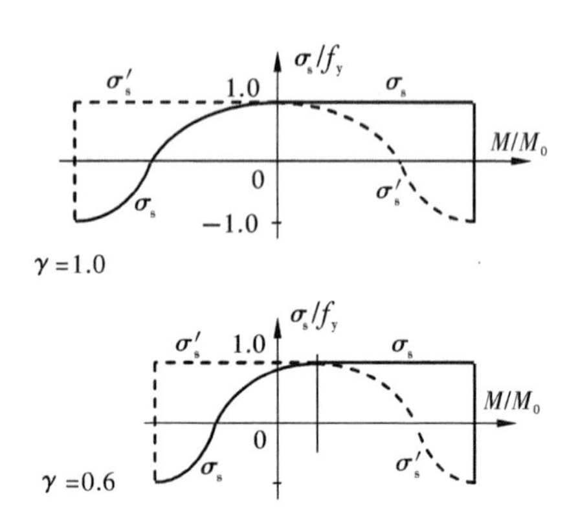

图8.20　弯扭共同作用极限状态时钢筋应力

非对称配筋的构件,$\gamma<1$,在纯弯矩作用下,正负向弯矩的极限值不等,分别为 M_0 和 $-\gamma M_0$。在纯扭的极限状态(T_0,$M=0$)下,梁顶钢筋(A'_s)受拉屈服,底部钢筋(A_s)低于屈服强度。再施加正弯矩,调整上下钢筋的应力,使之同时达屈服强度,可提高极限扭矩,并得最大极限扭矩值(如图8.19中 $\gamma=0.3$ 和 $\gamma=0.6$ 所对应曲线的峰点)。如果弯矩更大,将产生相反的情况,即构件极限状态时,底部钢筋受拉屈服,而顶部钢筋受拉不再屈服,甚至受压。所以弯扭包络曲线不对称,与最大极限扭矩相应的峰点偏向正弯矩一侧,且随比值 γ 的减小,包络曲线

偏移量增大。

对于非对称配筋的构件，破坏包络曲线峰点的右、左两侧抛物线分别由梁底和顶部钢筋的抗拉控制，试验研究结果给出的计算式为：

底部纵筋(A_s)控制
$$\gamma\left(\frac{T}{T_0}\right)^2+\frac{M}{M_0}=1 \tag{8-42}$$

顶部纵筋(A'_s)控制
$$\left(\frac{T}{T_0}\right)^2-\frac{1}{\gamma}\frac{M}{M_0}=1 \tag{8-43}$$

非对称配筋构件($\gamma<1$)，当弯矩较小时，属于扭型破坏，构件的抗扭承载力由式(8-43)控制，即由顶部弯压区钢筋(A'_s)的抗拉控制。弯矩作用减小了 A'_s 钢筋的拉应力，使构件的抗扭承载力提高。此时，构件的抗扭承载力随着弯矩的增大而提高，直至最大值。其后，构件的抗扭承载力由式(8-42)控制，即由底部弯拉区钢筋(A_s)的抗拉控制，弯矩作用增大了 A_s 钢筋的拉应力，使构件的抗扭承载力降低。此时，构件的抗扭承载力随着弯矩的增大而减小。

构件抗扭承载力的最大值位于式(8-42)和式(8-43)两条抛物线的交点，其值为

$$\frac{T_{\max}}{T_0}=\sqrt{\frac{1+\gamma}{2\gamma}} \tag{8-44}$$

相应的弯矩为

$$\frac{M}{M_0}=\frac{1-\gamma}{2} \tag{8-45}$$

由式(8-44)可知，构件抗扭承载力的最大值 $T_{\max}/T_0$ 随比值 γ 的减小而增大。但如果构件截面很窄(h/b 比值大)，或者侧边钢筋数量过少，在扭矩和弯矩的共同作用下，有可能截面长边中间的钢筋首先受拉屈服，并控制构件的破坏，其极限承载力主要取决于扭矩，而弯矩值对抗扭承载力的影响不大。这种极限状态在弯扭包络曲线近似为一水平线(图 8.19 中的虚线)，其最大极限扭矩小于底部和顶部钢筋控制的最大极限扭矩。

8.4.3　弯-剪-扭构件

钢筋混凝土受扭构件根据弯矩、剪力、扭矩比值和配筋不同，主要有弯型、扭型和剪扭型三种破坏类型，如图 8.21 所示。

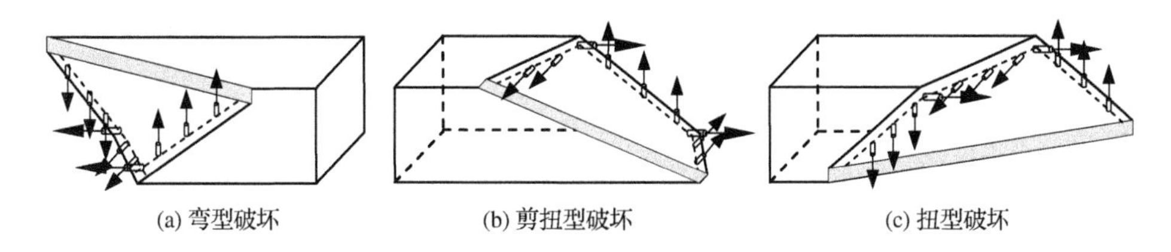

(a) 弯型破坏　(b) 剪扭型破坏　(c) 扭型破坏

图 8.21　弯扭或弯剪扭共同作用下构件破坏类型

①弯型破坏：构件在弯剪扭共同作用下，当弯矩较大扭矩较小时(即扭弯比值较小)，扭矩产生的拉应力减少了截面上部弯压区钢筋的压应力，构件破坏始自截面下部弯拉区受拉纵筋的首先屈服，其破坏形态通常称为“弯型”破坏，如图 8.21(a)所示。

②剪扭型破坏：构件在弯剪扭共同作用下，当纵筋在截面的顶部及底部配置较多，两侧面配置较少，而截面宽高比(b/h)较小，或作用的剪力和扭矩较大时，构件破坏始自剪力和扭矩所产生主拉应力相叠加的侧面，而另一侧面处于受压状态，如图 8.21(b)所示，其破坏形态通常

称为“剪扭型”破坏。

③扭型破坏:构件在弯剪扭共同作用下,当扭矩较大弯矩较小时(即扭弯比值较大),截面上部弯压区在较大的扭矩作用下,由受压转变为受拉状态,弯曲压应力减少了扭转拉应力,提高了构件抗扭承载力。构件破坏始纵筋面积较小的顶部,受压区在截面底部,如图 8.21(c)所示,其破坏形态通常称为“扭型”破坏。

除了上述三种破坏形态外,当剪力很大且扭矩较小时,构件则会发生剪型破坏形态,其破坏形态与剪压破坏形态相近。

钢筋混凝土构件在弯矩(M)、剪力(V)和扭矩(T)共同作用下的破坏包络面由两部分组成,如图 8.22 所示。左边一半曲面,由顶部纵筋(A'_s)控制,其简化表达式为

$$\left(\frac{T}{T_0}\right)^2+\left(\frac{V}{V_0}\right)^2-\frac{1}{\gamma}\frac{M}{M_0}=1 \qquad (8-46)$$

右边一半曲面,由底部纵筋(A_s)控制,其简化表达式为

$$\gamma\left(\frac{T}{T_0}\right)^2+\left(\frac{V}{V_0}\right)^2+\frac{M}{M_0}=1 \qquad (8-47)$$

该曲面在 $M-T$ 平面为分别由梁底部和顶部钢筋受拉屈服控制的两段抛物线(即图 8.19),在 $T-V$ 平面则为圆形或椭圆形曲线。

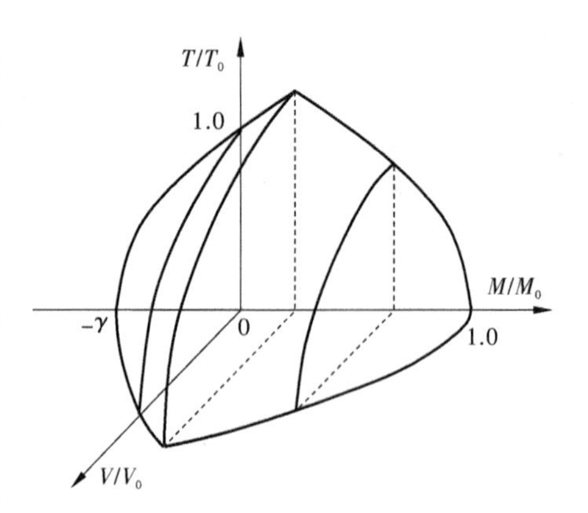

图 8.22　弯剪扭承载力相关关系

8.5　轴力对弯剪扭作用构件承载力的影响

轴向压力使扭矩产生的混凝土主拉应力和纵筋拉应力减小,因而提高构件的开裂扭矩 T_{cr} 和极限扭矩 T_u。反之,轴向拉力使扭矩产生的混凝土主拉应力和纵筋拉应力增大,构件的开裂扭矩和极限扭矩必然降低。设计规范中,一般采用简单的方式,如附加扭矩或修正系数考虑轴力对受扭构件的影响。

轴向压力、弯矩、剪力和扭矩共同作用下的钢筋混凝土矩形截面框架柱,其剪扭承载力各按下面的公式计算:

抗剪承载力

$$V_u=(1.5-\beta_t)\left(\frac{1.75}{\lambda+1}f_t bh_0+0.07N\right)+f_{yv}\frac{A_{sv}}{s}h_0 \qquad (8-48)$$

抗扭承载力

$$T_u=\beta_t\left(0.35f_t+0.07\frac{N}{A}\right)W_t+1.2\sqrt{\zeta}\frac{f_{yv}A_{stl}A_{cor}}{s} \qquad (8-49)$$

此处,β_t 近似按公式(8-34)计算。λ 为计算截面的剪跨比,与第 6 章式(6-20)中 λ 相同。

轴向压力、弯矩、剪力和扭矩共同作用下的钢筋混凝土矩形截面框架柱,纵向钢筋应按偏心受压构件正截面承载力和剪扭构件的抗扭承载力分别计算,并按所需的纵筋截面面积和相应的位置进行配置。箍筋应按剪扭构件的抗剪承载力和抗扭承载力分别计算,并按所需的箍筋截面面积和相应位置进行配置。

轴向压力、弯矩、剪力和扭矩共同作用下的钢筋混凝土矩形截面框架柱，当 $T \leqslant (0.175f_t + 0.035N/A)W_t$ 时，可仅按偏心受压构件的正截面承载力和框架柱斜截面抗剪承载力分别进行计算。

8.6　受扭构件计算公式的适用条件和构造要求

1. 构件截面尺寸的要求

为了避免构件截面尺寸过小，弯剪扭构件在受力过程中发生超筋破坏，《混凝土结构设计规范》(GB 50010—2010)对其截面尺寸进行了规定。在弯矩、剪力和扭矩共同作用下，$h_0/b \leqslant 6$ 的矩形截面、$h_w/b \leqslant 6$ 的 T 形和工字形截面以及 $h_w/t_w \leqslant 6$ 的箱形截面构件，其构件截面尺寸应符合如下要求：

当 h_w/b(或 h_w/t_w)$\leqslant 4$ 时，有

$$\frac{V}{bh_0} + \frac{T}{0.8W_t} \leqslant 0.25\beta_c f_c \tag{8-50}$$

当 h_w/b(或 h_w/t_w)$=6$ 时，有

$$\frac{V}{bh_0} + \frac{T}{0.8W_t} \leqslant 0.20\beta_c f_c \tag{8-51}$$

当 $4 < h_w/b$(或 h_w/t_w)< 6 时，按线性内插法确定。当 h_w/b(或 h_w/t_w)> 6 时，受扭构件的截面尺寸条件及抗扭承载力计算应符合专门规定。

上述规定中，h_0 为矩形截面取有效高度；b 为矩形截面的宽度或 T 形和工字形截面的腹板宽度、箱形截面的侧壁总厚度 $2t_w$；h_w 为 T 形和工字形截面的腹板净高度、矩形截面的有效高度 h_0；t_w 为箱形截面侧壁厚度，其值不应小于$b_h/7$，此处 b_h 为箱形截面的宽度；β_c 为混凝土强度影响系数，取值同式(6-25)，即当混凝土强度等级不超过 C50 时，取 $\beta_c=1.0$，当混凝土强度等级为 C80 时，取 $\beta_c=0.8$，当混凝土强度等级在 C50～C80 之间按直线内插法取用或查表6-1。

如果截面不满足上述要求，则需加大构件截面尺寸或提高混凝土强度等级。

另一方面，当截面尺寸符合如下要求时

$$\frac{V}{bh_0} + \frac{T}{W_t} \leqslant 0.7f_t + 0.07\frac{N}{bh_0} \tag{8-52}$$

则可不进行构件截面抗扭承载力计算。但设计时，为了安全可靠，防止构件发生受扭脆性断裂，保证构件破坏时具有一定延性，应根据《混凝土结构设计规范》(GB 50010—2010)要求的最小配筋率配置纵向钢筋和箍筋。

2. 最小配筋率

钢筋混凝土受扭构件的极限承载力与相应的素混凝土构件的极限承载力相等时，所对应的配筋率称为受扭构件钢筋的最小配筋率。受扭构件的最小配筋率，包括构件箍筋最小配筋率及纵筋最小配筋率。工程结构的受扭构件均属于弯剪扭共同作用下的结构。《混凝土结构设计规范》(GB 50010—2010)规定：弯剪扭共同作用下，结构受剪及受扭箍筋配筋率不应小于 $0.28f_t/f_{yv}$，即

$$\rho_{sv} = \frac{nA_{sv1}}{bs} \geqslant 0.28\frac{f_t}{f_{yv}} \tag{8-53}$$

箍筋必须做成封闭式，且应沿截面周边布置；当采用复合箍筋时，位于截面内部的箍筋不应计入；受扭所需箍筋的末端应做成135°弯钩，弯钩端头平直段长度不应小于 $10d$（d 为箍筋直径），如图8.23所示。

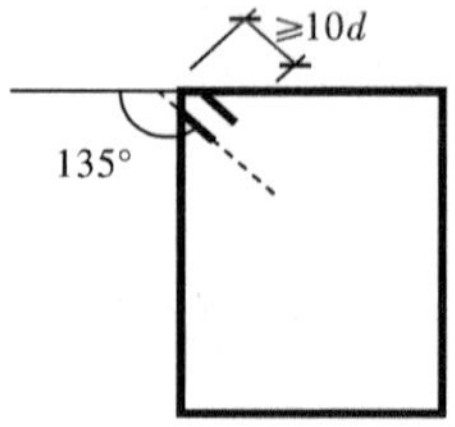

图8.23 受扭箍筋弯钩搭接长度

结构在剪扭共同作用下，受扭纵筋的最小配筋率为

$$\rho_{stl,\min}=\frac{A_{stl,\min}}{bh}=0.6\sqrt{\frac{T}{Vb}}\frac{f_t}{f_y} \tag{8-54}$$

其中，当 $\frac{T}{Vb}>2$ 时，取 $\frac{T}{Vb}=2$。

受扭纵向受力钢筋的间距不应大于200 mm和梁的截面宽度；截面四角必须设置受扭纵向受力钢筋，其余纵向钢筋沿截面周边均匀对称布置。当支座边作用有较大扭矩时，受扭纵向钢筋应按受拉钢筋锚固在支座内。

结构设计时，纵筋最小配筋率应取受弯及受扭纵筋最小配筋率叠加值。在弯剪扭构件中，弯曲受拉边纵向受拉钢筋的最小配筋量，不应小于按弯曲受拉钢筋最小配筋率计算出的钢筋截面面积与按受扭纵向受力钢筋最小配筋率计算并分配到弯曲受拉边钢筋截面面积之和。

例8-1 已知一均布荷载作用下T形截面弯剪扭构件，截面尺寸如图8.24所示，混凝土保护层厚度 $c=25$ mm。构件所承受的弯矩设计值 $M=80\times10^6$ N·mm，剪力设计值 $V=100\times10^3$ N，扭矩设计值 $T=10\times10^6$ N·mm；混凝土强度等级C30，纵筋采用HRB335级钢筋，箍筋采用HPB300级钢筋。求：该梁的配筋。

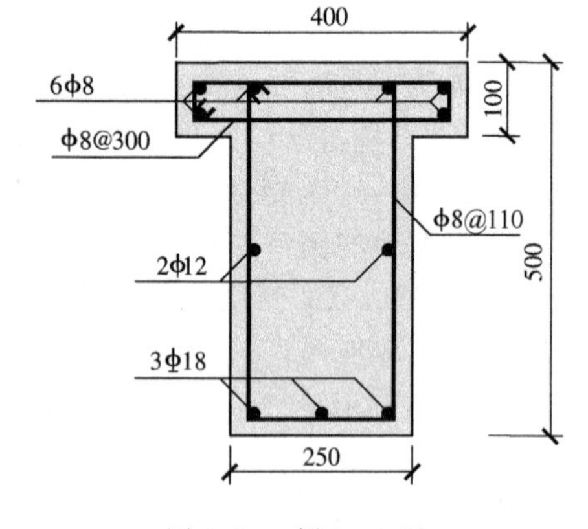

图8.24 例8-1图

解 (1) 已知条件

由于混凝土保护层厚度 $c=25$ mm，故 $a_s=35$ mm，则

$$h_0=h-a_s=500-35=465\text{ mm}$$

由表2-5和表2-6得，C30混凝土的 $f_c=14.3$ N/mm²，$f_t=1.43$ N/mm²，HRB335钢筋的 $f_y=300$ N/mm²，HPB300钢筋的 $f_y=270$ N/mm²（即 $f_{yv}=270$ N/mm²）。

由表5-1知，对于C30的混凝土 $\alpha_1=1.0$，$\beta_1=0.8$；由表5-2知，对于C30的混凝土和HRB335钢筋 $\xi_b=0.550$。

由表6-1知，对于C30的混凝土，混凝土强度调整系数 $\beta_c=1.0$。

(2) 验算构件截面尺寸

$$W_{tw}=\frac{b^2}{6}(3h-b)=\frac{250^2}{6}\times(3\times500-250)=13.021\times10^6\text{ mm}^3$$

$$W'_{tf}=\frac{h'^2_f}{2}(b'_f-b)=\frac{100^2}{2}\times(400-250)=0.750\times10^6\text{ mm}^3$$

$$W_t=W_{tw}+W'_{tf}=13.021\times10^6+0.750\times10^6=13.771\times10^6\text{ mm}^3$$

因 $\frac{h_w}{b}=\frac{500-100}{250}=1.6<4$，按式(8-50)验算。

$$\frac{V}{bh_0}+\frac{T}{0.8W_t}=\frac{100\times10^3}{250\times465}+\frac{10\times10^6}{0.8\times13.771\times10^6}$$
$$=1.768\ \text{N/mm}^2$$
$$<0.25\beta_c f_c=0.25\times1.0\times14.3=3.575\ \text{N/mm}^2$$

$$\frac{V}{bh_0}+\frac{T}{W_t}=\frac{100\times10^3}{250\times465}+\frac{10\times10^6}{13.771\times10^6}$$
$$=1.586\ \text{N/mm}^2$$
$$>0.7f_t=0.7\times1.43=1.001\ \text{N/mm}^2$$

截面尺寸满足要求，但需按计算配置钢筋。

(3) 确定计算方法

$$V=100\times10^3\ \text{N}$$
$$>0.35f_tbh_0=0.35\times1.43\times250\times465=58.183\times10^3\ \text{N}$$
$$T=10\times10^6\ \text{N·mm}$$
$$>0.175f_tW_t=0.175\times1.43\times13.771\times10^6=3.446\times10^6\ \text{N·mm}$$

需要考虑剪力及扭矩对构件抗扭和抗剪承载力的影响。

(4) 抗弯纵筋计算

由于

$$\alpha_1 f_c b_f' h_f'(h_0-0.5h_f')=1.0\times14.3\times400\times100\times(465-0.5\times100)$$
$$=237.380\times10^6\ \text{N·mm}>M=80\times10^6\ \text{N·mm}$$

故，中和轴位于受压翼缘，属于第一种类型 T 形梁。

$$\xi=1-\sqrt{1-2\frac{M}{\alpha_1 f_c b_f' h_0^2}}$$
$$=1-\sqrt{1-2\times\frac{80\times10^6}{1.0\times14.3\times400\times465^2}}=0.067<\xi_b=0.550$$
$$x=\xi h_0=0.067\times465=31\ \text{mm}<h_f'=100\ \text{mm}$$
$$A_s=\frac{\alpha_1 f_c bx}{f_y}=\frac{1\times14.3\times400\times31}{300}=603\ \text{mm}^2$$
$$A_s>\rho_{\min}bh=0.45\frac{f_t}{f_y}bh=0.45\times\frac{1.43}{300}\times250\times500$$
$$=0.00215\times250\times500=268\ \text{mm}^2$$

(5) 抗剪及抗扭钢筋计算

① 腹板和受压翼缘承受的扭矩

腹板　$T_w=\frac{W_{tw}}{W_t}T=\frac{13.021\times10^6}{13.771\times10^6}\times10\times10^6=9.455\times10^6\ \text{N·mm}$

受压翼缘　$T_{tf}'=\frac{W_{tf}'}{W_t}T=\frac{0.750\times10^6}{13.771\times10^6}\times10\times10^6=0.545\times10^6\ \text{N·mm}$

② 腹板配筋计算

$$A_{cor}=b_{cor}\times h_{cor}=200\times450=90000\ \text{mm}^2$$
$$u_{cor}=2(b_{cor}+h_{cor})=2\times(200+450)=1300\ \text{mm}$$

a. 抗扭箍筋计算

由式(8-34),有

$$\beta_t=\frac{1.5}{1+0.5\dfrac{V}{T_w}\dfrac{W_{tw}}{bh_0}}=\frac{1.5}{1+0.5\times\dfrac{100\times10^3}{9.455\times10^6}\times\dfrac{13.021\times10^6}{250\times465}}=0.9420$$

由式(8-12) $\zeta=\dfrac{A_{stl}f_y s}{A_{stl}f_{yv}u_{cor}}$应符合 $0.6\leqslant\zeta\leqslant1.7$ 的要求,这里取 $\zeta=1.2$

由式(8-36),有

$$\frac{A_{stl}}{s}=\frac{T_w-0.35\beta_t f_t W_{tw}}{1.2\sqrt{\zeta}f_{yv}A_{cor}}$$

$$=\frac{9.455\times10^6-0.35\times0.9420\times1.43\times13.021\times10^6}{1.2\times\sqrt{1.2}\times270\times90000}$$

$$=0.1038\ \text{mm}^2/\text{mm}$$

b. 抗剪箍筋计算

假设全部剪力由腹板承担,由式(8-35),有

$$\frac{A_{sv}}{s}=\frac{V-0.7(1.5-\beta_t)f_t bh_0}{f_{yv}h_0}$$

$$=\frac{100\times10^3-0.7\times(1.5-0.942\ 0)\times1.43\times250\times465}{270\times465}$$

$$=0.2793\ \text{mm}^2/\text{mm}$$

$$\rho_{sv}=\frac{A_{sv}}{bs}=\frac{A_{sv}}{s}\ \frac{1}{b}=0.2793\times\frac{1}{250}=0.00112$$

$$<\rho_{sv,min}=0.28\times\frac{f_t}{f_{yv}}=0.28\times\frac{1.41}{270}=0.00148$$

取 $\rho_{sv}=\rho_{sv,min}=0.00148$,则取

$$\frac{A_{sv}}{s}=\rho_{sv,min}b=0.00148\times250=0.3707\ \text{mm}^2/\text{mm}$$

c. 腹板所需单肢箍筋总面积

$$\frac{A_{stl}}{s}+\frac{A_{sv1}}{s}=\frac{A_{stl}}{s}+\frac{1}{2}\ \frac{A_{sv}}{s}$$

$$=0.1038+\frac{1}{2}\times0.3707=0.2892\ \text{mm}^2/\text{mm}$$

取箍筋直径为 8 mm 的 HPB300 级钢筋,其截面面积为 50.3 mm²,则箍筋间距

$$s=\frac{50.3}{0.3685}=174\ \text{mm},取\ s=150\ \text{mm}$$

d. 抗扭纵筋计算

由式(8-15),得

$$A_{stl}=\zeta\frac{A_{stl}}{s}\ \frac{f_{yv}u_{cor}}{f_y}$$

$$=1.2\times0.1038\times\frac{270\times1300}{300}=146\ \text{mm}^2$$

$$\rho_{stl}=\frac{A_{stl}}{bh}=\frac{146}{250\times500}=0.00117$$

$$<\rho_{stl,min}=0.6\sqrt{\frac{T_w}{Vb}}\frac{f_t}{f_y}=0.6\times\sqrt{\frac{9.455\times10^6}{100\times10^3\times250}}\times\frac{1.43}{300}=0.00176$$

则取

$$A_{stl}=\rho_{stl,min}bh=0.00176\times250\times500=220\ \text{mm}^2$$

相应抗扭箍筋也应改变,由式(8-12)得

$$\frac{A_{stl}}{s}=\frac{A_{stl}f_y}{\zeta f_{yv}u_{cor}}=\frac{220\times300}{1.2\times270\times1300}=0.1570\ \text{mm}^2/\text{mm}$$

则腹板所需单肢箍筋总面积变为

$$\frac{A_{stl}}{s}+\frac{A_{sv1}}{s}=\frac{A_{stl}}{s}+\frac{1}{2}\frac{A_{sv}}{s}=0.1570+\frac{1}{2}\times0.3707=0.3424\ \text{mm}^2/\text{mm}$$

箍筋仍取直径为 8 mm 的 HPB300 级钢筋,其截面面积为 50.3 mm^2,则箍筋间距变为

$$s=\frac{50.3}{0.3424}=147\ \text{mm},仍取\ s=120\ \text{mm}$$

梁底所需受弯和受扭纵筋截面面积

$$A_s+A_{stl}\frac{b_{cor}}{u_{cor}}=603+220\times\frac{200}{1300}=634\ \text{mm}^2$$

选用 3 根直径 18 mm 的 HRB335 钢筋,其截面面积为 763 mm^2。

梁侧边所需受扭纵筋截面面积

$$A_{stl}\frac{h_{cor}}{u_{cor}}=220\times\frac{450}{1300}=76\ \text{mm}^2$$

选用 HPB300 钢筋时,所需截面面积

$$76\times\frac{300}{270}=84\ \text{mm}^2$$

选用 1 根直径为 12 mm 的 HPB300 钢筋,其截面面积为 113 mm^2。

梁顶面所需受扭纵筋的截面面积

$$A_{stl}\frac{b_{cor}}{u_{cor}}=220\times\frac{200}{1300}=34\ \text{mm}^2$$

选用 HPB300 钢筋时,所需截面面积

$$34\times\frac{300}{270}=38\ \text{mm}^2$$

选用 2 根直径为 8 mm 的 HPB300 钢筋,其截面面积为 101 mm^2。

③ 受压翼缘配筋计算

按纯扭计算,受压翼缘分为腹板两侧的两部分,其

$$b'_{cor}=b'_f-b-2\times25=400-250-50=100\ \text{mm}$$

$$h'_{cor}=h'_f-2\times25=100-50=50\ \text{mm}$$

则　$A'_{cor}=b'_{cor}\times h'_{cor}=100\times50=5000\ \text{mm}^2$

$$u'_{cor}=2(b'_{cor}+h'_{cor})=2\times(100+50)=300\ \text{mm}$$

a. 受压翼缘抗扭箍筋计算

取 $\zeta=1.0$,由式(8-25)

$$\frac{A_{stl}}{s}=\frac{0.545\times10^6-0.35\times1.43\times0.750\times10^6}{1.2\times\sqrt{1.0}\times270\times5000}=0.1047\ \text{mm}^2/\text{mm}$$

取箍筋直径为 8 mm 的 HPB300 级钢筋,其截面面积为 50.3 mm²,则箍筋间距

$$s=\frac{50.3}{0.1047}=480\ \text{mm},取\ s=300\ \text{mm},实际配筋$$

$$\frac{A_{stl}}{s}=\frac{50.3}{300}=0.1677\ \text{mm}^2/\text{mm}$$

b. 受压翼缘抗扭纵筋计算

由式(8-12),得

$$A_{stl}=\zeta\frac{A_{stl}}{s}\frac{f_{yv}u_{cor}}{f_y}$$

$$=1.0\times0.1046\times\frac{270\times300}{300}=34\ \text{mm}^2$$

选用 4 根直径为 8 mm 的 HPB300 钢筋,其截面面积为 201 mm²。

经验算受压翼缘抗扭最小配箍率和最小纵筋配筋率均满足要求,此处验算过程略。

截面的配筋见图 8.24。

思考题

8.1 简述素混凝土矩形截面纯扭构件的破坏特点。

8.2 钢筋混凝土矩形截面纯扭构件有几种破坏形态?各有什么特征?

8.3 钢筋混凝土受扭构件的开裂扭矩如何计算?其截面抗扭抵抗矩计算公式是依据什么假定推导的?它与实际情况的差异在公式中是如何进行调整的?

8.4 简述钢筋混凝土受扭适筋构件的破坏过程。

8.5 影响矩形截面钢筋混凝土纯扭构件承载力的主要因素有哪些?抗扭钢筋配筋强度比 ζ 的含义是什么?它起什么作用?在构件设计时,它的取值有什么限制?

8.6 在弯剪扭构件的承载力计算中,为什么要规定截面尺寸限制条件、构造配筋要求以及抗扭钢筋配筋强度比 ζ 的取值范围?

8.7 说明弯扭共同作用时,构件的抗弯承载力与抗扭承载力之间的相关关系。

8.8 剪扭共同作用时,剪扭承载力之间存在怎样的相关性?设计计算时是如何考虑这些相关性的?其 β_t 的物理意义是什么?β_t 表达式的取值考虑了哪些因素?

习 题

8.1 有一钢筋混凝土矩形截面纯扭构件,已知截面尺寸为 $b\times h=300\ \text{mm}\times500\ \text{mm}$,混凝土保护层厚度 $c=25$ mm;纵向钢筋采用 HRB335 级钢筋,箍筋采用 HPB300 级钢筋,采用 C30 混凝土;作用于构件上的扭矩设计值为 $T=10\times10^6$ N·mm。试设计该构件的配筋。

8.2　有一钢筋混凝土弯扭构件，截面尺寸为 $b\times h=300\ \mathrm{mm}\times 500\ \mathrm{mm}$，混凝土保护层厚度 $c=25\ \mathrm{mm}$；弯矩设计值为 $M=80\times 10^6\ \mathrm{N\cdot mm}$，扭矩设计值为 $T=8\times 10^6\ \mathrm{N\cdot mm}$；采用 C30 混凝土，箍筋采用 HPB300 级钢筋，纵向钢筋采用 HRB335 级钢筋。试设计该构件的配筋。

8.3　已知一均布荷载作用下钢筋混凝土矩形截面弯、剪、扭构件，截面尺寸 $b\times h=300\ \mathrm{mm}\times 500\ \mathrm{mm}$ 混凝土保护层厚度 $c=25\ \mathrm{mm}$；构件所承受的弯矩设计值 $M=70\times 10^6\ \mathrm{N\cdot mm}$，剪力设计值 $V=60\times 10^3\ \mathrm{N}$，扭矩设计值 $T=5\times 10^6\ \mathrm{N\cdot mm}$；箍筋采用 HPB300 级钢筋，纵向钢筋采用 HRB335 级钢筋，采用 C30 混凝土，试设计该构件的配筋。

8.4　试画出弯剪扭构件配筋计算步骤框图。

第⑨章 钢筋混凝土构件裂缝、变形和耐久性

钢筋混凝土结构应同时满足安全性、适用性和耐久性三方面的要求。安全性要求结构或结构构件能够承受正常施工和正常使用时可能出现的各种作用，以及偶然事件发生时和发生后，结构仍能保持必需的整体稳定性；适用性要求正常使用时，结构或结构构件具有良好的工作性能，不出现过大的变形和过宽的裂缝；耐久性要求钢筋混凝土结构在设计使用年限内，在正常的维护下，必须保持适合于使用，不需要进行维修加固。前面几章已讨论了保证钢筋混凝土结构安全性的计算理论和设计方法，本章主要讨论钢筋混凝土结构的适用性问题，讲述钢筋混凝土构件按正常使用极限状态进行变形和裂缝宽度验算的方法、截面的延性以及影响混凝土结构耐久性的因素和耐久性设计的基本方法。

9.1 钢筋混凝土构件裂缝、变形和耐久性要求

在钢筋混凝土结构设计中，必须首先进行承载能力极限状态计算，在满足承载能力的前提下，应根据结构或构件的工作条件或使用要求，进行正常使用极限状态的验算。钢筋混凝土构件的裂缝和变形验算，属于正常使用极限状态验算，是关系到结构或构件能否满足正常使用及耐久性要求的重要问题。

钢筋混凝土结构正截面的受力裂缝控制等级分为三级，等级划分及要求应符合下述规定：一级为严格要求不出现裂缝的构件，按荷载标准组合计算时，构件受拉边缘混凝土不应产生拉应力；二级为一般要求不出现裂缝的构件，按荷载标准组合计算时，构件受拉边缘混凝土拉应力不应大于混凝土抗拉强度的标准值；三级为允许出现裂缝的构件，《混凝土结构耐久性设计规范》(GB/T 50476—2008)和《混凝土结构设计规范》(GB 50010—2010)分别对混凝土构件的裂缝控制等级及最大裂缝宽度的限值(附录3附表3-4)作出了规定。混凝土结构构件应根据结构类型和环境类别(见表9-1)，按附录3附表3-4的规定选用不同的裂缝控制等级及最大裂缝宽度限值。在确定最大裂缝宽度限值时，满足耐久性要求是最主要因素，因为过大的裂缝对钢筋混凝土结构的耐久性有比较显著的影响，特别是结构或结构构件处于有腐蚀性介质或干湿交替的环境中；另外，满足外观要求也是确定最大裂缝宽度限值所考虑的主要因素，过宽裂缝给人以不安全感，同时也影响对结构质量的评价。对钢筋混凝土构件，按荷载准永久组合并考虑长期作用影响计算时，构件的最大裂缝宽度不应超过附录3附表3-4规定的最大裂缝宽度限值。对预应力混凝土构件，按荷载标准组合并考虑长期作用的影响计算时，构件的最大裂缝宽度不应超过附录3附表3-4规定的最大裂缝宽度限值；对二a类环境的预应力混凝土构件，尚应按荷载准永久组合计算，且构件受拉边缘混凝土的拉应力不应大于混凝土的抗拉

强度标准值。钢筋混凝土受弯构件的最大挠度应按荷载的准永久组合,预应力混凝土受弯构件的最大挠度应按荷载的标准组合,并均应考虑荷载长期作用的影响进行计算,其计算值不应超过附录 3 附表 3－1 规定的挠度限值。混凝土结构构件变形限值的确定,主要基于以下四方面考虑:①保证建筑的使用功能要求,结构构件产生过大的变形将损害甚至丧失其使用功能;②防止对结构构件产生不良影响,这是指防止结构性能与设计中的假定不符;③防止对非结构构件产生不良影响,例如防止结构构件过大的变形使门窗等活动部件不能正常开关等;④保证人们的感觉在可接受程度之内,例如防止构件明显下垂引起的不安全感、防止可变荷载引起的振动及噪声对人的不良影响等。

与承载能力极限状态相比,正常使用极限状态验算时,目标可靠指标$[\beta]$可小于承载力极限状态计算时的目标可靠指标。因此,正常使用极限状态验算(即裂缝及变形验算)时,应采用荷载标准值、荷载准永久值和材料强度标准值,其荷载效应值大致相当于破坏时荷载效应值的50％～70％。由于构件的变形及裂缝宽度随时间而增大,因此,验算变形及裂缝宽度时,应按荷载效应的标准组合并考虑长期作用的影响。

混凝土构件的截面延性指截面在破坏阶段的变形能力,是构件抗震性能的一个重要指标。混凝土构件的截面除了应满足承载力要求外,还要求具有一定的延性。

此外,钢筋混凝土结构是由多种性能不同的材料组成,在周围环境介质作用下,随着时间推移,混凝土可能出现裂缝、破碎、酥裂、磨损、溶蚀等现象,而钢筋也可能锈蚀、脆化、应力腐蚀等,钢筋与混凝土之间的粘结锚固作用也会逐渐减弱,这些都属于混凝土结构的耐久性劣化或失效。耐久性问题开始时,表现为对结构构件外观和使用功能的影响,发展到一定阶段就可能引发结构的安全问题。因此,混凝土结构的耐久性问题十分重要,应根据使用环境类别、作用等级和设计使用年限进行耐久性设计。

9.2　钢筋混凝土构件的裂缝

由于混凝土的抗拉强度和抗拉极限应变都很低,在不大的拉应力下,就可能出现裂缝。在结构建造期间和使用期间,由于材料质量、施工工艺、环境条件和荷载作用等因素,都可能使结构表面出现肉眼可见裂缝。混凝土结构出现裂缝后,可能对结构的使用性能和耐久性产生不利影响。混凝土的开裂使构件中钢筋与周围介质直接接触,引起钢筋锈蚀,使钢筋周围混凝土保护层胀裂,形成纵向裂缝,甚至表层剥落,降低结构的耐久性。钢筋的锈蚀也使钢筋有效受力面积逐渐减小,而使构件承载力减小,影响结构安全度。混凝土裂缝的产生降低了结构的刚度,增大变形量,可能影响结构的正常使用。同时,过大的裂缝还会损坏结构外观,引起使用者心理恐慌。另外,由于混凝土材料的强度特点,普通混凝土(不施加预应力)结构,在正常使用条件下,结构也是带裂缝工作的。要求普通混凝土构件不出现裂缝是不现实,也是没必要的。这是其他材料如钢、木、甚至砖砌体等结构所没有的特殊问题。为此,必须对钢筋混凝土结构在使用期间的裂缝状态加以控制。

钢筋混凝土结构的裂缝形态多样,在结构使用过程中的发展程度也各不同。裂缝产生的原因很多,按其形成的主要原因可分为两大类:一类是由荷载引起的裂缝,在荷载作用下,钢筋混凝土结构构件都可能出现垂直于主拉应力方向的裂缝;另一类是因施工、构造和环境条件等非荷载因素引起的裂缝,如由材料收缩、温度变化,混凝土徐变以及钢筋的锈蚀等原因引起的裂缝。然而混凝土的裂缝往往不是由单一原因引起的,往往是许多因素共同作用的结果。

实际结构中,由非荷载原因引起的混凝土裂缝,在数量上要比由荷载原因引起的裂缝多得多。但非荷载原因引起的裂缝十分复杂,一般是通过在设计中采取适当构造措施、施工中采用合理的工艺和技术加以消除、改善或控制。本章所讨论的裂缝问题主要集中在由荷载引起的裂缝方面。

9.2.1 轴拉构件的裂缝

图 9.1 所示为一轴心受拉构件,混凝土截面积为 A,纵向钢筋截面积为 A_s。在两端轴向力 N 的作用下,钢筋和混凝土分别受到拉应力 σ_s 和 σ_c。如果 N 值较小,构件处于弹性阶段,钢筋应力等于混凝土应力的 α_E 倍,即

$$\sigma_s = \alpha_E \sigma_c \tag{9-1}$$

式中,α_E 为钢筋的弹性模量和混凝土的初始弹性模量之比。

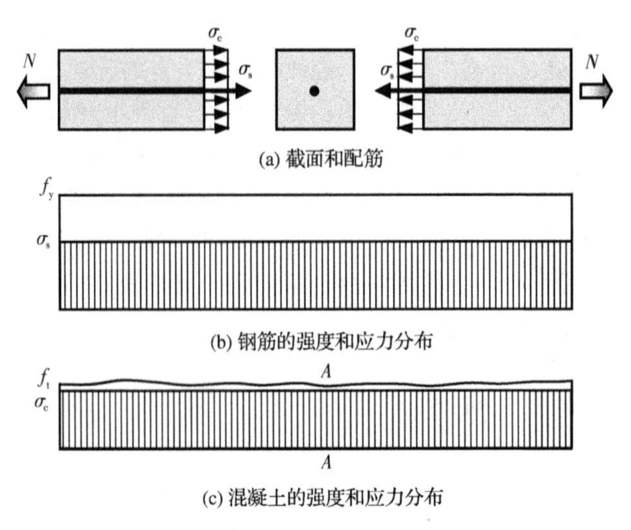

图 9.1 钢筋混凝土轴心受拉构件

沿构件纵向,各截面受力相同,所以,沿构件纵向应力都相等,钢筋和混凝土的应力分别用矩形表示。如果混凝土是理想的匀质材料,即沿构件的纵向各截面混凝土的抗拉强度均相等,假定其强度为 f_t。钢筋和混凝土的应力随着拉力 N 的增加而增加,当混凝土的拉应力 σ_c 达到其抗拉强度 f_t 时,裂缝即将出现。此时的拉力 N 称为开裂拉力,用 N_{cr} 表示。如 N 稍微超过 N_{cr},沿构件纵向的所有截面将同时出现裂缝。在这种理想情况下,裂缝有无限多条,而裂缝的间距为零。但实际工程中,混凝土总是存在一定的不均匀性,如图 9.1(c)所示。各截面混凝土材料抗拉强度基本相同,但略有不同。所以,图 9.1(c)中的混凝土强度分布线为波浪线,其中 $A-A$ 是最弱截面,该处抗拉强度最低。当构件所受到的拉力逐渐增加到 N_{cr},混凝土受到的拉应力升高到与混凝土强度分布的波浪线(首先在截面 $A-A$ 处)相遇时,第一条裂缝首先在截面 $A-A$ 处出现。此时,截面 $A-A$ 处的混凝土拉应力突然降低至零,退出工作,钢筋承担全部拉力 N_{cr},其拉应力突然增加到 σ_{scr},见图 9.2。

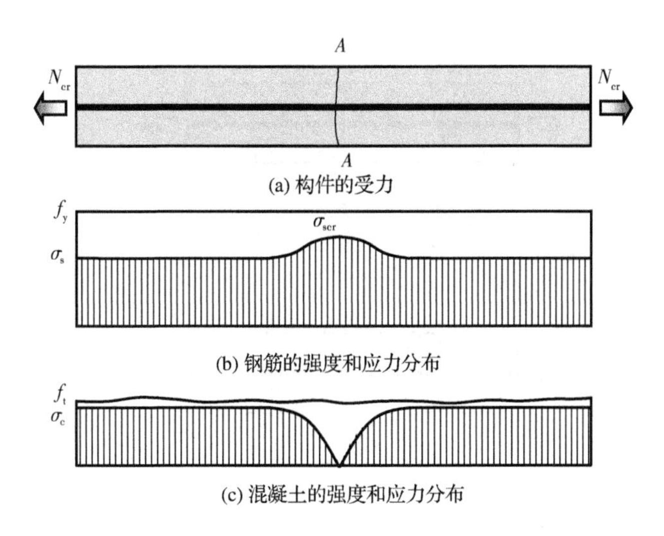

图 9.2　钢筋混凝土轴心受拉构件第一条裂缝出现后

此后，荷载继续增加，第二条裂缝即将出现。因在靠近第一条裂缝附近的一定范围内，混凝土的拉应力较小，且总是小于混凝土的抗拉强度，该处不会开裂。第二条(批)裂缝总是出现在离截面 $A-A$(第一条裂缝)一定距离的截面 $B-B$ 和截面 $C-C$ 处，图 9.3 为第二条(批)裂缝出现后的应力分布图。同理，第三、第四……(批)裂缝依次出现，各裂缝之间的距离为 l_{cr}，裂缝条数有限，这就是工程中经常遇到的实际情况。

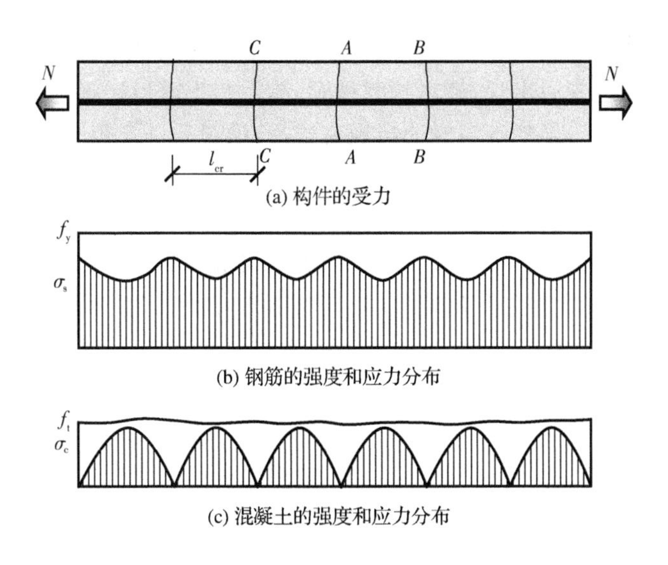

图 9.3　钢筋混凝土轴心受拉构件裂缝出现过程稳定后

如果混凝土的材料性能(抗拉强度)非常不均匀，当第一条裂缝在截面 $A-A$ 出现后，第二条裂缝将在第二薄弱的截面 $B-B$ 处出现。如果 A 与 B 之间的距离 $l'_{cr} \geqslant 2l_{cr}$，则可能在 A 与 B 之间的截面 $C-C$ 处，再出现一条新的裂缝。如果 A 与 B 之间的距离 $l_{cr} < l'_{cr} < 2l_{cr}$，则 A 与 B 之间可能不再出现新裂缝，也可能新裂缝偏于一边出现，见图 9.4。

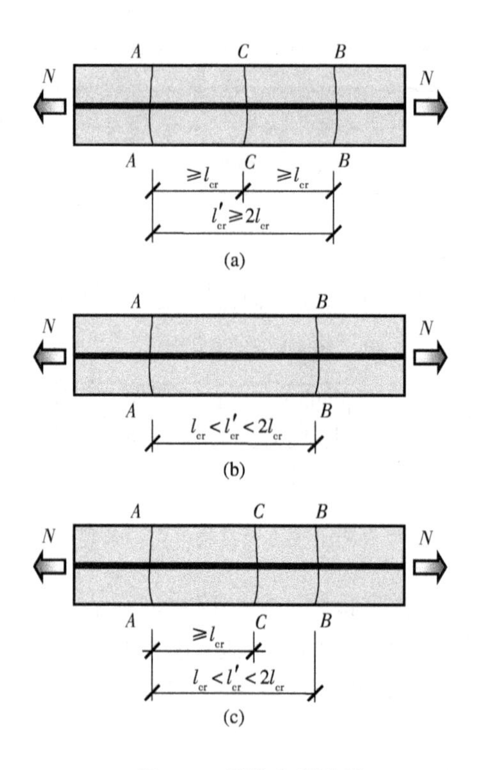

图 9.4 裂缝出现过程

总之,由于材料性能(混凝土的抗拉强度)总有一定不均匀性,钢筋混凝土轴拉构件裂缝的出现有一个过程,各裂缝先后出现,最后趋于稳定(指不再出现新裂缝)。混凝土的裂缝数量有限,裂缝的间距大体相等。虽然各裂缝的出现有先后,但最后一条裂缝出现时的荷载比第一条裂缝出现时的荷载仅略大一些。这是因为虽然材料不均匀,但是并不是非常不均匀。如果材料性能非常不均匀,则裂缝间距就不相等了。最大的裂缝间距与最小的裂缝间距有可能相差一倍左右,最后一条裂缝出现时的荷载比第一条裂缝出现时的荷载也可能大得多。

下面主要讨论工程中大量遇到的情况,即材料有一定不均匀性,既非理想的匀质体,也不是非常不均匀的材料。

9.2.2 轴拉构件裂缝的间距

为了确定裂缝的间距,对第一条裂缝出现后而第二条裂缝即将出现时的受力情况进行分析,如图 9.5(b)所示。图中截面 $A-A$ 已出现裂缝,截面 $B-B$ 即将出现但尚未出现裂缝。在截面 $B-B$ 处,拉力 N_{cr} 由钢筋和未开裂的混凝土共同承担,即

$$N_{cr} = \sigma_{t0}A + E_s\varepsilon_{tu}A_s \tag{9-2}$$

若采用如图 9.5(a)的混凝土受拉应力-应变曲线,$\varepsilon_{t0}=2\varepsilon_{t0}$,$E_c=\sigma_{t0}/\varepsilon_{t0}$。则截面 $B-B$ 处(即第二条裂缝即将出现处)钢筋的拉应力为

$$\sigma_s = E_s\varepsilon_{tu} = 2E_s\varepsilon_{t0} = 2E_s\frac{\sigma_{t0}}{E_c} = 2\alpha_E\sigma_{t0} \tag{9-3}$$

这样,式(9-2)可以写成

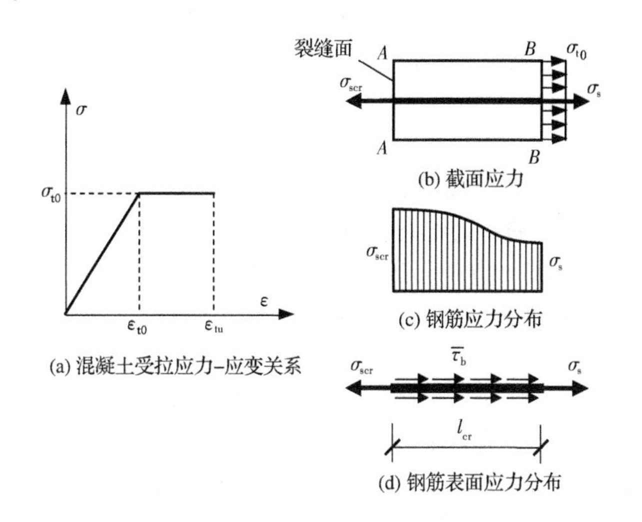

图 9.5　钢筋混凝土轴心受拉构件第二条裂缝即将产生时的应力

$$N_{cr} = \sigma_{t0}A + 2\alpha_E\sigma_{t0}A_s \tag{9-4}$$

在截面 $A-A$ 处，即第一条裂缝处，拉力 N_{cr} 全部由钢筋承担，其拉应力 σ_{scr} 为

$$\sigma_{scr} = \frac{N_{cr}}{A_s} = \frac{\sigma_{t0}A + 2\alpha_E\sigma_{t0}A_s}{A_s}$$

$$= \frac{\sigma_{t0}}{\rho} + 2\alpha_E\sigma_{t0} \tag{9-5}$$

式中，$\rho=\dfrac{A_s}{A}$ 为轴心受拉构件的配筋率。

由于截面 $B-B$ 的钢筋应力 σ_s 总是小于 σ_{scr}，所以，为了保持作用在这一段钢筋上力的平衡，在钢筋和混凝土的接触面之间必然存在粘结力，即作用于钢筋表面并平行于钢筋表面的剪切力。粘结应力在 AB 段呈非均匀分布，设它的平均值为 $\bar{\tau}_b$，则由钢筋纵向力的平衡条件可得

$$\sigma_{scr}A_s = \sigma_s A_s + \bar{\tau}_b m l_{cr} \tag{9-6}$$

式中：

l_{cr}——裂缝间距；

m——钢筋的周长。

将式(9-3)和式(9-5)代入式(9-6)，可得

$$l_{cr} = \frac{\sigma_{t0}}{\bar{\tau}_b}\frac{1}{\rho}\frac{A_s}{m} = \frac{\sigma_{t0}}{4\bar{\tau}_b}\frac{d}{\rho} \tag{9-7}$$

上式表明，混凝土的裂缝间距随混凝土抗拉强度和钢筋直径增大而增大，随平均粘结应力和配筋率增大而减小。试验表明，混凝土和钢筋间的粘结强度大致与混凝土的抗拉强度成正比。由上式可知，如果 $\bar{\tau}_b$ 和 σ_{t0} 成正比，即如果 $\dfrac{\sigma_{t0}}{4\bar{\tau}_b}$ 为常数，则裂缝间距 l_{cr} 与 d/ρ 成正比。当裂缝的分布处于稳定状态时，两条裂缝之间，混凝土拉应力 σ_c 小于实际混凝土抗拉强度，即不足以产生新的裂缝。由于混凝土材料性能的不均匀性，实际构件的裂缝间距总不相等，所以一般以平均裂缝间距作为研究对象。从理论上讲，裂缝间距在 $l_{cr}\sim 2l_{cr}$ 范围内，裂缝间距即趋于稳

定,故平均裂缝间距 l_m 取 $1.5l_{cr}$。因此,式(9-7)可表示为

$$l_m = 1.5l_{cr} = 1.5\frac{\sigma_{t0}}{4\bar{\tau}_b}\frac{d}{\rho} = k_1\frac{d}{\rho} \tag{9-8}$$

式中,k_1 为经验系数。

裂缝的平均间距 l_m 与粘结强度及钢筋表面积大小有关。粘结强度高,则 l_m 短,裂缝分布密;钢筋面积相同时,小直径钢筋的相对表面积大,因而 l_m 短。试验还表明,l_m 不仅与 d/ρ 有关,而且与混凝土保护层厚度 c 有较大的关系。这是因为混凝土拉应力在横截面上并非均匀分布,而混凝土的保护层厚度影响截面上混凝土的应力分布。保护层越厚,外表混凝土的拉应力越小,裂缝间距越大。此外,变形钢筋与混凝土间的粘结强度大于光圆钢筋与混凝土间的粘结强度。因此,在其他条件相同时,配置变形钢筋的混凝土构件的平均裂缝间距比配置光圆钢筋的小,也就是说,钢筋表面特征同样影响平均裂缝间距。同时,钢筋混凝土构件往往配有多根钢筋,对此,用钢筋的等效直径 d_{eq} 代替式(9-8)中的钢筋直径 d。而钢筋表面特征对平均裂缝间距的影响,通过钢筋表面特征对等效直径 d_{eq} 的影响考虑,即计算钢筋的等效直径 d_{eq} 时,考虑钢筋表面特征对等效直径 d_{eq} 的影响。

轴心受拉构件、受弯构件、偏心受拉和偏心受压构件,可采用相同形式的表达式计算平均裂缝间距。根据理论分析和试验结果,平均裂缝间距 l_m 按下列表达式计算

$$l_m = c_f\left(1.9c_s + 0.08\frac{d_{eq}}{\rho_{te}}\right) \tag{9-9}$$

式中:

c_f ——与构件受力形式有关的系数,对轴心受拉构件取 $c_f=1.1$,对受弯、偏心受压构件取 $c_f=1.0$,对偏心受拉构件取 $c_f=1.05$;

c_s ——最外层纵向受拉钢筋外边缘至受拉区底边的距离,即受拉区混凝土的保护层厚度(单位为 mm),当 $c_s<20$ mm 取 $c_s=20$ mm;当 $c_s>65$ mm 时,取 $c_s=65$ mm;

d_{eq} ——受拉区纵向钢筋的等效直径,$d_{eq}=\dfrac{\sum n_i d_i^2}{\sum n_i \nu_i d_i}$,$n_i$ 为受拉区第 i 种纵向钢筋的根数,d_i 为受拉区第 i 种纵向钢筋的的公称直径。ν_i 为受拉区第 i 种纵向钢筋相对粘结特征系数,对变形钢筋,取 $\nu_i=1.0$;对光圆钢筋,取 $\nu_i=0.7$。其他情况参见表 10-5;

ρ_{te} ——有效配筋率。有效配筋率是指按有效受拉混凝土截面面积 A_{te} 计算的纵向受拉钢筋的配筋率,即 $\rho_{te}=\dfrac{A_s}{A_{te}}$。

有效受拉混凝土截面面积 A_{te} 按下列规定取用:对轴心受拉构件,A_{te} 取构件截面面积;对受弯、偏心受压和偏心受拉构件,取

$$A_{te} = 0.5bh + (b_f - b)h_f \tag{9-10}$$

式中:

b ——矩形截面宽度,T 形和工字形截面腹板厚度;

h ——截面高度;

b_f、h_f ——分别为受拉翼缘的宽度和高度。

对于矩形、T 形、倒 T 形及工字形截面,A_{te} 的取用分别如图 9.6 所示。

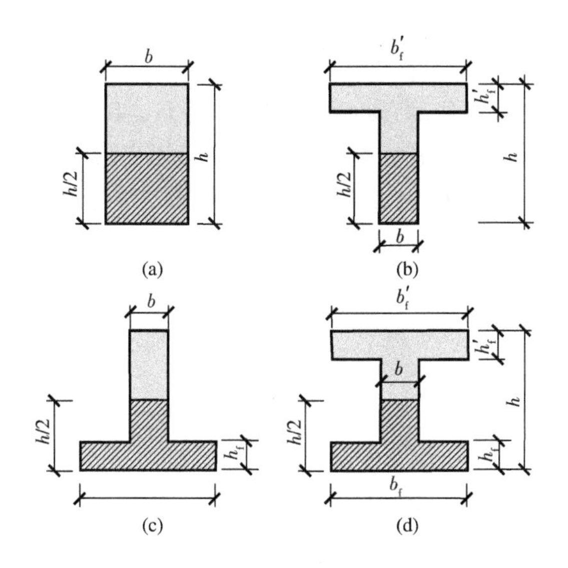

图 9.6 有效受拉混凝土截面面积(图中斜线填充部分)

9.3 钢筋与混凝土的粘结和滑移

9.3.1 钢筋和混凝土之间的粘结

在钢筋混凝土结构中,钢筋与混凝土这两种力学性能截然不同的材料之所以能够共同工作,钢筋和混凝土之间的粘结是一个重要因素。所谓粘结力,一般定义为作用在钢筋与混凝土接触面平行于钢筋轴向的剪切力。粘结力的存在,使钢筋和混凝土能够共同工作。设计中应尽量发挥材料各自的优点,同时也要使粘结应力不超过其粘结强度。

钢筋和混凝土之间的粘结力主要由三部分组成,即:

① 钢筋与混凝土接触面上的化学吸附作用力形成的化学胶结力。这种力一般很小,接触面发生相对滑移时就消失,仅在局部无滑移区内起作用。

② 混凝土收缩后将钢筋紧紧地握裹住而产生的摩擦力。钢筋和混凝土之间的挤压力越大、接触面越粗糙,则摩擦力越大。光面钢筋压入实验得到的粘结强度比拉拔实验大,这是因为钢筋受压变粗,增大对混凝土的挤压力,使摩擦力增大。

③ 钢筋表面凹凸不平与混凝土的机械咬合作用所产生的机械咬合力。特别是变形钢筋的横肋往往会产生很大的机械咬合力,在变形钢筋粘结力的三部分组成中,机械咬合力的作用最大,是粘结力的主要来源。但如果变形钢筋布置不当,会产生较大的滑移、裂缝和局部混凝土破碎等现象。

必须指出,荷载较小时即裂缝出现之前,钢筋和混凝土共同承担外力(拉力),两者的变形是协调的。尽管钢筋和混凝土的应力不相等,但两者的拉应变相等,两者的接触面上并无粘结力发生。只有裂缝出现以后,粘结力才会产生。

9.3.2 钢筋和混凝土之间的粘结应力和滑移

现在来分析两条裂缝之间一段钢筋的受力和变形特点。图9.7(a)表示一钢筋混凝土受拉构件,两端A和B代表两相邻裂缝截面,该处混凝土已退出工作,应力为零。构件的拉力全部由钢筋承担,其拉应力为σ_{s0}。在A与B之间的中间O处,拉力由钢筋和混凝土共同承担,该处钢筋的拉应力为σ_{s1}。显然,$\sigma_{s1}<\sigma_{s0}$,图9.7(b)表示钢筋拉应力沿纵向的分布图。

如以AO段的钢筋作为脱离体,为了保持钢筋脱离体的平衡,在钢筋与混凝土的接触面上必然存在粘结力,它的作用方向如图9.7(c)所示。如以OB段的钢筋作为脱离体,情况类似,但粘结力的方向相反,如图9.7(d)所示。在离端部A为x处,取单位长度$\mathrm{d}x$。设钢筋直径为d,则其截面积为$A_s=\pi d^2/4$,由钢筋脱离体的平衡可得

$$\sigma_s A_s+\tau_b \pi d\mathrm{d}x=\sigma_s A_s+A_s\mathrm{d}\sigma_s$$

则

$$\tau_b=\frac{d}{4}\frac{\mathrm{d}\sigma_s}{\mathrm{d}x} \tag{9-11}$$

式中,τ_b为钢筋与混凝土之间的粘结应力。上式说明,粘结应力与钢筋应力沿钢筋纵向的变化率成正比,也就是说,若钢筋应力没有变化,将不产生粘结应力。

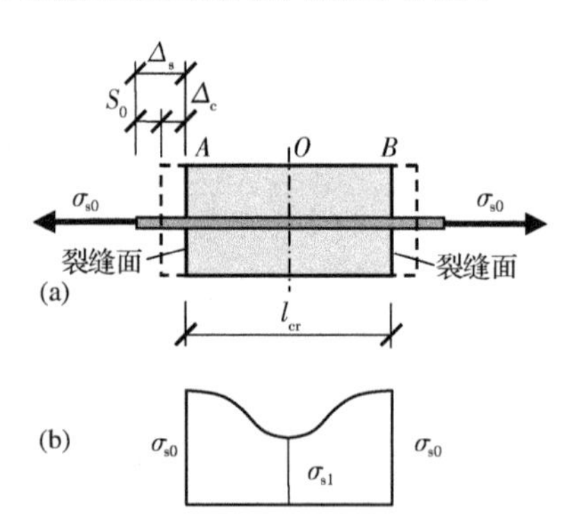

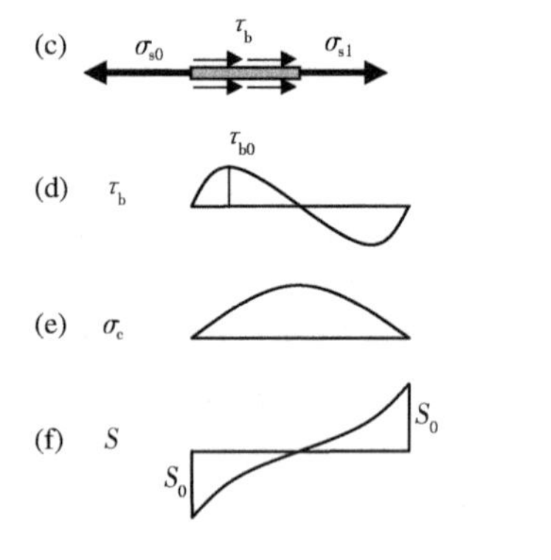

图9.7 裂缝间应力和变形分析

混凝土受到粘结力的作用产生拉应力,在截面A和B,混凝土应力为零。在截面O处,混凝土拉应力最大,其粘结应力τ_b为零。

钢筋段AO在图9.7(a)所示的拉应力作用下,将伸长Δ_s,同一段中混凝土伸长量为Δ_c。由于钢筋和混凝土受力不同,弹性模量不同,两者的伸长量Δ_s和Δ_c必然不相等。其差值量就是裂缝处钢筋和混凝土之间的相对滑移,上述关系可用下式表示

$$S_0=\Delta_s-\Delta_c \tag{9-12}$$

在图9.7(a)中用虚线表示变形后的情况,从中可以看出S_0、Δ_s与Δ_c的关系。钢筋混凝土结构中所以会产生裂缝,就是因为混凝土开裂后钢筋与混凝土之间产生了相对滑移。从它们之间的几何关系,可以得出钢筋处的裂缝宽度为滑移量的两倍,即

$$w=2S_0 \tag{9-13}$$

9.3.3 裂缝间区段应力和滑移的弹性分析

假定钢筋和混凝土都处于弹性阶段,根据图9.7和图9.8所示,对相邻裂缝区段的混凝土和钢筋进行分析。

（1）平衡条件

在图 9.8 中，令原点在 A 点，a 为离裂缝截面 A 距离为 x 的任意截面，以 Aa 段钢筋为脱离体，可写出水平力的平衡方程

$$\sigma_{s0}A_s = \sigma_s A_s + \int_0^x \tau_b m \mathrm{d}x \tag{9-14}$$

式中：

σ_{s0} ——截面 A 处钢筋的拉应力；

σ_s ——截面 a 处钢筋的拉应力；

τ_b ——粘结应力；

A_s ——钢筋的截面积；

m ——钢筋截面的圆周长。

以 Aa 段混凝土为脱离体，可写出水平力的另一个平衡方程

$$\sigma_c A_c = \int_0^x \tau_b m \mathrm{d}x \tag{9-15}$$

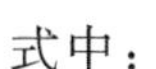

式中：

σ_c ——截面 a 处混凝土的拉应力；

A_c ——混凝土的截面积。

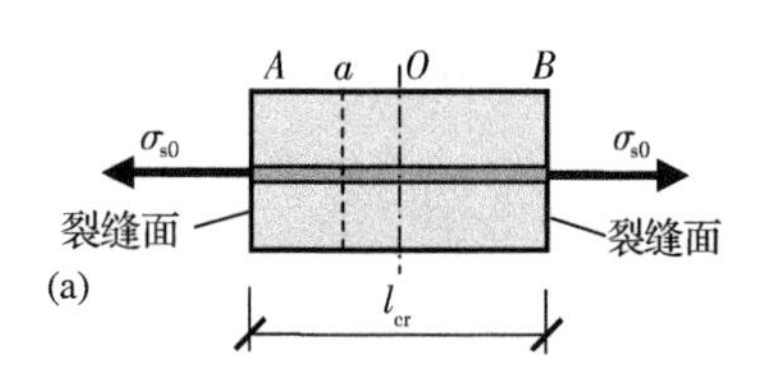

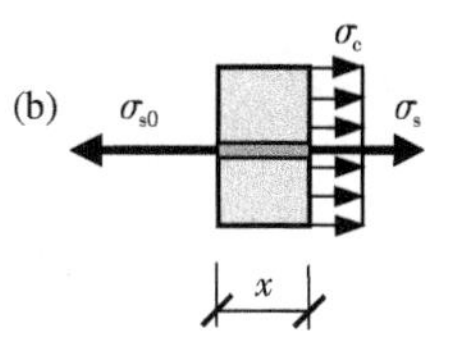

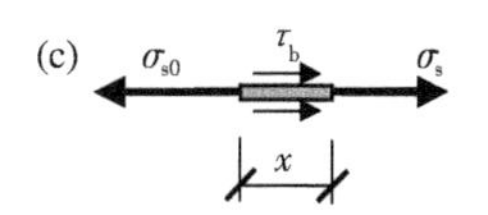

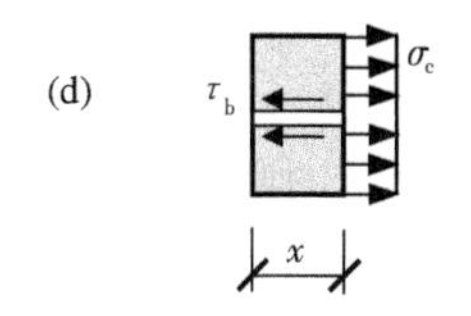

图 9.8　裂缝间钢筋和混凝土的平衡分析

（2）变形条件

裂缝出现后，钢筋和混凝土之间将产生相对滑移，它们的变形不协调。可用下式表示变形的不协调程度

$$S = \int_x^{\frac{l_{cr}}{2}} (\varepsilon_s - \varepsilon_c)\mathrm{d}x \tag{9-16}$$

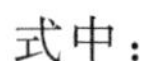

式中：

ε_s、ε_c ——分别钢筋和混凝土的拉应变；

S ——截面 a 处的滑移量。

（3）物理条件

弹性分析假定钢筋和混凝土都处于弹性阶段，应力与应变成正比，即

$$\sigma_s = E_s \varepsilon_s \tag{9-17}$$

$$\sigma_c = E_c \varepsilon_c \tag{9-18}$$

以上式(9－14)至(9－18)的 5 个方程就是分析裂缝间区段应力和变形的基本方程。根据这 5 个基本方程，可以得到钢筋和混凝土的拉应力和拉应变、钢筋的总伸长以及钢筋与混凝土之间的滑移量。

钢筋沿构件纵向任意截面 a 处的应力和应变，可由式(9－14)和式(9－17)求得

$$\sigma_s = \sigma_{s0} - \frac{m}{A_s}\int_0^x \tau_b \mathrm{d}x \tag{9-19}$$

$$\varepsilon_s = \frac{\sigma_{s0}}{E_s} - \frac{m}{E_s A_s}\int_0^x \tau_b \mathrm{d}x \tag{9-20}$$

对于混凝土,可由式(9-15)和式(9-18)求得

$$\sigma_c = \frac{m}{A_c}\int_0^x \tau_b \mathrm{d}x \tag{9-21}$$

$$\varepsilon_c = \frac{m}{E_c A_c}\int_0^x \tau_b \mathrm{d}x \tag{9-22}$$

区段 AO 的钢筋伸长 Δ_s 和混凝土伸长 Δ_c 可分别通过对钢筋应变 ε_s 和混凝土应变 ε_c 的积分求得,则由式(9-16),任意截面 a 处的滑移量

$$\begin{aligned} S &= \int_x^{\frac{l_{cr}}{2}} (\varepsilon_s - \varepsilon_c)\mathrm{d}x \\ &= \int_x^{\frac{l_{cr}}{2}} \left(\frac{\sigma_{s0}}{E_s} - \frac{m}{E_s A_s}\int_0^x \tau_b \mathrm{d}x - \frac{m}{E_c A_c}\int_0^x \tau_b \mathrm{d}x\right)\mathrm{d}x \\ &= \frac{\sigma_{s0}}{E_s}\left(\frac{l_{cr}}{2} - x\right) - \frac{m}{E_s A_s}(1+\alpha_E\rho)\int_x^{\frac{l_{cr}}{2}}\int_0^x \tau_b \mathrm{d}x\mathrm{d}x \end{aligned} \tag{9-23}$$

式中,$\alpha_E = \dfrac{E_s}{E_c}$,$\rho = \dfrac{A_s}{bh}$。则裂缝截面 A 处的滑移量 S_0 为

$$S_0 = \frac{\sigma_{s0}}{E_s}\frac{l_{cr}}{2} - \frac{m}{E_s A_s}(1+\alpha_E\rho)\int_x^{\frac{l_{cr}}{2}}\int_0^x \tau_b \mathrm{d}x\mathrm{d}x \tag{9-24}$$

由式(9-23)和式(9-24)可知,任意截面 a 处的滑移量 S 小于裂缝截面 A 处的滑移量 S_0。为了求得钢筋的应力 σ_s 和应变 ε_s、混凝土的应力 σ_c 和应变 ε_c 以及滑移量 S 等值,需先确定粘结应力 τ_b 的分布规律。粘结应力 τ_b 的分布规律可以通过试验获得,其分布与钢筋的应力水平和钢筋的表面特征有关,图 9.7(d)为一理想化的粘结应力分布曲线。粘结应力分布的特点是:在裂缝截面 A 和 B 以及中央截面 O 处,粘结应力为零。在 AO 和 OB 之间,粘结应力有一个峰值,峰值的大小以及所对应的位置,都与构件的应力水平有关。

为了简化计算,近似地用二次抛物线代替实测粘结应力分布曲线,即取

$$\tau_b = \tau_{b0}\left[1 - \left(1 - 4\frac{x}{l_{cr}}\right)^2\right] \tag{9-25}$$

式中,τ_{b0}——粘结应力的峰值,其值随钢筋应力增大而增大。

将式(9-25)分别代入式(9-23)和式(9-24)积分后,可得任意截面 a 处和裂缝截面 A 处的滑移量分别为

$$S = \frac{\sigma_{s0}}{E_s}\left(\frac{l_{cr}}{2} - x\right) - \frac{\tau_{b0} m l_{cr}}{E_s A_s}(1+\alpha_E\rho)\left[\frac{5}{64} + \frac{1}{12}\frac{x}{l_{cr}} - \frac{1}{2}\left(\frac{x}{l_{cr}}\right)^2 + \frac{1}{192}\left(1 - 4\frac{x}{l_{cr}}\right)^3\right] \tag{9-26}$$

$$S_0 = \frac{\sigma_{s0}}{E_s}\frac{l_{cr}}{2}\left[1 - \frac{\tau_{b0}}{6\sigma_{s0}}\frac{m l_{cr}}{A_s}(1+\alpha_E\rho)\right] \tag{9-26a}$$

图 9.6(f)表示按上式所得的滑移沿纵向的分布规律。

将式(9-26a)代入式(9-13),得到钢筋处的裂缝宽度为

$$w = 2S_0 = \frac{\sigma_{s0}}{E_s} l_{cr}\left[1 - \frac{\tau_{b0}}{6\sigma_{s0}}\frac{m l_{cr}}{A_s}(1+\alpha_E\rho)\right] \tag{9-27}$$

上式表明:裂缝宽度 w 随裂缝间距 l_{cr} 和钢筋拉应力 σ_{s0} 增大而增大。联系式(9-7)或式(9-8)裂缝间距的表达式可知,裂缝宽度将随钢筋直径减小或配筋率增大而减小。这一概念非常重

要，指明了减小裂缝宽度的途径。需要说明的是，上式的裂缝间距和裂缝宽度均是指它们的平均值。

9.3.4　裂缝间钢筋应力的不均匀系数

由上述分析可知，两裂缝间钢筋的应力或应变分布不均匀，裂缝截面钢筋拉应力和拉应变值最大，其值分别为 σ_{s0} 和 ε_{s0}，见图 9.9。因此，引入裂缝间钢筋应力(应变)不均匀系数表示其不均匀性。裂缝间钢筋应力(应变)不均匀系数用 ψ 表示，其定义为

$$\psi=\frac{\bar{\sigma}_s}{\sigma_{s0}}=\frac{\bar{\varepsilon}_s}{\varepsilon_{s0}} \tag{9-28}$$

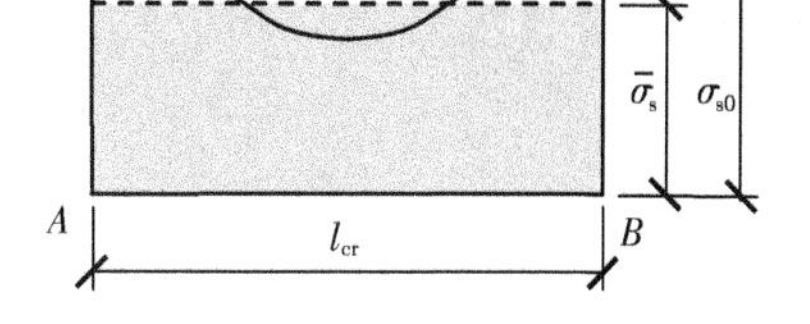

图 9.9　裂缝间钢筋应力分布

式中：

σ_{s0}、ε_{s0}——裂缝截面处钢筋的应力和应变；

$\bar{\sigma}_s$、$\bar{\varepsilon}_s$——裂缝间区段中钢筋的平均应力和平均应变，即：$\bar{\sigma}_s=\psi\sigma_{s0}$ 及 $\bar{\varepsilon}_s=\psi\varepsilon_{s0}$。

引入 ψ 后，将两裂缝间钢筋应力(或应变)的曲线分布用直线表示，其纵坐标就是 $\psi\sigma_{s0}$(或 $\psi\varepsilon_{s0}$)。

由 ψ 的定义可得

$$\psi=\frac{\Delta_s}{\varepsilon_{s0}l_{cr}}=\frac{2\int_0^{\frac{l_{cr}}{2}}\varepsilon_s\,dx}{\varepsilon_{s0}l_{cr}}=1-\frac{\tau_{b0}}{6\sigma_{s0}}\frac{ml_{cr}}{A_s} \tag{9-29}$$

或写成

$$\psi=1-\frac{C_1f_t}{\rho\sigma_{s0}} \tag{9-29a}$$

式中，$C_1=\frac{ml_{cr}}{6A}\frac{\tau_{b0}}{f_t}$，其值等于 0.45～0.55。其中 A 为构件的截面面积。

式(9-28)可以写成

$$\psi=\frac{\bar{\sigma}_s}{\sigma_{s0}}=\frac{\bar{\varepsilon}_s}{\varepsilon_{s0}}=\frac{\bar{\varepsilon}_sl_{cr}}{\varepsilon_{s0}l_{cr}}=\frac{\Delta_s}{\Delta_{s0}} \tag{9-30}$$

式中的 Δ_{s0} 为 AB 段钢筋在没有受到混凝土约束时的自由伸长量。由式(9-30)可知，ψ 也是反映钢筋平均拉应力(或平均拉应变)比自由钢筋拉应力(或拉应变)减小程度的系数，同时，也是反映总伸长减小程度的系数。由式(9-29)知，ψ 值随裂缝截面 A 或 B 处钢筋拉应力 σ_{s0} 增大而增大。显然，ψ 值必大于零，而小于或等于 1。

如果已知粘结应力的峰值 τ_{b0} 和它的分布规律、裂缝间距 l_{cr} 和钢筋直径 d，不难由式(9-29)求得 ψ 与 σ_{s0} 的关系。也可以通过试验测得总伸长 Δ 和裂缝间距 l_{cr}，再按式(9-29)求得 ψ 与 σ_{s0} 的关系。试验结果和理论分析均表明，ψ 值除了有一个上限(等于 1)外，还有一个下限。其下限大于零，约为 0.2～0.4，即相当于裂缝刚出现拉力为 N_{cr} 时的 ψ 数值。此后，随荷载(或 σ_{s0})增大而增大，直到钢筋屈服时，其值接近或等于 1。

式(9-29)是将裂缝间粘结应力的分布假设为二次抛物线推导得出的。然而，裂缝间粘结应力的实际分布非常复杂，其粘结应力峰值以及分布曲线形式均随钢筋的应力水平不同而不

同。对于 ψ 的计算,许多学者进行了大量研究。ψ 的大小反映了受拉混凝土参与工作的程度。混凝土参与受拉,使得裂缝间钢筋的应力比裂缝处钢筋应力小。随着荷载增大,钢筋应力 σ_s 增加,钢筋与混凝土间的相对滑动增大,粘结应力逐渐遭到破坏,拉区混凝土逐渐退出工作,ψ 趋向于 1,即裂缝间的钢筋平均应变逐渐与裂缝处的钢筋应变趋于一致。影响 ψ 大小的因素除荷载水平外,还有混凝土的抗拉强度 f_t,配筋率 ρ,粘结强度 τ_{bu} 等。目前较常用的还是采用统计的方法,即由实验数据出发,抓住主要因素,给出一个便于计算的统计公式。

受弯构件试验中实测的 ψ 值随弯矩变化如图 9.10 所示。构件刚开裂时($M_{cr}/M=1$),ψ 值最小;随着弯矩增大(M_{cr}/M 减小),ψ 值逐渐增大,钢筋屈服后,ψ 值趋近于 1。其经验回归式为

$$\psi = 1.1\left(1-\frac{M_{cr}}{M}\right) \tag{9-30a}$$

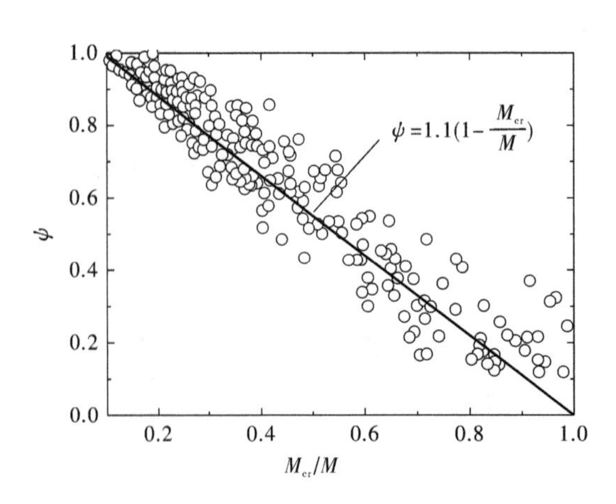

图 9.10 钢筋应变不均匀系数 ψ

式中,M_{cr} 为构件开裂弯矩。

将构件的开裂弯矩 M_{cr} 用混凝土的抗拉强度 f_t 表示,计算裂缝时的弯矩(M)用截面上钢筋的有效配筋率 ρ_{te} 和拉应力 σ_s 表示,并作适当简化后,即得

$$\psi = 1.1-\frac{0.65f_t}{\rho_{te}\sigma_s} \tag{9-30b}$$

当 $\psi<0.2$ 时,取 $\psi=0.2$;当 $\psi>1$ 时,取 $\psi=1$;对于直接承受重复荷载的构件,取 $\psi=1$。式中,σ_s 为裂缝截面受拉钢筋应力,其意义与式(9-27)中的 σ_{s0} 相同;ρ_{te} 为按有效受拉混凝土截面面积计算的纵向受拉钢筋配筋率,$\rho_{te}=A_s/A_{te}$,A_{te} 按图 9.6 中所示的取值。

实验结果还证实,式(9-30b)也适用于轴心受拉、偏心受拉和偏心受压构件。

式(9-27)中的 $\alpha_E\rho$ 与 1 相比,其值很小,若略去 $\alpha_E\rho$ 项,即取 $1+\alpha_E\rho\approx1$,于是该式可写成

$$w=\frac{\sigma_{s0}}{E_s}l_{cr}\left[1-\frac{\tau_{b0}}{6\sigma_{s0}}\frac{ml_{cr}}{A_s}\right]=\psi\frac{\sigma_{s0}}{E_s}l_{cr} \tag{9-31}$$

9.3.5 裂缝最大宽度及其验算

混凝土构件裂缝区域局部应力变化大,影响裂缝的因素众多,且变化幅度大。另外,钢筋

和混凝土间粘结应力分布和相对滑移的不确定性以及裂缝的形成和开展受混凝土材料的非匀质控制的随机性等等，都使裂缝的间距和宽度有较大离散性。

1. 最大裂缝宽度

实验表明：构件开裂后，只在裂缝截面附近的局部发生钢筋和周围混凝土的相对位移，其余大部仍保持着良好的粘结。由于混凝土的粘结应力 τ_b 对钢筋的作用，使钢筋应力从裂缝截面处的最大值往内逐渐减小，至相邻裂缝的中间截面处达最小值。同样，钢筋对混凝土的粘结作用 τ_b 约束了相邻裂缝间混凝土的自由回缩，产生复杂的应力分布。截面上混凝土的总拉力或平均拉应力在裂缝处为零，沿纵向往内逐渐增大，至相邻裂缝的中间截面达最大拉（应）力值。沿截面高度方向：在裂缝截面处混凝土应力全为零；在靠近裂缝的截面上，钢筋周围附近混凝土为拉应力，往外逐渐减小，并过渡为压应力；离裂缝越远的截面上，钢筋周围的混凝土拉区逐渐扩大，压区减小，截面混凝土应力渐趋均匀；相邻裂缝的中间截面上，混凝土一般为全部受拉，且应力接近均匀分布。这一应力（变）状态，使构件表面的混凝土纵向回缩变形大，裂缝（w_c）较宽，接近钢筋处的混凝土回缩变形小，虽有局部滑移，但钢筋附近的裂缝也很窄（$w_s \ll w_c$）。这说明，由于粘结力的存在和作用，钢筋约束了混凝土裂缝的开展。离钢筋越近，约束影响大，裂缝宽度越小；随着离钢筋距离增大，约束作用减弱，裂缝宽度增大；距离更远（如 $c>$ 80～100 mm）处，超出了钢筋的有效约束范围，裂缝宽度不再变化，如图 9.11 所示。钢筋约束作用的大小取决于钢筋的直径和间距，以及钢筋和混凝土的粘结状况。

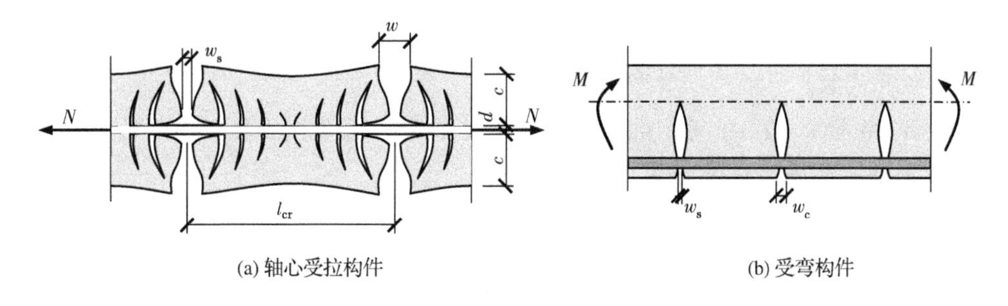

图 9.11 裂缝和变形示意图

在结构试验或质量检验时，通常是观察构件的表面裂缝宽度，而 9.3.3 节和 9.3.4 节分析得到的裂缝宽度计算公式（式(9-27)或式(9-31)）是计算受拉钢筋处的裂缝宽度。而构件表面的裂缝宽度往往比钢筋处的裂缝宽度大许多倍，因此，用式(9-27)或式(9-31)计算构件表面的裂缝宽度时，需要考虑裂缝附近混凝土的局部变形进行修正。同时，考虑到混凝土的非均质性及其随机性，裂缝的分布并非均匀分布，具有较大的离散性，以及长期荷载作用使平均裂缝宽度增大较多等因素。《混凝土结构设计规范》(GB 50010—2010)规定，矩形、T 形、倒 T 形和工字形截面的受拉、受弯和大偏心受压构件，按荷载效应的标准组合并考虑长期作用的影响，其最大裂缝宽度可按下列公式计算

$$w_{\max} = \alpha_{cr}\psi\frac{\sigma_s}{E_s}\left(1.9c_s + 0.08\frac{d_{eq}}{\rho_{te}}\right) \tag{9-32}$$

式中：

$\alpha_{cr}=c_p c_t c_c c_f$ ——构件受力特征系数，根据组成 α_{cr} 各系数的取值，对 α_{cr} 进行计算后有：轴

心受拉构件，$\alpha_{cr}=2.7$；偏心受拉构件，$\alpha_{cr}=2.4$；受弯和偏心受压构件，$\alpha_{cr}=1.9$；

预应力混凝土轴心受拉构件，$\alpha_{cr}=2.2$；预应力混凝土受弯和偏心受压构件，$\alpha_{cr}=1.5$；

c_p ——考虑混凝土裂缝间距和宽度的离散性所引入的最大缝宽与平均缝宽的比值，统计试验数据得其分布规律，按95%概率取最大裂缝宽时的比值，轴心受拉构件，$c_p=1.9$；偏心受拉构件，$c_p=1.9$；受弯和偏心受压构件，$c_p=1.66$；

c_t ——考虑荷载长期作用下，拉区混凝土的应力松弛和收缩、滑移的徐变等因素对裂缝宽度增大影响的系数，试验结果为 $c_t=1.5$；

c_c ——裂缝间混凝土受拉应变的影响，试验结果为0.85；

c_f ——其意义和取值与式(9-9)中的相同；

ψ ——裂缝间受拉钢筋的应变不均匀系数；

σ_s——按荷载准永久组合计算的钢筋混凝土构件纵向受拉普通钢筋应力(σ_{sq})或按标准组合计算的预应力混凝土构件纵向受拉钢筋等效应力(σ_{sk})；

E_s——钢筋的弹性模量；

c_s、d_{eq}、ρ_{te}——其意义和取值与式(9-9)中的相同。

在荷载准永久组合或标准组合下，钢筋混凝土构件、预应力混凝土构件开裂截面处受压边缘混凝土压应力、不同位置处钢筋的拉应力及预应力筋的等效应力宜按下列假定计算：

①截面应变保持平面；

②受压区混凝土的法向应力图取为三角形；

③不考虑受拉区混凝土的抗拉强度；

④采用换算截面。

应该指出，由式(9-32)计算出的最大裂缝宽度，并不就是裂缝宽度的绝对最大值，而是具有95%保证率的相对最大裂缝宽度。

2. 裂缝截面处钢筋的应力 σ_{sq}

在进行最大裂缝宽度计算时，需要知道 σ_{sq}。σ_{sq} 是指按荷载效应的标准组合计算的混凝土构件裂缝截面处纵向受拉钢筋的应力。对于轴心受拉、受弯、偏心受拉以及偏心受压构件，σ_{sq} 均可按裂缝截面处力的平衡条件求得。

(1) 轴心受拉构件

$$\sigma_{sq}=\frac{N_q}{A_s} \tag{9-33}$$

(2) 受弯构件

根据受弯构件第Ⅱ阶段裂缝截面的应力分布，对受压区混凝土合力中心取矩，σ_{sq} 可由平衡条件求得，对于矩形截面

$$\sigma_{sq}=\frac{M_k}{A_s\gamma h_0} \tag{9-34}$$

式中，γ 为裂缝截面内力臂系数，这里可以取 $\gamma=0.87$。

(3) 偏心受拉构件

大小偏心受拉构件开裂后，裂缝截面应力分布分别见图9.12(b)、9.12(c)。小偏心受拉构件，一般情况是截面全部裂通，不存在混凝土受压区；大偏心受拉构件，截面虽然不会裂通，

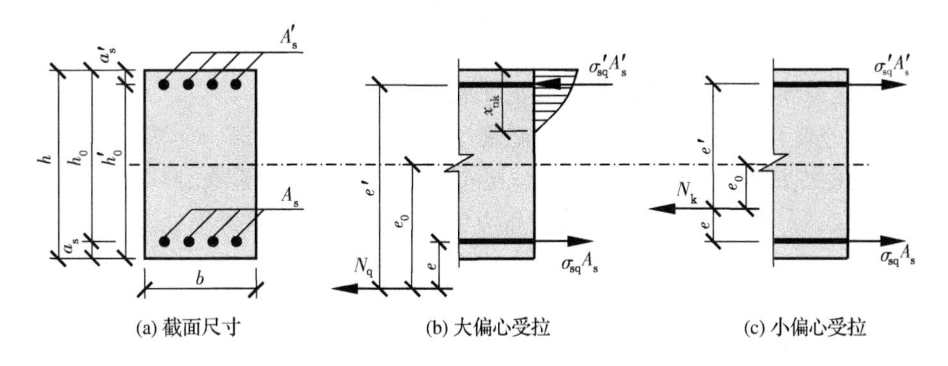

(a) 截面尺寸　(b) 大偏心受拉　(c) 小偏心受拉

图 9.12　大、小偏心受拉构件钢筋应力计算

截面混凝土还有受压区，但受压区高度一般较小，可近似地取 $x=2a'_s$，即近似地认为，压区混凝土应力的合力中心与受压纵向钢筋合力中心重合。则大小偏心受拉构件的 σ_{sq} 计算公式均为

$$\sigma_{sq}=\frac{N_q e'}{A_s(h_0-a'_s)} \tag{9-35}$$

式中，e' 为轴向拉力作用点至受压区或受拉较小边纵向钢筋合力中心的距离，$e'=e_0+\frac{h}{2}-a'_s$。

(4) 偏心受压构件

偏心受压构件第Ⅱ阶段裂缝截面的应力分布如图 9.13 所示。对受压区合力点取矩，由平衡条件可得

$$\sigma_{sq}=\frac{N_q(e-z)}{A_s z} \tag{9-36}$$

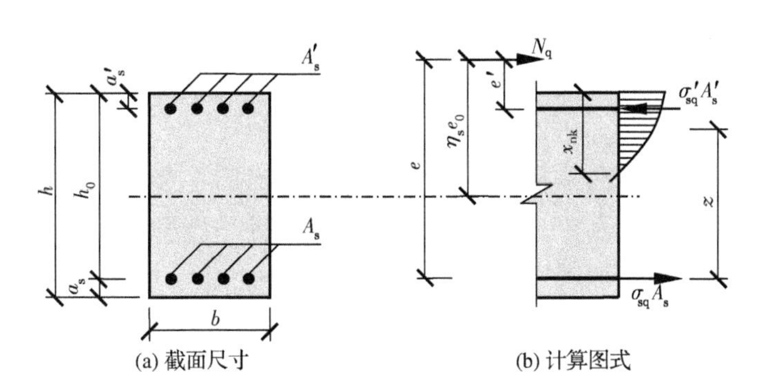

(a) 截面尺寸　(b) 计算图式

图 9.13　偏心受压构件钢筋应力计算

式中：

N_q ——按荷载标准组合计算的轴向压力值；

e —— N_q 至受拉钢筋 A_s 合力点的距离；

z ——纵向受拉钢筋合力点至受压区压力合力点的距离，且 $z\leqslant 0.87$；z 的计算较为复杂，为简便起见，近似地取

$$z=\left[0.87-0.12(1-\gamma'_f)\left(\frac{h_0}{e}\right)^2\right]h_0 \tag{9-37}$$

$$\gamma_f' = \frac{(b_f' - b)h_f'}{bh_0} \tag{9-37a}$$

γ_f'——受压翼缘截面面积与腹板有效截面面积的比值;

b_f'、h_f'——分别为受压区翼缘的宽度、高度,此处当 h_f' 大于 $0.2h_0$ 时,取 $0.2h_0$。

当偏心受压构件的长细比 $l_0/h>14$ 时,还应考虑侧向挠度的影响,即取式(9-36)中的 $e=\eta_s e_0+h/2-a_s$。η_s 是指使用阶段的轴向压力偏心距增大系数,可近似地取

$$\eta_s = 1 + \frac{1}{4000e_0/h_0}\left(\frac{l_0}{h}\right)^2 \tag{9-38}$$

当偏心受压构件的长细比 $l_0/h\leqslant 14$ 时,取 $\eta_s=1.0$。

3. 最大裂缝宽度验算

验算裂缝宽度时,应满足

$$w_{max} \leqslant w_{lim} \tag{9-39}$$

式中,w_{lim} 为《混凝土结构耐久性设计规范》(GB/T50476—2010)规定的表面裂缝计算宽度限值,与结构的工作环境类别和作用等级等有关,见附录 3 附表 3-4。

与受弯构件挠度验算相同,裂缝宽度的验算也是在满足构件承载力的前提下进行的,因而,诸如截面尺寸、配筋率等均已确定。在验算中,可能会出现满足了挠度的要求,不满足裂缝宽度的要求,这通常在配筋率较低而钢筋选用的直径较大的情况下出现。因此,当计算最大裂缝宽度超过允许值不大时,常可用减小钢筋直径的方法解决,必要时也可适当增加配筋率。

此外,对 $e_0/h_0\leqslant 0.55$ 的偏心受压构件,试验表明,最大裂缝宽度小于允许值,因此可不予验算。

对于受拉及受弯构件,当承载力要求较高时,往往出现不能同时满足裂缝宽度或变形限值要求的情况,这时,增大截面尺寸或增加用钢量,显然是不经济也是不合理的。对此,有效的措施是采用预应力混凝土构件。关于预应力混凝土构件的力学分析和设计方法将在第 10 章讨论。

例 9-1 已知某屋架下弦按轴心受拉构件设计,截面尺寸为 200 mm×200 mm,保护层厚度 $c=25$ mm,配置 4 根直径为 16 mm 的 HRB335 级钢筋($A_s=804\ \text{mm}^2$),混凝土强度等级为 C30,荷载效应标准组合的轴向拉力 $N_k=120\times10^3$ N,$w_{lim}=0.2$ mm。试验算最大裂缝宽度。

解 由表 2-5 和表 2-6 得,C30 混凝土的 $f_{tk}=2.01\ \text{N/mm}^2$,HRB335 钢筋的 $E_s=2.0\times10^5\ \text{N/mm}^2$。

按式(9-32),对于轴心受拉构件,$\alpha_{cr}=2.7$

$$\rho_{te} = \frac{A_s}{bh} = \frac{804}{200\times200} = 0.0201$$

$$\sigma_{sk} = \frac{N_k}{A_s} = \frac{120\times10^3}{804} = 149\ \text{N/mm}^2$$

$$\psi = 1.1 - \frac{0.65f_{tk}}{\rho_{te}\sigma_{sk}} = 1.1 - \frac{0.65\times2.01}{0.0201\times149} = 0.6638$$

则

$$w_{max} = \alpha_{cr}\psi\frac{\sigma_{sk}}{E_s}\left(1.9c + 0.08\frac{d_{eq}}{\rho_{te}}\right)$$

$$= 2.7 \times 0.6638 \times \frac{149}{2.0 \times 10^5} \times \left(1.9 \times 25 + 0.08 \times \frac{16}{0.0201}\right)$$

$$= 0.148 \text{ mm}$$

$$< w_{\text{lim}} = 0.2 \text{ mm}$$

满足要求。

例 9－2　已知一 T 形截面梁的尺寸 $b \times h = 300 \text{ mm} \times 800 \text{ mm}$，$h'_f = 100 \text{ mm}$，$b'_f = 600 \text{ mm}$。承受在荷载标准组合下的弯矩 $M_k = 450 \times 10^6 \text{ N·mm}$，混凝土强度等级为 C30，受拉钢筋为 6 根直径 25 mm 的 HRB335 钢筋（双排布置，$A_s = 2945 \text{ mm}^2$），保护层厚度 $c = 25$ mm。试求构件的最大裂缝宽度。

解　由表 2－5 和表 2－6 得，C30 混凝土的 $f_{tk} = 2.01 \text{ N/mm}^2$，HRB335 钢筋的 $E_s = 2.0 \times 10^5 \text{ N/mm}^2$。

受拉钢筋双排布置，保护层厚度 $c = 25$ mm，则 $a_s = 60$ mm，$h_0 = 800 - 60 = 740$ mm。

按式（9－32），对于受弯构件，$\alpha_{cr} = 2.1$

$$\rho_{te} = \frac{A_s}{0.5bh} = \frac{2945}{0.5 \times 300 \times 800} = 0.0245$$

$$\sigma_{sk} = \frac{M_k}{0.87A_s h_0} = \frac{450 \times 10^6}{0.87 \times 2945 \times 740} = 237 \text{ N/mm}^2$$

$$\psi = 1.1 - \frac{0.65 f_{tk}}{\rho_{te}\sigma_{sk}} = 1.1 - \frac{0.65 \times 2.01}{0.0245 \times 237} = 0.8750$$

则

$$w_{\max} = \alpha_{cr}\psi \frac{\sigma_{sk}}{E_s}\left(1.9c + 0.08\frac{d_{eq}}{\rho_{te}}\right)$$

$$= 2.1 \times 0.8750 \times \frac{237}{2.0 \times 10^5} \times \left(1.9 \times 25 + 0.08 \times \frac{25}{0.0245}\right)$$

$$= 0.281 \text{ mm}$$

例 9－3　有一矩形截面对称配筋偏心受压柱，截面尺寸 $b \times h = 350 \text{ mm} \times 600 \text{ mm}$。计算长度 $l_0 = 5000$ mm，受拉及受压钢筋均为 4 根直径 20 mm 的 HRB335 级钢筋（$A_s = A'_s = 1256 \text{ mm}^2$），混凝土强度等级为 C30，混凝土保护层厚度 $c = 30$ mm；荷载标准组合的 $N_k = 400 \times 10^3$ N，$M_k = 170 \times 10^6 \text{ N·mm}$。试求其最大裂缝宽度。

解　由表 2－5 和表 2－6 得，C30 混凝土的 $f_{tk} = 2.01 \text{ N/mm}^2$，HRB335 钢筋的 $E_s = 2.0 \times 10^5 \text{ N/mm}^2$。

受拉钢筋单排布置，保护层厚度 $c = 30$ mm，则 $a_s = 40$ mm，$h_0 = 600 - 40 = 560$ mm。

按式（9－32），对于受弯构件，$\alpha_{cr} = 2.1$

$$\frac{l_0}{h} = \frac{5000}{600} = 8.33 < 14\text{，取 } \eta_s = 1$$

$$e_0 = \frac{M_k}{N_k} = \frac{170 \times 10^6}{400 \times 10^3} = 425 \text{ mm}$$

$$e = \eta_s e_0 + 0.5h - a_s = 1 \times 425 + 0.5 \times 600 - 40 = 685 \text{ mm}$$

对于矩形截面，$\gamma'_f = 0$，由式（9－37），有

$$\gamma = 0.87 - 0.12(1-\gamma_f')\left(\frac{h_0}{e}\right)^2$$

$$= 0.87 - 0.12 \times (1-0) \times \left(\frac{560}{685}\right)^2 = 0.7719$$

$$\rho_{te} = \frac{A_s}{0.5bh} = \frac{1256}{0.5 \times 350 \times 600} = 0.0120$$

由式(9-36),有

$$\sigma_{sk} = \frac{N_k(e-\gamma h_0)}{A_s z} = \frac{N_k(e-\gamma h_0)}{A_s \gamma h_0}$$

$$= \frac{400 \times 10^3 \times (685 - 0.7719 \times 560)}{1256 \times 0.7719 \times 560} = 186\ \text{N/mm}^2$$

$$\psi = 1.1 - \frac{0.65 f_{tk}}{\rho_{te}\sigma_{sk}} = 1.1 - \frac{0.65 \times 2.01}{0.0120 \times 186} = 0.5147$$

则

$$w_{max} = \alpha_{cr}\psi\frac{\sigma_{sk}}{E_s}\left(1.9c + 0.08\frac{d_{eq}}{\rho_{te}}\right)$$

$$= 2.1 \times 0.5147 \times \frac{186}{2.0 \times 10^5} \times \left(1.9 \times 30 + 0.08 \times \frac{20}{0.0120}\right)$$

$$= 0.191\ \text{mm}$$

9.4 裂缝和粘结对截面分析的影响

9.4.1 裂缝和粘结力对轴拉构件截面分析的影响

在第 4 章中曾对轴心受拉截面进行了弹塑性全过程分析,结果表明,在混凝土开裂前后,钢筋的应力和应变、截面的变形和刚度都发生突变。这是未考虑裂缝和粘结力对截面分析的影响所得的结果,显然与实验结果不符。

构件的应变与两裂缝间钢筋的应变相同,即为

$$\varepsilon = \varepsilon_s = \psi\varepsilon_{s0} = \frac{\psi}{E_s A_s}N \tag{9-40}$$

即

$$N = \frac{E_s A_s}{\psi}\varepsilon \tag{9-41}$$

则轴向拉力 N 与构件总的伸长量 Δ 的关系为

$$\Delta = \varepsilon l = \frac{\psi l}{E_s A_s}N \tag{9-42}$$

式中,l 为构件的总长度。

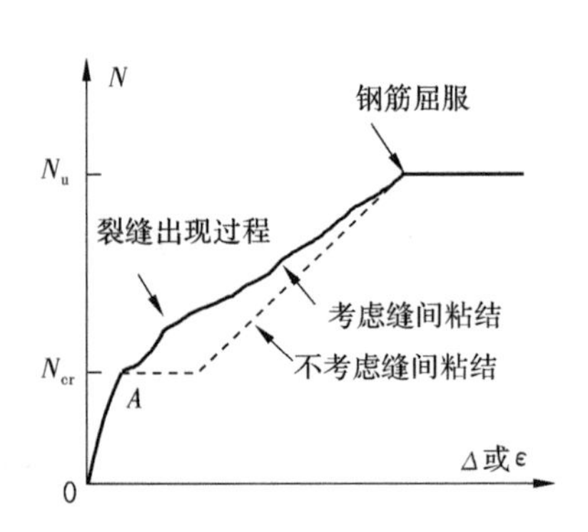

图 9.14 轴心受拉构件轴力-变形关系

因为系数 ψ 随轴力的增大而增大,所以,总伸长并不与拉力 N 成正比。就是说,在截面开裂后,$N-\varepsilon$ 或 $N-\Delta$ 关系并不是一条通过原点的直线,即并非像图 9.14 中虚线表示的那样。实际情况应如图 9.14 中实

线所示，其中拉力稍大于 N_{cr} 时的不规则曲线反映了各裂缝先后出现过程中对变形的影响。在裂缝出现前后，钢筋应变的突增并不是十分突出。当各裂缝出现的过程趋于稳定，裂缝数量不再增加后，$N-\Delta$ 关系曲线渐趋光滑，并向 ψ 等于 1，即不考虑缝间混凝土作用的直线靠拢。

轴拉构件的刚度定义为拉力 N 与应变的比值。对出现裂缝后的轴拉构件，应变应指钢筋的平均应变，也就是裂缝间钢筋的总伸长量除以裂缝间距。所以，裂缝出现后轴拉构件的刚度为

$$B=\frac{N}{\varepsilon}=\frac{N}{\Delta}l_{cr}=\frac{1}{\psi}E_sA_s \tag{9-43}$$

上式中的 E_sA_s 代表自由钢筋的抗拉刚度。ψ 值总是小于 1，所以轴心受拉构件开裂后的刚度必大于自由钢筋的刚度 E_sA_s，这种现象称为“拉伸刚化效应”。ψ 就是反映这种刚化效应的系数，其值愈小，表示刚化效应愈大。

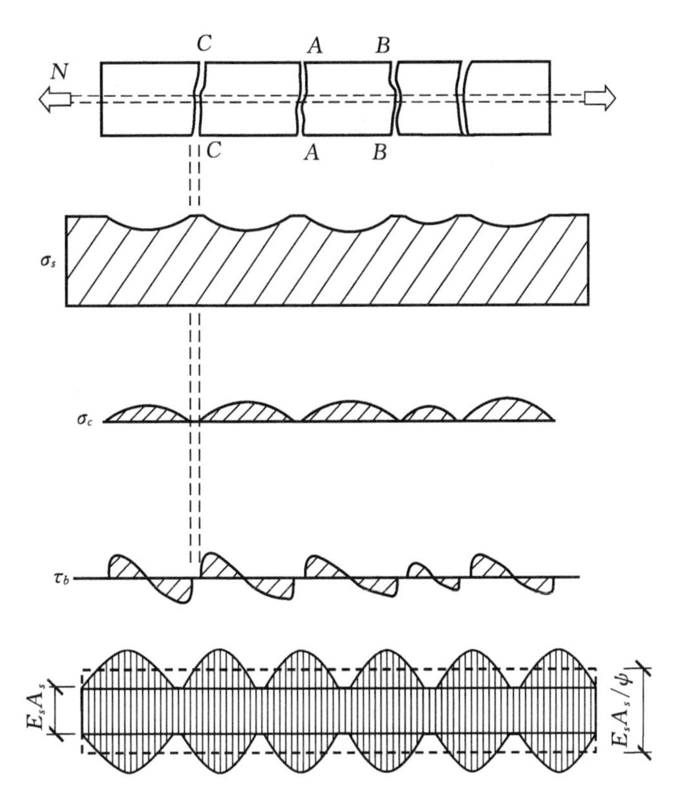

图 9.15　钢筋混凝土轴心受拉构件开裂后的应力及刚度

图 9.15 是轴心受拉构件开裂后，沿纵向的实际刚度分布示意图。在裂缝截面处，截面的刚度等于自由钢筋的抗拉刚度 E_sA_s；在裂缝之间的各截面，混凝土参与工作，负担了一部分拉力，截面的刚度比裂缝截面的刚度大。所以，整个轴心受拉构件可理解为一根沿纵向为变截面的拉杆，其刚度沿纵向分布为图 9.15 中形如糖葫芦串的实线，其平均刚度即为式(9-43)所表示的值，如图 9.15 中的虚线。

9.4.2 受弯构件裂缝的出现和开展及其对截面受力性能的影响

上面所述轴心受拉构件裂缝的出现和特点,基本上也适用于受弯构件。对于受弯构件,第一条裂缝首先在弯矩最大截面受拉区混凝土抗拉强度的最弱处产生,接着,各裂缝依次产生,最后达到一个相对稳定的状态,不再有新裂缝产生。各裂缝基本均匀分布,裂缝间距大体相等,随着荷载继续增加,各裂缝的宽度则不断增大。

受弯构件的受拉区与轴心受拉构件的区别在于,前者钢筋近旁的受拉混凝土并非对称地布置在钢筋周围,受力和变形也不对称,而后者是对称的。虽然如此,轴心受拉构件裂缝出现的过程、裂缝出现前后钢筋和混凝土应力的分布和变化、粘结应力的特点、裂缝间距的特点及裂缝间距的确定原则等,基本上也适用于受弯构件的受拉区,仅在数值的大小上有些差异。

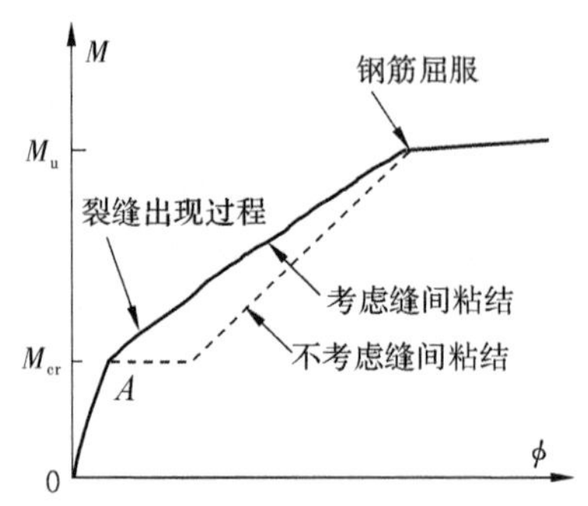

图 9.16 受弯构件弯矩-曲率关系

与轴心受拉构件相仿,裂缝和粘结力对受弯构件截面的分析也会产生影响。图9.16表示考虑与不考虑这种影响所得到的弯矩曲率($M-\phi$)曲线,其特点与图 9.14 轴心受拉构件的轴力变形($N-\varepsilon$)曲线相似。可见裂缝间粘结力和受拉区混凝土的参与工作对受弯构件在第Ⅱ阶段(即受拉区混凝土开裂后,受拉纵向钢筋屈服前)的弯矩和曲率关系有明显的影响。就是说,在相同弯矩作用下,裂缝间混凝土的参与工作会使截面的曲率减小如图 9.17 所示。

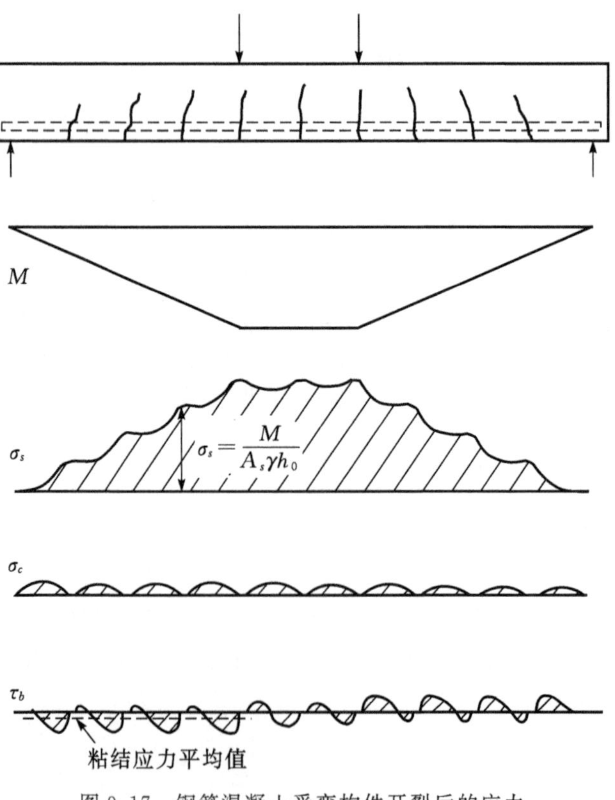

图 9.17 钢筋混凝土受弯构件开裂后的应力

需要注意的是，实验中用应变仪或曲率仪量测梁的应变或曲率时，其标距一般较长，往往需要超过裂缝间距的若干倍。因此，所测得的应变和曲率指的是裂缝间的平均应变和平均曲率。换言之，它既不是有裂缝截面的应变和曲率，也不是裂缝间某一截面的应变和曲率。

9.4.3　考虑裂缝间粘结应力的受弯构件开裂后弹性分析

由于裂缝间粘结力的存在，使裂缝间混凝土参与工作，考虑其对受弯构件截面开裂后的第Ⅱ阶段的影响，再对该阶段截面进行弹性分析，如图 9.18 所示。

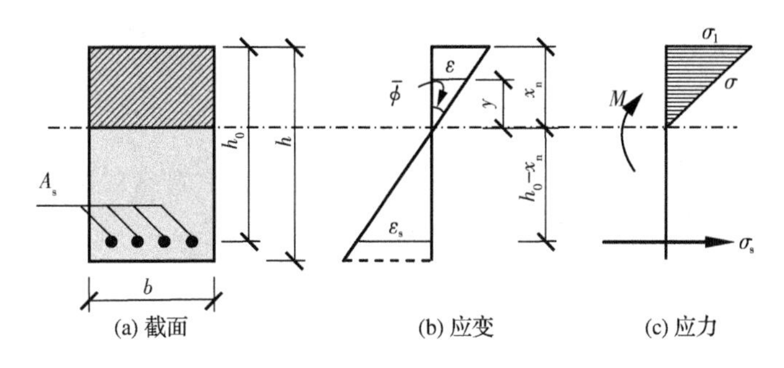

图 9.18　混凝土开裂后截面的应变、应力

(1) 平衡条件

$$\sum X = 0 \text{ 时}, \quad \int_0^{x_n} \sigma b \mathrm{d}y - \sigma_s A_s = 0 \qquad \text{同}(5-18)$$

$$\sum M = 0 \text{ 时}, \quad M = \int_0^{x_n} y\sigma b \mathrm{d}y + \sigma_s A_s (h_0 - x_n) \qquad \text{同}(5-19)$$

按弹性分析，受压区混凝土的压力图为三角形。对于矩形截面构件，上面两式可写成

$$\sum X = 0 \text{ 时}, \quad \frac{1}{2}\sigma_1 b x_n - \sigma_s A_s = 0 \qquad (9-44)$$

$$\sum M = 0 \text{ 时}, \quad M = \frac{1}{3}\sigma_1 b x_n^2 + \sigma_s A_s (h_0 - x_n) \qquad (9-45)$$

式中：

σ_1 ——裂缝截面受压区边缘的混凝土压应力；

x_n ——裂缝截面的混凝土受压区高度。

(2) 变形条件

$$\bar{\varepsilon}_1 = \bar{\phi}\ \bar{x}_n \qquad (9-46)$$

$$\bar{\varepsilon}_s = \bar{\phi}(h_0 - \bar{x}_n) \qquad (9-47)$$

这两个式子分别与式(5－3)和(5－4)相似，但其中的 $\bar{\varepsilon}_1$、$\bar{\varepsilon}_s$、$\bar{\phi}$ 和 $\bar{x}_n$ 分别表示受压区边缘混凝土的平均压应变、钢筋的平均拉应变、平均曲率和混凝土平均受压区高度。由于裂缝数量是有限的，裂缝间粘结力使受拉区混凝土参与工作，所以，沿构件的纵向不仅钢筋的拉应力或拉应变有变化，混凝土的压应变、受压区高度以及截面的曲率都有波浪形的变化。试验结果证明，就平均应变而言，仍然符合平截面假定。所以式(9－46)和式(9－47)成立，这就是说，考虑裂缝和粘结力的影响后，引用式(9－46)和式(9－47)代替式(5－3)和式(5－4)。

裂缝截面的应变 ε_s 和 ε_1 与平均应变 $\bar{\varepsilon}_s$ 和 $\bar{\varepsilon}_1$ 的关系可通过裂缝间粘结的系数 ψ 和 ψ_c 来

反映,即

$$\bar{\varepsilon}_1 = \psi_c \varepsilon_1 \tag{9-48}$$

$$\bar{\varepsilon}_s = \psi \varepsilon_s \tag{9-49}$$

由于裂缝的存在,不仅钢筋拉应力沿构件纵向呈波浪形变化,受压区边缘混凝土压应力沿构件纵向也有变化。所以,除了前面已引入的系数 ψ 外,再引入系数 ψ_c。ψ_c 为裂缝间混凝土应力不均匀系数,其物理意义与 ψ 类似。然而,相对于钢筋的拉应力,混凝土压应力沿纵向的变化较小,即 ψ_c 值小于1而接近于1,实用上可近似取1。同时,裂缝截面的受压区高度与平均受压区高度相差很小,实用上也可近似取作相等。于是,式(9-46)和(9-47)可分别写成

$$\varepsilon_1 = \bar{\phi} x_n \tag{9-50}$$

$$\psi \varepsilon_s = \bar{\phi}(h_0 - x_n) \tag{9-51}$$

系数 ψ 已在前面讲过,用式(9-29a)表示,这里用 σ_s 表示裂缝截面的钢筋应力。现将其改写为下列形式

$$\psi = 1 - \frac{H}{\sigma_s} \tag{9-52}$$

式中:$H = \dfrac{C_1 f_t}{\rho}$,$C_1 = \dfrac{m l_{cr}}{6A} \dfrac{\tau_{b0}}{f_t}$。

将式(9-52)代入式(9-51)得

$$\left(1 - \frac{H}{\sigma_s}\right)\varepsilon_s = \bar{\phi}(h_0 - x_n) \tag{9-53}$$

(3) 物理条件

$$\sigma_1 = E_c \varepsilon_1 \tag{9-54}$$

$$\sigma_s = E_s \varepsilon_s \tag{9-55}$$

以上平衡条件的式(9-44)和式(9-45)、变形条件的式(9-50)和式(9-53)以及物理条件的式(9-54)和式(9-55),是考虑裂缝间粘结后,对受弯构件第Ⅱ阶段作弹性分析时的基本方程。

将式(9-50)代入式(9-54),得

$$\sigma_1 = E_c \bar{\phi} x_n \tag{9-56}$$

由式(9-55)得 $\varepsilon_s = \sigma_s / E_s$,代入式(9-53),得

$$\sigma_s = E_s \bar{\phi}(h_0 - x_n) + H = E_s \bar{\varepsilon}_s + H \tag{9-57}$$

式(9-57)中的 $\bar{\phi}(h_0 - x_n)$ 就是钢筋的平均拉应变 $\bar{\varepsilon}_s$,所以 $E_s \bar{\phi}(h_0 - x_n)$ 就是钢筋的平均拉应力。式(9-57)说明,裂缝截面处的钢筋拉应力 σ_s 比裂缝间区段钢筋平均拉应力 $E_s \bar{\phi}(h_0 - x_n)$ 大 H。

将式(9-56)、式(9-57)代入平衡条件式(9-44)和式(9-45),得

$$\sum X = 0 \text{ 时}, \quad \frac{1}{2} E_s \bar{\phi} b x_n^2 - [E_s \bar{\phi}(h_0 - x_n) + H] A_s = 0 \tag{9-58}$$

$$\sum M = 0 \text{ 时}, \quad M = \frac{1}{3} E_s \bar{\phi} b x_n^3 + [E_s \bar{\phi}(h_0 - x_n) + H] A_s (h_0 - x_n) \tag{9-59}$$

根据以上两式进行截面开裂后第Ⅱ阶段考虑裂缝间粘结的弹性分析,可求得两个未知量。如已知截面尺寸 $b \times h_0$、配筋量 A_s、材料的弹性模量 E_s,E_c 以及曲率值 $\bar{\phi}$ 和 H 值,可先由式

(9－58)求得受压区高度 x_n 值，再代入式(9－59)，可求得截面所承受的弯矩 M 值。如已知 M 而求 $\bar{\phi}$ 和 x_n 值，则需将式(9－58)和式(9－59)作为三次代数方程联立求解，原则上并无困难，只是计算较繁琐。

如果考虑裂缝间粘结对受弯构件的第Ⅱ阶段进行弹塑性分析，可对考虑裂缝间粘结的弹性分析的式(9－58)和式(9－59)中的混凝土项作相应的修改即可，其结果如下

$$\sum X = 0 \text{ 时}, \quad \frac{f_c \bar{\phi} b}{\varepsilon_0}\left(x_n^2 - \frac{\bar{\phi} x_n^3}{3\varepsilon_0}\right) - [E_s \bar{\phi}(h_0 - x_n) + H]A_s = 0 \tag{9-60}$$

$$\sum M = 0 \text{ 时}, \quad M = \frac{f_c \bar{\phi} b}{\varepsilon_0}\left(\frac{2}{3}x_n^3 - \frac{\bar{\phi} x_n^4}{4\varepsilon_0}\right) + [E_s \bar{\phi}(h_0 - x_n) + H]A_s(h_0 - x_n) \tag{9-61}$$

以上两式即可进行截面开裂后第Ⅱ阶段考虑裂缝间粘结的弹塑性分析，可求得两个未知量。求解方法与弹性分析类似，只是方程的次数更高，计算更加繁琐。

9.4.4　受弯构件开裂后的抗弯刚度

受弯构件的抗弯刚度是一个重要参数，特别是裂缝出现后的第Ⅱ阶段的刚度尤为重要。因为，混凝土受弯构件在正常使用时的应力状态一般处于受弯的第Ⅱ阶段，往往需要对构件的挠度进行验算，而抗弯刚度是计算挠度所需的重要参数。在第 5 章对受弯构件截面作弹性分析或弹塑性分析时，曾对受弯构件截面的刚度进行过讨论，但都没有考虑裂缝和粘结力的影响。下面考虑裂缝间粘结的影响对受弯构件开裂后的刚度做进一步分析。

受弯构件抗弯刚度定义为弯矩与曲率的比值，即构件单位曲率所能抵抗的弯矩值，其表达式为

$$B = \frac{M}{\phi} \tag{9-62}$$

为了确定刚度值，需先确定 M 和 ϕ 值。国内外学者对受弯构件开裂后的曲率和刚度，提出了许多计算模式和具体的计算公式，下面选择其中的几种进行介绍。

(1) 按弹性分析

不考虑裂缝间粘结作用，受弯构件第Ⅱ阶段弹性分析的刚度已在 5.2.1 节讨论过，其刚度可按开裂后的换算截面确定。受弯构件的刚度是一个常数，其值为 $E_c I_0$，I_0 为截面开裂后换算面积的惯性矩，可按式(5－22)计算。

如果考虑裂缝间粘结作弹性分析，弯矩和曲率的求法已于 9.4.3 节讨论，可按式(9－58)和式(9－59)求得 M 和 $\bar{\phi}$ 后，抗弯刚度即为两者之比。需要注意，由于裂缝间区段各截面的受力和变形都不相同，所以 $\bar{\phi}$ 代表这一区段的平均曲率，按 $M/\bar{\phi}$ 求得的 B 就代表这一区段的平均刚度 $\bar{B}$。此外，由于 M 与 $\bar{\phi}$ 并不成正比，所以抗弯刚度 $\bar{B}$ 也不是常数，其值随弯矩增大而减小。

(2) 按弹塑性分析

不考虑裂缝间粘结作用，受弯构件第Ⅱ阶段弹塑性分析的刚度已在 5.2.2 节讨论过，可以给定不同的曲率 ϕ 值，按式(5－39)和式(5－40)求得相应弯矩 M，弯矩 M 和相应曲率 ϕ 两者的比值即为刚度。按弹塑性分析受弯构件第Ⅱ阶段的刚度不是一个常数，其值随着 M 或 ϕ 增大而减小。

如果考虑裂缝间粘结作弹塑性分析，弯矩和曲率的求法也已于 9.4.3 节讨论过，可按式

(9-60)和式(9-61)求得 M 和 $\bar{\phi}$ 后,刚度即为两者之比。当然,考虑裂缝间粘结按弹塑性分析受弯构件第Ⅱ阶段的刚度也不是一个常数。

(3) 用 $E_s A_s h_0^2$ 表示的构件开裂后抗弯刚度

前面所述的弹塑性分析,即根据平衡条件、变形条件及物理条件的基本方程,再引入考虑裂缝间粘结的参数 H,就可以求得构件的抗弯刚度。概念清楚,但不能给出抗弯刚度的显式表达,不便应用。为此,仍考虑材料的弹塑性性能以及裂缝间粘结的影响,推导一个构件第Ⅱ阶段抗弯刚度的显式表达式。其过程仍然是根据平衡条件、变形条件及物理条件的基本方程,再引入考虑裂缝间粘结影响的参数,来得到构件的抗弯刚度。

① 平衡条件:

$$\sum X = 0 \text{ 时}, \qquad \int_0^{x_n} \sigma b \mathrm{d}y - \sigma_s A_s = 0 \tag{9-63}$$

$$\sum M = 0 \text{ 时}, \qquad M = \sigma_s A_s \gamma h_0 \tag{9-64}$$

式(9-64)是以受压区混凝土压力合力中心取矩后的弯矩平衡方程。这里并没有规定混凝土受压时采用何种本构关系。

将式(9-63)改写为下列的形式

$$\alpha_1 \sigma_1 b x - \sigma_s A_s = 0 \tag{9-65}$$

式中:

σ_1 ——裂缝截面受压区边缘的混凝土压应力;

x ——受压区计算高度;

α_1 ——反映受压区混凝土应力非矩形分布的系数,即

$$\alpha_1 = \frac{\int_0^{x_n} \sigma b \mathrm{d}y}{\sigma_1 b x}$$

联立式(9-65)和式(9-64),可得

$$M = \alpha_1 \sigma_1 b x \gamma h_0 \tag{9-66}$$

令 $x=\xi h_0$,得

$$\sigma_1 = \frac{M}{\alpha_1 \xi \gamma b h_0^2} \tag{9-67}$$

由式(9-64)得

$$\sigma_s = \frac{M}{A_s \gamma h_0} \tag{9-68}$$

② 变形条件:

此处采用的变形条件与式(9-46)和式(9-47)相同,即

$$\bar{\varepsilon}_1 = \bar{\phi}\, \bar{x}_n \qquad \text{同(9-46)}$$

$$\bar{\varepsilon}_s = \bar{\phi}(h_0 - \bar{x}_n) \qquad \text{同(9-47)}$$

式中,$\bar{\varepsilon}_1$、$\bar{\varepsilon}_s$、$\bar{\phi}$ 和 $\bar{x}_n$ 分别表示受压区边缘混凝土的平均压应变、钢筋的平均拉应变、平均曲率和混凝土平均受压区高度。

由以上两式得

$$\bar{\phi}=\frac{\bar{\varepsilon}_s}{h_0-\bar{x}_n}=\frac{\bar{\varepsilon}_1}{\bar{x}_n}\tag{9-69}$$

由式(9－69)可得

$$\bar{x}_n=\frac{\bar{\varepsilon}_1 h_0}{\bar{\varepsilon}_s+\bar{\varepsilon}_1}\tag{9-70}$$

$$\bar{\phi}=\frac{\bar{\varepsilon}_1+\bar{\varepsilon}_s}{h_0}\tag{9-71}$$

用系数 ψ 和 ψ_c 来反映裂缝间粘结的影响，即取

$$\bar{\varepsilon}_s=\psi\varepsilon_s \text{ 及 } \bar{\varepsilon}_1=\psi_c\varepsilon_1\tag{9-72}$$

则式(9－71)为

$$\bar{\phi}=\frac{\psi_c\varepsilon_1+\psi\varepsilon_s}{h_0}\tag{9-73}$$

③ 物理条件：

混凝土受压　$\sigma_1=\lambda E_c\varepsilon_1$　(9－74)

钢筋受拉　$\sigma_s=E_s\varepsilon_s$　(9－75)

混凝土受压应力-应变关系中的 λ 为混凝土受压变形塑性系数，其定义为应力-应变关系曲线任一应力(或应变)时的割线模量与初始弹性模量的比值。

由式(9－74)和式(9－75)，并引入式(9－67)和式(9－68)，得

$$\varepsilon_1=\frac{\sigma_1}{\lambda E_c}=\frac{1}{\lambda E_c}\frac{M}{\alpha_1\xi\gamma bh_0^2}\tag{9-76}$$

$$\varepsilon_s=\frac{\sigma_s}{E_s}=\frac{M}{E_sA_s\gamma h_0}\tag{9-77}$$

将式(9－76)和式(9－77)代入式(9－73)整理后，得

$$\bar{\phi}=\frac{M}{E_sA_sh_0^2}\left(\frac{\psi_c\alpha_E\rho}{\lambda\alpha_1\gamma\xi}+\frac{\psi}{\gamma}\right)\tag{9-78}$$

式中：$\alpha_E=\frac{E_s}{E_c}$，$\rho=\frac{A_s}{bh_0}$，$\xi=\frac{x}{h_0}$。

则可以得到用 $E_sA_sh_0^2$ 表示的构件开裂后抗弯刚度为

$$\bar{B}=\frac{M}{\bar{\phi}}=\frac{E_sA_sh_0^2}{\frac{\psi_c\alpha_E\rho}{\lambda\alpha_1\gamma\xi}+\frac{\psi}{\gamma}}\tag{9-79}$$

式(9－79)中，E_s、A_s、h_0 以及 $\alpha_E=E_s/E_c$ 和 $\rho=A_s/bh_0$ 等为确定值；混凝土受压应变不均匀系数 ψ_c 值小于 1 而接近于 1，实用上可近似取 1，受拉钢筋应变不均匀系数 ψ 的计算式见式(9－30b)；其余的系数 γ、λ、α_1 和 ξ 等的数值均随弯矩而变化，须另行赋值。

裂缝截面的内力臂系数 γ，因为构件在第Ⅱ阶段的弯矩水平变化不大($M/M_u=0.5\sim0.7$)，裂缝发展相对稳定，根据对试验结果的分析，其值约为 $\gamma=0.83\sim0.93$，配筋率高者取其偏低值，计算时近似地取其平均值为

$$\gamma=0.87$$

式(9－79)中的其他参数不单独出现，将 $\frac{\alpha_E\rho}{\lambda\alpha_1\gamma\xi}$ 统称为混凝土受压边缘的平均应变综合系数，其

值随弯矩增大而减小，但在使用阶段($M/M_u=0.5\sim0.7$)内基本稳定，弯矩值对其影响不大，主要取决于配筋率。根据试验结果，对矩形截面受弯构件得到的回归分析式为

$$\frac{\alpha_E\rho}{\lambda\alpha_1\gamma\xi}=0.2+6\alpha_E\rho$$

而对于双筋构件和 T 形、工字形截面构件为

$$\frac{\alpha_E\rho}{\lambda\alpha_1\gamma\xi}=0.2+\frac{6\alpha_E\rho}{1+3.5\gamma_f'}$$

这样，开裂后抗弯刚度式(9－79)可写成

$$\bar{B}=\frac{E_sA_sh_0^2}{1.15\psi+0.2+\dfrac{6\alpha_E\rho}{1+3.5\gamma'_f}} \tag{9-80}$$

式中的 γ_f'，对于双筋构件为受压钢筋与腹板有效面积的比值，取 $\gamma_f'=\dfrac{(\alpha_E-1)A'_s}{bh_0}$；对于 T 形、工字形截面构件为受压翼缘与腹板有效面积的比值，取 $\gamma_f'=\dfrac{(b_f'-b)h_f'}{bh_0}$，$b_f'$ 和 h_f' 分别为截面受压翼缘的宽度和高度。

对于矩形截面构件，开裂后抗弯刚度式(9－79)可写成

$$\bar{B}=\frac{E_sA_sh_0^2}{1.15\psi+0.2+6\alpha_E\rho} \tag{9-80a}$$

这就是用 $E_sA_sh_0^2$ 表示的构件开裂后的抗弯刚度。在计算刚度时，可首先由式(9－67)求得裂缝截面的钢筋应力，式中的 γ 取 0.87，然后根据式(9－30b)求得钢筋应力不均匀系数 ψ 后，最后根据式(9－80a)就可以得到构件开裂后的抗弯刚度。

由式(9－68)、式(9－30b)以及式(9－80a)可知，随着弯矩增大，裂缝截面钢筋拉应力增大，从而使得钢筋应力不均匀系数 ψ 增大。因此，在第Ⅱ阶段，截面的刚度不是常数，其值随着弯矩增大而减小，不同配筋率截面刚度随弯矩增大而减小的理论变化曲线如图 9.19 所示。图中 $\bar{B}_0$ 为截面即将开裂(弯矩 $M=M_{cr}$)时的刚度，此时有 $\psi=0$，其刚度值为

$$\bar{B}_0=\frac{E_sA_sh_0^2}{0.2+6\alpha_E\rho} \tag{9-81}$$

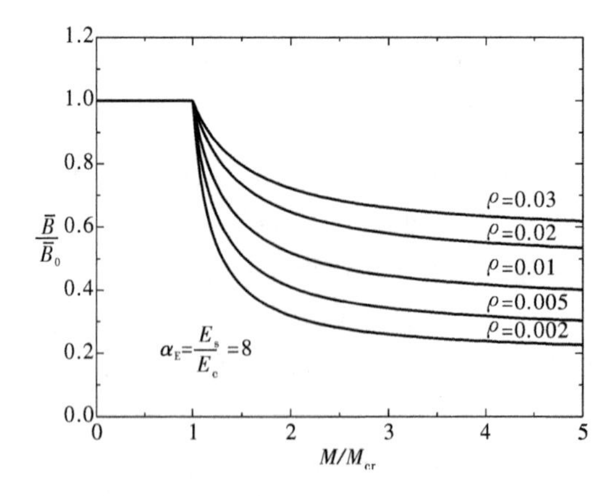

图 9.19 不同配筋率截面刚度随弯矩的变化

(4) 用 $E_c I_c$ 表示的构件开裂后抗弯刚度

如果不用 $E_s A_s h_0^2$，也可以用 $E_c I_c$ 表示受弯构件开裂后的抗弯刚度。$E_c I_c$ 为无裂缝素混凝土的截面刚度。

可将式(9-80a)改写为

$$\bar{B} = \frac{\alpha_E E_c \rho b h_0 h_0^2}{1.15\psi + 0.2 + 6\alpha_E \rho}$$

$$= \left(\frac{12\alpha_E \rho}{1.15\gamma + 0.2 + 6\alpha_E \rho} \frac{h_0^3}{h^3}\right) E_c \frac{1}{12} b h^3$$

所以

$$\bar{B} = \beta E_c I_c \tag{9-82}$$

式中：

E_c ——混凝土的弹性模量；

I_c ——无裂缝素混凝土矩形截面的惯性矩，$I_c = \frac{1}{12} b h^3$；

β ——刚度折减系数，$\beta = \left(\frac{12\alpha_E \rho}{1.15\gamma + 0.2 + 6\alpha_E \rho} \cdot \frac{h_0^3}{h^3}\right)$。

根据对试验结果的分析，对于常遇的情况，刚度折减系数可进一步简化为

$$\beta = 0.31 + 2.4\alpha_E \rho \tag{9-83}$$

式(9-82)说明，钢筋混凝土构件开裂后的第Ⅱ阶段考虑裂缝间粘结的刚度，等于未开裂的、不配钢筋的素混凝土矩形截面构件的刚度乘以一个小于 1 的折减系数 β。β 为刚度折减系数，β 值主要取决于钢筋与混凝土弹性模量的比值 α_E 以及配筋率 ρ。仍需注意，式(9-83)还是仅适用于矩形截面，其他截面形式，可参阅有关文献。

需要注意的是，以上公式是根据纯弯段内的钢筋和混凝土应力和应变分布推导得来的，因此，上述的刚度实质上是指纯弯段内的平均抗弯刚度。

9.5 钢筋混凝土受弯构件的变形

从弹性体材料力学可知，受弯构件的变形有四种不同表现形态，即应变、曲率、转角和挠度。

· 应变：受弯构件中，有受压区的压应变和受拉区的拉应变，他们分别是截面某处单位长度中的压缩变形和拉伸变形。

· 曲率：构件受力后沿纵向的单位长度中的相对转角，或受力前后相距单位长度的两个截面之间夹角的变化。它反映构件受力后弯曲变形的程度。

· 转角：构件受力后，纵轴线上某一截面在受力前后旋转的角度。

· 挠度：构件受力后，纵轴线上某一点的位移。对简支梁来说，跨中的最大竖向位移，即最大挠度，是工程实际中一个很重要的参数。

受弯构件的应变、曲率、转角和挠度四者之间存在内在的联系，可以采用不同的表达式来表达，例如：

· 曲率与应变的关系：$\phi=\dfrac{\varepsilon}{y}$

· 转角与曲率的关系：$\theta=-\int\phi\mathrm{d}x+C$

· 挠度与转角的关系：$f=\int\theta\mathrm{d}x+D=-\iint\phi\mathrm{d}x\mathrm{d}x+Cx+D$

注意，此处 x 为沿轴线的坐标变量。式中，C、D 为积分常数，由边界条件确定。

上述这些表示构件变形不同表现形态关系的关系式与构件材料的力学性能无关。所以，这些关系式也适用于钢筋混凝土构件，从而，弹性体材料力学中有关的计算方法也同样适用于钢筋混凝土构件。由材料力学知，匀质弹性材料梁的跨中挠度

$$f=S\frac{Ml_0^2}{B}\text{ 或 }f=S\phi l_0^2 \tag{9-84}$$

式中，$B=EI$ 是梁的截面抗弯刚度；$\phi=\dfrac{M}{B}$是截面的曲率；l_0 是梁的计算跨度；S 是与荷载形式、支承条件有关的挠度系数。

钢筋混凝土构件的变形计算与弹性体构件的主要不同在于，钢筋混凝土是不均质的非弹性材料及裂缝和塑性铰的形成和发展。因而，在它的受弯过程中，截面抗弯刚度不是常数而是变化的，构件的变形，包括应变、曲率、转角和挠度，与荷载成非线性关系。对于梁来说，由于转角是曲率的积分，挠度是转角的积分或曲率的二次积分，因此，转角和挠度与弯矩的非线性关系均可用截面曲率与弯矩的非线性关系来描述。所以，受弯构件的曲率是很重要的一个参数，有了这个参数，对其积分就可以求得构件的挠度和转角。梁的抗弯刚度是弯矩与曲率的比值，即产生单位曲率的弯矩值。在相同的弯矩作用下，刚度大，则曲率小，转角和挠度也小，反之亦然。确定了抗弯刚度，构件的转角和挠度可通过对弯矩与刚度之比的积分求得。所以，为了求得挠度，刚度也是一个很有用的参数。

9.5.1 钢筋混凝土受弯构件的挠度

上面讲的刚度计算公式都是指纯弯区段内平均的截面弯曲刚度。但是，一个受弯构件，例如图 9.20 所示的简支梁，沿梁纵向各截面的尺寸和配筋都相同。但在荷载作用下，各截面弯矩是不相等的，跨中弯矩最大，离支座越近弯矩越小。不同位置的弯矩不同，使得不同位置的截面处于不同的受力阶段，因此，不同位置的截面需分别按不同的受力阶段来考虑。

假设荷载为 P 时，承受最大弯矩的跨中截面 d 处的弯矩为 M_{d}，其值大于截面的开裂弯矩 M_{cr}，但小于截面钢筋屈服弯矩 M_{y}，该截面处于受力的第Ⅱ阶段；截面 a 处的弯矩 M_{a} 正好等于截面的开裂弯矩 M_{cr}。所以，从支座到截面 a 的所有截面均处于未开裂的第Ⅰ阶段，而从截面 a 到截面 d 范围内的截面均处于受力的第Ⅱ阶段。由于裂缝的数量有限，在各裂缝所在的截面上，只有混凝土的压应力和钢筋的拉应力，而受拉区混凝土退出工作，混凝土拉应力为零。但在两裂缝之间的截面 e 上(图 9.20(a)中虚线所示的截面)，由于裂缝间粘结的作用，受拉区混凝土仍发挥一定的作用，混凝土内有一定的拉应力。当然，在未开裂段，受拉区混凝土都是受力的。

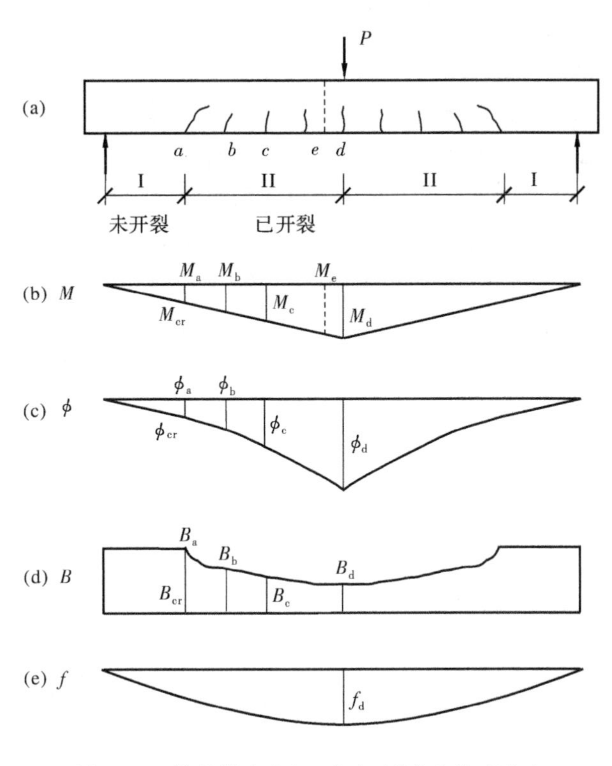

图 9.20　构件纵向弯矩、曲率、刚度和挠度分布

沿构件纵向考虑裂缝间混凝土作用后的平均刚度分布示于图 9.20(d)中，其中 ad 段的刚度因受拉区混凝土的开裂而比支座附近截面的刚度小。显然，构件开裂后，就形成了一个变刚度的梁，即由于部分区段混凝土的开裂，钢筋混凝土梁由原来等截面、等配筋的等刚度梁变成了变刚度梁。这是钢筋混凝土梁的一个重要特点，必须注意。

对于如图 9.20 所示的跨中央承受一个集中荷载的简支梁，从支座到跨中央 d 的弯矩按线性变化。曲率为弯矩与截面抗弯刚度的比值，由于截面抗弯刚度沿轴向非线性分布，因此，曲率沿轴向的分布也是非线性的，如图 9.20(c)所示。在具体计算梁的挠度时，可先按第 5 章或本章的方法，确定各未开裂和已开裂截面的刚度，曲率即等于弯矩与刚度之比；也可以直接对各未开裂和已开裂截面进行弹性或弹塑性分析，求得各截面所对应弯矩的曲率值。梁的挠度可用按弹性体材料力学中变截面梁的挠度计算方法，对曲率进行积分来确定；也可以用虚梁法，将曲率图作为虚梁的荷载图，求得的弯矩即等于原梁的挠度。

9.5.2　钢筋混凝土受弯构件的挠度计算

对钢筋混凝土受弯构件，开裂后沿轴线方向曲率的分布非常复杂，直接采用对曲率积分的方法往往非常困难。采用虚梁法求梁的挠度，有时需要分段进行计算，虽无困难，但计算过程繁琐。因此，工程中求受弯构件的挠度时，往往采用简化方法。最常用的简化方法是最小刚度法。

最小刚度法就是在简支梁全跨长范围内，都按弯矩最大处的截面抗弯刚度，亦即按最小的截面抗弯刚度，用材料力学方法中不考虑剪切变形影响的公式计算挠度。构件上存在正、负弯

矩时,可分别取同号弯矩区段内$|M_{max}|$处截面的最小刚度计算挠度。

采用最小刚度代替梁的实际刚度进行构件的挠度计算,似乎会使挠度计算值偏大。但实际情况并非如此,因为在剪跨段内还存在着剪切变形,甚至可能出现少量斜裂缝,它们都会使梁的挠度增大,而这些在计算中是没有考虑的。试验分析表明,一方面按最小刚度计算的挠度值偏大;另一方面,不考虑剪切变形以及出现的剪切斜裂缝等的影响,导致挠度计算值偏小,上述两方面的影响大致可以相互抵消。通过对国内外约 350 根梁试验结果的分析,按最小刚度计算的挠度值与试验值符合较好。因此,采用"最小刚度原则",不仅使计算过程十分简便,而且也是可以满足工程要求的。

当用最小刚度截面的刚度代替梁的实际刚度,将其看成等刚度梁后,梁的挠度计算就非常简便。按《混凝土结构设计规范》(GB 50010—2010)的要求,计算所得的挠度应满足

$$f \leqslant f_{lim} \tag{9-85}$$

式中:

f_{lim}——允许挠度值,取值可查附录 3 中附表 3-1;

f——根据最小刚度原则确定的刚度 B 计算的挠度值,当跨间为同号弯矩时,有

$$f = S\frac{M_k l_0^2}{B} \tag{9-86}$$

对连续梁的跨中挠度,当为等截面且计算跨度内的支座截面弯曲刚度不大于跨中截面弯曲刚度的两倍或不小于跨中截面弯曲刚度的二分之一时,也可按跨中最大弯矩截面弯曲刚度计算。

9.5.3　长期荷载对钢筋混凝土受弯构件刚度的影响

构件在荷载长期作用下,受压区混凝土产生徐变;受拉区混凝土因为裂缝的延伸扩展,以及受拉徐变而更多地退出工作;钢筋和混凝土的滑移徐变增大了钢筋的平均应变。这些构成了构件长期变形增长的主要原因,构件的挠度将随时间而缓慢增加(也可理解为构件的抗弯刚度将随时间而缓慢降低)。此外,环境条件的变化和混凝土的收缩等对构件的变形也有一定影响。凡是能增大混凝土徐变和收缩的因素都将导致刚度降低,使构件挠度增大。因此,决定这些条件的因素,例如混凝土的材料和配合比、养护状况、加载时混凝土的龄期、配筋率(特别是受压钢筋配筋率)、环境温度和相对湿度、构件的截面形状和尺寸等都将影响构件的长期变形值。

在实际工程中,总是有部分荷载长期作用在构件上。因此,计算受弯构件挠度必须采用按荷载效应的标准组合并考虑荷载效应的长期作用影响的刚度。设荷载效应的标准组合值为 M_k,准永久组合值为 M_q,则仅需对在 M_q 下产生的那部分挠度乘以挠度增大的影响系数。因为在 M_k 中包含有准永久组合值,对于在$(M_k - M_q)$下产生的短期挠度部分是不必增大的。对于矩形、T 形、倒 T 形和工字形截面受弯构件,参照式(9-86),根据《混凝土结构设计规范》(GB 50010—2002)可按下列方法计算受弯构件挠度

$$\begin{aligned} f &= S\frac{(M_k - M_q)l_0^2}{B_s} + S\frac{M_q l_0^2}{B_s}\theta \\ &= S\frac{l_0^2}{B_s}[M_q(\theta - 1) + M_k] = S\frac{M_k l_0^2}{B} \end{aligned} \tag{9-87}$$

$$B = \frac{M_k}{M_q(\theta - 1) + M_k} B_s \tag{9-88}$$

式中：

θ——长期荷载作用下挠度增大系数；

B——考虑荷载长期作用影响的长期刚度；

B_s——短期刚度，采用最大弯矩处考虑裂缝间混凝土作用的刚度，即

$$B_s = \frac{E_s A_s h_0^2}{1.15\psi + 0.2 + \frac{6\alpha_E \rho}{1 + 3.5\gamma'_f}} \tag{9-89}$$

γ'_f——与式(9-80)含义及计算公式相同。

单筋矩形截面梁的 $\theta \approx 2$，受压区配置钢筋有利于减小受压区混凝土的徐变，使构件的长期挠度减小。因此，考虑到这种有利因素，《混凝土结构设计规范》(GB 50010—2010)建议，对钢筋混凝土受弯构件，当 $\rho'=0$，$\theta=2$；当 $\rho'=\rho$，$\theta=1.6$；当 $0<\rho'<\rho$ 时，按线性内插法取用，即

$$\theta = 2.0 - 0.4\frac{\rho'}{\rho} \tag{9-90}$$

式中，ρ' 和 ρ 分别为构件截面纵向受压钢筋和受拉钢筋的配筋率。

受压区有翼缘的梁有利于减小混凝土的徐变，使梁的长期挠度的增大减小。但受拉区有翼缘的梁，由于在荷载标准组合作用下，受拉混凝土参与工作较多，而在荷载准永久组合作用下混凝土退出工作的影响较大，使其长期挠度的增大加大，《混凝土结构设计规范》(GB 50010—2010)建议 θ 应增大 20%，但当按此求得的挠度大于按矩形截面(宽度等于肋宽)计算得的挠度时，应取后者。由于 θ 值与温、湿度有关，对于干燥地区，收缩影响大，因此建议 θ 应酌情增加 15%～25%。此外，对于因水泥用量较多等导致混凝土的徐变和收缩较大的构件，亦应考虑使用经验，将 θ 酌情增大。

按荷载效应的标准组合并考虑荷载长期作用影响的刚度 B，实质上是考虑荷载长期作用部分使刚度降低的因素，对短期刚度 B_s 进行修正后得到的。

例 9-4　简支矩形截面梁的截面尺寸 $b \times h = 250\ \text{mm} \times 600\ \text{mm}$，混凝土保护层厚度 $c = 25\ \text{mm}$；混凝土强度等级为 C30，配置 4 根直径 20 mm 的 HRB400 级钢筋($A_s = 1257\ \text{mm}^2$)；承受均布荷载，按荷载的标准组合计算的跨中弯矩 $M_k = 150 \times 10^6\ \text{N·mm}$，按荷载的准永久组合计算的跨中弯矩 $M_q = 75 \times 10^6\ \text{N·mm}$；梁的计算跨度 $l_0 = 6500\ \text{mm}$，挠度允许值为 $l_0/250$。试验挠度是否符合要求。

解　由于混凝土保护层厚度 $c = 25\ \text{mm}$，故 $a_s = 35\ \text{mm}$，则

$$h_0 = h - a_s = 600 - 35 = 565\ \text{mm}$$

由表 2-5 和表 2-6 得，C30 混凝土的 $f_c = 14.3\ \text{N/mm}^2$，$f_{tk} = 2.01\ \text{N/mm}^2$，混凝土的弹性模量 $E_c = 25.5 \times 10^3\ \text{N/mm}^2$；HRB400 钢筋的 $f_y = 360\ \text{N/mm}^2$，钢筋的弹性模量 $E_s = 200 \times 10^3\ \text{N/mm}^2$。

$$\alpha_E = \frac{E_s}{E_c} = \frac{200 \times 10^3}{25.5 \times 10^3} = 7.84$$

$$\rho_{te} = \frac{A_s}{0.5bh} = \frac{1257}{0.5 \times 250 \times 600} = 0.0168$$

$$\sigma_{sk}=\frac{M_k}{0.87A_sh_0}=\frac{150\times10^6}{0.87\times1257\times565}=243\ \text{N/mm}^2$$

$$\psi=1.1-\frac{0.65f_{tk}}{\rho_{te}\sigma_{sk}}=1.1-\frac{0.65\times2.01}{0.0168\times243}=0.7800$$

由式(9-89),有

$$B_s=\frac{E_sA_sh_0^2}{1.15\psi+0.2+6\alpha_E\rho}=\frac{200\times10^3\times1257\times565^2}{1.15\times0.7800+0.2+6\times7.84\times0.0168}$$
$$=4.2523\times10^{13}\ \text{N/mm}^2$$

由式(9-88),有

$$B=\frac{M_k}{M_q(\theta-1)+M_k}B_s=\frac{150\times10^6}{75\times10^6\times(2.0-1)+150\times10^6}\times4.2523\times10^{13}$$
$$=2.8349\times10^{13}\ \text{N/mm}^2$$

则构件挠度

$$f=\frac{5}{48}\frac{M_kl_0^2}{B}=\frac{5}{48}\times\frac{150\times10^6\times6500^2}{2.8349\times10^{13}}$$
$$=23.29\ \text{mm}<\frac{l_0}{250}=\frac{6500}{250}=26\ \text{mm}$$

符合要求。

9.6 钢筋混凝土构件的截面延性

结构、构件或截面的延性是指其达到最大承载能力前的变形能力。为了防止结构的脆性破坏以及满足结构的抗震需要,要求结构构件应具有一定的延性。因此,钢筋混凝土构件除了应满足承载力要求外,还要求具有一定的延性。

如图 5.4 表示的一根静定梁从开始加载直到破坏的荷载-挠度($F-f$)曲线。适筋梁的挠度随荷载的变化,可分为三个阶段。第Ⅰ阶段,各截面均未开裂,荷载较小,挠度也小。在第Ⅰ阶段末,梁中弯矩最大的截面即将出现裂缝。此后荷载增大,进入第Ⅱ阶段,梁的部分区段开裂,挠度的增长比荷载的增大快,$F-f$ 曲线显现出转折。第Ⅱ阶段是梁在开裂状态下工作,不过仅在梁的某些区段开裂,并不是全部开裂,因为总有部分区段的弯矩小于截面的开裂弯矩。但开裂区段的刚度(大体上相当于最小刚度)对挠度的影响较大,所以会在 $F-f$ 曲线上反映出来。第Ⅱ阶段末,梁中弯矩最大截面的受拉钢筋达到屈服。接着,梁进入第Ⅲ阶段,挠度的增长更快。这是因为弯矩最大截面的钢筋屈服后,应变急剧增长而应力维持屈服应力不变,导致截面曲率急剧增大而弯矩基本维持屈服弯矩不变(或略有增大),进而导致挠度急剧增大而荷载基本维持在屈服荷载 F_y 不变(或略有增大)。从第Ⅱ阶段转入第Ⅲ阶段,($F-f$)曲线有明显的转折。在第Ⅲ阶段末,梁中弯矩最大截面达到第Ⅲ阶段末而破坏,整个梁也破坏。

将静定梁的荷载挠度($F-f$)曲线与截面的弯矩曲率($M-\phi$)曲线比较,两者十分相似。这是因为静定梁的弯矩与荷载成正比,而挠度是曲率的二重积分,梁上各截面曲率的变化积累起来,必将在挠度中反映出来。

由钢筋混凝土梁的抗弯性能试验可知,从第Ⅱ阶段末到第Ⅲ阶段末,沿梁的纵向曲率显著增加的区段主要集中在弯矩最大截面附近，而曲率的显著增加导致挠度急剧增加而荷载增加不多。钢筋混凝土受弯构件的变形主要发生在受拉纵向钢筋屈服至构件破坏阶段，即第Ⅲ阶段，因此，往往用截面达到最大承载力所对应的曲率（或挠度）与截面受拉纵向钢筋屈服所对应的曲率（或挠度）的比值衡量截面的延性性能，即

$$\mu_{\phi}=\frac{\phi_{u}}{\phi_{y}} \text{ 或 } \mu_{f}=\frac{f_{u}}{f_{y}} \tag{9-91}$$

式中：

μ_{ϕ} 和 μ_{f} ——分别为曲率延性系数和挠度延性系数；

ϕ_{y} 和 f_{y} ——分别为截面受拉钢筋屈服时的曲率和挠度；

ϕ_{u} 和 f_{u} ——分别为截面破坏时的曲率和挠度。

μ_{ϕ} 和 μ_{f} 数值并不相等，但也相差不多。都可以用来衡量钢筋混凝土受弯构件的变形能力，即衡量所具有的塑性或延性程度，μ_{ϕ} 或 μ_{f} 数值愈大，构件的延性也愈大。

图 9.20 中的图(b)和图(c)分别表示适筋梁截面受拉钢筋开始屈服和达到截面极限承载力时的截面应变及应力图。根据平截面假定，截面受拉纵向钢筋屈服时的曲率为

$$\phi_{y}=\frac{\varepsilon_{y}}{h_{0}-kh_{0}} \tag{9-92}$$

截面达到最大承载力时的曲率为

$$\phi_{u}=\frac{\varepsilon_{cu}}{x_{n}} \tag{9-93}$$

则截面曲率延性系数

$$\begin{aligned}\mu_{\phi}&=\frac{\phi_{u}}{\phi_{y}}=\frac{\varepsilon_{cu}}{\varepsilon_{y}}\frac{h_{0}-kh_{0}}{x_{n}}\\&=\frac{\varepsilon_{cu}}{\varepsilon_{y}}\frac{\beta_{1}(1-k)}{\xi}\end{aligned} \tag{9-94}$$

式中：

ε_{cu}——混凝土的极限压应变；

ε_{y} ——钢筋开始屈服时的钢筋应变，$\varepsilon_{y}=f_{y}/E_{s}$；

k ——钢筋开始屈服时的受压区高度系数；

ξ ——截面最大承载力时混凝土受压区相对计算高度，$\xi=x/h_{0}$，$x=\beta_{1}x_{n}$。

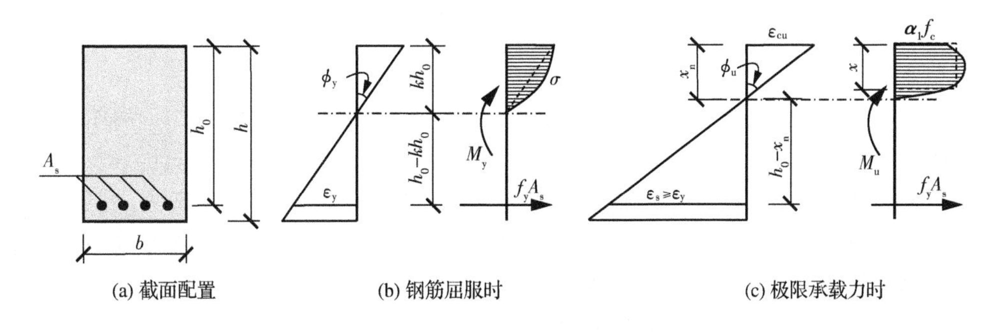

图 9.21　适筋梁钢筋屈服时和极限承载力时截面的应变、应力

受拉纵向钢筋刚屈服时,受压区混凝土的压应力水平较低,受压区边缘混凝土压应力小于混凝土应力应变关系曲线的峰值应力。因此,可将钢筋刚屈服时的受压区混凝土应力曲线分布,简化为三角形分布,如图 9.21(b)中的虚线所示。钢筋开始屈服时的受压区高度系数 k 可由平衡条件求得,对于单筋截面,有

$$k=\sqrt{(\alpha_E\rho)^2+2\alpha_E\rho}-\alpha_E\rho \tag{9-95}$$

对于双筋截面,有

$$k=\sqrt{\alpha_E^2(\rho+\rho')^2+2\alpha_E\left(\rho+\rho'\frac{a'_s}{h_0}\right)}-\alpha_E(\rho+\rho') \tag{9-96}$$

式中:

ρ 和 ρ'——分别为受拉及受压钢筋的配筋率;

α_E——钢筋与混凝土弹性模量之比;

a'_s——受压钢筋合力中心到受压混凝土边缘的距离。

截面最大承载力时的混凝土受压区相对计算高度 ξ,可由截面最大承载力时的平衡条件求得,对于单筋截面,有

$$\xi=\frac{\rho f_y}{\alpha_1 f_c} \tag{9-97}$$

对于双筋截面,有

$$\xi=\frac{(\rho-\rho')f_y}{\alpha_1 f_c} \tag{9-98}$$

将式(9-95)和式(9-97)代入式(9-94),得单筋截面的曲率延性系数为

$$\begin{aligned}\mu_\phi&=\frac{\varepsilon_{cu}}{\varepsilon_y}\frac{\beta_1(1-k)}{\xi}\\&=\frac{\varepsilon_{cu}}{\varepsilon_y}\frac{\beta_1\alpha_1 f_c(1-\sqrt{\alpha_E^2\rho^2+2\alpha_E\rho}+\alpha_E\rho)}{\rho f_y}\end{aligned} \tag{9-99}$$

将式(9-96)和式(9-98)代入式(9-94),得双筋截面的曲率延性系数为

$$\begin{aligned}\mu_\phi&=\frac{\varepsilon_{cu}}{\varepsilon_y}\frac{\beta_1(1-k)}{\xi}\\&=\frac{\varepsilon_{cu}}{\varepsilon_y}\frac{\beta_1\alpha_1 f_c\left(1-\sqrt{\alpha_E^2(\rho+\rho')^2+2\alpha_E\left(\rho+\rho'\frac{a'_s}{h_0}\right)}+\alpha_E(\rho+\rho')\right)}{(\rho-\rho')f_y}\end{aligned} \tag{9-100}$$

实际上,式(9-99)是式(9-100)当 $\rho'=0$ 时的特例。

由上式可知,影响受弯构件截面曲率延性系数的主要因素是纵向钢筋配筋率、混凝土极限压应变、钢筋屈服强度及混凝土强度等。当钢筋和混凝土的材料性能不变时,随着纵向受拉钢筋配筋率 ρ 的增大,延性系数减小;随着受压钢筋配筋率 ρ' 增大,延性系数增大,如图 9.22 所示。增大混凝土极限压应变 ε_{cu},可以提高延性系数。大量实验表明,采用密排箍筋能增加对受压混凝土的约束,使其极限压应变值增大,从而提高构件的延性系数。另外,增大混凝土与钢筋的强度比,即适当提高混凝土的强度或降低钢筋的屈服强度,可使延性系数有所提高。因此,提高截面延性系数的主要措施有限制纵向受拉钢筋的配筋率,在受压区配置适量的纵向受压钢筋或在弯矩较大的区段适当加密箍筋。

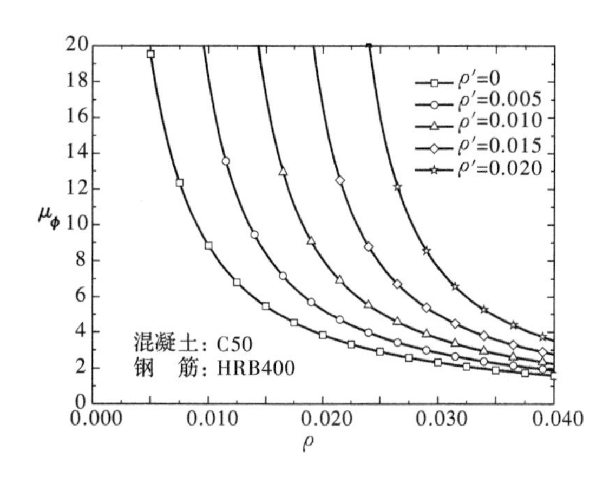

图 9.22　受弯构件截面曲率延性系数与配筋率关系

采用与求双筋受弯构件曲率延性系数类似的方法，可以求得偏心受压构件截面的曲率延性系数为

$$\mu_\phi=\frac{\phi_u}{\phi_y}=\frac{\varepsilon_{cu}}{\varepsilon_y}\frac{\beta_1\alpha_1}{C}\left(\frac{h_0}{h}-\alpha_E\frac{f_c}{f_y}D\right) \tag{9-101}$$

式中，$C=\left(n+\rho\dfrac{f_y}{f_c}\dfrac{h_0}{h}-\rho'\dfrac{f_y}{f_c}\dfrac{h_0}{h}\right)$　　(9-102)

$$D=\sqrt{\left(C+2\rho'\frac{f_y}{f_c}\frac{h_0}{h}\right)^2+2\frac{f_y}{\alpha_E f_c}\frac{h_0}{h}\left(n+\rho\frac{f_y}{f_c}\frac{h_0}{h}+\rho'\frac{f_y}{f_c}\frac{a_s'}{h}\right)}-\left(C+2\rho'\frac{f_y}{f_c}\frac{h_0}{h}\right) \tag{9-103}$$

其中，$n=\dfrac{N}{f_cbh}$，即为偏心受压构件的轴压比。

由上式可知，影响偏心受压构件的截面曲率延性系数的主要因素有偏心受压构件的轴压比、纵向钢筋配筋率、混凝土极限压应变、钢筋屈服强度及混凝土强度等。

偏心受压构件与受弯构件的主要区别在于，偏心受压构件存在轴向压力。而截面轴向压力的存在，致使受压区的高度增大，截面曲率延性系数降低较多。偏心受压构件截面的曲率延性系数随轴压比 n 的增加而迅速减小，如图 9.23 所示。与受弯构件类似，随着纵向受拉钢筋配筋率 ρ 增大，延性系数减小；而随着受压钢筋配筋率 ρ' 增大，延性系数增大。增大混凝土极限压应变 ε_{cu}，可以提高延性系数。试验研究也表明，偏心受压构件的轴压比 n 是影响偏心受压构件截面曲率延性系数的主要因素之一。在相同混凝土极限压应变情况下，轴压比越大，截面受压区高度越大，则截面曲率延性系数越小。因此，为了保证偏心受压构件截面具有足够的延性，满足结构抵抗地震作用要求，《混凝土结构设计规范》根据不同的抗震等级对偏心受压构件的轴压比限值作出了规定，见《混凝土结构设计规范》(GB 50010—2010)表 11.4.16。

箍筋能增加对受压混凝土的约束，提高其极限压应变值。因此，偏心受压构件配箍率的大小，对截面延性的影响较大。试验表明，提高偏心受压构件的配箍率对混凝土强度的提高作用不十分显著，但对破坏阶段的应变影响较大。如采用密排的封闭箍筋或在矩形、方形箍内附加其他形式的箍筋（如螺旋形、井字形等构成复式箍筋）以及采用螺旋箍筋，都能有效地提高受压

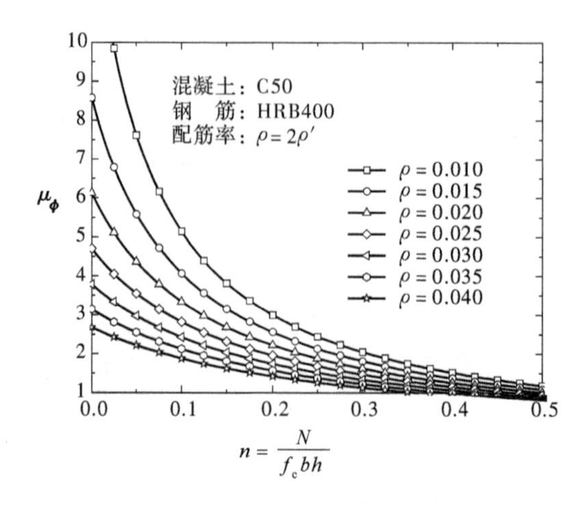

图 9.23　偏心受压构件截面曲率延性系数与轴压比关系曲线

区混凝土的极限压应变值，从而增大截面曲率延性。因此，在工程中，为保证偏心受压构件具有一定的延性，除规定了其轴压比限值外，还规定了箍筋加密的要求及区段等，详见《混凝土结构设计规范》(GB 50010—2010)11.4.17 节。

9.7　钢筋混凝土结构的耐久性

钢筋混凝土结构在使用环境中随着时间推移，逐步老化、损伤甚至损坏，这一过程是不可逆的，它必然影响到结构的使用功能以及结构安全。因此，结构的耐久性是结构可靠性的重要内涵之一。

结构的耐久性是指构件、结构体系或建筑物在正常维护的条件下，在预定的工作环境中，在预期的设计使用年限内(也称设计使用寿命，例如保证使用 50 年或 100 年等)，能够完成预定的功能。也就是说，耐久性能良好的结构在其使用期限内，应当能够有效地抵抗所有可能的荷载和环境作用，而且不会发生过度的腐蚀、损坏或破坏。钢筋混凝土结构如果因耐久性不足而引发结构的安全问题，或为了继续正常使用而必须进行超出正常维护范围的维修、加固或改造，则将要付出高昂的代价。因此，钢筋混凝土结构除了必须进行承载力计算、变形和裂缝验算外，还必须进行耐久性设计。

耐久性设计的基本原则是根据结构或构件所处的环境，科学地选择一道或多道防线，抵御环境对其耐久性的劣化作用，保证结构或构件达到预期的使用寿命。尽管影响钢筋混凝土结构耐久性的因素很多，但不外乎外部环境因素和结构或材料本身的内部因素，即所谓的外因和内因。一般情况下，人们无法改变外界自然环境的作用，如严寒、高温、酸、碱、盐介质侵蚀等。但可以通过选择合适的材料及配合比，优化设计方案，适当加大保护层厚度，采用经济合理的保护性措施等使结构达到设计使用年限。

混凝土结构的耐久性设计主要根据结构的环境类别和设计使用年限，考虑混凝土和钢筋的特性，针对影响耐久性能的主要因素提出相应的对策。

9.7.1　影响钢筋混凝土结构耐久性能的主要因素

钢筋混凝土结构的耐久性由混凝土、钢筋材料本身特性和所处使用环境两方面共同决定，即由混凝土、钢筋材料本身的内部因素和外部环境因素两个方面决定。内部因素主要是混凝土和钢筋材料本身的性能和内部结构，如混凝土的强度、密实性、水泥用量、水灰比、氯离子及碱含量、外加剂用量、钢筋的品种等；外部因素则主要是环境条件，包括温度、湿度、CO_2 含量、侵蚀性介质等。混凝土结构出现耐久性能下降的问题，往往是内、外部因素综合作用的结果。此外，设计不周、施工质量差或使用中维修不当等也会影响耐久性能，影响混凝土结构耐久性的主要因素及其后果如图 9.24 所示。

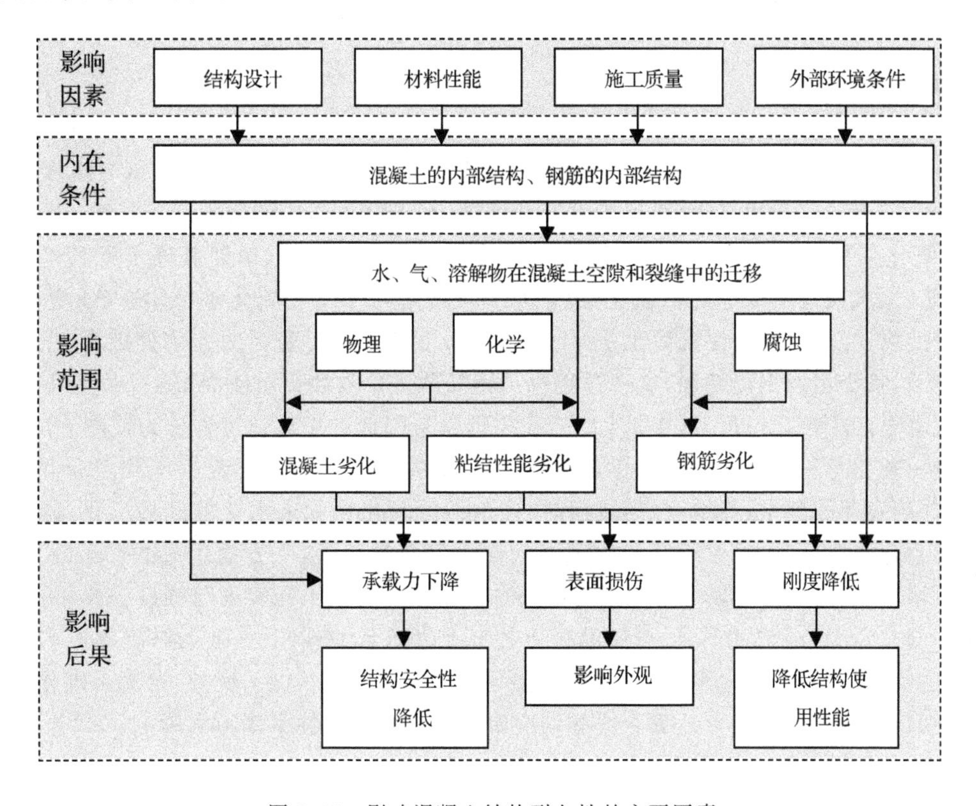

图 9.24　影响混凝土结构耐久性的主要因素

钢筋混凝土结构是由混凝土和钢筋两种材料组成，其性能的劣化包括混凝土材料的劣化和钢筋材料的劣化以及两种材料之间粘结性能的劣化。混凝土材料的劣化可能由物理作用引起或由化学作用引起。物理作用包括有冻融循环破坏、混凝土磨损破坏等；化学作用是环境中的侵蚀物质与混凝土中反应物质相遇产生化学反应。侵蚀物质从环境迁移到混凝土中，能否与混凝土中反应物质产生化学反应，取决于混凝土是否存在汽态或液态的水，升温的作用是加快反应速度，提高分子和离子的迁移率，导致破坏速度加快。

9.7.2　混凝土裂缝对结构耐久性的影响

钢筋混凝土结构中，一般情况下裂缝是不可避免的。产生裂缝的原因非常复杂，包括荷载因素和非荷载因素(水化热、温度、收缩等)。只要裂缝不过宽,并不一定表示使用性能或耐久性会过分地降低。但如果结构或构件处于有腐蚀性介质或干湿交替的环境中,则裂缝对于耐久性的影响就可能比较显著。

裂缝对耐久性的影响其实质应理解为,由于钢筋锈蚀对耐久性产生的影响。钢筋的锈蚀速度与裂缝宽度、所处的环境及混凝土的碳化深度有关。试验研究表明,钢筋的锈蚀程度随裂缝宽度的增大而增大,但环境因素对钢筋锈蚀程度的影响更大。裂缝宽度在一定范围内(如小于0.4 mm),长期处于干燥环境或长期处于无腐蚀性介质的水中的构件,钢筋的锈蚀程度很小;而处于相对湿度较大或干湿交替环境中的构件,钢筋的锈蚀比较严重。

9.7.3 材料劣化对结构耐久性的影响

1. 混凝土的碳化

(1) 混凝土碳化的机理

混凝土在浇筑养护后形成强碱性环境,其pH值范围约为12.5~13.5,这时混凝土中的钢筋表面生成一层致密的氧化膜,保护钢筋不锈蚀,钢筋处于锈蚀钝化状态。一般pH值大于11.5时,氧化膜是稳定的。若钢筋混凝土结构构件在使用过程中,遇到氯离子或其他酸性物质(如空气、土壤及地下水中的二氧化碳(CO_2)、二氧化硫(SO_2)、硫化氢(H_2S)等)侵入,与水泥石中碱性物质发生反应,使混凝土中pH值降低,可导致钢筋表面的钝化膜破坏,在有氧和水的环境下,将会引发钢筋锈蚀,这一过程称为钢筋脱钝。侵蚀介质使混凝土pH值下降的过程称为混凝土的中性化过程,其中,因大气环境下CO_2引起的中性化过程称为混凝土的碳化。

混凝土碳化是一个复杂的物理化学过程,环境中的CO_2气体通过混凝土孔隙向混凝土内部扩散,并溶解于孔隙中,与水泥水化过程中产生的氢氧化钙和未水化的硅酸三钙、硅酸二钙等物质发生化学反应,生成$CaCO_3$。在复杂的碳化反应过程中,一方面生成的$CaCO_3$及其他固态物质堵塞在孔隙中,减弱了后续的CO_2的扩散,并使混凝土密实度与强度提高,另一方面孔隙水中的$Ca(OH)_2$浓度下降,可使混凝土的pH值降至10以下。碳化对混凝土本身是无害的,其主要问题是,当碳化至钢筋表面时,会导致钢筋脱钝而锈蚀。此外,混凝土碳化还会加剧混凝土收缩,可导致混凝土开裂。这些均会给混凝土的耐久性带来不利影响。

(2) 影响混凝土碳化的因素

尽管影响混凝土碳化的因素很多,但也可归结环境因素与材料本身性质因素两类。环境因素主要是空气中CO_2的浓度,环境中的CO_2浓度越高,CO_2越容易扩散进入混凝土空隙,碳化速度越快;环境相对湿度通过温湿平衡决定空隙饱和度,一方面影响CO_2的扩散速度,另一方面,由于混凝土碳化的化学反应需要在溶液中或固液界面上进行,相对湿度决定着碳化反应的快慢,试验表明,混凝土周围相对湿度为50%~70%时,碳化速度较快;温度交替变化有利于CO_2的扩散,加速混凝土的碳化。

混凝土材料自身对碳化的影响不可忽视。单位体积中水泥用量大,可碳化物质含量多,不但会提高混凝土强度,又会提高混凝土抗碳化性能;水灰比是决定混凝土孔结构与孔隙率的主要因素,水灰比越大,混凝土内部的孔隙率也越大,密实性差,渗透性大,碳化速度快,水灰比大时混凝土孔隙中游离水增多,也会加速碳化反应;混凝土保护层厚度越大,碳化至钢筋表面的时间越长;混凝土表面设有覆盖层,可提高抗碳化的能力,如果覆盖层内不含可碳化物质,则覆盖层起着降低混凝土表面 CO_2 浓度的作用，如果覆盖层内含有可碳化物质，CO_2 在进入混凝土之前先与覆盖层内的可碳化物质反应，则对混凝土的碳化起着延迟作用。此外，水泥的品种、骨料的品种与粒径、养护方法与龄期以及所用的掺合料与外添加剂等对混凝土的碳化均有影响。

针对影响混凝土碳化的因素，减小、延缓混凝土碳化的措施有：

① 合理设计混凝土配合比，规定水泥用量的低限值和水灰比的高限值，合理采用掺合料；

② 提高混凝土的密实性，抗渗性；

③ 混凝土的保护层厚度大于规定的最小保护层厚度；

④ 采用覆盖面层，可采用不含可碳化物质的覆盖层（如沥青、有机涂料等），也可采用含有可碳化物质的覆盖层（如砂浆、石膏等）。

(3) 应力状态对混凝土碳化的影响

实际工程中，混凝土的碳化都是在不同的应力状态下发生的。硬化后的混凝土在未受力作用之前，由于水泥水化造成化学收缩和物理收缩引起砂浆体积的变化，在粗骨料与砂浆界面产生分布不均匀的拉应力而产生界面微裂缝；另外，混凝土成型后的泌水作用也形成界面微裂缝。这些微裂缝不仅成为混凝土内在的薄弱环节，也成为 CO_2 气体扩散的通道。试验表明，当混凝土承受的拉应力达到一定程度（约为 $0.7f_t$）时，混凝土碳化深度增加近 30%，而拉应力小于 $0.3f_t$ 时，应力对碳化的影响不明显；而当承受压力作用时，压应力小于 $0.7f_c$ 时，可能由于混凝土受压密实，影响气体扩散，碳化速度相应减缓，压应力起到延缓碳化作用。

2. 钢筋的锈蚀

混凝土碳化至钢筋表面使氧化膜破坏是钢筋锈蚀的必要条件，含氧水分侵入钢筋是锈蚀的充分条件。由于混凝土碳化或氯离子的作用，当混凝土的 pH 值降到 9 以下时，钢筋表面的钝化膜破坏，在有足够的水分和氧的环境下，钢筋将锈蚀。

(1) 混凝土中钢筋的锈蚀机理

混凝土中钢筋的锈蚀是一个电化学过程，在钢筋上某相连的两点处，由于该两点处的材质的差异、环境温湿度的不同、盐溶液浓度的不同，可能使两点之间存在电位差，不同电位的区段之间形成阳极和阴极，电极之间距离可从 1～2 cm 到 6～7 cm，如图 9.25 所示。混凝土内钢筋的锈蚀过程可分为两个独立过程：

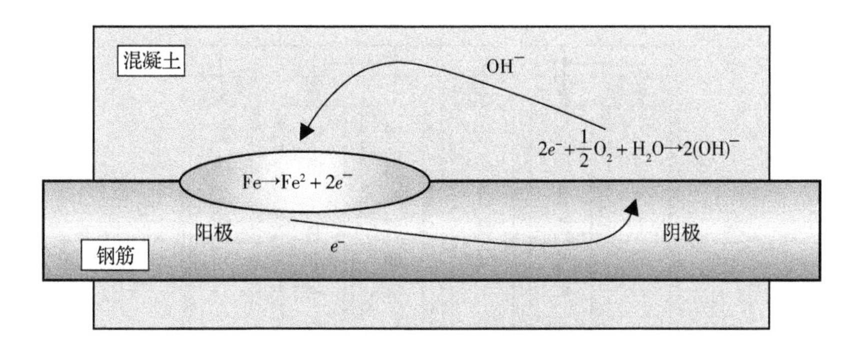

图 9.25　混凝土中钢筋锈蚀示意图

① 阳极过程:在钢筋钝化膜已被破坏的阳极区,钢筋表面处于活化状态,铁原子 Fe 失去电子(e)成为二价铁离子(Fe^{2+}),带正电的铁离子进入水溶液

$$Fe \rightarrow Fe^{2+} + 2e^{-} \tag{9-104}$$

② 阴极过程:阳极产生的多余电子,通过钢筋在阴极与水和氧结合,形成氢氧离子

$$2e^{-} + \frac{1}{2}O_2 + H_2O \rightarrow 2(OH)^{-} \tag{9-105}$$

阴极产生的 OH^{-} 通过混凝土孔隙中液相迁移到阳极,形成一个腐蚀电流的闭合回路,组成电池。

溶液中的 Fe^{2+} 与 OH^{-} 结合形成氢氧化亚铁

$$Fe^{2+} + 2OH^{-} \rightarrow Fe(OH)_2 \tag{9-106}$$

氢氧化亚铁与水中的氧作用生成氢氧化铁

$$4Fe(OH)_2 + O_2 + 2H_2O \rightarrow 4Fe(OH)_3 \tag{9-107}$$

钢筋表面生成的氢氧化铁,可转化为不同类型的氧化物,一部分氢氧化铁脱水后形成氧基氢氧化铁 FeOOH,一部分因氧化不充分而生成 $Fe_3O_4 \cdot mH_2O$,在钢筋表面形成疏松的、易剥落的沉积物——铁锈。钢筋中的铁生成铁锈后的体积一般要增大 2～4 倍。钢筋锈蚀有相当长的过程,先是在裂缝较宽处的个别点上“坑蚀”,继而逐渐形成“环蚀”,同时向两边扩展,形成锈蚀面,使钢筋截面削弱。由于铁锈是疏松、多孔、非共格结构,极易透气和渗水,因而,无论铁锈多厚,都不能保护内部的钢材不继续锈蚀,上述反应将不断进行下去。

(2) 钢筋锈蚀的后果及其破坏形式

钢筋锈蚀是影响钢筋混凝土结构耐久性最重要的因素,钢筋的锈蚀发生锈胀,影响正常使用。锈蚀严重时,可导致沿钢筋长度方向混凝土出现纵向裂缝,并使混凝土保护层剥落(即平常所说的“暴筋”),从而截面承载力降低,最终失效。钢筋锈蚀的后果及其破坏形式如图 9.26 所示。

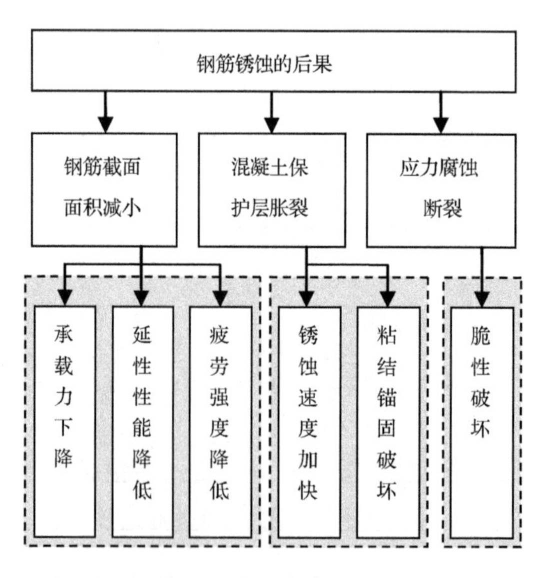

图 9.26 混凝土中钢筋锈蚀的后果及破坏形式

① 钢筋截面面积减小。钢筋截面面积锈蚀后损失大于 10％时，其应力应变关系将发生很大变化，没有明显屈服点，抗拉强度与屈服强度非常接近(而一般二者之比为 1.25～1.9)。钢筋截面面积的减小，会使构件承载力近似呈线性下降。而锈蚀后钢筋的延伸率明显下降，当钢筋截面损失大于 10％时，其延伸率已不能满足设计规范最小允许值。

② 混凝土保护层开裂剥落。钢筋锈蚀引起的胀裂，通常沿着钢筋纵向开裂，大多数情况下，构件边角处首先开裂。当钢筋截面损失率为 0.5％～10％时，会产生纵向裂缝；当损失率大于 10％时，会导致混凝土保护层剥落，如图9.27所示。通常，由于钢筋大面积的锈蚀才会导致混凝土沿钢筋发生纵向裂缝，但纵向裂缝的出现将会加速钢筋的锈蚀。因此，可以把大范围内出现沿钢筋的纵向裂缝作为判别混凝土结构构件寿命终结的标准。因钢筋锈蚀引起的破坏，在受弯构件和大偏心受力构件的拉边，破坏前会有明显的变形；在受弯构件弯剪区或钢筋锚固区，破坏时往往无明显预兆；对预应力混凝土构件中，因预应力钢筋锈蚀引起的突然破坏，应特别注意。

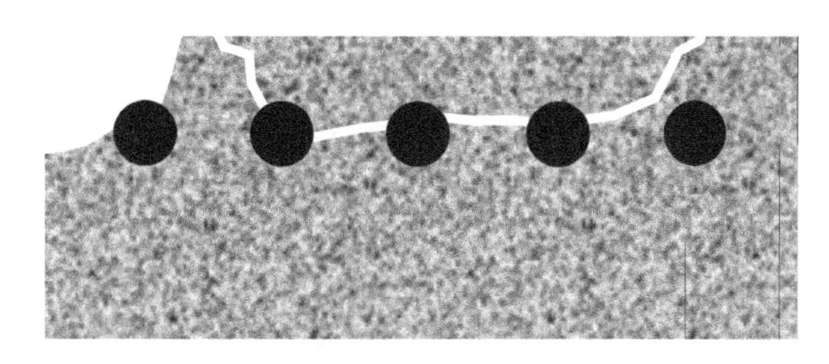

图 9.27　钢筋锈蚀引起的混凝土剥落

③ 钢筋和混凝土之间粘结性能退化。钢筋锈蚀率小于 1％，粘结强度随锈蚀量增加而有所提高。但锈蚀量增大后，粘结强度将明显下降。如在重量锈蚀率达到 27％左右时，变形钢筋与光圆钢筋的粘结强度分别为无锈蚀构件的 54％和 72％。

④ 钢筋应力腐蚀断裂导致脆性破坏。预应力构件中的预应力钢筋有较高的长期应力作用，局部钢材脱钝的阳极腐蚀过程，可使钢材产生裂纹，在裂纹根部发生阳极过程，裂纹穿过钢材晶格而发生脆性断裂，这种脆性断裂称为应力腐蚀断裂；在某些条件下，阴极过程产生中间产物氢原子进入钢筋内部，在钢材内重新结合成氢分子，使钢材内部产生相当高的内压力，使钢材断裂，这种断裂现象称为氢脆。

(3)混凝土中钢筋锈蚀的防止

钢筋锈蚀反应必须有氧参加，因此，混凝土中的含氧水分是钢筋发生锈蚀的主要因素。如果混凝土非常致密，水灰比又低，则氧气透入困难，可使钢筋锈蚀显著减弱。因此，可以通过降低混凝土的水灰比，保证其密实度提高混凝土中钢筋的抗锈蚀能力。

氯离子的存在将导致钢筋表面氧化膜的破坏，并与铁生成金属氯化物，对钢筋锈蚀影响很大。因此，混凝土中氯离子含量应予严格限制。

增大混凝土保护层厚度可以延缓钢筋的锈蚀，因为混凝土保护层厚度大时，碳化并破坏钢筋表面氧化膜的时间就长，因此，混凝土结构应具有足够的保护层厚度。另外，也可采用覆盖层，防止二氧化碳、氧和氯离子的渗入。

在海洋工程结构以及强腐蚀介质中的混凝土结构中,可采用钢筋阻锈剂、防锈蚀钢筋、环氧涂层钢筋、镀锌钢筋、不锈钢钢筋等。

阴极保护是常用的、有效的防止金属腐蚀的电化学保护方法,已有近百年的应用历史。从钢筋锈蚀机理知道,钢筋的锈蚀是电化学腐蚀,即由微电池以电解方式腐蚀钢筋的结果,它发生在电位较高的阳极区。对钢筋采用阴极保护实际上是使钢筋成为阴极,采用电化学方法防止作为阳极过程的钢筋溶解,使钢筋表面氧化膜更为完整和稳定。由于混凝土结构的特殊性,特别是暴露于大气环境中的钢筋混凝土结构与常规水下、地下金属结构的阴极保护相比,难度更大,阴极保护的成本也更高,因此,阴极保护法只用于重大的钢筋混凝土工程结构中。

3. 碱骨料反应

碱骨料反应是指来自混凝土中的水泥、外加剂、掺和料或拌合水中的可溶性碱(钾、钠)溶于混凝土孔隙中,与骨料中能与碱反应的有害矿物成分发生膨胀性反应,导致混凝土膨胀开裂破坏。

碱骨料反应按有害矿物种类可分为碱-硅酸盐反应和碱-碳酸盐反应,前者指水泥混凝土微孔隙中碱性溶液(以 KOH、NaOH 为主)与骨料中活化 SiO_2 矿物发生反应,生成吸水性碱硅凝胶,吸水膨胀产生膨胀压力,导致混凝土开裂损坏或胀大移位;后者指某些含有白云石的碳酸盐骨料与混凝土孔隙中碱液发生去白云化反应,生成水镁石,伴随体积膨胀。

混凝土的碱骨料反应是混凝土的癌症,一旦发展到某一程度,几乎无法补救,只有拆除。碱骨料反应对混凝土结构的危害主要表现为:

· 膨胀应变:过度反应会引起明显体积膨胀。开始出现膨胀的时间、膨胀的速率以及可能出现的最大膨胀量都是工程中应引起关注的质量问题。

· 开裂:当膨胀应变超过 0.04%~0.05%时会引起混凝土的开裂,对不受约束的自由膨胀常表现为网状裂缝,而配筋可影响裂缝的扩展和分布,裂纹可能是均匀或不均匀分布。

· 改变混凝土微结构:水泥浆体结构明显变化,加大了气体、液体渗透性,易使有害物质进入,引起钢筋锈蚀。

· 力学性能下降:自由膨胀引起抗压强度、抗折能力、弹性模量等下降。

· 影响结构的安全使用性:抗折强度、弹性模量下降及钢筋由于混凝土的碱骨料反应膨胀造成的附加应力,使混凝土结构出现不可接受的变形和扭曲,影响结构安全使用性。

为了防止混凝土的碱骨料反应,宜使用低含碱量的水泥或掺入粉煤灰等掺合料降低混凝土的碱性,并对骨料所含的碱活性成分加以控制。

4. 混凝土的冻融破坏

混凝土内的水分可分为化合水、结晶水和吸附水,化合水和结晶水对冻融无影响。吸附水又可分为毛细管水和凝胶水,混凝土的冻融破坏主要取决于混凝土吸附水中的毛细管水。毛细管是水泥水化后未被水化物质填充的孔隙,毛细管水指凝胶体外部毛细孔中所含的水。因水结冰体积膨胀(体积增大约 9%),将对毛细管壁产生压力,从而在混凝土中产生拉应力。当拉应力超过一定值后,混凝土内部孔隙及微裂缝逐渐增大扩展,并互相连通,混凝土强度逐渐降低,造成混凝土破坏。混凝土的冻融破坏主要表现为表面剥落和混凝土强度降低,它是影响结构耐久性的重要因素之一,在水利水电工程、港口码头工程、道路桥梁工程,铁路工程及某些工业与民用建筑工程中较为常见。

寒冷地区，在城市道路或立交桥中使用除冰盐融化冰雪，也会加速混凝土冻融破坏。由于除冰盐使混凝土表面水融化，引起混凝土表面温度显著下降，造成对混凝土温度冲击，使混凝土外层开裂，形成分层剥落。

混凝土的抗冻性是混凝土耐久性的重要标志。在冻融循环下，增加混凝土耐久性的有效方法之一是引气剂的使用。混凝土冻融破坏的机理是，水结成冰后体积膨胀，混凝土中掺入引气剂后，在混凝土内部生成无数封闭的微气泡。这些气泡封闭了混凝土内部孔隙，减小了内部孔隙水的膨胀作用，这些气泡也像“气垫”一样对冻胀作用起到缓冲。但需要注意的是，引气剂的使用虽然可以增加混凝土的抗冻性，但也降低了混凝土的强度。

9.7.4　混凝土结构耐久性设计

工程结构的功能应满足安全性、适用性和耐久性三方面要求，因此，耐久性极限状态也应成为设计原则之一。根据国内外的研究成果和工程经验，我国 2002 版《混凝土结构设计规范》(GB 50010—2002)首次列入了有关耐久性设计的条文，而《混凝土结构耐久性设计规范》(GB/T50476—2008)也已颁布施行，设计时要严格遵守。

1. 耐久性设计目的和基本原则

耐久性概念设计的目的是使结构或构件在正常维护的条件下，在预定的工作环境中，在预期的设计使用年限内，能够完成预定的功能。要求在规定的设计使用年限内，应能在自然和人为环境的化学和物理作用下，不出现无法接受的承载力减小、使用功能降低和不能接受的外观破损等耐久性问题。所出现的问题通过正常的维护即可解决，而不需付出很高的代价。

混凝土结构的耐久性设计应根据结构的设计使用年限、结构所处的环境类别及作用等级，科学地选择一道或多道防线，抵御环境对其耐久性的劣化作用，保证结构或构件达到预期的使用寿命。对于氯化物环境下的重要混凝土结构，尚应按耐久性极限状态采用定量方法进行辅助性校核。

混凝土结构的耐久性设计应包括下列内容：

①确定结构所处的环境类别；

②提出对混凝土材料的耐久性基本要求；

③确定构件中钢筋的混凝土保护层厚度；

④不同环境条件下的耐久性技术措施；

⑤提出结构使用阶段的检测与维护要求。

2. 混凝土结构使用环境类别及设计使用年限

混凝土结构的耐久性与其工作环境有密切的关系，环境作用主要来自自然作用、化学作用和物理作用。同一混凝土结构所处的使用环境不同，受到的环境作用也不同，其寿命也不同。显然，处于强腐蚀环境中要比处在一般大气环境中的寿命短。在耐久性设计时，我国《混凝土结构设计规范》(GB 50010—2010)将结构的工作环境类别分为五类，如表 9-1 所示；而《混凝土结构耐久性设计规范》(GB/T50476—2008)根据环境对混凝土和钢筋材料的腐蚀机理，同样将结构的工作环境类别分为一般环境(Ⅰ)、冻融环境(Ⅱ)、海洋氯化物环境(Ⅲ)、除冰盐等其他氯化物环境(Ⅳ)和化学腐蚀环境(Ⅴ)五类,但在每类环境中还根据环境对结构的作用程度划分为轻微(A)、轻度(B)、中度(C)、严重(D)、非常严重(E)和极端严重(F)六个等级。当结构构件受到多种环境类别共同作用时,应分别满足每种环境类别单独作用下的耐久性要求。

表 9-1 混凝土结构的环境类别

环境类别	条件
一	室内干燥环境; 无侵蚀性静水浸没环境
二 a	室内潮湿环境; 非严寒和非寒冷地区的露天环境; 非严寒和非寒冷地区与无侵蚀性的水或土壤直接接触的环境; 严寒和寒冷地区的冰冻线以下与无侵蚀性的水或土壤直接接触的环境
二 b	干湿交替环境; 水位频繁变动环境; 严寒和寒冷地区的露天环境; 严寒和寒冷地区冰冻线以上与无侵蚀性的水或土壤直接接触的环境
三 a	严寒和寒冷地区冬季水位变动区环境; 受除冰盐影响环境; 海风环境
三 b	盐渍土环境; 受除冰盐作用环境; 海岸环境
四	海水环境
五	受人为或自然的侵蚀性物质影响的环境

注:1. 室内潮湿环境是指构件表面经常处于结露或湿润状态的环境;

2. 严寒和寒冷地区的划分应符合现行国家标准《民用建筑热工设计规范》(GB 50176)的有关规定;

3. 海岸环境和海风环境宜根据当地情况,考虑主导风向及结构所处迎风、背风部位等因素的影响,由调查研究和工程经验确定;

4. 受除冰盐影响环境是指受到除冰盐盐雾影响的环境;受除冰盐作用环境是指被除冰盐溶液溅射的环境以及使用除冰盐地区的洗车房、停车楼等建筑;

5. 爆露的环境是指混凝土结构表面所处的环境。

混凝土结构设计的使用年限应按建筑物的合理使用年限确定,不应低于现行国家标准《工程结构可靠度设计统一标准》(GB50153)和《建筑结构可靠度设计统一标准》(GB 50068)规定;一般环境下的民用建筑在设计使用年限内无需大修,其结构构件的设计使用年限应与结构整体设计使用年限相同。严酷环境作用下的桥梁、隧道等混凝土结构,其部分构件可设计成易于更换的形式,或能够经济合理地进行大修。可更换构件的设计使用年限可低于结构整体使用年限,并应在设计文件中明确规定。

3. 保证混凝土结构耐久性的技术措施及构造要求

保证钢筋混凝土结构的耐久性是一个复杂的系统工程,往往需要多道设防。为保证混凝土结构的耐久性,根据设计的使用年限、环境类别和作用等级,针对影响耐久性的主要因素,应从设计、材料和施工方面提出技术措施，并采取有效的构造措施。

(1)结构设计技术措施

应根据结构或构件所处的环境，科学地选择一道或多道防线抵御环境对结构耐久性的作用，并根据环境类别和作用等级，规定维护措施及检查年限，保证结构或构件达到设计使用年限。经常采用的技术措施有：

① 优化混凝土配合比设计。采用高性能混凝土可以提高结构的耐久性，优化混凝土配合比设计对于混凝土的强度和耐久性影响很大。通过优化混凝土配合比设计不但要达到混凝土的强度等级，还要保证混凝土的和易性，特别是泵送混凝土要保证足够的坍落度。在优化混凝土配合比设计中，选择品质优良的外加剂是关键，特别要注意外加剂与水泥的相容性。

② 适当地增加保护层厚度。经验表明，保护层厚度在耐久性设计中不容忽视。混凝土保护层最小厚度是以保证钢筋与混凝土共同工作，满足对受力钢筋的有效锚固以及保证耐久性的要求为依据的。处于一类环境中的构件，主要是从保证有效锚固及耐火性的要求加以确定。处于二、三类环境中的构件，主要是按设计使用年限混凝土保护层完全碳化确定的，它与混凝土强度等级有关。对于梁、柱构件，因棱角部分的混凝土双向碳化，且易产生沿钢筋的纵向裂缝，故保护层最小厚度应适当增大，如表 9－2 所示。但值得注意的是在确定保护层厚度时，不能一味增大保护层厚度，因为过大的保护层厚度一方面不经济，另一方面使裂缝的宽度增大。同时，当梁、柱、墙中纵向受力钢筋的保护层厚度大于 50 mm 时，宜对保护层采取有效的构造措施。当在保护层内配置防裂、防剥落的钢筋网片时，网片钢筋的保护层厚度不应小于 25 mm。

表 9－2　混凝土保护层的最小厚度 c(mm)

环境类别	板、墙、壳	梁、柱、杆
一	15	20
二 a	20	25
二 b	25	35
三 a	30	40
三 b	40	50

注：1. 混凝土强度等级不大于 C25 时，表中保护层厚度数值应增加 5 mm；

2. 钢筋混凝土基础宜设置混凝土垫层，基础中钢筋的混凝土保护层厚度应从垫层顶面算起，且不应小于 40 mm。

构件中受力钢筋的保护层厚度不应小于钢筋的公称直径；设计使用年限为 50 年的混凝土结构，最外层钢筋的保扩层厚度应符合上表的规定；设计使用年限为 100 年的混凝土结构，最外层钢筋的保护层厚度不应小于上表中数值的 1.4 倍。

③ 保护混凝土面层。混凝土的腐蚀经常是从面层或保护层开始的。对混凝土面层保护得好，可以阻挡氯离子或其他有害介质侵入，增加混凝土的耐久性。通常混凝土面层保护有：在混凝土表面镶砌耐腐蚀性高的花岗岩；在轻微腐蚀环境中，用普通水泥砂浆或聚合物改性砂浆罩面以提高混凝土的耐久性；在混凝土表面涂保护层，例如抗渗透性涂层、浸渍型涂层、沥青类涂层、树脂类涂层等，在较严酷的腐蚀环境中，以环氧树脂为主的涂层有较好的防护性和耐久性。《混凝土结构设计规范》(GB 50010—2010)规定，当采取有效的表面防护措施时，混凝土保护层厚度可适当减小。

④ 使用环氧涂层钢筋。对于暴露在侵蚀性环境中的结构构件,其受力钢筋可采用环氧涂层带肋钢筋。环氧涂层钢筋制作是采用静电粉末喷涂的方法,在专门工厂内加工生产。这种钢筋能长期承受混凝土的高碱性环境,由于环氧树脂涂层具有很高的化学稳定性、耐腐蚀性和不透水性,因此能够阻止水、氧、氯离子等腐蚀介质与钢筋接触,避免钢筋生锈。使用环氧涂层钢筋除了考虑经济上的原因(环氧涂层钢筋价格较贵),还必须注意环氧涂层钢筋的质量,检查涂层有无缺陷和损伤,特别要保证在运输、制作、安装、混凝土振捣时涂层的完整性。

⑤ 使用钢筋阻锈剂。钢筋阻锈剂按化学成分分为有机型、无机型和混合型。按使用方法可分为掺入型和渗透型。掺入型是将阻锈剂掺加到混凝土中;渗透型是将阻锈剂涂到混凝土表面,渗透到混凝土内并到达钢筋周围。

另外,还可采用阴极保护方法阻止钢筋的锈蚀,提高混凝土结构的耐久性,但阴极保护成本高,只用于重大工程中。

(2) 对材料及构造的要求

材料是耐久性的基础,材料的选择包括钢筋、水泥、砂、石子及外加剂的选择。混凝土材料应根据结构所处的环境类别、作用等级和结构设计使用年限,按同时满足混凝土最低强度等级、最大水胶比和混凝土原材料组成的要求规定,结构构件的混凝土强度等级应同时满足耐久性和承载力的要求;钢筋材料也应根据结构所处的环境类别、作用等级和结构设计使用年限,同时满足耐久性和承载力的要求选用。钢筋和混凝土的选用应满足《混凝土结构耐久性设计规范》(GB/T50476—2008)的要求。

不同环境作用下钢筋主筋、箍筋和分布筋,其混凝土保护层厚度应满足钢筋防锈、耐火以及混凝土之间粘结力传递的要求。在不同环境下混凝土的保护层厚度以及在荷载作用下配筋混凝土构件的表面裂缝最大宽度应满足《混凝土结构耐久性设计规范》(GB/T50476—2008)的规定要求。

(3) 施工要求

混凝土的耐久性主要取决于它的密实性,除应满足上述对混凝土材料和构造的要求外,还应高度重视混凝土的施工质量,控制商品混凝土的各个环节,加强对混凝土的养护,防止混凝土过早受荷等。为保证混凝土的耐久性,还应严格遵守《混凝土结构耐久性设计规范》(GB/T50476—2008)对施工质量的附加要求。

另外,后张预应力混凝土结构除应满足钢筋混凝土结构耐久性要求外,尚应根据结构所处的环境类别和作用等级对预应力筋和锚固端采取相应的多重防护措施。

思考题

9.1 为什么要对钢筋混凝土结构构件的变形和裂缝宽度进行验算?

9.2 简述轴心受拉构件裂缝的出现、分布和开展的过程及其机理。

9.3 比较钢筋混凝土轴心受拉构件与受弯构件的裂缝分布和形态的异同。

9.4 钢筋混凝土构件裂缝间距和裂缝宽度的计算公式是如何建立的?简述钢筋的直径和配筋率对裂缝间距和裂缝宽度的影响。

9.5 减小钢筋混凝土构件裂缝宽度的主要措施有哪些?

9.6　试说明建立钢筋混凝土受弯构件刚度计算公式的基本思路和方法，公式在哪些方面反映了钢筋混凝土的特点？

9.7　简述配筋率对受弯构件正截面承载力、延性的影响？

9.8　什么是混凝土结构的耐久性？其主要影响因素有哪些？通常采取哪些措施来提高混凝土结构的耐久性？

9.9　在确定混凝土保护层厚度、构件允许变形和裂缝宽度限值时分别需要考虑哪些因素？

习题

9.1　已知某钢筋混凝土屋架下弦的截面尺寸 $b\times h=200\ \text{mm}\times 200\ \text{mm}$，轴向拉力 $N_k=150\times 10^3\ \text{N}$，配有 4 根直径为 14 mm 的 HRB400 受拉钢筋，混凝土强度等级 C30，保护层厚度 $c=25\ \text{mm}$，表面裂缝计算宽度限值 $w_{\text{lim}}=0.2\ \text{mm}$。

① 验算裂缝宽度是否满足要求。

② 当裂缝宽度不满足要求时如何处理？

9.2　受均布荷载作用的简支梁，截面尺寸 $b\times h=200\ \text{mm}\times 450\ \text{mm}$，混凝土保护层厚度 $c=25\ \text{mm}$，计算跨度 $l_0=5200\ \text{mm}$；永久荷载(包括自重)标准值 $g_k=5\ \text{N/mm}$，楼面活荷载标准值 $q_k=10\ \text{N/mm}$，准永久值系数 $\psi_q=0.5$；混凝土强度等级 C30，纵向受拉钢筋为 3 根直径为 16 mm 的 HRB335 级钢筋。试验算梁的抗弯承载力、抗裂能力以及挠度是否满足要求？

9.3　已知一预制 T 形截面简支梁，安全等级为二级。计算跨度 $l_0=6000\ \text{mm}$，$b_f'=600\ \text{mm}$，$h_f'=80\ \text{mm}$，$b=200\ \text{mm}$，$h=500\ \text{mm}$，混凝土保护层厚度 $c=25\ \text{mm}$；采用 C30 混凝土，HRB335 级钢筋；跨中截面所受的弯矩分别为：由永久荷载引起的弯矩 $M_{Gk}=45\times 10^6\ \text{N·mm}$，由活载引起的弯矩 $M_{Qk}=35\times 10^6\ \text{N·mm}$(准永久值系数 $\psi_q=0.4$)，由雪荷载引起的弯矩 $M_{Qk}=8\times 10^6\ \text{N·mm}$(准永久值系数 $\psi_q=0.2$)。

① 求抗弯正截面受拉钢筋面积，并选配钢筋。

② 验算挠度和裂缝宽度是否满足使用要求($f_{\text{lim}}=l_0/250$，$w_{\text{lim}}=0.3\ \text{mm}$)。

9.4　推导承受均布荷载作用的矩形截面简支梁不需要作挠度验算的最大跨度比 l_0/h 与配筋率 $\rho=A_s/(bh_0)$ 的关系，并绘出配有 HRB335 级钢筋，采用 C30 混凝土，允许挠度值为 $l_0/200$，可变荷载标准值 M_{Qk} 与永久荷载标准值 M_{Gk} 的比值 $M_{Qk}/M_{Gk}=2.0$，准永久值系数 $\psi_q=0.4$，承受均布荷载作用的矩形截面简支梁不需要作挠度验算的最大跨度比 l_0/h 与配筋率 ρ 的关系曲线。

9.5　已知钢筋混凝土单筋矩形截面梁，截面尺寸 $b\times h=250\ \text{mm}\times 550\ \text{mm}$，混凝土保护层厚度 $c=25\ \text{mm}$；采用 C30 混凝土和 HRB335 级纵向受拉钢筋。当钢筋分别为 3 根直径 22 mm($A_s=1140\ \text{mm}^2$)、4 根直径 25 mm ($A_s=1963\ \text{mm}^2$)、8 根直径 22 mm($A_s=3041\ \text{mm}^2$)和 8 根直径 25 mm ($A_s=3927\ \text{mm}^2$)时，试计算各自截面的延性系数 μ_ϕ，并进行比较分析。

第10章

预应力混凝土构件

现代结构工程发展趋势是通过不断改进设计方法、采用强度更高、质量更轻的材料建造更为经济合理的结构。强度提高可以减小截面尺寸，减轻结构自重，混凝土结构也不例外。然而，因混凝土抗拉强度低而引起的裂缝问题，限制了高强材料在普通混凝土结构中的应用，因此，采用高强钢材与高强混凝土制作的预应力混凝土，已成为当前加筋混凝土结构发展的主要方向。

10.1 预应力的概念

10.1.1 普通混凝土的主要缺陷及预应力的作用

混凝土是抗压强度高而抗拉强度低的一种结构材料，它的抗拉强度只有抗压强度的1/10～1/15。钢筋混凝土结构中的钢筋虽能弥补混凝土抗拉强度低的缺点，提高混凝土结构的承载能力，但仍不能解决由于混凝土抗拉能力低下而引起的另一个缺陷——裂缝问题。所有钢筋混凝土受弯、受拉构件，无论配筋多少，在使用状态下，受拉区混凝土均已开裂。而受拉区混凝土的开裂，不仅限制了钢筋混凝土构件的使用环境和应用范围，也使构件的刚度降低，变形增大，从而影响结构的正常使用。在钢筋混凝土结构中采用高强钢材与高强混凝土，其强度的充分利用同样也受到混凝土开裂的限制。这是因为高强度等级混凝土的抗拉强度依然很低，构件开裂时钢筋的应力与普通强度混凝土构件开裂时钢筋应力相差无几，都很低。即使使用时允许裂缝宽度为0.2～0.3 mm的构件，在正常使用状态受拉钢筋应力也只能达到150～250 N/mm^2左右，与各种热轧钢筋的正常工作应力相近，即在钢筋混凝土结构中，采用高强度的钢筋(建筑工程中使用的高强钢筋的强度设计值已超过1000 N/mm^2)不能充分发挥其作用。另外，若钢筋混凝土构件正常工作时处于开裂状态，提高混凝土强度等级和钢筋强度对改善构件变形性能效果也不大。因此，常规工艺的钢筋混凝土结构难以发挥高强钢材与高强混凝土的强度。

由于混凝土抗拉强度低、易开裂以及随之引起的缺陷，常规钢筋混凝土结构技术已无能为力。克服这种缺陷最有效的方法是对混凝土施加预压应力，即对混凝土结构中将要出现拉应力的部位，预先人为地施加预压应力，以抵消或减少其使用过程中所产生的拉应力，使该部位在正常使用过程中，处于受压状态或其拉应力小于某一限值。通过对施加的预压应力值大小的控制，使混凝土结构或结构构件在使用条件下，混凝土不受拉、不开裂或裂缝宽度小于限值。这就基本上克服了混凝土抗拉强度低和钢筋混凝土结构难以避免开裂的缺点。由于预加应力一般都是通过张拉高强预应力钢筋的方法实现的，而预加压应力的大小随混凝土强度提高而增加，使高强钢材和高强混凝土的强度得以充分发挥。采用预应力混凝土可以减少混凝土截面、减轻结构自重、避免开裂或限制裂缝宽度，从而扩大了混凝土结构的应用范围。

10.1.2　预应力的一般概念

预加应力是改善混凝土构件抗裂性能的有效途径，在混凝土构件承受外荷载之前，对其受载后的受拉区预先施加压应力，就成为了预应力混凝土结构。由于预应力技术与应用的不断发展，目前国际上对预应力混凝土还没有一个统一的定义。美国混凝土协会（ACI）作出的广义的定义是："预应力混凝土是根据需要人为地引入某一数值与分布的内应力，用以部分或全部抵消外荷载应力的一种加筋混凝土。"

现以一混凝土简支梁为例说明预应力的基本原理，如图10.1所示。假设梁承受均布荷载，受载后梁的跨中截面弯矩最大，该截面下边缘的拉应力为σ_{ctq}。如果在荷载作用之前，预先在梁的受拉区施加一对压力N_p，使梁跨中截面下边缘产生压应力σ_{ctp}。该简支梁受载后，其跨中截面下边缘产生的应力为$\sigma_{ct}=\sigma_{ctq}-\sigma_{ctp}$。可见，梁下边缘的拉应力随着预加压力的增大而减小，如果预加压力较大（$\sigma_{ctq}<\sigma_{ctp}$），则梁下边缘混凝土处于受压状态。因此，通过控制预压力N_p的大小，可使梁截面受拉边缘混凝土处于压应力、零应力或很小的拉应力状态，以满足对混凝土构件不同的裂缝控制要求。

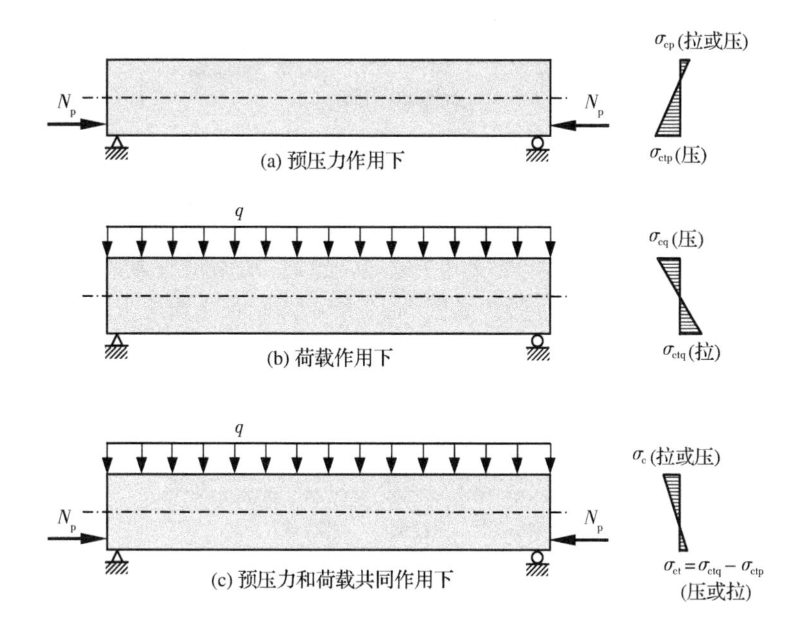

图10.1　预应力混凝土构件的基本概念

另外需要注意，在施加预压力时，梁截面上边缘的应力可能为压应力，也可能为拉应力，其大小与所施加预压力的大小和偏心距有关。因此，在施加预压力过程中为避免截面上边缘开裂，应对施加的预压力的大小和作用点的位置进行控制。

10.1.3　施加预应力的方法

使混凝土中获得预压应力的方法有多种，最常用的是张拉钢筋。张拉后的钢筋拉力由混凝土的压力平衡,从而在混凝土中建立预压应力。受张拉的钢筋既是混凝上获得预压应力的工具,又可承受荷载作用下的拉力。采用张拉钢筋建立预应力的混凝土结构或构件,按钢筋张拉和混凝土浇筑的先后顺序可分为先张法和后张法预应力混凝土两类。先张法是生产过程中,先张拉预应力钢筋,后浇筑混凝土;后张法是生产过程中,先浇筑混凝土,后张拉预应力钢筋。

1. 先张法(浇筑混凝土前张拉预应力钢筋)

通常首先通过机械方法张拉预应力钢筋,根据预应力混凝土构件不同,可采用模板法或台座法生产。模板法是利用模板作为固定预应力钢筋的承力架,以浇筑混凝土的模板为单元进行张拉、浇筑和养护的一种生产方法。台座法是用专门设计的台座墩子承受预应力筋的张拉反力,用台座的台面作为构件底模的一种生产方法。长线法台座长度常达一二百米,一次可以生产多个构件,是当前国内外用得最多的一种预制预应力构件的生产方法,如图 10.2(a)所示。至于无法采用曲线形预应力筋的缺点,则可以采用折线筋的方法弥补,如图 10.2(b)所示。

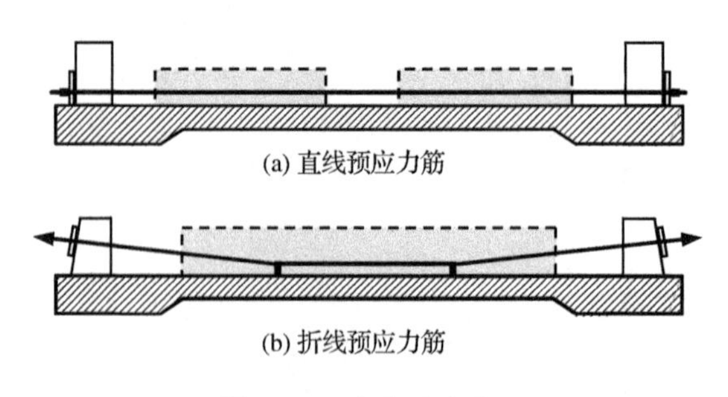
(a) 直线预应力筋

(b) 折线预应力筋

图 10.2 先张法台座

先张法的基本工序为:在台座或钢模上张拉钢筋至预定值并做临时固定,然后浇筑混凝土,待混凝土达到一定强度(约为设计强度的 70%以上)后,切断预应力钢筋,钢筋在回缩时受到混凝土约束,在混凝土中产生预压应力,如图 10.3 所示。先张法预应力混凝土构件的预应力传递主要依靠钢筋与混凝土间的粘结力。

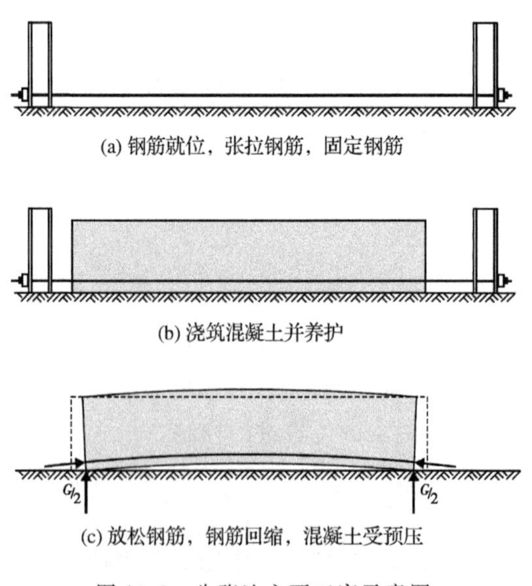

(a) 钢筋就位，张拉钢筋，固定钢筋

(b) 浇筑混凝土并养护

(c) 放松钢筋，钢筋回缩，混凝土受预压

图 10.3 先张法主要工序示意图

先张法需要专用的钢模板或专用的台座，适于在混凝土构件预制厂大批量制作中、小型构件，生产效率比较高。与后张法相比，主要优点是生产工艺简单、工序少、效率高、质量易保证，且生产成本较低。

2. 后张法(混凝土结硬后在构件上张拉预应力钢筋)

后张预应力筋是在混凝土养护完毕之后，穿入预留孔道，在构件上进行张拉。后张法既可用于预制混凝土构件，也可用于现浇混凝土结构的制作。通常的做法是，先浇筑构件并在混凝土中预留孔道，待混凝土达到一定强度(一般不低于设计强度的70%)后，用水冲洗预留管道，并用压缩空气将其吹干，接着穿入预应力筋，安装锚具和张拉预应力筋(一端锚固、另一端张拉或两端同时张拉)，张拉钢筋同时挤压混凝土，混凝土中产生预压应力，张拉完毕后，将张拉端钢筋用锚具锚紧(锚具留在构件中不再取出)，最后进行灌浆，如图10.4所示。混凝土的预压应力靠设置在钢筋两端的锚具获得，因此，锚具是构件的一部分，不能重复使用。

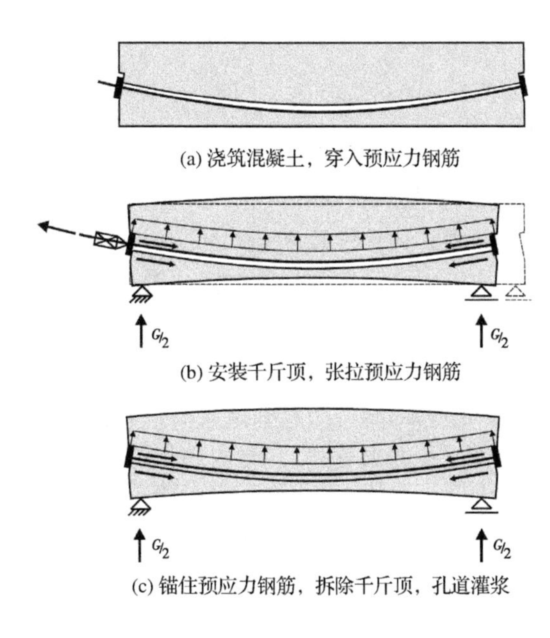

图10.4 后先张法主要工序示意图

后张法是当前生产大型混凝土构件的主要方法，其优点是不需台座，便于在现场施工。但后张法现场操作工艺复杂，同时锚具的成本较高。所以，后张法主要应用于运输不便的大型混凝土构件，如大型屋架、吊车梁、大跨度桥梁等的现场制作。

10.1.4 预应力混凝土的分类

目前，国内外关于预应力混凝土构件的分类方法较多，除了根据其生产工艺，将预应力混凝土构件分为先张法和后张法预应力混凝土构件外，还按预应力混凝土构件截面应力状态不同分为全预应力混凝土、有限预应力混凝土和部分预应力混凝土。

- 全预应力混凝土。在传力过程或全部使用荷载的情况下，都不允许混凝土出现拉应力。
- 有限预应力混凝土。在传力时或使用荷载的情况下，混凝土截面中允许出现拉应力，但不得开裂。

·部分预应力混凝土。混凝土拉应力没有限制,根据结构的种类和暴露条件,在使用荷载下,允许出现不超过《混凝土结构设计规范》(GB 50010—2010)所限定的最大裂缝宽度,如宽度小于 0.1 mm 或 0.2 mm 的裂缝。

其他的分类方法还有:按预应力筋与混凝土的粘结方式分为有粘结预应力混凝土和无粘结预应力混凝土;根据预应力钢筋的位置分为体内预应力混凝土和体外预应力混凝土(见图 10.5)等。

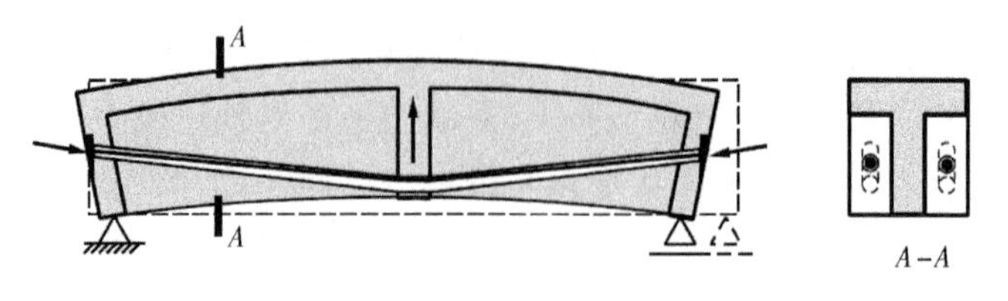

图 10.5　体外预应力混凝土构件

10.1.5　夹具和锚具

夹具和锚具是在制作预应力混凝土构件时锚固预应力钢筋的装置,是预应力混凝土工程中必不可少的重要工具和附件,对在构件中建立有效预应力起着至关重要的作用。一般来讲,预应力混凝土构件制成后,可取下重复使用的钢筋锚固装置称夹具(如先张法构件中起临时固定预应力钢筋的锚固装置),而留在预应力混凝土构件上不再取下,作为构件一部分的钢筋锚固装置称锚具(如后张法构件中预应力钢筋的锚固装置)。所以,对于后张预应力混凝土外漏金属锚具,应采取可靠的防腐和防火措施。夹具和锚具的作用和原理相同,但锚具将永久依附在混凝土构件上,对其锚固的可靠性要求更高,其结构和构造也比夹具更复杂,下面主要对锚具进行介绍。

由于锚具是后张法构件中建立预应力的关键因素之一,因此,要求锚具应满足受力可靠、预应力损失小、张拉方便迅速、构造简单成本低等要求。

国内外锚具的形式和种类繁多,并且还在不断改进和发展之中。不同形式的锚具需要采用不同的张拉设备,如不同的千斤顶和传力架等,它们往往经过专门设计,配套使用,并有特定的张拉工序和细节要求。

按锚具的锚固原理和构造形式,分为三种基本类型:楔紧型、螺杆螺帽型和镦头型。

1. 楔紧型锚具

这类锚具一般由锚环和锚塞(或夹片)两个主要部分构成,利用预应力筋自身的拉力和横向挤压形成的摩擦力,将预应力筋楔紧而锚固。这种锚具既可以用于张拉端,也可以用于固定端。

楔紧型锚具按构造的不同,有锥塞式及夹片式两种。

·锥塞式锚具。由锚环、锥形塞和钢垫板(埋设于构件端头)组成。预应力钢筋通过摩擦力将预拉力传到锚环,后者再通过承压力和粘结力将预拉力传到混凝土上。

·夹片式锚具。由锚环和夹片组成。预应力钢筋依靠摩擦力将预拉力传给夹片,夹片依靠斜面上的承压力将预拉力传给锚环,锚环再通过承压力将预拉力传给混凝土构件。

采用楔紧型锚具张拉预应力钢筋时,需采用特制的双作用千斤顶。所谓双作用,即千斤顶使用时有两个动作,其一是夹住钢筋进行张拉,其二是将锚塞(或夹片)顶入锚环,将预应力钢筋挤紧,牢牢锚住。图 10.6 中是两种常用的楔紧型锚具。

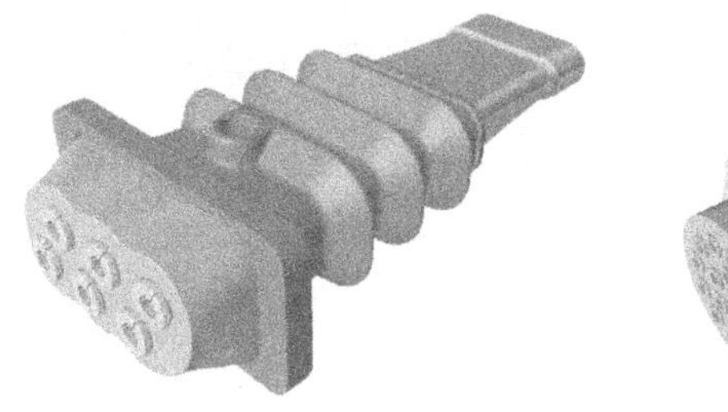

(a) 用于板构件的锚具

(b) 用于梁构件的锚具

图 10.6　楔紧型锚具

这种锚具的缺点是滑移量大,而且不易保证每根钢筋或钢丝中的应力均匀。

2. 螺杆型锚具

预应力钢筋通过螺丝端杆螺纹斜面上的承压力将预拉力传到螺帽,再经过垫板传至预留孔道口四周的混凝土上。用于直径较粗单根预应力钢筋的螺杆锚具,由螺杆、螺帽、垫板组成,螺杆焊于预应力钢筋端部,如图 10.7 所示。用于预应力钢筋束的螺杆锚具,由锥形螺杆、套筒、螺帽、垫板组成,通过套筒紧紧地将钢丝束与锥形螺杆挤压成一体。

图 10.7　螺杆型锚具

预应力钢筋或钢丝束张拉完毕时,旋紧螺帽使其锚固。螺杆型锚具通常用于后张法构件的张拉端,先张法构件或后张法构件的固定端也可应用。

这种锚具的优点是操作比较简单,且锚固后千斤顶回油时,预应力钢筋基本不发生滑动。如有需要,可进行再次张拉。缺点是对预应力钢筋长度的准确度要求高,以避免发生螺纹长度不够或张拉后预应力钢筋过长等情况。

3. 镦头型锚具

预应力钢筋的预拉应力通过镦头的承压力传给锚环,依靠螺纹上的承压力传至螺帽,再经过垫板传到混凝土上。镦头型锚具的张拉端和锚固端往往不同,图 10.8 所示的是用于后张法构件的钢丝束张拉端和固定端所采用的镦头型锚具。先张法构件的单根预应力钢丝,在固定端有时也采用这种固定方法。即将钢丝的一端镦粗,将钢丝穿过台座或钢模上的锚孔,在另一端进行张拉。

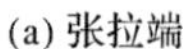

(a) 张拉端

(b) 固定端

图 10.8 镦头型锚具

这种锚具的锚固性能可靠,锚固力大,张拉操作方便。但与螺杆型锚具相同,对预应力钢筋或钢丝长度的准确度要求高。

10.1.6 预应力混凝土的材料

1. 混凝土

预应力混凝土结构所用的混凝土,需要满足强度高、收缩与徐变小、快硬早强等要求。对于预应力混凝土结构构件,混凝土的强度越高,可以施加的预应力也就越大,因而构件抗裂度提高越明显,刚度改善也越明显。同时,混凝土强度越高,同样大小的预压应力作用下混凝土的徐变越小,因而也可以降低钢筋的预应力损失。高强度的混凝土与钢筋的粘结力也高,这一点对依靠粘结传递预应力的先张法预应力混凝土构件尤为重要。另外,采用高强度混凝土与高强度钢筋相配合,可以获得较经济的构件截面尺寸。因此,《混凝土结构设计规范》GB 50010—2010 规定,预应力混凝土结构的混凝土强度等级不应低于 C40,且不应低于 C30。

选择混凝土强度等级时,应考虑施工方法、构件跨度、使用情况以及钢筋种类等因素。先张构件的预应力损失比后张构件大,同时为了提高台座和设备的周转速度,尽量缩短生产周期,强度等级一般应比后张构件高些。大跨构件混凝土强度等级不宜低于 C40,承受动力荷载的构件(如吊车梁),因钢筋和混凝土的粘结易破坏,强度等级应更高一些。

2. 钢筋

预应力混凝土结构中的钢筋包括预应力钢筋和非预应力钢筋。非预应力钢筋的选用与钢筋混凝土结构中的钢筋相同。预应力混凝土结构中所采用的钢材应具有如下特性。

① 高强度:混凝土预压应力的大小,取决于预应力钢筋的张拉应力和数量。在预应力混凝土构件的制作和使用过程中,由于各种因素的影响,预应力钢筋会产生应力损失而使张拉应力降低。因此只有使用高强钢材,采用较高的张拉应力,才可能建立较高的有效预应力,使混凝土中的预压应力达到预期的效果。早期(19 世纪末和 20 世纪初)预应力混凝土结构没有制作成功,就是因为钢材强度不高,预应力钢筋张拉应力低,在预应力损失产生后,预应力效果消失或接近消失而使结构失效。

② 具有一定的塑性:为了避免预应力混凝土构件发生脆性破坏,要求预应力钢筋被拉断前,应具有一定的伸长率。当构件处于低温或受有冲击荷载作用时,更应注意钢筋的塑性和抗

冲击韧性的要求，否则可能发生钢筋脆断。

③ 良好的加工性能：要求钢筋有良好的可焊性，同时要求钢筋“镦粗”后，其物理力学性能基本不变。

④ 与混凝土有较好的粘结：先张法构件(以及后张自锚构件)在使用时的预应力传递是靠钢筋和混凝土的粘结力实现。因此，要求预应力钢筋和混凝土之间，必须有足够的粘结强度。对于先张法预应力混凝土构件，当采用高强钢丝时，钢丝表面应经过“刻痕”或“压波”等措施处理。

目前，预应力混凝土结构中使用的预应力钢材主要有热处理钢筋、钢丝和钢绞线三大类。

10.2　预应力混凝土的张拉控制应力及预应力损失

本节主要介绍预应力混凝土的张拉控制应力及预应力损失问题。

10.2.1　预应力混凝土的张拉控制应力 σ_{con}

张拉控制应力指预应力钢筋进行张拉时所控制达到的最大应力值。其值为张拉设备(如千斤顶油压表)所指示的总张拉力除以预应力钢筋截面面积而得的应力值，以 σ_{con} 表示。σ_{con} 是施工时张拉预应力钢筋的依据。

张拉控制应力 σ_{con} 的取值，直接影响预应力混凝土的使用效果，其取值应适当。如果张拉控制应力 σ_{con} 取值过低，则预应力钢筋经过各种应力损失后，混凝土中的有效预压应力过小，不能有效地提高构件的抗裂度和刚度。当构件截面尺寸及配筋量一定时，σ_{con} 越高，构件混凝土中建立的预压应力越高，则构件使用过程中的抗裂度越高。但是，如果张拉控制应力取值过高，可能引起以下问题：

① 在施工阶段可能会使构件的某些部位受到拉力(称为预拉力)甚至开裂，还可能使后张法构件端部锚固区混凝土局部受压破坏。

② 使构件的开裂荷载过高，接近构件的极限荷载。构件一旦开裂，缺乏必要的延性，发生无明显预兆的脆性破坏。

③ 个别预应力钢筋可能被拉断。另外，为了减少预应力损失，有时需对预应力钢筋进行超张拉，若张拉控制应力值取得过高，有可能在超张拉过程中，个别预应力钢筋的应力超过其实际屈服强度，使其产生较大塑性变形或脆断。

综上所述，对 σ_{con} 应规定上限值，同时，σ_{con} 也不能过低，即 σ_{con} 也应有下限值。

张拉控制应力值的大小与施加预应力的方法有关。先张法是在浇筑混凝土之前在台座上张拉钢筋，故在预应力钢筋中建立的拉应力就是张拉控制应力 σ_{con}。后张法是在混凝土构件上张拉钢筋，在张拉的同时，混凝土被压缩，张拉设备千斤顶所指示的张拉控制应力是混凝土已发生压缩后的钢筋应力。为此，相同钢种，后张法构件的 σ_{con} 值应适当低于先张法的 σ_{con} 值。

根据国内外长期积累的设计和施工经验以及近年来的科研成果，《混凝土结构设计规范》(GB 50010—2010)按不同钢种和预应力施加方法，规定预应力钢筋的张拉控制应力应符合表 10－1 的规定。

表 10-1 预应力钢筋张拉控制应力限值

钢筋种类	张拉控制应力	
消除应力钢丝、钢绞线	$\sigma_{con} \leqslant 0.75 f_{ptk}$	不应相应 $0.40 f_{ptk}$
中强预应力钢丝	$\sigma_{con} \leqslant 0.70 f_{ptk}$	
预应力螺纹钢筋	$\sigma_{con} \leqslant 0.85 f_{ptk}$	不宜小于 $0.50 f_{ptk}$

注:表中 f_{ptk} 为预应力钢筋的强度标准值,见附录 2 附表 2-5。

符合下列情况之一时,表 10-1 中的张拉控制应力限值可提高 $0.05\ f_{ptk}$:

① 要求提高构件在施工阶段的抗裂性能,而在使用阶段受压区内设置的预应力钢筋;

② 要求部分抵消由于应力松弛、摩擦、钢筋分批张拉以及预应力钢筋与张拉台座之间的温差等因素产生的预应力损失。

10.2.2 预应力混凝土预应力的损失

由于混凝土和钢材的性质以及制作方法的原因,预应力钢筋中应力的降低是不可避免的,应力要经过相当长的时间才会稳定。在预应力混凝土构件施工及使用过程中,预应力钢筋的张拉应力值的降低,称为预应力损失。预应力损失后,预应力钢筋的拉力才会在混凝土中建立有效的预压应力,预应力损失值的大小关系到结构的工作性能和状态。因此,如何估计和计算预应力损失值,是预应力混凝土设计的重要内容。

引起预应力损失的因素很多,由于结构中的预压应力是通过张拉预应力钢筋得到的,因此凡能使预应力钢筋产生缩短的因素,都将造成预应力损失,例如混凝土的收缩、徐变以及锚(夹)具受压后的变形等。长度固定不变的钢筋,在高拉应力条件下应力随时间减少而产生的松弛;在预应力筋张拉过程中,千斤顶、锚具与预应力钢筋之间的摩擦;先张法中折点摩擦、预应力钢筋与模板之间的摩擦;后张法中的孔道摩擦等也都会产生预应力损失。除上述各项普遍存在的因素造成预应力损失外,其他一些因素如先张法的热养护、后张法中钢筋的分次张拉等也会造成预应力的损失。下面分项讨论引起预应力损失的原因、损失值的计算方法以及减少预应力损失值的措施。

1. 张拉端锚具的变形和钢筋内缩引起的预应力损失 σ_{l1}

无论是先张法临时固定预应力钢筋,还是后张法张拉完毕锚固预应力钢筋,预应力钢筋锚固在台座或构件上时,在张拉端由于锚具的压缩变形,锚具与垫板之间、垫板与垫板之间、垫板与构件之间的所有缝隙被挤紧,以及由于钢筋和楔块在锚具内的滑移,而使预应力钢筋内缩引起预应力损失,如图 10.9 所示。具体内缩量与预应力钢材种类、锚具种类、锚具的质量、安装水平和张拉锚固操作技术水平有关。我国《混凝土结构设计规范》(GB 50010—2002)列出了几种主要类型锚具的变形和钢筋内缩值,如表 10-2 所示。

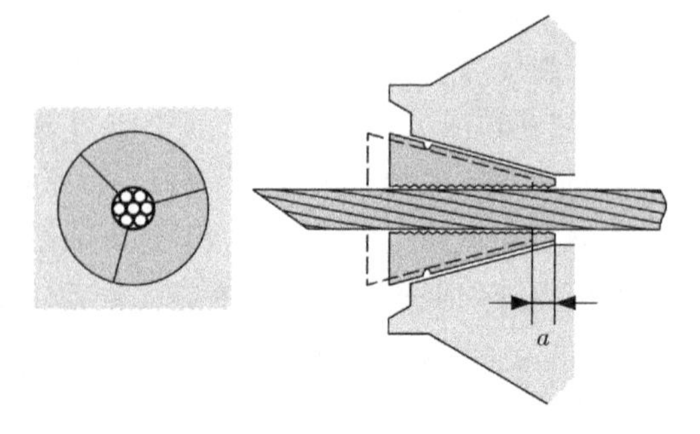

图 10.9 锚具楔块滑移引起的钢筋内缩

表 10－2　锚具变形和钢筋内缩值 a

锚具类别		a/mm
支承式锚具（钢丝束镦头锚具等）	螺帽缝隙	1
	每块后加垫板的间隙	1
夹片式锚具	有顶压时	5
	无顶压时	6～8

注：1. 表中的锚具变形和钢筋内缩值也可根据实测数值确定；
2. 其他类型的锚具变形和钢筋内缩值应根据实测数据确定。

块体拼成的结构，其预应力损失尚应考虑块体间填缝的预压变形。当采用混凝土或砂浆填缝材料时，每条填缝的预压变形值取 1 mm。

因为固定端在张拉过程中已被挤紧，该过程发生在张拉端锚固之前，故锚具损失只考虑张拉端。

由锚具变形和钢筋内缩引起的预应力损失值 σ_{l1}（N/mm^2），按下式计算

$$\sigma_{l1} = \frac{a}{l}E_{sp} \tag{10-1}$$

式中：

a——张拉端锚具变形和钢筋内缩值（mm），取值可查表 10－2；

l——张拉端至固定端之间的距离（mm）；

E_{sp}——预应力钢筋的弹性模量（N/mm^2），取值可查附录 2 中的附表 2－5。

后张法构件中，为了减小预应力钢筋与孔道壁之间的摩擦引起的预应力损失 σ_{l2}，常采用两端张拉预应力钢筋的方法，此时预应力钢筋的固定端应视为构件长度的中点，即式（10－1）中的 l 应取构件长度的一半。

后张法构件曲线或折线预应力钢筋由于锚具变形和预应力钢筋内缩引起的预应力损失值 σ_{l1}，应根据曲线或折线预应力钢筋与孔道壁之间反向摩擦（与张拉钢筋时，预应力钢筋和孔道壁间的摩擦力方向相反）影响长度 l_f 范围内的预应力钢筋变形值等于锚具变形和预应力钢筋内缩值的条件确定，其预应力损失值 σ_{l1} 可按下述式（10－14）进行计算。

根据式（10－1）可知，采取下列措施可以减少张拉端锚具变形和钢筋内缩引起的预应力损失 σ_{l1}：

① 选择锚具变形小或使预应力钢筋内缩小的锚具、夹具，并尽量少用垫板，因每增加一块垫板，a 值就增加 1 mm；

② 增加台座长度。因 σ_{l1} 值与台座长度成反比，采用先张法生产的构件，当台座长度为 100 米以上时，σ_{l1} 可忽略不计。

2. 预应力钢筋与孔道壁之间的摩擦引起的预应力损失 σ_{l2}

后张法预应力钢筋的预留孔道无论是直线形还是曲线形，钢筋在张拉过程中与孔壁接触而产生摩擦阻力。距离预应力张拉端越远，这种摩擦阻力的累积值越大，构件各截面上预应力钢筋的实际应力值逐渐减小，见图 10.10，这种预应力的损失称为摩擦损失，以 σ_{l2} 表示。摩擦损失 σ_{l2} 与预应力钢筋的表面形状，孔道成型质量，预应力钢筋的焊接外形质量，预应力钢筋与

孔道接触程度(孔道的尺寸、预应力钢筋与孔道壁之间的间隙大小、预应力钢筋在孔道中的偏心距数值)等因素有关。

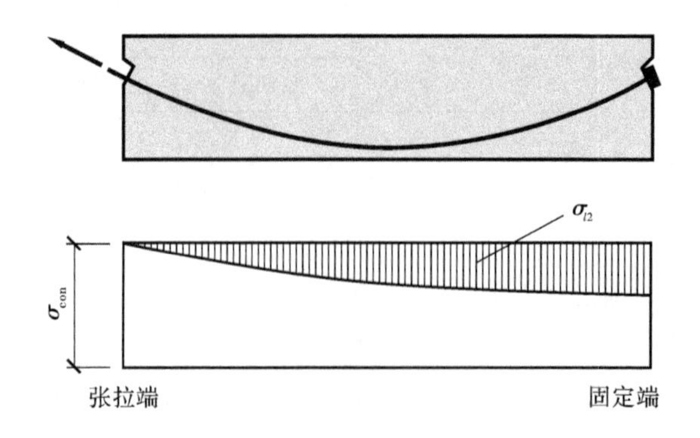

图 10.10 摩擦引起的预应力损失

预应力钢筋与预留孔道的摩擦阻力由其产生的原因可分为两种情况:第一种是由于曲线孔道的弯曲使预应力钢筋与孔壁混凝土之间相互挤压而产生的摩擦阻力,其大小与挤压力成正比;另一种情况是由于孔道制作偏差或孔道偏摆使预应力钢筋与孔壁混凝土之间产生摩擦阻力,这种摩擦阻力同时存在于曲线形孔道和直线形孔道中,其大小与钢筋的拉力及长度成正比。这两种摩擦阻力可先分别计算,然后相加得到 σ_{l2}。

(1) 预应力钢筋与曲线孔道壁之间的摩擦阻力

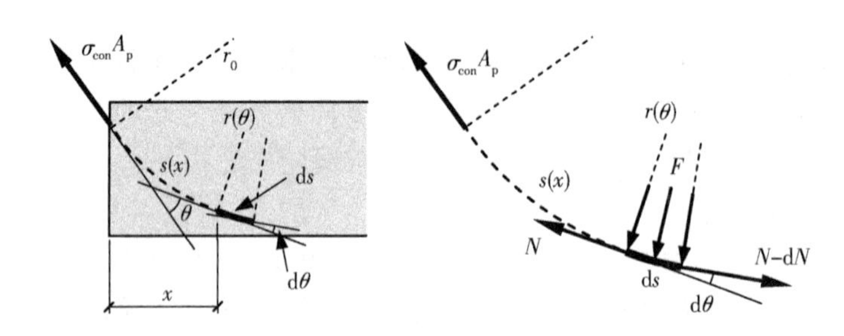

图 10.11 预留孔道中张拉钢筋的拉力和法向压力

如图 10.11 为孔道中预应力钢筋的拉力和受到的法向力,设 ds 段上两端的拉力分别为 N 和 $N-\mathrm{d}N$,ds 两端的拉力对孔壁产生的法向正压力为

$$F = N\sin\frac{\mathrm{d}\theta}{2} + (N-\mathrm{d}N)\sin\frac{\mathrm{d}\theta}{2}$$

$$= 2N\sin\frac{\mathrm{d}\theta}{2} - \mathrm{d}N\sin\frac{\mathrm{d}\theta}{2} \tag{10-2}$$

令 $\sin\frac{\mathrm{d}\theta}{2}\approx\frac{\mathrm{d}\theta}{2}$,且忽略较小项 $\mathrm{d}N\sin\frac{\mathrm{d}\theta}{2}$,则得

$$F \approx N\mathrm{d}\theta \tag{10-2a}$$

设钢筋与孔道之间的摩擦系数为 μ,则 ds 段所产生的摩擦阻力 $\mathrm{d}N_1$ 为

$$\mathrm{d}N_1 = -\mu F = -\mu N\mathrm{d}\theta \tag{10-3}$$

(2) 预留孔道制作偏差引起的预应力钢筋和孔道壁之间的摩擦阻力

孔道位置与设计位置不符的程度用偏离系数平均值 κ' 表示，κ' 为单位长度上的偏转度(以弧度计)。则 ds 段的偏转度为 $\kappa' ds$，ds 段中钢筋对孔壁产生的法向正压力为

$$F' = N\sin\frac{\kappa' ds}{2} + (N - dN)\sin\frac{\kappa' ds}{2} \approx N\kappa' ds \tag{10-4}$$

而 ds 段所产生的摩擦阻力 dN_2 为

$$dN_2 = -\mu N\kappa' ds \tag{10-5}$$

将以上两个摩擦阻力 dN_1 及 dN_2 相加，并从张拉端到计算截面点积分。设从张拉点到计算截面点预应力钢筋的弧长为 s，转角为 θ，得

$$dN = dN_1 + dN_2 = -(\mu N d\theta + \mu N\kappa' ds) \tag{10-6}$$

$$\int_{N_0}^{N_B}\frac{dN}{N} = -\mu\int_0^{\theta}d\theta - \mu\kappa'\int_0^{s}ds \tag{10-7}$$

式中 μ、κ' 都由实验得到，用考虑每米长度局部偏差对摩擦影响系数 κ 代替 $\mu\kappa'$，则得

$$\ln\frac{N_B}{N_0} = -(\kappa s + \mu\theta) \tag{10-8}$$

$$N_B(s) = N_0 e^{-(\kappa s + \mu\theta)} \tag{10-9}$$

式中：

$N_B(s)$ ——计算截面点的张拉力；

N_0 ——张拉端的张拉力。

设张拉端到计算截面点的张拉力损失为 $N_{l2}(s)$，则

$$N_{l2}(s) = N_0 - N_B = N_0(1 - e^{-(\kappa s + \mu\theta)}) \tag{10-10}$$

除以预应力钢筋截面面积，即得

$$\sigma_{l2}(s) = \sigma_{con}\left(1 - \frac{1}{e^{(\kappa s + \mu\theta)}}\right) \tag{10-11}$$

式中：

κ ——考虑孔道每米长度局部偏差的摩擦系数，取值可查表 10-3；

s ——张拉端至计算截面的孔道长度(m)；

μ ——预应力钢筋与孔道壁之间的摩擦系数，取值可查表 10-3；

θ ——从张拉端至计算截面曲线孔道部分切线的夹角(以弧度计)。

表 10-3　摩擦系数 κ 及 μ 值

孔道成型方式	κ/m^{-1}	μ	
		钢丝束、钢绞线	预应力螺纹钢筋
预埋金属波纹管	0.0015	0.25	0.50
预埋塑料波纹管	0.0015	0.15	—
预埋钢管	0.0010	0.30	—
抽芯成型	0.0014	0.55	0.60
无粘结预应力筋	0.0040	0.09	—

注：摩擦系数也可根据实测数据确定。

式(10－11)中的张拉端至计算截面的孔道长度 s 可近似取该段孔道在纵轴上的投影长度 x(见图 10.11),若用 x 代替 s,则式(10－11)变为

$$\sigma_{l2}(x)=\sigma_{\text{con}}\left(1-\frac{1}{e^{(\kappa x+\mu\theta)}}\right) \tag{10-12}$$

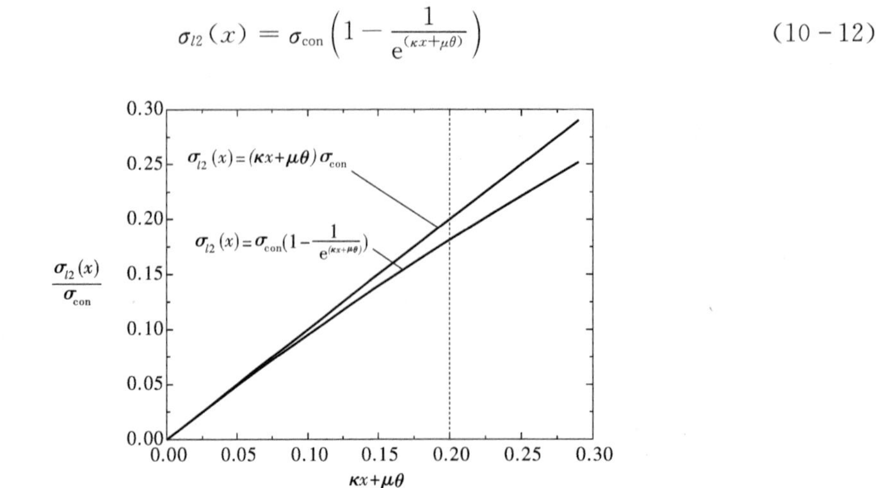

图 10.12　由摩擦产生的预应力损失表达公式的简化

根据图 10.12,当$(\kappa x+\mu\theta)\leqslant 0.3$ 时,σ_{l2}可以按下列近似公式计算

$$\sigma_{l2}(x)=(\kappa x+\mu\theta)\sigma_{\text{con}} \tag{10-13}$$

当采用电热伸长方法张拉预应力筋的后张法时,不考虑该项预应力损失。

预应力钢筋发生摩擦损失后,预应力钢筋的应力分布如图 10.10 所示。张拉端处 $\sigma_{l2}=0$,距离张拉端越远 σ_{l2}越大,固定端摩擦损失 σ_{l2} 最大,固定端的有效预应力最小。为了减小摩擦引起的预应力损失 σ_{l2},可以采取两端张拉(对较长的构件)或超张拉的张拉方式。对预应力钢筋在两端进行张拉,孔道计算长度可按构件长度的一半长度计算。比较图 10.13(a)及(b)可以看出,两端张拉能明显减少摩擦引起的预应力损失 σ_{l2}。但这个措施将引起 σ_{l1} 的增加,应用时需加以注意。采用超张拉的张拉程序一般为:$1.1\sigma_{\text{con}}$(保持 2 分钟)→$0.85\sigma_{\text{con}}$(保持 2 分钟)→σ_{con},如图 10.13(c)所示。当张拉端 A 超张拉 10%时,钢筋中的预拉应力将按 EHD 分布。当张拉端的张拉应力降低至 $0.85\sigma_{\text{con}}$时,由于孔道与钢筋之间产生反向摩擦,钢筋应力将按 $FGHD$ 分布;当张拉端 A 再次张拉至 σ_{con}时,则钢筋中的应力将按 $CGHD$ 分布,显然比图 10.13(a)所建立的预拉应力均匀,预应力损失也小一些。

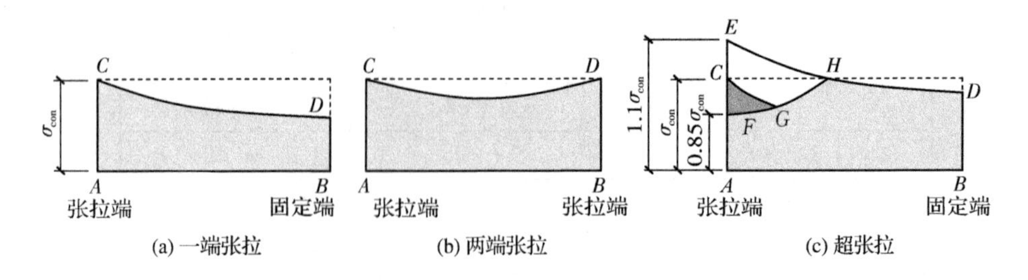

图 10.13　不同张拉对摩擦引起的预应力损失的影响

如前所述,曲线孔道后张法构件预应力由于锚具变形和预应力钢筋内缩引起的预应力损

失值 σ_{l1}，应根据预应力钢筋与孔道壁之间反向摩擦影响长度 l_f 范围内的预应力钢筋变形值等于锚具变形和预应力钢筋内缩值的条件确定。

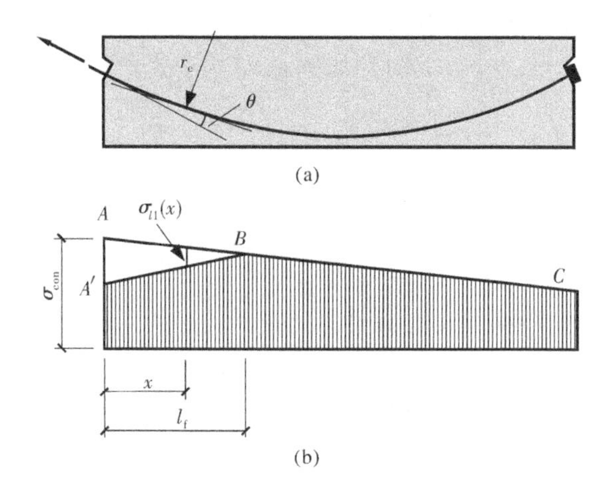

图 10.14　曲线形预应力钢筋因锚具变形和钢筋内缩引起的预应力损失 σ_{l1}

当预应力钢筋为抛物线形时，可近似按圆弧形曲线考虑，见图 10.14(a)。如其对应的圆心角不大于 45°时(对无粘结预应力筋不大于 90°)，张拉时预应力钢筋与孔道之间摩擦引起的预应力损失，其应力变化近似按直线分布，如图 10.14(b)中直线 ABC 所示。由于预应力钢筋因锚具变形和钢筋内缩受到钢筋与孔道壁之间反向摩擦力的影响，在反向摩擦力的影响长度 l_f 范围内的预应力损失值 σ_{l1} 可按下列公式计算

$$\sigma_{l1}(x) = 2\sigma_{con} l_f \left(\kappa + \frac{\mu}{r_c}\right)\left(1 - \frac{x}{l_f}\right) \tag{10-14}$$

反向摩擦力的影响长度 l_f(单位为 m)可按下列公式计算

$$l_f = \sqrt{\frac{aE_{sp}}{1000\sigma_{con}\left(\kappa + \frac{\mu}{r_c}\right)}} \tag{10-15}$$

式中：

r_c ——圆弧形曲线预应力钢筋的曲率半径(单位：m)；

μ ——预应力钢筋与孔道壁之间的摩擦系数，取值可查表 10-3；

κ ——考虑孔道每米局部偏差的摩擦系数，取值可查表 10-3；

x ——张拉端至计算截面的距离(单位：m)，这里 $0 \leqslant x \leqslant l_f$；

a ——张拉端锚具变形和钢筋内缩值(单位：mm)，取值可查表 10-2；

E_{sp}——预应力钢筋弹性模量。

对于常用束形的后张预应力钢筋在反向摩擦影响长度 l_f 范围内的预应力损失值 σ_{l1} 的计算方法见《混凝土结构设计规范》(GB 50010—2010)附录 J。

3. 混凝土加热养护时受张拉的预应力钢筋与承拉设备温差引起的预应力损失 σ_{l3}

为了缩短先张法构件的生产周期，浇筑混凝土后常采用蒸汽养护的办法加速混凝土的硬化。加热升温时，预应力钢筋受热自由伸长，但台座固定于大地上温度基本不变，固定端台座

和张拉端台座之间的距离保持不变,因而使预应力钢筋的应力降低。降温时,混凝土已结硬并与预应力钢筋结成整体,钢筋应力不能恢复原值,于是就产生预应力损失 σ_{l3}。

设混凝土加热养护时,受张拉的预应力钢筋与承受拉力的设备(台座)之间的温差为 Δt (℃),钢筋的线膨胀系数约为 $\alpha=0.00001/℃$,则 σ_{l3} 可按下式计算

$$\sigma_{l3}=\varepsilon_s E_{sp}=\frac{\Delta l}{l}E_{sp}=\frac{\alpha l\Delta t}{l}E_{sp}=\alpha E_{sp}\Delta t$$

$$=0.00001\times 2\times 10^5\times\Delta t=2\Delta t\ (\mathrm{N/mm^2}) \tag{10-16}$$

钢模上张拉预应力钢筋,由于预应力钢筋锚固在钢模上,两者升温相同不存在温差,该项损失为零。

通常采用两阶段升温养护来减小温差引起的预应力损失。即先在常温下养护,当混凝土强度达到一定强度等级,例如达 $7.5\sim10\ \mathrm{N/mm^2}$ 时,可以认为钢筋与混凝土已结成整体,再逐渐升温至规定的养护温度,这时混凝土和预应力钢筋一起伸长,而当降温时,混凝土和预应力钢筋又一起收缩,不引起预应力损失。

4. 预应力钢筋应力松弛引起的预应力损失 σ_{l4}

钢筋在应力作用下,其长度保持不变,应力随时间的增长而逐渐降低的现象称为钢筋的应力松弛。预应力钢筋的应力松弛损失值与钢的品种有关;另外,张拉控制应力 σ_{con} 越高,则 σ_{l4} 越大。应力松弛的发生是先快后慢,第 1 个小时可完成全部松弛预应力损失的 50%左右(前两分钟内可完成其中的大部分),24 小时内完成 80%左右,此后发展较慢。因此,可以采用超张拉的方法减小应力松弛损失。超张拉时可采取以下两种张拉程序:第一种为 $0\to1.03\sigma_{con}$;第二种为 $0\to1.05\sigma_{con}$(保持 2 分钟)$\to\sigma_{con}$。其原理是:高应力(超张拉)下短时间内发生的应力松弛损失在低应力下需要较长时间;超张拉持荷 2 分钟可使相当一部分钢筋的松弛发生在钢筋锚固之前,从而减小锚固后预应力钢筋的松弛损失。

根据试验研究及实践经验,《混凝土结构设计规范》(GB 50010—2010)采用下列规定计算预应力松弛损失。

消除应力钢丝、钢绞线。

普通松弛情况下

$$\sigma_{l4}=0.4\times\left(\frac{\sigma_{con}}{f_{ptk}}-0.5\right)\sigma_{con} \tag{10-17}$$

低松弛情况下

当 $\sigma_{con}\leqslant0.7f_{ptk}$ 时

$$\sigma_{l4}=0.125\times\left(\frac{\sigma_{con}}{f_{ptk}}-0.5\right)\sigma_{con} \tag{10-18}$$

当 $0.7f_{ptk}<\sigma_{con}\leqslant0.8f_{ptk}$ 时

$$\sigma_{l4}=0.2\times\left(\frac{\sigma_{con}}{f_{ptk}}-0.575\right)\sigma_{con} \tag{10-19}$$

中强度预应力钢丝

$$\sigma_{l4}=0.08\sigma_{con} \tag{10-20}$$

预应力螺纹钢筋

$$\sigma_{l4}=0.03\sigma_{con} \tag{10-21}$$

当 $\sigma_{con} \leqslant 0.5f_{ptk}$ 时，预应力钢筋的应力松弛损失值可取为零。

考虑时间影响的预应力钢筋应力松弛引起的预应力损失值，可由公式(10 - 17)～(10 - 21)算得的预应力损失值 σ_{l4} 乘以相应的系数确定。

5. 混凝土的收缩和徐变引起的预应力损失 σ_{l5}

混凝土在空气中结硬时体积收缩，而在预压力作用下，混凝土沿压力方向的变形随时间而逐渐增大，即发生徐变。混凝土的收缩和徐变都导致预应力混凝土构件的长度缩短，使预应力钢筋回缩，产生预应力损失 σ_{l5}。虽然混凝土的收缩与徐变是两种性质完全不同的变形现象，但均使预应力钢筋回缩，引起预应力钢筋应力损失，所以在此通常合在一起考虑。混凝土收缩和徐变引起的预应力损失很大，在曲线配筋的构件中，约占总损失的 30%，在直线配筋构件中可达 60%。对混凝土收缩、徐变的影响因素均对预应力损失 σ_{l5} 的数值大小有影响。《混凝土结构设计规范》(GB 50010—2010)规定，混凝土收缩、徐变引起的预应力损失值可按下列方法确定。

(1) 在一般情况下，对先张法、后张法构件受拉区纵向预应力钢筋的预应力损失值 σ_{l5} 和受压区纵向预应力钢筋的预应力损失值 σ'_{l5} 可按下列公式计算(公式中的单位为 N/mm^2)。

先张法构件

$$\sigma_{l5} = \frac{60 + 340\dfrac{\sigma_{pc}}{f'_{cu}}}{1 + 15\rho} \tag{10-22}$$

$$\sigma'_{l5} = \frac{60 + 340\dfrac{\sigma'_{pc}}{f'_{cu}}}{1 + 15\rho'} \tag{10-23}$$

后张法构件

$$\sigma_{l5} = \frac{55 + 306\dfrac{\sigma_{pc}}{f'_{cu}}}{1 + 15\rho} \tag{10-24}$$

$$\sigma'_{l5} = \frac{55 + 300\dfrac{\sigma'_{pc}}{f'_{cu}}}{1 + 15\rho'} \tag{10-25}$$

式中：

σ_{pc}、σ'_{pc}——受拉区、受压区预应力钢筋各自合力点处的混凝土法向压应力。此时，预应力损失值仅考虑混凝土预压前(第一批)的损失，其非预应力钢筋中的应力 σ_{l5}、σ'_{l5} 值应取为零；σ_{pc}、σ'_{pc} 值不得大于 $0.5f'_{cu}$；当 σ'_{pc} 为拉应力时，则式(10 - 23)、式(10 - 25)中的 σ'_{pc} 应取为零。计算混凝土法向应力 σ_{pc}、σ'_{pc} 时，可根据构件制作情况考虑自重的影响；

f'_{cu}——施加预应力时的混凝土立方体抗压强度；

ρ、ρ'——受拉区、受压区预应力钢筋和非预应力钢筋的配筋率：

对先张法构件

$$\rho = \frac{A_p + A_s}{A_0},\ \rho' = \frac{A'_p + A'_s}{A_0} \tag{10-26}$$

对后张法构件

$$\rho = \frac{A_p + A_s}{A_n},\ \rho' = \frac{A'_p + A'_s}{A_n} \tag{10-27}$$

此处,A_0 为构件的换算截面面积,A_n 为构件的净截面面积;对称配置预应力钢筋和非预应力钢筋的构件(如轴心受拉构件),配筋率 ρ、ρ'应分别按钢筋总截面面积的一半进行计算。

需要注意的是,公式要求 σ_{pc}、σ'_{pc}值不得大于 $0.5f'_{cu}$,也就是要求混凝土处于低应力的线性徐变状态下,若 σ_{pc}/f'_{cu}过高混凝土将处于非线性徐变状态,导致预应力损失显著增大。由此可见,过大的预压应力以及放张(先张法)或张拉(后张法)时混凝土实际抗压强度过低将大大增加徐变应力损失。

结构处于年平均相对湿度低于 40%的环境下,将导致混凝土的收缩和徐变增大,σ_{l5} 及 σ'_{l5} 值应增加 30%。

当采用泵送混凝土时,宜根据实际情况考虑混凝土收缩、徐变引起预应力损失值增大的影响。

(2) 对重要结构构件,当需要考虑与时间相关的混凝土收缩、徐变预应力损失值时,可按《混凝土结构设计规范》(GB 50010—2010)附录 K 进行计算。

由于后张法构件在开始施加预应力时,混凝土已完成部分收缩,故后张法的 σ_{l5} 及 σ'_{l5} 值比先张法的低。

所有能减少混凝土收缩和徐变的措施,相应地都将减少 σ_{l5} 及 σ'_{l5} 值,如采用高标号水泥,减少水泥用量,降低水灰比,采用干硬性混凝土;采用级配较好的骨料,加强振捣,提高混凝土的密实性;加强养护,以减少混凝土的收缩等。

6. 螺旋式预应力钢筋环形构件,预应力钢筋局部挤压引起的预应力损失 σ_{l6}

对水管、蓄水池等圆形结构物,可配置螺旋式预应力钢筋采用后张法施加预应力。由于预应力钢筋对混凝土的挤压,使环形构件的直径由 d 减小为 d_1,预应力钢筋中的拉应力就会降低,从而引起预应力钢筋的应力损失 σ_{l6}。

$$\sigma_{l6}=\frac{\pi d-\pi d_1}{\pi d}E_{sp}=\frac{\Delta d}{d}E_{sp} \tag{10-28}$$

式中 $\Delta d=d-d_1$。由上式可见,σ_{l6}的大小与环形构件的直径 d 成反比,直径越小,应力损失越大,故《混凝土结构设计规范》(GB 50010—2010)规定:

$$d\leqslant 3000\ \text{mm 时}\qquad \sigma_{l6}=30\ \text{N/mm}^2 \tag{10-29}$$

$$d>3000\ \text{mm 时}\qquad \sigma_{l6}=0 \tag{10-30}$$

10.2.3 预应力损失值的组合

上述六项预应力损失,有的只发生在先张法构件中,有的只发生于后张法构件中,有的两种构件均有,而且是分批产生的。一般地,先张法构件的预应力损失有 σ_{l1}、σ_{l3}、σ_{l4}、σ_{l5};而后张法构件有 σ_{l1}、σ_{l2}、σ_{l4}、σ_{l5}(当为环形构件时还有 σ_{l6})。

预应力钢筋的有效预应力 σ_{pe}定义为:张拉控制应力 σ_{con}扣除应力损失 σ_l 并考虑混凝土压缩引起的预应力钢筋应力降低后,在预应力钢筋内存在的预拉应力。因为各项预应力损失是先后发生的,所以有效预应力值亦随不同受力阶段而变。将预应力损失按各受力阶段进行组合,可计算出不同阶段预应力钢筋的有效预拉应力值,进而计算出在混凝土中建立的有效预应力 σ_{pc}。

为了便于分析和计算,以"预压"为界,把预应力损失分成两批。这里所谓的"预压",对先张法,是指放松预应力钢筋(简称放张)时;对后张法,是指张拉预应力钢筋至 σ_{con}锚固时。《混凝土结构设计规范》(GB 50010—2010)规定,预应力构件在各阶段的预应力损失值宜按表

10－4的规定进行组合。

表 10－4　各阶段的预应力损失值的组合

预应力损失值的组合	先张法构件	后张法构件
混凝土预压前(第一批)的损失	$\sigma_{l1}+\sigma_{l2}+\sigma_{l3}+\sigma_{l4}$	$\sigma_{l1}+\sigma_{l2}$
混凝土预压后(第二批)的损失	σ_{l5}	$\sigma_{l4}+\sigma_{l5}+\sigma_{l6}$

注:1. 先张法构件由于钢筋应力松弛引起的损失值 σ_{l4} 在第一批和第二批损失中所占的比例,如需区分,可根据实际情况确定;

2. 先张法构件当采用折线形预应力钢筋时,由于转向装置处的摩擦,故在混凝土预压前(第一批)的损失中计入 σ_{l2},其值按实际情况确定。

考虑到各项预应力损失计算值与实际值的差异,以及预应力损失值的离散性,实际预应力损失值有可能比计算值高。为保证预应力混凝土构件有足够的抗裂度,《混凝土结构设计规范》(GB 50010—2010)规定,对于先张法构件,当计算预应力总损失值 σ_l 小于 100 N/mm^2 时,则 σ_l 取 100 N/mm^2;对于后张法构件,当计算预应力总损失值 σ_l 小于 80 N/mm^2 时,则 σ_l 取 80 N/mm^2。

当后张法构件的预应力钢筋采用分批张拉时,应考虑后批张拉钢筋所产生的混凝土压缩(或伸长)对先批张拉钢筋的影响,将先批张拉钢筋的张拉控制应力 σ_{con} 增加(或减小)$\alpha_E\sigma_{pci}$。此处,$\alpha_E\sigma_{pci}$ 为后批张拉钢筋在先批张拉钢筋重心处产生的混凝土法向应力。

10.2.4　先张法构件预应力钢筋的传递长度

先张法预应力混凝土构件的预应力是靠构件两端一定距离内钢筋和混凝土之间的粘结力传递,其传递必须在一定的传递长度内通过粘结力的积累完成。因此,在构件端部需经过一段长度 l_{tr}(l_{tr}称为先张法构件预应力传递长度)才能在构件的中间区段建立起不变的有效预应力,如图 10.15 所示。预应力钢筋的自由端预拉应力为零,由于粘结力的存在,预应力钢筋的内缩受到混凝土的约束,随离端部距离的增大,预应力钢筋的预拉应力和混凝土中的预压应力将增大。预应力钢筋在长度 l_{tr}内的粘结力与预应力钢筋的拉力平衡,自 l_{tr}长度以外,预应力钢筋才建立起不变的预拉应力 σ_{pe},周围混凝土也建立起有效的预压应力 σ_{pc}。在预应力钢筋传递长度内的预应力值较小,所以对先张法预应力混凝土构件端部进行斜截面抗剪承载力计算以及正截面、斜截面抗裂验算时,应考虑预应力钢筋在其传递长度范围内实际应力值的变化。由于粘结应力非均匀分布,l_{tr}范围内钢筋与混凝土的预应力也为曲线变化(图 10.15 中虚线所

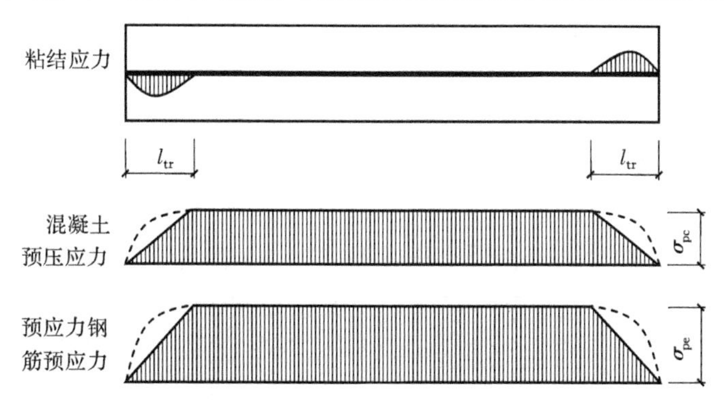

图 10.15　先张法构件的预应力传递

示)。但为了简便起见,《混凝土结构设计规范》(GB 50010—2010)将其简化为线性变化,并规定先张法构件预应力钢筋的预应力传递长度 l_{tr} 按下列公式计算

$$l_{tr} = \alpha \frac{\sigma_{pe}}{f'_{tk}} d \tag{10-31}$$

式中:

σ_{pe}——放张时预应力钢筋的有效预拉应力;

d——预应力钢筋的公称直径;

α——预应力钢筋的外形系数,取值可查表2-7;

f'_{tk}——与放张时混凝土立方体抗压强度 f'_{cu} 相应的轴心抗拉强度标准值,可按线性内插法确定。

当采用骤然放松预应力钢筋施工工艺时,因构件端部一定长度范围内预应力钢筋与混凝土之间粘结力被破坏,因此 l_{tr} 的起点应从距构件末端 $0.25l_{tr}$ 处开始计算。

需要注意,预应力传递长度 l_{tr} 和预应力钢筋锚固长度 l_{as} 是两个不同的概念,但两者的计算公式相似。前者是指在正常使用阶段,从预应力钢筋应力为零的端部到应力为 σ_{pe} 的长度;而后者是指当构件在外荷载作用下达到承载能力极限状态时,预应力钢筋的应力达到抗拉强度设计值 f_{py},预应力钢筋不被拔出,预应力钢筋应力从端部的零到 f_{py} 的长度,预应力钢筋的锚固长度 l_{ab} 见式(2-44a)。

10.2.5　后张法构件锚固区局部承压计算

后张法构件预应力钢筋的预应力通过锚具经垫板传递给混凝土。由于混凝土受到的预压力很大,而锚具下垫板与混凝土接触面积往往又很小,锚具垫板下混凝土将承受较大的局部压力。在局部压力作用下,垫板下混凝土受到周围混凝土的约束,处于三轴受压状态。混凝土的三轴抗压强度取决于混凝土的单轴抗压强度及其受到的横向约束。尽管混凝土的三轴抗压强度高于它的单轴抗压强度,但当垫板下混凝土受到的压应力超过其三轴抗压强度时,混凝土也会发生局部受压破坏,从而引起预应力丧失,甚至整个构件破坏,因此,需要对构件锚固区的局部承压进行验算。

构件端部锚具下混凝土的应力分布非常复杂,是典型的三维应力状态。根据圣维南原理,离开局部压力作用端面一定距离(大于等于 $2b$)外的柱体可视作均匀的单轴应力状态。但是,在端部 $H<2b$ 范围内,因为两端压应力分布的差别,而产生了复杂的应力变化。除沿构件纵向的压应力 σ_x 外,还有横向应力 σ_y。沿局部压力作用的中心线,纵向的压应力 σ_x 自左至右逐渐减小;横向应力 σ_y 在左端面为压应力,随着距端面距离增加逐渐转为拉应力,且在 $H=(0.6\sim1.0)b$ 处出现最大拉应力,距离再继续增加(大于等于 $2b$)趋近于零,如图10.16(a)和(b)所示。

根据混凝土的应力状态,局部受压端面附近的混凝土可以分为三个区域,如图10.16(a)和(c)所示:局部压力作用面积($2b'\times2b'$)下的混凝土,在局部压应力作用下产生横向膨胀变形,受到周围混凝土的约束而处于三轴受压状态(C/C/C,区域Ⅰ);区域Ⅰ外围混凝土则因受向外挤压力而产生沿周边的横向拉应力,处于二轴拉力状态(T/T,区域Ⅱ);在主压应力轨迹线和横向拉应力范围则为三轴拉压状态(T/T/C,区域Ⅲ)。各区域的具体范围和应力值的大小取决于试件的形状和尺寸,以及局部受压面积和位置,并因此决定了构件的开裂、破坏过程和局部抗压强度值(f_{cb})。

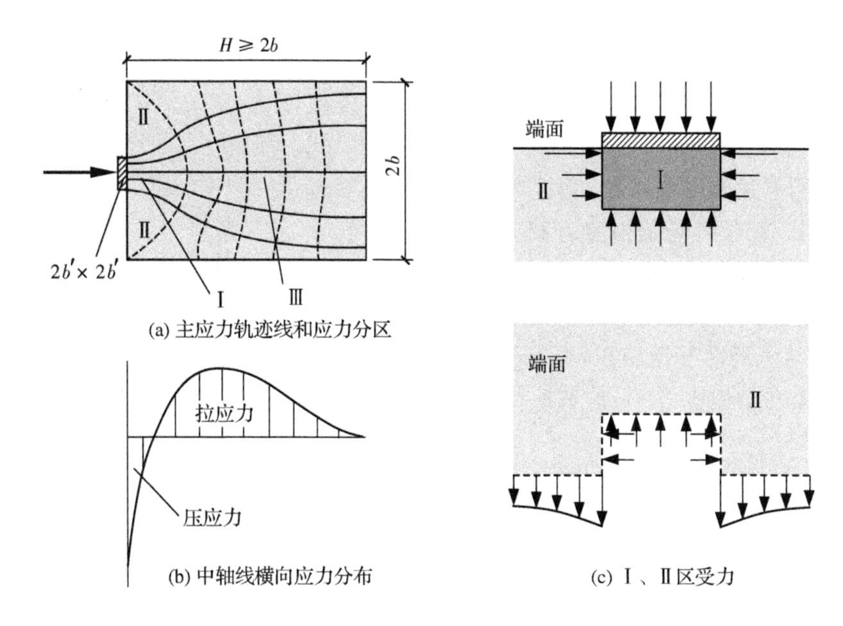

图 10.16　局部受压端的应力分布

从上述分析可知，在预应力混凝土的锚固区，既可能产生由于混凝土局部抗压强度不足而引起混凝土受压破坏，也可能产生由于横向拉应力超过混凝土的抗拉强度出现纵向裂缝而导致的局部破坏。《混凝土结构设计规范》(GB 50010—2010)规定，后张法预应力混凝土构件，除了进行与先张法构件相同的施工阶段和使用阶段各自关于两种极限状态的计算外，为了防止构件锚固区端部发生局部受压破坏，还应进行施工阶段构件端部的局部抗压承载力计算。

试验表明，发生局部受压破坏时混凝土抗压强度值大于单轴混凝土抗压强度值，抗压强度增大的幅度与直接受压面积和其周围混凝土面积的大小有关，即与局部受压的混凝土受到周围混凝土的约束程度有关，混凝土局部受压强度提高系数 β_l 按式(10－34)计算。通常可在端部锚固区内配置方格网式或螺旋式间接钢筋，增加对混凝土的约束，提高局部抗压承载力并控制裂缝宽度。

1. 构件端部截面尺寸验算

试验表明，当设置的局部承压面积过小时，虽然可以增加配置间接钢筋提高局部抗压承载力满足其局部抗压承载力的要求，但垫板下的混凝土会产生过大的下沉变形，而导致构件局部破坏。为了避免构件端部截面尺寸过小，防止垫板下的混凝土产生大的下沉变形，配置间接钢筋的混凝土结构构件，其局部受压区的截面尺寸应满足下列要求

$$F_l \leqslant 1.35\beta_c\beta_l f_c A_{ln} \tag{10-33}$$

$$\beta_l = \sqrt{\frac{A_b}{A_l}} \tag{10-34}$$

式中：

F_l ——局部受压面上作用的局部荷载或局部压力设计值，对后张法预应力混凝土构件中的锚具端部局部受压区，应取 1.2 倍控制张拉力(超张拉时还应再乘以相应增大系数)，即$1.2\sigma_{con}A_p$；

f_c ——混凝土轴心抗压强度设计值,在后张法预应力混凝土构件的张拉阶段验算中,应根据相应阶段的混凝土立方体抗压强度 f'_{cu} 值,按线性内插法确定对应的轴心抗压强度设计值;

β_c ——混凝土强度影响系数:当混凝土强度等级不超过 C50 时,取 $\beta_c=1.0$;当混凝土强度等级等于 C80 时,取 $\beta_c=0.8$;其间按线性插值取用。

β_l ——混凝土局部受压强度提高系数;

A_l ——混凝土局部受压面积,当有垫板时可考虑预压力沿锚具垫圈边缘在垫板中按 45°扩散后传至混凝土的受压面积,见图 10.17;

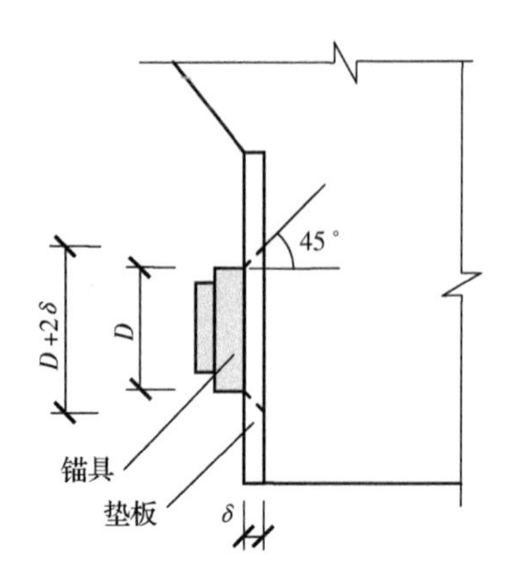

图 10.17 有垫板时混凝土的局部受压面积

A_{ln}——混凝土局部受压净面积,对后张法构件,应在混凝土局部受压面积中扣除孔道、凹槽部分的面积;

A_b ——局部受压的计算底面积,可根据局部受压面积 A_l 与计算底面积 A_b 按同心、对称的原则确定。常见情况 A_b 的面积可按图 10.18 取用。

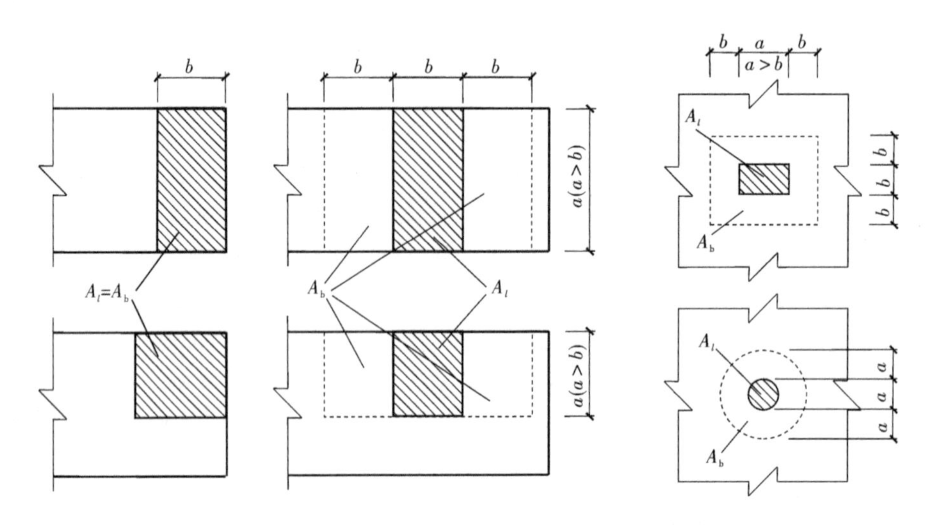

图 10.18 确定局部受压计算面积 A_b

当满足式(10-33)时,锚固区的抗裂要求一般均能满足。当不满足式(10-33)时,应加大端部锚固区的截面尺寸、调整锚具位置、提高混凝土强度等级或增大垫板厚度等。

2. 局部抗压承载力计算

在锚固区段配置间接钢筋(焊接钢筋网或螺旋式钢筋)限制了混凝土的横向膨胀,抑制微裂缝开展,可以有效地提高锚固区段混凝土的局部抗压强度和变形能力,防止混凝土局部受压破坏。试验表明,锚固区配置方格网式或螺旋式间接钢筋的构件,其局部抗压承载力可由混凝土承载力项和间接钢筋承载力项之和组成。当核心面积 $A_{cor}\geqslant A_l$ 时(见图 10.19),局部抗压承载力按下式计算

$$F_l\leqslant 0.9(\beta_c\beta_l f_c+2\alpha\rho_v\beta_{cor}f_y)A_{ln} \quad (10-35)$$

当为方格网配筋时(见图 10.19(a)),其体积配筋率 ρ_v 按下式计算

$$\rho_v = \frac{n_1 A_{s1} l_1 + n_2 A_{s2} l_2}{A_{cor} s} \tag{10-36}$$

此时,钢筋网两个方向上的单位长度内钢筋截面面积的比值不宜大于 1.5。

当为螺旋式配筋时(见图 10.19(b)),其体积配筋率 ρ_v 按下式计算

$$\rho_v = \frac{4A_{ss1}}{d_{cor} s} \tag{10-37}$$

式中,F_l、β_c、β_l、f_c、A_{ln}同式(10-33);

ρ_{cor}——配置间接钢筋的局部抗压承载力提高系数;

$$\beta_{cor} = \sqrt{\frac{A_{cor}}{A_l}} \tag{10-38}$$

α——间接钢筋对混凝土约束的折减系数,其取值同第 4 章式(4-66)中的取值;

A_{cor}——配置方格网或螺旋式间接钢筋内表面范围以内的混凝土核心面积(此处不扣除孔道面积,经试验校核,在计算混凝土核心截面面积 A_{cor}时,不扣除孔道面积计算比较合适),当 $A_{cor} > A_b$ 时,取 $A_{cor} = A_b$;

f_y——间接钢筋的抗拉强度设计值;

ρ_v——间接钢筋的体积配筋率(核心面积 A_{cor}范围内的单位混凝土体积所含间接钢筋体积),且要求 $\rho_v \geqslant 0.5\%$;

n_1、A_{s1}——方格网沿 l_1 方向的钢筋根数、单根钢筋的截面面积;

n_2、A_{s2}——方格网沿 l_2 方向的钢筋根数、单根钢筋的截面面积;

A_{ss1}——单根螺旋式间接钢筋的截面面积;

d_{cor}——螺旋式间接钢筋内表面范围以内的混凝土截面直径;

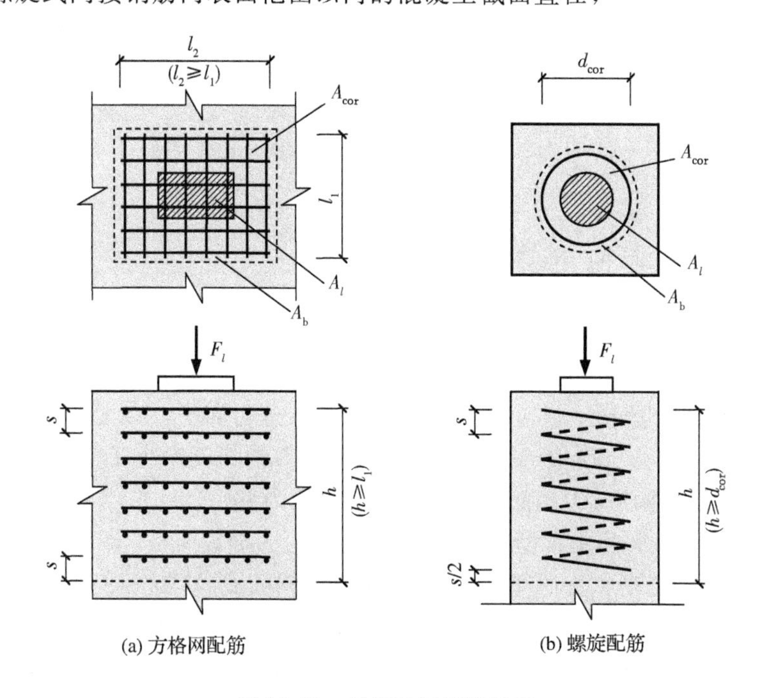

(a) 方格网配筋　　(b) 螺旋配筋

图 10.19　局部受压间接配筋

s ——方格网式或螺旋式间接钢筋的间距，宜取 30～80 mm。

间接钢筋应配置在图 10.19 所规定的高度 h 范围内，对方格网式钢筋，不应少于 4 片；对螺旋式钢筋，不应少于 4 圈。

如验算不能满足式(10－35)时，对于方格钢筋网，应增加钢筋根数、加大钢筋直径或减小钢筋网的间距；对于螺旋钢筋，应加大钢筋直径或减小螺距。

10.3 预应力混凝土轴心受拉构件的应力分析

预应力混凝土构件往往还配有非预应力钢筋，预应力钢筋的应力与非预应力钢筋的应力不同。预应力混凝土轴心受拉构件从张拉预应力钢筋开始到构件破坏为止，可分为两个阶段：施工阶段和使用阶段。每个阶段又包括若干受力过程，不同阶段预应力钢筋、非预应力钢筋及混凝土的应力不同，而且它们数值大小还与施工方法(先张法还是后张法)有关，如图 10.20 所示。

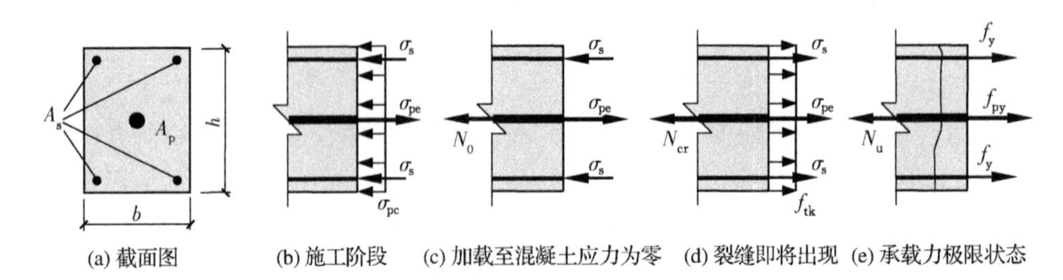

图 10.20 预应力轴心受拉构件各阶段计算简图

本节根据力的平衡及钢筋和混凝土的变形协调条件，分别对先张法和后张法预应力混凝土轴心受拉构件各阶段的预应力钢筋、非预应力钢筋及混凝土应力进行分析。在下面的分析中，A_p 和 A_s 分别表示预应力钢筋和非预应力钢筋的截面面积；σ_{pe}、σ_s 及 σ_{pc} 分别表示预应力钢筋、非预应力钢筋及混凝土的应力；A_c 表示混凝土截面面积；并在以下分析中规定：σ_{pe} 以受拉为正，σ_{pc} 及 σ_s 以受压为正。

10.3.1 先张法轴心受拉构件

1. 施工阶段

先张法预应力混凝土构件的施工开始于张拉预应力钢筋。制作先张法构件时，首先张拉预应力钢筋至 σ_{con}，并锚固于台座上，然后浇筑混凝土并进行养护。待混凝土强度达 75％$f_{cu,k}$ 以上时，放松预应力钢筋。预应力钢筋放松之前，预应力钢筋已产生了第一批预应力损失 $\sigma_{lI}=\sigma_{l1}+\sigma_{l3}+\sigma_{l4}$，而此时非预应力钢筋和混凝土的应力均为零。

(1) 放松预应力钢筋，压缩混凝土(完成第一批预应力损失 s_{lI})

放松预应力钢筋，混凝土开始受压。此时，预应力钢筋受拉，混凝土和非预应力钢筋均受压，无外力作用，构成一自平衡体系，如图 10.20(b)所示。非预应力钢筋和混凝土的应变相同，且均与预应力钢筋回缩的应变量相等。设此时混凝土的预压应力为 $\sigma_{pc}=\sigma_{pcI}$，则由变形协调条件可得

$$\sigma_s = \alpha_E \sigma_{pcI} \tag{10-39}$$

$$\sigma_{pe} = \sigma_{con} - \sigma_{lI} - \alpha_{Ep}\sigma_{pcI} \tag{10-40}$$

由平衡条件得

$$N = \sigma_{pe}A_p - (\sigma_{pc}A_c + \sigma_s A_s) = 0$$

即

$$(\sigma_{con} - \sigma_{lI} - \alpha_{Ep}\sigma_{pcI})A_p = \sigma_{pcI}A_c + \alpha_E\sigma_{pcI}A_s$$

解得

$$\sigma_{pcI} = \frac{(\sigma_{con} - \sigma_{lI})A_p}{A_c + \alpha_E A_s + \alpha_{Ep}A_p} = \frac{(\sigma_{con} - \sigma_{lI})A_p}{A_0} \tag{10-41}$$

式中，A_0 为构件的换算截面面积，$A_0 = A_c + \alpha_E A_s + \alpha_{Ep}A_p$，$\alpha_E$ 和 α_{Ep} 分别为非预应力钢筋和预应方钢筋的弹性模量与混凝土弹性模量的比值。对先张法轴心受拉构件，混凝土截面面积为 $A_c = A - A_s - A_p$，$A = bh$ 为构件的毛截面面积。

(2) 完成第二批预应力损失

当第二批预应力损失 $\sigma_{lII} = \sigma_{l5}$ 完成后(此时 $\sigma_l = \sigma_{lI} + \sigma_{lII} = \sigma_{l1} + \sigma_{l3} + \sigma_{l4} + \sigma_{l5}$)，由于混凝土的收缩和徐变以及压缩变形，导致预应力钢筋的拉应力降低，混凝土的预压应力下降。混凝土压应力由 σ_{pcI} 降低至 σ_{pcII}，非预应力钢筋的压应力降至 σ_{sII}，预应力钢筋的拉应力也由 σ_{peI} 降至 σ_{peII}。这种应力损失引起的预应力下降使构件的抗裂能力降低，因而计算时应考虑其影响。为了简化计算，假定非预应力钢筋由于混凝土收缩、徐变引起的压应力增量与预应力钢筋的该项预应力损失值相同，即近似取 σ_{l5}。此时

$$\sigma_{pc} = \sigma_{pcII} \tag{10-42}$$

$$\sigma_s = \alpha_E\sigma_{pcII} + \sigma_{l5} \tag{10-43}$$

$$\sigma_{pe} = \sigma_{con} - \sigma_l - \alpha_{Ep}\sigma_{pcII} \tag{10-44}$$

由平衡条件得

$$(\sigma_{con} - \sigma_l - \alpha_{Ep}\sigma_{pcII})A_p = \sigma_{pcII}A_c + (\alpha_E\sigma_{pcII} + \sigma_{l5})A_s$$

解得

$$\sigma_{pcII} = \frac{(\sigma_{con} - \sigma_l)A_p - \sigma_{l5}A_s}{A_0} \tag{10-45}$$

即为先张法预应力轴心受拉构件中建立的混凝土有效预压应力。

2. 使用阶段

使用阶段指从施加外荷载开始至构件破坏的阶段。

(1) 混凝土预压应力被抵消时

设此时的轴向拉力为 N_0(见图 10.20(c))，相应的预应力钢筋的有效应力为 σ_{p0}。荷载从零至 N_0，混凝土的应力从 σ_{pcII} 变为零，其应力的变化量为 $-\sigma_{pcII}$，则预应力钢筋和非预应力钢筋应力的变化量分别为 $\alpha_{Ep}\sigma_{pcII}$ 和 $-\alpha_E\sigma_{pcII}$，则此时

$$\sigma_{pc} = 0 \tag{10-46}$$

$$\sigma_s = \alpha_E\sigma_{pcII} + \sigma_{l5} - \alpha_E\sigma_{pcII} = \sigma_{l5} \tag{10-47}$$

$$\sigma_{pe} = \sigma_{con} - \sigma_l - \alpha_{Ep}\sigma_{pcII} + \alpha_{Ep}\sigma_{pcII} = \sigma_{con} - \sigma_l \tag{10-48}$$

根据平衡条件，并利用式(10-45)

$$N_0 = \sigma_{pe}A_p - \sigma_s A_s = (\sigma_{con} - \sigma_l)A_p - \sigma_{l5}A_s = \sigma_{pcII}A_0 \tag{10-49}$$

因为,当轴向拉力 N 等于 N_0 时,构件截面上混凝土的应力为零,消除了混凝土截面上的预压应力,故 N_0 也称为“消压拉力”。此时,尽管构件截面上混凝土的应力为零,但预应力混凝土构件已承担外荷载产生的轴向拉力 N_0。

(2) 混凝土即将开裂时

随着轴向拉力的继续增大,构件截面上混凝土将转而受拉,当拉应力达到混凝土抗拉强度标准值 f_{tk}时,构件截面即将开裂,设相应的轴向拉力为 N_{cr},如图 10.20(d)所示。荷载从 N_0 加至 N_{cr},混凝土的应力从零变为拉应力 f_{tk},其应力的变化量为$-f_{tk}$,则预应力钢筋和非预应力钢筋应力的变化量分别为 $\alpha_{Ep}f_{tk}$和$-\alpha_E f_{tk}$,则此时

$$\sigma_{pc}=-f_{tk} \tag{10-50}$$

$$\sigma_s=\sigma_{l5}-\alpha_E f_{tk} \tag{10-51}$$

$$\sigma_{pe}=\sigma_{con}-\sigma_l+\alpha_{Ep}f_{tk} \tag{10-52}$$

根据平衡条件,并利用式(10-45)

$$\begin{aligned}N_{cr}&=\sigma_{pe}A_p-\sigma_{pc}A_c-\sigma_s A_s\\&=(\sigma_{con}-\sigma_l+\alpha_{Ep}f_{tk})A_p+f_{tk}A_c-(\sigma_{l5}-\alpha_E f_{tk})A_s\\&=(\sigma_{con}-\sigma_l)A_p-\sigma_{l5}A_s+f_{tk}(A_c+\alpha_{Ep}A_p+\alpha_E A_s)\\&=\sigma_{pcII}A_0+f_{tk}A_0\\&=N_0+f_{tk}A_0\\&=(\sigma_{pcII}+f_{tk})A_0\end{aligned} \tag{10-53}$$

上式即为预应力轴心受拉构件的开裂荷载,可作为使用阶段对先张法构件进行抗裂度验算的依据。

(3) 构件破坏时

轴心受拉构件混凝土开裂后,裂缝截面混凝土退出工作,全部荷载由预应力钢筋和非预应力钢筋承担。随着荷载继续增大,裂缝截面上预应力钢筋及非预应力钢筋先后屈服,贯通裂缝骤然加宽,构件破坏。相应的轴向拉力极限值(即极限承载力)为 N_u,如图 10.20(e)所示。

由平衡条件可得

$$N_u=f_{py}A_p+f_y A_s \tag{10-54}$$

上式可作为使用阶段对先张法构件进行承载能力极限状态计算的依据。

10.3.2 后张法轴心受拉构件

1. 施工阶段

后张法预应力混凝土构件预应力钢筋的张拉是在结硬后的混凝土构件上,张拉预应力钢筋的同时,混凝土和非预应力钢筋被压缩。

(1) 在构件上张拉预应力钢筋至 σ_{con}时

在张拉预应力钢筋过程中,混凝土和非预应力钢筋同时被压缩。沿构件长度方向各截面均产生了数值不等的摩擦损失 $\sigma_{l2}(x)$,在张拉端 $\sigma_{l2}(x)=0$,离张拉端越远,该应力损失值越大。将预应力钢筋张拉到 σ_{con}时,设任一截面处混凝土应力为 σ_{cc},从张拉端累积到该截面的摩擦损失为用 $\sigma_{l2}(x)$,则此时该截面

$$\sigma_{pc}=\sigma_{cc} \tag{10-55}$$

$$\sigma_{pe} = \sigma_{con} - \sigma_{l2}(x) \tag{10-56}$$

由非预应力钢筋和混凝土的变形协调条件，可得

$$\sigma_s = \alpha_E \sigma_{cc} \tag{10-57}$$

由截面的平衡条件，可得

$$N = \sigma_{pe} A_p - \sigma_{pc} A_c - \sigma_s A_s = 0$$

即

$$\sigma_{pe} A_p = \sigma_{pc} A_c + \sigma_s A_s$$

$$(\sigma_{con} - \sigma_{l2}(x)) A_p = \sigma_{cc} A_c + \alpha_E \sigma_{cc} A_s$$

解得

$$\sigma_{cc} = \frac{(\sigma_{con} - \sigma_{l2}(x)) A_p}{A_c + \alpha_E A_s} = \frac{(\sigma_{con} - \sigma_{l2}(x)) A_p}{A_n} \tag{10-58}$$

式中，A_n 为构件扣除预应力钢筋后的换算面积，$A_n = A_c + \alpha_E A_s$，这里 $A_c = A - A_s - A_{孔}$。

在张拉端，$\sigma_{l2}(x) = 0$，由式(10-58)，σ_{cc} 达最大值，其值为

$$\sigma_{cc} = \frac{\sigma_{con} A_p}{A_n} \tag{10-59}$$

此值可作为施工阶段对后张法构件进行承载力验算的依据。

(2) 完成第一批预应力损失

当张拉完毕，将预应力钢筋锚固于构件上时，由于锚具变形和钢筋内缩产生预应力损失 σ_{l1}，从而完成了第一批预应力损失，$\sigma_{l\mathrm{I}} = \sigma_{l1} + \sigma_{l2}$。此时

$$\sigma_{pc} = \sigma_{pc\mathrm{I}} \tag{10-60}$$

$$\sigma_{pe} = \sigma_{con} - \sigma_{l\mathrm{I}} \tag{10-61}$$

$$\sigma_s = \alpha_E \sigma_{pc\mathrm{I}} \tag{10-62}$$

由平衡方程，可得

$$(\sigma_{con} - \sigma_{l\mathrm{I}}) A_p = \sigma_{pc\mathrm{I}} A_c + \alpha_E \sigma_{pc\mathrm{I}} A_s$$

解得

$$\sigma_{pc\mathrm{I}} = \frac{(\sigma_{con} - \sigma_{l\mathrm{I}}) A_p}{A_c + \alpha_E A_s} = \frac{(\sigma_{con} - \sigma_{l\mathrm{I}}) A_p}{A_n} \tag{10-63}$$

下面公式中 σ_{l5} 的计算，需要用到这里的 $\sigma_{pc\mathrm{I}}$。

(3) 完成第二批预应力损失时

由于预应力钢筋松弛、混凝土收缩徐变(对于环形构件还有挤压变形)，引起预应力损失 σ_{l4} 和 σ_{l5}(以及 σ_{l6})。完成第二批损失 $\sigma_{l\mathrm{II}} = \sigma_{l4} + \sigma_{l5}(+\sigma_{l6})$时，总的预应力损失 $\sigma_l = \sigma_{l\mathrm{I}} + \sigma_{l\mathrm{II}} = \sigma_{l1} + \sigma_{l2} + \sigma_{l4} + \sigma_{l5}(+\sigma_{l6})$。预应力钢筋的拉应力、混凝土的压应力以及非预应力钢筋的压应力均进一步降低，设此时混凝土的应力为 $\sigma_{pc\mathrm{II}}$，则

$$\sigma_{pc} = \sigma_{pc\mathrm{II}} \tag{10-64}$$

$$\sigma_{pe} = \sigma_{con} - \sigma_l \tag{10-65}$$

$$\sigma_s = \alpha_E \sigma_{pc\mathrm{II}} + \sigma_{l5} \tag{10-66}$$

由平衡方程，可解得

$$\sigma_{pc\mathrm{II}} = \frac{(\sigma_{con} - \sigma_l) A_p - \sigma_{l5} A_s}{A_n} \tag{10-67}$$

即为后张法构件中最终建立的混凝土有效预压应力。

2. 使用阶段

(1) 混凝土预压应力被抵消时

荷载从零至 N_0,混凝土的应力从 σ_{pcII} 变为零,其应力的变化量为 $-\sigma_{pcII}$,则预应力钢筋和非预应力钢筋应力的变化量分别为 $\alpha_{Ep}\sigma_{pcII}$ 和 $-\alpha_E\sigma_{pcII}$,则此时

$$\sigma_{pc} = \sigma_{pcII} - \sigma_{pcII} = 0 \tag{10-68}$$

$$\sigma_{pe} = \sigma_{con} - \sigma_l + \alpha_{Ep}\sigma_{pcII} \tag{10-69}$$

$$\sigma_s = \alpha_E\sigma_{pcII} + \sigma_{l5} - \alpha_E\sigma_{pcII} = \sigma_{l5} \tag{10-70}$$

由平衡条件,可得

$$\begin{aligned} N_0 &= \sigma_{pe}A_p - \sigma_s A_s \\ &= (\sigma_{con} - \sigma_l + \alpha_{Ep}\sigma_{pcII})A_p - \sigma_{l5}A_s \\ &= \sigma_{pcII}A_n + \alpha_{Ep}\sigma_{pcII}A_p \\ &= \sigma_{pcII}A_0 \end{aligned} \tag{10-71}$$

对比上式和先张法 N_0 的计算公式(10-49),两者形式完全相同。但需要注意,式中 σ_{pcII} 不同,后张法构件采用式(10-67),而先张法构件采用式(10-45)。

(2) 混凝土即将开裂时

荷载从 N_0 增至 N_{cr},混凝土的应力从零变为 f_{tk},其应力的变化量为 $-f_{tk}$,则预应力钢筋和非预应力钢筋应力的变化量分别为 $\alpha_{Ep}f_{tk}$ 和 $-\alpha_E f_{tk}$,则此时

$$\sigma_{pc} = -f_{tk} \tag{10-72}$$

$$\sigma_{pe} = \sigma_{con} - \sigma_l + \alpha_{Ep}\sigma_{pcII} + \alpha_{Ep}f_{tk} \tag{10-73}$$

$$\sigma_s = \sigma_{l5} - \alpha_E f_{tk} \tag{10-74}$$

由平衡条件可推出

$$\begin{aligned} N_{cr} &= \sigma_{pe}A_p - \sigma_{pc}A_c - \sigma_s A_s \\ &= (\sigma_{con} - \sigma_l + \alpha_{Ep}\sigma_{pcII} + \alpha_{Ep}f_{tk})A_p + f_{tk}A_c - (\sigma_{l5} - \alpha_E f_{tk})A_s \\ &= N_0 + f_{tk}A_0 \\ &= (\sigma_{pcII} + f_{tk})A_0 \end{aligned} \tag{10-75}$$

利用上式可对后张法轴心受拉构件使用阶段的抗裂度进行验算。

(3) 构件破坏时

构件开裂后,裂缝截面混凝土退出工作,全部荷载由预应力钢筋和非预应力钢筋承担。裂缝截面上预应力钢筋及非预应力钢筋均屈服时,构件达到其极限承载力 N_u。其破坏模式与先张法构件完全相同,如图 10.20(e)所示,因此,其轴向拉力极限值(即极限承载力)也与先张法构件相同,即

$$N_u = f_{py}A_p + f_y A_s \tag{10-76}$$

上式可作为使用阶段对后张法构件进行承载能力极限状态计算的依据。

图 10.21 为后张法预应力轴心受拉构件和普通钢筋混凝土轴心受拉构件的钢筋和混凝土应力在各阶段的变化图。通过对预应力混凝土与普通钢筋混凝土轴心受拉构件进行比较,可进一步得到预应力混凝土构件的一些特点。

① 预应力钢筋从张拉直至破坏始终处于高拉应力状态,而混凝土则在达到消压荷载 N_0 以前始终处于受压状态,预应力混凝土构件发挥了两种材料各自的特长。

② 预应力混凝土构件出现裂缝比普通钢筋混凝土构件迟得多,故构件的抗裂度大为提

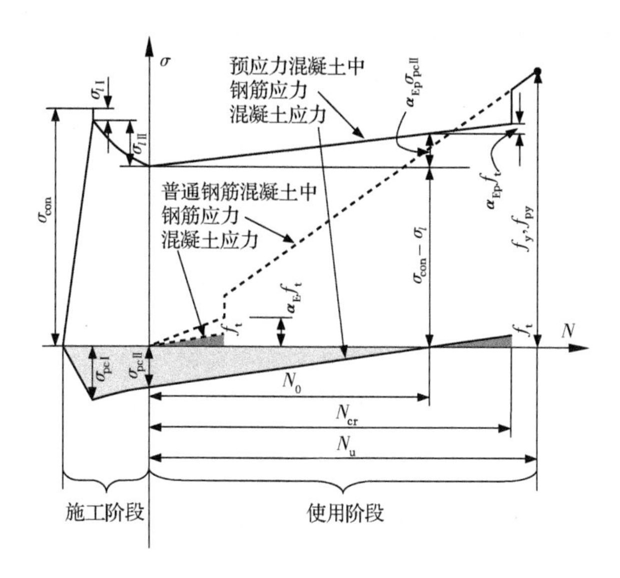

图 10.21　后张法预应力混凝土轴心受拉构件各阶段应力变化

高，但预应力混凝土构件裂缝的出现与构件的破坏比较接近。

③ 当材料强度和截面尺寸相同时，预应力混凝土构件的承载能力与普通钢筋混凝土构件的承载能力相同。

10.3.3　先张法、后张法预应力轴心受拉构件应力状态和计算公式比较

① 在上述对先张法、后张法预应力轴心受拉构件的分析中均假设预应力钢筋、非预应力钢筋和混凝土为线弹性材料；混凝土开裂之前钢筋与混凝土协调变形。所以，无论是对于先张法还是后张法，混凝土处于受压还是受拉状态，预应力钢筋应力的变化量均为混凝土应力变化量的 α_{Ep} 倍；非预应力钢筋应力的变化量均为混凝土应力变化量的 α_E 倍。

② 使用阶段 N_0、N_{cr} 和 N_u 的三个计算公式，不论先张法或后张法，公式形式都相同，但计算 N_0 和 N_{cr} 时先张法和后张法的 $\sigma_{pcⅡ}$ 不相同。

在 N_u 的计算公式中与 $\sigma_{pcⅡ}$ 无关，先张法或后张法预应力混凝土轴心受拉构件的极限承载力相同，它们也与相同条件（截面尺寸及配筋均相同）的普通钢筋混凝土构件的极限承载力相同，而与预应力的存在与否及大小无关，即施加预应力不能提高轴心受拉构件的极限承载力。

比较预应力混凝土轴心受拉构件的开裂荷载 $N_{cr}=(\sigma_{pcⅡ}+f_{tk})A_0=N_0+f_{tk}A_0$ 和普通钢筋混凝土轴心受拉构件的开裂荷载 $N_{cr}=f_{tk}A_0$ 可知，预应力混凝土轴心受拉构件比相同条件的普通混凝土轴心受拉构件的开裂荷载提高了 $N_0=\sigma_{pcⅡ}A_0$。故预应力混凝土构件出现裂缝比钢筋混凝土构件迟得多，构件抗裂度大为提高，但出现裂缝时的荷载值与破坏荷载值比较接近，延性较差。

由于先张法构件在张拉预应力钢筋时，混凝土还未浇筑，而在放松预应力钢筋时，预应力钢筋回缩、混凝土和非预应力钢筋受压同时发生，相当于一个大小为 $(\sigma_{con}-\sigma_l)A_p$ 的压力作用于配有预应力钢筋和非预应力钢筋的混凝土截面上。所以对于先张法轴心受拉构件，在求

σ_{pcII} 的公式中用 A_0。对于后张法构件,张拉预应力钢筋的过程中,混凝土和非预应力钢筋同时被压缩,相当于一个大小为$(\sigma_{con}-\sigma_l)A_p$ 的压力作用于配有非预应力钢筋的混凝土截面。所以对于后张法轴心受拉构件,在求 σ_{pcII} 的公式中用 A_n。其本质是后张法构件的 σ_{con} 是预应力钢筋回缩后的值,而先张法构件的 σ_{con} 是预应力钢筋回缩前的值。所以,如果采用相同的 σ_{con},构件的其他条件相同,则后张法构件的有效预压应力值 σ_{pcII} 要比先张法构件的有效预压应力值 σ_{pcII} 高些。

③ 尽管施加预应力不能提高轴心受拉构件的极限承载力,对于普通钢筋混凝土受拉构件,构件的开裂荷载很小,且混凝土开裂后,在钢筋应力很小时,因裂缝过大已不满足使用要求;而预应力混凝土受拉构件,构件的消压荷载和开裂荷载与混凝土有效预压应力值有关,它们的确定取决于混凝土的抗压强度,一般可以很高。另外,预应力钢筋从张拉直至构件破坏,始终处于高拉应力状态,预应力构件可以发挥钢筋和混凝土两种材料各自的特长。

10.4 预应力混凝土轴心受拉构件的计算和验算

为了保证预应力混凝土轴心受拉构件的可靠性,除要进行构件使用阶段的承载力计算、抗裂度验算或裂缝宽度验算外,还应对施工阶段的安全性进行验算,施工阶段安全性的验算主要包括张拉(或放松)预应力钢筋时混凝土抗压强度的验算以及后张法构件端部锚固区混凝土的局部受压验算。

10.4.1 施工阶段验算

1. 张拉(或放松)预应力钢筋时,构件承载力的验算

当放松预应力钢筋(先张法)或张拉预应力钢筋(后张法)时,混凝土将受到最大的预压应力 σ_{cc},而此时混凝土强度通常仅达到其设计强度的75%。为了保证在放松(或张拉)预应力钢筋时的安全,避免混凝土被压坏,应限制施加预应力过程中的混凝土所受到的压应力值。混凝土的预压应力应符合下列条件

$$\sigma_{cc} \leqslant 0.8f'_{ck} \tag{10-77}$$

式中,f'_{ck}——与放松(或张拉)预应力钢筋时混凝土立方体抗压强度 f'_{cu} 相应的轴心抗压强度标准值,可按附录2中的附表2-1以线性内插法选取。

先张法构件混凝土在放松(或切断)钢筋时,受到的预压应力最大。应按仅第一批预应力损失出现后的预应力钢筋内力值计算 σ_{cc},即

$$\sigma_{cc} = \frac{(\sigma_{con}-\sigma_{l\mathrm{I}})A_p}{A_0} \tag{10-78}$$

后张法张拉钢筋完毕至 σ_{con},而又未锚固时,张拉端锚固区混凝土受到的预压应力最大,且该处的摩擦预应力损失为零。因此,应按不考虑预应力损失的预应力钢筋内力值计算 σ_{cc},即

$$\sigma_{cc} = \frac{\sigma_{con}A_p}{A_n} \tag{10-79}$$

若采用超张拉工艺,式(10-79)中的 σ_{con} 应取相应的应力值,如 $1.05\sigma_{con}$ 等。

2. 构件端部锚固区局部抗压承载力验算

构件端部锚固区局部抗压承载力按照式(10-33)和(10-35)进行验算。

10.4.2　使用阶段的计算和验算

1. 构件承载力计算

在承载力极限状态，预应力混凝土轴心受拉构件，无论是先张法还是后张法构件，混凝土均退出工作，截面的计算简图如图10.20(e)所示，构件正截面抗拉承载力按下式计算

$$N \leqslant N_u = f_{py}A_p + f_yA_s \tag{10-80}$$

式中：

N——构件轴向拉力设计值；

N_u——构件所能承受的轴向拉力；

f_{py}、f_y——预应力钢筋及非预应力钢筋抗拉强度设计值；

A_p、A_s——预应力钢筋及非预应力钢筋的截面面积。

2. 抗裂度验算及裂缝宽度验算

由式(10-53)、式(10-75)可看出，如果轴向拉力值N不超过N_{cr}，构件不会开裂。其计算简图见图10.20(d)，则要求

$$N \leqslant N_{cr} = (\sigma_{pcII} + f_{tk})A_0 \tag{10-81}$$

将此式用应力形式表达，则可写成

$$\frac{N}{A_0} \leqslant \sigma_{pcII} + f_{tk} \tag{10-82}$$

$$\sigma_c - \sigma_{pcII} \leqslant f_{tk} \tag{10-83}$$

如果轴向拉力值N不超过N_0，则构件中不会出现拉应力。同理，要求

$$\sigma_c - \sigma_{pcII} \leqslant 0 \tag{10-84}$$

《混凝土结构设计规范》(GB 50010—2010)将预应力混凝土构件的抗裂等级划分为三个裂缝控制等级。所以，对于预应力混凝土轴心受拉构件，应根据其所处环境类别和结构类别等选用相应的裂缝控制等级进行验算。

(1) 严格要求不出现裂缝的构件(一级)

在荷载效应的标准组合下应符合下列规定

$$\sigma_{ck} - \sigma_{pcII} \leqslant 0 \tag{10-85}$$

即要求荷载效应的标准组合N_k下，构件截面混凝土不出现拉应力。

(2) 一般要求不出现裂缝的构件(二级)

对一般要求不出现裂缝的构件，要求在荷载效应的标准组合N_k下，构件截面混凝土可以出现拉应力，但拉应力小于混凝土抗拉强度的标准值而不能开裂。而在荷载效应的准永久组合N_q下，构件截面混凝土不出现拉应力。即应同时满足如下两个条件

① 在荷载效应的标准组合下应符合下列规定

$$\sigma_{ck} - \sigma_{pcII} \leqslant f_{tk} \tag{10-86}$$

② 在荷载效应的准永久组合下符合下列规定

$$\sigma_{cq} - \sigma_{pcII} \leqslant 0 \tag{10-87}$$

式(10-85)至(10-87)中：

σ_{ck}、σ_{cq}——按荷载效应的标准组合、准永久组合抗裂验算处混凝土的法向应力；

$$\sigma_{ck} = \frac{N_k}{A_0} \tag{10-88}$$

$$\sigma_{cq} = \frac{N_q}{A_0} \tag{10-89}$$

N_k、N_q ——按荷载效应的标准组合、准永久组合计算的轴向拉力值；

A_0 ——构件的换算截面面积，$A_0 = A_c + \alpha_E A_s + \alpha_{Ep} A_p$，$\alpha_E$ 和 α_{Ep} 分别为非预应力钢筋和预应力钢筋的弹性模量与混凝土弹性模量的比值；

σ_{pcII} ——扣除全部预应力损失后混凝土的预压应力，对先张法和后张法分别按式(10-45)和式(10-67)计算；

f_{tk}——混凝土轴心抗拉强度标准值，按表 2-5 取用。

(3) 允许出现裂缝的构件(三级)

按荷载效应的标准组合并考虑长期作用影响计算的最大裂缝宽度，应符合下列规定

$$w_{max} \leqslant w_{lim} \tag{10-90}$$

式中：

w_{max}——按荷载效应的标准组合并考虑长期作用影响计算的最大裂缝宽度；

w_{lim}——《混凝土结构耐久性设计规范》(GB/T50476—2008)规定的表面裂缝计算宽度限值，与结构的工作环境类别和作用等级等有关。

对于预应力混凝土轴心受拉构件，按荷载效应的标准组合，并考虑长期作用影响的最大裂缝宽度，可按下列公式计算

$$w_{max} = \alpha_{cr} \psi \frac{\sigma_{sk}}{E_{sp}} \left(1.9c + 0.08 \frac{d_{eq}}{\rho_{te}}\right) \tag{10-91}$$

$$\psi = 1.1 - 0.65 \frac{f_{tk}}{\rho_{te} \sigma_{sk}} \tag{10-92}$$

$$d_{eq} = \frac{\sum n_i d_i^2}{\sum n_i \nu_i d_i} \tag{10-93}$$

$$\rho_{te} = \frac{A_s + A_p}{A_{te}} \tag{10-94}$$

式中：

α_{cr}——构件受力特征系数，对预应力混凝土轴心受拉构件取 2.2；

ψ ——裂缝间纵向受拉钢筋应变不均匀系数，当$\psi < 0.2$时，取 $\psi = 0.2$；当$\psi > 1.0$时，取 $\psi = 1.0$；

σ_{sk}——按荷载效应的标准组合计算的预应力混凝土构件纵向受拉钢筋的等效应力，$\sigma_{sk} = \dfrac{N_k - N_{p0}}{A_p + A_s}$；

N_k ——按荷载效应的标准组合计算的轴向力；

N_{p0}——混凝土法向预应力等于零时，预应力钢筋及非预应力钢筋的合力；

E_{sp}——预应力钢筋弹性模量；

c ——最外层纵向受拉钢筋外边缘至受拉区底边的距离(单位为 mm)，当$c < 20$ mm时，取 $c = 20$ mm；当 $c > 65$ mm 时，取 $c = 65$ mm；

ρ_{te}——按有效受拉混凝土截面面积计算的纵向受拉钢筋配筋率；在最大裂缝宽度计算中，

当 $\rho_{te}<0.01$ 时，取 $\rho_{te}=0.01$；

A_{te}——有效受拉混凝土截面面积，对轴心受拉构件，取构件截面面积，$A_{te}=bh$；

A_s——受拉区纵向非预应力钢筋截面面积；

A_p——受拉区纵向预应力钢筋截面面积；

d_{eq}——受拉区纵向钢筋的等效直径，mm；

d_i——受拉区第 i 种纵向钢筋的公称直径，mm；

n_i——受拉区第 i 种纵向钢筋的根数；

ν_i——受拉区第 i 种纵向钢筋的相对粘结特性系数，取值可查表 10－5。

表 10－5　钢筋的相对粘结特性系数

钢筋类别	非预应力钢筋		先张法预应力钢筋			后张法预应力钢筋		
	光圆钢筋	带肋钢筋	带肋钢筋	螺旋筋钢丝	刻痕钢丝钢绞线	带肋钢筋	钢绞线	光圆钢丝
ν_i	0.7	1.0	1.0	0.8	0.6	0.8	0.5	0.4

注：对环氧树脂涂层带肋钢筋，其相对粘结特性系数应按表中系数的 0.8 倍取用。

例 10－1　已知一预应力混凝土屋架(跨度为 24000 mm)，其下弦杆截面为 $b\times h=300\text{ mm}\times 200\text{ mm}$ 的矩形，混凝土强度等级为 C60，普通钢筋采用 4 根直径为 14 mm 的 HRB400 级热轧钢筋($A_s=616\text{ mm}^2$)；预应力钢筋采用 1×7 标准型低松弛钢绞线束，每束 $4\phi^s15.2(4\times139=556\text{ mm}^2)$，锚具采用夹片式 OVM 锚具，一端张拉，锚具直径为 120 mm，锚具下有 20 mm 厚垫板，孔道采用充压橡皮管抽芯成型。根据计算，该杆件承受内力为：永久荷载标准值产生的轴向拉力 $N_{Gk}=850\times10^3\text{ N}$，可变荷载标准值产生的轴向拉力 $N_{Qk}=350\times10^3\text{ N}$，可变荷载的准永久值系数 $\psi_q=0.5$，结构重要性系数 $\gamma_0=1.1$，裂缝控制等级为二级，即一般要求不出现裂缝。张拉控制应力 $\sigma_{con}=0.70f_{ptk}$，张拉时混凝土达到 100%的设计强度。设计该屋架下弦杆。

解　① 材料特性

混凝土：由表 2－5 得，C60 混凝土的 $f_c=27.5\text{ N/mm}^2$，$f_{ck}=38.5\text{ N/mm}^2$，$f_t=2.04\text{ N/mm}^2$，$f_{tk}=2.85\text{ N/mm}^2$，$E_c=3.60\times10^4\text{ N/mm}^2$，由表 5－1 知 $\alpha_1=0.98$，$\beta_1=0.78$。

普通钢筋：由表 2－6 得，HRB400 钢筋的 $f_y=f'_y=360\text{ N/mm}^2$，$f_{yk}=400\text{ N/mm}^2$，$E_s=2.0\times10^5\text{ N/mm}^2$。

预应力钢筋：由表 2－7 得，1×7 标准型 1860 级低松弛钢绞线束的 $f_{ptk}=1860\text{ N/mm}^2$，$f_{py}=1320\text{ N/mm}^2$，$E_{sp}=1.95\times10^5\text{ N/mm}^2$。后张法钢绞线控制应力取 $\sigma_{con}=0.70f_{ptk}=0.70\times1860=1302\text{ N/mm}^2$。

② 截面内力计算

永久荷载标准值产生的的轴向拉力 $N_{Gk}=850\times10^3\text{ N}$

可变荷载标准值产生的轴向拉力 $N_{Qk}=350\times10^3\text{ N}$

轴向拉力的标准组合值

$$N_k=N_{Gk}+N_{Qk}=850\times10^3+350\times10^3=1200\times10^3\text{ N}$$

轴向拉力的准永久组合值

$$N_q = N_{Gk} + \psi_q N_{Qk} = 850\times10^3 + 0.5\times350\times10^3 = 1\ 025\times10^3\ \text{N}$$

可变荷载效应控制的基本组合

$$N_1 = \gamma_G N_{Gk} + \gamma_Q N_{Qk} = 1.2\times850\times10^3 + 1.4\times350\times10^3 = 1510\times10^3\ \text{N}$$

永久荷载效应控制的基本组合

$$N_2 = \gamma_G N_{Gk} + \gamma_Q \psi_c N_{Qk} = 1.35\times850\times10^3 + 1.4\times0.7\times350\times10^3 = 1490.5\times10^3\ \text{N}$$

设计值取 N_1 和 N_2 的大者，则 $N=1510\times10^3$ N。

③ 钢筋面积计算

根据使用阶段的承载力，令 $N_u=\gamma_0 N$，由式(10-76)，有

$$A_p = \frac{\gamma_0 N - f_y A_s}{f_{py}} = \frac{1.1\times1510\times10^3 - 360\times616}{1320} = 1090\ \text{mm}^2$$

采用2束1×7标准型低松弛钢绞线束，每束4ϕ^s15.2，$A_p=2\times4\times139=1112\ \text{mm}^2$。

④ 截面几何特性(为简化，未考虑孔道对截面面积的影响)

预应力钢筋面积 $A_p=1112\ \text{mm}^2$，非预应力钢筋面积 $A_s=616\ \text{mm}^2$。

$$\alpha_{Ep} = E_{sp}/E_c = 1.95\times10^5/(3.60\times10^4) = 5.4167$$

$$\alpha_E = E_s/E_c = 2\times10^5/(3.60\times10^4) = 5.5556$$

梁截面面积

$$A = b\times h = 300\ \text{mm}\times200\ \text{mm} = 6\times10^4\ \text{mm}^2$$

$$A_n = A + \alpha_E A_s = 6\times10^4 + 5.5556\times616 = 6.3422\times10^4\ \text{mm}^2$$

$$A_0 = A_n + \alpha_{Ep} A_p = 6.3422\times10^4 + 5.4167\times1112 = 6.9445\times10^4\ \text{mm}^2$$

⑤ 截面预应力损失计算

a. 锚具变形损失 σ_{l1}

由表10-2得夹片式锚具因锚具变形和钢筋内缩值 $a=5$ mm，对于直线型孔道，由式(10-1)，有

$$\sigma_{l1} = \frac{a}{l}E_{sp} = \frac{5}{24000}\times1.95\times10^5 = 40.63\ \text{N/mm}^2$$

b. 摩擦损失 σ_{l2}

由表10-3可知，充压橡皮管抽芯成型孔道的摩擦系数 κ 及 μ 值分别为 $\kappa=0.0014\ \text{m}^{-1}$，$\mu=0.55$。按锚固端计算该项预应力损失，$x=24$ m，$\theta=0$，则由式(10-12)得

$$\sigma_{l2} = \sigma_{l2}(24) = \sigma_{con}\left(1-\frac{1}{e^{\kappa x+\mu\theta}}\right) = 1302\times\left(1-\frac{1}{e^{0.0014\times24+0.55\times0}}\right) = 43.02\ \text{N/mm}^2$$

c. 松弛损失 σ_{l4}(低松弛)

因控制应力 $\sigma_{con}=0.70f_{ptk}$，故采用式(10-18)计算，即

$$\sigma_{l4} = 0.125\left(\frac{\sigma_{con}}{f_{ptk}} - 0.5\right)\sigma_{con}$$

$$= 0.125 \times (0.7 - 0.5) \times 1302 = 32.55\ \text{N/mm}^2$$

d. 混凝土的收缩徐变预应力损失 σ_{l5}

混凝土达到 100%的设计强度时开始张拉预应力钢筋，$f'_{cu}=f_{cu,k}=60\ \text{N/mm}^2$。截面的配筋率为

$$\rho = \frac{A_p + A_s}{A} = \frac{1112 + 616}{6 \times 10^4} = 0.0288$$

第一批预应力损失为

$$\sigma_{lI} = \sigma_{l1} + \sigma_{l2} = 40.63 + 43.02 = 83.65\ \text{N/mm}^2$$

$$\sigma_{pcI} = \frac{N_{pI}}{A_n} = \frac{A_p(\sigma_{con} - \sigma_{lI})}{A_n}$$

$$= \frac{1112 \times (1302 - 83.65)}{6.3422 \times 10^4}$$

$$= 21.32\ \text{N/mm}^2 < 0.5 f'_{cu} = 0.5 \times 60 = 30\ \text{N/mm}^2$$

由式(10-24)，得

$$\sigma_{l5} = \frac{35 + 280\dfrac{\sigma_{pc}}{f'_{cu}}}{1 + 15\rho} = \frac{35 + 280 \times \dfrac{21.32}{60}}{1 + 15 \times 0.0288} = 93.92\ \text{N/mm}^2$$

则第二批预应力损失为

$$\sigma_{lII} = \sigma_{l4} + \sigma_{l5} = 32.55 + 93.92 = 126.47\ \text{N/mm}^2$$

总的预应力损失 σ_l 为

$$\sigma_l = \sigma_{lI} + \sigma_{lII} = 83.65 + 126.47 = 210.12\ \text{N/mm}^2$$

$$> 80\ \text{N/mm}^2$$

⑥ 裂缝控制验算

混凝土有效预压应力计算

$$\sigma_{pcII} = \frac{(\sigma_{con} - \sigma_l)A_p - \sigma_{l5}A_s}{A_n}$$

$$= \frac{(1302 - 210.12) \times 1112 - 93.92 \times 616}{6.3422 \times 10^4} = 18.23\ \text{N/mm}^2$$

a. 荷载效应标准组合情况下

$$\sigma_{ck} = \frac{N_k}{A_0} = \frac{1200 \times 10^3}{6.9445 \times 10^4} = 17.28\ \text{N/mm}^2$$

则 $\sigma_{ck}-\sigma_{pcII}=17.28-18.25=-0.95\ \text{N/mm}^2<f_t=2.85\ \text{N/mm}^2$，满足要求。

b. 荷载效应准永久组合情况下

$$\sigma_{cq} = \frac{N_q}{A_0} = \frac{1\,025 \times 10^3}{6.9445 \times 10^4} = 14.76\ \text{N/mm}^2$$

则 $\sigma_{cq}-\sigma_{pcII}=14.76-18.25=-3.49\ \text{N/mm}^2<0$，满足要求。

⑦ 施工阶段验算

最大张拉力

$$N_p = \sigma_{con}A_p$$

$$= 1302 \times 1112 = 1447.824 \times 10^3\ \text{N}$$

截面上混凝土的最大压应力

$$\sigma_{cc} = \frac{N_p}{A_n} = \frac{1447.824 \times 10^3}{6.3422 \times 10^4}$$
$$= 22.83\ \text{N/mm}^2 < 0.8 f'_{ck} = 0.8 \times 38.5 = 30.80\ \text{N/mm}^2$$

则可判断满足要求。

⑧ 锚具下局部受压验算

a. 端部受压区截面尺寸验算

OVM锚具的直径为120 mm,锚具下垫板厚20 mm,局部受压面积可按压力F_l从锚具边缘在垫板中按45°扩散的面积计算,在计算局部受压计算底面积时,近似地可按图10.22(a)两实线所围的矩形面积代替两个圆面积。

$$A_l = 300 \times (120 + 2 \times 20) = 48000\ \text{mm}^2$$

锚具下局部受压计算底面积

$$A_b = 300 \times (160 + 2 \times 70) = 90000\ \text{mm}^2$$

混凝土局部受压净面积

$$A_{ln} = 300 \times (120 + 2 \times 20) - 2 \times \frac{\pi \times 55^2}{4} = 43248\ \text{mm}^2$$

$$\beta_l = \sqrt{\frac{A_b}{A_l}} = \sqrt{\frac{90000}{48000}} = 1.3693$$

当$f_{cu,k}$=60 N/mm²时,按直线内插法得β_c=0.9333,按式(10-33),有

$$F_l = 1.2\sigma_{con}A_p = 1.2 \times 1302 \times 1112 = 1737.389 \times 10^3\ \text{N}$$
$$\leqslant 1.35\beta_c\beta_l f_c A_{ln} = 1.35 \times 0.9333 \times 1.3693 \times 27.5 \times 43248$$
$$= 2\,051.882 \times 10^3\ \text{N}$$

则可判断满足要求。

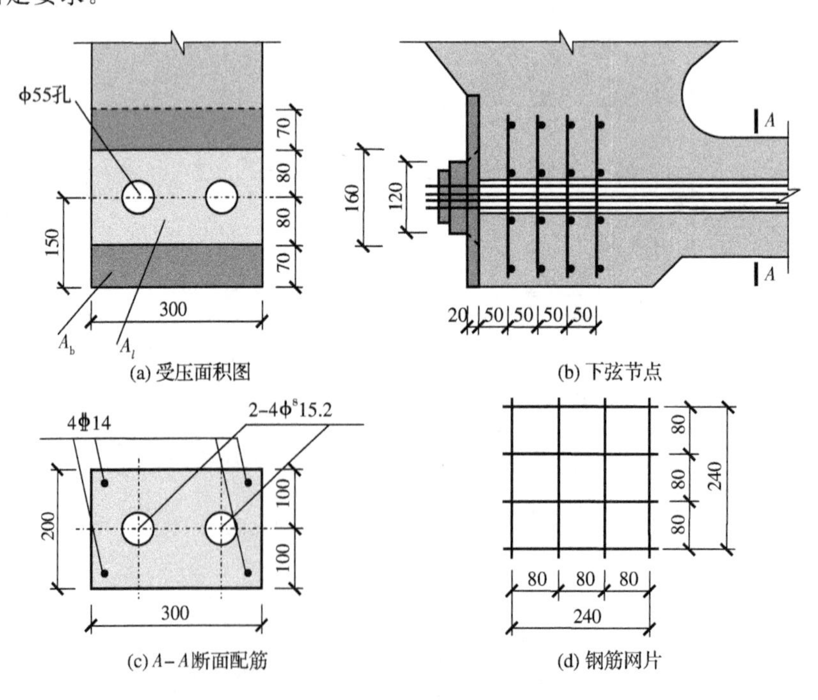

图10.22　例10-1图

b. 局部抗压承载力计算

间接钢筋采用 4 片Φ8 方格焊接网片($A_s=50.3\ \text{mm}^2$，$f_y=210\ \text{N/mm}^2$)，见图 10.22(b)，间距 $s=50$ mm，网片尺寸见图 10.22(d)。

$$A_{cor}=240\times240=57600\ \text{mm}^2>A_l=48000\ \text{mm}^2$$

$$\beta_{cor}=\sqrt{\frac{A_{cor}}{A_l}}=\sqrt{\frac{57600}{48000}}=1.0954$$

间接钢筋的体积配筋率

$$\rho_v=\frac{n_1A_{s1}l_1+n_2A_{s2}l_2}{A_{cor}s}=\frac{4\times50.3\times240+4\times50.3\times240}{57600\times50}=0.0335$$

按式(10－35)，有

$$\begin{aligned}0.9(\beta_c\beta_l f_c+2\alpha\rho_v\beta_{cor}f_y)A_{ln}&=0.9\times(0.9333\times1.3693\times27.5\\&\quad+2\times0.9500\times0.0335\times1.0954\times210)\times43248\\&=1937.822\times10^3\ \text{N}>F_l=1737.389\times10^3\ \text{N}\end{aligned}$$

则可判断满足要求。

10.5 预应力混凝土受弯构件应力分析

与预应力混凝土轴心受拉构件类似，预应力混凝土受弯构件的受力过程也分为施工和使用两个阶段。

如前所述，预应力混凝土轴心受拉构件中，预应力钢筋 A_p 和非预应力钢筋 A_s 均在截面内对称布置，预应力钢筋的总拉力 $A_p\sigma_{pe}$ 作用在截面的形心轴上，可以认为在混凝土内建立的预压应力 σ_{pc} 是均匀分布的，即全截面均匀受压。然而，在预应力混凝土受弯构件中，预应力钢筋在截面内一般不会对称布置，沿构件长度方向，预应力钢筋的布置可能为直线型也可能为曲线型。通过张拉预应力钢筋所建立的混凝土预应力 σ_{pc} 值(一般为压应力，有时也可能为拉应力)沿截面高度方向是变化的。在受弯构件中，如果截面只配置预应力钢筋 A_p，则预应力钢筋的总拉力 $A_p\sigma_{pe}$ 对截面是偏心的压力，应力图形为两个三角形，上边缘的预拉应力和下边缘的预压应力分别用 σ'_{pc}、σ_{pc} 表示，如图 10.23 所示。如果同时配置 A_p 和 A'_p(一般 $A_p>A'_p$)，则预应力钢筋 A_p 和 A'_p 的张拉力的合力 N_p 位于 A_p 和 A'_p 之间，此时混凝土的预应力图形有两种可能：如果 A'_p 较少，应力图形为两个三角形，σ'_{pc} 为拉应力；如果 A'_p 较多，应力图形为梯形，σ'_{pc} 为压应力，其值小于 σ_{pc}，如图 10.24 所示。另外，为了防止构件在制作、运输和吊装等施工阶段出现裂缝，在梁的受拉区和受压区通常也配置一些非预应力钢筋 A_s 和 A'_s。

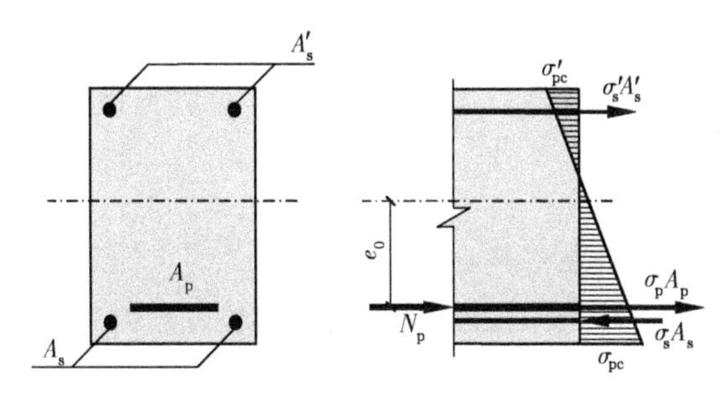

图 10.23　仅受拉区配置预应力钢筋的受弯截面应力

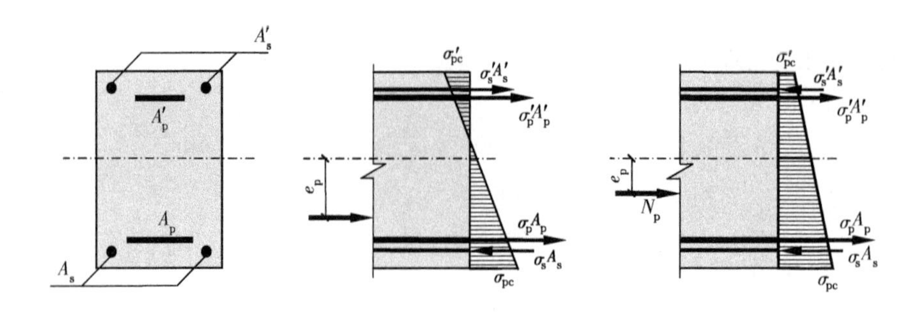

图 10.24 受拉区、受压区均配置预应力钢筋的受弯截面应力

由于对混凝土施加了预应力,使构件在使用阶段截面不产生拉应力或不开裂,因此,不论哪种应力图形,都可把预应力钢筋的合力视为作用在换算截面上的偏心压力,并把混凝土看作为理想弹性体。对于图 10.24 所示的配有预应力钢筋 A_p、A'_p 和非预应力钢筋 A_s、A'_s 的受弯构件,根据截面的平衡条件,以及钢筋和混凝土变形协调条件,对预应力混凝土受弯构件各受力阶段的截面应力进行分析,可得出截面上混凝土法向预应力 σ_{pc}、预应力钢筋的应力 σ_{pe},预应力钢筋和非预应力钢筋的合力 $N_{p0}(N_p)$ 及其偏心距 $e_{p0}(e_{pn})$ 等。

受弯构件分析中采用的面积、应力、压力等的符号与轴心受拉构件相同,但对于受压区的钢筋面积和应力符号在右上方位置加一斜撇;应力的正负号规定也与轴心受拉构件相同,即 σ_{pe} 以受拉为正,σ_{pc} 及 σ_s 以受压为正。

10.5.1 施工阶段

1. 先张法构件

对于先张法构件,如图 10.25(a)所示,在进行截面分析时,把预应力钢筋的合力视为作用在配有预应力钢筋、非预应力钢筋的混凝土截面上,其换算截面面积和惯性矩分别为 A_0 和 I_0,则

$$\sigma_{pc} = \frac{N_{p0}}{A_0} \pm \frac{N_{p0}e_{p0}}{I_0}y_0 \tag{10-95}$$

$$N_{p0} = (\sigma_{con} - \sigma_l)A_p + (\sigma'_{con} - \sigma'_l)A'_p - \sigma_{l5}A_s - \sigma'_{l5}A'_s \tag{10-96}$$

$$e_{p0} = \frac{(\sigma_{con} - \sigma_l)A_p y_p - (\sigma'_{con} - \sigma'_l)A'_p y'_p - \sigma_{l5}A_s y_s + \sigma'_{l5}A'_s y'_s}{(\sigma_{con} - \sigma_l)A_p + (\sigma'_{con} - \sigma'_l)A'_p - \sigma_{l5}A_s - \sigma'_{l5}A'_s} \tag{10-97}$$

式中:

A_0 ——换算截面面积,$A_0 = A_c + \alpha_E A_s + \alpha_E A'_s + \alpha_{Ep}A_p + \alpha_{Ep}A'_p$,其中 $A_c = A - A_s - A_p$,A 为构件截面面积。对由不同强度等级混凝土组成的截面,应根据混凝土弹性模量比值换算成同一强度等级混凝土的截面面积;

I_0——换算截面惯性矩;

y_0——换算截面重心至所计算纤维处的距离;

y_p、y'_p ——受拉区、受压区的预应力钢筋合力点至换算截面重心的距离;

y_s、y'_s ——受拉区、受压区的非预应力钢筋合力点至换算截面重心的距离;

σ_{p0}、σ'_{p0}——受拉区、受压区的预应力钢筋合力点处混凝土法向应力等于零时的预应力钢

筋应力

$$\sigma_{p0}=\sigma_{con}-\sigma_l,\quad \sigma'_{p0}=\sigma'_{con}-\sigma'_l \tag{10-98}$$

加载前的施工阶段预应力钢筋及非预应力钢筋的应力分别为

$$\sigma_{pe}=\sigma_{con}-\sigma_l-\alpha_{Ep}\sigma_{pc},\quad \sigma'_{pe}=\sigma'_{con}-\sigma'_l-\alpha_{Ep}\sigma'_{pc} \tag{10-99}$$

$$\sigma_s=\alpha_E\sigma_{pc}+\sigma_{l5},\quad \sigma'_s=\alpha_E\sigma'_{pc}+\sigma'_{l5} \tag{10-100}$$

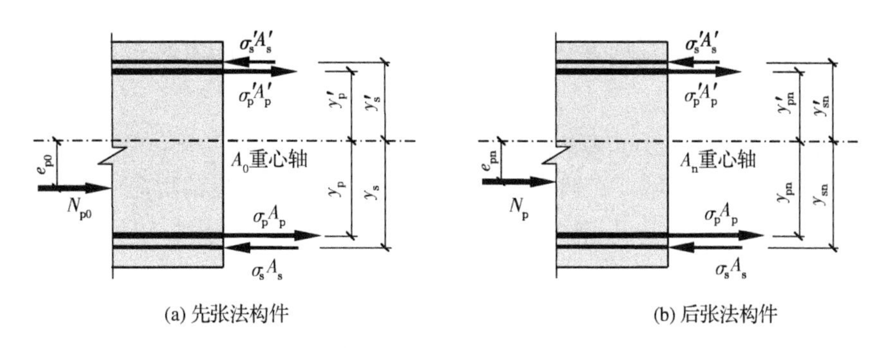

图 10.25　配有预应力钢筋和非预应力钢筋的受弯构件截面

2. 后张法构件

对于后张法构件，如图 10.25(b)所示，在进行截面分析时，把预应力钢筋的合力视为作用在配有非预应力钢筋的混凝土截面上(与先张法的区别在于此处的换算面积不应包含预应力钢筋的换算面积)，其换算截面面积和惯性矩分别为 A_n 和 I_n，则

$$\sigma_{pc}=\frac{N_p}{A_n}\pm\frac{N_p e_{pn}}{I_n}y_n \tag{10-101}$$

$$N_p=\sigma_{pe}A_p+\sigma'_{pe}A'_p-\sigma_s A_s-\sigma'_s A'_s \tag{10-102}$$

$$e_{pn}=\frac{(\sigma_{con}-\sigma_l)A_p y_{pn}-(\sigma'_{con}-\sigma'_l)A'_p y'_{pn}-\sigma_{l5}A_s y_{sn}+\sigma'_{l5}A'_s y'_{sn}}{(\sigma_{con}-\sigma_l)A_p+(\sigma'_{con}-\sigma'_l)A'_p-\sigma_{l5}A_s-\sigma'_{l5}A'_s} \tag{10-103}$$

式中：

A_n ——不包含预应力钢筋作用的截面换算面积，$A_n=A_c+\alpha_E A_s+\alpha_E A'_s$，其中 A_c 为混凝土(扣除孔道、凹槽等消弱部分以及非预应力钢筋所占面积后)的净面积，对由不同强度等级混凝土组成的截面，应根据混凝土弹性模量比值换算成同一强度等级混凝土的截面面积；

I_n ——不包含预应力钢筋作用的换算截面惯性矩；

y_n ——A_n 重心至所计算纤维处的距离；

y_{pn}、y'_{pn}——受拉区、受压区的预应力钢筋合力点至 A_n 重心的距离；

y_{sn}、y'_{sn}——受拉区、受压区的非预应力钢筋合力点至 A_n 重心的距离；

σ_{pe}、σ'_{pe}——受拉区、受压区预应力钢筋的有效应力；

σ_s、σ'_s ——受拉区、受压区非预应力钢筋的应力。

加载前的施工阶段预应力钢筋及非预应力钢筋的应力分别为

$$\sigma_{pe}=\sigma_{con}-\sigma_l,\quad \sigma'_{pe}=\sigma'_{con}-\sigma'_l \tag{10-104}$$

$$\sigma_s=\alpha_E\sigma_{pc}+\sigma_{l5},\quad \sigma'_s=\alpha_E\sigma'_{pc}+\sigma'_{l5} \tag{10-105}$$

10.5.2　使用阶段

构件在外荷载 M 作用下，在截面混凝土上产生的应力为

$$\sigma=\frac{M}{I_0}y \tag{10-106}$$

式中，I_0 为换算截面的惯性矩，y 为至换算截面重心的距离。则在截面受拉下边缘混凝土的法向应力为

$$\sigma=\frac{M}{W_0} \tag{10-107}$$

式中，W_0 为换算截面受拉边缘的弹性抵抗矩，$W_0=I_0/y_{0l}$，其中 y_{0l}为换算截面重心至受拉下边缘的距离。

1. 截面下边缘混凝土应力为零时

设此时的外荷载为 M_0，则外荷载 M_0 在截面下边缘混凝土产生的法向应力恰好抵消混凝土的预压应力 $\sigma_{pcⅡ}$，即 $\sigma-\sigma_{pcⅡ}=0$，则有

$$M_0=\sigma_{pcⅡ}W_0 \tag{10-108}$$

式中的 $\sigma_{pcⅡ}$ 为第二批预应力损失完成后，受弯构件受拉边缘处的混凝土预压应力，对先张法和后张法分别按式(10-95)和(10-101)计算。

这里需注意的是，对于轴心受拉构件，当加荷至 N_0 时，全截面的混凝土应力均等于零。而对于受弯构件，当加荷至 M_0 时，仅截面受拉边缘处的混凝土应力为零，而截面上其他位置混凝土的应力并不为零。

2. 预应力钢筋合力点处混凝土法向应力为零时

设此时的外荷载为 M_{0p}，则在外荷载 M_{0p}的作用下，在预应力钢筋合力点处产生的拉应力恰好抵消该处混凝土的预压应力 $\sigma_{pcpⅡ}$，即 $\sigma-\sigma_{pcpⅡ}=0$。外荷载由零增加到 M_{0p}，该处混凝土应力由 $-\sigma_{pcpⅡ}$ 变为零，其变化量为 $\sigma_{pcpⅡ}$。所以，该处预应力钢筋应力的增加量为 $\alpha_{Ep}\sigma_{pcpⅡ}$。

对于先张法，此时预应力钢筋的应力为

$$\begin{aligned}\sigma_{p0}&=\sigma_{con}-\sigma_l-\alpha_{Ep}\sigma_{pcpⅡ}+\alpha_{Ep}\sigma_{pcpⅡ}\\&=\sigma_{con}-\sigma_l\end{aligned} \tag{10-109}$$

对于后张法，此时预应力钢筋的应力为

$$\sigma_{p0}=\sigma_{con}-\sigma_l+\alpha_{Ep}\sigma_{pcpⅡ} \tag{10-110}$$

式中，$\sigma_{pcpⅡ}$ 为第二批预应力损失完成后，受弯构件预应力钢筋合力点处混凝土的预压应力。为简化计算，可近似取等于混凝土截面下边缘的混凝土的预压应力 $\sigma_{pcⅡ}$，而将式(10-110)写成

$$\sigma_{p0}=\sigma_{con}-\sigma_l+\alpha_{Ep}\sigma_{pcⅡ} \tag{10-111}$$

3. 截面受拉边缘混凝土即将开裂时

加荷至受拉边缘混凝土即将开裂时，设开裂弯矩为 M_{cr}。对预应力混凝土受弯构件，确定 M_{cr}通常有以下两种计算方法。

(1) 按弹性材料计算

不考虑受拉区混凝土的塑性，即构件截面上混凝土应力按直线分布(见图 10.26(a))，认为加荷至受拉边缘混凝土应力等于 f_{tk}时构件开裂，则有

$$\frac{M_{cr}}{W_0}-\sigma_{pcⅡ}=f_{tk} \tag{10-112}$$

可得

$$M_{cr}=(\sigma_{pcII}+f_{tk})W_0 \tag{10-113}$$

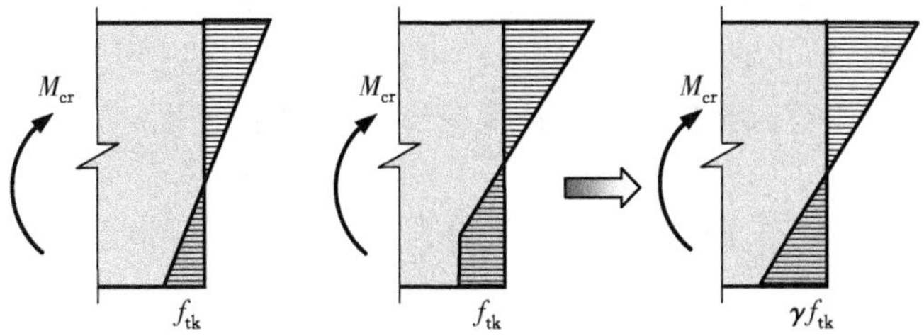

(a) 按弹性计算　　(b) 按弹塑性计算　　(b) 按塑性影响系数计算

图 10.26　开裂弯矩的确定

(2) 考虑受拉区混凝土的塑性

考虑到在构件中混凝土开裂前将产生一定的塑性变形，假设其应力分布如图 10.26(b)所示，则其受拉边缘开裂时的实际应变将大于按弹性计算时 f_{tk}所对应的应变。通常是对混凝土的抗拉强度乘以一个大于 1 的系数来考虑混凝土受拉时的塑性对开裂荷载的影响，即认为受拉边缘混凝土的应力达到 γf_{tk}时，构件开裂，如图 10.26(c)所示。则构件开裂时，有

$$\frac{M_{cr}}{W_0}-\sigma_{pcII}=\gamma f_{tk} \tag{10-114}$$

可得

$$M_{cr}=(\sigma_{pcII}+\gamma f_{tk})W_0 \tag{10-115}$$

式中，γ 为混凝土构件的截面抵抗矩塑性影响系数，是一个大于 1 的系数，其意义是将考虑混凝土塑性的受拉区应力等效转化为直线分布时，受拉边缘混凝土抗拉强度的增大系数。显然，考虑混凝土塑性后计算的开裂弯矩大于按弹性计算的开裂弯矩。根据平截面应变假定，可确定混凝土构件截面抵抗矩塑性影响系数基本值 γ_m，常用截面形式的 γ_m 见附录 3 中的附表 3-2，如矩形截面 $\gamma_m=1.55$，而混凝土构件的截面抵抗矩塑性影响系数 γ 可按下式计算

$$\gamma=\left(0.7+\frac{120}{h}\right)\gamma_m \tag{10-116}$$

4. 破坏时的极限弯矩

当受拉区出现垂直裂缝时，裂缝截面受拉区混凝土退出工作，由钢筋承担全部拉力。开裂后再继续增加荷载，受拉区预应力钢筋和非预应力钢筋的拉应力均逐渐增大，受压区混凝土和非预应力钢筋的压应力也逐渐增大，而受压区预应力钢筋的拉应力逐渐减小。如果构件钢筋配置适当，或者说混凝土受压区高度满足条件

$$x\leqslant x_b$$

式中，x 和 x_b 分别为截面的受压区计算高度和界限受压区计算高度。受拉区全部钢筋(包括预应力及非预应力钢筋)首先屈服，而后受压区混凝土受压破坏。预应力混凝土受弯构件在正截面承载力极限状态时的应力状态与钢筋混凝土受弯构件的相似，计算方法亦基本相同。因此，施加预应力不能提高受弯构件的抗弯承载力。

如果同时在截面上部和下部均配置预应力钢筋，而且仍满足条件 $x\leqslant x_b$，受拉钢筋仍将先达到屈服，而后受压区混凝土受压破坏，但此时受压区预应力钢筋应力总不会达到屈服，而且

可能仍为拉力，其应力状态可根据控制应力大小确定。如果受压区预应力钢筋应力在受压区混凝土受压破坏时仍为拉力，它将降低构件抗弯承载能力。另外，受压区预压力还将降低受拉边缘混凝土的预压应力，使正截面抗裂度降低。由此可见，受压区预应力钢筋应尽量不用，只有在受拉区预应力钢筋张拉时会使上部边缘混凝土开裂时才使用。

10.6 预应力混凝土受弯构件挠度分析

预应力混凝土结构由于应用了高强度材料，和钢筋混凝土结构相比，截面尺寸相对较小，尤其是对大跨度结构，挠度问题需要特别注意。

10.6.1 预应力混凝土受弯构件的挠度和反拱

从广义来讲，挠度也包括反拱，但在预应力混凝土结构设计中，为了避免出错，通常挠度是指由荷载引起的位移，而反拱是指由预加力引起的位移。尽管两者性质相同，均为垂直于构件轴线的位移，但两者方向相反。在简支梁中，预加力产生向上的反拱，而荷载产生向下的挠度，两者叠加后可能是向上的位移或向下的位移。

对挠度注意不够，特别是按全预应力设计的大跨度桥梁和房屋结构，往往会由于混凝土徐变的不断发展带来过度的反拱，影响结构的正常使用，国内外有许多这方面的经验教训。例如，在应用全预应力混凝土的铁路桥梁中，我国就曾发生过由于反拱的不断发展，影响桥面平整的现象。

由于混凝土的非线性性能，使得荷载及自重、预加力大小及预应力钢筋轮廓线的形状、截面尺寸及构件跨度、混凝土的弹性模量、收缩和徐变、预应力钢材性能(有无屈服平台)、钢材松弛值以及构件的端部约束等均对预应力混凝土构件挠度有影响，对预应力混凝土梁的挠度进行精确计算是非常困难的。所以，在计算挠度时一般采用简化方法，将其分为混凝土开裂之前和开裂之后两个阶段分别分析。在开裂前阶段，全截面混凝土都参与工作，将其看成匀质弹性体，梁的挠度或反拱用材料力学的方法来计算。开裂后阶段，受拉区混凝土退出工作，且受压区混凝土表现出一定的塑性性能，预应力梁的挠度计算应考虑开裂截面和材料非线性性能的影响。在开裂前与开裂后的两种情况中，混凝土徐变都会造成梁在持久荷载作用下挠度的不断增长。对长期挠度的计算，通常采用有效(长期)刚度的经验公式或对短期挠度乘以长期折减系数的方法。

10.6.2 梁的荷载-挠度曲线

预应力混凝土简支梁在荷载作用下的总体性能可以在荷载-挠度曲线中得到很好的反映。图 10.27 所示为一配置高强钢丝或钢绞线预应力钢筋，而不配置非预应力钢筋适筋梁的跨中截面荷载-挠度曲线示意图。图中 A 点和 B 点分别表示初始预加力 P_{con} 和有效预加力 P_e 作用下梁的跨中截面理论反拱值(此时假定梁无自重)，方向向上，数值分别为 δ_{pcon} 和 δ_{pe}。实际上一旦梁产生反拱，梁即支承于两端，梁的自重立即起作用并将产生一个向下的挠度 δ_g。同时，为了简化，假设预应力的各项损失值都在施加预应力后立即全部发生完毕。这样，在有效预加力 P_e 和梁自重共同作用下梁的总挠度(反拱)将为 $\delta_{pe}-\delta_g$。此时，梁顶面可能有较小的拉应力，最大压应力则发生于梁的底面(图 10.27 中的 C 点)。

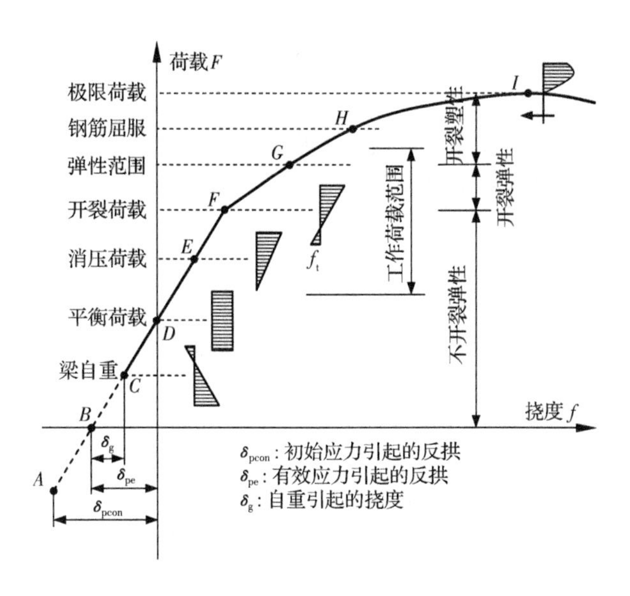

图 10.27　预应力混凝土适筋梁跨中截面荷载-挠度曲线示意图

对梁逐渐施加荷载，在一定条件下可能出现平衡荷载点（图 10.27 中的 D 点），此时，对梁施加的向下荷载产生的弯矩正好和预加力引起反向弯矩完全相等，梁就不再受任何弯矩，梁的挠度为零，如同轴心受压杆件一样，沿梁全长各截面都只产生均匀压应力。当继续增加荷载时，将达到梁底混凝土应力为零的消压荷载点（图 10.27 中的 E 点），此时，跨中截面混凝土压应力分布将呈三角形。超过消压荷载 E 点，梁底混凝土开始受拉。当拉应力达到混凝土抗拉强度 f_t（若考虑混凝土抗拉的塑性性能，则为 γf_t）时，梁底面出现裂缝。此时的荷载称为梁的开裂荷载，见图 10.27 中的 F 点。

梁从施加预应力起直到梁底面混凝土出现裂缝的开裂荷载为止，梁的受力反应基本上都是线性的，习惯上称这一受力阶段为弹性阶段或不开裂弹性阶段。超过开裂荷载点 F 后，梁的荷载-挠度曲线发生转折，将沿 FG 方向发展，梁的刚度明显降低，挠度发展加快。但挠度与荷载的关系仍基本保持线性，习惯上称这一受力阶段为开裂弹性阶段。超过 G 点后，预应力钢材或压区混凝土进入非线性阶段，荷载-挠度关系偏离直线，开始出现曲线关系。当预应力钢筋达到条件屈服强度后（图 10.27 中的 H 点），挠度和裂缝均急剧增大，最后于最大弯矩截面或其附近位置，混凝土达到极限压应变值被压碎而引起梁的失效破坏。不过，当超过梁的极限强度（亦即极限荷载）之后，尽管梁能够承受的荷载已经开始下降，但挠度仍能继续增长。

与轴心受拉构件类似，对于预应力混凝土受弯构件预应力钢筋从张拉直至构件破坏始终处于高拉应力状态，而受拉区混凝土则在达到消压荷载以前始终处于受压状态，发挥了两种材料各自的特长；当材料强度和截面面尺寸相同时，预应力混凝土受弯构件的开裂荷载比普通钢筋混凝土受弯构件的开裂荷载大得多，故构件的抗裂度大为提高，但它们的极限弯矩基本相同，因此，预应力构件开裂弯矩与它的极限弯矩比较接近。

10.7 预应力混凝土受弯构件的设计计算

预应力混凝土受弯构件的设计计算包括使用阶段和施工阶段的计算和验算。需要对其使用阶段的承载力极限状态和正常使用极限状态进行计算以及施工阶段的承载力极限状态和抗裂度(或裂缝宽度)进行验算。

10.7.1 使用阶段的计算

使用阶段需要进行承载力极限状态和正常使用极限状态的计算,其内容有:正截面抗弯承载力及斜截面抗剪承载力计算;正截面抗裂度、斜截面抗裂度以及挠度验算。

1. 正截面抗弯承载力计算

(1) 预应力混凝土受弯构件计算特点

试验表明,预应力混凝土受弯构件与钢筋混凝土受弯构件相似,如果 $x \leqslant x_b$,破坏时截面受拉区预应力钢筋先达到屈服强度,而后受压区混凝土被压碎截面破坏。受压区预应力钢筋 A'_p 及非预应力钢筋 A'_s、受拉非预应力钢筋 A_s 的应力均可按平截面假定确定。但预应力混凝土受弯构件的计算也有其特点。

① 界限破坏时截面受压区相对计算高度 ξ_b 的确定。

设受拉区预应力钢筋合力点处混凝土预压应力为零时,预应力钢筋中的应力为 σ_{p0},预拉应变为 $\varepsilon_{p0}=\sigma_{p0}/E_{sp}$。界限破坏时,受压区边缘混凝土的压应变达到混凝土的极限压应变 ε_{cu} 的同时,受拉区预应力钢筋应力达到预应力钢筋抗拉强度设计值 f_{py},预应力钢筋 A_p 的应变为 $\varepsilon_{py}-\varepsilon_{p0}$,这是由于预应力钢筋合力点处混凝土预压应力为零时,预应力钢筋已有拉应变 ε_{p0}。根据平截面假定,界限受压区相对计算高度 ξ_b 可按图 10.28 所示的几何关系确定,有

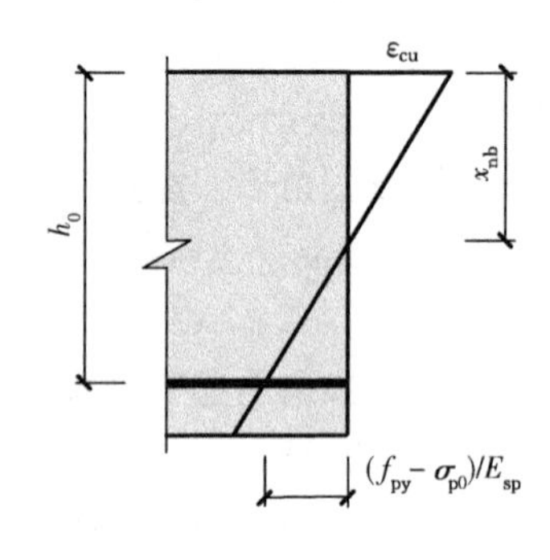

图 10.28 界限受压区高度

$$\frac{x_{nb}}{h_0}=\frac{\varepsilon_{cu}}{\varepsilon_{cu}+\dfrac{f_{py}-\sigma_{p0}}{E_{sp}}} \qquad (10-117)$$

由 $x_b=\beta_1 x_{nb}$,可得

$$\xi_b=\frac{x_b}{h_0}=\frac{\beta_1 x_{nb}}{h_0}=\frac{\beta_1}{1+\dfrac{f_{py}-\sigma_{p0}}{E_{sp}\varepsilon_{cu}}} \qquad (10-118)$$

对于预应力混凝土结构中常用的钢丝、钢绞线、热处理钢筋等没有明显流幅的钢筋,屈服强度采用条件屈服强度,如图 10.29 所示。根据条件屈服强度的定义,钢筋的屈服应变为

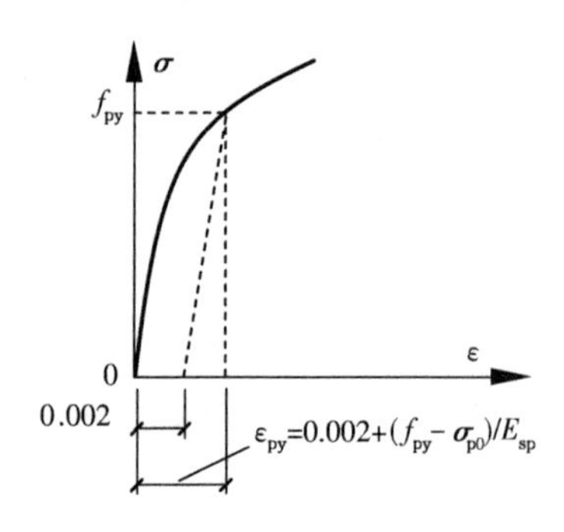

图 10.29 条件屈服钢筋的应变

$$\varepsilon_{py}=0.002+\frac{f_{py}}{E_{sp}} \qquad (10-119)$$

则

$$\xi_b = \frac{\beta_1}{1 + \frac{0.002}{\varepsilon_{cu}} + \frac{f_{py} - \sigma_{p0}}{E_{sp}\varepsilon_{cu}}} \tag{10-120}$$

当受弯构件受拉区配有不同种类的钢筋或预应力值不同时，其界限受压区相对计算高度应分别计算，并取较小值。

② 构件破坏时，受压区预应力钢筋应力 σ'_p 的计算。

随着荷载的不断增大，在预应力钢筋 A'_p 重心处的混凝土压应力和压应变增加，预应力钢筋 A'_p 的拉应力随之减小，故截面到达破坏时，A'_p 的应力可能仍为拉应力，也可能变为压应力。若为压力其应力值也达不到它的抗压强度设计值，对于先张法构件

$$\sigma'_{pe} = (\sigma'_{con} - \sigma'_l) - f'_{py} = \sigma'_{p0} - f'_{py} \tag{10-121}$$

对于后张法构件

$$\sigma'_{pe} = (\sigma'_{con} - \sigma'_l) + \alpha_{Ep}\sigma'_{pcpII} - f'_{py} = \sigma'_{p0} - f'_{py} \tag{10-122}$$

③ 构件破坏时，受拉区预应力钢筋及非预应力钢筋应力的计算。

构件破坏的标志是受压区混凝土被压碎，即混凝土受压区边缘应变为 ε_{cu}，根据平截面假定，可以得出不同位置钢筋应变和混凝土受压区计算高度的关系，如图 10.30 所示。不过在推导过程中，应注意预应力钢筋在施工阶段已有的预拉应力。

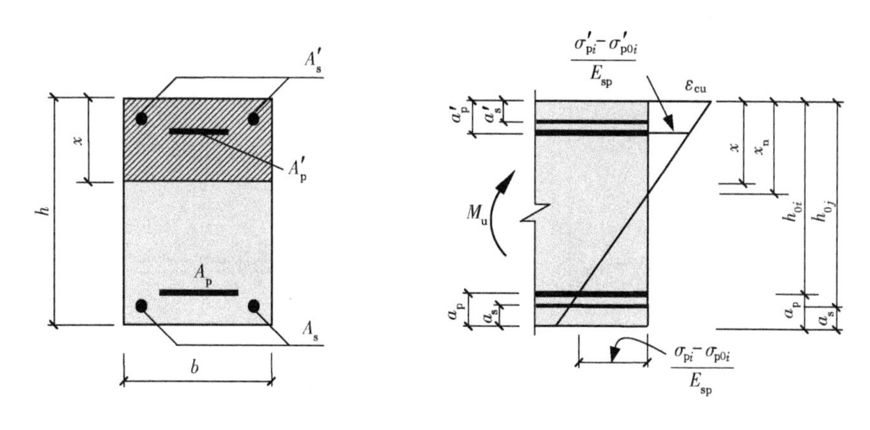

图 10.30　预应力混凝土受弯构件应变和受压区高度的关系

若第 i 层预应力钢筋到混凝土受压区边缘的距离为 h_{0i}，则该预应力钢筋的应力 σ_{pi} 为

$$\sigma_{pi} = E_{sp}\varepsilon_{cu}\left(\frac{\beta_1 h_{0i}}{x} - 1\right) + \sigma_{p0i} \tag{10-123}$$

若第 j 层非预应力钢筋到混凝土受压区边缘的距离为 h_{0j}，则该非预应力钢筋的应力 σ_{sj} 为

$$\sigma_{sj} = E_s\varepsilon_{cu}\left(\frac{\beta_1 h_{0j}}{x} - 1\right) \tag{10-124}$$

式中：

E_{sp}、E_s——分别为预应力钢筋、非预应力钢筋的弹性模量；

σ_{pi}、σ_{sj}——分别为第 i 层纵向预应力钢筋、第 j 层纵向非预应力钢筋的应力，正值代表拉应力、负值代表压应力；

h_{0i}、h_{0j}——分别为预应力纵向钢筋截面重心和非预应力纵向钢筋截面重心至混凝土受压

区边缘的距离；

x ——混凝土受压区计算高度；

σ_{p0i}——第 i 层纵向预应力钢筋截面重心处混凝土法向应力等于零时预应力钢筋的应力。

受拉区预应力钢筋的应力 σ_{pi} 应符合下列条件

$$\sigma_{p0i}-f'_{py}\leqslant\sigma_{pi}\leqslant f_{py} \tag{10-125}$$

当 σ_{pi} 为拉应力且其值大于 f_{py} 时，取 $\sigma_{pi}=f_{py}$；当 σ_{pi} 为压应力且其绝对值大于($\sigma_{pi}-f'_{py}$)的绝对值时，取 $\sigma_{pi}=\sigma_{pi}-f'_{py}$。

非预应力钢筋应力 σ_{sj} 应符合下列条件

$$-f'_{y}\leqslant\sigma_{sj}\leqslant f_{y} \tag{10-126}$$

当 σ_{sj} 为拉应力且其值大于 f_{y} 时，取 $\sigma_{sj}=f_{y}$；当 σ_{sj} 为压应力且其绝对值大于 f'_{y} 时，取 $\sigma_{sj}=-f'_{y}$。

(2) 正截面抗弯承载力计算公式

预应力混凝土受弯构件正截面破坏前，受拉区预应力钢筋先达到屈服，然后当受压区边缘压应变达到混凝土的极限压应变值时截面破坏。截面破坏时，受拉区非预应力钢筋 A_s 和受压区非预应力钢筋 A'_s 的应力都能达到各自的屈服强度，而受压区预应力钢筋 A'_p 的应力为 $\sigma'_{p0}-f'_{py}$(先张法构件和后张法构件表达式相同)，如图 10.31 所示。根据平衡条件可得到预

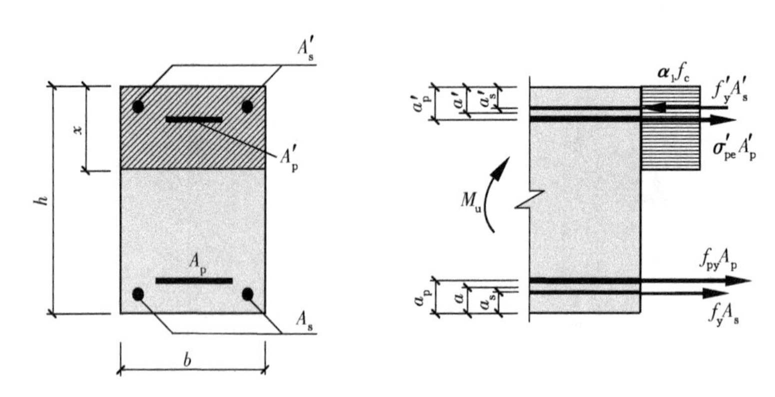

图 10.31　矩形截面预应力混凝土受弯构件正截面承载力计算

应力混凝土受弯构件正截面抗弯承载力计算的基本公式为

$$\alpha_1 f_c bx=f_yA_s-f'_yA'_s+f_{py}A_p+(\sigma'_{p0}-f'_{py})A'_p \tag{10-127}$$

$$M_u=\alpha_1 f_c bx\left(h_0-\frac{x}{2}\right)+f'_yA'_s(h_0-a'_s)-(\sigma'_{p0}-f'_{py})A'_p(h_0-a'_p) \tag{10-128}$$

公式的适用条件为

$$x\leqslant\xi_b h_0 \tag{10-129}$$

$$x\geqslant 2a' \tag{10-130}$$

式中：

M_u ——正截面抗弯承载力；

α_1 ——系数：当混凝土强度等级不超过 C50，$\alpha_1=1.0$；当混凝土强度等级为 C80，$\alpha_1=0.94$，其间按直线内插法取用；

f_c ——混凝土轴心抗压强度设计值；

A_s、A'_s ——受拉区、受压区纵向非预应力钢筋的截面面积；

A_p、A'_p ——受拉区、受压区纵向预应力钢筋的截面面积；

σ'_{p0}——受压区纵向预应力钢筋 A'_p 合力点处混凝土法向应力等于零时的预应力钢筋应力；

b ——矩形截面的宽度或倒 T 形截面的腹板宽度；

a'_s、a'_p ——受压区纵向非预应力钢筋合力点、受压区纵向预应力钢筋合力点至受压区边缘的距离。

a'——纵向受压钢筋合力点至受压区边缘的距离，当受压区未配置纵向预应力钢筋或受压区纵向预应力钢筋应力 $\sigma'_{pe}=\sigma'_{p0}-f'_{py}$ 为拉应力时，则式(10－130)中的 a' 用 a'_s 代替；

h_0 ——截面的有效高度，为受拉区预应力和非预应力钢筋合力点至截面受压边缘的距离，$h_0=h-a$；

a ——受拉区全部纵向钢筋合力点至截面受拉边缘的距离，按下式计算

$$a=\frac{f_{py}A_pa_p+f_yA_sa_s}{f_{py}A_p+f_yA_s} \tag{10-131}$$

a_s、a_p ——受拉区纵向非预应力钢筋合力点、预应力钢筋合力点至截面受拉边缘的距离；

ξ_b ——界限受压区相对计算高度，当截面受拉区配置有不同种类或不同预应力值的钢筋时，ξ_b 应按式(10－118)或式(10－120)分别计算，并取其较小值；

x_b ——界限受压区计算高度，$x_b=\xi_b h_0$。

与普通混凝土受弯构件类似，满足式(10－129)，能保证构件破坏时受拉纵筋达到屈服强度。而式(10－130)则是保证破坏时非预应力受压纵筋 A'_s 受压屈服，若 $x<2a'$ 时，当 σ'_{pe} 为拉应力时，取 $x=2a'_s$，这时

$$M_u=f_{py}A_p(h-a_p-a'_s)+f_yA_s(h-a_s-a'_s)+(\sigma'_{p0}-f'_{py})A'_p(a'_p-a'_s) \tag{10-132}$$

式(10－127)和式(10－128)适用于矩形截面和翼缘位于受拉边的 T 形截面预应力混凝土受弯构件，联立式(10－127)和式(10－128)可以解出两个独立的未知量。

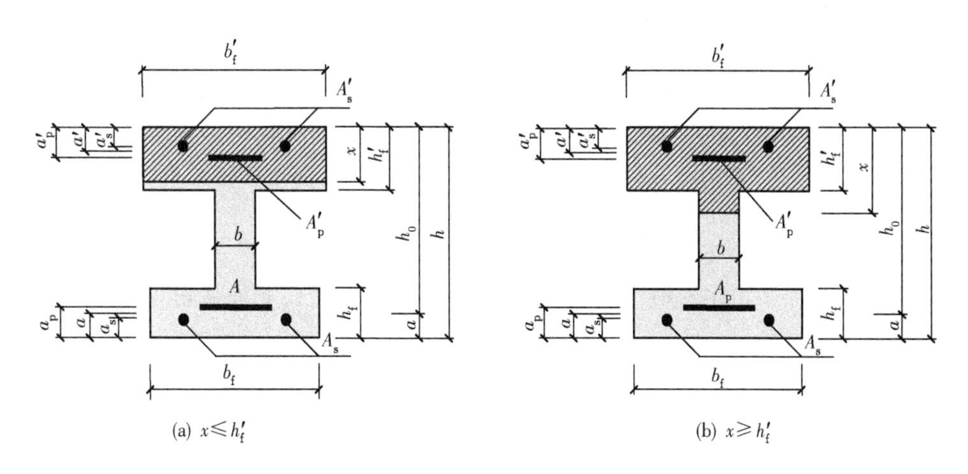

图 10.32　工字形截面受弯构件正截面承载力计算

对于翼缘位于受压区的 T 形、工字形截面受弯构件，在进行正截面抗弯承载力计算时，应

首先判断中和轴在翼缘内(第一类 T 形截面)还是在腹板内(第二类 T 形截面)。若

① 当符合下列条件时

$$f_{py}A_p + f_yA_s \leqslant \alpha_1 f_c b'_f h'_f + f'_y A'_s - (\sigma'_{p0} - f'_{py})A'_p \tag{10-133}$$

中和轴在受压翼缘内,属第一类 T 形截面,见图 10.32(a)。可按宽度为 b'_f 的矩形截面计算,将式(10-127)和式(10-128)中的 b 用 T 形截面的翼缘宽度 b'_f 代替后,即为该 T 形截面正截面抗弯承载力计算公式。

用 T 形截面的翼缘宽度 b'_f 代替 b 按式(10-127)和式(10-128)计算 T 形、工字形截面受弯构件时,混凝土受压区高度仍应符合式(10-129)和式(10-130)的要求。不过,由于翼缘的高度较小,一般情况下式(10-129)总能满足。

② 当 $f_{py}A_p + f_yA_s > \alpha_1 f_c b'_f h'_f + f'_y A'_s - (\sigma'_{p0} - f'_{py})A'_p$ 时,中和轴在腹板内,属第二类 T 形截面,见图 10.32(b)。根据平衡条件,其正截面抗弯承载力应按下列公式计算

$$\alpha_1 f_c[bx + (b'_f - b)h'_f] = f_yA_s - f'_yA'_s + f_{py}A_p + (\sigma'_{p0} - f'_{py})A'_p \tag{10-134}$$

$$\begin{aligned} M_u = {} & \alpha_1 f_c bx\left(h_0 - \frac{x}{2}\right) + \alpha_1 f_c (b'_f - b)h'_f\left(h_0 - \frac{h'_f}{2}\right) \\ & + f'_yA'_s(h_0 - a'_s) - (\sigma'_{p0} - f'_{py})A'_p(h_0 - a'_p) \end{aligned} \tag{10-135}$$

式中:

h'_f ——T 形、工字形截面受压翼缘高度;

b'_f ——T 形、工字形截面受压翼缘计算宽度。

按式(10-134)和式(10-135)计算 T 形、工字形截面受弯构件时,混凝土受压区计算高度仍应符合式(10-129)和式(10-130)的要求。由于中和轴在腹板内,一般情况下式(10-130)总能满足。

2. 斜截面承载力计算

与普通混凝土受弯构件类似,预应力混凝土受弯构件也包括斜截面抗剪承载力和斜截面抗弯承载力的计算。

(1) 斜截面抗剪承载力

由于预应力混凝土构件的预加压力抑制了斜裂缝的出现和发展,增加了混凝土剪压区高度,从而提高了混凝土剪压区的抗剪承载力。因此,计算预应力混凝土梁的斜截面抗剪承载力,可在钢筋混凝土梁计算公式的基础上增加一项由预应力而提高的斜截面抗剪承载力项 V_p,根据矩形截面有箍筋预应力混凝土梁的试验结果,得

$$V_p = 0.05N_{p0} \tag{10-136}$$

而对 T 形和工字形截面一般也采用式(10-136)的关系。

因此,矩形、T 形和工字形截面预应力混凝土受弯构件,当仅配置箍筋时,其斜截面抗剪承载力可按下列公式计算

$$V \leqslant V_u = V_{cs} + V_p = \alpha_{cv} f_t b h_0 + f_{yv}\frac{A_{sv}}{s}h_0 + 0.05N_{p0} \tag{10-137}$$

式中:

V ——构件斜截面上的最大剪力设计值;

V_u ——构件斜截面的抗剪承载力;

V_{cs}——构件斜截面上混凝土和箍筋的抗剪承载力,其计算公式与普通混凝土受弯构件相

同，按式(6－19)计算；

α_{cv}——斜截面混凝土受剪承载力系数，对于一般受弯构件取 0.7；对集中荷载作用下(包括作用有多种荷载，其中集中荷载对支座截面或节点边缘所产生的剪力值占总剪力值的 75% 以上的情况)的独立梁，取 $\alpha_{cv}=\frac{1.75}{\lambda+1}$，$l$ 为计算剪跨比，可取 $l=a/h_0$，当 $l<1.5$ 时，取 $l=1.5$，当 $l>3$ 时，取 $l=3$，a 取集中荷载作用点至支座截面或节点边缘的距离；

V_p——由预加压力所提高的构件的抗剪承载力，按式(10－136)计算；

f_t——混凝土抗拉强度设计值；

f_{yv}——箍筋抗拉强度设计值，取值可查表 2－6。

A_{sv}——配置在同一截面内箍筋各肢截面面积的总和，$A_{sv}=nA_{sv1}$，其中，n 为同一截面内箍筋的肢数，A_{sv1} 为单肢箍筋的截面面积；

N_{p0}——计算截面上混凝土法向预应力等于零时的纵向预应力钢筋及非预应力钢筋的合力，当 $N_{p0}>0.3f_cA_0$ 时，取 $N_{p0}=0.3f_cA_0$，此处 A_0 为构件的换算截面面积。对预应力混凝土受弯构件，N_{p0} 按下式计算

$$N_{p0}=\sigma_{p0}A_p+\sigma'_{p0}A'_p-\sigma_{l5}A_s-\sigma'_{l5}A'_s \tag{10-138}$$

一般情况下，预应力对梁的抗剪承载力起有利作用，斜截面抗剪承载力可按式(10－137)计算，这主要是因为当 N_{p0} 对梁产生的弯矩与外弯矩方向相反时，预压应力能阻止斜裂缝的出现和开展，增加了混凝土剪压区高度，故而提高了混凝土剪压区所承担的剪力。但对合力 N_{p0} 引起的截面弯矩与外弯矩方向相同的情况，预应力对抗剪承载力起不利作用，故不予考虑，取 $V_p=0$。另外，对预应力混凝土连续梁尚未做深入研究；对允许出现裂缝的预应力混凝土简支梁，考虑到构件达到极限承载力时，预应力可能消失。故暂不考虑这两种情况时预应力对抗剪的有利作用，均应取 $V_p=0$。对先张法预应力混凝土构件，计算合力 N_{p0} 时，应考虑预应力钢筋传递长度的影响。

当配有非预应力弯起钢筋和预应力弯起钢筋时，其斜截面抗剪承载力为

$$V\leqslant V_u=V_{cs}+V_p+0.8f_yA_{sb}\sin\alpha_s+0.8f_{py}A_{pb}\sin\alpha_p \tag{10-139}$$

式中：

V——弯起钢筋处的剪力设计值；

V_u——构件斜截面的抗剪承载力；

V_{cs}——构件斜截面上混凝土和箍筋的抗剪承载力，其计算公式与普通混凝土受弯构件相同，按式(6－19)计算；

V_p——按式(10－136)计算的由于施加预应力所提高的截面抗剪承载力，但在计算 N_{p0} 时不考虑预应力弯起钢筋的作用；

A_{sb}、A_{pb}——同一弯起平面内非预应力弯起钢筋、预应力弯起钢筋的截面面积；

α_s、α_p——斜截面上非预应力弯起钢筋、预应力弯起钢筋的切线与构件纵向轴线的夹角。

对于矩形、T 形和工字形截面受弯构件，其受剪截面还应符合下列条件：

当 $h_w/b\leqslant4$ 时

$$V\leqslant0.25\beta_cf_cbh_0 \tag{10-140}$$

当 $h_w/b\geqslant6$ 时

$$V\leqslant0.20\beta_cf_cbh_0 \tag{10-141}$$

当 $4<h_w/b<6$ 时,按线性内插法确定。

式中:

V ——剪力设计值;

β_c ——混凝土强度影响系数,当混凝土强度等级不超过 C50 时,取 $\beta_c=1.0$;当混凝土强度等级为 C80 时,取 $\beta_c=0.8$,其间按线性插值法确定;

b ——矩形截面宽度、T 形截面或工字形截面的腹板宽度;

h_w ——截面的腹板高度,矩形截面取有效高度 h_0,T 形截面取有效高度扣除翼缘高度,工字形截面取腹板净高。

矩形、T 形、工字形截面的预应力混凝土受弯构件,满足

$$V \leqslant \alpha_{cv} f_t b h_0 + 0.05 N_{p0} \tag{10-142}$$

可不进行斜截面抗剪承载力计算,而仅需按构造要求配置箍筋。

上述预应力混凝土构件斜截面抗剪承载力计算公式的适用范围与钢筋混凝土受弯构件的相同。

(2) 斜截面抗弯承载力

预应力混凝土受弯构件中配置的纵向钢筋和箍筋,当符合《混凝土结构设计规范》(GB 50010—2010)中关于纵筋的锚固、截断、弯起及箍筋的直径、间距等构造要求时,可不进行构件斜截面的抗弯承载力计算。

3. 受弯构件正截面裂缝控制验算

对预应力混凝土受弯构件,应按所处环境类别和结构类别等选用相应的裂缝控制等级,并进行受拉边缘法向应力或正截面裂缝宽度验算。其验算公式形式与预应力混凝土轴心受拉构件的验算公式相同,但由于受弯构件截面的应变和应力分布是不均匀的,因此,受弯构件验算时主要关注的是截面的受拉边缘。

(1) 严格要求不出现裂缝的构件(一级)

要求在荷载效应的标准组合 M_k 下,受弯构件的受拉边缘不允许出现拉应力,即在荷载效应的标准组合下,应符合下列规定

$$\sigma_{ck} - \sigma_{pcII} \leqslant 0 \tag{10-143}$$

由 $\sigma_{pcII}=\dfrac{M_0}{W_0}$ 和 $\sigma_{ck}=\dfrac{M_k}{W_0}$,式(10-143)可用弯矩的形式表达为

$$M_k \leqslant \sigma_{pcII} W_0 = M_0 \tag{10-144}$$

式中,M_0 为预应力混凝土受弯构件受拉边缘混凝土应力为零时所对应的弯矩。

(2) 一般要求不出现裂缝的构件(二级)

① 要求在荷载效应的标准组合值 M_k 下,不允许开裂,即在荷载效应的标准组合下,应符合下列规定

$$\sigma_{ck} - \sigma_{pcII} \leqslant f_{tk} \tag{10-145}$$

式(10-145)同样可以用弯矩的形式表达为

$$M_k \leqslant M_{cr} \tag{10-146}$$

式中,M_{cr} 为预应力混凝土受弯构件按弹性方法计算的开裂弯矩,$M_{cr}=(\sigma_{pcII}+f_{tk})W_0$。若考虑受拉区混凝土的塑性计算得到的开裂弯矩为 $M_{cr}=(\sigma_{pcII}+\gamma f_{tk})W_0$,其中的 γ 大于 1。考虑塑性后的开裂弯矩大于按弹性方法计算的开裂弯矩,因此,不考虑塑性的开裂限制比考虑塑性要

求更严格。

② 要求在荷载效应的准永久组合值 M_q 下，受弯构件的受拉边缘不允许出现拉应力，即在荷载效应的准永久组合下符合下列规定

$$\sigma_{cq} - \sigma_{pcII} \leqslant 0 \tag{10-147}$$

由 $\sigma_{cq}=\dfrac{M_q}{W_0}$，用弯矩的形式表达为

$$M_q \leqslant M_0 \tag{10-148}$$

对预应力混凝土受弯构件，其预拉区在施工阶段出现裂缝的区段，式(10-143)至式(10-147)中的 σ_{pcII} 按乘以系数 0.9 后取用。

(3) 允许出现裂缝的构件(三级)

使用阶段允许出现裂缝的预应力混凝土构件，应验算裂缝宽度。按荷载效应的标准组合并考虑长期作用影响计算的最大裂缝宽度，应符合下列规定

$$w_{max} \leqslant w_{lim} \tag{10-149}$$

式中：

w_{max}——按荷载效应的标准组合并考虑长期作用影响计算的最大裂缝宽度；

w_{lim}——《混凝土结构耐久性设计规范》(GB/T50476—2008)规定的表面裂缝计算宽度限值。

在矩形、T 形、倒 T 形和工字形截面的预应力混凝土受弯构件中，按荷载效应的标准组合并考虑长期作用影响的最大裂缝宽度 w_{max}，仍可按式(10-91)计算，但其中 α_{cr} 取 1.7，有效受拉混凝土截面面积 A_{te} 及荷载效应的标准组合并考虑长期作用影响的受拉区纵向钢筋的等效应力 σ_{sk}，分别按下列各式计算

$$A_{te} = 0.5bh + (b_f - b)h_f \tag{10-150}$$

$$\sigma_{sk} = \frac{M_k - N_{p0}(z - e_p)}{(\alpha_1 A_p + A_s)z} \tag{10-151}$$

$$z = \left[0.87 - 0.12(1-\gamma_f')\left(\frac{h_0}{e}\right)^2\right]h_0 \tag{10-152}$$

$$\gamma_f' = \frac{(b_f' - b)h_f'}{bh_0} \tag{10-153}$$

$$e = e_p + \frac{M_k}{N_{p0}} \tag{10-154}$$

$$e_p = y_{ps} - e_{po} \tag{10-155}$$

式中：

z——受拉区纵向非预应力钢筋和预应力钢筋合力点至受压区压力合力点的距离，见图 10.33，按式(10-152)计算；

e_p——混凝土法向预应力等于零时，全部纵向预应力和非预应力钢筋的合力 N_{p0} 的作用点至受拉区纵向预应力和非预应力钢筋合力点的距离；

b_f'、h_f'——受压翼缘的宽度、高度，在式(10-153)中，当 $h_f'>0.2h_0$ 时，取 $h_f'=0.2h_0$；

γ_f'——受压翼缘截面面积与腹板有效截面面积的比值，按式(10-153)计算；

N_{p0}——计算截面上混凝土法向预应力等于零时的纵向预应力钢筋及非预应力钢筋的合力，N_{p0} 按下式计算

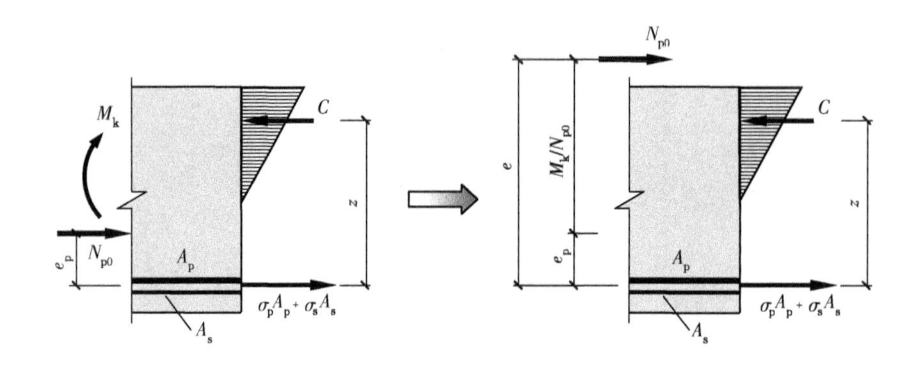

图 10.33　预应力钢筋和非预应力钢筋合力点至受压区合力点的距离

$$N_{p0} = \sigma_{p0} A_p + \sigma'_{p0} A'_p - \sigma_{l5} A_s - \sigma'_{l5} A'_s \tag{10-156}$$

M_k ——荷载效应的标准组合并考虑长期作用影响计算的弯矩值。

N_k、M_k——按荷载效应的标准组合计算的轴向力值、弯矩值。

α_1——无粘结预应力筋的等效折减系数，取 α_1 为 0.3；对灌浆的后张预应力筋，取 α_1 为0.1；

y_{ps}——受拉区纵向预应力筋和普通钢筋合力点的偏心距；

e_{p0}——计算截面上混凝土法向预应力等于零时的预加力 N_{p0} 作用点的偏心距。

对承受吊车荷载但不需做疲劳验算的受弯构件，可将计算求得的最大裂缝宽度乘以 0.85。

4. 预应力混凝土受弯构件斜截面裂缝控制验算

预应力混凝土构件中的应力往往很高，当主拉应力过高时，会产生与主拉应力方向垂直的裂缝；而过高的主压应力，也导致与其垂直方向混凝土抗拉强度的降低和受压裂缝的出现。因而，《混凝土结构设计规范》(GB 50010—2010)规定，预应力混凝土受弯构件斜截面的裂缝控制验算，主要是对构件中的主拉应力 σ_{t0} 和主压应力 σ_{cp} 进行验算，使其不超过规定的限值。

(1) 斜截面裂缝控制的规定

① 混凝土主拉应力。

对严格要求不出现裂缝的构件(一级)，应符合下列规定

$$\sigma_{t0} \leqslant 0.85 f_{tk} \tag{10-157}$$

对一般要求不出现裂缝的构件(二级)，应符合下列规定

$$\sigma_{t0} \leqslant 0.95 f_{tk} \tag{10-158}$$

② 混凝土主压应力。

对严格要求不出现裂缝(一级)和一般要求不出现裂缝(二级)的构件，均应符合下列规定

$$\sigma_{cp} \leqslant 0.60 f_{ck} \tag{10-159}$$

式中：

σ_{t0}、σ_{cp}——混凝土的主拉应力、主压应力；

f_{tk}、f_{ck}——混凝土的抗拉强度和抗压强度标准值；

0.85、0.95 ——考虑张拉时的不准确性和构件质量变异影响的经验系数；

0.6 ——经验系数，主要防止腹板在预应力和荷载作用下压坏，并考虑到主压应力过大会导致斜截面抗裂能力降低。

(2) 混凝土主拉应力 σ_{t0} 和主压应力 σ_{cp} 的计算

预应力混凝土构件开裂前，基本上处于弹性工作状态，所以，混凝土的应力可以近似按弹性均质梁计算。图 10.34 所示的为一预应力混凝土简支梁，构件中混凝土承受的应力来自荷载以及预应力钢筋所引起的预应力。

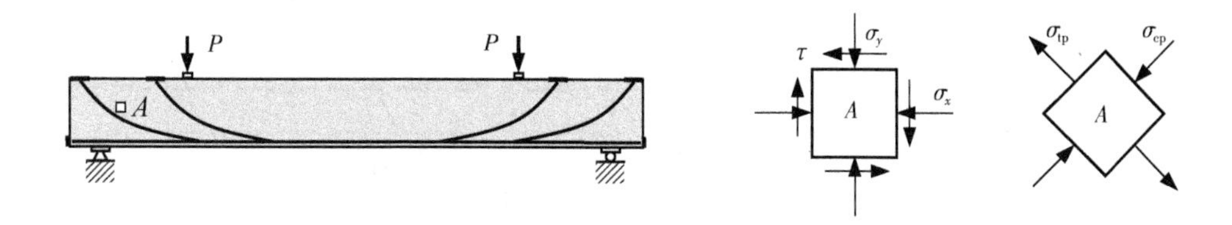

图 10.34　预应力混凝土受弯构件中弯起钢筋附近应力分析

荷载作用下，截面上任一点 A 的正应力和剪应力分别为

$$\sigma_q = \frac{M_k y_0}{I_0}, \quad \tau_q = \frac{V_k S_0}{bI_0} \tag{10-160}$$

如果梁中仅配预应力纵向钢筋，则将产生预应力 σ_{pcII}，在预应力和荷载的联合作用下，验算点沿梁纵轴方向(x 方向)的混凝土法向应力为

$$\sigma_x = \sigma_{pcII} + \sigma_q = \sigma_{pcII} + \frac{M_k y_0}{I_0} \tag{10-161}$$

式中：

σ_{pcII} ——扣除全部预应力损失后，验算点由预加力产生的混凝土法向应力，按式(10-95)或式(10-101)计算；

y_0 ——换算截面重心至验算点的距离；

I_0 ——换算截面惯性矩；

V_k ——按荷载效应的标准组合计算的剪力值；

S_0 ——验算点以上部分的换算截面面积对构件换算截面重心的面积矩。

如果梁中还配有预应力弯起钢筋，则不仅产生平行于梁纵轴方向(x 方向)的预应力 σ_{pcII}，而且还产生垂直于梁纵轴方向(y 方向)的预压应力 σ_y 以及预剪应力 τ_{pc}，τ_{pc} 值可分别按下列公式计算

$$\tau_{pc} = \frac{S_0 \sum \sigma_{pe} A_{pb} \sin\alpha_p}{bI_0} \tag{10-162}$$

注意到 τ_{pc} 与 τ_q 的方向相反，对斜截面的抗裂有利，所以，验算点的剪应力为

$$\tau = \tau_q + \tau_{pc} = \frac{S_0 (V_k - \sum \sigma_{pe} A_{pb} \sin\alpha_p)}{bI_0} \tag{10-163}$$

式中：

σ_{pe} ——预应力弯起钢筋的有效预应力；

A_{pb} ——计算截面上同一弯起平面内的预应力弯起钢筋的截面面积；

α_p ——计算截面上验算点处预应力弯起钢筋的切线与构件纵向轴线的夹角。

对预应力混凝土吊车梁，当梁顶作用有较大集中力(如吊车轮压)时，在集中力作用点附近会产生竖向压应力 σ_y，另外，集中力作用点附近剪应力也显著减小，这两者均可使主拉应力值减小。因而，集中竖向压力的作用对斜截面抗裂有利，应考虑其对斜截面抗裂的有利影响。上述集中竖向压力引起的正应力及剪应力的分布比较复杂，为简化计算采用直线分布。在集中力作用点两侧各 0.6h 的长度范围内，由集中荷载标准值 F_k 产生的混凝土竖向压应力和剪应力的分布，可按图 10.35 确定，其应力的最大值可按下列公式计算

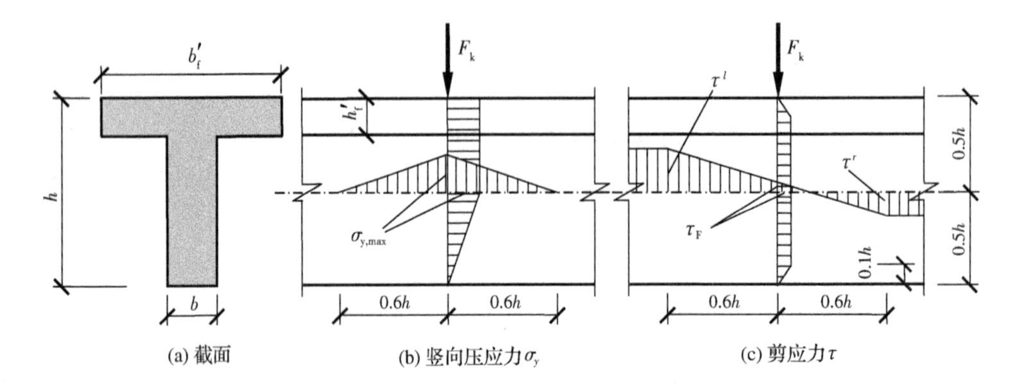

图 10.35　预应力混凝土吊车梁集中力作用点附近的应力分布

$$\sigma_y = \frac{0.6F_k}{hb} \tag{10-164}$$

$$\tau_F = \frac{\tau^l - \tau^r}{2} \tag{10-165}$$

$$\tau^l = \frac{V_k^l S_0}{bI_0} \tag{10-166}$$

$$\tau^r = \frac{V_k^r S_0}{bI_0} \tag{10-167}$$

式中：

τ^l、τ^r ——位于集中荷载标准值 F_k 作用点左侧、右侧 0.6h 处的剪应力；

τ_F ——集中荷载标准值 F_k 作用截面上的剪应力；

V_k^l、V_k^r ——集中荷载标准值 F_k 作用点左侧、右侧 0.6h 处的剪力标准值。

已知验算点处混凝土的正应力 σ_x、σ_y 和剪应力 τ 后，则主拉应力和主压应力可按下式求得

$$\left.\begin{matrix}\sigma_{t0}\\ \sigma_{cp}\end{matrix}\right\} = \frac{\sigma_x + \sigma_y}{2} \pm \sqrt{\left(\frac{\sigma_x - \sigma_y}{2}\right)^2 + \tau^2} \tag{10-168}$$

式中的 σ_x、σ_y 和 τ 分别为验算点混凝土的水平正应力、竖向正应力和剪应力。

5. 受弯构件的挠度验算

与普通混凝土受弯构件不同，预应力混凝土受弯构件的挠度由两部分叠加而成。一部分是由荷载产生的挠度 f_l，另一部分是预加应力产生的反拱 f_p。

预应力混凝土受弯构件在正常使用极限状态下的挠度，应按下列公式验算

$$f_l - f_p \leqslant [f] \tag{10-169}$$

式中：

f_l ——预应力混凝土受弯构件按荷载效应标准组合并考虑荷载长期作用影响的挠度；

f_p ——预应力混凝土受弯构件在使用阶段的预加应力反拱值；

$[f]$——挠度限值，取值可查附录 3 中的附表 3-1。

(1) 构件按荷载效应标准组合并考虑荷载长期作用影响的挠度 f_l

预应力混凝土受弯构件按荷载效应标准组合并考虑荷载长期作用影响的挠度 f_l，可根据构件的刚度 B，由材料力学公式求得。

在等截面构件中，可假定各同号弯矩区段内的刚度相等，并取用该区段内最大弯矩(即最小刚度)处的刚度。当计算跨度内的支座截面刚度不大于跨中截面刚度的两倍或不小于跨中截面刚度的 1/2 时，该跨也可按等刚度构件计算，其构件刚度可取跨中最大弯矩(即最小刚度)截面的刚度。

矩形、T 形、倒 T 形和工字形截面受弯构件的刚度 B，可按下列公式计算

$$B=\frac{M_k}{M_q(\theta-1)+M_k}B_s \tag{10-170}$$

式中：

M_k ——按荷载效应的标准组合计算的弯矩，取计算区段内的最大弯矩值；

M_q ——按荷载效应的准永久组合计算的弯矩，取计算区段内的最大弯矩值；

B_s ——荷载效应的标准组合作用下受弯构件的短期刚度；

θ ——考虑荷载长期作用对挠度增大的影响系数，预应力混凝土受弯构件，取 $\theta=2.0$。

在荷载效应的标准组合作用下，预应力混凝土受弯构件的短期刚度 B_s，应根据对构件裂缝的控制等级采用不同公式进行计算。

① 要求不出现裂缝的构件(裂缝控制等级为一级、二级)

$$B_s=0.85E_cI_0 \tag{10-171}$$

② 允许出现裂缝的构件(裂缝控制等级为三级)

$$B_s=\frac{0.85E_cI_0}{\kappa_{cr}+(1-\kappa_{cr})\omega} \tag{10-172}$$

$$\kappa_{cr}=\frac{M_{cr}}{M_k} \tag{10-173}$$

$$\omega=\left(1+\frac{0.21}{\alpha_E\rho}\right)(1+0.45\gamma_f)-0.7 \tag{10-174}$$

$$M_{cr}=(\sigma_{pcII}+\gamma f_{tk})W_0 \tag{10-175}$$

$$\gamma_f=\frac{(b_f-b)h_f}{bh_0} \tag{10-176}$$

式中：

κ_{cr}——预应力混凝土受弯构件正截面的开裂弯矩 M_{cr} 与荷载标准组合弯矩 M_k 的比值，当 $\kappa_{cr}>1.0$ 时，取 $\kappa_{cr}=1.0$；

γ ——混凝土构件的截面抵抗矩塑性影响系数，取值与式(10-115)中 γ 的取值相同；

σ_{pcII} ——扣除全部预应力损失后在抗裂验算截面边缘的混凝土预压应力；

α_E ——钢筋弹性模量与混凝土弹性模量的比值，$\alpha_E=E_s/E_c$；

ρ ——纵向受拉钢筋配筋率，对预应力混凝土受弯构件，取 $\rho=(A_p+A_s)/(bh_0)$；

I_0 ——换算截面惯性矩；

γ_f ——受拉翼缘截面面积与腹板有效截面面积的比值；

b_f、h_f ——受拉区翼缘的宽度、高度。

对预压时预拉区出现裂缝的构件，B_s 应降低10%。

(2) 预加应力产生的反拱 f_p

预应力混凝土构件在偏心距为 e_p 的总预压力 N_p 作用下将产生反拱 f_p，其值可按两端有弯矩(等于 N_pe_p)作用的简支梁计算。设梁的跨度为 l，截面弯曲刚度为 B，则

$$f_p = \frac{N_pe_pl^2}{8B} \tag{10-177}$$

式中的 N_p、e_p 及 B 应按下列不同情况取用不同数值。

① 荷载标准组合下的反拱值。荷载标准组合时的反拱值由构件施加预应力引起，按 $B=0.85E_cI_0$ 计算，此时的 N_p 及 e_p 均按扣除第一批预应力损失值后的情况计算，先张法构件为 $N_{p0\mathrm{I}}$ 及 $e_{p0\mathrm{I}}$，后张法构件为 $N_{p\mathrm{I}}$ 及 $e_{pn\mathrm{I}}$。

② 考虑预加应力长期影响下的反拱值。预加应力长期影响下的反拱值是由于使用阶段预应力的长期作用，预压区混凝土的徐变变形影响，使梁的反拱值增大，故使用阶段的反拱值可按刚度 $B=0.425E_cI_0$ 计算，此时的 N_p 及 e_p 均按扣除全部预应力损失值后的情况计算，先张法构件为 $N_{p0\mathrm{II}}$ 及 $e_{p0\mathrm{II}}$，后张法构件为 $N_{p\mathrm{II}}$ 及 $e_{pn\mathrm{II}}$。

对重要的或特殊的预应力混凝土受弯构件的长期反拱值，可根据专门的试验分析确定或采用合理的收缩、徐变计算方法经分析确定；对恒载较小的构件，应考虑反拱过大对使用的不利影响。

10.7.2 施工阶段的验算

预应力混凝土受弯构件，特别是预制预应力混凝土构件在制作、运输及安装等施工阶段的

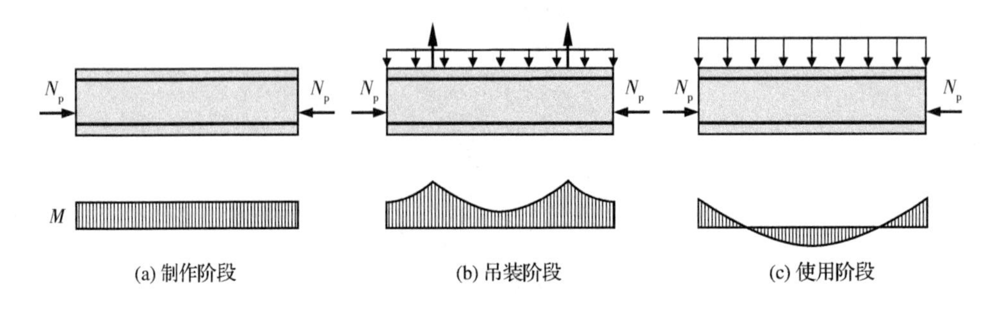

图 10.36　预应力混凝土构件在施工和使用阶段的受力状态

受力状态，与使用阶段不相同，如图10.36所示。在施工过程中，如果混凝土的拉应力超过其抗拉强度，将出现裂缝；如果混凝土受到的压应力过大，也会产生纵向裂缝，当超过其抗压强度时，混凝土也将破坏。施工阶段产生的裂缝，一些可能在使用荷载下闭合，对构件的承载能力影响不大，但会使构件使用阶段的抗裂度和刚度降低。因此，除对构件制作、运输及安装等施工阶段的承载力进行验算外，还必须对其抗裂度进行验算。《混凝土结构设计规范》(GB 50010—2010)是采用限制构件边缘混凝土应力值的方法，来满足施工阶段对构件预拉区抗裂度的要求，同时保证预压区混凝土的压应力小于其抗压强度。

对施工阶段预拉区不允许出现裂缝的构件，或预压时全截面受压的构件，在预加应力、自重及施工荷载作用下（必要时应考虑动力系数），截面边缘的混凝土法向应力应符合下列规定

$$\sigma_{ct} \leqslant 1.0f'_{tk} \tag{10-178}$$

$$\sigma_{cc} \leqslant 0.8f'_{ck} \tag{10-179}$$

式中：

σ_{ct}、σ_{cc}——相应施工阶段截面边缘的混凝土拉应力和压应力；

f'_{tk}、f'_{ck}——分别为与各施工阶段混凝土立方体抗压强度 f'_{cu} 相应的抗拉强度标准值和抗压强度标准值，根据表 2－5 按直线内插法选取。

简支构件的端部区段截面预拉区边缘混凝土拉应力允许大于 f'_{tk}，但不应大于 $1.2f'_{tk}$。

当有可靠的工程经验时，叠合式受弯构件预拉区的混凝土法向拉应力可按 σ_{ct} 不大于 $2f'_{tk}$ 控制。

截面边缘的混凝土法向应力 σ_{ct}、σ_{cc}，对先张法和后张法构件分别以 A_0 形心和 A_n 形心（见图 10.37），按下式计算

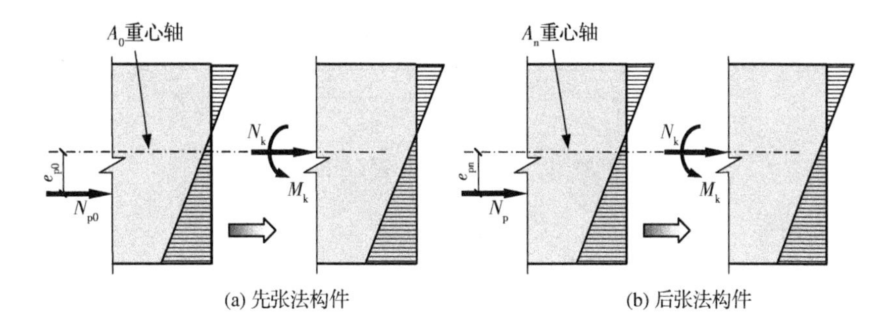

图 10.37　预应力混凝土构件施工阶段验算

$$\left.\begin{matrix}\sigma_{cc}\\ \sigma_{ct}\end{matrix}\right\} = \sigma_{pc} + \frac{N_k}{A_0} \pm \frac{M_k}{W_0} \tag{10-180}$$

式中：

σ_{pc}——相应施工阶段由预加应力产生的混凝土法向应力，对先张法和后张法构件分别按式（10－95）和（10－101）计算，当 σ_{pc} 为压应力时，取正值；当 σ_{pc} 为拉应力时，取负值；

N_k、M_k——构件自重及施工荷载的标准组合在计算截面产生的轴向力值、弯矩值，当 N_k 为轴向压力时，取正值；当 N_k 为轴向拉力时，取负值；对由 M_k 产生的边缘应力，压应力取正号，拉应力取负号；

A_0、W_0——验算截面的换算截面面积和边缘的弹性抵抗矩。

施工阶段预拉区允许出现拉应力的构件，预拉区纵向钢筋的配筋率 $(A'_s+A'_p)/A$ 不宜小于 0.15%，对后张法构件不应计入 A'_p，其中，A 为构件截面面积。预拉区纵向普通钢筋的直径不宜大于 14 mm，并应沿构件预拉区的外边缘均匀配置。

施工阶段预拉区不允许出现裂缝的板类构件，预拉区纵向钢筋的配筋可根据具体情况按实践经验确定。

例 10－2　后张法预应力混凝土简支梁，跨度 $l=18000$ mm，截面尺寸 $b\times h=500$ mm×1200 mm。承受均布荷载，恒载标准值 $g_k=25$ N/mm（包含自重），活载标准值 $q_k=15$ N/mm，

组合值系数 $\psi_c=0.7$，准永久值系数 $\psi_q=0.5$。梁内配置有粘结 1×7 标准型低松弛钢绞线束 21 ϕ^s12.7($A_p=21\times98.7=2\ 072.7\ \text{mm}^2$)，锚具采用夹片式 OVM 锚具，两端张拉。孔道采用预埋波纹管成型，预应力筋曲线布置，曲线孔道为曲率半径 $r_c=35000$ mm 的圆弧，圆弧所对应的圆心角为 $\theta=0.52$ rad(29.8°)。预应力钢筋端点处的切线倾角 $\theta/2=0.26$ rad(14.9°)，曲线孔道的跨中截面 $a_p=100$ mm，$a_s=40$ mm，如图 10.38 所示。混凝土强度等级为 C40。普通钢筋采用 5 根直径 22 mm 的 HRB335 级热轧钢筋($A_s=1901\ \text{mm}^2$)。裂缝控制等级为二级，即一般要求不出现裂缝。试计算该简支梁跨中截面的预应力损失，并验算其正截面抗弯承载力和正截面抗裂能力是否满足要求(按单筋截面)。

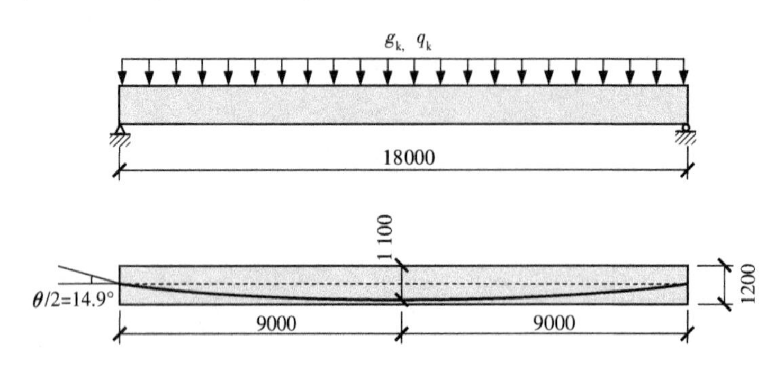

图 10.38　例 10-2 图(一)

解　① 材料特性

混凝土：由表 2-5 得，C40 混凝土的 $f_c=19.1\ \text{N/mm}^2$，$f_{tk}=2.39\ \text{N/mm}^2$，$E_c=3.25\times10^4\ \text{N/mm}^2$，由表 5-2 知 $\alpha_1=1.0$，$\beta_1=0.8$。

普通钢筋：由表 2-6 得，HRB335 钢筋的 $f_y=f'_y=300\ \text{N/mm}^2$，$E_s=2.0\times10^5\ \text{N/mm}^2$。

预应力钢筋：由表 2-7 得，1×7 标准型 1860 级低松弛钢绞线束的 $f_{ptk}=1860\ \text{N/mm}^2$，$f_{py}=1320\ \text{N/mm}^2$，$E_{sp}=1.95\times10^5\ \text{N/mm}^2$。由表10-1知，后张法钢绞线控制应力取 $\sigma_{con}=0.75f_{ptk}=0.75\times1860=1395\ \text{N/mm}^2$。

② 截面几何特性(为了简化，未考虑孔道对截面面积和惯性矩的影响)

预应力钢筋面积 $A_p=21\times98.7=2\ 072.7\ \text{mm}^2$，非预应力受拉钢筋面积 $A_s=1901\ \text{mm}^2$。

$$\alpha_{Ep}=E_{sp}/E_c=1.95\times10^5/(3.25\times10^4)=6$$

$$\alpha_E=E_s/E_c=2\times10^5/(3.25\times10^4)=6.1538$$

梁截面面积

$$A=b\times h=500\ \text{mm}\times1200\ \text{mm}=6\times10^5\ \text{mm}^2$$

$$A_n=A+\alpha_E A_s=6\times10^5+6.1538\times1901=6.11698\times10^5\ \text{mm}^2$$

$$A_0=A_n+\alpha_{Ep}A_p=6.11698\times10^5+6\times2\ 072.7=6.24134\times10^5\ \text{mm}^2$$

惯性矩　$I=b\times h^3/12=500\times1200^3/12=7.2\times10^{10}\ \text{mm}^4$

$$y=h/2=1200/2=600\ \text{mm}$$

$$y_n=\frac{bh\dfrac{h}{2}+\alpha_E A_s a_s}{bh+\alpha_E A_s}=\frac{500\times1200\times\dfrac{1200}{2}+6.1538\times1901\times40}{500\times1200+6.1538\times1901}$$

$$=589\ \text{mm}$$

$$I_n = I + A(y - y_n)^2 + \alpha_E A_s (y_n - a_s)^2$$
$$= 7.2\times10^{10} + 500\times1200\times(600-589)^2 + 6.1538\times1901\times(589-40)^2$$
$$= 7.5598501\times10^{10}\ \text{mm}^4$$

$$y_0 = \frac{bh\dfrac{h}{2} + \alpha_E A_s a_s + \alpha_{Ep} A_p a_p}{bh + \alpha_E A_s + \alpha_{Ep} A_p}$$
$$= \frac{500\times1200\times\dfrac{1200}{2} + 6.1538\times1901\times40 + 6\times2\,072.7\times100}{500\times1200 + 6.1538\times1901 + 6\times2\,072.7}$$
$$= 580\ \text{mm}$$

$$I_0 = I + A(y - y_0)^2 + \alpha_E A_s (y_0 - a_s)^2 + \alpha_{Ep} A_p (y_0 - a_p)^2$$
$$= 7.2\times10^{10} + 500\times1200\times(600-580)^2 + 6.1538\times1901\times(580-40)^2 + 6\times2\,072.7\times(580-100)^2$$
$$= 7.8516546\times10^{10}\ \text{mm}^4$$

受拉边缘截面抵抗矩

$$W = b\times h^2/6 = 500\times1200^2/6 = 1.2\times10^8\ \text{mm}^3$$

跨中截面预应力钢筋处截面抵抗矩

$$W_p = I/y_p = I/(h/2 - a_p) = 7.2\times10^{10}/(600-100) = 1.44\times10^8\ \text{mm}^3$$

③ 跨中截面弯矩计算

恒载产生的弯矩标准值

$$M_{Gk} = g_k l^2/8 = 25\times18000^2/8 = 1.0125\times10^9\ \text{N·mm}$$

活载产生的弯矩标准值

$$M_{Qk} = g_q l^2/8 = 15\times18000^2/8 = 0.6075\times10^9\ \text{N·mm}$$

跨中弯矩的标准组合值

$$M_k = M_{Gk} + M_{Qk} = 1.0125\times10^9 + 0.6075\times10^9 = 1.62\times10^9\ \text{N·mm}$$

跨中弯矩的准永久组合值

$$M_q = M_{Gk} + \psi_q M_{Qk} = 1.0125\times10^9 + 0.5\times0.6075\times10^9$$
$$= 1.31625\times10^9\ \text{N·mm}$$

可变荷载效应控制的基本组合

$$M_1 = \gamma_G M_{Gk} + \gamma_Q M_{Qk} = 1.2\times1.0125\times10^9 + 1.4\times0.6075\times10^9$$
$$= 2.0655\times10^9\ \text{N·mm}$$

永久荷载效应控制的基本组合

$$M_2 = \gamma_G M_{Gk} + \gamma_Q \psi_c M_{Qk}$$
$$= 1.35\times1.0125\times10^9 + 1.4\times0.7\times0.6075\times10^9$$
$$= 1.962225\times10^9\ \text{N·mm}$$

取 M_1 和 M_2 两者之中大者，得跨中弯矩设计值 $M=2.0655\times10^9$ N·mm。

④ 跨中截面预应力损失计算

由表 10－2 知，夹片式锚具因锚具变形和钢筋内缩值 $a=5$ mm。由表10－3知，预埋金属波纹管的摩擦系数 κ 及 μ 值分别为 $\kappa=0.0015\ \text{m}^{-1}$，$\mu=0.25$。

a. 锚具变形损失 σ_{l1}

按圆弧形曲线计算,反向摩擦影响长度由式(10-15)确定,即

$$l_f=\sqrt{\frac{aE_s}{1000\sigma_{con}\left(\kappa+\frac{\mu}{r_c}\right)}}=\sqrt{\frac{5\times1.95\times10^5}{1000\times1395\times\left(0.0015+\frac{0.25}{35}\right)}}=9\text{ m}$$

可以看出,预应力曲线钢筋与孔道壁之间的反向摩擦影响程度正好等于梁跨度的一半,因此,由式(10-14)可得跨中由锚具变形引起的预应力损失

$$\sigma_{l1}=\sigma_{l1}(9)=2\sigma_{con}l_f\left(\kappa+\frac{\mu}{r_c}\right)\left(1-\frac{x}{l_f}\right)$$

$$=2\sigma_{con}l_f\left(\kappa+\frac{\mu}{r_c}\right)\left(1-\frac{9}{9}\right)=0$$

b. 摩擦损失 σ_{l2}

跨中处,$x=l/2=9000\text{ mm}=9\text{ m}$,$\theta=0.26\text{ rad}$,则由式(10-11)得

$$\sigma_{l2}=\sigma_{l2}(9)=\sigma_{con}\left(1-\frac{1}{e^{(\kappa x+\mu\theta)}}\right)$$

$$=1395\times\left(1-\frac{1}{e^{(0.0015\times9+0.25\times0.26)}}\right)=105.32\text{ N/mm}^2$$

c. 松弛损失 σ_{l4}(低松弛)

因控制应力 $\sigma_{con}=0.75f_{ptk}$,故采用式(10-19)计算,即

$$\sigma_{l4}=0.2\left(\frac{\sigma_{con}}{f_{ptk}}-0.575\right)\sigma_{con}$$

$$=0.2\times(0.75-0.575)\times1395=49.83\text{ N/mm}^2$$

d. 收缩徐变损失 σ_{l5}

设混凝土达到100%的设计强度时开始张拉预应力钢筋,$f'_{cu}=f_{cu,k}=40\text{ N/mm}^2$。

配筋率

$$\rho=\frac{A_s+A_p}{A}=\frac{1901+2\,072.7}{6\times10^5}=0.00662$$

钢筋混凝土的容重为 $25\times10^{-6}\text{ N/mm}^3$,则沿梁长度方向的自重标准值为

$$g_{1k}=25\times10^{-6}\times bh=25\times10^{-6}\times500\times1200=15\text{ N/mm}$$

梁自重在跨中截面产生的弯矩标准值为

$$M_{G1k}=\frac{1}{8}g_{1k}l^2=\frac{1}{8}\times15\times18000^2=607.500\times10^6\text{ N·mm}$$

第一批损失 $\sigma_{lI}=\sigma_{l1}+\sigma_{l2}=0+105.32=105.32\text{ N/mm}^2$

$$N_{pI}=A_p(\sigma_{con}-\sigma_{lI})=2\,072.7\times(1395-105.32)$$

$$=2673.120\times10^3\text{ N}$$

再考虑梁自重影响,则受拉区预应力钢筋合力点处混凝土法向压应力为

$$\sigma_{pcI}=\frac{N_{pI}}{A_n}+\frac{N_{pI}(y_n-a_p)-M_{G1k}}{I_n}y_n$$

$$=\frac{2673.120\times10^3}{6.11698\times10^5}+\frac{2673.120\times10^3\times(589-100)-607.500\times10^6}{7.5598501\times10^{10}}\times589$$

$$=9.82\text{ N/mm}^2<0.5f'_{cu}=0.5\times40=20\text{ N/mm}^2$$

由式(10-24),有

$$\sigma_{l5}=\frac{55+300\dfrac{\sigma_{pc}}{f'_{cu}}}{1+15\rho}=\frac{55+300\times\dfrac{9.82}{40}}{1+15\times0.00662}=117.03\ \text{N/mm}^2$$

e. 跨中截面预应力总损失 σ_l 和混凝土有效预应力

$$\sigma_l=\sigma_{l1}+\sigma_{l2}+\sigma_{l4}+\sigma_{l5}=0+105.32+49.83+117.03=272.18\ \text{N/mm}^2$$
$$>80\ \text{N/mm}^2$$

$$N_p=A_p(\sigma_{con}-\sigma_l)-A_s\sigma_{l5}=2\,072.7\times(1395-272.18)-1901\times117.63$$
$$=2104.795\times10^3\ \text{N}$$

$$e_{pn}=\frac{A_p(\sigma_{con}-\sigma_l)(y_n-a_p)-A_s\sigma_{l5}(y_n-a_s)}{N_p}$$
$$=\frac{2\,072.7\times(1395-249.52)\times(589-100)-1901\times94.37\times(589-40)}{2104.795\times10^3}$$
$$=483\ \text{mm}$$

截面受拉边缘处混凝土法向预压应力为

$$\sigma_{pc}=\frac{N_p}{A_n}+\frac{N_pe_{pn}}{I_n}y_n$$
$$=\frac{2104.795\times10^3}{6.11698\times10^5}+\frac{2104.795\times10^3\times483}{7.5598501\times10^{10}}\times589$$
$$=11.86\ \text{N/mm}^2$$

预应力钢筋处混凝土法向预压应力为

$$\sigma_{pcⅡ}=\frac{N_p}{A_n}+\frac{N_pe_{pn}}{I_n}(y_n-a_p)$$
$$=\frac{2194.795\times10^3}{6.11698\times10^5}+\frac{2194.795\times10^3\times483}{7.5598501\times10^{10}}\times(589-100)$$
$$=10.46\ \text{N/mm}^2$$

⑤ 裂缝控制验算

a. 荷载效应标准组合情况下

$$\sigma_{ck}=\frac{M_k}{I_0}y_0=\frac{1.6\times10^9}{7.8516546\times10^{10}}\times580=11.82\ \text{N/mm}^2$$

则 $\sigma_{ck}-\sigma_{pc}=11.82-11.86=-0.04\ \text{N/mm}^2<f_{tk}=2.39\ \text{N/mm}^2$，满足要求。

b. 荷载效应准永久组合情况下

$$\sigma_{cq}=\frac{M_q}{I_0}y_0=\frac{1.31625\times10^9}{7.8516546\times10^{10}}\times580=9.72\ \text{N/mm}^2$$

则 $\sigma_{cq}-\sigma_{pc}=9.72-11.86=-2.14\ \text{N/mm}^2<0$，满足要求。

⑥ 正截面承载力计算

承载力极限状态时，受拉区全部纵向钢筋合力作用位置，如图 10.39 所示。

$$a=\frac{A_pf_{py}a_p+A_sf_ya_s}{A_pf_{py}+A_sf_y}$$
$$=\frac{2\,072.7\times1320\times100+1901\times300\times40}{2\,072.7\times1320+1901\times300}=85\ \text{mm}$$

$$h_0=h-a=1200-85=1115\ \text{mm}$$

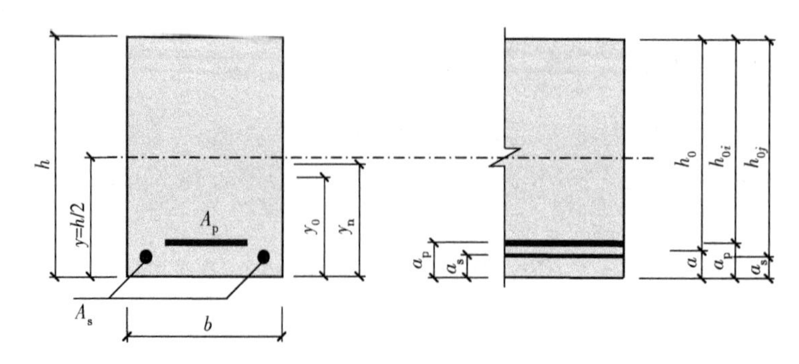

图 10.39 例 10-2 图(二)

求界限受压区相对计算高度 ξ_b:

按 A_p 计算时 $h_{0i}=h-a_p=1200-100=1100$ mm

预应力钢筋合力点处混凝土应力为零时的预应力钢筋有效应力为

$$\sigma_{p0}=\sigma_{con}-\sigma_l+\alpha_{Ep}\sigma_{pcII}$$
$$=1395-249.52+6\times10.46=1185.58\ \text{N/mm}^2$$

由式(10-120),有

$$\xi_{bi}=\frac{x_{bi}}{h_{0i}}=\frac{\beta_1}{1+\dfrac{0.002}{\varepsilon_{cu}}+\dfrac{f_{py}-\sigma_{p0}}{E_{sp}\varepsilon_{cu}}}$$
$$=\frac{0.8}{1+\dfrac{0.002}{0.0033}+\dfrac{1320-1185.58}{1.95\times10^5\times0.0033}}=0.4408$$

$$x_{bi}=\xi_{bi}h_{0i}=0.4408\times1100=485\ \text{mm}$$

按 A_s 计算时 $h_{0j}=h-a_s=1200-40=1160$ mm

对于非预应力钢筋,由式(5-67)

$$\xi_{bj}=\frac{x_{bj}}{h_{0j}}=\frac{\beta_1}{1+\dfrac{f_y}{E_s\varepsilon_{cu}}}=\frac{0.8}{1+\dfrac{300}{2\times10^5\times0.0033}}=0.550\ 0$$

$$x_{bj}=\xi_{bj}h_{0j}=0.550\ 0\times1160=638\ \text{mm}$$

所以,取 $x_b=\min\{x_{bi},x_{bj}\}=485$ mm,$\xi_b=x_b/h_0=485/1115=0.4350$。

由截面法向力的平衡得

$$\alpha_1 f_c b\xi h_0=f_yA_s+f_{py}A_p$$

则

$$\xi=\frac{f_yA_s+f_{py}A_p}{\alpha_1 f_c bh_0}=\frac{360\times1901+1320\times2\ 072.7}{1.0\times19.1\times500\times1115}$$
$$=0.3212<\xi_b=0.4350$$

对受拉区全部纵筋合力点取矩,得梁正截面抗弯承载力为

$$M_u=\alpha_1 f_c bh_0^2\xi(1-0.5\xi)$$
$$=1.0\times19.1\times500\times1115^2\times0.3213\times(1-0.5\times0.3212)$$
$$=3201.088\times10^6\ \text{N·mm}>M$$
$$=2\ 065.500\times10^6\ \text{N·mm}$$

故梁正截面抗弯承载力满足要求。

10.8 预应力混凝土构件的构造要求

预应力混凝土结构构件除应满足普通钢筋混凝土结构构件有关的构造规定外，因其自身特点，根据预应力钢筋张拉工艺、锚固措施、预应力钢筋种类的不同，尚应满足相应构造要求的规定。构造问题关系到构件设计能否实现，必须高度重视。

1. 一般规定

对于预应力混凝土轴心受拉构件，通常采用正方形或矩形截面。对于预应力混凝土受弯构件，可采用矩形、T 形、工字形、箱形等截面形式。

为了便于布置预应力钢筋以及施工阶段预压区有足够的抗压能力，可将截面设计成下部翼缘比上部翼缘窄而高的上下不对称工字形截面。截面形式沿构件纵轴线方向可根据构件的内力变化而变化，如构件跨中截面为工字形，靠近支座附近为了承受较大的剪力并能有足够的位置布置锚具，而在两端做成矩形截面。

由于预应力混凝土构件的抗裂度高，在使用阶段不开裂或裂缝宽度小，因此，其变形刚度大。在相同的变形限制条件下，预应力混凝土构件的截面尺寸可比普通钢筋混凝土构件的截面尺寸设计得小些，其高度大致可取相应普通钢筋混凝土梁高的 70%左右。与普通钢筋混凝土构件相同，在确定截面尺寸时，既要考虑构件承载能力，又要考虑抗裂和变形的要求，而且还必须考虑施工时模板制作、钢筋布置、锚具布置等要求。

预应力混凝土结构的混凝土强度等级不应低于 C40；预应力钢筋宜采用预应力钢绞线、钢丝，也可采用热处理钢筋。

为了充分保证钢筋（丝）与混凝土之间的良好粘结，防止预应力钢筋（丝）放松时产生纵向裂缝，必须有一定的保护层厚度。保护层厚度不应小于钢筋的直径或并筋的等效直径；不应小于骨料最大粒径的 1.5 倍，且应符合《混凝土结构耐久性设计规范》(GB/T50476—2008)的规定。

当对后张法预应力混凝土构件端部有特殊要求时，可通过有限元方法分析设计。

后张法预应力钢筋所用锚具的形式和质量应符合国家现行有关标准的规定。

对外露金属锚具应采取可靠的防锈措施。

2. 非预应力钢筋

预应力混凝土构件中，除配置预应力钢筋外，为了防止施工阶段因混凝土收缩、温差及施加预应力过程中引起预拉区裂缝，防止构件在制作、堆放、运输、吊装时出现裂缝或减小裂缝宽度，可在构件截面（即预拉区）设置足够的非预应力钢筋。

（1）纵向受力钢筋

当受拉区配置的预应力钢筋施加的预应力已能够使构件符合抗裂或裂缝宽度要求时，则按承载力计算所需的其余受拉钢筋允许采用非预应力钢筋。

（2）纵向非预应力构造钢筋

在后张法预应力混凝土构件的预拉区和预压区，应配置纵向非预应力构造钢筋；预应力钢筋在构件端部全部弯起的受弯构件或直线配筋的先张法构件，当构件端部与下部支承结构焊接时，考虑混凝土收缩、徐变及温度变化所产生的不利影响，在构件端部可能产生裂缝的部位，应配置足够的非预应力纵向构造钢筋。

(3) 其他构造钢筋

① 先张法预应力混凝土构件,预应力钢筋端部周围的混凝土应采取下列加强措施。

a. 单根配置的预应力钢筋,其端部宜设置长度不小于 150 mm,且不少于 4 圈的螺旋筋;有可靠经验时,亦可利用支座垫板上的插筋代替螺旋筋,但插筋数量不应少于 4 根,其长度不宜小于 120 mm。

b. 对分散布置的多根预应力钢筋,在构件端部 $10d$(d 为预应力钢筋的公称直径)范围内,应设置 3～5 片与预应力钢筋垂直的钢筋网。

c. 采用预应力钢丝配筋的薄板,在板端 100 mm 范围内应适当加密横向钢筋。

d. 槽形板类构件,应在构件端部 100 mm 范围内沿构件板面设置附加横向钢筋,其数量不应少于 2 根。

e. 预制肋形板,宜设置加强其整体性和横向刚度的横肋,端横肋的受力钢筋应弯入纵肋内。当采用先张长线法生产有端横肋的预应力混凝土肋形板时,应在设计和制作上采取防止放张预应力时端横肋产生裂缝的有效措施。

② 后张法构件的端部锚固区,除按局部抗压承载力计算配置间接钢筋外,还应配置下列构造钢筋。

a. 为防止沿孔道产生劈裂,在局部受压间接钢筋配置区以外,在构件端部 $3e$(e 为截面重心线上部或下部预应力钢筋之合力作用点至邻近边缘的距离)但不大于 $1.2h$(h 为构件端部高度)的长度范围内,在 $2e$ 高度范围内均匀布置附加箍筋或网片,其体积配筋率不应小于 0.5%,如图10.40中的虚线区域。

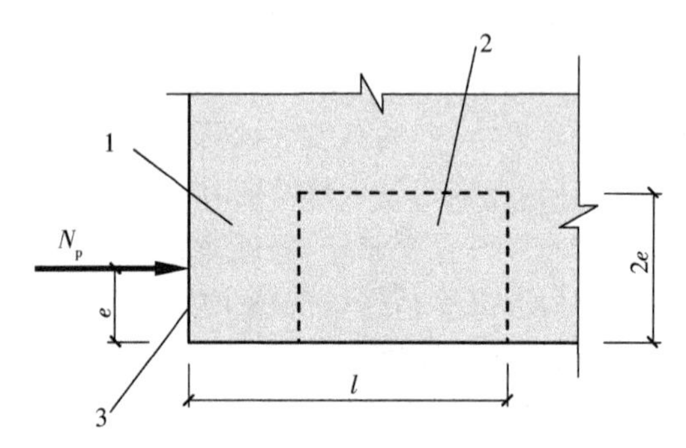

图 10.40 防止沿孔道劈裂的配筋范围

1—局部受压间接钢筋配置区;

2—附加配筋区;3—构件端面

b. 当构件端部的预应力钢筋需集中布置在截面的下部或集中布置在上部和下部时,则应在构件端部 $0.2h$(h 为构件端部的截面高度)范围内,设置附加竖向焊接钢筋网、封闭式箍筋或其他形式的构造钢筋。其中附加竖向钢筋宜采用带肋钢筋,其截面面积应符合下列规定:

当 $e \leqslant 0.1h$ 时 $$A_{sv} \geqslant 0.3\frac{N_p}{f_y} \tag{10-181}$$

当 $0.1h < e \leqslant 0.2h$ 时 $$A_{sv} \geqslant 0.15\frac{N_p}{f_y} \tag{10-182}$$

当 $e > 0.2h$ 时,可根据实际情况适当配置构造钢筋。

式中:

A_{sv}——竖向附加钢筋截面积;

N_p ——作用在构件端部截面重心线上部或下部预应力钢筋的合力,可按公式(10-102)计算,但应乘以预应力分项系数 1.2,此时,仅考虑混凝土预压前的预应力损失值;

e——截面重心线上部或下部预应力钢筋的合力点至截面近边缘的距离；

f_y——竖向附加钢筋的抗拉强度设计值，取值可查表 2-5。

c. 当端部截面上部和下部均有预应力钢筋时，竖向附加钢筋的总截面面积按上部和下部的预应力合力 N_p 分别计算的面积叠加采用。

d. 当构件在端部有局部凹进时，应增设折线构造钢筋(见图 10.41)或其他有效构造钢筋。

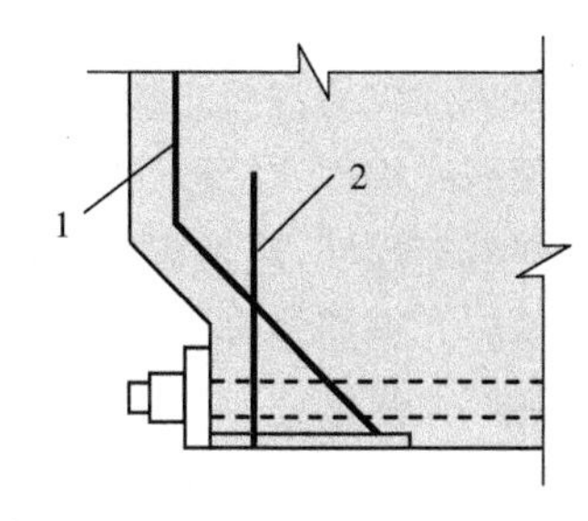

图 10.41　端部凹进处构造配筋
1—折线构造配筋；2—竖向构造配筋

e. 在预应力钢筋弯折处，应加密箍筋或沿弯折处内侧布置非预应力钢筋网片，以加强在钢筋弯折区段的混凝土的局部抗压能力。

3. 预应力钢筋的构造规定

预应力钢筋直线布置最为简单，当荷载和跨度不大时，预应力钢筋可以直线布置，见图 10.42(a)，施工时用先张法或后张法均可。

当荷载和跨度较大时，为了承受支座附近区段的主拉应力及防止由于施加预压力而在预拉区产生裂缝，在靠近支座部位，可将一部分预应力钢筋弯起布置成曲线形(见图 10.42(b))或折线形(见图 10.42(c))。弯起的预应力钢筋宜沿构件端部均匀布置，施工时一般用后张法，不过，先张法构件的预应力钢筋也可采用折线形布置，如图 10.42 所示。

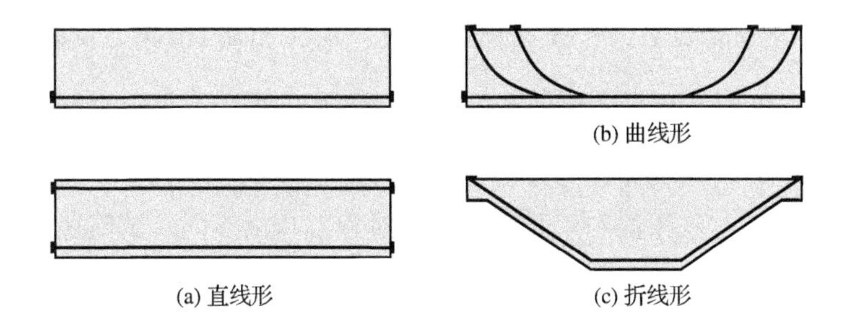

图 10.42　预应力钢筋的布置

(1) 先张法构件

① 预应力钢筋的净距：先张法预应力钢筋、钢丝或钢绞线的净间距应根据混凝土浇筑、预应力施加及钢筋锚固等要求确定，以确保预应力钢筋与混凝土之间有可靠的粘结。预应力钢筋之间的净间距不应小于其公称直径或等效直径的 1.5 倍，且对于热处理钢筋及钢丝，不应小于 15 mm；对于三股钢绞线不应小于 20 mm，七股钢绞线不应小于 25 mm。

先张法预应力钢丝按单根配筋困难时，可采用相同直径钢丝并筋的配筋方式，对双并筋其等效直径应取为单筋直径的 1.4 倍，对三并筋其等效直径应取为单筋直径的 1.7 倍。

② 钢筋、钢丝的锚固：为保证先张法预应力混凝土构件钢筋与混凝土之间有可靠的粘结，一般宜采用变形钢筋、刻痕钢丝或钢绞线等种类钢材。当采用光面圆钢丝作预应力配筋时，应根据钢丝强度、直径及构件的受力特点采用适当措施，以保证钢丝在混凝土中可靠锚固。

(2) 后张法构件

后张法预应力混凝土构件的曲线预应力钢丝束、钢绞线束的曲率半径不宜小于 4000 mm。对折线配筋的构件，在预应力钢筋弯折处的曲率半径可适当减小。

构件端部尺寸，应考虑锚具的布置、张拉设备的尺寸和局部受压的要求，必要时应适当加大。在预应力钢筋锚具下及张拉设备的支承处，应设置预埋钢垫板及横向钢筋网片或螺旋式钢筋等局部加强措施。

后张法预应力钢丝束、钢绞线束的预留孔道应符合下列规定。

① 对预制构件，孔道之间的水平净间距不宜小于 50 mm；孔道至构件边缘的净间距不宜小于 30 mm，且不宜小于孔道直径的一半。

② 在框架梁中，预留孔道在竖直方向的净间距不应小于孔道外径，水平方向的净间距不应小于 1.5 倍孔道外径；从孔壁算起的混凝土保护层厚度，梁底不宜小于 50 mm，梁侧不宜小于 40 mm。

③ 预留孔道的内径应比预应力钢丝束或钢绞线束外径及需穿过孔道的连接器外径大约 10～15 mm。

④ 在构件两端及跨中应设置灌浆孔或排气孔，其孔距不宜大于 12000 mm。

⑤ 凡制作时需要预先起拱的构件，预留孔道宜随构件同时起拱。

思考题

10.1　何谓预应力混凝土？与普通钢筋混凝土构件相比，预应力混凝土构件有什么优缺点？

10.2　为什么在钢筋混凝土受弯构件中不能有效地利用高强度钢筋和高强度混凝土？而在预应力混凝土构件中必须采用高强度钢筋和高强度混凝土？

10.3　施加预应力的先张法和后张法的施工过程有什么不同？试简述它们各自的优缺点及应用范围。

10.4　什么是张拉控制应力？为什么张拉控制应力不能取得太高，也不能取得太低？为什么先张法的张拉控制应力略高于后张法？

10.5　预应力损失有哪几种？分别说明它们产生的原因以及减少预应力损失的措施。

10.6　预应力损失根据什么分为第一批预应力损失和第二批预应力损失？先张法和后张法的第一批预应力损失和第二批预应力损失分别包括哪些预应力损失项？

10.7　什么是预应力钢筋的松弛？为什么超张拉可以减小松弛损失？

10.8　施加预应力对轴心受拉构件的承载力有什么影响？为什么？

10.9　预应力混凝土构件中的非预应力钢筋有什么作用？

10.10　在预应力混凝土轴心受拉构件中，配置非预应力钢筋对其抗裂度有什么影响？并说明原因。

10.11　什么是预应力钢筋的预应力传递长度？影响它的主要因素有哪些？

10.12　预应力混凝土受弯构件的受压区有时也配置预应力钢筋，它的主要作用是什么？这种预应力钢筋对构件的抗弯承载力有无影响？为什么？

10.13　比较预应力混凝土与普通钢筋混凝土计算公式，说明预应力对受弯构件的正截面、斜截面承载力的影响？

10.14　预应力混凝土构件的刚度计算与钢筋混凝土构件的刚度计算有什么不同？预应力混凝土构件的挠度计算有什么特点？

10.15　预应力混凝土构件施工阶段验算都需要验算哪些项目？

10.16　分别绘出预应力混凝土和钢筋混凝土受弯构件正截面承载力计算的截面应力图，说明预应力对受弯构件正截面承载力的影响。

10.17　预应力混凝土受弯构件正截面的界限受压区相对计算高度 ξ_b 如何得到？它与钢筋混凝土受弯构件正截面的界限受压区相对计算高度 ξ_b 是否相同，为什么？

习题

10.1　已知一预应力混凝土屋架(跨度为 24000 mm)，其下弦杆截面为 $b \times h = 300\ \text{mm} \times 200\ \text{mm}$ 的矩形(见图 10.43)，混凝土强度等级为 C50，普通钢筋采用 4 根直径 14 mm 的 HRB400 级热轧钢筋($A_s = 616\ \text{mm}^2$)；预应力钢筋采用 1×7 标准型低松弛钢绞线束；锚具采用夹片式 OVM 锚具，一端张拉，锚具直径为 120 mm，锚具下有 20 mm 厚垫板；孔道采用充压橡皮管抽芯成型，孔道直径 55 mm。根据计算，该下弦杆承受内力为：永久荷载标准值产生的轴向拉力 $N_{Gk} = 800 \times 10^3$ N，可变荷载标准值产生的轴向拉力 $N_{Qk} = 300 \times 10^3$ N，可变荷载的准永久值系数 $\psi_q = 0.8$，结构重要性系数 $\gamma_0 = 1.1$，裂缝控制等级为二级，即一般要求不出现裂缝。张拉时混凝土达到 100%的设计强度。设计该下弦杆，要求进行屋架下弦杆的使用阶段承载力计算、裂缝控制验算以及施工阶段验算，由此确定纵向预应力钢筋数量、构件端部的间接钢筋以及预应力钢筋的张拉控制应力等。

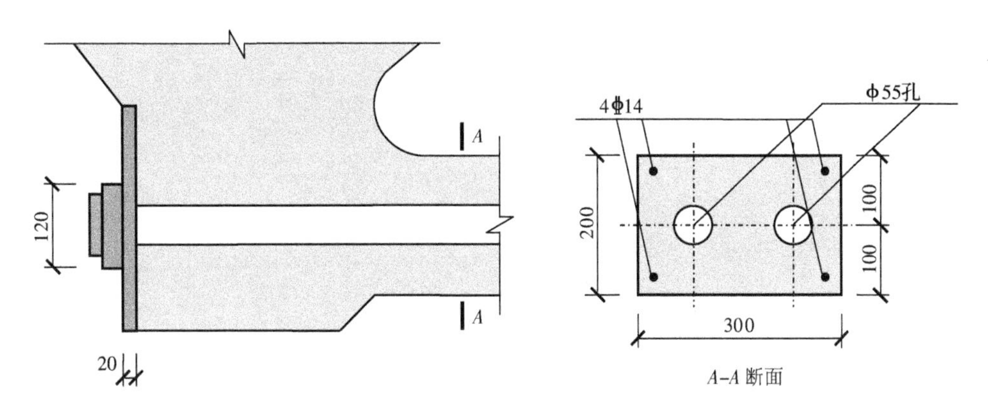

图 10.43　习题 10.1 图

10.2　后张法预应力混凝土简支梁，跨度 $l = 18000$ mm，截面尺寸 $b \times h = 500\ \text{mm} \times 1200\ \text{mm}$。承受均布荷载，恒载标准值 $g_k = 28$ N/mm(包含自重)，活载标准值 $q_k = 16$ N/mm，组合值系数 $\psi_c = 0.7$，准永久值系数 $\psi_q = 0.5$。梁内配置有粘结 1×7 标准型低松弛钢绞线束，锚具采用夹片式 OVM 锚具，两端张拉。孔道采用预埋波纹管成型，预应力筋曲线布置，曲线孔道为曲率半径 $r_c = 35000$ mm的圆弧，圆弧所对应的圆心角为 $\theta = 0.52$ rad(29.8°)。预应力钢筋端点处的切线倾角 $\theta/2 = 0.26$ rad(14.9°)，曲线孔道的跨中截面 $a_p = 100$ mm，$a_s =$

40 mm，如图 10.38 所示。混凝土强度等级为 C40。普通钢筋采用 5 根直径22 mm的 HRB335 级热轧钢筋($A_s=1901\ mm^2$)。裂缝控制等级为二级，即一般要求不出现裂缝。试设计该简支梁，要求确定纵向预应力钢筋数量、计算该简支梁跨中截面的预应力损失，并验算其正截面抗弯承载力、斜截面抗剪承载力和正截面抗裂能力、正常使用阶段的变形是否满足要求。

附　录

附录 1　术语和符号

附表 1-1　术语

1	混凝土结构	concrete structure 以混凝土为主制成的结构，包括素混凝土结构、钢筋混凝土结构和预应力混凝土结构等
2	素混凝土结构	plain concrete structure 无筋或不配置受力钢筋的混凝土结构
3	钢筋混凝土结构	reinforced concrete structure 配置受力普通钢筋的混凝土结构
4	预应力混凝土结构	prestressed concrete structure 配置受力的预应力筋，通过张拉或其他方法建立预加应力的混凝土结构
5	先张法预应力混凝土结构	pretensioned prestressed concrete structure 在台座上张拉预应力钢筋后浇筑混凝土，并通过放张预应力筋由粘结传递而建立预应力的混凝土结构
6	后张法预应力混凝土结构	post-tensioned prestressed concrete structure 浇筑混凝土并达到规定强度后，通过张拉预应力筋并在结构上锚固而建立预应力的混凝土结构
7	无粘结预应力混凝土结构	unbonded prestressed concrete structure 配置与混凝土之间可保持相对滑动的无粘结预应力筋的后张法预应力混凝土结构
8	有粘结预应力混凝土结构	bonded prestressed concrete structure 通过灌浆或与混凝土直接接触使预应力筋与混凝土之间相互粘结而建立预应力的混凝土结构
9	现浇混凝土结构	cast-in-situ concrete structure 在现场原位支模并整体浇筑而成的混凝土结构
10	装配式混凝土结构	precast concrete structure 由预制混凝土构件或部件装配、连接而成的混凝土结构
11	装配整体式混凝土结构	assembled monolithic concrete structure 由预制混凝土构件或部件通过钢筋、连接件或施加预应力加以连接，并在连接部位浇筑混凝土而形成整体受力的混凝土结构
12	框架结构	frame structure 由梁和柱以刚接或铰接相连接而构成承重体系的结构

续附表 1-1

13	剪力墙结构	shearwall structure
		由剪力墙组成的承受竖向和水平作用的结构
14	框架-剪力墙结构	frame-shearwall structure
		由剪力墙和框架共同承受竖向和水平作用的结构
15	深受弯构件	deep flexural member
		跨高比小于5的受弯构件
16	叠合构件	composite member
		由预制混凝土构件(或既有混凝土结构构件)和后浇混凝土组成,以两阶段成型的整体受力结构构件
17	深梁	deep beam
		跨高比不大于2的简支单跨梁或跨高比不大于2.5的多跨连续梁
18	普通钢筋	steel bar
		用于混凝土结构构件中的各种非预应力钢筋的总称
19	预应力筋	prestressing tendon and/or bar
		用于混凝土结构构件中施加预应力的钢丝、钢绞线和预应力螺纹钢筋等的总称
20	结构缝	structural joint
		根据结构设计需求而采取的分割混凝土结构间隔的总称
21	混凝土保护层	concrete cover
		结构构件中钢筋外边缘至构件表面范围用于保护钢筋的混凝土,简称保护层
22	锚固长度	anchorage length
		受力钢筋依靠其表面与混凝土的粘结作用或端部构造的挤压作用而达到设计承受应力所需的长度
23	钢筋连接	splice of reinforcement
		通过绑扎搭接、机械连接、焊接等方法实现钢筋之间内力传递的构造形式
24	配筋率	ratio of reinforcement
		混凝土构件中配置的钢筋面积(或体积)与规定的混凝土截面面积(或体积)的比值
25	剪跨比	ratio of shear span to effective depth
		截面弯矩与剪力和有效高度乘积的比值
26	横向钢筋	transverse reinforcement
		垂直于纵向受力钢筋的箍筋或间接钢筋
27	可靠度	degree of reliability
		结构在规定的时间内,在规定的条件下,完成预定功能的概率

续附表 1-1

28	安全等级	safety class
		根据破坏后果的严重程度划分的结构或结构构件的等级
29	设计使用年限	design working life
		设计规定的结构或结构构件不需进行大修即可按其预定目的使用的时期
30	荷载效应	load effect
		由荷载引起的结构或结构构件的反应,例如内力、变形和裂缝等
31	荷载效应组合	load effect combination
		按极限状态设计时,为保证结构的可靠性而对同时出现的各种荷载效应设计值规定的组合
32	基本组合	fundamental combination
		承载能力极限状态计算时,永久荷载和可变荷载的组合
33	标准组合	characteristic combination
		正常使用极限状态验算时,对可变荷载采用标准值、组合值为荷载代表值的组合
34	准永久组合	quasi-permanent combination
		正常使用极限状态验算时,对可变荷载采用准永久值为荷载代表值的组合

附表 1-2 符号

1. 材料性能	
C30	表示立方体强度标准值为 30 N/mm^2 的混凝土强度等级
HRB500	强度级别为 500 MPa 的普通热轧带肋钢筋
HRBF400	强度级别为 400 MPa 的细晶粒热轧带肋钢筋
RRB400	强度级别为 400 MPa 的余热处理带肋钢筋
HPB300	强度级别为 300 MPa 的热轧光圆钢筋
HRB400E	强度级别为 400 MPa 且有较高抗震性能的普通热轧带肋钢筋
E_c	混凝土弹性模量
E'_c	混凝土的变形模量
E''_c	混凝土的切线模量
E_c^f	混凝土疲劳变形模量
E_{sp}	预应力钢筋弹性模量
E_s	普通(或非预应力)钢筋弹性模量
ε_0	混凝土相应于受压峰值应力的应变
$\varepsilon_{s,h}$	钢筋应力强化起点对应的应变值
$\varepsilon_{s,u}$	钢筋极限抗拉强度对应的应变值
ε_{t0}	混凝土相应于受拉峰值应力的应变
ε_{tu}	混凝土极限拉应变
ε_{cu}	混凝土极限压应变
ε_y	钢筋屈服时所对应的应变
f'_{cu}	边长为 150 mm 的施工阶段混凝土立方体抗压强度
$f_{cu,k}$	边长为 150 mm 的混凝土立方体抗压强度标准值
f_{ck}、f_c	混凝土轴心抗压强度标准值、设计值
f_{tk}、f_t	混凝土轴心抗拉强度标准值、设计值
f'_{ck}、f'_{tk}	施工阶段的混凝土轴心抗压、轴心抗拉强度标准值
f_{yk}、f_{ptk}	普通钢筋、预应力钢筋强度标准值
f_y、f'_y	普通钢筋的抗拉、抗压强度设计值
f_{py}、f'_{py}	预应力钢筋的抗拉、抗压强度设计值
f_{yv}	横向钢筋的抗拉强度设计值
δ_{gt}	钢筋最大力下的总伸长率,也称均匀伸长率
2. 作用、作用效应及承载力	
N	轴向力设计值
N_k、N_q	按荷载效应的标准组合、准永久组合计算的轴向力值
N_p	后张法构件预应力钢筋及非预应力钢筋的合力
N_{p0}	预应力构件混凝土法向预应力等于零时预加力
N_{u0}	构件的截面轴心受压或轴心受拉承载力设计值
N_{ux}、N_{uy}	轴向力作用于 x 轴、y 轴的偏心受压或偏心受拉承载力设计值

续附表 1-2

M	弯矩设计值
M_k、M_q	按荷载效应的标准组合、准永久组合计算的弯矩值
M_u	构件的正截面抗弯承载力设计值
M_{cr}	受弯构件的正截面开裂弯矩值
T	扭矩设计值
T_u	构件的抗扭承载力设计值
V	剪力设计值
V_u	构件的抗剪承载力设计值
V_{cs}	构件斜截面上混凝土和箍筋的抗剪承载力设计值
F_l	局部荷载设计值或集中反力设计值
σ_{ck}、σ_{cq}	荷载效应的标准组合、准永久组合下抗裂验算边缘的混凝土法向应力
σ_{pc}	由预加力产生的混凝土法向应力
σ_{tp}、σ_{cp}	混凝土中的主拉应力、主压应力
$\sigma^f_{c,max}$、$\sigma^f_{c,min}$	疲劳验算时受拉区或受压区边缘纤维混凝土的最大应力、最小应力
σ_s、σ_p	正截面承载力计算中纵向钢筋、预应力钢筋的应力
σ_{sk}	按荷载效应的标准组合计算的纵向受拉钢筋应力或等效应力
σ_{con}	预应力钢筋张拉控制应力
σ_{p0}	预应力钢筋合力点处混凝土法向应力等于零时的预应力钢筋应力
σ_{pe}	预应力钢筋的有效预应力
σ_l、σ'_l	受拉区、受压区预应力筋在相应阶段的预应力损失值
τ	混凝土的剪应力
w_{max}	按荷载准永久组合或标准组合，并考虑长期作用影响的计算最大裂缝宽度
3. 几何参数	
a、a'	纵向受拉钢筋合力点、纵向受压钢筋合力点至截面近边的距离
a_s、a'_s	纵向非预应力受拉钢筋合力点、纵向非预应力受压钢筋合力点至截面近边的距离
a_p、a'_p	受拉区纵向预应力钢筋合力点、受压区纵向预应力钢筋合力点至截面近边的距离
b	矩形截面宽度，T 形、工字形截面的腹板宽度
b_f、b'_f	T 形或工字形截面受拉区、受压区的翼缘宽度
b_h	受压区加腋的宽度
c	混凝土保护层厚度
d	钢筋的公称直径(简称直径)
e、e'	轴向力作用点至纵向受拉钢筋合力点、纵向受压钢筋合力点的距离
e_0	轴向力对截面重心的偏心距
e_a	附加偏心距
e_i	初始偏心距
h	截面高度

续附表 1-2

h_0	截面有效高度
h_f、h'_f	T形或工字形截面受拉区、受压区的翼缘高度
h_h	受压区加腋的高度
i	截面的回转半径
l_0	计算跨度或计算长度
l_{ab}、l_a	纵向受拉钢筋的基本锚固长度、锚固长度
l_{tr}	先张法构件预应力钢筋的预应力传递长度
r_c	曲率半径
s	沿构件轴线方向上横向钢筋的间距、螺旋筋的间距或箍筋的间距
s_n	梁或纵肋的净距
x	混凝土受压区计算高度
x_n	混凝土受压区高度
y_0、y_n	换算截面重心、净截面重心至所计算纤维的距离
z	纵向受拉钢筋合力点至混凝土受压区合力点之间的距离
A	构件截面面积
A_0	构件换算截面面积
A_n	构件净截面面积
A_s、A'_s	受拉区、受压区纵向普通钢筋的截面面积
A_p、A'_p	受拉区、受压区纵向预应力钢筋的截面面积
A_{sv1}、A_{st1}	在受剪、受扭计算中单肢箍筋的截面面积
A_{stl}	受扭计算中取用的全部受扭纵向普通(非预应力)钢筋的截面面积
A_{sv}、A_{sh}	同一截面内各肢竖向、水平箍筋或分布钢筋的全部截面面积
A_{sb}、A_{pb}	同一弯起平面内普通(非预应力)、预应力弯起钢筋的截面面积
A_l	混凝土局部受压面积
A_{cor}	箍筋、螺旋筋或钢筋网所围的混凝土核心截面面积
B	受弯构件的截面刚度
D	圆形截面的直径
W	截面受拉边缘的弹性抵抗矩
I	截面惯性矩
I_0	换算截面惯性矩
I_n	净截面惯性矩
W_0	换算截面受拉边缘的弹性抵抗矩
W_n	净截面受拉边缘的弹性抵抗矩
W_t	截面受扭塑性抵抗矩

续附表 1－2

4. 计算系数及其他	
α	钢筋的外形系数
α_1	受压区混凝土矩形应力图的应力值与混凝土轴心抗压强度设计值的比值
α_E	普通钢筋弹性模量与混凝土弹性模量的比值
α_{Ep}	预应力钢筋弹性模量与混凝土弹性模量的比值
β_c	混凝土强度影响系数
β_1	矩形应力图受压区高度与中和轴高度(中和轴到受压区边缘的距离)的比值
β_l	局部受压时混凝土强度提高系数
γ	混凝土构件的截面抵抗矩塑性影响系数
γ_0	结构重要性系数
η	偏心受压构件考虑二阶弯矩影响的轴向力偏心距增大系数
λ	计算截面的剪跨比，即 $M/(Vh_0)$
λ_t	混凝土的受拉变形塑性系数
ζ	抗扭纵筋与箍筋的配筋强度比
μ	摩擦系数
ρ	纵向受拉钢筋的配筋率
ρ'	纵向受压钢筋的配筋率
ρ_{min}	纵向受拉钢筋的最小配筋率
ρ'_{min}	纵向受压钢筋的最小配筋率
ρ_{sv}、ρ_{sh}	竖向箍筋、水平箍筋或竖向分布钢筋、水平分布钢筋的配筋率
ρ_{te}	有效配筋率，即按有效受拉混凝土截面面积计算的纵向受拉钢筋配筋率
ρ_v	间接钢筋或箍筋的体积配筋率
φ	轴心受压构件的稳定系数
θ	考虑荷载长期作用对挠度增大的影响系数
ψ	裂缝间纵向受拉钢筋应变不均匀系数
ϕ	表示钢筋直径的符号，f 20 表示直径为 20 mm 的钢筋

附录 2　《混凝土结构设计规范》(GB 50010—2010)规定的材料力学性能指标

附表 2-1　混凝土力学指标

力学指标种类		符号	混凝土强度等级						
			C15	C20	C25	C30	C35	C40	C45
轴心抗压 (N/mm^2)	标准值	f_{ck}	10.0	13.4	16.7	20.1	23.4	26.8	29.6
	设计值	f_c	7.2	9.6	11.9	14.3	16.7	19.1	21.2
轴心抗拉 (N/mm^2)	标准值	f_{tk}	1.27	1.54	1.78	2.01	2.20	2.39	2.51
	设计值	f_t	0.91	1.10	1.27	1.43	1.57	1.71	1.80
弹性模量($\times 10^4$ N/mm^2)		E_c	2.20	2.55	2.80	3.00	3.15	3.25	3.35
疲劳变形模量($\times 10^4$ N/mm^2)		E_c^f				1.30	1.40	1.50	1.55

力学指标种类		符号	混凝土强度等级						
			C50	C55	C60	C65	C70	C75	C80
轴心抗压 (N/mm^2)	标准值	f_{ck}	32.4	35.5	38.5	41.5	44.5	47.4	50.2
	设计值	f_c	23.1	25.3	27.5	29.7	31.8	33.8	35.9
轴心抗拉 (N/mm^2)	标准值	f_{tk}	2.64	2.74	2.85	2.93	2.99	3.05	3.11
	设计值	f_t	1.89	1.96	2.04	2.09	2.14	2.18	2.22
弹性模量($\times 10^4$ N/mm^2)		E_c	3.45	3.55	3.60	3.65	3.70	3.75	3.80
疲劳变形模量($\times 10^4$ N/mm^2)		E_c^f	1.60	1.65	1.70	1.75	1.80	1.85	1.90

注:1. 当有可靠试验依据时,弹性模量可根据实测数据确定;

2. 当混凝土中掺有大量矿物掺合料时,弹性模量可按规定龄期根据实测数据确定。

附表 2-2　混凝土的疲劳强度修正系数 γ_ρ

ρ_c^f	$0\leqslant\rho_c^f<0.1$	$0.1\leqslant\rho_c^f<0.2$	$0.2\leqslant\rho_c^f<0.3$	$0.3\leqslant\rho_c^f<0.4$	$0.4\leqslant\rho_c^f<0.5$	$\rho_c^f\geqslant0.5$
γ_r	0.68	0.74	0.80	0.86	0.93	1.0

附表 2-3　混凝土受拉疲劳强度修正系数 γ_ρ

ρ_c^f	$0\leqslant\rho_c^f<0.1$	$0.1\leqslant\rho_c^f<0.2$	$0.2\leqslant\rho_c^f<0.3$	$0.3\leqslant\rho_c^f<0.4$	$0.4\leqslant\rho_c^f<0.5$
γ_r	0.63	0.66	0.69	0.72	0.74
ρ_c^f	$0.5\leqslant\rho_c^f<0.6$	$0.6\leqslant\rho_c^f<0.7$	$0.7\leqslant\rho_c^f<0.8$	$\rho_c^f\geqslant0.80$	—
γ_r	0.76	0.80	0.90	1.00	—

附表 2－4　普通钢筋的种类及性能指标(N/mm²)

种类	符号	d mm	f_{stk} N/mm²	f_{yk} N/mm²	f_y N/mm²	f'_y N/mm²	E_s N/mm²
HPB300	Φ	6～22	420	300	270	270	2.10×10^5
HRB335 HRBF335	Φ Φ^F	6～50	455	335	300	300	2.00×10^5
HRB400 HRBF400 RRB400	Φ Φ^F Φ^R	6～50	540	400	360	360	
HRB500 HRBF500	Φ Φ^F	6～40	630	500	435	410	

表 2－5　预应力筋的种类及性能指标(N/mm²)

种类		符号	d/ mm	f_{stk}/ (N/mm²)	f_{yk}/ (N/mm²)	f_y/ (N/mm²)	f'_y/ (N/mm²)	E_s/ (N/mm²)
中强度预应力钢丝	光面	ϕ^{PM}	5、7、9	800	620	510	410	2.05×10^5
				970	780	650		
	螺旋肋	ϕ^{HM}		1270	980	810		
预应力螺纹钢筋	螺纹	ϕ^T	18、25、32、40、50	980	785	650	410	2.00×10^5
				1080	930	770		
				1230	1080	900		
消除应力钢丝	光面 螺旋肋	ϕ^P	5	1570	—	1110	410	2.05×10^5
				1860	—	1320		
			7	1570	—	1110		
		ϕ^H	9	1470	—	1040		
				1570	—	1110		
钢绞线	1×3 (三股)	ϕ^S	8.6、10.8、12.9	1570	—	1110	390	1.95×10^5
				1860	—	1320		
				1960	—	1390		
	1×7 (七股)		9.5、12.7、15.2、17.8	1720	—	1220		
				1860	—	1320		
				1960	—	1390		
			21.6	1860	—	1320		

注:1. 当极限强度标准值为 1960 N/mm² 的钢绞线作后张预应力配筋时,应有可靠的工程经验;当预应力筋的强度标准值不符合上表的规定时,其强度设计值应进行相应的比例换算;

2. 必要时可采用实测的弹性模量。

附表 2－6 普通钢筋疲劳应力幅限值

疲劳应力比值 ρ_s^f	疲劳应力幅限值 Δf_y^f (N/mm^2)	
	HRB335 级钢筋	HRB400 级钢筋
0	175	175
0.1	162	162
0.2	154	156
0.3	144	149
0.4	131	137
0.5	115	123
0.6	97	106
0.7	77	85
0.8	54	60
0.9	28	31

注：当纵向受拉钢筋采用闪光接触对焊接头时，其接头处的钢筋疲劳应力幅限值应按表中数值乘以系数 0.8 取用。

附表 2－7 预应力钢筋疲劳应力幅限值

疲劳应力比值 ρ_p^f	钢绞线 $f_{ptk}=1570$	消除应力钢丝 $f_{ptk}=1570$
0.7	144	240
0.8	118	168
0.9	70	88

注：1. 当 $\rho_{sv}^f \geqslant 0.9$ 时，可不作预应力筋疲劳验算；

2. 当有充分依据时，可对表中规定的疲劳应力幅限值作适当调整。

附录 3　《混凝土结构设计规范》(GB 50010—2010)一般规定

附表 3-1　受弯构件的挠度限值

构件类型		挠度限值(以计算跨度 l_0 计算)
吊车梁	手动吊车	$l_0/500$
	电动吊车	$l_0/600$
屋盖、楼盖及楼梯构件	当 $l_0<7$ m 时	$l_0/200(l_0/250)$
	当 7 m$\leqslant l_0\leqslant$9 m 时	$l_0/250(l_0/300)$
	当 $l_0>9$ m 时	$l_0/300(l_0/400)$

注:1. 表中 l_0 为构件的计算跨度;计算悬臂构件的挠度限值时,其计算垮度 l_0 按实际悬臂长度的 2 倍取用;
2. 表中括号中的数值适用于使用上对挠度有较高要求的构件;
3. 如果构件制作时预先起拱,且使用上也允许,则在验算挠度时,可将计算所得的挠度值减去起拱值;对预应力混凝土构件,尚可减去预加力所产生的反拱值;
4. 构件制作时的起拱值和预加力所产生的反拱值,不宜超过构件在相应荷载组合下的计算挠度值。

附表 3-2　截面抵抗矩塑性影响系数基本值 γ_m

项次	1	2	3		4		5
截面形状	矩形截面	翼缘位于受压区的 T 形截面	对称工字形截面或箱形截面		翼缘位于受拉区的倒 T 形截面		圆形和环形截面
			$b_f/b\leqslant2$ h_f/h 为任意值	$b_f/b>2$ $h_f/h<0.2$	$b_f/b\leqslant2$ h_f/h 为任意值	$b_f/b>2$ $h_f/h<0.2$	
γ_m	1.55	1.50	1.45	1.35	1.50	1.40	1.6～0.24r_1/r

注:1. r 为圆形、环形截面的外环半径,r_1 为环形截面的内环半径,对圆形截面取 $r_1=0$;
2. 对 $b_f'>b_f$ 的工字形截面,可按项次 2 与项次 3 之间的数值采用,对 $b_f'\leqslant b_f$ 的工字形截面,可按项次 3 与项次 4 之间的数值采用;
3. 对于箱形截面,表中 b 值系指各肋宽度的总和。

附表 3-3　钢筋混凝土结构构件纵向受力钢筋的最小配筋百分率 ρ_{min}(%)

受力类型			最小配筋百分率
受压构件	全部纵向钢筋	强度等级 500 MPa	0.50
		强度等级 400 MPa	0.55
		强度等级 300 MPa、335 MPa	0.60
	一侧纵向钢筋		0.20
受弯构件、偏心受拉、轴心受拉构件一侧的受拉钢筋			0.20 和 $45f_t/f_y$ 中的较大值

注:1. 受压构件全部纵向钢筋最小配筋百分率,当采用 C60 以上强度等级的混凝土时,应按表中规定增大 0.1;
2. 板类受弯构件(不包括悬臂板)的受拉钢筋,当采用强度等级 400 MPa、500 MPa 的钢筋时,其最小配筋百分率应允许采用 0.15 和 $45f_t/f_y$ 中的较大值;
3. 偏心受拉构件中的受压钢筋,应按受压构件一侧纵向钢筋考虑;

4. 受压构件的全部纵向钢筋和一侧纵向钢筋的配筋率以及轴心受拉构件和小偏心受拉构件一侧受拉钢筋的配筋率应按构件的全截面面积计算；
5. 受弯构件、大偏心受拉构件一侧受拉钢筋的配筋率应按全截面面积扣除受压翼缘面积 $(b_f'-b)h_f'$ 后的截面面积计算；
6. 当钢筋沿构件截面周边布置时,“一侧纵向钢筋”系指沿受力方向两个对边中一边布置的纵向钢筋。
7. 对卧置于基础上的混凝土板,板中受拉钢筋的最小配筋率可适当降低,但不应小于0.15%。

附表 3-4 结构构件的裂缝控制等级及最大裂缝宽度的限值(mm)

<table>
<tr><th rowspan="2">环境类别</th><th colspan="2">钢筋混凝土结构</th><th colspan="2">预应力混凝土结构</th></tr>
<tr><th>裂缝控制等级</th><th>w_{lim}</th><th>裂缝控制等级</th><th>w_{lim}</th></tr>
<tr><td>一</td><td rowspan="4">三级</td><td>0.30(0.40)</td><td rowspan="2">三级</td><td>0.20</td></tr>
<tr><td>二 a</td><td rowspan="3">0.20</td><td>0.10</td></tr>
<tr><td>二 b</td><td>二级</td><td></td></tr>
<tr><td>三 a、三 b</td><td>一级</td><td></td></tr>
</table>

注:1. 对处于年平均相对湿度小于 60% 地区一类环境下的受弯构件,其最大裂缝宽度限值可采用括号内的数值；
2. 在一类环境下,对钢筋混凝土屋架、托架及需作疲劳验算的吊车梁,其最大裂缝宽度限值应取为 0.20 mm；对钢筋混凝土屋面梁和托梁,其最大裂缝宽度限值应取为 0.30 mm；
3. 在一类环境下,对预应力混凝土屋架、托架及双向板体系,应按二级裂缝控制等级进行验算；对一类环境下的预应力混凝土屋面梁、托梁、单向板,应按表中二 a 级环境的要求进行验算；在一类和二 a 类环境下需作疲劳验算的预应力混凝土吊车梁,应按裂缝控制等级不低于二级的构件进行验算；
4. 表中规定的预应力混凝土构件的裂缝控制等级和最大裂缝宽度限值仅适用于正截面的验算；预应力混凝土构件的斜截面裂缝控制验算应符合规范的相关规定；
5. 对于烟囱、筒仓和处于液体压力下的结构,其裂缝控制要求应符合专门标准的有关规定；
6. 对于处于四、五类环境下的结构构件,其裂缝控制要求应符合专门标准的有关规定；
7. 表中的最大裂缝宽度限值为用于验算荷载作用引起的最大裂缝宽度。

附录 4　常用数表和数据

附表 4-1　钢筋混凝土受弯构件配筋计算用 α_s 与 ξ 关系表

α_s	0	1	2	3	4	5	6	7	8	9
0	0	0.00100	0.00200	0.00300	0.00401	0.00501	0.00602	0.00702	0.00803	0.00904
0.01	0.01005	0.01106	0.01207	0.01309	0.01410	0.01511	0.01613	0.01715	0.01816	0.01918
0.02	0.02020	0.02123	0.02225	0.02327	0.02430	0.02532	0.02635	0.02737	0.02840	0.02943
0.03	0.03046	0.03150	0.03253	0.03356	0.03460	0.03563	0.03667	0.03771	0.03875	0.03979
0.04	0.04083	0.04188	0.04292	0.04397	0.04501	0.04606	0.04711	0.04816	0.04921	0.05026
0.05	0.05132	0.05237	0.05343	0.05448	0.05554	0.05660	0.05766	0.05872	0.05979	0.06085
0.06	0.06192	0.06298	0.06405	0.06512	0.06619	0.06726	0.06833	0.06941	0.07048	0.07156
0.07	0.07264	0.07372	0.07480	0.07588	0.07696	0.07805	0.07913	0.08022	0.08131	0.08239
0.08	0.08348	0.08458	0.08567	0.08676	0.08786	0.08896	0.09005	0.09115	0.09226	0.09336
0.09	0.09446	0.09557	0.09667	0.09778	0.09889	0.10000	0.10111	0.10222	0.10334	0.10446
0.10	0.10557	0.10669	0.10781	0.10893	0.11006	0.11118	0.11231	0.11343	0.11456	0.11569
0.11	0.11682	0.11796	0.11909	0.12023	0.12136	0.12250	0.12364	0.12479	0.12593	0.12707
0.12	0.12822	0.12937	0.13052	0.13167	0.13282	0.13397	0.13513	0.13629	0.13745	0.13861
0.13	0.13977	0.14093	0.14210	0.14326	0.14443	0.14560	0.14677	0.14794	0.14912	0.15029
0.14	0.15147	0.15265	0.15383	0.15501	0.15620	0.15739	0.15857	0.15976	0.16095	0.16215
0.15	0.16334	0.16454	0.16573	0.16693	0.16813	0.16934	0.17054	0.17175	0.17296	0.17417
0.16	0.17538	0.17659	0.17781	0.17902	0.18024	0.18146	0.18269	0.18391	0.18514	0.18637
0.17	0.18760	0.18883	0.19006	0.19130	0.19253	0.19377	0.19502	0.19626	0.19750	0.19875
0.18	0.20000	0.20125	0.20250	0.20376	0.20502	0.20627	0.20754	0.20880	0.21006	0.21133
0.19	0.21260	0.21387	0.21514	0.21642	0.21770	0.21898	0.22026	0.22154	0.22283	0.22411
0.20	0.22540	0.22670	0.22799	0.22929	0.23058	0.23189	0.23319	0.23449	0.23580	0.23711
0.21	0.23842	0.23974	0.24105	0.24237	0.24369	0.24502	0.24634	0.24767	0.24900	0.25033
0.22	0.25167	0.25301	0.25435	0.25569	0.25703	0.25838	0.25973	0.26108	0.26244	0.26379
0.23	0.26515	0.26652	0.26788	0.26925	0.27062	0.27199	0.27336	0.27474	0.27612	0.27750
0.24	0.27889	0.28028	0.28167	0.28306	0.28446	0.28586	0.28726	0.28866	0.29007	0.29148
0.25	0.29289	0.29431	0.29573	0.29715	0.29857	0.30000	0.30143	0.30286	0.30430	0.30574

续附表 4-1

α_s	0	1	2	3	4	5	6	7	8	9
0.26	0.30718	0.30862	0.31007	0.31152	0.31298	0.31443	0.31589	0.31736	0.31882	0.32029
0.27	0.32177	0.32324	0.32472	0.32620	0.32769	0.32918	0.33067	0.33217	0.33367	0.33517
0.28	0.33668	0.33818	0.33970	0.34121	0.34273	0.34426	0.34578	0.34731	0.34885	0.35038
0.29	0.35193	0.35347	0.35502	0.35657	0.35813	0.35969	0.36125	0.36282	0.36439	0.36597
0.30	0.36754	0.36913	0.37071	0.37231	0.37390	0.37550	0.37710	0.37871	0.38032	0.38194
0.31	0.38356	0.38518	0.38681	0.38844	0.39008	0.39172	0.39337	0.39502	0.39668	0.39834
0.32	0.40000	0.40167	0.40334	0.40502	0.40670	0.40839	0.41008	0.41178	0.41348	0.41519
0.33	0.41690	0.41862	0.42034	0.42207	0.42381	0.42554	0.42729	0.42904	0.43079	0.43255
0.34	0.43431	0.43609	0.43786	0.43964	0.44143	0.44322	0.44502	0.44683	0.44864	0.45045
0.35	0.45228	0.45411	0.45594	0.45778	0.45963	0.46148	0.46334	0.46521	0.46708	0.46896
0.36	0.47085	0.47274	0.47464	0.47655	0.47846	0.48038	0.48231	0.48425	0.48619	0.48814
0.37	0.49010	0.49206	0.49404	0.49602	0.49800	0.50000	0.50200	0.50402	0.50604	0.50807
0.38	0.51010	0.51215	0.51420	0.51626	0.51834	0.52042	0.52251	0.52461	0.52671	0.52883
0.39	0.53096	0.53310	0.53524	0.53740	0.53957	0.54174	0.54393	0.54613	0.54834	0.55056
0.40	0.55279	0.55503	0.55728	0.55955	0.56182	0.56411	0.56641	0.56872	0.57105	0.57339
0.41	0.57574	0.57810	0.58048	0.58287	0.58527	0.58769	0.59012	0.59257	0.59503	0.59751
0.42	0.60000	0.60251	0.60503	0.60757	0.61013	0.61270	0.61529			

注：$\alpha_s=\dfrac{M_u}{bh_0^2\alpha_1 f_c}$，$A_s=\xi bh_0^2\dfrac{\alpha_1 f_c}{f_y}$。

附表 4-2 钢筋混凝土受弯构件配筋计算用 α_s 与 γ_s 关系表

α_s	0	1	2	3	4	5	6	7	8	9
0	1.00000	0.99950	0.99900	0.99850	0.99800	0.99749	0.99699	0.99649	0.99598	0.99548
0.01	0.99497	0.99447	0.99396	0.99346	0.99295	0.99244	0.99193	0.99143	0.99092	0.99041
0.02	0.98990	0.98939	0.98888	0.98836	0.98785	0.98734	0.98683	0.98631	0.98580	0.98528
0.03	0.98477	0.98425	0.98374	0.98322	0.98270	0.98218	0.98166	0.98114	0.98062	0.98010
0.04	0.97958	0.97906	0.97854	0.97802	0.97749	0.97697	0.97645	0.97592	0.97539	0.97487
0.05	0.97434	0.97381	0.97329	0.97276	0.97223	0.97170	0.97117	0.97064	0.97011	0.96957
0.06	0.96904	0.96851	0.96797	0.96744	0.96690	0.96637	0.96583	0.96530	0.96476	0.96422
0.07	0.96368	0.96314	0.96260	0.96206	0.96152	0.96098	0.96043	0.95989	0.95935	0.95880
0.08	0.95826	0.95771	0.95717	0.95662	0.95607	0.95552	0.95497	0.95442	0.95387	0.95332
0.09	0.95277	0.95222	0.95166	0.95111	0.95056	0.95000	0.94944	0.94889	0.94833	0.94777
0.10	0.94721	0.94665	0.94609	0.94553	0.94497	0.94441	0.94385	0.94328	0.94272	0.94215
0.11	0.94159	0.94102	0.94045	0.93989	0.93932	0.93875	0.93818	0.93761	0.93704	0.93646
0.12	0.93589	0.93532	0.93474	0.93417	0.93359	0.93301	0.93243	0.93186	0.93128	0.93070
0.13	0.93012	0.92953	0.92895	0.92837	0.92778	0.92720	0.92661	0.92603	0.92544	0.92485
0.14	0.92426	0.92367	0.92308	0.92249	0.92190	0.92131	0.92071	0.92012	0.91952	0.91893
0.15	0.91833	0.91773	0.91713	0.91653	0.91593	0.91533	0.91473	0.91413	0.91352	0.91292
0.16	0.91231	0.91170	0.91110	0.91049	0.90988	0.90927	0.90866	0.90804	0.90743	0.90682
0.17	0.90620	0.90559	0.90497	0.90435	0.90373	0.90311	0.90249	0.90187	0.90125	0.90062
0.18	0.90000	0.89937	0.89875	0.89812	0.89749	0.89686	0.89623	0.89560	0.89497	0.89433
0.19	0.89370	0.89306	0.89243	0.89179	0.89115	0.89051	0.88987	0.88923	0.88859	0.88794
0.20	0.88730	0.88665	0.88601	0.88536	0.88471	0.88406	0.88341	0.88275	0.88210	0.88144
0.21	0.88079	0.88013	0.87947	0.87881	0.87815	0.87749	0.87683	0.87616	0.87550	0.87483
0.22	0.87417	0.87350	0.87283	0.87216	0.87148	0.87081	0.87014	0.86946	0.86878	0.86810
0.23	0.86742	0.86674	0.86606	0.86538	0.86469	0.86401	0.86332	0.86263	0.86194	0.86125
0.24	0.86056	0.85986	0.85917	0.85847	0.85777	0.85707	0.85637	0.85567	0.85496	0.85426
0.25	0.85355	0.85285	0.85214	0.85143	0.85071	0.85000	0.84928	0.84857	0.84785	0.84713
0.26	0.84641	0.84569	0.84496	0.84424	0.84351	0.84278	0.84205	0.84132	0.84059	0.83985
0.27	0.83912	0.83838	0.83764	0.83690	0.83615	0.83541	0.83466	0.83392	0.83317	0.83242

续附表 4-2

α_s	0	1	2	3	4	5	6	7	8	9
0.28	0.83166	0.83091	0.83015	0.82939	0.82863	0.82787	0.82711	0.82634	0.82558	0.82481
0.29	0.82404	0.82326	0.82249	0.82171	0.82094	0.82016	0.81937	0.81859	0.81780	0.81702
0.30	0.81623	0.81544	0.81464	0.81385	0.81305	0.81225	0.81145	0.81064	0.80984	0.80903
0.31	0.80822	0.80741	0.80659	0.80578	0.80496	0.80414	0.80332	0.80249	0.80166	0.80083
0.32	0.80000	0.79917	0.79833	0.79749	0.79665	0.79580	0.79496	0.79411	0.79326	0.79240
0.33	0.79155	0.79069	0.78983	0.78896	0.78810	0.78723	0.78636	0.78548	0.78460	0.78373
0.34	0.78284	0.78196	0.78107	0.78018	0.77928	0.77839	0.77749	0.77659	0.77568	0.77477
0.35	0.77386	0.77295	0.77203	0.77111	0.77019	0.76926	0.76833	0.76739	0.76646	0.76552
0.36	0.76458	0.76363	0.76268	0.76173	0.76077	0.75981	0.75884	0.75788	0.75690	0.75593
0.37	0.75495	0.75397	0.75298	0.75199	0.75100	0.75000	0.74900	0.74799	0.74698	0.74597
0.38	0.74495	0.74393	0.74290	0.74187	0.74083	0.73979	0.73875	0.73770	0.73664	0.73558
0.39	0.73452	0.73345	0.73238	0.73130	0.73022	0.72913	0.72804	0.72694	0.72583	0.72472
0.40	0.72361	0.72249	0.72136	0.72023	0.71909	0.71794	0.71679	0.71564	0.71448	0.71331
0.41	0.71213	0.71095	0.70976	0.70857	0.70736	0.70616	0.70494	0.70372	0.70248	0.70125
0.42	0.70000	0.69875	0.69748	0.69621	0.69494	0.69365	0.69235			

注：$\alpha_s=\dfrac{M_u}{bh_0^2\alpha_1 f_c}$，$A_s=\dfrac{M_u}{f_y\gamma_s h_0}$。

附表 4-3　钢筋的计算截面面积及公称质量表

d (mm)	n根钢筋计算截面面积(mm²)									单根公称质量 (kg/m)	螺纹钢筋外径 (mm)
	$n=1$	$n=2$	$n=3$	$n=4$	$n=5$	$n=6$	$n=7$	$n=8$	$n=9$		
3	7.1	14.1	21.2	28.3	35.3	42.4	49.5	56.5	63.6	0.055	
4	12.6	25.1	37.7	50.3	62.8	75.4	88.0	100.5	113.1	0.098	
5	19.6	39.3	58.9	78.5	98.2	117.8	137.4	157.1	176.7	0.153	
6	28.3	56.5	84.8	113.1	141.4	169.6	197.9	226.2	254.5	0.221	
6.5	33.2	66.4	99.5	132.7	165.9	199.1	232.3	265.5	298.6	0.259	
8	50.3	100.5	150.8	201.1	251.3	301.6	351.9	402.1	452.4	0.392	
8.2	52.8	105.6	158.4	211.2	264.1	316.9	369.7	422.5	475.3	0.412	
10	78.5	157.1	235.6	314.2	392.7	471.2	549.8	628.3	706.9	0.613	11.3
12	113.1	226.2	339.3	452.4	565.5	678.6	791.7	904.8	1017.9	0.882	13.5
14	153.9	307.9	461.8	615.8	769.7	923.6	1077.6	1231.5	1385.4	1.201	15.5
16	201.1	402.1	603.2	804.2	1005.3	1206.4	1407.4	1608.5	1809.6	1.568	18.0
18	254.5	508.9	763.4	1017.9	1272.3	1526.8	1781.3	2035.8	2290.2	1.985	20.0
20	314.2	628.3	942.5	1256.6	1570.8	1885.0	2199.1	2513.3	2827.4	2.450	22.0
22	380.1	760.3	1140.4	1520.5	1900.7	2280.8	2660.9	3041.1	3421.2	2.965	24.0
25	490.9	981.7	1472.6	1963.5	2454.4	2945.2	3436.1	3927.0	4417.9	3.829	27.0
28	615.8	1231.5	1847.3	2463.0	3078.8	3694.5	4310.3	4926.0	5541.8	4.803	30.5
32	804.2	1608.5	2412.7	3217.0	4021.2	4825.5	5629.7	6434.0	7238.2	6.273	34.5
36	1017.9	2035.8	3053.6	4071.5	5089.4	6107.3	7125.1	8143.0	9160.9	7.939	
40	1256.6	2513.3	3769.9	5026.5	6283.2	7539.8	8796.5	10053.1	11309.7	9.802	
d	$n=1$	$n=2$	$n=3$	$n=4$	$n=5$	$n=6$	$n=7$	$n=8$	$n=9$		

注：表中直径 $d=8.2$ mm 的计算截面面积及公称质量仅适用于有纵肋的热处理钢筋。

附表 4－4　钢绞线和钢丝的公称直径、截面面积及理论质量

种类		公称直径(mm)	公称截面面积(mm^2)	理论质量(kg/m)
钢绞线	1×3	8.6	37.4	0.298
		10.8	59.3	0.465
		12.9	85.4	0.671
	1×7 标准型	9.5	54.8	0.432
		11.1	74.2	0.580
		12.7	98.7	0.774
		15.2	139.0	1.101
钢丝		3.0	7.1	0.055
		4.0	12.6	0.098
		5.0	19.6	0.153
		6.0	28.3	0.221
		7.0	38.5	0.300
		8.0	50.3	0.392
		9.0	63.6	0.496

参考文献

[1] 混凝土结构设计规范(GB 50010—2010)[S]. 北京:中国建筑工业出版社,2010.

[2] 普通混凝土力学性能试验方法标准(GB/T 50081—2002)[S]. 北京:中国建筑工业出版社,2003.

[3] 工程结构可靠性设计统一标准(GB 50153—2008)[S]. 北京:中国建筑工业出版社,2008.

[4] 建筑结构荷载规范(GB 50009—2012)[S]. 北京:中国建筑工业出版社,2012.

[5] 建筑抗震设计规范(GB 50011—2010)[S]. 北京:中国建筑工业出版社,2010.

[6] 建筑结构可靠度设计统一标准(GB 50068—2001)[S]. 北京:中国建筑工业出版社,2001.

[7] 混凝土结构耐久性设计规范(GB/T50476—2008)[S]. 北京:中国建筑工业出版社,2009.

[8] 沈蒲生. 混凝土结构设计原理[M]. 3 版. 北京:高等教育出版社,2007.

[9] 赵国藩. 高等钢筋混凝土结构学[M]. 北京:机械工业出版社,2008.

[10] 宋玉普. 多种混凝土材料的本构关系和破坏准则[M]. 北京:中国水利水电出版社,2003.

[11] 同济大学混凝土结构教研室. 混凝土结构基本原理[M]. 北京:中国建筑工业出版社,2000.

[12] 同济大学. 混凝土结构基本原理[M]. 北京:中国建筑工业出版社,2001.

[13] 江见鲸. 混凝土结构工程学[M]. 北京:中国建筑工业出版社,1998.

[14] 朱彦鹏,等.《混凝土结构设计原理》学习指导. 重庆:重庆大学出版社,2004.

[15] 滕智明,罗福午,施岚青. 钢筋混凝土基本构件[M]. 2 版. 北京:清华大学出版社,1987.

[16] 王铁成. 混凝土结构设计原理[M]. 天津:天津大学出版社,2002.

[17] 梁兴文,王社良,李晓文. 混凝土结构设计原理[M]. 北京:科学出版社,2003.

[18] 赵顺波,许成祥,周新刚. 混凝土结构设计原理[M]. 上海:同济大学出版社,2003.

[19] James K Wight. Reinforced Concrete: Mechanics and Design[M]. Seventh Edition. Upper Saddle River: Prentice Hall, 2015.

[20] Arthur H Nilson, David Darwin, Charles W Dolan. Design Concrete Structures [M]. Fourteenth Edition. New York: McGraw-Hill, 2010.

[21] Jack C McCormac, Russell H Brown. Design of Reinforced Concrete[M]. Ninth Edition. Hoboken: John Wiley & Sons, 2014.

[22] Mehdi Setareh, Robert Darvas. Concrete Structures [M]. Second Edition. Berlin: Springer, 2017.

[23] Xianglin Gu, Xianyu Jin, Yong Zhou. Basic Principles of Concrete Structures[M]. Berlin: Springer, 2015.

[24] M Nadim Hassoun, Akthem Al-Manaseer. Structural Concrete: Theory and Design [M]. Sixth Edition. Hoboken: John Wiley & Sons, 2015.

[25] ACI Building Code Requirements for Reinforced Concrete(ACI 318－14)[S]. Detroit:American Concrete Institute,2014.
[26] R Park and T Paulay. Reinforced Concrete Structures[M]. New York:John Wiley & Sons,1975.
[27] 范家骥. 钢筋混凝土结构(上册)[M]. 北京:中国建筑工业出版社,1999.
[28] Konrad Zilch, Gerhard Zehetmaier. Bemessung im konstruktiven Betonbau [M]. Berlin: Springer-Verlag, 2006.
[29] P Kumar Mehta, Paulo J M Monteiro. Concrete, Microstructure, Properties and Materials [M]. Yew York: McGraw-Hill, 2006.
[30] T Y Lin, NED H Burns. Design of Prestressed Concrete Structures [M]. Third edition. Hoboken: John Wiley & Sons, 1981.
[31] 王振东. 混凝土及砌体结构(上册)[M]. 北京:中国建筑工业出版社,2002.
[32] 程文瀼,王铁成,颜德姮. 混凝土结构(上册)[M]. 北京:中国建筑工业出版社,2005.
[33] 过镇海,时旭东. 钢筋混凝土原理和分析[M]. 北京:清华大学出版社,2003.
[34] 蓝宗建,朱万福. 混凝土结构与砌体结构[M]. 南京:东南大学出版社,2003.
[35] 徐有邻,周氐. 混凝土结构设计规范理解与应用[M]. 北京:中国建筑工业出版社,2002.
[36] 沈蒲生,罗国强. 混凝土结构疑难释义[M]. 3 版. 北京:中国建筑工业出版社,2003.
[37] 丁大钧. 现代混凝土结构学[M]. 北京:中国建筑工业出版社,2000.
[38] 丁大钧,蒋永生,蓝宗建. 钢筋混凝土构件抗裂度裂缝和刚度[M]. 南京:南京工学院出版社,1986.
[39] Whittle R. Failures in concrete structures: case studies in reinforced and prestressed concrete [M]. Boca Raton: CRC Press, 2012.
[40] Abi O Aghayere, George F Limbrunner. Reinforced Concrete Design [M]. eighth Edition. New York: Pearson, 2014.